Segment Routing 详解

Segment Routing Part I

（第一卷）

【比】克拉伦斯·菲尔斯菲尔斯（Clarence Filsfils）
【比】克里斯·米克尔森（Kris Michielsen） ○著
【印】科坦·塔劳利卡尔（Ketan Talaulikar）

苏远超　蒋治春○译
蔡德忠○审校

人民邮电出版社

北京

图书在版编目（CIP）数据

Segment Routing详解. 第一卷 /（比）克拉伦斯·菲尔斯菲尔斯（Clarence Filsfils），（比）克里斯·米克尔森（Kris Michielsen），（印）科坦·塔劳利卡尔（Ketan Talaulikar）著；苏远超，蒋治春译. -- 北京：人民邮电出版社，2017.10（2023.1重印）
　ISBN 978-7-115-46799-7

　Ⅰ．①S… Ⅱ．①克… ②克… ③科… ④苏… ⑤蒋… Ⅲ．①互联网络－路由器－基本知识 Ⅳ．①TN915.05

中国版本图书馆CIP数据核字（2017）第223904号

版权声明

Segment Routing, Part I
by Clarence Filsfils, Kris Michielsen, Ketan Talaulikar
Copyright © 2016 Cisco Systems, Inc. All rights reserved.
本书中文简体字版由 Cisco Systems, Inc.公司授权人民邮电出版社出版，专有版权属于人民邮电出版社。

- ◆ 著　【比】克拉伦斯·菲尔斯菲尔斯（Clarence Filsfils）
　　　【比】克里斯·米克尔森（Kris Michielsen）
　　　【印】科坦·塔劳利卡尔（Ketan Talaulikar）
　　译　　苏远超　蒋治春
　　审　校　蔡德忠
　　责任编辑　王建军　李　强
　　责任印制　彭志环
- ◆ 人民邮电出版社出版发行　北京市丰台区成寿寺路 11 号
　　邮编　100164　电子邮件　315@ptpress.com.cn
　　网址　https://www.ptpress.com.cn
　　北京七彩京通数码快印有限公司印刷
- ◆ 开本：800×1000　1/16
　　印张：34.25　　　　　　　　2017 年 10 月第 1 版
　　字数：600 千字　　　　　　2023 年 1 月北京第 15 次印刷
著作权合同登记号　图字：01-2017-5585 号

定价：138.00 元
读者服务热线：(010)81055493　印装质量热线：(010)81055316
反盗版热线：(010)81055315

精彩推荐

Segment Routing 的概念和技术体系由美国思科公司于 2013 年首次提出，短短 4 年时间就已经获得了业界的广泛支持，并已经在国内外顶级运营商 /OTT 网络中开始实际部署。Segment Routing 的源路由和无状态特性使其成为 SDN/NFV 在 IP 网上下一步发展的关键技术，其超大规模组网能力也是实现 IP 网络端到端运营调度和网络重构的基础。欣闻《Segment Routing 详解（第一卷）》在国内翻译出版，这是业界首部 Segment Routing 专著，译者均为长期从事运营商网络研究、设计和部署的专家，亦是国内 Segment Routing 技术的先行者和实践者。本书体系结构完整，内容翔实落地，值得推荐。

——SDN/NFV产业联盟理事长，工信部科技委常务副主任，
中国电信科技委主任　韦乐平

纵观 IT 技术的发展，网络技术曾经为应对各种应用需求，产生了多种架构、多种技术和多种协议。在过去的许多年里，网络界一个重大的共同目标就是网络架构、技术和协议的融合统一。可喜的是，通过全球学术界和工业界的携手努力，IP/MPLS 技术终于成为业界最为广泛采用的通用网络技术。

然而，为了满足越来越多的应用需求，IP/MPLS 技术在过去 20 年一直在做加法，功能不断丰富的同时也带来了实施和使用上的复杂性。采用现有技术框架应对未来 5G、物联网的需求，面临着很大的挑战。Segment Routing 技术的发明有望更好地解决此问题，其"做减法"的思想，赋予了它高度的可扩展性和可维护性。同时，Segment Routing 与 IPv6 的结合（SRv6），为构建下一代网络架构体系提供了一个非常强大的工具。

Segment Routing 发明者 Clarence 亲自参与撰写了本书的英文原版，并由国内 Segment Routing 顶尖专家进行了严谨细致的翻译，强强结合。本书是学习 Segment Routing 的必读书籍，诚意向各位读者推荐。

——清华大学电子工程系教授，博士生导师，
中国教育和科研计算机网（CERNET）国家网络中心副主任　李星

基于互联网的业务发展迅猛，给网络基础架构提出了很大的挑战，我们需要一种全新的技术来支撑基于业务和应用的超大规模流量工程。Segment Routing 的源路由和无状态特性能

把控制策略从控制器中简单有效地下发到网络设备上,使其成为超大规模流量工程在网络设备上部署的最佳技术选择,国内外最大的 Web 和运营商也逐渐在现网开始实际部署。很高兴看到《Segment Routing 详解(第一卷)》的翻译版在国内出版,非常及时。原著是 Segment Routing 的业界首部专著,且由 Segment Routing 的提出者 Clarence 亲自撰写,内容权威、具体,读者可以完整地了解到 Segment Routing 的体系结构和掌握现网部署的最佳实践。本书译者和审校者均是国内 Segment Routing 方面的先行者和实践者,翻译准确细致。本书是介绍 Segment Routing 不可多得的好书,值得推荐。

——阿里巴巴集团 副总裁 蔡依群

Segment Routing 是思科近年在 SDN 领域重要的创新之一,其意义不亚于,甚至超过 20 年前 MPLS 的出现。Segment Routing 远不止是传统 MPLS 技术的改良,它代表的是一种全新的网络理念,即所谓应用驱动网络的架构。在这个架构下,网络是计算平台,Segment 是指令,两者的有机配合将应用需求自动而无缝地映射到网络基础设施之上,进而实现端到端的配置及调度。自从思科 2013 年提出 Segment Routing 以来,思科一直引领 Segment Routing 的技术发展方向并推动多厂商的合作共识,我们非常高兴地看到 Segment Routing 已经得到了越来越多国内外客户的接受和实际部署,这充分证明 Segment Routing 的应用驱动网络的理念已经深入人心,更体现了 Segment Routing 对全数字化的巨大价值。恰逢其时,思科 Segment Routing 资深专家苏远超、蒋治春翻译了业界首部 Segment Routing 专著《Segment Routing 详解(第一卷)》,这无疑对于我们迎接 Segment Routing 所带来的这场网络革命性创新大有裨益!本书为"Segment Routing 丛书"的第一卷,展示了 Segment Routing 的恢宏架构,同时又落到实处,极具实际可操作性,是广大互联网从业者的必备书籍,也适合于大中院校计算机/通信相关专业的师生阅读。

——思科全球副总裁,大中华区首席技术官 曹图强

支撑当前全球互联网基础设施不断向前的核心基石是 IP 网络技术。而经典的 IP 网络技术正在与 SDN 等技术逐渐结合,朝着应用驱动的网络方向发展。在这一趋势中有一项核心技术就是 SR 技术。思科院士 Clarence 的 Segment Routing 是该领域令人爱不释手的经典之作。该书系统阐述了 SR 的成长之路和多层面技术细节,并给出了参考实践案例。而该书译者作为思科资深专家,具有相关领域近二十年的技术积累,其精确的翻译和解读,令此书精髓得以原味呈现。此书应为从事 IP 路由、MPLS、SDN、应用驱动网络(ADN)等领域研究、开发和工程人员的必读佳作。

——中国电信北京研究院副院长 陈运清

Segment Routing 是继 MPLS 之后 IP 领域最重要的创新,得到了业界的广泛关注,并已

成为 SDN 的主流网络架构标准。Segment Routing 支持超大规模跨域组网并具有应用驱动网络的特性，解决了运营商 IP 网络长期所面临的许多挑战。中国联通积极跟踪、研究 Segment Routing 技术，并已经在中国联通产业互联网上实现了 Segment Routing 的规模部署。作为业界关于 Segment Routing 的首部专著，《Segment Routing 详解（第一卷）》由思科资深专家苏远超、蒋治春进行了非常细致、严谨的翻译，读者可以快速地掌握 Segment Routing 原理和网络部署最佳实践，无疑这将极大地加快 Segment Routing 技术在国内的推广、应用和创新。

——中国联通网络技术研究院首席专家　唐雄燕

作为当前骨干网 SDN 创新的关键技术之一，Segment Routing（SR）从诞生之初，一直受到行业的广泛关注，并已逐渐在生产网络中应用。本书从 SR 技术开创者的角度阐述了 SR 诞生的原因，以及其所解决的关键问题，随后作者系统地介绍了 SR 相关的知识点以及基于 SR 的网路架构。本书既有专业技术知识介绍，又有案例剖析，体现了本书的专业性和全面性，是难得的一本 SR 技术学习资料和参考手册。由于 SR 技术诞生于美国思科，国内罕有系统性的中文资料。这本译书弥补了国内在该方面的空白，造福了国内广大的 SDN/ 网络兴趣爱好者和相关从业人员，必将会进一步推动 SR 技术在中国的普及、发展和落地。

——腾讯网络平台部网络架构中心副总监，专家工程师　邵华

经历过 MPLS、VXLAN、OPENFLOW 为基础的大型网络，我们才知道学术派离真正的可运营网络有多远，SR 是创新的好技术，在控制颗粒度、运营复杂度中找到了一个新的平衡，结合了"集中控制的大局观与分布智能的精细化"两方面的优势，是现代大规模数据中心网络和广域骨干网络设计、控制和操作演进的重要一步。这本书吸引我的一个原因是，作者 Clarence Filsfils 是 MPLS 的亲经者，没有学术派地一味吹捧过往技术的优雅，而是非常客观地阐述新旧技术演进当中踩过的坑、部署中的各种最佳实践，是我喜欢的"接地气"类型。当然另外一个原因必然是资深专家苏远超带队精致翻译的这本书，没有蹩脚的中文，没有生搬硬造的英文术语，只有以精准理解、经验底蕴为背景的通俗诠释，是我们网络工程师的福音。

——青云基础设施部总经理　马志强

当人们热衷于讨论社交网络、移动支付、游戏和云计算的时候，常常忽略了真正的幕后英雄——网络技术。作为 ICT 的基石，每一次网络的重大技术变革，不仅会直接影响 ICT 领域本身，而且影响着应用和商业环境，为产业带来更多令人惊喜的新机会。

在我看来，SR 就是这样的技术变革。其本身设计极其优雅，数据面可以基于久经考验的 MPLS，或者 IPv6，控制面通过扩展 IGP，去掉 LDP、RSVP 等令运维人员头疼的协议，简化了网络的架构。更令人兴奋的是，SR 完美地结合了软件定义网络（SDN），通过集中式的 SDN 控制器，我们可以根据网络状态，直接在数据源端设定数据在网络中的路径（路径

包含在数据包头），无须修改路径上网络设备中的路由信息，从而使得大规模部署流量工程（TE）变得更为简单可行。作为网络创新技术的先行推动者和技术产品的研发者，最近，我们刚好在国内 MPLS 骨干网上成功地实施并部署了 SR 和 SR-TE 技术。这项技术的实践价值不仅满足了不同客户 SLA 的需求，而且平衡了网络流量，大大减少了拥塞的概率。

  本书的中文译者是从事多年网络工作的专家，不仅理论知识扎实，而且具有丰富的实践经验，翻译精准。希望网络从业者们通过阅读本书，熟悉进而精通 SR 及其相关技术，大胆尝试，推出更多的网络创新解决方案。

——北京大地云网科技有限公司联合创始人 / 首席技术官
原思科系统中国研发中心（CRDC）网络技术研发总监　鲁子奕

译者序

Segment Routing 的提出者思科院士 Clarence Filsfils 在 2014 年初给我们介绍 Segment Routing，那是我们第一次了解到这项号称"下一代 MPLS"的技术，并对其针对网络协议做减法的思想非常赞同，但应该说当时的 Segment Routing 还是一块璞玉，尚待雕凿。

Segment Routing 在 2015 年加速成熟，尤其是 SRTE（Segment Routing 流量工程）在思科路由器正式支持之后，很快在不少早期用户的网络中得到部署。由于思科一直致力于推动 Segment Routing 多厂商共识的达成，因此同时间越来越多的业界厂商开始支持 Segment Routing。同年开源 SDN 控制器 Open Daylight 支持 Segment Routing 是一个标志性事件，这意味着 Segment Routing 已经成为业界共识和事实上的 SDN 网络架构标准，羽翼渐丰，准备展翅高飞了。

事实上，从 2016 年开始，Segment Routing 开始真正展现其"应用驱动网络"的巨大威力，它的源路由、只在网络入口节点保存状态信息、天生支持跨域、与拓扑无关的快速收敛等特性被广泛应用于国内外顶级的电信运营商和互联网运营商的网络之中。2017 年 2 月 Linux 内核 4.10 版本正式支持 Segment Routing，这极大地拓展了 Segment Routing 的应用场景，意味着从主机甚至是容器开始就可以调度其对应的业务流在全网的端到端路径，为 Segment Routing 后续发展注入了强大动力。

我们有幸参与设计和部署了国内多个 Segment Routing 网络，其中既有从 SDN+RSVP-TE 网络迁移过来的，也有从传统 IP/MPLS 网络直接跳过 RSVP-TE 部署 Segment Routing 的。无一例外，用户都非常满意 Segment Routing 所带来的网络简化，这无疑是最重要的。

在设计和部署 Segment Routing 过程中，我们深感相关中文资料缺乏，且不成系统，造成不少认识上的误区，不利于 Segment Routing 技术在国内的推广，业界迫切需要一套系统讲述 Segment Routing 的权威书籍。于是在 2016 年 10 月，当 Clarence 为首的思科专家在 Kindle 正式出版了业界第一部 Segment Routing 的专著 Segment Routing-Part I 后，我们马上与 Clarence 联系并得到其授权，着手翻译此书。本书是 Segment Routing 丛书第一卷，主要涵盖了 Segment Routing 总体架构、基础功能模块和最佳实践等内容。

翻译遇到的第一个问题是"Segment Routing"如何翻译？之前国内有翻译为"段路由"和"分段路由"，基本上是直译，但我们认为都没有准确地说明"Segment"的本质是"指令"这一重要概念，经过与业界相关专家和出版社的讨论，我们最终决定不翻译"Segment Routing"这个术语，我们估计各位读者以后可能更习惯于用"SR"这个缩写来称呼 Segment Routing。

翻译遇到的第二个问题，也是本书的特色，就是里面包含相当部分的 Clarence 等其他业界人士对 Segment Routing 的主观看法，可能不是每位读者都能完全同意其中的观点，但我们决定将其原汁原味地呈现出来，从而让各位读者可以对 Segment Routing 为什么会是今天这个样子有更多的了解并形成自己的观点。

翻译遇到的第三个问题，是准确性。由于 Segment Routing 技术非常新、发展很快且缺乏参考翻译资料，为此我们与原作者进行了大量的沟通、核对、修改，力求准确。但由于技术水平所限，时间匆忙，纰漏在所难免，还望各位读者不吝指正。

目前原作者正在撰写第二卷，其中将会包括 Segment Routing 流量工程、Segment Routing 与 SDN 的结合、SRv6 等内容。在原版第二卷成书后，我们也会尽快将其翻译为中文与各位读者见面，敬请期待。

本书的出版要感谢思科一众同事的支持，他们是曹图强（Tuqiang Cao）、柴建（Joanna Chai）、方芳（Flora Fang）、魏松斌（Songbin Wei）、孙强（Victor Sun）、李巍（Vivian Li）等，这本书的出版离不开他们的帮助。同时也感谢阿里巴巴蔡德忠（Dennis Cai）先生的认真审阅，确保本书的质量。还需要感谢我们的家人，他们对于我们用业余时间翻译这本书给予了充分的理解和支持。最后必须感谢人民邮电出版社专业的编辑团队，给了我们很多建议，令本书增色不少。

苏远超　蒋治春
2017 年 7 月于广州

本书约定

样式约定

本书内容组织包含多种样式。
- 一般样式：这是学习 Segment Routing 的读者遵循的常规流程。它包含的是事实，是客观内容，而不是观点。
- 重点提示：重点提示框用于强调重要的元素和主题。这些显示在"重点提示"框中。

重点提示：容量规划

这是一个重点提示的例子。

- 观点：观点框用于表达观点、选择和妥协。该内容不是理解 Segment Routing 所必需的，但给感兴趣的读者提供了更多的背景信息，并以引号形式呈现。我们还邀请了在 Segment Routing 项目上非常积极的业内同行，就 Segment Routing 总体情况或一些具体方面发表意见。这些引言后面附有提供此观点者的姓名。

"这是一个观点的例子"。

—John Doe

- 提示：提示框用于简要说明读者可能不知道或忘记的技术信息（大部分与 Segment Routing 本身无关）。

◦ 提示 ◦

这是一个提示的例子。

插图和示例

本书中的插图和示例遵循以下约定。

- 节点 X 的路由器 ID 为 1.1.1.X。其他环回地址为 n.1.1.X，其中 n 为索引。对于 IPv6，相应的约定为 2001 :: 1:1:1:X / 128 和 2001 :: n:1:1:X / 128，其中 n 为索引。
- 节点 X 连接到节点 Y 的接口的 IPv4 地址为 99.X.Y.X/24，X <Y。例如，节点 2 连接到节点 3 的链路具有网络地址 99.2.3.0/24；节点 2 上的接口地址为 99.2.3.2，节点 3 为 99.2.3.3。
- 节点 X 连接到节点 Y 的接口的 IPv6 地址是 2001 :: 99:X:Y:X/112，X <Y。
- Prefix-SID 是 [16000-23999] 范围内的标签。这是思科设备的默认 SRGB，也是常用做法。
- Adjacency-SID 是 [30000-39999] 范围内的标签，节点 xx 上用于到节点 yy 的邻接的 Adjacency-SID 格式为 3xxyy。如果两个节点之间有多条链路，那么我们将使用 3nxyy，其中 n 是每个 Adjacency-SID 的索引，3nxyy 看起来也很像 3xxyy。
- 用于 Segment Routing 的其他动态标签，如 Peering-SID、Binding-SID 等，在 [40000-49999] 范围内。
- 其他 MPLS 应用（如 LDP、RSVP-TE、BGP 3107 等）分配的动态标签在 [90000-99999] 范围内。

目 录

第 1 章　简介

　　1.1　本书目标 ··· 1
　　1.2　我们为什么启动 SR 项目 ··· 2
　　1.3　SDN 和 OpenFlow 的影响 ·· 9
　　1.4　100%覆盖率的 IPFRR 和最优修复路径 ····································· 13
　　1.5　其他好处 ·· 14
　　1.6　团队介绍 ·· 15
　　1.7　保持简单 ·· 17
　　1.8　标准化和多厂商共识 ··· 18
　　1.9　全局标签 ·· 19
　　1.10　SR MPLS ·· 20
　　1.11　SRv6 ··· 21
　　1.12　行业获益 ·· 22
　　1.13　参考文献 ·· 23

第 2 章　Segment Routing 基础

　　2.1　什么是 SR ·· 25
　　2.2　Segment 概念 ·· 25
　　　　2.2.1　Segment 和 Segment 标识 ··· 26
　　　　2.2.2　Segment 组合 ·· 26
　　　　2.2.3　Segment 列表操作 ·· 26
　　　　2.2.4　全局和本地 Segment ··· 27
　　2.3　SR 控制平面 ·· 27
　　　　2.3.1　IGP Segment ·· 28

  2.3.2 BGP Segment ………………………………………………………… 39
  2.3.3 组合使用 Segment ………………………………………………… 43
 2.4 SR 数据平面 ……………………………………………………………… 46
 2.5 小结 ………………………………………………………………………… 46
 2.6 参考文献 …………………………………………………………………… 47

第 3 章 Segment Routing MPLS 数据平面

 3.1 IPv4 和 IPv6 ……………………………………………………………… 49
 3.2 现有 MPLS 数据平面 …………………………………………………… 49
 3.3 SR 全局块 ………………………………………………………………… 50
 3.4 SR MPLS 标签栈操作 …………………………………………………… 52
  3.4.1 压入 MPLS 标签 ………………………………………………… 54
  3.4.2 MPLS 标签交换 ………………………………………………… 56
  3.4.3 倒数第二跳节点行为 …………………………………………… 57
  3.4.4 最后一跳节点 …………………………………………………… 62
  3.4.5 Adjacency-SID 和 MPLS ……………………………………… 62
  3.4.6 "不带标签"转发条目 …………………………………………… 62
  3.4.7 IGP SR MPLS 转发表项 ……………………………………… 66
 3.5 MPLS TTL 和 TC/EXP 处理 …………………………………………… 70
  3.5.1 TTL 处理：IP 到 MPLS 和 MPLS 到 IP ……………………… 71
  3.5.2 TTL 处理：MPLS 到 MPLS …………………………………… 72
  3.5.3 处理 MPLS TTL 到期 ………………………………………… 73
  3.5.4 TC/EXP 字段操作 ……………………………………………… 74
 3.6 MPLS 负载均衡 ………………………………………………………… 76
 3.7 MPLS MTU 处理 ………………………………………………………… 78
 3.8 小结 ………………………………………………………………………… 80
 3.9 参考文献 …………………………………………………………………… 81

第 4 章 SRGB 管理

 4.1 SRGB 大小 ………………………………………………………………… 83
 4.2 多个范围的 SRGB ……………………………………………………… 84
 4.3 SRGB 标签范围 ………………………………………………………… 85
 4.4 SRGB 和 Anycast Segment …………………………………………… 90

4.5	SRGB 配置	92
	4.5.1　Cisco IOS XR SRGB 实现	95
	4.5.2　SRGB 错误	99
4.6	小结	99
4.7	参考文献	100

第 5 章　Segment Routing IGP 控制平面

5.1	IGP 协议的 SR 扩展	101
	5.1.1　ISIS SR	101
	5.1.2　OSPFv2 SR	104
	5.1.3　OSPFv3 SR	109
5.2	SR 能力	109
	5.2.1　SRGB 通告	110
	5.2.2　ISIS SR 能力通告	110
	5.2.3　OSPFv2 SR 能力通告	116
5.3	Prefix-SID	119
	5.3.1　在 IGP 通告中传递 Prefix-SID	119
	5.3.2　Prefix-SID 配置	120
	5.3.3　ISIS Prefix-SID 通告	123
	5.3.4　OSPFv2 Prefix-SID 通告	129
5.4	Adjacency-SID	139
	5.4.1　在 IGP 通告中传递 Adjacency-SID	139
	5.4.2　Adjacency-SID 分配	140
	5.4.3　LAN Adjacency-SID	140
	5.4.4　Adjacency-SID 持久性	142
	5.4.5　ISIS Adjacency-SID	147
	5.4.6　OSPFv2 Adjacency-SID	162
5.5	IGP 多区域 / 层次操作	183
	5.5.1　确定前缀的倒数第二跳	183
	5.5.2　在区域 / 层次间传播 Prefix-SID	185
	5.5.3　ISIS 多区域示例	188
	5.5.4　OSPFv2 多区域示例	199
5.6	路由重分发和 Prefix-SID	215

5.6.1	路由重分发示例	216
5.6.2	OSPF NSSA	229
5.7	小结	233
5.8	参考文献	233

第 6 章 Segment Routing BGP 控制平面

6.1	BGP 标签单播	238
6.2	BGP Prefix-SID	245
6.3	BGP Prefix-SID 通告	249
6.4	与不支持 SR 的 BGP-LU 互操作	250
6.5	SR BGP 应用于无缝 MPLS 架构	252
6.6	基于 BGP 的数据中心	253
6.6.1	从传统数据中心到 Clos 架构	253
6.6.2	BGP 应用于全三层组网的数据中心	254
6.6.3	基于 MPLS 的数据中心	256
6.6.4	BGP-LU 应用于数据中心	256
6.7	SR 应用于数据中心的好处	259
6.7.1	负载均衡效率	259
6.7.2	感知路由	260
6.7.3	性能路由	261
6.7.4	确定性网络探测	261
6.8	BGP Prefix-SID 应用于数据中心	262
6.8.1	配置 EBGP Prefix Segment	264
6.8.2	配置 L3VPN 叠加业务	277
6.8.3	配置 EBGP 多路径	282
6.8.4	配置 IBGP Prefix Segment	288
6.9	总结	301
6.10	参考文献	301

第 7 章 Segment Routing 在现有 MPLS 网络部署

7.1	SR 和其他 MPLS 协议共存	304
7.1.1	控制平面共存	304
7.1.2	数据平面共存	305

		7.1.3 实现细节 ·········· 310

- 7.2 SR 和 LDP 互操作 ········· 316
  - 7.2.1 LDP 到 SR 互操作 ········· 317
  - 7.2.2 SR 到 LDP 互操作 ········· 327
  - 7.2.3 SR over LDP 以及 LDP over SR ········· 336
  - 7.2.4 SR 和 LDP 互操作总结 ········· 338
- 7.3 总结 ········· 340
- 7.4 参考文献 ········· 340

第 8 章 Segment Routing 映射服务器

- 8.1 映射服务器功能 ········· 341
- 8.2 映射服务器在网络中的位置 ········· 342
- 8.3 映射客户端功能 ········· 343
- 8.4 映射服务器架构 ········· 345
- 8.5 映射服务器本地策略配置 ········· 346
- 8.6 映射范围冲突解决机制 ········· 348
  - 8.6.1 重叠 / 冲突映射范围示例 ········· 349
  - 8.6.2 从不同映射服务器中选择映射范围 ········· 353
  - 8.6.3 映射范围与"原生"Prefix-SID 的冲突 ········· 358
- 8.7 SRMS 相关 IGP 配置 ········· 359
  - 8.7.1 映射服务器 ········· 359
  - 8.7.2 映射客户端 ········· 361
  - 8.7.3 映射服务器和映射客户端 ········· 362
- 8.8 ISIS 映射服务器通告 ········· 362
- 8.9 OSPF 映射服务器通告 ········· 365
- 8.10 映射服务器应用于多区域 / 层次网络 ········· 368
  - 8.10.1 ISIS 跨层次 SRMS 通告 ········· 368
  - 8.10.2 OSPF 区域间 SRMS 通告 ········· 368
- 8.11 总结 ········· 377
- 8.12 参考文献 ········· 377

第 9 章 与拓扑无关的无环路备份

- 9.1 简介 ········· 379

9.2 LFA ··· 385
9.3 RLFA ··· 389
9.4 TI-LFA ·· 393
    9.4.1 TI-LFA 计算 ·· 396
    9.4.2 Segment 列表长度分析 ·· 396
    9.4.3 修复路径采用 TE 基础设施 ·· 397
9.5 TI-LFA 保护选项 ·· 401
    9.5.1 链路保护 ··· 402
    9.5.2 节点和 SRLG 保护 ·· 410
    9.5.3 事实上的节点保护 ·· 425
9.6 确定 P 节点 /PQ 节点地址 ··· 427
    9.6.1 ISIS 确定 P 节点 /PQ 节点地址 ··· 427
    9.6.2 OSPF 确定 P 节点 /PQ 节点地址 ··· 430
9.7 Adjacency Segment 保护 ·· 431
9.8 TI-LFA 用于保护 IP 和 LDP 流量 ··· 435
    9.8.1 保护不带标签的 IP 流量 ·· 436
    9.8.2 保护 LDP 流量 ··· 441
    9.8.3 TI-LFA 应用 SR/LDP 互操作功能 ·· 449
9.9 TI-LFA 修复路径负载均衡 ··· 453
9.10 微环路避免 ··· 457
    9.10.1 微环路概述 ·· 458
    9.10.2 现有微环路避免机制 ··· 460
    9.10.3 SR 微环路避免功能 ··· 463
9.11 总结 ··· 466
9.12 参考文献 ··· 466

第 10 章 利用 Segment Routing 实现大规模互联

10.1 应用注意事项 ·· 470
10.2 参考设计 ··· 470
    10.2.1 节点互联 ··· 472
    10.2.2 端点互联 ··· 472
10.3 设计选项 ··· 473
    10.3.1 叶子域 / 核心域大小 ··· 473

		10.3.2	二级叶子（Sub-Leaf）域 ……………………………………………… 474

- 10.3.2 二级叶子（Sub-Leaf）域 ……………………………………… 474
- 10.3.3 流量工程 ………………………………………………………… 475
- 10.4 扩展能力示例 …………………………………………………………… 475
- 10.5 部署模型 ………………………………………………………………… 477
- 10.6 好处 ……………………………………………………………………… 478
- 10.7 总结 ……………………………………………………………………… 478
- 10.8 参考文献 ………………………………………………………………… 479

第 11 章 验证 SR MPLS 网络连接

- 11.1 现有 IP 工具包 ………………………………………………………… 481
  - 11.1.1 IP Ping ………………………………………………………… 482
  - 11.1.2 IP Traceroute ………………………………………………… 482
  - 11.1.3 IP Ping/Traceroute 和 ECMP ……………………………… 483
  - 11.1.4 MPLS 环境中的 IP Ping …………………………………… 484
  - 11.1.5 MPLS 环境中的 IP Traceroute …………………………… 484
- 11.2 现有 MPLS 工具包 …………………………………………………… 487
  - 11.2.1 MPLS Ping …………………………………………………… 488
  - 11.2.2 MPLS 回显请求/应答数据包 ……………………………… 491
  - 11.2.3 MPLS Traceroute …………………………………………… 495
  - 11.2.4 MPLS Traceroute 实现路径发现 ………………………… 503
  - 11.2.5 MPLS Ping/Traceroute 使用 Nil-FEC ……………………… 512
- 11.3 针对 SR 的 MPLS OAM …………………………………………… 512
- 11.4 总结 ……………………………………………………………………… 512
- 11.5 参考文献 ………………………………………………………………… 513

第 12 章 Segment Routing IPv6 数据平面

- 12.1 IPv6 Segment …………………………………………………………… 516
- 12.2 SRv6 SID ………………………………………………………………… 517
- 12.3 IPv6 报头回顾 ………………………………………………………… 517
- 12.4 路由报头 ………………………………………………………………… 518
- 12.5 SRH ……………………………………………………………………… 519
- 12.6 SRH 处理过程 ………………………………………………………… 522
  - 12.6.1 源节点 ………………………………………………………… 522

12.6.2 Segment 端节点 ·· 524
12.6.3 中转节点 ··· 524
12.7 插入 SRH 与压入 IPv6 报头 ··· 525
12.7.1 源节点插入 SRH ··· 525
12.7.2 入口节点插入 SRH ··· 526
12.7.3 入口节点插入封装报头 ··· 527
12.8 总结 ··· 528
12.9 参考文献 ··· 528

全书总结

第 1 章　简介

1.1 本书目标

本书是《Segment Routing 详解（第一卷）》。

本书的目标包括如下几方面。

- 本书讲授 Segment Routing（缩写为 SR）的基本要素，主要包括与 SR 相关的 IGP 扩展、与 IGP/LDP 交互、与拓扑无关的快速重路由（TI-LFA）和 MPLS 数据平面。《Segment Routing 详解（第二卷）》将会重点介绍 SR 的一个重要应用—流量工程，以及 SR 与 IPv6 数据平面的结合。第一卷主要介绍的是近期最有可能部署的 SR 用例，第一卷是第二卷内容的基础。
- 本书提供基于实际部署的真实 SR 用例的网络设计准则和示例。
- 本书邀请了参与 SR 项目开发的运营商分享关于 SR 技术及其部署的意见和建议。
- 本书解释了为什么 SR 技术被定义为现在大家看到的这个样子，作为提出这一技术的技术人员，什么是我们的主要目标，什么是我们对于技术发展的直觉，在这一技术发展的最初三年中发生了什么事情。

本书的第一个目标能够被读者很自然地理解。作为一本讲述 SR 技术的书，我们自然会用绝大多数篇幅来介绍 SR 技术本身，这是本书的客观部分。

同时我们相信，对该技术的一些主观观点的分享和阐述，对于客观地理解技术本身是非常重要的补充。这有助于读者理解该技术的哪些部分在现实中是真正重要的，它针对什么问题提供了优化，在面对实际情况需要妥协和取舍时做了什么选择。

所以本书的其余三个目标与我们对 SR 技术的主观观点和经验相关。通过对实际部署用例的剖析，通过运营商（他们参与了 SR 技术的设计，也是 SR 技术的最终使用者）的观点分享，通过解释 SR 技术的来龙去脉，我们希望读者能够对 SR 架构有更加接地气的理解。

当然，本书的主要篇幅还是围绕第一个目标，客观的解析和描述 SR 技术本身以及相关的用例。重要的概念将会以"重点提示"的形式在单独文本框中强调。

为了清楚地区分主观部分的内容和客观部分的内容，主观部分的文字连同具名都会在单独的文本框中予以体现。

整个第 1 章都可以看作主观陈述，且听 Clarence 娓娓道来。他告诉读者他的 SR 之旅是怎么开始的，SDN 和 OpenFlow 在其中产生了什么影响，他如何运作 SR 这一项目，以及他如何吸引各大运营商一起来讨论和定义 SR 技术并推动特定用例的实现。

我们想强调整个第 1 章以及穿插在本书中的其他个人观点文本框的主观属性。这些内容表达的是一些个人观点，但有助于读者在阅读的过程中形成自己的观点和看法。这些内容并非"这事只能这样做"或"只有这样才是对的"之类的教条，它们只是为了呈现出部分人对这项技术的观点和看法，以抛砖引玉。所以，这些主观文字和本书的绝大部分内容是不一样的，本书主要的内容还是客观地描述技术本身。

1.2 我们为什么启动 SR 项目

1998 年，我（译者注：这里指 Clarence Filsfils 本人，下同）加入思科欧洲咨询团队，负责部署一种被称为标签交换（tag-switching）的新技术，后来这一技术被重命名为 MPLS。

这是一段奇妙的经历：我见证了整个 MPLS 技术定义过程，和 MPLS 架构团队密切合作，获得 MPLS 技术设计的第一手经验，部署了第一个大型的 MPLS 网络，并从运营商处得到了他们的需求和反馈。

在这些年里，优雅的 MPLS 数据平面很少受到挑战，但是人们越来越明显地感到 MPLS 经典的控制平面（LDP 和 RSVP-TE）太过复杂，而且缺乏可扩展性。

在 2016 年，当我们写下这些文字的时候，可以有把握地说，有了 IGP 协议，LDP 协议是多余的。用 IGP 协议去分发前缀（Prefix）和与前缀绑定的标签（label），比用单独的 LDP 协议分发标签要好。

这是因为 LDP 增加了复杂度：你需要多配置一个协议，而且要解决 LDP 和 IGP 之间复杂的交互问题（LDP-IGP synchronization issue，RFC 5443，RFC 6138）。

20 年前 LDP 被发明出来的时候，它的确有一定道理，也带来一定好处。我们不是说在 20 世纪 90 年代发明 LDP 是一个错误。我们想说的是，在我们看来[1]，如果一个运营商在 2016 年要去部署一个新的 MPLS 网络，考虑到上述问题和从 RLFA（译者注：远端无环路备份，RFC 7490）中吸取的经验，运营商不会考虑再采用 LDP 去分发标签，而是会直接用 IGP 去分发标签。这就需要对 IGP 进行一些简单的扩展，我们会在第 5 章中进行介绍。

在 RSVP-TE 方面，我们可以有把握地说其带宽管理控制功能的实际部署案例很少，并且即使是这些少量的部署也暴露出运维复杂和扩展性不佳的问题。实际上，绝大多数的

RSVP-TE 部署只是为了使用快速重路由（FRR，Fast Reroute）功能。

总的来说，我们估计很可能没有企业用户以及只有不到 10% 的运营商用户在使用 RSVP-TE，他们中绝大多数部署 RSVT-TE 是为了 FRR。

我们的重点不是批评 RSVP-TE 协议的设计或者贬低其价值。像 LDP 一样，在 20 年前 RSVP-TE 协议和 MPLS-TE 技术被定义为现在我们看到的样子，自有其原因。必须说明，20 年前 RSVP-TE 和 MPLS-TE 对于 IP 网络来说是一个主要的创新。在那个时候，没有任何其他的带宽优化方案，也没有任何其他快速重路由方案，RSVP-TE 和 MPLS-TE 在 20 年前确实带来了巨大的益处。

我们想表达的意思是，在 2016 年我们再来看适用于 IP 网络的技术，这些老的技术还能满足现代 IP 网络的需要吗？

在我们看来，RSVP-TE 和经典的 MPLS-TE 当年是被定义为在 IP 网络中取代帧中继和 ATM 的技术，其目标是在 IP 网络中创建电路，这需要沿着电路的路径，用信令逐跳地传递电路的状态信息。电路的带宽需要在每一跳上进行预留，每一跳的状态需要保持更新。为了进行分布式 TE 计算，每一条链路上的可用带宽信息要用 IGP 泛洪的方式传递到整个域。

我们相信这一设计的目标已经和现代 IP 网络的需求不相符了。

首先，RSVP-TE 对等价多路径（ECMP，Equal Cost Multi Path）的支持并不好。这是一个根本性的问题，因为现代 IP 网络的一个基本属性就是提供从源到目的地的多路径。ECMP 能够将流量分布到多条路径上，这对于按需增加网络带宽容量和提供冗余保护来说是至关重要的。

其次，为了准确地预留带宽，RSVP-TE 要求所有的 IP 流量跑在 RSVP-TE 隧道中，这导致了应用上的复杂性和可扩展性问题。

为了阐明这一问题，让我们来分析一下网络最常见的状态，即容量已经被正确地规划的网络。

这样一张网络，在一系列可能发生的独立的网络故障情况下，有足够的容量满足流量转发的可能要求且不会导致拥塞。流量被路由至 IGP 计算出来的最短路径，最短路径上有足够的带宽。这就是大多数运营商和企业网络在所有或者绝大多数情况下的状态（取决于网络流量大小和故障情况的定义）。有一些工具，例如思科广域网自动化引擎（WAE，WAN Automation Engine）[2]，能用于进行正确的网络容量规划。

> **重点提示：容量规划**
>
> 想要成功地实施流量工程，必须先学会容量规划。一个类比是一个人想要保持健康（好比服务级别协议 SLA），必须找到一种生活方式（好比容量规划）来保持身心平衡，这样才能最大限度地减少药物的使用（好比战术型流量工程）。我们建议大家去学习 WAE[2]。

在这个正常状态下,网络并不需要流量工程来避免拥塞。这似乎是不言自明的,但是你会看到一个部署了 RSVP-TE 的网络并不是这样的。

在某些极端情况下,流量超过了规划的带宽,或者发生了一些预料之外的故障,网络会发生拥塞,这个时候可能会需要流量工程。我们说可能,是因为这还取决于网络容量规划。

一些运营商在做容量规划建模的时候,会认为这类流量突发或网络故障情形发生的概率太小,因此其导致的拥塞是可以容忍的。这是一种非常常见的容量规划方式。

另一些运营商会对这种极小概率的流量突发或网络故障导致的拥塞零容忍,此时就需要战术型流量工程了。

所谓战术型(Tactical)流量工程方案,是只有在需要的时候才启用的一种方案。

然而,经典的 RSVP-TE 方案是一种"永远在用"的方案。在任何时候,无论拥塞有没有发生,所有流量必须被引导通过"电路"(RSVP-TE 隧道)进行转发。这需要在每一跳上正确地统计已使用的带宽。

这就导致了令人十分头疼的全网状 RSVP-TE 隧道。全网状连接意味着从任意一个网络边缘节点到其他任意一个网络边缘节点间都需要建立隧道,且所有的流量必须在隧道里传送。

由于 IP 转发会破坏流量统计的准确性,因此所有流量都需要跑在隧道里,这样基于 IGP 计算的 ECMP 就用不上了,为了克服 RSVP-TE 不支持 IGP ECMP 的问题,在源和目的地之间必须建立多条隧道(一条等价路径至少对应一条隧道)来实现流量分担。

在最常见的情况下,IP 网络即使不需要流量工程,RSVP-TE 也需要永久地建立和维持 $N^2 \cdot K$ 条隧道,此处 N 是网络中节点的数量,而 K 是 ECMP 的路径数量。而且即使不需要流量工程,经典的 MPLS-TE 方案也总是要求所有的 IP 流量采用 MPLS-TE 电路方式进行传送,而不是进行 IP 数据包交换。

在绝大多数情况下,全网状隧道不会带来任何收益,而只会导致操作非常复杂和扩展性受限。事实确实如此,由于网络容量已经进行了正确的规划,因此在绝大多数情况下所有这些隧道遵循的是 IGP 计算出来的最短路径,此时不需要流量工程。

这远不是最优的做法。就好比一年只有那么几天会下雨,但一个人却需要天天穿着雨衣和雨鞋出门一样。

RSVP 操作复杂

"超过 15 年以前,当德国电信在实施 IP/MPLS 多业务网络设计时,每个人都想当然地认为应当使用 RSVP 流量工程技术来优化整个网络的效率。虽然路由器最终被证明可以运行 RSVP,但 RSVP 的操作经验实在是灾难性的:即使在那个时候,ECMP 路由的效果也被完全低估了,于是我们被迫采用越来越多的 TE 隧道来解决平行链路所带来的影响，这就使得由显式路径构成的叠加（Overlay）拓扑更加复杂。

最后我们发现调整 IGP 度量（Metric）不失为一种相当不错的优化网络效率的方法，虽然不像显式路径那么完美，但操作复杂度要低得多。

我们把 RSVP 作为一种战术型流量工程手段继续使用了一段时间，并和一个只是为了使用 FRR 功能而部署了 RSVP 的网络进行了合并。但最终我们设法只通过 IGP 度量调优、基于无环路备份（LFA）的 IP FRR 和传输拓扑优化这些手段，实现了优化网络效率、FRR 和非相交路径（Disjoint Path）的所有需求。从网络设计中拿掉 RSVP 是一件皆大欢喜的事，虽然从技术角度，它看上去很美"。

——Martin Horneffer

让我们回顾一下导致经典的 RSVP-TE 复杂度和可扩展性问题的两个源头：一个是参考 ATM/ 帧中继电路进行建模；另一个是采用分布式而不是集中式的方式做带宽优化。

在 2000 年代初期，Thomas Telkamp 正管理着 GLOBAL CROSSING 覆盖全球的骨干网，那时他在荷兰阿姆斯特丹。这是最早的 RSVP-TE 实际部署之一，在当时可能也是最大的一个。我曾有幸和他一起工作，并从中得到以下三个体会。

- "永远在用"的 RSVP-TE 全网状连接模型太复杂了，实在是徒增苦楚，得不偿失。在绝大多数情况下，按照网络的 IGP 最短路径转发就好了。战术型流量工程相对来说更具吸引力。还记得那个整天穿雨衣的比喻么？我们应该只在下雨天才需要穿雨衣。
- ECMP 对 IP 来说很关键。IP 流量工程必须原生支持 ECMP。
- 在实际网络中，路由收敛比带宽优化对 SLA 的影响要大。

下面来说明上述第三点。

在 2000 年代初期，GLOBAL CROSSING 运营着可能是世界上最早的 VoIP 业务。当任何网络故障发生时，连接都会断开几十秒钟，直到这张运行了 IGP 和全网状连接 RSVP-TE 隧道的网络重新收敛。

考虑到这张网络的容量是被规划为能够容忍大多数可以预见的故障，而这些故障确实经常在这张大网上发生，我们就能很容易地理解缓慢的路由收敛对 SLA 的影响要比流量拥塞严重得多。

归功于 Thomas 和 GLOBAL CROSSING 的经验学习，我开始了"快速收敛"项目的研究。

在 6 年之内，我们把一个覆盖全球的参考网络的 ISIS/OSPF 收敛时间从 9.5s 减少到小于 200ms。这牵涉路由系统方方面面的大量优化，从 ISIS/OSPF 进程，到路由器线卡硬件 FIB（转发表）的构建：涉及 RIB（路由表）、LDP、LSD（标签交换数据库，即 MPLS RIB）、BCDL（从路由处理器到线卡的总线）和 FIB 进程等。这牵涉大量的实验室工作来监控小于 200ms 收敛目标的进展，或者发现下一个瓶颈。

在推进 ISIS/OSPF 快速收敛的同时，我们也在研究基于 IP 的自动 FRR，以实现 50ms 保护。

如前所述，我们知道只有很少（10%）的网络部署了 RSVP-TE，并且绝大多数 RSVP-TE 部署都是为了 FRR，而不是带宽优化。所以如果我们能发明一种针对 IP 优化的 FRR 方案，并且要比 RSVP-TE 操作起来更简单，那它一定会引起很多运营商的兴趣。

2001 年，我们在思科布鲁塞尔办公室的餐厅里开始了这项研究。这是一场关于"水流"的讨论：如果经过山谷的一条河流遇到了阻碍，只需要人工把水流引导到一个正确的小山顶上，就能让水从那里自然而然地流向目的地。

这一直觉构成了我们 IPFRR 研究的基础：显式路径越短越好。

与 RSVP-TE FRR 相反，我们不想引导数据包绕过故障点后回到故障点的另一端。这是基于 ATM/帧中继"电路"的模型。我们想要的是基于 IP 的模型。我们希望尽快地重路由绕开故障点，从而可以尽快地把数据包释放回通常的 IP 转发路径上。

尽快地把数据包释放回通常的 IP 转发路径，是我们 IPFRR 项目的目标。

很快，我们发明了无环路备份（LFA，Loop Free Alternate，RFC 6571）。

对于 75%～90% 的 IGP 目的地，LFA 允许 IGP 预先计算出 FRR 备份路径（关于 LFA 应用分析和基于真实数据集的覆盖范围报告，请参见 RFC 6571）。因为它提供了比 RSVP-TE 简单得多的 FRR 替代方案，LFA 吸引了很多人的兴趣。

随后，我们引入了 RLFA（Remote LFA，RFC 7490）的概念，使得 IPFRR 的覆盖范围扩展到了 95%/99%。

这对于绝大多数运营商而言已经足够了。大家都更愿意使用简单得多的 LFA/RLFA，再没有人仅仅为了 FRR 而部署 RSVP-TE 了。

然而这里有两个遗留问题待解决：理论上无法保证 100% 覆盖率；备份/修复路径不是最优的可能性依然存在（备份路径不是收敛后路径）。

我们对此做了大量的研究，最后发现不通过显式路由我们无法提供上述两种特性。

> "在 2000 年代初期，RSVP-TE 是唯一可用的 FRR 方案。在一个主用路径使用 LDP 协议的网络中部署 RSVP-TE 来实现 FRR，会给网络设计和操作带来额外的复杂度，因为三种协议（IGP，LDP，RSVP-TE）之间存在交互：设想当某条链路发生故障时多种协议的事件顺序吧，当某个地方出错时，排错可就不是那么容易了。
>
> IPFRR 的出现是简化网络的良机，可以只用一个主要的协议（IGP）来实现 FRR。
>
> 虽然 LFA/RLFA 没有提供 100% 保证的保护，但对网络的简化已足以成为使用他们的好理由：简单的网络通常更健壮。"
>
> ——Stéphane Litkowski

在进行 IGP 快速收敛研究和 IPFRR 研究的同时，我们也在进行第三项相关的研究：研究微环路（Microloop）避免方案[3]，即防止数据包由于正在进行收敛的路由器之间短暂的不一致状态而被丢弃的方案。

在研究中我们找到了一些理论上的解决方案，但是没有一个能够满足实际网络部署对覆盖和健壮性的要求。

让我们在这里先停下来，总结一下这些年来从网络设计、部署和研究中学习到的一些关键点。

- LDP 是多余的，并且带来不必要的复杂度。
- 为了解决带宽优化的问题，RSVP-TE 全网状连接模拟了 ATM/ 帧中继的"电路"，却采用了分布式优化，结果就是非常复杂而且扩展性差。一种战术型、支持 ECMP 且针对 IP 优化的方案会更好。
- 为了解决 FRR 问题，RSVP-TE 方案模拟了 SONET/SDH 的"电路"，所以带宽和时延方面有太多不优化的地方，而且复杂到无法操作的地步。一种支持 ECMP、针对 IP 优化且能尽快地把数据包释放回 IGP 最短路径的方案会更好。我们的 IPFRR 研究得出了 LFA 和 RLFA。绝大多数运营商对这两种方案能够覆盖 90%～99% 的故障场景感到满意，但 100% 覆盖率仍然没有达到。我们知道要实现 100% 覆盖率，某种形式的显式路径是必不可少的。
- MPLS 被认为太复杂以致无法部署和管理，绝大多数企业网络和部分运营商网络没有部署 MPLS。
- 微环路避免的问题还没有解决。

大约在 2012 年，我管理的一个研究项目和存在 ECMP 的网络中的 OAM 有关。

对于运营商来说，当转发故障涉及其中一部分的 ECMP 路径时，要进行定位是相当困难的。

作为上述研究的一部分，我们提出了为每一台路由器的每一个出接口分配 MPLS 标签，然后在发起 OAM 探测数据包的设备上压入相应的标签栈，引导 OAM 探测数据包按照指定路径转发。每一跳路由器均弹出顶层标签，并转发数据包至此标签指定的出接口。

但是这个方案并不是很吸引人，理由如下。

首先，在链路层面 BFD 已大规模部署，所以在链路层面影响流量的故障已经能够被检测出来。我们需要检测的故障是针对转发表中某个目的地的转发故障，这看起来有点偏离目标。

其次，这个方案需要太多的标签，因为网络中每一条链路都需要分配一个标签，当网络直径很大时所需要的标签数量就会很多。

恰好在那个时候，我正在规划去往罗马的行程，忽然一个想法闯入了我的脑海：我要从布鲁塞尔开车去罗马，如果我听到广播里面说 Gottardo 隧道（译者注：位于瑞士境内的一条公路隧道）封闭了，那我就会想到绕道日内瓦，然后从那里开去罗马。

这一直觉开启了 SR 的项目研究：在我们日常生活中，我们并不会规划行程中的每个转弯,相反地,我们会规划少数几个航路点,航路点之间走最短路径。把这种直觉应用到实际网络上:实际网络中的流量工程问题,可以由网络中一段或两段最短路径予以解决,对应于SR术语中的一个或两个Segment(见2.2节)。

多年以来在实际网络上的设计和部署经验告诉我,大道至简,不必要的求全责备会导致更高的成本和复杂度。

很显然,我知道我需要用科学方法验证这一想法,需要对真实的网络进行分析,需要用流量工程问题加以验证,但基于我见过的大量的网络,我感觉我的直觉是对的。

> **重点提示:少量 Segment 就能够表示一条显式路径**
>
> 当我们向朋友说明一条路径的时候,我们并不会描述沿途的每个转弯,我们只会描述几段行程,说明每段行程开始和结束于哪个城市。
>
> 应用这种直觉到实际网络上:实际网络中的流量工程问题,可以由网络中一段或两段最短路径予以解决,对应于SR术语中的一个或两个Segment。
>
> Segment 数量的理论上限与网络直径正相关,但实际应用中只需要少数几个Segment。

这就是SR项目的开始。

我们用路由协议来分配标签(例如:前缀Segment,以下称为Prefix Segment,见第2章),然后基于少量标签构建的标签栈(Segment列表)来构造一个支持ECMP、针对IP优化的显式路径解决方案。由于去除了LDP和RSVP-TE,我们极大地简化了MPLS控制平面,同时还可以提升其扩展性和功能特性:战术型带宽流量工程、100%覆盖率的IPFRR、微环路避免和OAM。我们会在本书中详细地解析这些概念。

图1-1 Clarence在古罗马Appia道路的起点,位于罗马

事实上，"SR"这个名字最初来源于"通往罗马之路"的直觉，在意大利语中，"SR"是"Strade Romane"的缩写，意思是罗马帝国修建的路网。通过组合使用多条道路，罗马人可以去往帝国内任何一个地方。

后来，我们把"SR"重新定义为"Segment Routing"。

1.3 SDN 和 OpenFlow 的影响

2003 年，两篇重要的论文发表在 SIGCOMM 上：微软发表的 SWAN[4] 和 Google 发表的 B4[5]。

当我在读这些出色的论文的时候，我觉得我能同意其中的想法，但是我不会用 OpenFlow 的概念去实现它们。因为在我看来，这没法扩展。

我花了好几年的时间来提升路由收敛速度，因此我知道问题主要不在于控制平面和路径计算算法，而在于从路由处理器往线卡发送 FIB 更新的时间，以及从线卡 CPU 往线卡硬件转发表写入这些更新的时间。

从量级的角度看，当我们开始路由快速收敛项目研究的时候，路由处理器用来计算和更新一条路由表项的时间在 μs 量级，其他部分（分发更新到线卡，更新硬件转发表）的处理时间在 ms 量级。我们花了很多年的时间，才把后者改善到 10μs 量级。

所以，从直觉上我敢说基于 OpenFlow 的方式会陷入严重的收敛问题。从集中式的控制平面向各个交换机发送更新，并且交换机把更新安装到硬件中，需要耗费太多的时间。

给读者一些建议：研究一下 OpenFlow 相关论文公布的数字，你会意识到这些系统的收敛速度有多慢。

尽管如此，阅读这些论文对于 SR 项目却是至关重要的。

基于我的"通往罗马之路"的想法，我想到把集中式优化和基于 Prefix Segment 列表的流量工程结合起来可能是一个更好的方案。

来自 Google 的 Urs Holzle 的论文[6]清楚地描述了对于集中式优化的需要，也详细讨论了 RSVP-TE 的分布式信令机制的缺陷：缺乏最优性、缺乏可预见性以及收敛速度慢。

在一个分布式信令方案中，每台路由器就像一个坐在桌子边的小孩，而带宽资源就像桌子中间的一堆糖果。每台路由器争抢带宽资源，就像一个小孩在争抢糖果一样。这种缺乏协调的争抢会导致最优性的丧失（任何一个小孩都没法保证获得他喜爱的口味或者对其健康有利的糖果），也会导致可预见性的丧失（没法猜测哪个小孩会获得什么糖果），还会导致收敛速度慢的问题（小孩们为了同一个糖果争抢起来，都抢不到，换一个糖果又抢起来）。

> **重点提示：集中式优化**
>
> Urs Holzle 的论文[6]里面有对集中式优化相对于 RSVP-TE 分布式信令的优势分析：最优性、可预见性和收敛时间。

集中式优化的必要性是很清楚的，在这点上我同意这篇论文的观点，但是在我看来，用类似 OpenFlow 的技术来实现会有问题。这会导致在集中式控制器和分布式转发单元之间太多的交互。

第一个原因是 OpenFlow 的控制粒度太小：每条流（Flow）的每一跳转发都需要一条表项。为了在整个网络上建立起一个流的转发，需要对转发路径上所有的路由器进行编程。对于成千上万条流甚至上百万条流，这意味着需要维持太多太多的状态信息。

第二个原因是每次网络发生变化时，控制器都需要重新计算流的转发逻辑，以及更新网络中大部分设备的流表。

换一种思路，我的直觉是可以让集中式控制器像用乐高积木搭建乐高玩具一样来使用 Segment。网络提供去往某个目的地的支持 ECMP 的最短路径（Prefix Segment），它们就像基本的乐高积木一样。控制器可以像组合乐高积木一样把它们组合起来形成任意想要的显式路径。每条流的状态信息越少越好，实际上只需要在源节点对于每条流维持一个状态信息。

要实现从旧金山（SFO）经由丹佛（DEN）去往纽约（NYC）的路由需求，控制器需要做的仅仅是给路径源节点 SFO 下发指令，而不是对沿路的每一台路由器针对每一条流进行编程。给路径源节点下发的指令也仅仅包括一条源路由路径信息，其表达为一个具有顺序的 Segment 列表 {DEN，NYC}。这就是我们所说的 SR 流量工程（SRTE）。

> "SR 是现代大规模数据中心和广域网络设计、控制和操作演进的重要的一步。它把对流量的控制提高到了一种空前的水平，却无须伴之以现有 MPLS 控制平面技术所要求的大量状态。可以利用现有 MPLS 数据平面来实现，这意味着此技术能够被快速地引入到现有网络而不造成大的中断，其易部署性是它相对于其他 SDN 技术的重大优势。对于运营商来说，这是个激动人心的时刻，因为 SR 技术未来在网络和业务转型方面有着巨大的潜力。"
>
> ——Steven Lin

SRTE 是一种集中式和分布式混合的模式，即在控制器和网络设备之间进行协同。网络设备维持支持 ECMP 的多跳 Segment 信息，而集中式控制器把这些 Segment 信息组合起来，去构建一条穿越整个网络的源路由路径。状态信息从整个网络中去掉了。状态信息只存在于网络的入口节点（源节点）和数据包报头本身。

例子中的 {DEN，NYC} 被称为 Segment 列表。这里"DEN"是第一个 Segment，"NYC"是最后一个 Segment。将流量引导至 {DEN，NYC} 所对应的路径意味着首先把流量沿着支持 ECMP 的最短路径转发到丹佛，然后把流量沿着支持 ECMP 的最短路径转发到纽约。

请注意这种方式与 SR 的最初想法类似：如果去往罗马的最短路径堵车了，那么备用路径可以是 {日内瓦，罗马}。人们在表述一条路径的时候，不会把路径上的每个转弯都说出来，而是表述为数量最少的按顺序的多段最短路径，这里每一段最短路径都支持 ECMP。

在 SR 项目的早期，我们用行李标签的比喻来为没有技术背景的听众解释 SR。设想某人要把行李从西雅图发送到柏林（TXL），途径墨西哥城（MEX）和马德里（MAD）。显而易见的是，航空运输系统并没有为这件行李产生一个单独的 ID（flow ID），接着在墨西哥城和马德里创建电路状态，用于识别这个行李 ID 和正确地路由它。航空运输系统采用的是一种更具扩展性的方法：在始发机场给行李贴上一个标签"先到墨西哥城，再到马德里，再到柏林"。这样的话，航空传输系统不需要识别行程中的单个行李，而只需要识别几千个机场代码（如 TXL 代表柏林，MEX 代表墨西哥城，就如同网络中的 Prefix Segment 信息），就会知道怎么按照行李标签把行李从一个机场发送到另一个机场。SR 的做法其实完全相同，一个 Prefix Segment 代表着一个机场代码，报头中的 Segment 列表代表着行李上的标签。源节点知道数据包的特定要求，把此要求编码为 Segment 列表，压入报头中，网络中的其他设备不需要知道此数据包的特定要求，只需要知道怎么处理数百/千个 Prefix Segment 即可。

重点提示：把 Segment 组合起来构建一条显式路径——集中式优化和分布式智能结合的混合模式

> 网络提供去往目的地的支持 ECMP 的最短路径（Prefix Segment），就像基本的乐高积木一样。分布式智能保证这些 Segment 的可用性（IGP 收敛，IP FRR）。
>
> 控制器获取全网拓扑状态，包括网络支持的 Segment 信息，然后进行集中式优化，其流量工程策略表达为若干 Segment 的组合。Segment 就像是乐高积木，控制器可以像组合乐高积木一样按照需要把 Segment 组合起来，用于表达所需的流量工程策略。
>
> 归功于源路由的概念，控制器有很好的扩展性：只需要在源节点上维持状态信息，而不是在整个网络基础设施上都维持状态信息。

网络需要保持一定程度上的分布式智能（ISIS 和 OSPF 分发 Prefix Segment 和节点 Segment），而控制器要做的是用 Segment 列表来表达它想要的路径。控制器的编程工作可大大简化，因为它只需要对源节点进行编程，而无需对路径上所有节点进行编程。由于网络节点保留了 IGP 智能，控制器的可扩展性也大大增强。事实上，当网络拓扑发生变化时，完全可以依赖于底层网络设备的分布式智能进行处理，从而减少了对控制器进行响应、重算和更新 Segment 列表的要求。举个例子，IGP 固有的 FRR 功能保护去往 Prefix Segment 的连通性，从而也保护由一系列 Prefix Segment 所标识路径的连通性。当故障发生时，控制器可以借助 IGP FRR 以减少自身的故障响应操作，从而增强控制器的扩展性。

这就是为什么我们说 SR 是一种集中式 / 分布式优化混合架构的原因。

在此我们把分布式智能（最短路径计算、快速重路由、微环路避免）和集中式优化结合在一起，来实现时延保证、带宽保证、不相交路径和避免链路 / 节点 /SRLG 等策略目标。

在 SR 中，我们使用集中式控制器结合战术型流量工程的方式来解决带宽问题：控制器监控整个网络及应用需求情况，只在需要的时候，才会向网络设备推送 SRTE 策略。这给予我们更好的优化效果和可预见性。我们可以把流量工程策略表达为 Segment 列表，因此只需在源节点上按需地维持状态信息，这大大提升了控制器的可扩展性。

而且我们也直观地相信这个方案会有更快的收敛速度。

为什么这么说呢？我们的比较对象是 $N^2 \cdot K$ 条全网状连接的 RSVP-TE 隧道，每一次网络拓扑发生变化，这些隧道都要重新争抢带宽。众所周知的是，在某些运营商部署中这样的收敛时间长达 15 分钟。而在 SR 的方案中，控制器只在网络拓扑变化导致流量拥塞时才需要计算 SRTE 策略，而这种情况是很少见的。归功于源路由，控制器只需要在网络中写入很少的状态信息。足够的集中计算能力结合高扩展性的源路由方式，很可能缩短收敛时间，我们会在第二卷中研究此问题。

图 1-2　John Leddy 强调保持网络无状态的重要性，以及 SR 在 SDN 中的正确角色

> **关于 SDN 和 SR 的角色**
>
> SR 是正确的 SDN 做法！
>
> —John Leddy

在最初的过渡阶段，我们可以在网络的边缘路由器上直接部署战术型 SRTE 策略，而无须引入控制器。然而，如上所述，引入集中式智能的好处是显而易见的，这使得我们可以过渡到 SDN 架构。在本书中我们会看到基础的 SR 技术是如何满足运营商曾经希望用 RSVP-TE 来满足的需求的，而在第二卷中我们会介绍大规模网络中真实的流量工程用例，这些流量工程用例现有技术实现起来即使不是不可能，也将是很困难的。

除了这些影响以外，SDN 对于 SR 来说是至关重要的，没有 SDN，SR 技术存在的必要性就会大打折扣：正是借着 SDN 的势头，SR 才得以在传统 MPLS 控制平面的世界里打出一片天地。

在过去的三年里，我们看到了众多的设计和部署，可以说 SR 已经成为了 SDN 的事实上的网络架构。相关 Youtube 视频介绍了 SR 在 SWAN 上的应用分析[7]。

1.4 100%覆盖率的 IPFRR 和最优修复路径

现在我们有了一个源路由的显式路径解决方案，因此，完成 IPFRR 项目研究就变得水到渠成了。

LFA 和 RLFA 有很多的优点，但是他们只能覆盖 99% 的故障场景，而且并不总是选择最优路径作为备用路径。

归功于 SR，我们可以很容易地解决上述两个问题。

本地修复点（PLR，Point of Local Repair）假设主用链路、节点或共享风险链路组（SRLG，Shared Risk Link Group）发生故障，预先计算出去往目的地的收敛后路径。PLR 会把这条显式路径表达为一个源路由的 Segment 列表。接下来 PLR 会在数据平面为每个目的地安装一条备份/修复路径。当故障发生时，PLR 会在 10ms 以内检测到故障，然后激活备份/修复路径，这一过程与前缀数量无关。

这一解决方案能在任何拓扑下覆盖 100% 的故障场景。我们将它称为"与拓扑无关的无环路备份"，即 TI-LFA。TI-LFA 能保证备份路径的最优性：备份路径是收敛后路径，而且是针对每个目的地单独计算的。

在本书中我们将解释所有 TI-LFA 的细节。

重点提示：TI-LFA 的好处

- 小于 50ms 的链路、节点和 SRLG 保护。
- 对于任意拓扑提供 100% 覆盖率。
- 操作简单，易于理解。
- 由 IGP 自动计算，不需要其他协议。
- 除了在 PLR 上创建的保护状态之外，没有创建其他状态，是 PLR 本地机制。
- 最优化：备份路径使用收敛后路径。
- 增量部署。
- 除了 SR 流量，也适用于 IP 和 LDP 流量。

1.5 其他好处

下列 IP/MPLS 网络的问题也激发了我们的 SR 研究动力。
- IP 不具有原生的显式路由能力。
  - 很显然，因为具有显式路由能力，IPv6 将在未来针对网络基础设施和业务的编程方面扮演核心角色。
  - SRv6（见 1.11 节）会扮演关键的角色，我们会在第二卷中详细探讨。
- 在跨域场景中，基于 RSVP-TE 提供基本的流量工程业务，比如基于时延和不相交路径的流量工程，其扩展性并不好。
  - 在之前的章节中，我们分析了 RSVP-TE 解决方案在实现带宽优化方面的问题。RSVP-TE 还有另外一个问题：对于基于时延和不相交路径的流量工程，如果跨域的话，RSVP-TE 的扩展性并不好。然而现代 IP 网络的一个天然特性就是跨多个域，如数据中心、城域网、骨干网等。
  - SR 被业界认为是一个可扩展的、端到端的、支持策略的 IP 架构，可以跨数据中心、城域网、骨干网等多个域。这是我们会在本书（可扩展性及基础设计）以及第二卷（TE 特定的内容）中详细讨论的一个重要概念。
- MPLS 过去在数据中心网络中没有取得什么进展。
  - 我们感觉虽然 MPLS 数据平面技术能够在数据中心中占有一席之地，但 MPLS 经典控制平面固有的复杂性拖累了 MPLS 数据平面在数据中心中的实现。
  - SR MPLS（见 1.10 节）已在数据中心中成为现实。我们会在 BGP Prefix-SID 和数据中心用例部分进行详细说明。
- OAM 功能很有限。
  - 以往操作员都反馈说很难在 IP 网络中检测转发故障，尤其是当相关 FIB 条目使用了故障节点的一部分 ECMP 路径以作为出接口的时候。
  - SR 提供了解决方案，我们会在本书 OAM 章节中详细阐述。
- 流量矩阵很重要，但是对大多数运营商来说根本无从获取。
  - 对于运营商而言，网络容量分析和规划是最重要的工作之一，但它需要流量矩阵作为关键的输入。之前大多数运营商根本没有任何流量矩阵，因为在经典 IP/MPLS 网络上建立流量矩阵很复杂。
  - SR 提供了一种自动的流量矩阵采集方案，我们会在第二卷中详细阐述。

1.6 团队介绍

David Ward，思科研发团队的资深副总裁和首席架构师，于 2012 年 9 月批准了 SR 项目，这对于 SR 的实现来说是至关重要的。

通过聚焦于一系列功能和用例的研发，我们为 SR 项目提供了源源不断的动力，这些功能和用例包括：ISIS 和 OSPF 对 SR 的支持、BGP 对 SR 的支持、SR 和 LDP 无缝互操作、覆盖 100% 故障场景的 FRR 方案 TI-LFA、微环路避免、分布式 SRTE、集中式 SRTE、出方向对等体流量工程等用例。

Ahmed Bashandy 是我为 SR 项目招募的第一位参与者。我很了解他，我们从快速收敛项目起就一起共事。他对于整个 IOS-XR 系统具有深刻的理解（他编写了 ISIS、BGP 和 FIB 代码）。他对于第一个 SR 实现至关重要，因为这涉及整个系统的方方面面。与 Ahmed 共事很愉快，这非常重要。Ahmed 从不犹豫纠结，很多的工程师会花上好几个钟头去质疑为什么我们要这样做，SR 和传统 MPLS 到底有什么区别，是否需要先在 IETF 达成共识，现在做的事情到最后是否会变成无用功等。纠结于这类问题就什么也做不成。这些对于 Ahmed 都不是问题，这非常关键，我们没有时间可以浪费。Ahmed 于 2012 年 12 月加入团队，我们在 2013 年 3 月就做出了第一个公开演示。

Bertrand Duvivier 是加入团队的第二人。当我们的技术走向公开时，我需要有人去处理我们与市场部门和研发部门的关系。我从 1998 年就认识 Bertrand Duvivier。他对于理解一项技术及其商业价值非常在行，也善于处理与市场部门和研发部门的关系。Bertrand 于 2013 年 2 月加入我们的团队。我们来自同一个地方（比利时的 Namur），讲一样的语言（带相同口音的法语），有共同的文化背景，这使得我们很容易互相理解。

Kris Michielsen 是加入团队的第三人。我们是快速收敛项目中的老相识。快速收敛研究中的所有特性分析都是 Kris 完成的。他非常善于在实验室中做特性分析和对瓶颈来源进行彻底分析，也善于撰写培训资料和对内对外的知识传授工作，我们相识于 1996 年。

Stefano Previdi 是加入团队的第四人。我们相识于我刚刚加入思科的 1996 年。我们一起做了大量的 MPLS 部署工作，又在 IPFRR 项目进行了合作。Stefano 聚焦于 IETF 方面的工作，后面我们会谈到更多。

除了专业技术知识之外，我们处于同一时区，彼此相交已久，和衷共济，合作愉快。这些都是很关键的因素。

再后来，Siva Sivabalan 和 Ketan Talaulikar 加入了我们。Siva 领导 SRTE 项目，而 Ketan 主要贡献于 IGP 部署。

运营商在 SR 项目中扮演了至关重要的角色。

2012 年，在一年一度的思科网络架构组大会上（我们邀请了来自重要运营商的网络架构师来参加为期两天的会议，他们对关于网络的任何话题畅所欲言，不涉及任何市场方面的考量），我做了关于 SR 的第一次演讲，描述了该技术在简化、功能（FRR、SRTE）和可扩展性（流状态只存在于源节点）方面的提升，以及 SDN 方面的机会（集中/分布式优化结合的混合模式），这引起了与会者很大的兴趣。

我们马上创建了一个领先运营商小组，开始定义 SR。

在这个小组里面，最活跃的成员有来自 Comcast 的 John Leddy，来自 Orange 的 Stéphane Litkowski 和 Bruno Decraene，来自 Bell Canada 的 Daniel Voyer，来自德国电信的 Martin Horneffer，来自英国电信的 Rob Shakir，来自谷歌的 Josh George，来自 Facebook 的 Ebben Aries，来自 Yandex 的 Dmitry Afanasiev 和 Daniel Ginsburg，来自微软的 Tim Laberge、Steven Lin、Mohan Nanduri 和 Paul Mattes。

接下来，随着项目的进展，越来越多工程师和运营商加入了我们，在本书中我们会择机介绍他们的观点。

还是那句话，我们大多数处于相同的时区，相识于之前的项目中，有共同的关注点，容易互相理解。这催生了很多非常优秀的讨论，本书的大多数技术和用例就来源于这些讨论。

在定义 SR 技术的几个月内，我们就从一个运营商那里收到了第一个正式部署意向书。这很好地证明了这项技术的商业价值，帮助我们获得了第一阶段的项目资金。

Ravi Chandra 是推动我们的项目超越第一阶段的关键。Ravi 领导着思科 IOS-XR、IOS-XE 和 NX-OS 的研发。他很快了解了 SR 的发展机遇，并且做出投资决定，使其成为一个覆盖整个产品家族的项目。这使得我们可以真正地撬动所有对 SR 有兴趣的市场（超大规模 WEB 运营商、电信运营商和企业）和网络（数据中心、城域网、汇聚网、业务边缘、骨干网）。

> "SR 是一项核心创新,我相信它会像之前的一些核心技术如 MPLS 一样,改变我们构建网络的方式。大规模源路由能力在未来很多的使用场景中都将是一个价值无可估量的工具。"
>
> ——Ravi Chandra
> 思科高级副总裁,核心软件部门

1.7 保持简单

我们相信没有什么比保持简单更重要。

这表示我们不喜欢为"技术"而"技术"。如果我们可以避免使用一项技术,我们就不会使用它。如果我们能够形成一套设计指南(它对真实网络是正确可行的)使得问题能够简化到只需要更少的技术来解决它,那我们就不会犹豫于假设这一设计指南是可以实现的。

通过 SR,我们尝试把复杂的技术和算法用一种易于使用和操作的方式包装起来。我们喜欢自动化的行为,并试图避免参数、选项和调整。TI-LFA、微环路避免、集中式 SRTE 优化(Sigcomm 2015 论文[8])以及分布式 SRTE 优化都是这样的例子。

> **简单**
>
> "使事情'尽可能简单,而不只是较为简单'这一老规则一直都是关于网络设计的好建议。换句话说,它告诉我们应该尽量降低参数调整的复杂度。
>
> 然而,无论何时,当你仔细看一个特定的问题,你通常会发现,复杂度是一个多维参数问题。每当你最小化一个维度,你将增加另一个维度。例如,为了在 IP 骨干网中提供不相交路径集,你可以要求运维团队使用复杂的技术和操作流程来满足此要求。或者你可以要求规划团队提供一个合适的拓扑,此拓扑符合传输层的严格要求。
>
> 在我看来,一个好的网络设计是基于对复杂度的所有可能维度的全盘考虑,对每个维度相关成本的良好认知,以及基于具体设计选项做利弊权衡的明智选择。
>
> 我相信 SR 提供了很多非常有趣的网络设计选项,这些选项有助于降低总体网络成本和增加其健壮性。"
>
> ——Martin Horneffer

保持简单的要点是选择在哪里放置智能来解决一个真正的问题，如何包装智能来简化其操作，以及在哪里通过适当的设计方法来简化问题。

1.8 标准化和多厂商共识

当我们创建领先运营商小组时，我们保证联合工作符合三个特点：（1）透明；（2）致力于标准化；（3）致力于多厂商共识。

透明意味着我们将一起定义技术。我们将向领先运营商小组提供项目进展、问题和挑战方面的信息更新。

我们对标准化的承诺意味着我们将向 IETF 发布所有必要的信息，并确保我们的实现完全符合已发布的信息。我们清楚地认识到，这对运营商至关重要，因此对我们也至关重要。

显然，使我们的想法在 IETF 获得通过是一个非常大的挑战。我们正在挑战有着 20 年历史的 MPLS 经典控制平面，推广着被 IETF 社区中的某些要人视为全无胜算的概念——全局标签（Global Label）。

以下是我们的策略。
- 要乐观。我们知道我们将会受到充满质疑的攻击。我们的团队被指示永远不回复这样的攻击，也从不说任何消极或情绪化的言语。
- 带头实现。我们必须承担实现我们提议的风险。我们必须证明用例的好处。
- 让运营商说出他们的要求。需要 SR 的运营商知道，他们必须非常清楚地说明他们的要求。用例实现和演示将强化他们的论证力度。
- 获得其他厂商的支持和参与。阿尔卡特（Wim Henderickx）和爱立信（Jeff Tantsura）很快理解了 SR 的优势并加入了该项目。在我们最初的实现一年之后，思科已经可以展示与阿尔卡特和爱立信的互操作性。显然，多厂商共识是可以取得的。不久之后，华为也加入了这一项目。
- 保护团队免受标准化活动的干扰，同时以最高质量处理流程问题。

Stefano 加入团队来处理这最后一点。他代表整个团队来领导和协调我们在 IETF 的所有 SR 相关事务。团队通过撰写文字来做出贡献，但团队很少加入邮件列表讨论和论证。Stefano 会处理这些。这对于获得高质量的论证，维持对外口径的一致性，以及保护团队不受谈判的情绪化影响至关重要。在我们处于处理 IETF 流程和谈判的最困难关头时，其余的工程师都还能专注于编写代码和为领先运营商发布功能。这是保持我们实现速度的关键，也是该策略的关键一环。

> **SR 团队聚焦于标准化和多厂商共识**
>
> "运营商管理的是多厂商网络。因此，标准化和互操作性至关重要，特别是与路由相关的部分。
>
> SR 团队本可以'单打独斗'，像大厂商有时会做的那样，做出一个厂商专有技术，这样更容易也更快。
>
> 但是，Clarence 理解这一点，他致力于与所有厂商合作，也确实在整个行业达成了共识"。
>
> ——Bruno Decraene

1.9 全局标签

非常明确的是，我们在构想 SR 时使用了全局标签。

由于在 MPLS 早期 IETF 讨论过全局标签，我们知道社区的一些成员会强烈反对这个概念。因此一开始我们就想出了在 SRGB[9] 范围内进行索引的解决方案。我们认为这是一个好主意，因为一方面运营商仍然可以使用具有全局标签的技术（只需确保所有路由器使用相同的 SRGB 范围），而另一方面该技术理论上并没有定义全局标签（而是全局索引），因此更容易通过 IETF 流程。

我们在 2013 年 2 月将这个想法提交给领先运营商小组，但他们拒绝了。主要问题是他们想要全局标签，他们想要全局标签所带来的操作便利性，因此他们不想要这种索引操作。

我们理解他们的偏好，当我们在 2013 年 3 月公开发布该提案时，我们的第一个 IETF 草案和我们的第一个实现使用的是无索引的全局标签。

不出所料，全局标签使得很多人不淡定了。为了获得多厂商共识，我们邀请了几家厂商到罗马进行为期两天的讨论（见图 1-3）。当必须讨论一个重要的问题时，我们总是在罗马见面，这是我们在 IPFRR 项目期间形成的习惯。

在会议的第一天，我们在大部分的问题上达成了共识，除了一个问题：Juniper 和 Hannes 要求我们在提案中重新引入索引。Hannes 的主要担心是，在某些情况下，存在着硬件能力有限制的老旧系统，可能无法在多厂商设备间找到单个连续的 SRGB 块。

在第一天结束时，我们与所有领先运营商小组成员开了一次电话会议，解释了现在的状态并建议重新引入索引。多厂商共识和标准化是必不可少的，运营商仍然可以通过确保在所有节点上采用相同的 SRGB 来获得与全局标签一样的功能。

图 1-3　注意大伙后面的"Dolce Roma"("甜蜜罗马")酒吧。从左到右，Stefano Previdi、Peter Psenak、Wim Henderickx、Clarence Filsfils 和 Hannes Gredler

运营商们并不高兴，因为他们非常想要全局标签的简单操作，但他们最终还是同意了。

第二天，我们更新了体系结构、ISIS、OSPF 和用例草案以反映这些变更，从那时起，我们就获得了多厂商共识。

这个故事非常重要，因为它表明 SR（用于 MPLS 数据平面）在设计时真的考虑了全局标签，也确实是需要全局标签的，运营商在设计和部署 SR 时应该总是在所有路由器上使用相同的 SRGB。这是使用 SR 的最简单方法，并且是发挥其所有优点的最佳方式。

当然，从实现和技术上而言，SR 支持不同设备上使用不一样 SRGB，但需要明确的是，这主要是出于一些罕见的互通方面的原因[10]，比如在涉及硬件受限的老旧系统的部署中，找不到共同的 SRGB 范围。人们其实想按照全局标签的设计初衷来使用 SR。

在与运营商们的电话中，由于他们非常不愿意接受索引，我承诺思科的实现将允许在配置和 show 命令中采用全局标签还是索引。实际上，通过在配置和 show 命令中保留全局标签的外观和感觉，通过在所有路由器上采用相同的 SRGB，运营商将获得他们想要的全局标签，他们永远不用和索引打交道。

本节是使用"观点"文本框的一个很好例子。没有对这段历史的解释，人们可能会觉得奇怪为什么我们有两种方法配置 MPLS 中的 Prefix Segment，这就是原因。

本书详细说明了 SRGB、索引、全局标签和本地标签的使用。

1.10 SR MPLS

将 SR 架构应用于 MPLS 数据平面是很直接的。

Segment 就是标签。Segment 列表就是标签栈。活动 Segment 是顶层标签。当一个 Segment 完成时，相关标签被弹出。当对数据包应用 SR 策略时，相应的标签栈会被压入数据包。

SR 架构重新使用了 MPLS 数据平面，没有任何变化。现有基础设施只需要软件升级以启用 SR 控制平面。

运营商抱怨经典的 MPLS 控制平面缺乏可扩展性、功能和其固有的复杂性。MPLS 数据平面是成熟的，部署得非常多。由于这些原因，我们的第一优先级是将 SR 应用于 MPLS 数据平面，这是 SR 项目前三年的主要重点，也是本书的重点。

需要重点提示的是 SR MPLS 同时适用于 IPv4 和 IPv6。

作为 SR MPLS 初期重点的一部分，设计一种解决方案以在现有 MPLS 网络中无缝部署 SR 是必不可少的。SR 团队和领先运营商小组的大部分初期的努力都致力于解决此问题。我们找到了一个非常好的解决方案，使得 SR 和现有 LDP 网络能够无缝地共存或者互操作。

在本书中将描述这一 SR 和 LDP 无缝互操作方案。

1.11 SRv6

从第一天开始，我们就在思考把 SR 架构应用到 IPv6 数据平面，这被称为"SRv6"。

所有我们对自动化 TI-LFA FRR、微环路避免、分布式流量工程、集中式流量工程等进行的研究都直接适用于 SRv6。

我们相信 SRv6 对 IPv6 的价值至关重要，并将极大地影响未来的 IP 基础设施部署，无论是在数据中心、大规模汇聚网络，还是在骨干网中。

SRv6 的影响将超越基础设施层面。IPv6 地址可以标识任何对象、任何内容或是应用于对象或内容片段的任何功能。SRv6 可以为内容网络或为在分布式架构中链接微服务提供巨大的机会。

为理解 SRv6 的潜力，我们推荐阅读来自 Comcast John Schanz 的文章[11]，观看 John Leddy 关于 Comcast 基于 SRv6 的智能网络概念的视频[12]，并观看"Spray"端到端 SRv6 用例的演示[13]。

在突显 SRv6 能极大地提升应用程序与网络交互的潜力方面，John Leddy 发挥了关键作用。我们将在第二卷中重点阐述 SRv6 技术和用例。本书介绍 SR 架构，首先介绍的是相对而言更简单的用例，这些用例与 MPLS 数据平面以及从数据中心到汇聚网到骨干网的 MPLS 基础设施相关。

在本书中，我们只简短地介绍一下 SRv6。在第二卷中我们将有更多的 SRv6 内容。

图 1-4　John Leddy 介绍智能网络概念并强调 SRv6 在其中的角色

1.12 行业获益

我们已经看到 SR 应用于超大规模 WEB 运营商、电信运营商和企业市场。我们已经看到了在数据中心、城域网、汇聚网和广域网中的不少用例，以及许多从数据中心内服务器到城域网，再到骨干网端到端策略感知架构的用例。

我们相信 SR 带来以下好处。
- 简化控制平面（去除 LDP 和 RSVP-TE，去除 LDP/IGP 同步）。
- 与拓扑无关的且针对 IP 优化的 50ms FRR（TI-LFA）。
- 微环路避免。
- 支持战术型流量工程（显式路径编码为 Segment 列表）。
- 集中式优化的好处（最优化、可预见性、收敛）。
- 可扩展性（每条流的状态只存在于源节点上，而不是在整个网络基础设施上）。
- 可在现有网络无缝部署（同时适用于 SR MPLS 和 SRv6）。
- SDN 的事实上的网络架构。
- 标准化。
- 多厂商共识。
- 来自运营商的强烈需求。
- 与运营商一起紧密合作开发，致力于解决真实用例。
- 解决之前未解决的问题（TI-LFA、微环路、跨域时的不相交路径/时延策略……）。

- 成本优化（通过采用战术型流量工程提升容量规划）。
- IPv6 地址作为 Segment 信息，可以标识任何对象、任何内容或是应用于对象的任何功能，这很可能会使得 SR 的影响超越基础设施层面用例。

大多数 SR 的好处将在本书中介绍。TE 和 SRv6 的好处将在第二卷中详细介绍。

1.13 参考文献

[1] draft-francois-rtgwg-segment-routing-uloop Francois, P., Filsfils, C., Bashandy, A., Litkowski, S., "Loop avoidance using Segment Routing", draft-francois-rtgwg-segment-routing-uloop (work in progress), June 2016, https://datatracker.ietf.org/doc/draft-francois-rtgwg-segment-routing-uloop.

[2] RFC5443 Jork, M., Atlas, A., and L. Fang, "LDP IGP Synchronization", RFC 5443, DOI 10.17487/RFC5443, March 2009, https://datatracker.ietf.org/doc/rfc5443.

[3] RFC6138 Kini, S., Ed., and W. Lu, Ed., "LDP IGP Synchronization for Broadcast Networks", RFC 6138, DOI 10.17487/RFC6138, February 2011, https://datatracker.ietf.org/doc/rfc6138.

[4] RFC6571 Filsfils, C., Ed., Francois, P., Ed., Shand, M., Decraene, B., Uttaro, J., Leymann, N., and M. Horneffer, "Loop-Free Alternate (LFA) Applicability in Service Provider (SP) Networks", RFC 6571, DOI 10.17487/RFC6571, June 2012, https://datatracker.ietf.org/doc/rfc6571.

[5] RFC7490 Bryant, S., Filsfils, C., Previdi, S., Shand, M., and N. So, "Remote Loop-Free Alternate (LFA) Fast Reroute (FRR)", RFC 7490, DOI 10.17487/RFC7490, April 2015, https://datatracker.ietf.org/doc/rfc7490.

[6] RFC7490 Bryant, S., Filsfils, C., Previdi, S., Shand, M., and N. So, "Remote Loop-Free Alternate (LFA) Fast Reroute (FRR)", RFC 7490, DOI 10.17487/RFC7490, April 2015, https://datatracker.ietf.org/doc/rfc7490.

注释：

1. 请注意本章内容应被认为是主观的。

2. 思科广域网自动化引擎（WAE），http://www.cisco.com/c/en/us/products/routers/wae-planning/index.html，http://www.cisco.com/c/en/us/support/routers/wae-planning/model.html。

3. draft-francois-rtgwg-segment-routing-uloop，https://datatracker.ietf.org/doc/draft-francois-rtgwg-segment-routing-uloop。

4. http://conferences.sigcomm.org/sigcomm/2013/papers/sigcomm/p15.pdf。

5. http://conferences.sigcomm.org/sigcomm/2013/papers/sigcomm/p3.pdf。

6. http://www.opennetsummit.org/archives/apr12/hoelzle-tue-openflow.pdf。

7. Paul Mattes, "Traffic Engineering in a Large Network with Segment Routing", Tech Field Day, https://www.youtube.com/watch?v=CDtoPGCZu3Y。

8. http://conferences.sigcomm.org/sigcomm/2015/pdf/papers/p15.pdf。

9. SR 全局块（Segment Routing Global Block），参见第 4 章。

10. 在非常极端／罕见的情况下，这可以帮助迁移一些硬件存在限制的系统，但应该非常小心地进行使用，并且应仅在迁移的过渡期间内使用。就我们所知，所有思科平台在支持 SR MPLS 时都把支持相同的 SRGB 作为设计准则。

11. John D. Schanz, "How IPv6 lays the foundation for a smarter network", http://www.networkworld.com/article/3088322/internet/how-ipv6-lays-the-foundation-for-a-smarter-network.html。

12. John Leddy, "Comcast and The Smarter Network with John Leddy", Tech Field Day, https://www.youtube.com/watch?v=GQkVpfgjiJ0。

13. Jose Liste, "Cisco Segment Routing Multicast Use Case Demo with Jose Liste", Tech Field Day, https://www.youtube.com/watch?v=W-q4T-vN0Q4。

第 2 章 Segment Routing 基础

2.1 什么是 SR

SR 架构基于源路由。节点（通常为路由器、主机或设备）选择路径，并且引导数据包沿着该路径通过网络，其做法是在数据包报头中插入带顺序的 Segment 列表，以指示接收到这些数据包的节点怎么去处理和转发这些数据包。Segment 可以表示任何类型的指令：与拓扑相关的、基于服务的、基于上下文的等。

因为指令被编码在数据包报头中，所以网络节点在接收数据包时只需执行这些指令。转发路径上的节点不必为所有可能经过它们的流维持状态信息，即所谓"状态在数据包中"。

源节点通过在数据包报头中添加适当的指令/Segment，可以实现基于单条流颗粒度的数据包引导。由于除了源节点之外的节点不需要存储和维持任何流状态信息，所以流量引导的决定权仅在于节点。通过这种方式，SR 能在 IP 和 MPLS 网络中提供高级流量引导能力，同时在数据平面和控制平面中保持可扩展性。

2.2 Segment 概念

SR 体系结构并不基于特定的数据平面实现。本章首先介绍一个抽象的 Segment Routing 模型，然后将其应用于特定的数据平面实现。

后续章节将通过对 MPLS 实现、示例和用例的实用性描述来回顾本章中定义的抽象概念。

2.2.1 Segment 和 Segment 标识

Segment 是节点针对所接收到数据包要执行的指令，此指令包含在数据包报头中。指令的例子包括：按照去往目的地的最短路径来转发数据包；通过特定接口转发数据包；将数据包发到指定应用/服务实例等。

Segment 标识（SID，Segment Identifier）用于标识 Segment。SID 的格式取决于实现。SID 格式的例子包括：MPLS 标签、MPLS 标签空间中的索引、IPv6 地址。在本书中术语"Segment"和"SID"可交替使用。

2.2.2 Segment 组合

Segment 是构建网络路径的基本模块。在最简单的应用中，这些模块可以单独使用。单个 Segment 就可以引导数据包通过网络，例如，一个 Segment 可以作为一条指令：沿着去往目的地节点 1 的最短路径转发数据包。另外一些应用可以组合使用这些模块来满足应用数据流的要求。通过把多个 Segment 组合成一个有序的列表，可以引导数据包到网络的任何路径上，此路径不受最短路径、域边界、路由协议等的影响。或者通过 Segment 组合，数据包可以被引导通过服务链。这种 Segment 的有序列表被称为"Segment 列表"（Segment List）或"SID 列表"（SID List）。Segment 列表中的每个条目是一条指令，用于完成整个路径的一个部分或一段，因此在 SR 术语中被称为"Segment"。

2.2.3 Segment 列表操作

SR 数据包在其报头中携带 Segment 列表。当前针对数据包执行的指令，是活动 Segment 的指令。如果数据包的活动 Segment 的指令是"沿着去往目的地节点 1 的最短路径转发数据包"，则收到该数据包的每个节点将沿着最短路径将数据包转发到节点 1。

除了执行编码在 Segment 列表中的指令之外，节点还维护 Segment 列表本身。为此定义了三个基本的 Segment 列表操作。

压入（PUSH）

在 Segment 列表的头部插入一个或多个 Segment，并将第一个 Segment 设置为活动 Segment。如果数据包报头中还没有 Segment 列表，则首先插入 Segment 列表。

继续（CONTINUE）

活动 Segment 还没有完成，所以让它保持活动。

下一个（NEXT）

活动 Segment 已完成，Segment 列表中的下一个 Segment 将成为活动 Segment。

这些 Segment 列表操作可以被映射至对报头实施的实际数据平面操作。目前 SR 已经定义了 MPLS 和 IPv6 数据平面。

2.2.4 全局和本地 Segment

本书中的术语"全局"是指"SR 域内"。SR 域是指参与 SR 模型的一组节点。

2.2.4.1 全局 Segment

SR 域中的所有启用 SR 的节点均支持与全局 Segment 相关联的指令，并且 SR 域中的每个节点在其转发表中均安装全局 Segment 的指令。全局 Segment 的一个例子，是指令为"沿着去往目的地节点 1 的最短路径转发数据包"的 Segment。由于它是一个全局 Segment，SR 域中的每个节点都知道如何通过最短路径把数据包转发到节点 1。

2.2.4.2 本地 Segment

只有生成本地 Segment 的节点支持与该本地 Segment 相关联的指令，并且只有生成本地 Segment 的节点在其转发表中安装相关联的指令。本地 Segment 的一个例子：节点 1 通告一个本地 Segment，它包含的指令是"转发数据包至连接节点 2 的接口"。这个 Segment 的目的是在节点 1 上把数据包发送至其连接节点 2 的接口，尽管其他节点也可以有连接节点 2 的接口。

为了正确地执行本地 Segment 的预期指令，数据包首先必须被引导到能够正确执行该指令的节点。在示例中，我们希望节点 1 执行指令，因此可以在这个本地 Segment 之前，放入一个指令是沿着去往目的地节点 1 的最短路径转发数据包"的全局 Segment。这样数据包首先被引导至节点 1，然后在节点 1 上被发送至连接节点 2 的接口。

本地 Segment 的语义虽然是本地有效的，但这并不意味着网络上的节点不知道其他节点的本地 Segment。为了能够使用本地 Segment，其他节点也需要知道本地 Segment 的存在和功能。

2.3 SR 控制平面

SR 体系结构不基于特定的控制平面实现。尽管理论上讲，在网络节点上静态地配置 Segment 指令是可能的，但是通常使用路由协议在网络中分发 Segment 信息。SR 控制平面当前支持链路状态 IGP ISIS/OSPF 以及 BGP。

不出意外，由 IGP 分发的 Segment 称为"IGP Segment"，由 BGP 分发的 Segment 称为"BGP Segment"。

本节描述的 Segment 类型并非全部，但它们是 SR 的基础构件，存在着其他类型的 Segment，并且未来可能创建更多类型的 Segment。

2.3.1　IGP Segment

IGP Segment 或 IGP SID 是附加到链路状态 IGP 通告中的一小部分信息（例如，IGP 前缀或 IGP 邻接）的 Segment。将 Segment 信息包括在 IGP 通告中，需要对链路状态 IGP 做少量扩展。ISIS 和 OSPF 都被扩展以支持分发 SID。这些协议扩展的细节在第 5 章中进行了解释。

IGP Segment 可以分为两种类型：IGP 前缀 Segment（以下称为"IGP Prefix Segment"）和 IGP 邻接 Segment（以下称为"IGP Adjacency Segment"）。这些 Segment 类型分别与 IGP 前缀和 IGP 邻接关联。这两种类型的 IGP Segment 是基本构件，你可以通过组合使用这些构件，来构建通过 IGP 网络的任何拓扑路径。

IGP Segment 使用链路状态 IGP 通告进行分发。这意味着 IGP 网络中的所有节点都能接收到 IGP Segment。通过这种方式，IGP 提供了网络的完整视图：网络中的每个节点都知道网络的拓扑和该区域中的所有 Segment。如果 IGP 网络被分成不同区域，则节点没有远端区域的完整视图（其中的节点和链路拓扑），这符合把网络划分为多个区域的原理。IGP Segment 遵循对应的链路、节点和前缀的分发方式。由于前缀的可达性信息在区域之间传播，因此与它们相关联的 Segment 信息也与其一同传播。通过这种方式，SR 也可以被用作多区域/层次网络中的默认传送方式。

2.3.1.1　IGP Prefix Segment

IGP Prefix Segment（通常缩写为"Prefix Segment"或"Prefix-SID"）是由 ISIS 或 OSPF 通告的全局 Segment，此 Segment 与该 IGP 通告的一条前缀相关联。IGP Prefix Segment 的指令是"引导流量沿着支持 ECMP 的最短路径去往与该 Segment 相关联的前缀"。从网络中的任何地方，携带着以 Prefix Segment 为活动 Segment 的数据包，将被沿着支持 ECMP 的最短路径，转发至通告该 Segment 相关联前缀的节点。该路径通常是多跳路径。

Prefix Segment 是 SR 的一个基础构件，因为它具有一些非常有趣的属性。
- 它是全局的，SR 域中的所有节点都知道如何处理 Prefix Segment 为活动 Segment 的数据包。
- 它是多跳的，单个 Segment 跨越路径中的多跳，这样就减少了路径所需的 Segment 数目，并允许使用跨多跳的等价路径。
- 它是支持 ECMP 的，它天生可以利用所有等价路径，而等价路径在典型的 IP 和 MPLS 网络中都是普遍存在的。

> **重点提示**
>
> 虽然 SR 规范也允许将一个本地 Segment 附加到 IGP 前缀，但是术语 "IGP Prefix Segment" 和 "Prefix-SID" 特别用于附加到前缀的全局 Segment。这是目前所设想的大多数 SR 解决方案和设计的关键基础。

操作员为域中的前缀分配一个全域范围内唯一的 Prefix-SID，典型的是为域中每个节点的环回接口（Loopback）地址分配一个 Prefix-SID。Prefix-SID 在全域范围内的唯一性，是与其相关联的 IP 地址共同的属性，因为 IP 地址在域内也必须是唯一的。类似于 IP 地址，Prefix-SID 也很少改变。因此，Prefix-SID 的分配可以采用与 IP 地址分配类似的方式。根据公司的策略，操作员可以手工分配 Prefix-SID 或采用集中的网管系统来实现。

自动化分配 Prefix-SID

"很明显，在少数场景下，Prefix-SID 可以从其绑定的 IP 地址中自动得出。例如，如果前缀长度都是 32 且都属于范围 1.1.1.x /24，则该 IP 地址最后 8 位的十进制值可以用作 SRGB 索引。

不幸的是，通用的自动化分配规则并不存在。

即使条件允许我利用自动化规则产生 Prefix-SID，我也不会考虑这样的 Prefix-SID 自动化分配方案。我总是更愿意采用一个类似于分配路由器环回接口 IP 地址的机制来分配 Prefix-SID。手工分配并不增加很多成本，因为分配过程只发生一次，然后就再不会改变。

前缀的 Prefix-SID 是构建所有解决方案的基石。这个基石必须稳定可靠。

在 SDN 时代，网络不断演进，自动化和可编程成为网络部署和管理的关键。类似于思科网络业务编排器（NSO）的工具[1]可以非常容易地实现集中式和流水线式的业务部署，这也使得 IP 地址分配和 SR Prefix-SID 分配变得更容易，也减少错误产生。"

—Clarence Filsfils

Prefix Segment 遵循去往与 Segment 相关联前缀的最短路径。更一般地说，应该是"遵循由所采用算法计算出的路径"。默认情况下，采用的算法是 Dijkstra 的最短路径优先（SPF）算法，使用 IGP 链路度量作为链路成本。该算法的结果是大家所熟知的 IGP 最短路径。默认情况下，Prefix Segment 遵循此 IGP 最短路径。然而，SR 架构也可以为每个 Prefix-SID 指定特定算法，从而使用其他类型的算法。可以指定的第一个算法，同时也是默认算法，是大家熟知的 IGP 最短路径算法。已经定义的第二种算法是"严格最短路径优先"（Strict

Shortest Path First）算法，此算法基于 SPF 算法，但在 SPF 算法的基础上，严格 SPF 要求转发需严格遵循最短路径。当使用常规 SPF 算法时，节点的本地策略可以在本地改变由 SPF 算法计算出来的转发决定。本地策略改变转发决定的一个众所周知的例子是"自动路由（Autoroute）通告"或"IGP 捷径"。自动路由是在 TE 隧道上启用的一项本地功能，其基本功能是告诉 TE 隧道头端使用 TE 隧道到达隧道的尾端和尾端的下游目的地，此时 IGP 安装的去往目的地的转发条目是通过 TE 隧道而不是通过其常规的最短路径。当使用严格 SPF 算法的 Prefix-SID 时，转发将严格遵循最短路径，而不会被引导通过隧道。将来其还可以定义其他算法。除非另有特别说明，否则本书假设用于 Prefix-SID 的算法都是算法 0，即普通 SPF。

为了确保 Prefix-SID 的唯一性，在将 Prefix-SID 与前缀相关联时，必须遵循以下几个规则。在一个 IGP 实例和拓扑的环境中：

- 针对每个算法类型，一个前缀只能有一个相关联的 Prefix-SID。
- 一个 Prefix-SID 只能被关联到一个前缀。

举个例子，前缀 1.1.1.1/32 可以有一个相关联的 Prefix-SID 1001 用于算法 0 以及一个相关联的 Prefix-SID 2001 用于算法 1。但是前缀 1.1.1.1/32 不能有一个相关联的 Prefix-SID 1001 同时用于算法 0 和算法 1。

另外一个例子，如果对于特定算法，Prefix-SID 1002 已经与前缀 2001::1:1:1:2/128 相关联，则 Prefix-SID 1002 不能与其他前缀的任何算法相关联。

> **重点提示**
>
> SR 规范允许将 Prefix-SID 分配给任何前缀，而不仅仅是主机前缀。但是实际上，Prefix-SID 很可能仅被分配给主机前缀，例如对应于节点的路由器 ID 的环回地址，或用于终结特定服务的其他环回地址（例如，用于建立 BGP 邻居的环回地址）。

SR 域中的每个节点为其接收到的每个 Prefix Segment 安装转发条目。节点学习到 IP 前缀 P，以及与此前缀相关联的用于算法 A 的 Prefix-SID S。N 是采用算法 A 计算出的去往前缀 P 路径的下一跳。该节点及其下一跳 N 都支持算法 A。如果存在多条去往前缀 P 的等价路径，则存在多个下一跳（N1，N2…），并且流量在这些等价路径上负载均衡。节点为此 Prefix Segment 安装以下 SR 转发条目。

- 入向活动 Segment：S。
- 出接口：去往下一跳 N 的接口。
- 下一跳：N。
- Segment 列表操作：如果下一跳 N 是 P 的发起者，且 N 指示删除活动 Segment，则执行"NEXT"操作[2]。否则，执行"CONTINUE"操作。

> **重点提示**
>
> 单个 Prefix-SID 就可以指示"整个 SR 域沿着去往该前缀的所有 ECMP 最短路径进行转发"。Prefix-SID 是一个全局 Segment。
>
> Prefix-SID 的好处有以下几点。
>
> - 天生支持 ECMP。
> - 由动态路由协议（ISIS、OSPF、BGP）自动计算和维护。这比 OpenFlow 好多了，因为基于 SR 的控制器在任何网络拓扑更改时不需要重新计算和更新 SR 域中的所有相关 FIB 条目。基于 SR 网络的 SDN 应用程序要做的只是选择要使用 Prefix-SID，将它们组合起来，并在源节点或与源最接近的业务边缘节点上针对每条流维持单个的状态信息。
> - 自动 50ms 保护。我们将在 TI-LFA 章节中看到，动态路由协议计算每个 Prefix-SID 的主用路径和备份路径。除了 SLA 方面的好处（连通性丢失小于 50ms）以外，运维也得到极大简化。

图 2-1 中所示网络拓扑说明了 Prefix-SID 的转发行为。

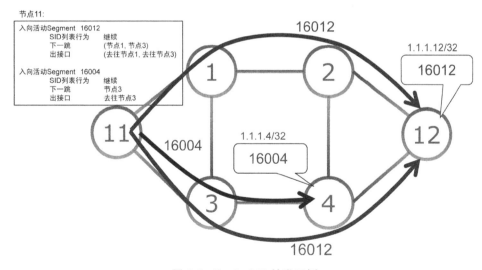

图 2-1　Prefix-SID 转发示例

16012 是与该拓扑中节点 12 的环回地址前缀 1.1.1.12/32 相关联的 Prefix-SID。在网络中，任何地方注入一个携带 SID 16012 的数据包，将经由支持 ECMP 的 IGP 最短路径被转发到节点 12。

例如，节点 11 使用节点 12 的 Prefix-SID 16012，将数据包引导到节点 12。节点 11 到节点 12 有两条等价路径：经由节点 1 和经由节点 3。节点 11 使用常规的哈希计算，来实现流量在两条路径上的负载均衡。例如，节点 1 收到携带 Prefix-SID 16012 的数据包，将其沿着去往节点 12 的最短路径转发：经由节点 2。然后，节点 2 将该数据包转发到节点 12。

16004 是与节点 4 的环回地址前缀 1.1.1.4/32 相关联的 Prefix-SID。节点 11 使用节点 4 的 Prefix-SID 16004 将数据包引导到节点 4。去往节点 4 的最短路径经由节点 3，然后节点 3 将该数据包转发到节点 4。

2.3.1.1.1　IGP 节点 Segment

IGP 节点 Segment（以下称为"Node Segment"或"Node-SID"）是一种特殊类型的 IGP Prefix Segment。Node Segment 之所以特殊，是因为它与标识特定节点的前缀相关联，通常是该节点环回接口的主机前缀，这一地址常被用作该节点 IGP 的"路由器 ID"（例如 OSPF 路由器 ID、MPLS 路由器 ID 等）。

由于 Node-SID 是 Prefix-SID 的子类型，所以 Node-SID 包含的指令与 Prefix-SID 包含的指令相同："引导流量沿着支持 ECMP 的最短路径去往与该 Segment 相关联的前缀"。Prefix-SID 和 Node-SID 的转发行为没有差别。Node-SID 和 Prefix-SID 的差异之处在于控制平面。与 Prefix-SID 不同的是，Node-SID 仅与主机前缀相关联。Node-SID 被通告时会指示它对应于一个节点（N-flag 被置位），而其他 Prefix-SID 被通告时没有该指示（N-flag 未被置位）。

如果相关联的环回地址前缀 1.1.1.4/32 和 1.1.1.12/32 分别标识节点 4 和节点 12，则图 2-1 中的 Prefix-SID 16004 和 16012 可以是 Node-SID。

> **重点提示**
>
> 在 IGP 环境下，大多数情况下每台路由器需要设置一个 Node-SID，它通常关联到用作路由器 ID 的环回接口的主机地址，这一环回接口地址也常被用作 OSPF 的路由器 ID 和传统 MPLS 信令协议的路由器 ID。

2.3.1.1.2　IGP 任播 Segment

在域中的多个节点上分配相同的单播前缀，就会使得该单播前缀成为任播（Anycast）前缀。Anycast 前缀在语法上与单播 IP 前缀没有分别。IGP 任播 Segment（以下称为"Anycast Segment"或"Anycast-SID"）是与 Anycast 前缀相关联的特殊类型的 IGP Prefix Segment。这样的 Anycast 前缀及其相关联的 Prefix-SID 不标识特定节点，而是标识一组节点。因此，这样的 Anycast-SID 不是 Node-SID，通告时 N-flag 不置位。从这个角度看，即使一个 Prefix-SID 关联到一个配置在环回地址上的主机前缀，它也不一定总是标识一个节点，而可能是一个 Anycast-SID。

Anycast 集合或 Anycast 组是发布相同（Anycast）地址的两个或多个节点的集合。Anycast 集合的属性是去往 Anycast 地址的流量将被路由到 Anycast 集合中距离最近（最短 IGP 距离）

的那个成员。如果 Anycast 集合的两个或更多个成员的距离相同，则流量将在这些距离相同的成员之间负载均衡，通过这一机制将流量分发给 Anycast 集合的所有成员。

Anycast 集合还提供针对 Anycast 集合的一个或多个成员的故障保护机制。当一个节点发生故障时，集合中的其余成员可以无缝地接管流量。网络中的业务源和其他节点会将去往 Anycast 前缀的数据包引导至新的、去往最近 Anycast 集合成员的最短路径。

Anycast 地址常用于无连接服务，例如 DNS 服务器。使用 Anycast 地址可为这些服务提供负载均衡和冗余。

应用到 SR 上，Anycast-SID 与 Anycast 前缀相关联。由于 Anycast Segment 是 Prefix Segment 的子类型，所以 Anycast Segment 的指令与 Prefix Segment 的指令相同："引导流量沿着支持 ECMP 的最短路径去往与该 Segment 相关联的前缀"。对于 Anycast Segment，这归结为将业务沿着支持 ECMP 的最短路径引导到 Anycast 集合中最近的节点。

Anycast Segment 继承了底层 Anycast 前缀的属性：负载均衡和冗余。去往 Anycast Segment 的业务被引导到距离最近的 Anycast-SID 始发节点。如果 Anycast 集合的两个或更多个节点的距离相同，则流量在这些距离相同的成员之间是负载均衡的。如果 Anycast 集合的成员发生故障，则由 Anycast 集合的其余成员来处理去往 Anycast Segment 的流量。

Anycast Segment 还可用于表达宏观的流量工程策略，例如：经由 Anycast 集合"平面 A"引导业务，或经由 Anycast 集合"转接节点组 A"引导业务，或经由 Anycast 集合"中部欧洲"引导业务。这些策略不指定特定的转接节点，而是一组转接节点，组中的任何节点都满足流量引导的要求。这些转接节点组成为 Anycast 集合的成员，并且以它们的 Anycast-SID 作为转发目标。

图 2-2 中所示网络拓扑图说明了 Anycast Segment 的转发行为。

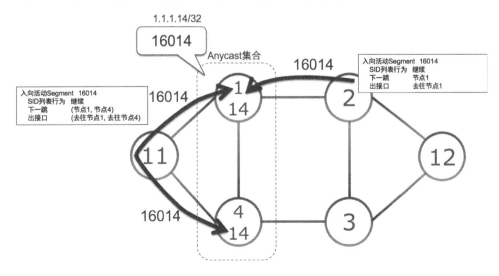

图 2-2　Anycast Segment 转发特性

16014 是与该拓扑中节点 1 和节点 4 的环回接口配置的 Anycast 前缀 1.1.1.14/32 相关联的 Anycast-SID。通过在两个节点上配置相同的 Anycast 前缀和 Anycast-SID，它们成为具有 Anycast-SID 16014 的 Anycast 集合的成员。在网络中的任何地方注入的一个携带 SID 16014 的数据包，将经由支持 ECMP 的 IGP 最短路径被转发到节点 1 或节点 4，就看哪个更近。

在图 2-2 中，节点 2 收到目的地为 Anycast-SID 16014 的数据包。节点 2 到 1.1.1.14/32 的最短路径经过节点 1。节点 2 将去往 Anycast-SID 16014 的所有数据包转发到节点 1。

节点 11 收到目的地为 Anycast-SID 16014 的数据包。节点 11 发现经由节点 1 和节点 4 两者均可到达前缀 1.1.1.14/32，且两者到节点 11 的距离相同。节点 11 在转发表中安装两条路径，并使用常规的哈希计算，把去往 Anycast-SID 16014 的流量负载均衡到这两条路径上。

如果节点 1 发生故障，如图 2-3 所示，网络收敛。从节点 2 和节点 11 状态，我们发现节点 4 是通过 1.1.1.14/32 及其相关联 Prefix-SID 16014 的新的最近的节点（在本示例中也是仅剩的一个节点）。节点 2 和节点 11 将去往 Anycast-SID 16014 的数据包转发到节点 4，这是自动进行的，不需要对任何节点进行任何干预。

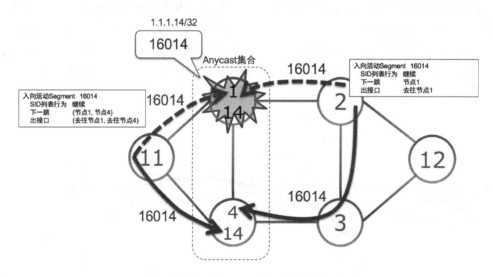

图 2-3　Anycast-SID 冗余功能

由于前缀和 Prefix-SID 之间存在一对一映射，所以 Anycast 集合中的所有节点必须为 Anycast 前缀通告相同的 Anycast-SID。

当在 SR MPLS 中使用 Anycast-SID 时，有一些特殊的注意事项，这在第 4 章中会有描述。

> **重点提示**
>
> Anycast-SID 是与 Anycast IP 地址相关联的 Prefix-SID。单个 Anycast-SID 就可以指示整个 SR 域"沿着去往该 Anycast 前缀最近的实例的所有 ECMP 最短路径进行转发"。Anycast-SID 是一个全局 Segment。
>
> Anycast-SID 的好处如下。
> - 天生支持 ECMP。
> - 高可用性（HA）：当最近的 Anycast 地址实例从网络中断开时，SR 域自动把去往此 Anycast-SID 的数据包转发到与其相关联的 IP Anycast 地址的下一个距离最近的实例。
> - 表达宏观流量工程。通常，运营商不需要（或不想）把相应需求的流量通过流量工程引导至通过网络的唯一一条路径上。一般情况是，运营商仅希望引导流量经由给定区域（例如：德国）或经由给定区域中的给定路由器（例如，"经过荷兰的任何骨干路由器"或"经由数据中心的所有 Spine"）。可以将 Anycast-SID 分配给一个区域内的所有路由器，或者一个区域内执行某一功能的所有路由器。Anycast-SID 可用于表达"宏观流量工程"，并可从高可用性和 ECMP 方面获益。

2.3.1.2　IGP Adjacency Segment

IGP Adjacency Segment（通常缩写为"Adjacency Segment"或"Adjacency-SID"甚至"Adj-SID"）是与单向邻接或单向邻接集合相关联的 Segment。IGP Adjacency Segment 所包含的指令是"引导流量由与该 Segment 相关联的邻接链路（集合）转发出去"。使用 Adjacency Segment 转发的流量被引导至指定链路，而不管最短路径路由如何。如果一个节点到它某个邻居节点的 IGP 最短路径不是经由两节点之间的直连链路，通常可以用 Adjacency Segment 来引导流量经由直连链路去往邻居节点；否则一般优选使用该邻居的 Prefix Segment。

典型情况下，Adjacency Segment 是通告它的节点的本地 Segment。本书使用术语"IGP Adjacency Segment"来表示本地 IGP Adjacency Segment，对于不是本地 Segment 的 IGP Prefix Segment，前面会加上"全局"以示区别。

> **重点提示**
>
> 虽然 SR 规范允许 IGP Adjacency Segment 是全局 Segment，但是通常 Adjacency Segment 被用作本地 Segment，以便减少需要在网络设备上编程的转发状态数量。注意，所有全局 Segment 都需要在每台路由器的数据平面中编程，把 Adjacency Segment 作为全局 Segment 会显著增加状态的数量，且不会带来更多的好处。

图 2-4 中的网络拓扑图说明了 Adjacency Segment 的转发行为。

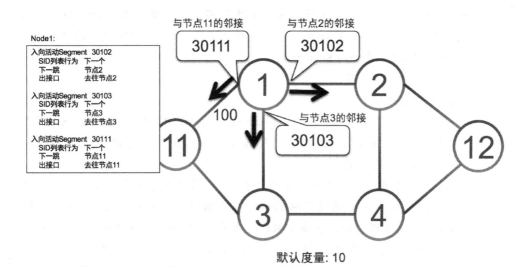

图 2-4 Adjacency Segment 转发

节点 1 分配 30102 作为与节点 1 到节点 2 的邻接相关联的 Adjacency-SID，并且节点 1 分配 30103 作为与节点 1 到节点 3 的邻接相关联的 Adjacency-SID。节点 1 将它接收到的活动 Segment 为 30102 的数据包，转发到其与节点 2 邻接的链路上；它将活动 Segment 为 30103 的数据包，转发到其与节点 3 邻接的链路上。这些 Adjacency-SID 只对节点 1 来说是本地的，只有节点 1 能正确地理解它们的含义。其他节点可以使用相同的 Adjacency-SID 值，但它们的含义不同。每个节点在本地定义 Adjacency-SID 的含义。

节点 1 到节点 11 链路的 IGP 链路度量为 100。因此从节点 1 到节点 11 的最短路径不经由该直连链路，而是经由节点 3。如果需要引导流量走节点 1 到节点 11 的直连链路，那就需要用从节点 1 到节点 11 链路的 Adjacency-SID。

为了使用本地 Adjacency-SID，通常在 Segment 列表中把节点的 Prefix-SID 安插在 Adjacency-SID 之前。在图 2-4 所示拓扑的任何节点上注入携带 Segment 列表 {16001，30111} 的数据包，将沿着最短路径转发到节点 1，然后发往连接节点 11 的直连链路。

如果节点 1 为其与节点 11 的邻接通告全局 Adjacency-SID（例如：20111），则上述 Segment 列表可精简为 {20111}，具有相同效果。然而，虽然 Segment 列表的长度减小了，但付出的代价是网络中所有节点需要创建的状态增加了。这是因为如果 Adjacency Segment 是全局 Segment，那么网络中所有节点都需要为其安装转发条目。

一个节点为它在接口 I 上的 IGP 邻接分配 Adjacency-SID S。该节点在转发表中安装以下条目。

- 入向活动 Segment：S。
- Segment 列表操作：NEXT。
- 出接口：接口 I。

可以为一条给定的链路分配多个 Adjacency-SID，使得每个 Adjacency-SID 具有不同的属性。我们将在第 9 章中看到其中一种应用。

> **重点提示**
>
> Adjacency-SID 是与特定路由器的本地接口相关联的 SID。在接收到携带本地 Adjacency-SID 作为活动 Segment 的数据包时，路由器在激活 Segment 列表的下一个 Segment 之后，将该数据包从相关接口中转发出去。SR 域作为一个整体并不理解 Adjacency-SID，Adjacency-SID 只能被始发它的路由器识别。Adjacency-SID 是本地 Segment。
>
> Adjacency-SID 的好处如下。
> - 使得显式路由解决方案完整了。任何路径都可以用 Segment 列表表示。
> - 时分复用（TDM）业务迁移：Adjacency-SID 有助于把 TDM 业务迁移至 SR。Adjacency-SID 不依赖于 IP 多跳动态路由。Adjacency-SID 允许从一组 ECMP 路径中选出特定一条非 ECMP 路径。一个由 Adjacency-SID 组成的列表，表示一条不依赖于动态 IGP 路由且没有 ECMP 的显式路径。这些特性过去通常用于 TDM 业务。虽然通过 SR 域传送的大部分业务是基于 IP 的，只会用到一个或几个 Prefix-SID，但也可以使用更长的 Adjacency-SID 列表来传送占比很小的 TDM 业务。

> "我们尽量少使用 Adjacency-SID。它们不支持 ECMP，它们只表示链路上的一跳。我们优先选用 Prefix-SID 来表达一个显式路径。使用 Prefix-SID，我们能得到较短的 Segment 列表，能将需求分布在 Prefix-SID 的所有 ECMP 路径上。"
>
> —Clarence Filsfils

2.3.1.2.1 二层 Adjacency-SID

链路捆绑（Link Bundle）或链路聚合组（LAG，Link Aggregation Groups）被广泛使用。LAG 把多个二层接口合并成单个三层接口。由于 IGP 邻接仅建立在三层接口上，当邻居之间使用多条并行链路时，LAG 减少了需要维护的 IGP 邻接的数量。LAG 上的流量在其所有成员链路上是负载均衡的。如果需要在特定的单条物理链路上发送流量，则可以为每个 LAG 成员分配二层 Adjacency-SID。这个二层 Adjacency-SID 可用于引导流量经过单个成员链路，作用等同于（三层）Adjacency-SID。

图 2-5 所示网络拓扑说明了二层 Adjacency Segment 的转发行为。节点 1 和节点 3 之间的三层链路采用了链路捆绑，含有三条成员链路。

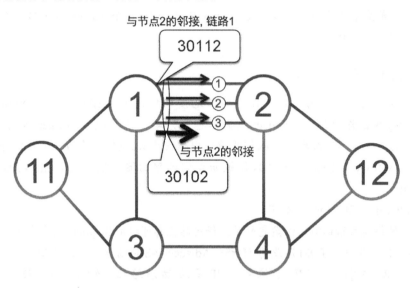

图 2-5　二层 Adjacency-SID

节点 1 分配 30102 作为节点 1 到节点 2 邻接的（三层）Adjacency-SID。节点 1 还为每个单独的 LAG 成员链路分配了二层 Adjacency-SID。例如，节点 1 为链路捆绑中的链路 1 分配二层 Adjacency-SID 30112。节点 1 将其收到的活动 Segment 为 30112 的数据包，从链路捆绑的成员链路 1 上转发到节点 2。而活动 Segment 30102 的数据包将被节点 1 负载均衡至连接节点 2 的链路捆绑的所有成员链路上。

 重点提示

二层 Adjacency-SID 是与二层链路捆绑的特定成员链路相关联的 Adjacency-SID。

2.3.1.2.2　组 Adjacency-SID

在一些设计中，一对路由器之间会存在多条平行链路，这些链路是独立的，并没有使用 LAG 捆绑在一起跑 IGP。在这种情况下，有时候我们希望将去往邻接路由器的所有单独邻接组合在一起，并用单个组 Adjacency-SID（Group Adjacency-SID）来表示，该 SID 的指令是以负载均衡的方式在组内链路上转发流量。

在写本书时，SR 用例中关注这种类型的 Adjacency-SID 并不多，所以本书不涉及更进一步的细节。

2.3.2 BGP Segment

BGP 也可以用作 SR 控制平面，在网络中分发 SID。SR BGP 实现的细节在第 6 章中说明。

某些网络，尤其是超大规模数据中心（MSDC，Massive Scale Data Centers），仅使用 BGP 作为路由协议。原因[3]是 BGP 很简单，支持每跳流量工程，并且几乎所有厂商都支持（"BGP 是更好的 IGP"）。但是 SR BGP 不止适用于那些网络，事实上通过 BGP（使用 RFC3107 机制）通告标签单播前缀（Labeled Unicast Prefixes）在许多运营商网络中是普遍存在的。

2.3.2.1 BGP 前缀 Segment

BGP 前缀 Segment（以下称为"BGP Prefix Segment"或"BGP Prefix-SID"）与 BGP 前缀相关联，类似于 IGP Prefix Segment 与 IGP 前缀相关联。与 IGP Prefix Segment 一样，BGP Prefix Segment 是全局 Segment，SR BGP 域中的所有节点均理解此 Segment。BGP Prefix Segment 指令是"引导流量沿着支持 ECMP 的 BGP 多路径去往与该 Segment 相关联的前缀"。BGP Prefix Segment 把流量负载均衡至可用的 BGP 多路径上。

图 2-6 说明了小型两级数据中心拓扑中的 BGP Prefix-SID 转发行为。

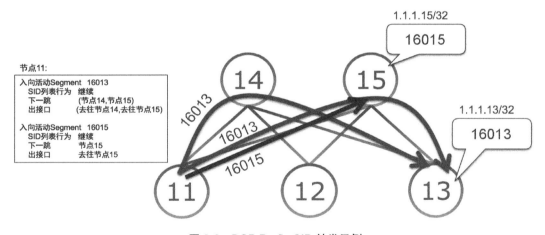

图 2-6　BGP Prefix-SID 转发示例

16013 是与节点 13 环回地址前缀 1.1.1.13/32 相关联的 BGP Prefix-SID。在网络中任何地方注入携带 SID 16013 的数据包，将经由支持 ECMP 的 BGP 最佳路径转发到节点 13。

例如，节点 11 收到以节点 13 的 BGP Prefix-SID 16013 作为活动 Segment 的数据包。节点 11 有两条 BGP 多路径去往节点 13 的环回地址前缀：经由节点 14 和经由节点 15。节点 11 按常规方式将流量负载均衡到两条路径上。节点 14 接收到带有 BGP Prefix-SID 16013 的数据包，并引导到去往节点 13 的 BGP 最佳路径上。

16015 是与节点 15 的环回地址前缀 1.1.1.15/32 相关联的 BGP Prefix-SID。节点 11 收到以节点 5（图 2-6 中未画出，节点 5 连接在节点 15 上）的 BGP Prefix-SID 16005 作为活动 Segment 的数据包。去往节点 5 环回地址前缀的 BGP 最佳路径是经由节点 15，因此节点 11 将数据包转发到节点 15。

BGP 任播 Segment

BGP 中也存在 Anycast 前缀。不同的节点可以通告相同的 BGP 前缀，这样的前缀就称为 Anycast 前缀。与 IGP Anycast Segment 相同，BGP 任播 Segment（以下称为"BGP Anycast Segment"或"BGP Anycast-SID"）提供粗颗粒度的流量引导能力，例如"通过组 A 中的 Spine 节点引导流量"。它还具有冗余属性，Anycast 集合中的成员发生故障，可以由其他成员提供保护。

图 2-7 说明了小型两级数据中心拓扑中的 BGP Anycast-SID 转发行为。

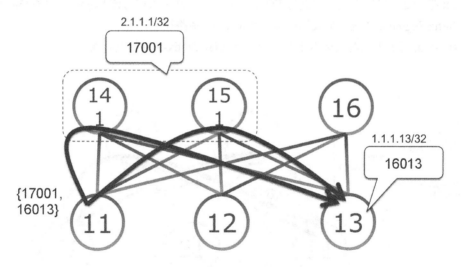

图 2-7 BGP Anycast-SID 转发示例

节点 14 和节点 15 是一个 Anycast 集合的成员；它们都通告 Anycast 前缀 2.1.1.1/32 及相关联的 BGP Anycast-SID 17001。两个节点还分别为节点 14 和节点 15 通告它们自己的 BGP Prefix-SID 16014 和 16015。节点 11 想要将流量发送到节点 13，但不经过 Spine 节点 16。为此，节点 11 在 Segment 列表中加入两个 Prefix-SID：{17001，16013}。该 Segment 列表首先将数据包引导到 Anycast 集合的任一节点，即通告 BGP Anycast-SID 17001 的任一节点，然后使用节点 13 的 BGP Prefix-SID 到达目的地节点 13。发往 BGP Anycast-SID 的流量将在 BGP 多路径上进行负载均衡，其中一条路径经由节点 14，另一条路径经由节点 15。当其中的一个节点，例如节点 14，发生故障时，去往 BGP Anycast-SID 17001 的所有流量将去往节点 15。

2.3.2.2　BGP 对等体 Segment

BGP 对等体 Segment（以下称为"BGP Peer Segment"）与 BGP 对等体会话（Peering Session）的特定邻居或一组邻居相关联。BGP Peer Segment 是本地 Segment，通常由 BGP 发言者分配给其对等体会话，并且通过 BGP 链路状态（BGP-LS）地址族（RFC7752）通告出去。BGP Peer Segment 适用于 iBGP 和 eBGP 会话。

我们将在第二卷中详细介绍 BGP 链路状态扩展和这些 BGP Peer Segment，并且结合 SRTE 介绍这些 Segment。在这里，我们将仅对 BGP Peer Segment 做简要介绍。

> **重点提示**
>
> 虽然 SR 和 BGP-LS 规范允许将 BGP Peer Segment 作为全局 Segment，但是通常来说，BGP Peer Segment 被用作本地 Segment。这是因为若用作全局 Segment，则必须将该信息传播到所有路由器，包括不运行 BGP 的路由器。在许多网络中，通常是用 IGP Segment 把 SR 数据包送到 BGP 发言者，然后再用 BGP Peer Segment 把数据包发送到 BGP 对等体。

2.3.2.2.1　BGP 对等体节点 Segment

BGP 对等体节点 Segment（以下称为"BGP Peer Node Segment"或者"BGP Peer-Node-SID"）与对等体会话的邻居相关联。BGP Peer Node Segment 指令是"引导流量经由去往对等体节点的 ECMP 多路径转发到此特定的 BGP 对等体节点"。BGP Peer Node Segment 推翻传统的 BGP 选路决策过程，确保流量通过可用的底层网络多路径机制发送到特定的 BGP 对等体节点。

图 2-8 说明了典型的运营商 BGP 对等体设置中的 BGP Peer-Node-SID。

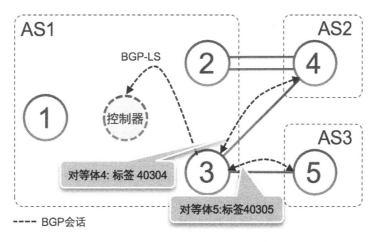

图 2-8　BGP Peer-Node-SID 示例

节点 3 与 AS2 的节点 4 建立对等体会话，与 AS3 的节点 5 也建立对等体会话。节点 3 为其对等体节点 4 和节点 5 分别分配本地 Segment 40304 和 40305，并通过 BGP-LS 进行通告。任何到达节点 3 的携带标签 40304 的 SR 数据包，将转发到 AS2 的节点 4，无视 BGP 选路决策过程。

2.3.2.2.2　BGP 对等体邻接 Segment

BGP 对等体邻接 Segment（以下称为"BGP Peer Adjacency Segment"或"BGP Peer-Adj-SID"）与到特定邻居节点的特定底层网络路径或链路相关联。两台 BGP 路由器之间有一个 EBGP 会话，但两者之间可能有多条底层网络链路。BGP Peer Adjacency Segment 指令是"引导流量经由连接特定对等体节点的特定接口转发到此对等体节点"。BGP Peer Adjacency Segment 推翻传统的 BGP 选路决策过程，也可能推翻 ECMP 或其他本地路由决策过程，而直接指定将数据包发送到 BGP 邻居的实际链路。

图 2-9 说明了典型的运营商 BGP 对等体设置中的 BGP Peer-Adj-SID。

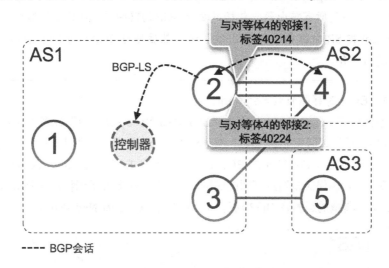

图 2-9　BGP Peer-Adj-SID 示例

节点 2 与 AS2 的节点 4 建立对等体会话（在它们的环回地址之间建立多跳 EBGP 会话），节点 2 和节点 4 之间有两条底层链路——链路 1 和链路 2。节点 2 分别为其与节点 4 的对等体会话的底层链路 1 和链路 2 分配本地 Segment 40214 和 40224。任何到达节点 2 的携带标签 40214 的 SR 数据包，将仅通过链路 1 转发到 AS2 的节点 4。

2.3.2.2.3　BGP 对等体集合 Segment

BGP 对等体集合 Segment（以下称为"BGP Peer Set Segment"或"BGP Peer-Set-SID"）与一组对等体会话的邻居相关联。BGP Peer Set Segment 指令是"引导流量经由 ECMP BGP 多路径转发到属于特定对等体集合的 BGP 对等体节点"。BGP Peer Set Segment 推翻传统的

BGP 选路决策过程，确保流量通过 BGP 多路径机制发送到特定的 BGP 对等体节点。

图 2-10 说明了典型的运营商 BGP 对等体设置中的 BGP Peer-Set-SID。

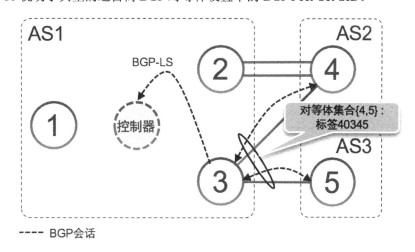

图 2-10　BGP Peer Set SID 示例

节点 3 与 AS2 的节点 4 建立对等体会话，与 AS3 的节点 5 也建立对等体会话。节点 3 为包含节点 4 和节点 5 的对等体集合分配本地 Segment 40345，并通过 BGP-LS 予以通告。任何到达节点 3 的携带标签 40345 的 SR 数据包，将通过 BGP 多路径 ECMP 机制转发到节点 4 和节点 5，无视 BGP 选路决策过程。

2.3.3　组合使用 Segment

Segment 是 SR 的构建模块，这些构建模块可以被组合起来引导流量经由网络中任何端到端的路径。在端到端路径中不同类型的 Segment 可以组合在一起，例如不同类型的 IGP Segment 和 BGP Segment。由于 Segment 可以是任何类型的指令：可以是拓扑相关的、基于业务的，构建的路径也可以引导数据包经过服务链。

TI-LFA FRR 和 TE 应用（如不相交路径、时延或带宽优化）需要显式路径。对真实网络的数据集分析告诉我们，只需要较短的 Segment 列表（少量 Segment）就能表达这些策略。详细分析参见 TI-LFA 和 TE 部分的内容或相关公开文件（draft-francois-rtgwg-segment-routing-ti-lfa 和参考文献中的 SIGCOMM 论文）。

> **重点提示**
>
> 通常 Segment 列表只由一个或两个 Segment 组成。我们很少需要超过三个 Segment 来在实际网络中表达 TI-LFA/TE 策略。这已经通过对真实数据集的分析得到

了证实。

> "网络拓扑通常反映出与铁路/公路网络相同的属性。SR 项目开始时有一个基本直觉,那就是只需要很少的 SID 就能表达真实网络中的真实策略。这种直觉来自于考虑从布鲁塞尔到罗马的最佳路径(选择最短路径,还是绕道日内瓦以避免 Gottardo 隧道中的交通堵塞)。人们能够通过经由几个中间城市的几段最短路径(而不是非常大量的逐个转弯)的方式来表达交通策略。对于启用 SR 网络中的应用也应该是如此。"
>
> ——Clarence Filsfils

图 2-11 所示拓扑说明了如何把 Segment 组合起来定义从数据中心到广域网的端到端路径。

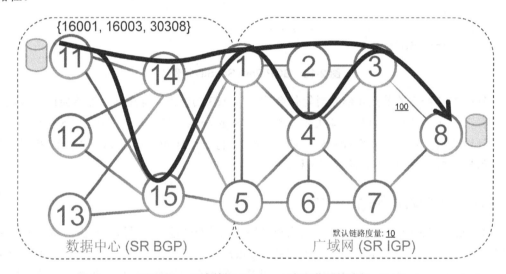

图 2-11 组合使用 Segment 定义端到端路径

数据中心的多台服务器上的应用程序,需要跨越广域网与远端的另一组服务器上的应用程序进行通信。数据中心服务器位于节点 11 旁边,远端服务器位于节点 8 旁边。服务器之间的流量必须遵循特定要求。基于这些业务要求,路径被计算出来:满足业务流要求的路径通过数据中心和广域网之间的边界节点 1。然后,该路径在广域网经过节点 3,随后沿着从节点 3 到节点 8 的低时延、高度量链路。这条端到端路径可以用包含以下 Segment 的 Segment 列表来表达:数据中心内去往节点 1 的 BGP Prefix Segment(16001),随后是去往广域网节点 3 的 IGP Prefix Segment(16003),最后,也是在广域网中,从节点 3 到节点 8 的 IGP Adjacency Segment(30308)。BGP Prefix Segment 引导业务流经由支持 ECMP 的 BGP 最佳路径(BGP 多路径)。业务流使用数据中心内从节点 11 到节点 1 的所有可用 ECMP。从节点 1 开始,使用节点 3 的 Prefix Segment 引导业务流沿着支持 ECMP 的 IGP 最短路径到达节点 3。业务流在广域网中也使用了从节点 1 到节点 3 的所有可用 ECMP。最后，业务流从节点 3 通过直连链路被引导到节点 8，这不是节点 3 到节点 8 的 IGP 最短路径，相反是经过了一条高度量链路，因此需要使用 IGP Adjacency Segment 来实现这一点。IGP Adjacency Segment 控制流量通过特定链路，而不管 IGP 最短路径如何。

另一组应用具有不同的要求，这些应用的业务流将遵循不同的路径。注意，即使采用不同的路径，网络中要维持的状态数量是相同的，这与如何在网络中引导业务流无关，也与通过网络的业务流数量多少无关。

图 2-12 显示了另一条端到端路径。

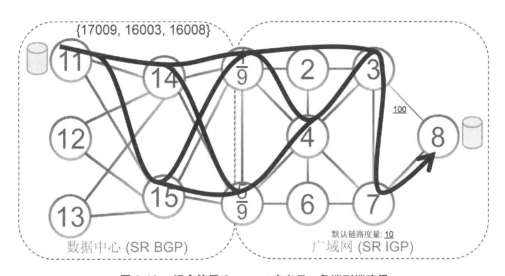

图 2-12　组合使用 Segment 定义另一条端到端路径

该路径通过首先将业务流引导到边界节点 Anycast 集合的 BGP Anycast Segment（17009），来使用数据中心内更多的 ECMP。由于是 BGP Anycast Segment，业务流在两个边界节点（节点 1 和节点 5）上是负载均衡的。在数据中心内，业务流使用去往两个边界节点的所有 ECMP。然后，业务流经由节点 3 的 IGP Prefix Segment（16003）到达节点 3。业务流使用广域网中从边界节点到节点 3 的所有可用 ECMP。最后业务流经由 IGP Prefix Segment 到达节点 8。

根据业务的要求，可以引导其业务流经由网络中众多的可能路径，我们只需要简单地组合不同的 Segment（SR 构建模块）来定义端到端路径即可。如何引导业务流或被引导的业务流数量不会影响网络中间节点的转发状态。中间节点的状态数量保持不变。为把业务流引导到路径上，网络节点只需要简单地执行编码在数据包报头中的指令（Segment）。

2.4 SR 数据平面

SR 体系结构不基于特定的数据平面实现，SR 体系结构可以在 MPLS 数据平面上实例化，也可以在 IPv6 数据平面上实例化。

SR 的 MPLS 数据平面实现利用现有的 MPLS 架构（IETF RFC 3031）。SID 体现为 MPLS 标签或 MPLS 标签空间中的索引。Segment 列表在 MPLS 数据包中被表示为 MPLS 标签栈。SR MPLS 数据平面适用于 IPv4 和 IPv6 地址族。IPv4 和 IPv6 控制平面都可以对 MPLS 转发表项进行编程。

通过使用 IPv6 扩展报头（Extended Header）的一个新类型：Segment Routing Header （SRH），SR 还可以应用于 IPv6 数据平面。在基本的 IPv6 标准规范（IETF RFC 2460）中定义扩展报头为一种用于承载额外路由信息的扩展机制。SR 的 IPv6 数据平面实现通常称为 "SRv6"。在 SRv6 实现中，Segment 体现为 IPv6 地址。Segment 列表被编码为 SRH 中的含有多个 IPv6 地址的有序列表。SRv6 无须网络支持 MPLS 就可以提供 SR 功能。

2.5 小结

- Segment 是与拓扑、业务或其他因素相关的一条指令。
- Segment 列表是指令的有序列表。
- 源路由：源节点或尽可能靠近源节点的业务边缘把 Segment 列表编入数据包报头中，以引导数据包沿着所要求的跨多个域的拓扑路径和业务路径进行转发。
- 网络节点按照数据包报头中的指令处理数据包。
- 只需要在源节点上维持每条流的状态信息，而不需要在网络中维持此信息。
- Prefix Segment：引导数据包沿着支持 ECMP 的最短路径去往与该 Segment 相关联的前缀，是全局 Segment。
- 节点 Segment：代表节点的前缀（如路由器 ID）的 Prefix Segment。
- Anycast Segment：引导数据包沿着支持 ECMP 的最短路径去往与该 Segment 相关联的 Anycast 前缀。
- Adjacency Segment：引导数据包由与该 Segment 相关联的邻接链路转发出去，通常是本地 Segment。
- BGP Peer Segment：引导数据包（经由特定的链路）去往特定的 BGP 对等体，无视 BGP 选路决策过程，通常是本地 Segment。

- SR 可以基于不同的数据平面（MPLS 和 IPv6）和控制平面协议（ISIS、OSPF、BGP）实现。

2.6 参考文献

[1] draft-francois-rtgwg-segment-routing-ti-lfa Francois, P., Filsfils, C., Bashandy, A., and B. Decraene, "Topology Independent Fast Reroute using Segment Routing", draft-francois-rtgwg-segment-routing-ti-lfa (work in progress), May 2016, <https://datatracker.ietf.org/doc/ draft-francois-rtgwg-segment-routing-ti-lfa>.

[2] draft-ietf-6man-segment-routing-header Previdi, S., Filsfils, C., Field, B., Leung, I., Linkova, J., Aries, E., Kosugi, T., Vyncke, E., and D. Lebrun, "IPv6 Segment Routing Header (SRH)", draft-ietf-6man-segment-routing-header (work in progress), September 2016, https://datatracker.ietf.org/doc/draft-ietf-6man-segment-routing-header.

[3] draft-ietf-isis-l2bundles Ginsberg, L., Marcon, J., Filsfils, C., Previdi, S., Nanduri, M., Aries, E., "Advertising L2 Bundle Member Link Attributes in IS-IS" (work in progress), August 2016, <https://datatracker.ietf.org/doc/draft-ietf-isis-l2bundles>.- draft-ietf-isis-segment-routing-extensions Previdi, S., Filsfils, C., Bashandy, A., Gredler, H., Litkowski, S., Decraene, B., and J. Tantsura, "IS-IS Extensions for Segment Routing", draft-ietf-isis-segment-routing-extensions (work in progress), June 2016, https://datatracker.ietf.org/doc/draft-ietf-isis-segment-routing-extensions.

[4] draft-ietf-ospf-segment-routing-extensions Psenak, P., Previdi, S., Filsfils, C., Gredler, H., Shakir, R., Henderickx, W., and J. Tantsura, "OSPF Extensions for Segment Routing", draft-ietf-ospf-segment-routing-extensions (work in progress), July 2016, <https://datatracker.ietf.org/doc/draft-ietf-ospf-segment-routing-extensions.

[5] RFC2460 Deering, S. and R. Hinden, "Internet Protocol, Version 6 (IPv6) Specification", RFC 2460, DOI 10.17487/RFC2460, December 1998, https://datatracker.ietf.org/doc//rfc2460.

[6] RFC3031 Rosen, E., Viswanathan, A., and R. Callon, "Multiprotocol Label Switching Architecture", RFC 3031, DOI 10.17487/RFC3031, January 2001, https://datatracker.ietf.org/doc/rfc3031.

[7] RFC7752 Gredler, H., Ed., Medved, J., Previdi, S., Farrel, A., and S. Ray, "North-Bound Distribution of Link-State and Traffic Engineering (TE) Information Using BGP", RFC 7752, DOI 10.17487/RFC7752, March 2016, https://datatracker.ietf.org/doc/rfc7752.

[8] RFC7855 Previdi, S., Ed., Filsfils, C., Ed., Decraene, B., Litkowski, S., Horneffer, M., and R. Shakir, "Source Packet Routing in Networking (SPRING) Problem Statement and Requirements", RFC 7855, DOI 10.17487/RFC7855, May 2016, <https://datatracker.ietf.org/doc/rfc7855>.- draft-ietf-

spring-segment-routing Filsfils, C., Ed., Previdi, S., Ed., Decraene, B.,Litkowski, S., and R. Shakir, "Segment RoutingArchitecture", Work in Progress, draft-ietf-spring-segment-routing-09, July 2016, <https://datatracker.ietf.org/doc/draft-ietf-spring-segment-routing>.- draft-ietf-idr-bgp-Prefix-SID Previdi, S., Filsfils, C., Lindem, A., Patel, K., Sreekantiah, A., Ray, S., and H. Gredler, "Segment Routing Prefix SID extensions for BGP", draft-ietf-idr-bgp-Prefix-SID (work in progress), June 2016, https://datatracker.ietf.org/doc/draft-ietf-idr-bgp-Prefix-SID.

[9] SIGCOMM Hartert, R., Vissicchio, S., Schaus, P., Bonaventure, O., Filsfils, C., Telkamp, T., Francois, P., "A Declarative and Expressive Approach to Control Forwarding Paths in Carrier-Grade Networks", Proceedings of the 2015 ACM Conference on Special Interest Group on Data Communication, DOI 10.1145/2785956.2787495, August 2015, http://conferences.sigcomm.org/sigcomm/2015/pdf/papers/p15.pdf.

注释：

1. 思科网络业务编排器（NSO），基于 Tail-f，产品说明见：http://www.cisco.com/c/en/us/products/collateral/cloud-systems-management/network-services-orchestrator/datasheet-c78-734576.html。

2. 这是 SR MPLS 的倒数第二跳弹出功能。

3. https://www.nanog.org/meetings/nanog55/presentations/Monday/Lapukhov.pdf。

第 3 章 Segment Routing MPLS 数据平面

3.1 IPv4 和 IPv6

SR 可以使用 MPLS 数据平面承载 IPv4 和 IPv6 数据包。IPv6 控制平面（如 ISIS、OSPFv3、BGP）可用于在网络中分发 SR 信息，不依赖于 IPv4。对于现有仅部署了 IPv4 的网络，SR 也可以使用 IPv4 控制平面在 MPLS 中承载 IPv6（用于 6PE 或 6vPE）。

3.2 现有 MPLS 数据平面

SR 可以直接应用于 MPLS 架构，而不需要改变 MPLS 数据平面。这意味着通常只需要软件升级就可以在节点上启用基本的 SR 功能，因为现有的 MPLS 转发硬件可用于 SR MPLS。在 SR MPLS 实现中，SID 在数据平面中被编码为 MPLS 标签。

Segment 列表，即用于指定数据包路径的 Segment 有序列表，被编码为数据包报头中的 MPLS 标签栈。要处理的 Segment（也称为活动 Segment）位于数据包标签栈顶部。在完成一个 Segment 时，相关标签从栈中弹出。

MPLS 架构使用转发等价类（FEC，Forwarding Equivalent Class）的概念来选择入向的数据包将要被映射到的标签交换路径（LSP），以及必须对进入 MPLS 网络的数据包压入哪些标签（如果有的话）。IETF RFC 3031 将 FEC 定义为"以相同方式（例如，通过相同路径，具有相同转发处理）转发的一组 IP 数据包"。当 IP 数据包进入 MPLS 网络时，MPLS 网络边缘上的入口节点将 IP 数据包分类为 FEC，然后压入与该 FEC 相对应的 MPLS 标签。

在最基本的 IPv4/v6 MPLS 转发构造中，FEC 通常是基于目的地 IP 前缀创建的。这意味着转发表中的每一个前缀条目与一个 FEC 相关联。通过这种方式，在转发表中查找与数据包目的地址相匹配的最长前缀，同时找到数据包对应的 FEC，因为 FEC 就是最长匹配的前缀。为被转发的数据包压入的标签，就是与该最长匹配的前缀相关联的标签。但是 FEC 也可以对应于感兴趣的任何流量分类，例如源 IP 地址、IP 优先级等，都可以包括在 FEC 的分类条件中。

如果 FEC 是由转发表中对目的地 IP 地址的最长前缀匹配确定的，那么这等同于常规的基于目的地址的 IP 转发。要压入的标签，就是转发表中与 IP 数据包目的地址相匹配的最长前缀所对应的标签。MPLS 转发与常规 IP 逐跳转发的区别在于，数据包到 FEC 的分类仅在 MPLS 网络的入口节点处进行，之后数据包沿着标签路径转发。

在 SR 中，前缀到 FEC 的映射方式与经典 MPLS 相比几乎没有区别，唯一的区别是，对应于该 FEC 的标签实际上是从它的 Prefix-SID（IGP/BGP 作为信令协议）获得的，而不是由传统的逐跳 MPLS 信令协议（LDP）分发而来。

3.3 SR 全局块

SR 架构中的 SR 全局块（SRGB，Segment Routing Global Block）是用于全局 Segment 的 SID 集合。本章重点讨论的 SR MPLS 数据平面架构中，SID 是一个标签值或者是标签块的一个索引。本地 Segment 的 SID 是本地标签值，而全局 Segment 的 SID 是全局唯一的一个索引——SID 索引。在给定的节点上，此 SID 索引指向该节点 SRGB 内的一个标签。SRGB 是给定节点为全局 Segment 预留的本地标签集合。

每个节点可以独立地决定使用哪个范围的标签来做全局 Segment，并将它们分配给自己的本地 SRGB。全局 SID 索引和本地 SRGB 的概念适合于现有的 MPLS 体系结构，因为全局 Segment 的标签值可以在本地管理，这与其他的 MPLS 协议相类似。

SID 索引是从零开始的，它指向每个节点本地 SRGB 中的一个本地标签值。例如，SID 索引 n 指向每个节点本地 SRGB 中的第 n 个标签。通常，SRGB 由单个标签范围组成。在这种情况下，SRGB 中的第一个标签的值加上 SID 索引的数字，就可以计算出一个全局 Segment 的本地标签值。例如，节点将标签范围 [16000-23999] 分配为 SRGB。要找到 SID 索引为 10 的全局 Segment 的本地标签值，只需要计算 16000+10 = 16010，16010 就是 SID 索引为 10 的全局 Segment 的本地标签值。而在另外一个 SRGB 为 [20000-27999] 的节点上，同样的 SID 索引为 10 的 Segment 的本地标签值就变成了 20010。

由于 SRGB 只是本地有效，因此每个节点必须向其他节点通告它的 SRGB。其他节点需要此信息，来计算针对某一特定的 SID 索引，这个节点期望接收到的标签值是什么。每个节点必须分发它的 SRGB 信息，以及它的全局 Segment 的 SID 索引。

因为一个全局 Segment 的本地标签值，是由 SRGB 中的第一个标签值加上 SID 索引计算出来的，所以如果所有节点使用相同的 SRGB，那么 SID 索引在所有节点上就会有相同的本地标签值，同时这些相同的本地标签值就等同于全局标签值。

SRGB 和 SID 索引机制适用于任何类型的全局 Segment。最广为人知的全局 Segment 是 Prefix Segment。因此，SRGB 和 SID 索引的概念适用于 Prefix Segment 及其变体——节点 Segment 和 Anycast Segment。

重点提示：SRGB 和 SR MPLS 的全局 Prefix-SID

从严格意义上讲，Prefix-SID 是 SRGB 中的唯一索引。

前缀始发节点使用 Prefix-SID 来通告索引。

SR 域中的节点都用 SRGB 起始值 + 索引的算法得出与 Prefix-SID 关联的本地标签。

推荐的部署模型是整个 SR 域采用一样的 SRGB。

在实际应用中，当全域采用相同 SRGB 时，每个节点会得出相同的标签（相同的 SRGB 起始值 + 相同的索引 = 相同的标签），所以分配给 Prefix-SID 的标签是全局标签。因此在实际应用中，SR MPLS 的 Prefix-SID 也可以是指分配给前缀的全局标签。

SRGB 不适用于本地 Segment。用于本地 Segment 的 SID 是从 SRGB 之外的标签范围中分配的本地标签。

重点提示：SR MPLS 的本地 Adjacency-SID

从严格意义上讲，Adjacency-SID 可以是从 SRGB 中分配的全局 SID 或在 SRGB 之外分配的本地标签。

在实际应用中，SR MPLS 的 Adjacency-SID 是在 SRGB 之外分配的本地标签。

Adjacency-SID 只与分配它的节点相关联。

SR 域的其他节点不在转发表中安装远端 Adjacency-SID 条目。

Cisco IOS XR 设备默认的 SRGB 标签范围是 [16000-23999]。如果需要，操作员可以修改 SRGB 范围。如果没有特别说明，本书假设每个节点均使用此默认 SRGB，这也是推荐的部署模型。

图 3-1 说明了"相同 SRGB"部署模型。节点 10 通告一个与其环回地址前缀 1.1.1.10/32 相关联 Prefix Segment，其 SID 索引为 10。所有节点使用它们的本地 SRGB 和所接收的 Prefix-SID 索引，来得出它们自己用于该 Prefix-SID 的本地标签值：Prefix-SID 标签值 = SRGB 起始值 + Prefix-SID 索引 = 16000 + 10 = 16010。因此对于去往节点 10 的 Prefix Segment 的数据包，

每个节点期望接收到的标签值是 16010。

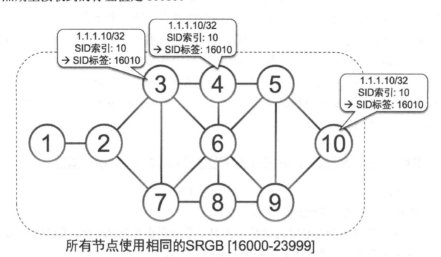

图 3-1 "相同 SRGB"部署模型

在本章中,我们在全网使用单个相同的 SRGB,用于描述 SR MPLS 数据平面。关于 SRGB 管理和 SR 规范中其他选项的详细信息,请参见第 4 章。

> "协助定义 SR 技术的运营商们都坚持认为 SRGB 在整个网络中应该是相同的。我后来接触的所有运营商也都确认了这个要求。
>
> SR 域采用一致的 SRGB,不但是推荐的设计,也是预期的设计。
>
> 在同一网络中使用不同 SRGB 的能力,就像汽车的安全气囊:可以试一下,但永远不要使用它。
>
> 为了确保这个设计准则被大多数人使用,我们提出了关于默认 SRGB([16000-23999])的多厂商共识"
>
> ——Clarence Filsfils

3.4 SR MPLS 标签栈操作

根据 MPLS 架构规范(RFC 3031)定义的 MPLS 转发操作,MPLS 网络节点,即标签交换路由器(LSR,Label Switching Router),可以对数据包报头的标签栈执行三个基本操作:

- 压入(PUSH)

在报头标签栈的顶部添加一个标签。

- 交换（SWAP）

将报头标签栈的顶层标签替换为新标签。

- 弹出（POP）

移除报头标签栈的顶层标签。

SR MPLS 数据平面操作可以利用这些现有的 MPLS 转发操作。在第 2 章中描述的 Segment 列表操作（PUSH、CONTINUE、NEXT），可以被映射到表 3-1 中的 MPLS 数据平面操作。

表 3-1　Segment 列表操作映射到 MPLS 标签栈操作

Segment 列表操作	MPLS 标签栈操作
PUSH（压入）	PUSH（压入）
CONTINUE（继续）	SWAP（交换）
NEXT（下一个）	POP（弹出）

图 3-2 所示的小型网络拓扑描述了针对 SR Prefix Segment 的不同 MPLS 标签栈操作。在本章中，我们还将看到，在运行 Cisco IOS XR 软件的路由器上，启用 SR 后 MPLS 转发条目的详细信息。

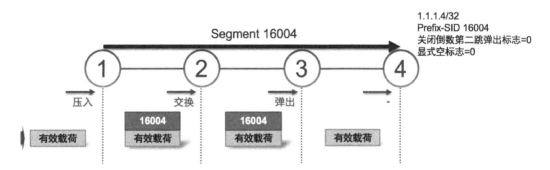

图 3-2　MPLS 数据平面操作

此网络所有节点均启用 SR，并且所有节点均未启用 LDP。网络中所有节点使用相同的 SRGB [16000-23999]。节点 4 通告其 IPv4 环回地址前缀 1.1.1.4/32 和 Prefix-SID 标签 16004，以及其 IPv6 环回地址前缀 2001::1:1:1:4/128 和 Prefix-SID 标签 17004。由于 Prefix-SID 是全局有效的，因此网络中所有节点都安装这些 Prefix-SID 的转发条目。又因为整个 SR 域采用了相同的 SRGB，所以所有节点为相同的 Prefix-SID 分配相同的标签。例如，所有节点为 1.1.1.4/32 的 Prefix-SID 分配标签 16004，从而 16004 成了整个 SR 域的全局标签。

> **重点提示**
>
> 通过对 Segment 列表操作使用相同的 PUSH、POP 和 SWAP 机制，传统的 MPLS 数据平面得以重用，无须任何修改。

3.4.1 压入 MPLS 标签

如果满足以下所有条件，则节点为所收到的不带标签的 IP 数据包压入 Prefix-SID 标签。

- 数据包的 IP 目的地址与转发表中的前缀相匹配（使用最长前缀匹配），或者 IP 目的地址解析到的下一跳地址（如 BGP 目的地的 BGP 下一跳）与转发表中的前缀相匹配。满足最长匹配的前缀在这里称为"目的地前缀"。目的地前缀具有一个相关联的 Prefix-SID，而 Prefix-SID 就指定了需要为数据包压入的标签。在 MPLS 术语中，FEC 由目的地前缀和解析到该目的地前缀上的所有前缀组成，目的地前缀的 Prefix-SID 就是绑定到该 FEC 的标签。
- 目的地前缀的下一跳，即转发表中该目的地前缀的下游邻居，必须启用 SR。未启用 SR 的下一跳节点，将不能正确地转发所收到的带有 Prefix-SID 标签的数据包。
- 节点被配置为优先压入 SR 标签，而不是优先压入 LDP 标签，又或者是目的地前缀没有相关联的出向 LDP 标签。在默认情况下，如果存在可用的标签，节点优先压入出向 LDP 标签。对于特定前缀，当 LDP 和 SR 出向标签都可用时，如果操作员想要压入 SR 标签，则操作员需要显式地配置优先压入 SR 标签。这一机制允许在现有 MPLS 网络中引入 SR 并与 LDP 互操作，这在第 7 章中会有更详细的说明。

图 3-3 说明了 SR MPLS 压入标签的操作。

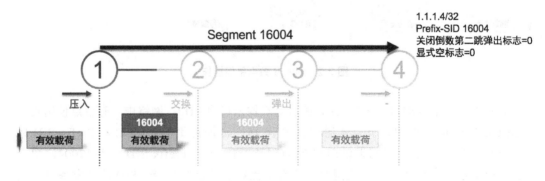

图 3-3　SR MPLS 压入标签的操作

节点 1 启用 SR，未启用 LDP。节点 1 已经为节点 4 的环回地址前缀 1.1.1.4/32 及其相关联的 Prefix-SID 16004 安装了转发条目。

目的地址为 1.1.1.4 的不带标签的数据包到达节点 1。节点 1 对该数据包进行转发查找，发现前缀 1.1.1.4/32 是匹配数据包目的地址的最长前缀，并且该前缀具有相关联的 Prefix-SID 16004（满足条件 1）。去往前缀 1.1.1.4/32 的下一跳，即节点 2 启用了 SR（满足条件 2）。没有节点启用 LDP，因此没有出向 LDP 标签可用于前缀 1.1.1.4/32（满足条件 3）。

压入 Prefix-SID 标签的所有条件都得到满足，因此，节点 1 在数据包上压入 Prefix-SID 标签 16004，并且引导数据包到去往节点 4 的最短路径上。

▶ 例 3-1　压入 MPLS 标签——IPv4 CEF 条目

```
RP/0/0/CPU0:xrvr-1#show cef 1.1.1.4
1.1.1.4/32, version 58, internal 0x1000001 0x81 (ptr 0xa13be574) [1],0x0
 (0xa1389878), 0xa28 (0xa1527208)
 Updated Jan 30 23:21:52.764
 local adjacency 99.1.2.2
 Prefix Len 32, traffic index 0, precedence n/a, priority 1
  via 99.1.2.2/32, GigabitEthernet0/0/0/0, 7 dependencies, weight 0, class 0
 [flags 0x0]
   path-idx 0 NHID 0x0 [0xa1097250 0x0]
   next hop 99.1.2.2/32
   local adjacency
    local label 16004        labels imposed {16004}
```

例 3-1 中命令 show cef 的输出显示了节点 4 环回地址前缀 1.1.1.4/32 的思科快速转发（CEF，Cisco Express Forwarding）条目。输出显示此目的地前缀的出接口 Gi0/0/0/0 和下一跳地址 99.1.2.2。这个下一跳地址对应于节点 2。压入的标签是 16004，在输出中被突出显示。

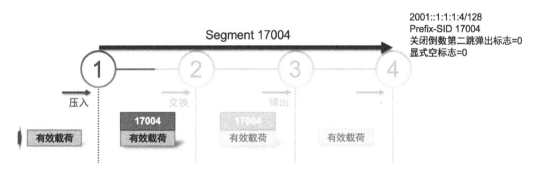

图 3-4　IPv6 的 MPLS 标签压入操作

图 3-4 是使用 IPv6 的对应例子。节点 1 是入口节点，为去往 2001::11:1:4/128 的数据包压入标签 17004，并且引导数据包到去往前缀始发节点节点 4 的最短路径上。

▶ 例 3-2 压入 MPLS 标签——IPv6 CEF 条目

```
RP/0/0/CPU0:xrvr-1#show cef ipv6 2001::1:1:1:4
2001::1:1:1:4/128, version 1845, internal 0x1000001 0x81 (ptr 0xa12a16f4) [1],
0x0 (0xa1285b24), 0xa20 (0xa14958e8)
 Updated Jan 30 23:21:52.764
 Prefix Len 128, traffic index 0, precedence n/a, priority 1
  via fe80::f816:3eff:fe1e:55e1/128, GigabitEthernet0/0/0/0, 8 dependencies,
weight 0, class 0 [flags 0x0]
   path-idx 0 NHID 0x0 [0xa1097c74 0xa1097698]
   next hop fe80::f816:3eff:fe1e:55e1/128
   local adjacency
    local label 17004      labels imposed {17004}
```

例 3-2 中命令 show cef ipv6 的输出显示了节点 4 的环回 IPv6 地址前缀 2001::1:1:1:4/128 的 CEF 条目。输出显示的出接口和下一跳地址与上述 IPv4 示例相同。压入的标签是 17004。

3.4.2　MPLS 标签交换

图 3-5 中的节点 2 是从节点 1 去往节点 4 的 Prefix Segment 路径上的中间节点。节点 2 只需要沿着 Prefix Segment 路径转发数据包。节点 2 沿用现有的 MPLS 标签交换操作来转发数据包，即使入向和出向标签是相同的。由于我们使用相同的 SRGB，Prefix-SID 的入向标签被交换为相同的 Prefix-SID 的出向标签。

在图 3-5 中，节点 2 对所收到的携带顶层标签 16004 的数据包执行 MPLS 标签交换操作。节点 2 把入向标签 16004 交换成相同的出向标签 16004，并且引导数据包到去往 1.1.1.4/32 的最短路径上，其中 1.1.1.4/32 是节点 4 上与 Prefix-SID 16004 相关联的环回地址前缀。

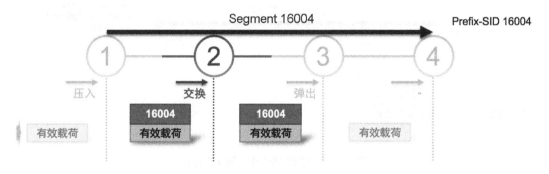

图 3-5　MPLS 标签交换操作

例 3-3 显示了节点 2 上命令 show mpls forwarding 的输出，其中显示了本地标签为 16004

的 MPLS 转发表条目。出向标签为 16004，出向接口和下一跳指向节点 3，即去往 1.1.1.4/32 的最短路径上的下游邻居。

▶ 例 3-3　MPLS 转发条目——标签交换

```
RP/0/0/CPU0:xrvr-2#show mpls forwarding labels 16004
Local  Outgoing  Prefix           Outgoing    Next Hop     Bytes
Label  Label     or               Interface                Switched
ID
-----  --------  ---------------  ----------  -----------  --------
16004  16004     SR Pfx (idx 4)   Gi0/0/0/1   99.2.3.3     0
```

使用 IPv6 的对应例子与 IPv4 情况基本相同，在 IPv6 over MPLS 的例子中，不同之处只是下一跳地址是下一跳节点的链路本地（Link-local）IPv6 地址。

例 3-4 显示了节点 2 上命令 show mpls forwarding 的输出，其中显示了本地标签为 17004 的 MPLS 转发表条目，这是与 IPv6 前缀 2001::1:1:1:4/128 相关联的 Prefix-SID 标签。

▶ 例 3-4　IPv6 Prefix-SID 的 MPLS 转发条目——标签交换

```
RP/0/0/CPU0:xrvr-2#show mpls forwarding labels 17004
Local  Outgoing  Prefix             Outgoing    Next Hop              Bytes
Label  Label     or ID              Interface                         Switched
-----  --------  ----------------   ----------  -------------         --------
17004  17004     SR Pfx (idx 1004)  Gi0/0/0/1   fe80::f816:3eff:fe1b:dee1\
                                                                      0
```

3.4.3　倒数第二跳节点行为

在图 3-6 中，节点 3 是从节点 1 去往节点 4 的 Prefix Segment 路径上的最后一跳节点之前一跳的节点，通常称为"倒数第二跳"［Penultimate Hop，源自拉丁语 paenultimus，paene（"几乎"）+ ultimus（"最后"）］。

Prefix Segment 的始发节点（节点 4），可以通过置位或不置位其 Prefix-SID 通告中的某些标志，来指定该 Prefix Segment 的倒数第二跳节点（节点 3）的行为。第 5 章讨论的 IGP 控制平面解释了如何实现这一点。Prefix-SID 的始发节点可以请求三种倒数第二跳节点行为。

- 交换为 Prefix-SID 标签

倒数第二跳将数据包顶层的 Prefix-SID 标签交换为相同的 Prefix-SID 出向标签，这与 Prefix Segment 路径上的任何其他中间节点的行为相同。在这种情况下，最后一跳节点，即 Prefix Segment 始发节点，接收到的数据包的顶层标签是它自己的本地 Prefix-SID 标签。

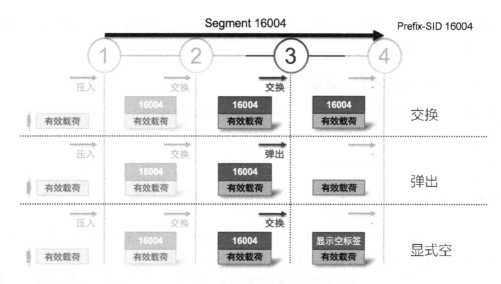

图 3-6　倒数第二跳行为

– 弹出

倒数第二跳在把数据包转发到最后一跳节点之前，去除顶层 Prefix-SID 标签。这就是众所周知的"倒数第二跳弹出"行为。

– 交换为显式空（Explicit-null）标签

倒数第二跳在把数据包转发到最后一跳节点之前，将数据包顶层 Prefix-SID 标签交换为显式空标签。

 重点提示

SR 重用了与传统 MPLS 数据平面相同的倒数第二跳处理选项。

3.4.3.1　交换为 Prefix-SID 标签

这种行为有时被称为"最后一跳弹出（UHP，Ultimate Hop Popping）"，以与"倒数第二跳弹出（PHP）"区别开来。作为该 Prefix Segment 的最终节点，Prefix-SID 始发者要求所接收到的采用 Prefix Segment 传送的数据包中的顶层标签是 Prefix-SID 标签。使用此行为模型，最后一跳节点必须对每个数据包执行两次查找：首先必须在它的 MPLS 转发表中查找数据包的顶层标签，结果会发现这个标签是它的本地标签，必须被弹出。然后，该节点需要进行第二次查找，并基于第二次查找的结果将数据包转发到目的地。如果所接收的数据包携带的是单个标签，则第二次查找是 IP 查找；如果数据包携带了多于一个标签，则第二次查找是标签查找。

这种二次查找对于转发性能是有影响的。与绝大多数 MPLS 协议相似，通过使用"倒数第二跳弹出"的机制，可以避免这种二次查找。下一节将详述其原理。

Cisco IOS XR 节点始发一个 Prefix-SID 时，永远不会要求"最后一跳弹出"。Cisco IOS XR 节点不会为自己本地产生的 Prefix-SID 安装转发条目，因此当收到携带本地 Prefix-SID 的数据包时，数据包将会被丢弃。

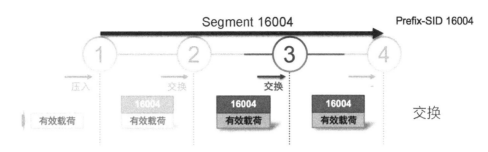

图 3-7　最后一跳弹出

3.4.3.2　弹出 Prefix-SID 标签

这种行为称为"倒数第二跳弹出（PHP，Penultimate Hop Popping）"。Prefix-SID 的始发者，请求其上游邻居节点（倒数第二跳节点）在转发数据包给自己之前，弹出 Prefix-SID 顶层标签。在弹出标签之前，倒数第二跳执行（一次）标签查找，找到数据包的转发信息。使用此行为，最后一跳节点只需要在转发表中执行一次查找。这是倒数第二跳节点上最常见的行为，并且是 Cisco IOS XR 节点上 Prefix Segment 的默认行为。

Prefix Segment 的倒数第二跳弹出行为与其他 MPLS 协议（例如 LDP 或 BGP 标签单播）实现的行为是等同的。在那些 MPLS 协议中，最后一跳节点向其上游邻居通告一个隐式空（Implicit-Null）标签，这些上游邻居为接收到的隐式空标签在其转发表中安装弹出操作。在 Prefix Segment IGP 控制平面中，虽然没用信令向上游通告一个隐式空标签，但是一个节点的 IGP 控制平面能够知道它是倒数第二跳节点，并相应地将隐式空标签写入转发条目中。这将在第 5 章中做进一步论述。

在图 3-8 中，节点 4 通过清除 Prefix-SID 通告中的关闭倒数第二跳的弹出标志，来请求针对这一 Prefix Segment 的倒数第二跳弹出功能。倒数第二跳节点 3，在将数据包转发到节点 4 之前，弹出 Prefix-SID 标签 16004。

例 3-5 显示了节点 3 上命令 show mpls forwarding 的输出，输出显示了本地标签为 16004 的 MPLS 转发表条目。出向标签为弹出（POP），数据包经由出接口 Gi0/0/0/0 被转发到下一跳 99.3.4.4，即节点 4。

▶ **例 3-5　倒数第二跳弹出的 MPLS 转发条目**

```
RP/0/0/CPU0:xrvr-3#show mpls forwarding labels 16004
```

```
Local  Outgoing    Prefix            Outgoing      Next Hop      Bytes
Label  Label       or ID             Interface                   Switched
-----  ----------  ----------------  ------------  ------------  --------
16004  Pop         SR Pfx (idx 4)    Gi0/0/0/0     99.3.4.4      0
```

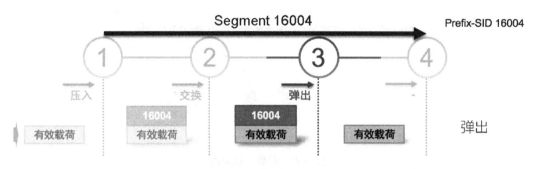

图 3-8　倒数第二跳弹出

使用 IPv6 的对应示例 3-6 与 IPv4 的基本相同，在 IPv6 over MPLS 的例子中，不同之处只是下一跳地址是下一跳节点的链路本地 IPv6 地址。

▶ 例 3-6　倒数第二跳弹出的 IPv6 MPLS 转发条目

```
RP/0/0/CPU0:xrvr-3#show mpls forwarding labels 17004
Local  Outgoing    Prefix            Outgoing      Next Hop      Bytes
Label  Label       or ID             Interface                   Switched
-----  ----------  ----------------  ------------  ------------  --------
17004  Pop         SR Pfx (idx 1004) Gi0/0/0/0     fe80::f816:3eff:feec:f108 \
                                                                 0
```

使用倒数第二弹出提高了转发效率，然而它也有缺点：MPLS 标签不仅包含标签字段，而且包括流量分类（TC，Traffic Class）字段（先前称为"EXP 位"）。MPLS 标签中的 TC 字段传递的是要应用于数据包的服务等级。如果数据包到达倒数第二跳节点时只携带了一个标签，而该标签又被倒数第二跳节点弹出了，那么 TC 字段也就被移除了，结果就是编码在 MPLS 标签中的 CoS 信息无法到达最后一跳节点。

运营商可能希望将该 CoS 信息一直传递到最后一跳节点以用于流量分类。如下一节所述，一个可能的解决方案是在倒数第二跳将顶层标签交换为显式空标签，而不是弹出顶层标签。

3.4.3.3　交换为显式空标签

如果 Prefix-SID 的始发节点请求的行为是交换为显式空标签，则倒数第二跳节点在将数据包转发到最终跳节点之前，把顶层标签交换为显式空标签。最后一跳节点是 Prefix-SID 的始发节点。在这种情况下，最后一跳节点接收到的数据包，携带的顶层标签为显式空标签。

这样，到达最终节点的数据包上总是存在具有 MPLS TC 字段的标签，最后一跳节点可以从 MPLS TC 字段获得数据包的 CoS 信息。然而这种行为是有代价的，因为最后一跳节点必须先弹出显式空标签，然后针对被弹出的标签下面的信息进行二次查找。

交换为显式空标签行为不限于携带单个标签的数据包。如果数据包的标签栈上有多个标签，则只有顶层标签被交换为显式空标签。

显式空标签的值，也就是 MPLS 标签字段中的实际值，是保留的标签值：IPv4 显式空标签的值为 0，IPv6 显式空标签的值为 2。

保留数据包中的 CoS 信息的另一种方式，是在弹出标签栈的最后一个标签时，将顶层标签的 MPLS TC 字段值复制到 IP 报头的 IP 优先级比特（IP Precedence bits），或者如果标签栈有多个标签，则把被弹出标签的 TC 字段复制到下面新暴露出来标签的 TC 字段。然而，这种行为有时并不是人们想要的，并且不是默认的行为。MPLS 差分服务模型超出了本书的范围，但可以从 IETF RFC 3270 开始了解更多信息。

图 3-9 中，节点 4 通过在 Prefix-SID 通告中置位关闭倒数第二跳弹出和显式空标签标志，为与其环回地址前缀 1.1.1.4/32 相关联的 Prefix-SID 请求交换为显式空标签的行为。这些标志的细节将在第 5 章讨论的 IGP 控制平面中进行说明。

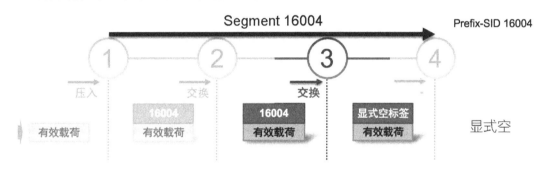

图 3-9　显式空标签操作

在这种情况下，倒数第二跳节点 3 不弹出顶层 Prefix-SID 标签，而是将顶层标签交换为显式空标签，并且沿着去往节点 4 的最短路径转发数据包。

该数据包随后到达节点 4，标签栈顶层是一个显式空标签，节点 4 可以首先从显式空标签中提取 MPLS TC 字段或 EXP 位，然后再弹出该标签。之后，节点 4 基于目的地 IP 地址来转发数据包或根据新暴露出来的顶层标签（如果原来存在多于一个标签）来转发数据包。

例 3-7 显示了节点 3 上命令 show mpls forwarding 的输出，输出显示了本地标签 16004 的 MPLS 转发表条目，其出向标签为 Exp-Null-v4（标签值 0）。出接口和下一跳地址都在去往目的地节点 4 的最短路径上。

▶ 例3-7 IPv4 显式空标签 MPLS 转发表项

```
RP/0/0/CPU0:xrvr-3#show mpls forwarding labels 16004
Local  Outgoing    Prefix          Outgoing    Next Hop    Bytes
Label  Label       or ID           Interface               Switched
-----  ----------  --------------  ----------  ----------  --------
16004  Exp-Null-v4 SR Pfx (idx 4)  Gi0/0/0/0   99.3.4.4    0
```

例3-8 显示了节点3上命令 show mpls forwarding 的输出，输出显示了本地标签 17004 的 MPLS 转发表条目，其出向标签为 Exp-Null-v6（标签值2）。标签 17004 是关联到一个 IPv6 前缀的 Prefix-SID 标签。出接口和下一跳地址都在去往目的地节点4的最短路径上。

▶ 例3-8 IPv6 显式空标签 MPLS 转发表项

```
RP/0/0/CPU0:xrvr-3#show mpls forwarding labels 17004
Local  Outgoing    Prefix             Outgoing    Next Hop              Bytes
Label  Label       or ID              Interface                         Switched
-----  ----------  -----------------  ----------  --------------------  --------
17004  Exp-Null-v6 SR Pfx (idx 1004)  Gi0/0/0/0   fe80::f816:3eff:feec:f108 \
                                                                        0
```

3.4.4 最后一跳节点

最后，目的地节点接收到数据包。根据倒数第二跳行为和标签栈中的标签数量，此数据包可以是不带任何标签或携带一个或多个标签。此节点对报头进行查找，并相应地转发数据包。

3.4.5 Adjacency-SID 和 MPLS

与 Prefix Segment 始发节点可以向倒数第二跳节点请求不同的行为不同，Adjacency Segment 的 MPLS 标签栈操作总是弹出。

Prefix Segment 和 Adjacency Segment 之间的另一个区别，是 Adjacency-SID 与邻接相关联，而不是与前缀相关联。因此，不存在绑定到 Adjacency-SID 标签的前缀 FEC。流量也不会自动被压入 Adjacency-SID 标签。Adjacency Segment 被用于需要引导流量通过特定链路的应用，而不管是否为最短路径。这种应用的其中一个例子是 TI-LFA，我们将在第9章中进行介绍。另一个应用是 SRTE，这将在第二卷中讨论。

3.4.6 "不带标签"转发条目

如果一个前缀没有出向标签可用，则使用"不带标签（Unlabelled）"作为出向标签。"不带标签"不是一个真正意义上的出向标签，而是用于指示操作的类型。"不带标签"的操作与弹出不同，它的意思并不是"删除所有标签"。举个例子，如果在 Prefix Segment 路径上的下游邻居既没有启用 SR 也没有启用 LDP，我们就可以看到"不带标签"。"不带标签"可以指出发生了错误和 MPLS LSP 中断了，但也不总是代表着错误，比如在就设计成 LSP 要终结的情况下。

出向标签为"不带标签"的操作，取决于路径数量和所接收到数据包的标签栈。图 3-10 用于说明出向标签为"不带标签"的不同行为。

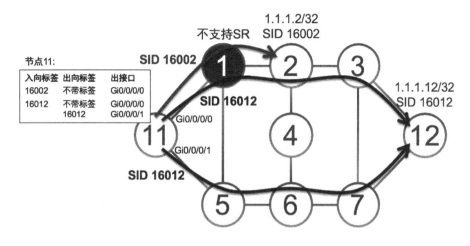

图 3-10　"不带标签"的操作示例

在图 3-10 的示例网络中，节点 11 有一条去往前缀 1.1.1.2/32 的路径：经由节点 1（Gi0/0/0/0）。与 1.1.1.2/32 相关联的 Prefix-SID 标签是 16002。下游邻居节点 1 既没有启用 SR 也没有启用 LDP，因此该路径上的出向标签是"不带标签"。

例 3-9 显示了节点 11 上 Prefix-SID 标签 16002 的 MPLS 转发表项。

▶ 例 3-9　单路径情况下，"不带标签（Unlabelled）"作为出向标签

```
RP/0/0/CPU0:xrvr-11#show mpls forwarding prefix 1.1.1.2/32
Local  Outgoing    Prefix           Outgoing      Next Hop     Bytes
Label  Label       or ID            Interface                  Switched
-----  ----------  ---------------  ------------  -----------  ----------
16002  Unlabelled  SR Pfx (idx 2)   Gi0/0/0/0     99.1.11.1    0
```

如果节点 11 收到去往 1.1.1.2/32 的不带标签的数据包，则该数据包将被当作 IP 数据包转发。如果收到的数据包携带值为 16002 的单个标签［该标签带有栈底标志（EOS，End of Stack），指示其是最后一个标签］，则该标签将被移除，且该数据包将被当作 IP 数据包转发。如果收到的数据包携带了多于一个标签，且顶层标签是 16002（该标签未带栈底标志，指示其下面存在一个或

多个标签),则该数据包将被丢弃,并且这将被认为是 LSP 的错误终结。

同样,在图 3-10 所示的示例网络中,节点 11 去往前缀 1.1.1.12/32 有两条等价路径,一条经由节点 1(Gi0/0/0/0),另一条经由节点 5(Gi0/0/0/1)。与 1.1.1.12/32 相关联的 Prefix-SID 标签是 16012。由于节点 1 既没有启用 SR 也没有启用 LDP,所以经由节点 1 路径上的出向标签是 Unlabelled。在接口 Gi0/0/0/1 的对端,下游邻居节点 5 启用了 SR,所以该路径上的出向标签为 16012。例 3-10 显示了节点 11 上 Prefix-SID 标签 16012 的 MPLS 转发表项。

▶ 例 3-10　命令 show mpls forwarding 的输出显示 "不带标签(Unlabelled)" 作为出向标签

```
RP/0/0/CPU0:xrvr-11#show mpls forwarding prefix 1.1.1.12/32
Local  Outgoing    Prefix           Outgoing      Next Hop      Bytes
Label  Label       or ID            Interface                   Switched
-----  ----------  --------------   ------------  -----------   ---------
16012  Unlabelled  SR Pfx (idx 12)  Gi0/0/0/0     99.1.11.1     0
       16012       SR Pfx (idx 12)  Gi0/0/0/1     99.5.11.5     0
```

如果节点 11 收到去往 1.1.1.12/32 的不带标签的数据包,则把数据包负载均衡至两条等价路径上。在经由节点 1 的不带标签的路径转发时,节点 11 不为数据包压入任何标签。在经由节点 5 的路径转发时,节点 11 为数据包压入标签 16012。

如果收到的数据包携带值为 16012 的单个标签,则把数据包负载均衡至两条等价路径上。在不带标签的路径上转发时,该标签将被移除,且该数据包将被当作 IP 数据包转发。在另一条路径上转发时,标签将被交换为 16012 并转发。

如果收到的数据包携带多个标签并且顶层标签是 16012,则节点 11 不会把数据包负载均衡至两条等价路径上,而是仅把数据包转发到具有出向标签的路径上。如果节点 11 在两条路径上进行负载平衡,则意味着不带标签的路径上的流量将被丢弃。因此,当对带有多个标签的数据包进行负载均衡时,节点 11 不使用不带标签的路径。

命令 show mpls forwarding 有一个选项,用于分开显示 EOS 为 0 的数据包(带有多于 1 个标签的数据包)和 EOS 为 1 的数据包(带有 1 个标签的数据包)的条目。EOS 0 或 1 显示在最后一列中。查看例 3-11 输出的最后一列,EOS 为 0 的数据包只有一条路径,路径经过 Gi0/0/0/1。对于 EOS 为 1 的数据包,则有两条路径可用。

▶ 例 3-11　EOS 为 0 和 EOS 为 1 的 MPLS 转发条目

```
RP/0/0/CPU0:xrvr-11#show mpls forwarding labels 16012 both-eos
Local   Outgoing    Outgoing         Next Hop         Bytes         EOS
Label   Label       Interface                         Switched
-----   ----------  ------------     -------------    ----------    ---
```

16012	16012	Gi0/0/0/1	99.5.11.5	0	0
	Unlabelled	Gi0/0/0/0	99.1.11.1	0	1
	16012	Gi0/0/0/1	99.5.11.5	0	1

例 3-12 和例 3-13 显示了路由表和 CEF 表中不带标签的前缀路径。

▶ **例 3-12 RIB 中 "不带标签" 的路径**

```
RP/0/0/CPU0:xrvr-11#show route 1.1.1.12/32 detail

Routing entry for 1.1.1.12/32
 Known via "ospf 1", distance 110, metric 41, labeled SR, type intra area
 Installed Feb 15 19:39:35.286 for 00:00:48
 Routing Descriptor Blocks
   99.1.11.1, from 1.1.1.12, via GigabitEthernet0/0/0/0
     Route metric is 41
     Label: None
     Tunnel ID: None
     Binding Label: None
     Extended communities count: 0
     Path id:1      Path ref count:0
     NHID:0x1(Ref:20)
     OSPF area: 0
   99.5.11.5, from 1.1.1.12, via GigabitEthernet0/0/0/1
     Route metric is 41
     Label: 0x3e8c (16012)
     Tunnel ID: None
     Binding Label: None
     Extended communities count: 0
     Path id:2      Path ref count:0
     NHID:0x2(Ref:50)
     OSPF area: 0
 Route version is 0x18f (399)
 Local Label: 0x3e8c (16012)
 IP Precedence: Not Set
 QoS Group ID: Not Set
 Flow-tag: Not Set
 Fwd-class: Not Set
 Route Priority: RIB_PRIORITY_NON_RECURSIVE_MEDIUM (7) SVD Type RIB_
SVD_TYPE_LOCAL
 Download Priority 1, Download Version 3820
 No advertising protos.
```

▶ 例 3-13 CEF 中"不带标签"的路径

```
RP/0/0/CPU0:xrvr-11#show cef 1.1.1.12/32
1.1.1.12/32, version 3820, internal 0x1000001 0x81 (ptr 0xa13f2df4) [1], 0x0
 (0xa13d7ea8), 0xa28 (0xa174212c)
 Updated Feb 15 19:39:57.504
 local adjacency 99.1.11.1
 Prefix Len 32, traffic index 0, precedence n/a, priority 1
   via 99.1.11.1/32, GigabitEthernet0/0/0/0, 15 dependencies, weight 0,class
0 [flags 0x0]
    path-idx 0 NHID 0x0 [0xa10b12a4 0x0]
    next hop 99.1.11.1/32
    local adjacency
      local label 16012      labels imposed {None}
   via 99.5.11.5/32, GigabitEthernet0/0/0/1, 10 dependencies, weight 0,class
0 [flags 0x0]
    path-idx 1 NHID 0x0 [0xa10b13f4 0x0]
    next hop 99.5.11.5/32
    local adjacency
      local label 16012      labels imposed {16012}
```

3.4.7 IGP SR MPLS 转发表项

图 3-11 所示网络拓扑用于说明 SR MPLS 各种可能的转发条目。此网络中所有节点都启用 SR 但未启用 LDP。所有链路 IGP 度量相等，所有节点使用相同的 SRGB [16000-23999]。网络运行双协议栈：IPv4 和 IPv6，并使用 ISIS 作为 IGP。所有节点都属于 ISIS 层次 2（Level-2）。实际上使用什么 IGP 协议与 MPLS 转发表项关系不大，不管 IGP 使用的是 ISIS 还是 OSPF，所生成的转发表项是相同的。每个节点通告其环回地址前缀和相关联的 Prefix-SID。除了节点 4 以外，每个节点都请求对其 Prefix-SID 采取默认的倒数第二跳弹出行为。节点 4 请求从其 Prefix Segment 上收到的数据包的顶层标签是显式空标签。

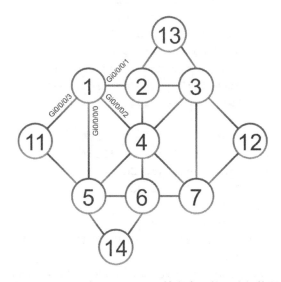

图 3-11 用于说明 SR MPLS 转发表项的网络拓扑图

例 3-14 显示了在图 3-11 拓扑中的节点 1 上命令 show mpls forwarding 的输出。此命令显示 MPLS 转发表，或称为 LFIB。为了简化输出，在节点 1 的所有接口上都没有启用快速重路由本地保护。输出过滤器（| excl "fe80" | incl "[-A-Z]"）使得仅显示 IPv4 MPLS 转发表项：它排除了含有 "fe80" 的行，这些是具有 IPv6 链路本地地址的行；然后包括 "[-A-Z]" 以删除仅包含 "0" 的行。

▶ 例 3-14　节点 1 上的 IPv4 SR MPLS 转发条目

```
1  RP/0/0/CPU0:xrvr-1#show mpls forwarding | excl "fe80" | incl "[-A-Z]"
2  Local   Outgoing    Prefix              Outgoing      Next Hop      Bytes
3  Label   Label       or ID               Interface                   Switched
4  ------  ----------- ------------------  ------------  ------------  --------
5  16002   Pop         SR Pfx (idx 2)      Gi0/0/0/1     99.1.2.2      0
6  16003   16003       SR Pfx (idx 3)      Gi0/0/0/1     99.1.2.2      0
7          16003       SR Pfx (idx 3)      Gi0/0/0/2     99.1.4.4      0
8  16004   Exp-Null-v4 SR Pfx (idx 4)      Gi0/0/0/2     99.1.4.4      0
9  16005   Pop         SR Pfx (idx 5)      Gi0/0/0/0     99.1.5.5      0
10 16006   16006       SR Pfx (idx 6)      Gi0/0/0/0     99.1.5.5      0
11         16006       SR Pfx (idx 6)      Gi0/0/0/2     99.1.4.4      0
12 16007   16007       SR Pfx (idx 7)      Gi0/0/0/2     99.1.4.4      0
13 16011   Pop         SR Pfx (idx 11)     Gi0/0/0/3     99.1.11.11    0
14 16012   16012       SR Pfx (idx 12)     Gi0/0/0/1     99.1.2.2      0
15         16012       SR Pfx (idx 12)     Gi0/0/0/2     99.1.4.4      0
16 16013   16013       SR Pfx (idx 13)     Gi0/0/0/1     99.1.2.2      0
17 16014   16014       SR Pfx (idx 14)     Gi0/0/0/0     99.1.5.5      0
18 24000   Pop         SR Adj (idx 1)      Gi0/0/0/3     99.1.11.11    0
19 24001   Pop         SR Adj (idx 3)      Gi0/0/0/3     99.1.11.11    0
20 24002   Pop         SR Adj (idx 1)      Gi0/0/0/1     99.1.2.2      0
21 24003   Pop         SR Adj (idx 3)      Gi0/0/0/1     99.1.2.2      0
22 24004   Pop         SR Adj (idx 1)      Gi0/0/0/0     99.1.5.5      0
23 24005   Pop         SR Adj (idx 3)      Gi0/0/0/0     99.1.5.5      0
24 24006   Pop         SR Adj (idx 1)      Gi0/0/0/2     99.1.4.4      0
25 24007   Pop         SR Adj (idx 3)      Gi0/0/0/2     99.1.4.4      0
```

命令输出按照第一列显示的本地标签值进行排序。输出开始部分的转发条目（16000 范围内的本地标签）是拓扑中远端节点的 Prefix-SID 标签。请记住，这些 Prefix-SID 标签是从 SRGB 分配的，在我们的例子中标签范围为 [16000-23999]。每个节点的 Prefix-SID 标签值为 16000 加上 Prefix-SID 索引，索引等于该示例中的节点号（例如，节点 2 使用 Prefix-SID 索引 2）。Prefix-SID 索引在命令 show mpls forwarding 输出的第三列也有显示，显示为 "SR Pfx（idx n）"，其中 n 就是 Prefix-SID 索引。

在输出底部的转发条目［24000 范围内的本地标签，并且第三列包含 SR Adj（idx n）］是 Adjacency-SID 标签，是节点 1 从它的动态标签范围中为它的四个邻接分配的本地标签。每个邻接会分配两个 Adjacency-SID，一个受保护的和一个未受保护的。关于这两种类型 Adjacency-SID 的细节会在第 5 章中进行讨论。现在我们只需要知道每个邻接会有两个 Adjacency-SID 就可以了。Adjacency-SID 包含的转发指令是"弹出顶层标签并将数据包从邻接链路发送出去"。Adjacency-SID 标签转发条目的第三列中的索引"idx n"不应与 Prefix-SID 索引混淆，这只是用于表示内部 IGP 索引，我们可以忽略它。

以下讨论，基于图 3-11 所示的网络拓扑及例 3-14 所示节点 1 上的命令输出。

节点 2 与节点 1 相邻。从节点 1 到节点 2 的最短路径是经由两个节点间的直连链路。因此节点 1 是去往节点 2 的数据包的倒数第二跳。节点 2 在通告其 Prefix-SID 16002 时对其中的标志位进行了设置，请求为这个 Prefix-SID 采用默认的倒数第二跳弹出行为。携带顶层标签为 16002 的数据包到达节点 1 后，顶层标签会被弹出，再转发到节点 2。这体现在例 3-14 的第 5 行。

从节点 1 到节点 3 有两条等价路径：一条经由节点 2，另一条经由节点 4。携带顶层标签为 16003 的数据包到达节点 1 后，会被负载均衡至这两条等价路径上，这里的顶层标签 16003 是与节点 3 的环回地址前缀相关联的 Prefix-SID 标签。因为网络中所有节点使用相同的 SRGB，所以两条路径的本地标签和出向标签是相同的——Prefix-SID 标签 16003。这体现在例 3-14 的第 6～7 行。

节点 4 与节点 1 相邻，并且从节点 1 到节点 4 的最短路径是经由两个节点间的直连链路。因此节点 1 是去往节点 4 的数据包的倒数第二跳。节点 4 在通告其 Prefix-SID 16004 时对其中的标志位进行了设置，以请求为这个 Prefix-SID 采用交换为显式空标签的行为。携带顶层标签为 16004 的数据包在到达节点 1 后，顶层标签会被交换为显式空标签，再转发到节点 4。这体现在例 3-14 的第 8 行。注意，显式空标签的标签值取决于地址族。对于 IPv4，标签值为 0，对于 IPv6，标签值为 2。

MPLS 转发表中的其他条目与刚才描述的类似。

标签 16005 和 16011 是节点 5 和节点 11 的 Prefix-SID 标签。这些节点与节点 1 相邻，它们请求默认的倒数第二跳弹出行为，因此出向标签是弹出（POP）。参见例 3-14 的第 9 和 13 行。

标签 16006 和 16012 是节点 6 和节点 12 的 Prefix-SID。这些节点不与节点 1 相邻，节点 1 去往这两个节点分别都有两条等价路径，因此存在两个出向标签条目，每条路径一个。在两条路径上，入向 Prefix-SID 标签被交换为相同的出向标签。参见例 3-14 的第 10～11 行和第 14～15 行。

标签 16007、16013 和 16014 分别是节点 7、节点 13 和节点 14 的 Prefix-SID 标签。这些节点不与节点 1 相邻，节点 1 去往这些节点均只有单条路径。入向 Prefix-SID 标签被交换为相同的出向标签。

所有 Adjacency-SID 条目使用 MPLS 弹出操作。

举例来说，如果携带顶层标签为 24000 的数据包到达节点 1，而标签 24000 是与节点 1 到节点 11 邻接相关联的 Adjacency-SID，那节点 1 将弹出这个标签，然后把这个数据包经由邻接链路（在本例中是 Gi0/0/0/3）转发给节点 11。参见例 3-14 的第 18 行。

> **重点提示**
>
> 通过使用 SR 和相同的 SRGB，网络中路由器的 MPLS 转发条目能被大大简化，并且转发条目和对应的 IPv4/IPv6 目的地前缀之间的关联关系也更加直观。
>
> 同时 Prefix Segment 的全局标签使得整个网络的故障排除更容易。

例 3-15 显示了命令 show mpls forwarding 输出中的 IPv6 MPLS 转发表项。该示例的 IPv6 拓扑与 IPv4 拓扑一致，因此我们对 IPv4 Prefix-SID 的分析可以容易地应用到 IPv6 Prefix-SID 上面来。

▶ 例 3-15 节点 1 上的 IPv6 SR MPLS 转发条目

```
RP/0/0/CPU0:xrvr-1#show mpls forwarding
Local  Outgoing    Prefix            Outgoing     Next Hop              Bytes
Label  Label       or ID             Interface                          Switched
-----  ----------- ----------------- ------------ --------------------- ----------
17002  Pop         SR Pfx (idx 1002) Gi0/0/0/1    fe80::f816:3eff:fe1e:55e1\
                                                                        0
17003  17003       SR Pfx (idx 1003) Gi0/0/0/1    fe80::f816:3eff:fe1e:55e1\
                                                                        0
       17003       SR Pfx (idx 1003) Gi0/0/0/2    fe80::f816:3eff:feae:5125\
                                                                        0
17004  Exp-Null-v6 SR Pfx (idx 1004) Gi0/0/0/2    fe80::f816:3eff:feae:5125\
                                                                        0
17005  Pop         SR Pfx (idx 1005) Gi0/0/0/0    fe80::f816:3eff:fe1d:edf4\
                                                                        0
17006  17006       SR Pfx (idx 1006) Gi0/0/0/0    fe80::f816:3eff:fe1d:edf4\
                                                                        0
       17006       SR Pfx (idx 1006) Gi0/0/0/2    fe80::f816:3eff:feae:5125\
                                                                        0
17007  17007       SR Pfx (idx 1007) Gi0/0/0/2    fe80::f816:3eff:feae:5125\
                                                                        0
17011  Pop         SR Pfx (idx 1011) Gi0/0/0/3    fe80::f816:3eff:fe29:1f52\
                                                                        0
```

```
17012  17012    SR Pfx (idx 1012)   Gi0/0/0/1    fe80::f816:3eff:fe1e:55e1\
                                                  0
       17012    SR Pfx (idx 1012)   Gi0/0/0/2    fe80::f816:3eff:feae:5125\
                                                  0
17013  17013    SR Pfx (idx 1013)   Gi0/0/0/1    fe80::f816:3eff:fe1e:55e1\
                                                  0
17014  17014    SR Pfx (idx 1014)   Gi0/0/0/0    fe80::f816:3eff:fe1d:edf4\
                                                  0
24008  Pop      SR Adj (idx 1)      Gi0/0/0/1    fe80::f816:3eff:fe1e:55e1\
                                                  0
24009  Pop      SR Adj (idx 3)      Gi0/0/0/1    fe80::f816:3eff:fe1e:55e1\
                                                  0
24010  Pop      SR Adj (idx 1)      Gi0/0/0/2    fe80::f816:3eff:feae:5125\
                                                  0
24011  Pop      SR Adj (idx 3)      Gi0/0/0/2    fe80::f816:3eff:feae:5125\
                                                  0
24012  Pop      SR Adj (idx 1)      Gi0/0/0/0    fe80::f816:3eff:fe1d:edf4\
                                                  0
24013  Pop      SR Adj (idx 3)      Gi0/0/0/0    fe80::f816:3eff:fe1d:edf4\
                                                  0
24014  Pop      SR Adj (idx 1)      Gi0/0/0/3    fe80::f816:3eff:fe29:1f52\
                                                  0
24015  Pop      SR Adj (idx 3)      Gi0/0/0/3    fe80::f816:3eff:fe29:1f52\
                                                  0
```

3.5 MPLS TTL 和 TC/EXP 处理

MPLS 标签除了 20bit 的标签值外还包括 3bit 的 TC 字段和 8bit 的生存时间（TTL）字段。参见图 3-12。如果标签是标签栈中的最后一个条目，则栈底标志（S- Bottom of Stack）将被置位。TC 字段以前称为"EXP 位"[1]，用于指定数据包需要的服务类别。在标签中使用 MPLS TTL 字段等效于 IPv4 报头中的 TTL 字段或 IPv6 报头中的跳数限制（Hop Limit）字段。为了简化，除非特别说明，否则将 IPv4 TTL 字段和 IPv6 跳数限制字段统称为"IP TTL"。

0 1 2 3 4 5 6 7 8 9 10 11 12 13 14 15 16 17 18 19	20 21 22	23	24 25 26 27 28 29 30 31
标签	TC	S	TTL

图 3-12 MPLS 标签格式

包含：
- 标签（Label）：标签值，20bit；
- 流量分类（TC）：流量分类，3bit；
- S：栈底标志，1bit；
- TTL：生存时间，8bit。

本节介绍现有的传统 MPLS 数据平面行为，这同样适用于 SR MPLS 数据平面。

3.5.1 TTL 处理：IP 到 MPLS 和 MPLS 到 IP

当 SR MPLS 域的入口节点收到的 IP 数据包与一个前缀相匹配且这个前缀有一个相关联的 Prefix-SID 时，它压入 Prefix-SID 标签，并将带有标签的数据包转发到其目的地。根据其 TTL 传播配置，入口节点可能会把 IP 报头的 IP TTL 值递减 1 之后将其复制到 MPLS 标签的 MPLS TTL 字段；或者直接把 MPLS TTL 字段设置为 255。默认行为是将 IP TTL 值复制到 MPLS TTL 字段。在压入多个标签的情况下（例如，流量工程、TI-LFA 保护、L3VPN），压入的所有标签的 MPLS TTL 值都相同，都从 IP TTL 字段复制而来，参见图 3-13。

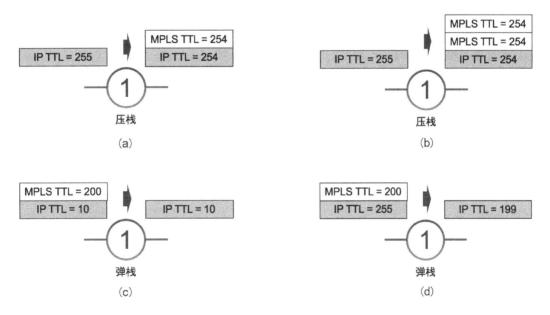

图 3-13 IP TTL 传播

配置命令 mpls ip-ttl-propagation disable 会改变默认行为。此命令停止将 IP TTL 复制到压入标签的 MPLS TTL 字段，并且把所有压入标签的 MPLS TTL 字段设置为 255，不管收到的 IP 报头中的 IP TTL 值。

此配置命令有两个附加选项，禁止复制 IP TTL 字段仅对本地生成的数据包生效（local

选项）或仅对被转发的数据包生效（forwarded 选项）。如果未指定任何选项，则该命令对两种类型的流量都生效。

当数据包标签栈中的最后一个标签被弹出且 IP 报头被再次暴露出来时，默认的行为是将所接收到数据包的标签的 MPLS TTL 值递减 1 之后，再将其复制到 IP 报头的 IP TTL 字段。然而，这仅在所接收到数据包的 MPLS TTL 值小于下面的 IP 报头的 IP TTL 值时才会发生。这个条件是为了避免数据包永远循环。如果更大的 MPLS TTL 值被复制到 IP TTL 字段，而 IP 数据包可能由于路由环路又被重新注入到 MPLS 网络中，则 IP TTL 将不会递减到零，数据包将永远循环。

如果配置了 mpls ip-ttl-propagation disable，则 MPLS TTL 值不会复制到 IP TTL 字段。结果就是，数据包在 MPLS 网络中经过的所有跳数都不会被计入。

运营商经常使用命令 mpls ip-ttl-propagation disable 来隐藏他们的内部 MPLS 网络，使其无法被 Traceroute 探测到。配置命令 mpls ip-ttl-propagation disable 后，整个 MPLS 网络在 Traceroute 中显示为单跳。

3.5.2 TTL 处理：MPLS 到 MPLS

当入向和出向数据包都带 MPLS 标签时，对 MPLS TTL 字段的操作等同于上一节中所描述的操作，参见图 3-14。

如果入向数据包的顶层标签被交换，则入向数据包顶层标签的 MPLS TTL 值递减 1，并且复制到交换之后的标签的 MPLS TTL 字段，参见图 3-14(a)。

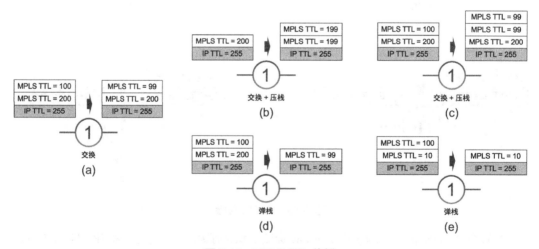

图 3-14　MPLS TTL 传播

如果入向数据包的顶层标签被交换，并且一个或多个另外的标签被压入到数据包上，则入向数据包顶层标签的 MPLS TTL 值递减 1，并且复制到交换之后的标签的 MPLS TTL 字段和所有新压入标签的 MPLS TTL 字段，参见图 3-14（b）和 3-14（c）。

如果入向数据包的顶层标签要被弹出，则数据包的 MPLS TTL 值减 1 并且复制到新暴露出来的标签的 MPLS TTL 字段，参见图 3-14（d）。然而，这仅在顶层 MPLS TTL 值小于新暴露出来的标签的 MPLS TTL 值时才发生，否则，不会将（更大的）MPLS TTL 值复制到新暴露出来的标签，如图 3-14（e）所示。这是为了防止数据包永远循环，如上一节所述。

3.5.3 处理 MPLS TTL 到期

当 IP 数据包的 IP TTL 字段值达到 0（TTL 到期）时，TTL 过期的节点向数据包的源地址发送 ICMP "超时（Time exceeded）" 消息（ICMP 类型 11，代码 1），这一消息包括原始数据包的一部分，这是众所周知的行为。

在 MPLS 网络中使用 ICMP 可能需要对其行为进行一些更改。IETF RFC 4950 已对 ICMP 进行了扩展，以在 MPLS 网络中使用时提供更多信息。

当一个节点接收到由于某种原因不能送达其目的地的 MPLS 数据包时，节点剥离 MPLS 报头。如果底层数据包是 IP 数据包，则节点生成一条指示数据包不可送达原因的 ICMP 消息。此 ICMP 消息会被发送到不可送达数据包的源 IP 地址。如果 MPLS 封装的数据包不是 IP 数据包，则不发送 ICMP 消息。

ICMP 消息包含不可送达数据包的 IP 报头和一部分有效载荷。如果节点使用 IETF RFC 4950 中指定的 ICMP 扩展，则 ICMP 消息还包括不可送达数据包的 MPLS 标签栈，注意此标签栈是数据包到达产生 ICMP 消息节点时的标签栈。数据包的 MPLS 标签栈很重要，因为它可能指出该数据包不可送达的原因。

ICMP 消息被发送到封装在 MPLS 报头中的 IP 数据包的源 IP 地址。该源 IP 地址可能对生成 ICMP 消息的节点并没有意义，并且该节点可能发现自己无法将 ICMP 消息路由回 IP 包的源 IP 地址。这个问题经常发生，例如在 MPLS 用于提供 VPN 业务时，VPN 业务数据包被封装在 MPLS 包中传送。因此，产生 ICMP 消息的节点不是直接向源发送 ICMP 消息，而是把不可送达数据包的原始标签栈压入 ICMP 数据包，并根据新压入标签栈的顶层标签转发该数据包。这样，ICMP 数据包首先使用其标签栈向下游行进到标签交换路径的末端，然后从那里往回转发到 ICMP 消息的 IP 目的地，该 IP 目的地即是不可送达数据包的源 IP 地址。IETF RFC 3032 描述了这种机制。请参见图 3-15 中的示例：为带标签的数据包发送 ICMP 消息。从节点 1 去往节点 4 的带标签数据包在到达节点 2 时 TTL = 1。由于 TTL 在节点 2 上到期，节点 2 丢弃该数据包并产生 ICMP 超时消息，向被丢弃数据包的源节点报告该错误。节点 2 使用 RFC 4950 定义的 ICMP 扩展，在 ICMP 消息中包含被丢弃数据包的标签栈。根据 RFC 3032 中定义的流程，节点 2 现在可以为生成的 ICMP 消息压入入向数据包的标签栈（但增加 TTL），并根据此标签栈转发该数据包。这就使得 ICMP 消息首先被转发到节点 4，从那里再根据 ICMP 消息的目的 IP 地址（99.1.2.1）被转发回节点 1。

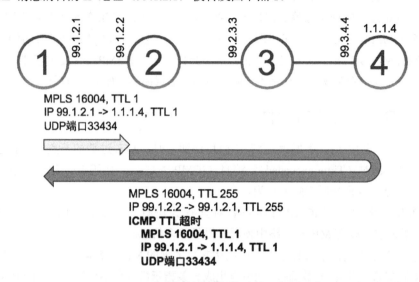

图 3-15　为带标签的数据包发送 ICMP 消息

默认情况下，Cisco IOS XR 使用上述过程沿原始 LSP 为 MPLS 封装的数据包生成和发送 ICMP 消息。通过配置命令 mpls ip ttl-expiration pop <*n*>，*n* 是标签栈中的标签数量，可以在单个节点上覆盖此默认行为。当数据包无法送达，且数据包标签栈中的标签数量不超过配置的标签数量"*n*"时，生成的 ICMP 数据包通过正常的 IP 转发。如果标签数量超过配置的数量"*n*"，则采用沿着原始 LSP 转发的默认行为。如果由 Traceroute 命令提供的往返时延信息是重要的，则可以使用该功能。这是因为使用默认行为时，往返时延会包括去到 LSP 终结点的时间和返回的时间，这可能不是想要的结果。上述配置必须在网络中所有节点上启用才能达到既定效果。

对 MPLS 数据平面进行故障排除的 ICMP 机制也适用于 SR。关于 OAM 的内容在第 11 章中有更详细的描述。

 重点提示

传统 MPLS 数据平面的 TTL 处理和传播机制可以适用于 SR。

3.5.4　TC/EXP 字段操作

本书并不涵盖服务质量（QoS）或差分服务（DiffServ）的细节，仅涉及非常基本的 QoS 报头字段以及如何在 MPLS 数据平面中处理它们。IP 数据包的服务等级可以在 3 个比特的 IP 优先级字段中设置，或者在 6 个比特的 DiffServ 代码点字段（DSCP）中设置。最初，仅将 IP 报头中的服务类型字段（ToS，Type of Service）的优先级部分（3bit）用于 QoS。后来引入了 DiffServ QoS（IETF RFC 2474 和 IETF RFC 2475），将可以用于 QoS 的 IP 报头中的比特数增加到 6。图 3-16 使用类选择器（CS）DSCP，它直接映射到优先级位。类选择器 DSCP 与 IP 优先级向后兼容。例如，CS1 与优先级 1 对 IP 报头设置的比特是相同的。

MPLS 标签也有用于 QoS 的字段：TC 字段，以前称为 EXP 位。图 3-16 说明了在不同 MPLS 标签栈操作中，QoS 字段的处理方式。

当在入向 IP 数据包上压入一个或多个标签时，Cisco IOS XR 的默认行为是将 IP 报头的优先级位复制到所有新压入标签的 MPLS TC 字段。如果 IP 报头的 DSCP 字段的 6 个比特都被使用了，则仅将 DSCP 的前三个比特复制到所有新压入标签的 MPLS TC 字段，参见图 3-16（a）和图 3-16（b）。

当弹出入向带标签数据包的唯一标签时，默认情况下标签中的 TC 字段不被复制到新暴露出来的 IP 报头的优先级位或 DSCP 字段，参见图 3-16（f）。

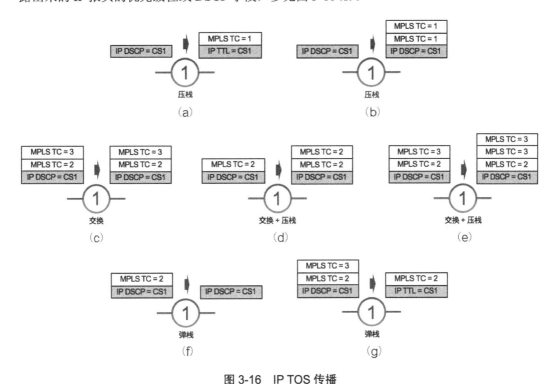

图 3-16　IP TOS 传播

当入向数据包的顶层标签被交换时，则 MPLS TC 字段被复制到交换之后的标签的 MPLS TC 字段，见图 3-16（c）。

当入向数据包的顶层标签被交换且额外压入一个或多个标签时，则顶层标签的 MPLS TC 字段被复制到交换之后的标签及所有新压入标签的 MPLS TC 字段，参见图 3-16（d）和图 3-16（e）。

当弹出入向数据包的顶层标签时，默认情况下不会把 MPLS TC 字段复制到新暴露出来的标签的 MPLS TC 字段，参见图 3-16（g）。

以上这些都是默认行为。通过使用模块化 QoS 配置（MQC）可以实现不同的行为。关于这些配置的细节超出了本书范围。

重点提示

SR MPLS 使用与传统 MPLS 相同的 IP/MPLS QoS 标记机制。

在传统 MPLS 部署中用到的所有 QoS 策略和技术，在 SR 中都可以按原样使用。

3.6 MPLS 负载均衡

当去往目的地有多条等价路径可用时，数据平面使用哈希函数来为入向数据包选择转发路径。此外，如果路径上使用二层链路捆绑接口（例如，使用 LACP 的 LAG）作为出向接口，则通过哈希计算来选择链路捆绑的成员链路来转发数据包。基于计算出来的哈希值，可以实现不同的业务流在可用路径上的负载均衡，且单个流的所有数据包都会被哈希到相同的路径上以避免数据包乱序。数据包报头的哪些字段被用于哈希计算，取决于数据包的有效载荷类型和 Cisco IOS XR 中 cef load-balancing fields 配置。

要使用 IP 报头对数据包进行负载平衡，Cisco IOS XR 默认使用三元组哈希。三元组哈希也称为 L3 哈希。三元组哈希函数使用以下三个元素作为输入：源 IP 地址、目的 IP 地址和节点的路由器 ID。把路由器 ID 包含进来是为了提供在每个节点上都会变化的元素，以减少极化的可能性。极化是指一连串的路由器都做出相同的负载均衡决定时的效果[2]。

配置 cef load-balancing fields L4 将默认的哈希函数算法更改为七元组或 L4 哈希。七元组哈希函数在三元组哈希函数的元素基础之上，添加以下字段用于哈希计算：源端口（如果可用）、目的地端口（如果可用）、协议和入接口句柄（Ingress interface handle）。

即使数据包外面包着 MPLS 报头，通过用 IP 报头字段计算哈希，有效载荷为 IP 的数据包也能获得最好的负载均衡。如果入向数据包带有外部 MPLS 报头，则转发引擎会深入数据包去查看 IP 报头。为了有效地实现这一点，转发引擎仅检查栈底 MPLS 标签下的第一个半字节（4 位）。如果这个半字节等于 0x4（这是 IPv4 报头中的第一个半字节），则会假定封装的是 IPv4 报头，并且使用 IPv4 三元组或七元组来计算该哈希值。如果这个半字节等于 0x6

（这是 IPv6 报头中的第一个半字节），则会假定封装的是 IPv6 报头，并使用 IPv6 三元组或七元组计算哈希值。如果这个半个字节是另一个值，则说明下面没有封装 IP 报头，那就基于栈底标签值和路由器 ID 来计算哈希值。

通常由伪线（PW，PseudoWire）承载的所有数据包应当沿着相同的路径通过网络，以避免 PW 的数据包乱序。通过对栈底标签（也就是 PW 业务标签）计算哈希，不同 PW 的业务流被负载均衡到不同路径上。这样，具有相同 PW 业务标签的数据包被哈希到同一路径上。这是通过使用上述方案自动实现的：如果在数据包标签栈下面没有找到 IP 报头，则用栈底标签和路由器 ID 来计算哈希。

IETF RFC 6391 引入了流感知传输伪线（FAT PW，Flow Aware Transport PseudoWires）的概念，这种类型 PW 上承载的流量由多条不同的流组成。人们希望把 FAT PW 上这些不同的流独立地负载均衡到网络中可用的 ECMP 上去。这和常规的 PW 不同，常规的 PW 承载的所有数据包都被哈希到相同路径上。为了对 FAT PW 中不同的流实现负载均衡，PE 需要对 FAT PW 承载的业务进行分类，并为 FAT PW 中的每条流计算唯一的流标签。然后，PE 将此流标签作为这条流的栈底标签（位于 PW 业务标签之下）。网络节点用栈底标签计算负载均衡哈希值，由于栈底标签是 FAT PW 的流标签，因此具有相同流标签的数据包就被哈希到相同的路径上。这就实现了在多条可用的 ECMP 上对同一 FAT PW 中的不同流进行负载均衡。

为了用数据包的 MPLS 报头下面的 IP 报头字段实现负载均衡，网络设备需要深入数据包报头中进行查看。不同设备在深入数据包内搜索 IP 报头的能力上会有差异。假设平台最多可以查看 N 层标签来确定栈底标签，则该平台根据入向数据包的标签栈和有效载荷类型来计算负载均衡哈希的方式如表 3-2 所示。

表 3-2　负载均衡哈希计算

外层报头	有效载荷类型	哈希因子
MPLS 标签栈 ≤ N 层标签	IP	三元组或七元组
	非 IP	栈底标签和路由器 ID
MPLS 标签栈 > N 层标签	IP	第 N+1 个 MPLS 标签和路由器 ID
	非 IP	第 N+1 个 MPLS 标签和路由器 ID

> **重点提示**
>
> 传统 IP/MPLS 所有可用的负载均衡技术在 SR MPLS 继续得到支持。
>
> 某些 SR 用例和设计会引入较深的 MPLS 标签栈，但这不影响大多数路由器厂商设备的负载均衡特性。

3.7 MPLS MTU 处理

协议层最大传输单元（MTU）规定了接口允许传送的该协议层的最大数据包（"协议数据单元，Protocol Data Unit"）大小。Cisco IOS XR 默认的以太网二层 MTU 为 1514 bytes。此二层 MTU 允许传送连三层报头一起总共 1500 bytes 的三层数据包。二层开销为 14 bytes：它包括目的 MAC 地址 6 bytes、源 MAC 地址 6 bytes 和类型／长度字段 2 bytes，不包括前导码（Preamble）、帧定界符（Frame Delimiter）、4 bytes 的帧校验序列（FCS，Frame Check Sequence）和帧间隙（inter-frame gap）。对于 PPP 或 HDLC 帧，二层开销为 4 bytes，这使得 PPP 或 HDLC 接口默认的接口 MTU 为 1504 bytes。

所有接口的默认 IP MTU 为 1500 bytes。这意味着，只要不带 MPLS 标签，可以在接口上发送 1500 bytes 的 IP 数据包（含 IP 报头）。MPLS MTU 默认也是 1500 bytes，这意味着携带单个标签的 IP 数据包不能长于 1496 bytes，因为带单个标签的 MPLS 报头需要 4 bytes。配置 IPv4 MTU、IPv6 MTU 和 MPLS MTU 大小时，都包括了三层报头大小。

因此，在使用 MPLS 数据平面的网络中，接口的 MTU 大小应该被确定为允许在数据包携带所期望数量的 MPLS 标签时，仍然能保持采用 MPLS 传送所需的最大长度的数据包。为了保持 1500 bytes 的默认 IP MTU，MPLS MTU 必须增加 $N\times 4$ bytes，N 是 MPLS 报头中的最大标签数量。

要增加 MPLS MTU 大小以允许传送携带三个 MPLS 标签的 1500 bytes 的 IP 数据包，可采用例 3-16 的配置。在该例中，IP MTU 保持在 1500 bytes，而 MPLS MTU 增加到 1512（= 1500 + 3×4）bytes，以允许最多三个 MPLS 标签。注意，为了增加 MPLS MTU 或 IP MTU，还必须增加二层 MTU。在本例中，二层 MTU 配置为 1526（= 1512 + 14）bytes。

▶ 例 3-16 在 Cisco IOS XR 上配置和验证非默认 MTU

```
RP/0/RSP0/CPU0:R1#show running-config interface TenGigE0/1/0/1
interface TenGigE0/1/0/1
 description R1toR2
 cdp
 mtu 1526
 ipv4 mtu 1500
 ipv4 address 99.1.2.1 255.255.255.0
 ipv6 mtu 1500
 ipv6 address 2001:db8::99:1:2:1/112
!
```

```
RP/0/RSP0/CPU0:R1# show interfaces TenGigE0/1/0/1 | i MTU
 MTU 1526 bytes, BW 10000000 Kbit (Max: 10000000 Kbit)
RP/0/RSP0/CPU0:R1# show im database interface TenGigE0/1/0/1

View: OWN - Owner, L3P - Local 3rd Party, G3P - Global 3rd Party, LDP - Local
Data Plane
     GDP - Global Data Plane, RED - Redundancy, UL - UL

Node 0/1/CPU0 (0x831)

Interface TenGigE0/1/0/1, ifh 0x06000100 (up, 1526)
  Interface flags:           0x000000000110059f
(ROOT_IS_HW|IFCONNECTOR
                             |IFINDEX|SUP_NAMED_SUB|BROADCAST|CONFIG|HW|VIS
                             |DATA|CONTROL)
  Encapsulation:             ether
  Interface
type:            IFT_TENGETHERNET
  Control
parent:          None
  Data
parent:          None
  Views:                     GDP|LDP|L3P|OWN

  Protocol       Caps (state, mtu)
  --------       -----------------
  None           ether (up, 1526)
  arp            arp (up, 1512)
  clns           clns (up, 1512)
  ipv4           ipv4 (up, 1500)
  mpls           mpls (up, 1512)
  ipv6           ipv6_preswitch (up, 1512)
  ipv6           ipv6 (up, 1500)
  ether_sock     ether_sock (up, 1512)

RP/0/RSP0/CPU0:R1# show ipv4 interface TenGigE0/1/0/1 | i MTU
  MTU is 1526 (1500 is available to IP)
RP/0/RSP0/CPU0:R1# show ipv6 interface TenGigE0/1/0/1 | i MTU
  MTU is 1526 (1500 is available to IPv6)
RP/0/RSP0/CPU0:R1# show mpls interfaces TenGigE0/1/0/1 private location
0/1/C$
```

```
Interface      IFH          MTU
-----------    ----------   -----
Te0/1/0/1      0x06000100   1512
```

终端主机通常仍使用 1500 bytes 的 IP MTU。网络向终端主机提供 1500 bytes 的标准默认 IP MTU，而网络内部链路具有更大的 MTU。

然而，在大容量光纤链路被广泛使用的大多数现代网络中，MTU 配置往往会考虑到包长达到 9216 bytes 的巨型帧。虽然使用路径 MTU 发现机制已成为网络部署的最佳实践，但计算 MTU 值以允许所需的 MPLS 标签栈通过同样很常见。在现代网络中，SR MPLS 标签栈实际上并不会成为大多数类型流量的负担。

考虑一些启用 SR 的场景，诸如 TI-LFA（见第 9 章）或流量工程（见第二卷）时，数据包的 MPLS 标签栈深度可能随着 Segment 列表长度的增加而增加。如 TI-LFA 章节中所示，在大多数网络中，少量的 Segment 就足以提供必要的保护。此外，SRTE 也存在压缩所需 Segment 数量的技术。与人们可能担心的情况相反，对于大多数实际应用场景，数据包的 MPLS 标签栈深度不会变得很大。然而，在规划整网的 MTU 时，我们需要为所预测的最大标签栈深度预留必要的扩展空间。

> **重点提示**
>
> 当使用 SR 功能时，网络上配置的 MTU 最好考虑到所预期的最大标签栈深度。
>
> "SR 利用了现有的 MPLS 转发架构，这使得大量的运营商能够非常容易地接受和部署开发时间并不算太长的 SR 技术。大多数厂商目前的路由器平台仅需要进行软件升级就可以支持基本的 SR 功能特性。"
>
> Ketan Talaulikar

3.8 小结

- SR 重用传统的 MPLS 数据平面，无需任何修改。
- MPLS 的标签操作、倒数第二跳弹出行为、TTL 处理、TC/EXP 处理、负载均衡技术和 MTU 处理都适用于 SR。
- 全网使用相同的 SRGB，分配给 Prefix-SID 的标签是全局标签，这使得对路由器上 SR MPLS 转发表项的理解和故障排除变得简单多了。

3.9 参考文献

[1] MTU "MTU Behavior on Cisco IOS XR and Cisco IOS Routers", http://www.cisco.com/c/en/us/support/docs/ios-nx-os-software/ios-xr-software/116350-trouble-ios-xr-mtu-00.html

[2] RFC2474 Nichols, K., Blake, S., Baker, F., and D. Black, "Definition of the Differentiated Services Field (DS Field) in the IPv4 and IPv6 Headers", RFC 2474, DOI 10.17487/RFC2474, December 1998, https://datatracker.ietf.org/doc/rfc2474.

[3] RFC2475 Blake, S., Black, D., Carlson, M., Davies, E., Wang, Z., and W. Weiss, "An Architecture for Differentiated Services", RFC 2475, DOI 10.17487/RFC2475, December 1998, https://datatracker.ietf.org/doc/rfc2475.

[4] RFC3031 Rosen, E., Viswanathan, A., and R. Callon, "Multiprotocol Label Switching Architecture", RFC 3031, DOI 10.17487/RFC3031, January 2001, https://datatracker.ietf.org/doc/rfc3031.

[5] RFC3032 Rosen, E., Tappan, D., Fedorkow, G., Rekhter, Y., Farinacci, D., Li, T., and A. Conta, "MPLS Label Stack Encoding", RFC 3032, DOI 10.17487/RFC3032, January 2001, https://datatracker.ietf.org/doc/rfc3032.

[6] RFC3270 Le Faucheur, F., Wu, L., Davie, B., Davari, S., Vaananen, P., Krishnan, R., Cheval, P., and J. Heinanen, "Multi-Protocol Label Switching (MPLS) Support of Differentiated Services", RFC 3270, DOI 10.17487/RFC3270, May 2002, https://datatracker.ietf.org/doc/rfc3270.

[7] RFC4950 Bonica, R., Gan, D., Tappan, D., and C. Pignataro, "ICMP Extensions for Multiprotocol Label Switching", RFC 4950, DOI 10.17487/RFC4950, August 2007, https://datatracker.ietf.org/doc/rfc4950.

[8] RFC5462 Andersson, L. and R. Asati, "Multiprotocol Label Switching (MPLS) Label Stack Entry: "EXP" Field Renamed to "Traffic Class" Field", RFC 5462, DOI 10.17487/RFC5462, February 2009, https://datatracker.ietf.org/doc/rfc5462.

[9] RFC6391 Bryant, S., Ed., Filsfils, C., Drafz, U., Kompella, V., Regan, J., and S. Amante, "Flow-Aware Transport of Pseudowires over an MPLS Packet Switched Network", RFC 6391, DOI 10.17487/RFC6391, November 2011, https://datatracker.ietf.org/doc/rfc6391.

注释：

1. 此字段的名字在 IETF RFC 5462 中被修改为"Traffic Class"。
2. "ASR9000/XR：负载均衡架构和特性"，https://supportforums.cisco.com/document/111291/asr9000xr-loadbalancing-architecture-and-characteristic。

第 4 章 SRGB 管理

在 SR MPLS 中，SRGB 指定了用于全局 Segment 的标签范围。这需要在网络中每台 SR 路由器上予以指定。在第 3 章中，我们介绍了 SRGB 的概念，以及如何在大多数部署中使用和部署 SRGB——在整个网络中使用单个相同的范围（相同的 SRGB）。在本章中，我们将更深入地探讨与 SRGB 管理相关的更多内容。

4.1 SRGB 大小

在典型情况下，SRGB 大小决定了可以使用的全局 Segment 数量，这关系到路由器需要处理的 Prefix Segment 数量。而在大多数典型情况下，这又和 IGP 网络中的路由器数量（如先前在第 2 章中所讨论的，每台路由器至少需要 1 个节点 Segment）及其他 Prefix Segment 有关，例如，某些路由器上用于其他服务的环回地址的 Prefix Segment、Anycast Prefix Segment 或用于从其他（部分）网络重分发进来的前缀的 Prefix Segment。当我们阅读本书的更多章节时，你将会更清楚地理解 Prefix Segment 所需的规模。

在为 SR 的部署确定所需的 SRGB 大小时，必须考虑到当前和未来的网络增长 / 设计。在后续扩展 / 加大 SRGB 和 / 或添加更多范围都是支持的，我们将在本章中进一步看到这一点。另一方面，在引入 SR 时就做出有前瞻性的规划，可以确保稳定和一致的 SRGB，这可以使得网络操作大大简化。

尽管每个节点的 SRGB 标签值可以不同，但是 SRGB 范围的大小（即范围内的标签数量）在 SR 域中的所有节点上应当相同。SRGB 的大小决定了可用于全局 Segment 的 SID 索引的最大值。例如，如果 SRGB 仅包括 1000 个标签，则 SID 索引为 2000 就是无效的。如果在 SR 域中的不同节点上使用不同大小的 SRGB，则在整个 SR 域中可以使用的范围大小，就受限于最小的 SRGB 的范围大小。在 SR 域中的路由器上使用与 SRGB 范围大小不一致的 Prefix SID 索引，可能会导致流量丢失或路由错误，因为路由器可能没有有效的全局标签用于把数据包转发到一个 SRGB 范围更小的邻居。

在网络中以滚动方式在路由器上增加 SRGB 大小是完全可以实现的。一旦在整个网络上完成了更新，就可以开始使用扩展后的索引空间。

Cisco IOS XR 的默认 SRGB 是从 16000 到 23999 的标签范围，提供 8000 个 Segment，对于大多数部署而言已经足够。对于非常大规模的网络，在第 10 章中也提出了一些设计方法，可以使用相同的默认 SRGB 大小予以满足。在 Cisco IOS XR 上，操作员可以自由地在从 16000 到 $2^{20}-1$（约 100 万）的范围内配置非默认 SRGB。如果平台支持不了 100 万个标签，则 SRGB 范围的上限就是平台所支持标签范围的上限。在 IGP 中可以通告的最大 SRGB 大小是 2^{24}，这大于整个 MPLS 标签范围。目前，一般情况下 Cisco IOS XR 最大可配置的 SRGB 范围大小是 64k，而在某些平台上 SRGB 范围可以是整个 MPLS 标签范围。

重点提示

SR 不受限于 100 万个全局 prefix Segment。

在 IETF draft-filsfils-spring-large-scale-interconnect 中描述了涉及数千万个可寻址端点的超大规模 SR DC 设计。

相同的方法已被用于设计大规模汇聚网络，其规模达到数十万个可寻址端点，而使用的 SRGB 只有几千个条目。

在第 10 章中，我们将探讨这样的设计方法。

4.2 多个范围的 SRGB

如果 SRGB 由单个标签范围组成，则 Prefix-SID 的本地标签值的计算是简单直接的。在这种情况下，SRGB 起始值加上 SID 索引就可以计算出本地标签值。

SR 规范允许使用由多个不相交的标签范围所组成的 SRGB。如果节点上的 SRGB 由多个不相交的标签范围组成，则必须把这些标签范围连结起来，然后将 SID 索引用作该接续范围中的偏移量。

例如，节点使用以下标签范围作为 SRGB：[800000-801999]、[700000-701999]、[900000-903999]。请注意，范围的顺序必须保持不变。要找到全局 Segment 的本地标签值，需要把三个标签范围连结起来，然后将 SID 索引用作该接续范围中的偏移量。SID 索引到标签值的映射如表 4-1 所示。此表的第二列包含三个连结标签范围的标签值（仅显示每个标签范围的第一个和最后一个标签值）。第一列包含 SID 索引，是从 0 开始递增的一系列数字。例如 SID 索引 1999 具有本地标签值 801999，SID 索引 2500 具有本地标签值 700500。

表 4-1　多个标签范围的 SRGB 示例

SID 索引	SID 标签值
0	800000
...	...
1999	801999
2000	700000
...	...
3999	701999
4000	900000
...	...
7999	903999

配置含有多个范围的 SRGB，是为了允许对 SRGB 进行灵活扩容和 / 或对不同路由器平台选择不同的标签空间。然而这样做可能会使得全网的 SRGB 管理变得复杂。目前 Cisco IOS XR 的实现不支持此功能。本书假设 SRGB 使用单个标签范围，这也是推荐的部署模型。

4.3 SRGB 标签范围

所有支持 SR 的 Cisco IOS XR 平台，都可以在 16000 和 $2^{20}-1$ 之间预留任意的空间用于 SRGB。Cisco IOS XR 平台的默认 SRGB 是从 16000 到 23999 的标签范围。其他厂商也采用这个标签范围作为默认 SRGB；如有需要，也可以配置非默认 SRGB。

如果由于网络中已部署平台的限制，使得我们不得不在不同节点上使用不同的 SRGB，则网络中不同 SRGB 的数量应当受到限制。如果可能，建议不同 SRGB 起始值之间的对应关系要易于操作员辨认（例如，SRGB 起始值都是 10000 的倍数）。

当所有节点都使用相同的 SRGB 时，全局 Segment 仍然是作为全局唯一的 SID 索引进行分发。由于这些 SID 索引在 SR 域中的每个节点上映射为相同的本地标签值。因此所有节点上的相同本地标签值 = 全局标签值。

"在 SR 域中的所有节点上使用相同的 SRGB 在简化管理、操作和故障排除方面无疑具有显著的优势。使用此模型也简化了网络编程，并且使用 Anycast Segment 也不增加复杂性。在全网范围使用相同的 SRGB 可以作为一个部署指南。如 IETF draft-filsfils-spring-segment-routing-use-cases-01 中所述：'几个运营商已经表示他们将以这种方式部署 SR 技术：在所有节点上使用单个相同的 SRGB。他们这么做的动力就是操作的简单性（……）'。"

——Kris Michielsen

图 4-1 显示了一个简单的拓扑：由 6 个节点组成的链状拓扑。每个节点下的表格表示 SRGB 所在的标签空间。

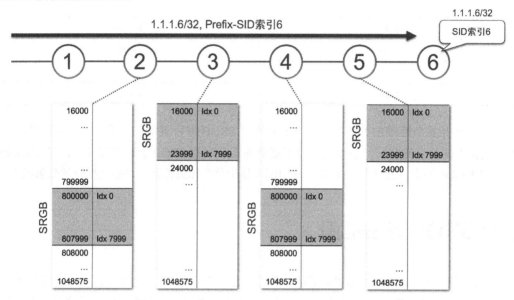

图 4-1　不推荐但可能的 SRGB 分配（1）

操作员在此拓扑中的所有节点上配置 SR。他决定在节点 1、节点 3、节点 5 和节点 6 上使用默认 SRGB [16000-23999]。

操作员在节点 2 和节点 4 上使用了不同的 SRGB，从 800000 开始，范围大小为 8000，这不是推荐的做法。也可能节点 2 和节点 4 是来自另一个厂商的平台，只支持从 800000 开始的 SRGB。但即使如此，如果按照部署准则，所有节点应该使用从 800000 开始的 SRGB，Cisco IOS XR 设备是可以做到这一点的。

节点 6 通告前缀 1.1.1.6/32 及相关联的 Prefix-SID 索引 6。所有 6 个节点都在其转发表中为 Prefix-SID 索引 6 安装本地标签，参见图 4-2。

节点 1、节点 3、节点 5 和节点 6（使用默认 SRGB 的节点）为此 Prefix-SID 安装本地标签 16006。这是 SRGB 中的第一个标签 16000 加上 Prefix-SID 索引 6 得来的。节点 2 和节点 4（使用从 800000 开始的 SRGB 的节点）则为此 Prefix-SID 安装本地标签 800006（= 800000 + 6）。

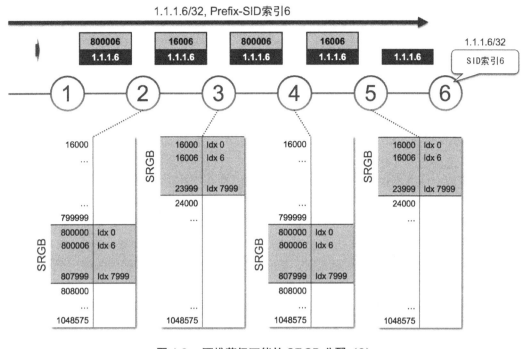

图 4-2　不推荐但可能的 SRGB 分配（2）

每个节点在该 Prefix Segment 的转发表中安装的出向标签取决于下游节点（去往目的地节点 6 的最短路径上的下一跳节点）的 SRGB。出向标签是下游邻居分配给 Prefix-SID 的本地标签。节点 2 通告 SRGB [800000-807999]，因此节点 2 为具有 SID 索引 6 的 Prefix Segment 分配本地标签 800006（800000+6）。因此，节点 1 为此 Prefix Segment 安装了一个出向标签 800006。对该 Prefix Segment 来说，节点 2 的下游邻居是节点 3。节点 3 通告 SRGB [16000-23999]，因此节点 2 为该 Prefix Segment 安装出向标签 16006（16000+6）。节点 3、节点 4 和节点 5 的行为类似。

携带顶层标签 16006 的数据包到达节点 1，这是 1.1.1.6/32 的 Prefix Segment 标签。节点 1 把标签 16006 交换为 800006，即该 Prefix Segment 去往节点 2 的出向标签，并把数据包转发到节点 2。节点 2 再次将标签 800006 交换为 16006，这是该 Prefix Segment 去往节点 3 的出向标签，并把数据包转发到节点 3。节点 3 将标签交换为 800006，在节点 4 上又再次交换为 16006。节点 5 弹出标签并将数据包转发到目的地节点 6。

例 4-1 显示了从节点 1 到节点 6 的 Traceroute 输出，输出显示了在去往目的地的路径上的标签是如何变化的。

▶ 例 4-1　在使用多个 SRGB 网络中的 Traceroute 结果

```
RP/0/0/CPU0:xrvr-1#traceroute 1.1.1.6
```

```
Type escape sequence to abort.
Tracing the route to 1.1.1.6

  1 99.1.2.2 [MPLS: Label 800006 Exp 0] 19 msec 19 msec 9 msec
  2 99.2.3.3 [MPLS: Label 16006 Exp 0] 9 msec 9 msec 9 msec
  3 99.3.4.4 [MPLS: Label 800006 Exp 0] 9 msec 9 msec 19 msec
  4 99.4.5.5 [MPLS: Label 16006 Exp 0] 9 msec 9 msec 19 msec
  5 99.5.6.6 9 msec  9 msec 9 msec
```

网络中的不同节点使用不同的 SRGB 迫使运营商在故障排除时始终要考虑每个节点的 SRGB。在以上示例中，网络中仅使用了两个不同的 SRGB。而更多个不同的 SRGB 将使得故障排除变得更不直接。这变得类似于在网络中追踪 LDP LSP，不同的是 Prefix-SID 在每一跳上的标签虽然不一致，但还不是完全随机的，而 LDP 标签则是完全随机的。

注意，当标签栈中含有多个标签时，情况会变得更加复杂：标签栈中的每一个标签，都需要正确地匹配节点的 SRGB，如图 4-3 所示。

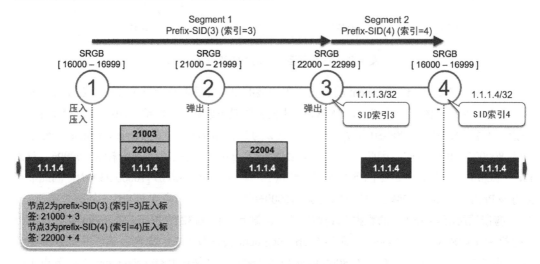

图 4-3　含多个标签的标签栈和多个不同的 SRGB

为了引导业务流经由节点 3 去往节点 4，节点 1 使用两个 Segment：{Prefix-SID(3), Prefix-SID(4)}。节点 1 需要考虑各个节点的 SRGB 设置，以得出要为数据包压入哪些标签值。

为了计算 Prefix-SID(3) 的标签值，节点 1 要使用去往节点 3 的下一跳，也就是节点 2 的 SRGB 值。节点 1 通过把 SID 索引 3 和节点 2 的 SRGB 起始值相加，来计算 Prefix-SID(3) 的标签：21000+3=21003。

对于 Prefix-SID(4)，节点 1 使用节点 3 的 SRGB 来计算标签值。节点 3 接收到的数据包，其顶层标签是节点 1 压入的第二个 Prefix-SID 标签。节点 1 需要考虑节点 3 的 SRGB，来计算为数据包压入的第二个标签值。

最终，节点 1 为数据包压入的标签栈是 {21003，22004}。

> "遵循最佳实践部署准则，在所有节点上使用相同的 SRGB，可简化网络操作和故障排除。在这种情况下，数据包在被转发到目的地的整个过程中，其标签值是可预计的同一值，即该 Prefix Segment 的全局标签值。简单、可预计、故障排除更容易。"
>
> ——Kris Michielsen

图 4-4 显示了与图 4-1 相同的拓扑，但此时所有节点都使用相同的 SRGB [16000- 23999]。

携带顶层标签 16006 数据包到达节点 1，这是 1.1.1.6/32 的 Prefix Segment 标签。节点 1 把标签 16006 交换为 16006，即该 Prefix Segment 去往节点 2 的出向标签，并把数据包转发到节点 2。后续的节点逐跳把标签 16006 交换为 16006，直到节点 5 弹出标签并将数据包转发到目的地节点 6。

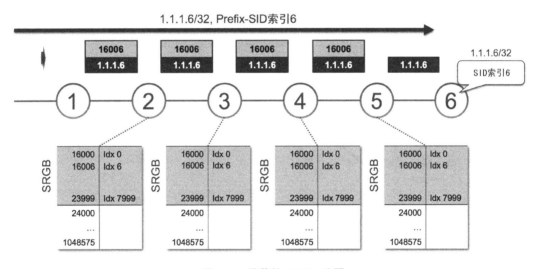

图 4-4　推荐的 SRGB 分配

例 4-2 中显示了从节点 1 到节点 6 的 Traceroute 输出，输出显示了在去往目的地的整条路径上都使用相同的标签。

▶ 例 4-2　在使用相同 SRGB 网络中的 Traceroute 结果

```
RP/0/0/CPU0:xrvr-1#traceroute 1.1.1.6
```

```
Type escape sequence to abort.
Tracing the route to 1.1.1.6

  1 99.1.2.2 [MPLS: Label 16006 Exp 0] 19 msec 19 msec 9 msec
  2 99.2.3.3 [MPLS: Label 16006 Exp 0] 9 msec 9 msec 9 msec
  3 99.3.4.4 [MPLS: Label 16006 Exp 0] 9 msec 9 msec 19 msec
  4 99.4.5.5 [MPLS: Label 16006 Exp 0] 9 msec 19 msec 9 msec
  5 99.5.6.6 9 msec  9 msec 9 msec
```

无须考虑每个节点的 SRGB，因为每个节点使用相同的 SRGB。操作员可以直接验证每个节点上 Prefix Segment 的转发条目，而不必去验证哪个节点通告了什么 SRGB。转发条目很容易得到验证，错误会被突显出来，很容易检查到。

4.4 SRGB 和 Anycast Segment

当在 SR MPLS 域中使用 Anycast Segment 时，同一 Anycast 集合中的所有节点应使用相同的 SRGB 以简化操作。图 4-5 说明了使用不同 SRGB 时会发生的问题。

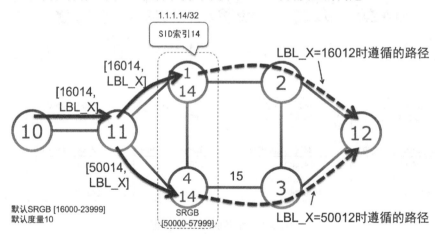

图 4-5　使用不同 SRGB 时的 Anycast-SID 问题

在此拓扑中，节点 1 和节点 4 属于同一个 Anycast 集合，每个节点有其单独的 Node-SID，其 SID 索引等于节点号，除此之外，这两个节点还通告 Anycast 前缀 1.1.1.14/32 及相关联的 Anycast-SID 索引 14。节点 10 要经由这两个节点之一（节点 1 或节点 4）将业务流发往节点 12，这需要使用 Segment 列表 {Anycast-SID（14），Prefix-SID（12）}。因此，节点 10 要为数据包压入两个标签。第一个标签是 Anycast 集合 { 节点 1，节点 4} 的 Anycast-SID 标签，

第二个标签是节点 12 的 Prefix-SID 标签。

节点 10 可以容易地得到 Anycast-SID 的标签：它是由节点 11 为 Anycast-SID 索引 14 分配的标签 16014（16000+14=16014）。

但是节点 10 需要在标签栈上为 Prefix-SID（12）压入的第二个标签是什么呢？如果数据包经由节点 1，则第二个标签将必须是 16012，因为节点 1 使用默认 SRGB [16000-23999]（16000+12=16012）。如果数据包经由节点 4，则第二个标签将必须是 50012，因为节点 4 使用 SRGB [50000-57999]（50000+12=50012）。

如果 Anycast 集合 { 节点 1，节点 4} 中的节点使用不同的 SRGB，则会导致节点 10 找不到一个单独的标签值可以用于压入数据包以引导数据包经过 Anycast 集合 { 节点 1，节点 4} 中的任意一个节点到达目的地节点 12。

图 4-6 说明了 Anycast 集合中的所有节点使用相同 SRGB 的情况。为了更好地说明问题，这里我们特地让节点 1 和节点 4 使用相同的 SRGB [50000-57999]，与其他节点的 SRGB 不同。当然，最好是网络中的所有节点都使用相同的 SRGB。

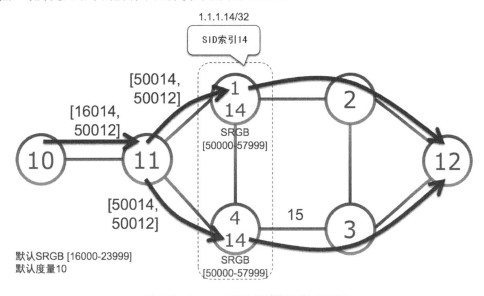

图 4-6　Anycast-SID 要求相同的 SRGB

节点 10 现在可以轻松地确定标签栈上的第二个标签。节点 1 和节点 4 都为 Prefix-SID 索引 12 分配相同的本地标签：50012（=50000+12）。

结论是，最简单和最推荐的解决方案是在 Anycast 集合中的所有节点上使用相同的 SRGB。在 IETF 文档 draft-psarkar-spring-mpls-anycast-segments 中描述了另一个更复杂的、基于不同 SRGB 的 Anycast-SID 解决方案。Cisco IOS-XR 的实现目前仅支持基于相同 SRGB 的 Anycast Segment。

> "当在网络上使用相同的 SRGB 时，Anycast-SID 的实现和操作变得简单和直接。虽然有基于不同 SRGB 的 Anycast-SID 提案，但是对于审核这些提案的人来说，他们很快会意识到有时候遵循规定的设计指南更为简单。如本书开头章节所述，遵循规定的设计指南的确可以使网络操作更简单。"
>
> ——Ketan Talaulikar

4.5 SRGB 配置

虽然 SR 架构中没有强制要求，但是 SRGB 可以被看作是节点的属性。SRGB 规定了哪些标签被用于节点的全局 Segment，与 SR 协议无关。在 Cisco IOS XR 中，SRGB 当前并不完全独立于协议。可以全局配置 SRGB，所有 SR 协议默认使用该 SRGB。但是对于 ISIS 和 OSPF 协议，可以使用 IGP 实例特定的 SRGB，方法是在路由协议实例下配置 SRGB 命令，对于这些协议，全局 SRGB 配置是可选的。在 Cisco IOS XR 中，多个 IGP 实例和 BGP 可以使用相同的 SRGB，或使用不同的但不重叠的 SRGB。

请注意，在 Cisco IOS XR 中，只配置了全局 SRGB 的时候，SRGB 实际上还没有被分配。只有当一个使用 SRGB 的路由协议被配置启用 SR 后，才会从路由器的标签空间中预留出 SRGB 的标签范围。

修改 SRGB 配置会造成流量中断。你需要仔细计划和安排生产网络中的路由器的任何 SRGB 更改。如果在路由器运行中更改 SRGB 或配置非默认 SRGB，则通常需要重启路由器，因为新配置的 SRGB 范围内的标签此时可能已经被其他 MPLS 应用使用了，在这种情况下，无法分配新的 SRGB，因为当前没有适当的机制来平稳地释放正在使用的标签。

修改 SRGB 时，会先释放旧的 SRGB。如果新的 SRGB 标签范围不是完全可用，则 SR 转发功能会不正常，直到可以成功分配 SRGB 为止，在这种情况下通常需要重启机器。例 4-3 显示了在 SR 运行时更改 SRGB 配置产生的 Syslog 消息。

▶ 例 4-3　更改 SRGB 时的 Syslog 消息

```
RP/0/0/CPU0:Feb 17 13:08:45.628 : isis[1011]: %ROUTING-ISIS-6-SRGB_INFO : SRGB
info: 'Segment routing temporarily disabled on all topologies and address families
because the global block is being modified'
```

可以在命令 show mpls label table detail 输出中验证分配的 SRGB，如例 4-4 所示。在本

例中，ISIS 分配了从标签 16000 开始并且大小为 8000 的默认 SRGB。如果不使用 detail 关键字，则只显示范围中的第一个标签，而不显示范围大小。该输出还显示了哪个客户端拥有标签块，本示例中为 ISIS(A)：1。

▶ **例 4-4 单协议的 SRGB 分配**

```
RP/0/0/CPU0:xrvr-4#show mpls label table label 16000 detail
Table Label   Owner                          State    Rewrite
----- ------- ------------------------------ -------- -------
0     16000   ISIS(A):1                      InUse    No
  (Lbl-blk SRGB, vers:0, (start_label=16000, size=8000)
```

例 4-5 说明了多个 IGP 实例和 BGP 使用相同 SRGB 的情况。在本例中，ISIS(A)：1、ISIS(A)：2、OSPF(A)：ospf-1 和 BGP-VPNv4(A)：bgp-default 都使用相同的 SRGB [16000-23999]。

▶ **例 4-5 多协议的 SRGB 分配**

```
RP/0/0/CPU0:xrvr-4#sh mpls label table label 16000 det
Table Label   Owner                          State    Rewrite
----- ------- ------------------------------ -------- -------
0     16000   ISIS(A):1                      InUse    No
              BGP-VPNv4(A):bgp-default       InUse    No
              OSPF(A):ospf-1                 InUse    No
              ISIS(A):2                      InUse    No
  (Lbl-blk SRGB, vers:0, (start_label=16000, size=8000)
```

Cisco IOS XR IGP 的 SRGB 配置使用层次化模型。IGP 的 SRGB 可以是默认值、全局配置或基于每个 IGP 实例配置。优先顺序是（从最优先到最不优先）：（1）基于每个 IGP 实例配置；（2）全局配置；（3）默认。

BGP 仅使用全局配置的 SRGB。这个全局 SRGB 配置没有默认值。如果 BGP 需要使用 SRGB 范围 [16000-23999]，则需要显式地全局配置命令 segment-routing global-block 16000 23999。例 4-6 的第 15～16 行给出了该配置的示例。

表 4-2 列出了针对不同配置组合的 SRGB 分配结果。列表示不同的全局 SRGB 配置，行表示不同的基于每个 IGP 的 SRGB 配置。

上表的第一列显示没有全局配置 SRGB 的情况，第二列显示全局配置 SRGB1 的情况，第三列显示全局配置 SRGB2 的情况。行表示不同的基于每个 IGP 的 SRGB 配置。第一行表示没有基于每个 IGP 的 SRGB 配置的情况，第二行表示基于每个 IGP 配置 SRGB1 的情况。

表 4-2　Cisco IOS XR SRGB 配置

全局 SRGB → IGP 实例 SRGB ↓	无	SRGB1	SRGB2
无	IGP: 默认 BGP: 无	IGP: SRGB1 BGP: SRGB1	IGP: SRGB2 BGP: SRGB2
SRGB1	IGP: SRGB1 BGP: 无	IGP: SRGB1 BGP: SRGB1	IGP: SRGB1 BGP: SRGB2

例 4-6 展示了 Cisco IOS XR 的一种非典型 SRGB 配置。一般建议是对节点上的所有协议使用相同的 SRGB。该例子展示了其他配置方式也是可能的。此处 ISIS 基于 IGP 实例配置了非默认的 SRGB，该 SRGB 不同于 OSPF 和 BGP 使用的全局 SRGB。

▶ 例 4-6　多个 SRGB 配置示例

```
 1 router isis 1
 2  address-family ipv4 unicast
 3  segment-routing mpls
 4 !
 5 router isis 2
 6  segment-routing global-block 700000 709999
 7  address-family ipv4 unicast
 8  segment-routing mpls
 9 !
10 router ospf 1
11  segment-routing mpls
12 !
13 router bgp 1
14 !
15 segment-routing
16  global-block 16000 23999
```

例 4-6 所示配置导致的 SRGB 分配结果如例 4-7 中所示。

▶ 例 4-7　多个 SRGB 分配结果示例

```
RP/0/0/CPU0:xrvr-4#sh mpls label table detail | e "SR Adj|InUse Yes"
Table Label    Owner                             State    Rewrite
----- ------   --------------------------------  ------   -------
0     16000    ISIS(A):1                         InUse    No
               BGP-VPNv4(A):bgp-default          InUse    No
               OSPF(A):ospf-1                    InUse    No
```

```
  (Lbl-blk SRGB, vers:0, (start_label=16000, size=8000)
0    700000   ISIS(A):2                          InUse No
  (Lbl-blk SRGB, vers:0, (start_label=700000, size=10000)
```

ISIS 2 使用 ISIS 特定的 SRGB [700000-709999]，而 ISIS 1、OSPF 和 BGP 使用全局 SRGB [16000-23999]。

> **重点提示**
>
> 更改 SRGB 配置会中断业务；把 SRGB 更改为非默认值时很可能需要重启路由器。
> 建议在大多数情况下在 Cisco IOS-XR 中通过全局配置指定 SRGB，使得所有 IGP 实例和 BGP 使用相同的 SRGB。
> 在特定情况下，可以在 Cisco IOS-XR 中在各个 IGP 实例下配置 SRGB。比如，在网络被划分为多个 IGP 实例的情况下。

不同的厂商、不同的路由器平台会有其特定的 SRGB 配置方式。当需路由器平台启用 SR 时，应仔细研究这方面的内容。

4.5.1 Cisco IOS XR SRGB 实现

Cisco IOS XR 的标签交换数据库（LSD）是标签交换信息的中央存储库。管理本地标签的分配是 LSD 的任务之一。为了请求本地标签的分配，诸如 IGP、LDP、RSVP、静态 MPLS 等 MPLS 应用必须注册为 LSD 的客户端。通过这个客户端连接，MPLS 应用可以向 LSD 请求分配本地标签。

在支持 SR 的软件版本中，标签空间的默认划分如下。

– 范围 0 ～ 15 保留用于特殊用途标签。
– 范围 16 ～ 15999 保留用于静态 MPLS 标签。此范围由需要静态标签的 MPLS 应用来使用，例如 MPLS-TP、静态 MPLS 和 PW。
– 范围 16000 ～ 23999 保留用作默认的 SRGB。
– 范围 24000 到最大值用于动态标签分配。最大值是 $2^{20}-1$ 或平台的上限。

大多数 MPLS 应用使用由 LSD 动态分配的本地标签。他们只是向 LSD 请求一个标签，LSD 从动态标签范围中挑选一个本地标签分配给它们。使用动态标签的 MPLS 应用的例子包括 LDP、RSVP、L2VPN、BGP、TE、ISIS 和 OSPF。默认情况下，LSD 从 24000 开始的标签范围内分配本地标签，同时把任何已分配的非默认 SRGB 标签范围排除在外。

在路由器启动时，LSD 使用特定机制分配 SRGB 范围。它会让 SR 控制平面协议（ISIS、OSPF 和 BGP）优先发起客户端注册，并执行它们的 SRGB 分配配置。如果 SR 没有启用，则不会进行分配，在这种情况下，LSD 只尝试为 SR 保留默认 SRGB 范围。如果启用了 SR，则 LSD 将根据控制平面协议的要求保留 SRGB 范围。只有在处理完 SRGB 分配之后，LSD 才处理其他 MPLS 应用的本地标签分配请求。

Cisco IOS XR 支持在系统运行了一段时间后才启用 SR，而不会与其他已经在用的 MPLS 应用产生任何冲突。这是因为 LSD 在系统引导时已经为 SR 预留了默认 SRGB 标签范围 [16000-23999]。所有支持 SR 的 Cisco IOS XR 软件版本都是如此，即使 SR 还未启用。

例 4-8 显示了如何使用命令 show mpls label range 验证当前的动态标签范围。

▶ 例 4-8　MPLS 动态标签范围

```
RP/0/RP0/CPU0:R1#show mpls label range
Range for dynamic labels: Min/Max: 24000/1048575
```

如果不需要预留此默认 SRGB 标签范围，则可以使用 mpls label range <min> <max> 配置来扩展动态标签范围以包括标签范围 [16000-23999]。应该仅在使用或计划使用非默认 SRGB 标签范围时使用此配置，参见例 4-9。

▶ 例 4-9　修改 MPLS 动态标签范围

```
RP/0/0/CPU0:iosxrv-1#show mpls label range
Range for dynamic labels: Min/Max: 24000/1048575
RP/0/0/CPU0:iosxrv-1#config
RP/0/0/CPU0:iosxrv-1(config)#mpls label range 16000 1048575
RP/0/0/CPU0:iosxrv-1(config)#commit
RP/0/0/CPU0:iosxrv-1(config)#end
RP/0/0/CPU0:iosxrv-1#show mpls label range
Range for dynamic labels: Min/Max: 16000/1048575
```

当我们在路由器上启用 SR 时，SR 控制平面从 LSD 请求其 SRGB 标签范围。如果其他 MPLS 应用在系统上已经是活动的，则所请求的 SRGB 标签范围中的一个或多个标签可能已经被分配给这些 MPLS 应用了。如果请求范围内的标签不是都可用的，则 SRGB 分配失败，并且不会安装 SR 转发条目。目前并没有适当机制以不中断的方式释放由 MPLS 应用分配的标签，在这种情况下需要重新启动系统以激活 SR 转发。但是，如果所请求 SRGB 标签范围中的标签都未被使用，则可以立即分配 SRGB，立即安装 SR 转发条目，立即使用 SR，无需重新启动系统。请注意，在使用默认 SRGB 时并不需要重启系统，因为这一标签范围在系统启动时已经被预留，在任何时候都可以分配它。

注意，一些平台（例如 Cisco ASR9000）需要配置 MPLS 标签范围，以便将动态标签范围扩展到整个 MPLS 标签空间。如果系统中存在 MPLS 标签范围配置并且包含（部分包含）

SRGB 标签范围，则 SRGB 标签范围不会被预留。在这种情况下，将来激活 SR 时可能需要重新启动系统。

> **重点提示**
>
> 通过使用 Cisco IOS-XR 的默认 SRGB，我们可以在生产网上启用 SR，无需重启路由器、中断业务。

图 4-7 说明了在系统启动时的默认 SRGB 分配情况。

路由器镜像启动完成后，LSD 划分的标签范围如图 4-7 所示。

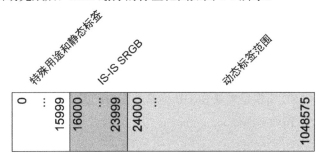

图 4-7　系统启动时的默认 SRGB 分配

— 从 0 到 15999 的标签用于特殊用途和静态标签。
— 从 16000 到 23999 的标签为 SRGB 保留。
— 从 24000 到 1000000 的标签范围用于动态标签。

LSD 首先等待 SR 协议客户端。ISIS 注册为 LSD 客户端，配置为使用默认 SRGB。因此 ISIS 从 LSD 请求默认 SRGB 的本地标签范围 [16000-23999]。

由于 ISIS 是系统上唯一激活的优先 LSD 客户端，因此现在所有的优先客户端已向 LSD 注册完毕，并且它们请求的 SRGB 也已经被分配。接着 LSD 可以开始为所有其他 MPLS 应用程序分配本地标签。例如，当 BGP 为 L3VPN 请求多个动态标签时，LSD 从 24000 开始分配这些本地标签。

图 4-8 说明了在系统启动时分配非默认 SRGB 的事件序列。该事件序列与图 4-7 所示的一致。

路由器镜像启动完成后，LSD 划分的标签范围如下。

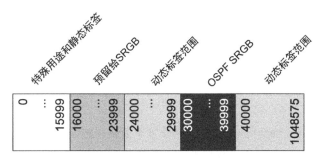

图 4-8　系统引导时的非默认 SRGB 分配

- 从 0 到 15999 的标签用于特殊用途和静态标签。
- 从 16000 到 23999 的标签为 SRGB 保留。
- 从 24000 到 1000000 的标签范围用于动态标签。

LSD 首先等待 SR 协议客户端来注册。在这里，OSPF 注册为 LSD 客户端，并且配置了非默认 SRGB[30000-39999]。OSPF 向 LSD 请求此本地标签范围，LSD 为 OSPF 分配这个本地标签范围。

由于 OSPF 是系统上唯一激活的优先 LSD 客户端，因此现在所有的优先客户端已向 LSD 注册完毕，并且它们请求的 SRGB 也已经被分配。接着 LSD 可以开始为所有其他 MPLS 应用程序分配本地标签。例如，当 BGP 为 L3VPN 请求多个动态标签时，LSD 从 24000 开始分配这些本地标签，但会避开 SRGB 的标签范围，因为 SRGB 范围内的标签已经分配给了 SR。

图 4-9 说明了保留默认 SRGB 本地标签范围，并在系统运行了一段时间后才激活 SR 的机制。在路由器镜像引导完成之后，LSD 划分的标签范围如图 4-9 所示。这时没有一个 LSD 客户端请求 SRGB 本地标签范围。在初始状态下，系统没有启用 SR，不分配 SRGB 本地标签范围。尽管如此，LSD 仍保留默认 SRGB 标签范围 [16000-23999]。LSD 为各种 MPLS 应用分配从标签 24000 开始的本地标签。

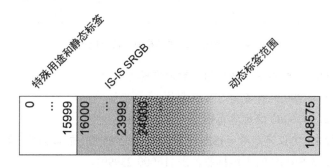

图 4-9　系统运行时的默认 SRGB 分配

请注意，如果系统中存在 mpls label range 配置命令，并且配置中的标签范围包含（部分包含）标签范围 [16000-23999]，则系统不会保留默认 SRGB 标签范围。但是，配置的动态标签范围之外的任何标签范围将被保留。

在 router isis 下配置启用 SR，并使用默认 SRGB [16000-23999]。LSD 尚未分配该标签范围内的任何标签，整个标签范围还未被使用。LSD 可以立即为 SR 分配 SRGB 标签范围，立即安装 SR 转发条目，立即使用 SR，无须重新启动系统。

"我们将在本书其他章节中看到，可以在现有生产网络中以无缝和无中断的方式启用 SR，并且可以将业务平滑迁移至 SR，不对业务造成影响。唯一可能导致需要重启系统的操作是 SRGB 分配（当不使用默认值时也是如此）。因此，最好提前规划和设计好 SRGB 范围和大小。如果需使用非默认范围，则可以采用滚动方式（或利用一些计划内的维护操作而需要重新启动路由器的机会）来实现，避免为了启用 SR 而专门重启设备。"

—Ketan Talaulikar

4.5.2 SRGB 错误

如果在启用 SR 之后没有在转发表中安装任何 SR 转发条目（无 Prefix-SID，无 Adjacency-SID），则可能是因为没有成功地分配 SRGB。在这种情况下，在转发表中不会安装 Prefix-SID 标签和 Adjacency-SID 标签。Syslog 中会记录一条错误消息，提示 SRGB 分配失败。协议会定期尝试分配 SRGB。在 Cisco IOS XR 中，将定期记录错误消息，直到 SRGB 分配成功为止，参见例 4-10。

▶ 例 4-10　Cisco IOS XR 的 SRGB 分配失败消息

```
RP/0/0/CPU0:Feb 5 09:30:21.181 : isis[1010]: %ROUTING-ISIS-4-SRGB_ALLOC_
FAIL : SRGB allocation failed: 'SRGB reservation not successful for [24000,39999],
srgb=(24000 39999, SRGB_ALLOC_CONFIG_PENDING, 0x1) (So far 16 attempts). Make
sure label range is free'
RP/0/0/CPU0:xrvr-4#RP/0/0/CPU0:Feb 5 09:31:41.495 : isis[1010]: %ROUTING-ISIS-
4-SRGB_ALLOC_FAIL : SRGB allocation failed: 'SRGB reservation not successful
for [24000,39999], srgb=(24000 39999, SRGB_ALLOC_CONFIG_PENDING, 0x1) (So far 32
attempts). Make sure label range is free'
...
```

当 IGP 实例尝试分配的 SRGB 与另一个 IGP 实例配置的 SRGB 不相同但有重叠时，Cisco IOS XR 也会记录相同的错误消息。即使尝试分配的 SRGB 完全包含于其他在用的 SRGB 中也是如此。不同的 IGP 实例使用的 SRGB 必须完全相同或完全不重叠。

4.6 小结

- 每个节点保留一个范围的本地标签，用于全局 Segment 的 SRGB。
- 默认 SRGB 标签范围是 [16000-23999]，可以在 [16000-(2^{20}–1)] 之间任意地配置非默认 SRGB。

- 默认情况下，Cisco IOS-XR 为 SR 保留 [16000-23999]，因此允许运行中启用 SR，而不需要重启路由器。
- SRGB 可以由多个范围组成，但建议使用单个范围。
- 推荐的部署模型是在每个节点上使用相同的 SRGB。
- 从严格意义上讲，Prefix-SID 是 SRGB 中的唯一索引。
- 前缀始发节点使用 Prefix-SID 通告索引。
- SR 域中的任何节点按照"SRGB 起始值 + 索引"的算法得出与 Prefix-SID 相关联的本地标签。
- 在实际应用中，当全域采用相同 SRGB 时，每个节点会得出相同的标签（相同的 SRGB 起始值+相同的索引=相同的标签），所以分配给 Prefix-SID 的标签是全局标签。因此在实际应用中，SR MPLS 的 Prefix-SID 也可以是指分配给前缀的全局标签。

4.7 参考文献

[1] draft-filsfils-spring-segment-routing-use-cases Filsfils, C., Francois, P., Previdi, S., Decraene, B., Litkowski, S., Horneffer, M., Milojevic, I., Shakir, R., Ytti, S., Henderickx, W., Tantsura, J., Kini, S., and Crabbe, E., "Segment Routing Use Cases", draft-filsfils-spring-segment-routing-use-cases-01 (work in progress), April 2015, https://tools.ietf.org/html/draft-filsfils-spring-segment-routing-use-cases-01.

[2] draft-ietf-mpls-spring-lsp-ping Kumar, N., Swallow, G., Pignataro, C., Akiya, N., Kini, S., Gredler, H., and M. Chen, "Label Switched Path (LSP) Ping/Trace for Segment Routing Networks Using MPLS Dataplane", draft-ietf-mpls-spring-lsp-ping (work in progress), May 2016, https://tools.ietf.org/html/draft-ietf-mpls-spring-lsp-ping.

[3] draft-ietf-spring-segment-routing-mpls Filsfils, C., Previdi, S., Bashandy, A., Decraene, B., Litkowski, S., Horneffer, M., Shakir, R., Tantsura, J., and E. Crabbe, "Segment Routing with MPLS data plane", draft-ietf-spring-segment-routing-mpls (work in progress), September 2016, https://tools.ietf.org/html/draft-ietf-spring-segment-routing-mpls.

[4] draft-ietf-spring-segment-routing Filsfils, C., Previdi, S., Decraene, B., Litkowski, S., and Shakir, R., "Segment Routing Architecture", draft-ietf-spring-segment-routing (work in progress), July 2016, https://tools.ietf.org/html/draft-ietf-spring-segment-routing.

[5] draft-psarkar-spring-mpls-anycast-segments Gredler, H., Filsfils, C., Previdi, S., Decraene, B., Horneffer, M., and Sarkar, P., "Anycast Segments in MPLS based Segment Routing", draft-psarkar-spring-mpls-anycast-segments (work in progress), September 2016, https://tools.ietf.org/html/draft-psarkar-spring-mpls-anycast-segments.

第 5 章　Segment Routing IGP 控制平面

通过扩展链路状态 IGP 协议 ISIS 和 OSPF，使其在既有的分发拓扑和可达性信息的同时，在 IGP 域内分发 SR 信息。IGP 域中的每个节点使用附加的 SR 信息，连同其计算出来的网络拓扑视图和前缀可达性信息一起，来构造其转发表项。由 IGP 编程的转发表项现在也包括了对应于 Prefix Segment 和 Adjacency Segment 的 MPLS 标签，分布于网络上的各个节点中。这为使用 Segment 沿着网络上的任何路径引导流量奠定了基础。

在本章中，我们将关注与 SR MPLS 数据平面相关联的 IGP 控制平面。对 SR IPv6 数据平面的描述见本书后续部分。

本章还将提供命令行配置示例和 show 命令输出的示例，以说明 IGP 在 Cisco IOS-XR 软件中是如何工作的。

5.1 IGP 协议的 SR 扩展

一开始我们将概括地介绍各 IGP 协议为分发 SR 信息所做的扩展。此外，我们也会介绍各个协议下启用 SR 的基本配置。

在本章的后续部分，我们将更仔细地研究与 SR IGP 控制平面的信令和处理相关的方方面面。

IGP 的扩展支持 SR 和 LDP 互操作，允许在现有 MPLS 网络中无缝部署 SR。这一部分将在第 7 章中单独介绍。

5.1.1　ISIS SR

本节简要介绍 ISIS SR 控制平面功能。ISIS SR 支持 IPv4 和 IPv6 地址族。它支持 ISIS

级别 1（Level-1）、级别 2（Level-2）和多级（Multi-level）路由。

在 Cisco IOS-XR 实现中，当前可以在 ISIS 下为全局路由表中环回接口的主机地址前缀（IPv4 为 /32，IPv6 为 /128）配置 Prefix-SID。当在该 ISIS 实例启用 SR 时，ISIS 将为其所有邻接自动分配和通告 Adjacency-SID。

5.1.1.1　ISIS 协议扩展

ISIS 是一个高度可扩展的协议；它不使用固定格式的通告，而是使用类型/长度/值（TLV）三元组来编码其通告中的信息。子 TLV 可以在 TLV 内部封装更多的信息元素。通过定义新 TLV 或扩展现有 TLV，可以轻松添加新协议功能。

ISIS SR 扩展引入了必要的子 TLV，以将 Prefix-SID 和 Adjacency-SID 附加到各种前缀和邻接通告 TLV 上。扩展还包括用信令传递路由器对 SR 的支持能力的信息，以及路由器使用的 SRGB。ISIS SR 扩展在 IETF draft-ietf-isis-segment-routing-extensions 中描述。

ISIS SR 扩展引入了对表 5-1 中 TLV 和子 TLV 的支持。括号内的数字是（子）TLV 类型。

表 5-1　ISIS SR 扩展

SR（子）TLV	包含于 TLV
SR 能力子 TLV (2)	ISIS 路由器能力 TLV (242)
Prefix-SID 子 TLV (3)	扩展 IP 可达性 TLV (135)
	SID/ 标签绑定 TLV (149)
	多拓扑 IPv4 IP 可达性 TLV (235)
	IPv6 IP 可达性 TLV (236)
	多拓扑 IPv6 IP 可达性 TLV (237)
Adjacency-SID 子 TLV (31)	扩展 IS 可达性 TLV (22)
	IS 邻居属性 TLV (23)
	多拓扑 IS 可达性 TLV (222)
	多拓扑 IS 邻居属性 TLV (223)
LAN-Adjacency-SID 子 TLV (32)	扩展 IS 可达性 TLV (22)
	IS 邻居属性 TLV (23)
	多拓扑 IS 可达性 TLV (222)
	多拓扑 IS 邻居属性 TLV (223)
SID/ 标签绑定 TLV (149)	此为顶级 TLV

本章将进一步详细讨论不同的 ISIS SR TLV 和子 TLV。

5.1.1.2　ISIS SR 配置

例 5-1 中显示了启用 ISIS SR 的最少配置命令。

▶ 例 5-1　为 ISIS 启用 SR MPLS

```
router isis 1
 address-family ipv4|ipv6 unicast
  metric-style wide
  segment-routing mpls
```

ISIS SR 功能要求在 ISIS 实例的地址族下启用宽度量（Wide Metric）。这个配置使得系统能够通告 SR 控制平面所使用的 TLV 类型。

要启用 ISIS SR 并使用 MPLS 数据平面，我们必须在地址族下配置命令 segment-routing mpls。IPv4 和 IPv6 地址族都支持 SR MPLS。

segment-routing mpls 配置命令启用 SR 控制平面和 MPLS 数据平面。在 ISIS 下启用 SR MPLS 后系统执行多个操作。

- ISIS 分配 SRGB 并在 ISIS 中通告分配的 SRGB。从网络中其他 SR 节点接收到的任何有效 Prefix-SID 都会在本节点上安装一条转发条目。节点在 ISIS 中通告它可以处理 SR 数据包的地址族和数据平面封装方式。如果 SRGB 分配失败，则节点仍然通告它的 SRGB 和 SR 能力，但是不会安装 SR 转发条目。
- ISIS 在所有非被动（Non-passive）ISIS 接口上自动启用 MPLS 转发。带 MPLS 标签的数据包可以通过这些接口发送和接收。注意，即使没有在接口上实际建立 ISIS 邻接，也会在这些接口上启用 MPLS 转发。如果不需要，则接口应被配置为被动（Passive）接口。不为被动接口启用 MPLS 转发是一种安全预防措施，以避免带 MPLS 标签的数据包可以通过此类接口进入网络。如果需要，可以使用静态 MPLS 在此类接口上启用 MPLS。
- ISIS 自动为所有邻接分配并通告 Adjacency-SID。ISIS 还为其 Adjacency-SID 安装转发条目。

在 ISIS 下配置 Segment Routing MPLS 后，路由器就可以转发 SR 流量了。欲将本地的 Prefix-SID 通告出去，还需要额外的配置，本章后面部分将对此进行介绍。

使用例 5-2 和例 5-3 中的命令可验证是否在 ISIS 接口上启用了 MPLS。

▶ 例 5-2　启用 SR MPLS 的接口

```
RP/0/0/CPU0:xrvr-1#show mpls interfaces
Interface                    LDP       Tunnel     Static   Enabled
---------------------------- --------- ---------- -------- --------
GigabitEthernet0/0/0/0       No        No         No       Yes
GigabitEthernet0/0/0/1       No        No         No       Yes
GigabitEthernet0/0/0/2       No        No         No       Yes
GigabitEthernet0/0/0/3       No        No         No       Yes
```

▶ 例 5-3　启用 SR MPLS 的接口

```
RP/0/0/CPU0:xrvr-1#show mpls interfaces GigabitEthernet0/0/0/0 detail
Interface GigabitEthernet0/0/0/0:
        LDP labelling not enabled
        LSP labelling not enabled
        MPLS ISIS enabled
        MPLS enabled
```

> **重点提示**
>
> 可以在"router isis"模式的地址族模式下，使用单条命令 segment-routing mpls 为 ISIS 实例启用 SR。

5.1.2　OSPFv2 SR

本节简要介绍 OSPFv2 中支持 IPv4 地址族的 SR 控制平面功能。OSPFv2 SR 支持多区域（multi-area）网络，并支持为特定区域或所有区域启用 SR。在 Cisco IOS-XR 实现中，可以为全局路由表中环回接口的主机地址前缀（IPv4 为 /32，IPv6 为 /128）配置 Prefix-SID。当在某区域或在整个 OSPF 实例启用 SR 时，OSPFv2 将为其邻接自动分配 Adjacency-SID。

5.1.2.1　OSPFv2 协议扩展

OSPFv2 最初被定义为使用固定长度的链路状态通告（LSA）用于其基本协议操作。然而，随着协议的发展，引入了不透明 LSA（Opaque LSA），用以扩展协议以支持流量工程和其他应用。这些不透明 LSA 已经被扩展用于在 OSPFv2 中引入新的能力，包括 SR。

> **重点提示：OSPFv2 不透明 LSA**
>
> OSPFv2 不透明 LSA 在 IETF RFC 5250 中定义。不透明 LSA 可以由 OSPF 或希望使用 OSPF 在网络中分发信息的其他应用直接使用。不透明 LSA 所携带的信息，可以不被经过的 OSPF 路由器（可能运行较旧的软件版本）所理解，但它仍然会"不透明地"将其泛洪到其邻居。只有理解这些信息的 OSPF 路由器才会真正使用它。因此，不透明 LSA 提供了在现有网络部署中扩展 OSPF 协议而不破坏现有功能的一种机制。

不透明 LSA 使用三种类型（Type）的 OSPFv2 LSA：类型 9、类型 10 和类型 11，每种 LSA 类型指示了不透明 LSA 的不同泛洪范围。因此，这三种类型的 LSA 功能是相同的，都是不透明 LSA，不同的只是泛洪范围。使用不透明 LSA 的应用要根据数据在网络中分发的范围来选择其使用的 LSA 类型。

不透明 LSA 的泛洪范围如下。

- 类型 9 LSA，本链路（link-local）范围的不透明 LSA。这种类型的 LSA 不会泛洪到本地（子）网络之外。
- 类型 10 LSA，本区域（area-local）范围的不透明 LSA。这种类型的 LSA 不会泛洪到生成它们的区域之外。
- 类型 11 LSA，本自治域（AS-wide）范围的不透明 LSA。这种类型的 LSA 在整个 AS 中泛洪（具有与类型 5 LSA 相同的范围）。AS 范围的不透明 LSA 不会泛洪到末梢区域（Stub Area）。

尽管 TE 使用不透明 LSA（特别是类型 10 LSA）来分发 TE 链路属性，但不透明 LSA 不应该仅仅被当作"TE LSA"。TE 只是诸多使用不透明 LSA 的应用中的一个（但可能是最知名的）。不透明 LSA 用于在网络中分发 TE 拓扑信息（扩展 TE 链路属性）。TE 仅使用类型 10 LSA，即只在本区域范围内泛洪的不透明 LSA。

为了允许不同的应用使用不透明 LSA，它们携带"不透明类型（Opaque Type）"字段以指示其类型，TE 不透明 LSA 使用不透明类型 1。另一个例子是路由器信息不透明 LSA：它是不透明类型 4 的不透明 LSA，用于通告 OSPF 能力。

IETF RFC 5250 中规定的不透明 LSA 的格式如图 5-1 所示。

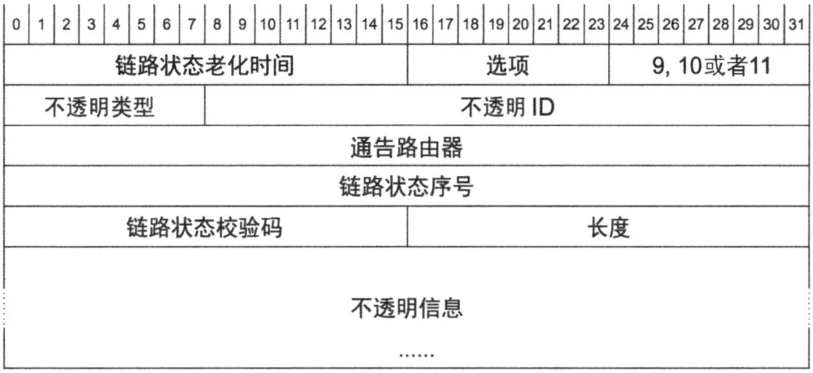

0 1 2 3 4 5 6 7 8 9 10 11 12 13 14 15	16 17 18 19 20 21 22 23	24 25 26 27 28 29 30 31
链路状态老化时间	选项	9, 10 或者 11
不透明类型	不透明 ID	
通告路由器		
链路状态序号		
链路状态校验码	长度	
不透明信息 ……		

图 5-1 不透明 LSA 格式

按照 IETF RFC 2328 中的定义，20bytes 的 OSPF LSA 报头中包含了 32 位的"链路状态 ID（Link-State ID）"字段（第 32～63 位）。对于不透明 LSA，该"链路状态 ID"字段被划分为不透明类型（Opaque Type）字段（前 8 位）和不透明类型字段特定的不透明 ID（Opaque ID）字段（剩余的 24 位）。在命令 show ospf database 输出中，这两个字段的信息被组合显示为链路状态 ID，以点分十进制表示。它的显示形式看起来像 IPv4 地址，但没有任何 IPv4 地址的语义。命令行输出中的链路状态 ID 字段中的第一个点分十进制数字是不透明类型，后面三个点分十进制数字是不透明 ID。

例 5-4 显示了不透明 LSA 的 show ospf database 的输出。

▶ **例 5-4 不透明 LSA 的输出示例**

```
1  RP/0/0/CPU0:xrvr-1#show ospf database opaque-area 4.0.0.0 self-originate
2
3              OSPF Router with ID (1.1.1.1) (Process ID 1)
4
5                Type-10 Opaque Link Area Link States (Area 0)
6
7  LS age: 314
8  Options: (No TOS-capability, DC)
9  LS Type: Opaque Area Link
10 Link State ID: 4.0.0.0
11 Opaque Type: 4
12 Opaque ID: 0
13 Advertising Router: 1.1.1.1
14 LS Seq Number: 80000075
15 Checksum: 0x25d8
16 Length: 52
17
18   Router Information TLV: Length: 4
19   Capabilities:
20     Graceful Restart Helper Capable
21     Stub Router Capable
22     All capability bits: 0x60000000
23 <...>
```

LSA 的类型在第 5 行：Type-10 Opaque Link Area，表示这是一个区域泛洪范围的不透明 LSA。可能的不透明 LSA 包括如下 3 种。

— Type-9 Opaque Link Local。

— Type-10 Opaque Link Area。

— Type-11 Opaque Link AS。

不透明 LSA 类型见第 11 行：Opaque Type：4，表示这是一个 "路由器信息不透明 LSA"。注意，不透明类型与不透明 LSA 的泛洪范围无关，它指示的是哪些数据在不透明 LSA 内。

对于 "路由器信息不透明 LSA"，不透明 ID（见第 12 行）通常设置为 0，以指示这是此 LSA 的第一个实例（RFC 7770 规定现在可以有多个实例）。

不透明类型和不透明 ID 以点分十进制 4.0.0.0 的方式重复显示为链路状态 ID（见第 10 行）。

OSPFv2 被扩展以支持扩展链路属性和扩展前缀属性的通告，这是对现有 OSPFv2 的固定长度 LSA 所携带信息的补充。RFC7694 新定义了以下不透明 LSA 类型和 TLV 类型。

- OSPFv2 扩展前缀不透明 LSA（OSPFv2 Extended Prefix Opaque LSA）（不透明类型 7）。
  - OSPFv2 扩展前缀 TLV（OSPFv2 Extended Prefix TLV）（类型 1）。
- OSPFv2 扩展链路不透明 LSA（OSPFv2 Extended Link Opaque LSA）（不透明类型 8）。
  - OSPFv2 扩展链路 TLV（OSPFv2 Extended Link TLV）（类型 1）。

IETF RFC 7684 中的通用 OSPF 扩展是基于 SR 的要求引入的，但也同时用于承载其他非 SR 相关的前缀和链路属性，这使得协议支持更通用的扩展。

如果不引入新的不透明 LSA 类型，另一个选项可以是扩展现有的 TE 不透明 LSA 以支持 SR。这一选项未获得采用的原因是 TE 不透明 LSA 已经被定义为在流量工程环境中携带扩展链路属性。根据 IETF RFC 3630 中定义的 TE LSA 规范，TE 不透明 LSA 描述的链路成为 TE 拓扑的一部分（其在大多数情况下意味着传统 RSVP-TE 应用），这并不总是人们所希望的。SR 不应该与传统的流量工程绑定。让 SR 使用新的不透明 LSA 类型，使得其分发的链路属性含义与现有 TE 的链路属性完全不同。

OSPFv2 SR 扩展在 IETF draft-ietf-ospf-segment-routing-extensions 中定义。在 OSPF 中分发的 SR 信息由前缀/链路的附加属性组成。不透明类型 7 LSA 用于分发 Prefix-SID，不透明类型 8 LSA 用于分发 Adjacency-SID。Prefix-SID 和 Adjacency-SID 分别作为子 TLV，添加在扩展前缀 TLV 和扩展链路 TLV 中。

- OSPFv2 扩展前缀不透明 LSA（不透明类型 7）。
  - OSPFv2 扩展前缀 TLV（类型 1）。
    Prefix SID 子 TLV（类型 2）。
- OSPFv2 扩展链路不透明 LSA（不透明类型 8）。
  - OSPFv2 扩展链路 TLV（类型 1）。
    Adj-SID 子 TLV（类型 2）。
    LAN Adj-SID 子 TLV（类型 3）。

路由器信息不透明 LSA（不透明类型 4）被扩展以携带 OSPF SR 能力信息。在路由器信息不透明 LSA 中定义了两个新的 TLV。

- 路由器信息不透明 LSA（不透明类型 4）。
  - SR-算法 TLV（SR-Algorithm TLV）(8)。
  - SID/标签范围 TLV（SID/Label Range TLV）(9)。

这些新的不透明 LSA 和 OSPFv2 SR 扩展在第 5.3.4 节和第 5.4.6.1 节中会有详细描述。

5.1.2.2　OSPFv2 SR 配置

在 Cisco IOS XR 的节点上为 OSPF 启用 SR 的最简单方法是在 OSPF 实例下配置命令 segment-routing mpls。这为该 OSPF 实例的所有区域启用 SR MPLS 数据平面和控制平面功能。

在 OSPF 下启用 SR MPLS 后系统执行多个操作。

- OSPF 分配 SRGB 并在 OSPF 中通告分配的 SRGB。从网络中其他 SR 节点接收到的任何有效 Prefix-SID 都会在本节点上安装一条转发条目。如果 SRGB 分配失败，则路由器不会通告它的 SRGB 和 SR 能力，以免将 SR 流量吸引到它身上，路由器也不会安装任何 SR 转发条目。
- OSPF 在所有启用了 OSPF 的非环回接口上自动启用 MPLS 转发，即使接口上没有建立 OSPF 邻接或接口配置为被动接口。带 MPLS 标签的数据包可以通过这些接口发送和接收。如果需要，可以在 OSPF 接口下配置 segment-routing forwarding mpls disable，以在特定接口上关闭 SR MPLS 转发。
- OSPF 自动为所有开启了 SR MPLS 转发的接口上的邻接分配并通告 Adjacency-SID。OSPF 还为其 Adjacency-SID 安装转发条目。

在 OSPF 下配置 Segment Routing MPLS 后，路由器就可以转发 SR 流量了。本地前缀的 Prefix-SID 需要在 OSPF 里面被配置之后，才能通告出去。本章后面部分将对此进行介绍。

> **重点提示：OSPF 层次化配置模型**
>
> Cisco IOS XR 中的 OSPF 配置使用层次化模型。这里是对 OSPF 配置模型具体细节的一个简短的提示。在层次化结构的顶层是 OSPF 实例或 OSPF 进程，接下来的层次是 OSPF 区域，最低层是 OSPF 接口。在此层次化配置模型中，较低层继承较高层的配置。配置命令最终生效的层次称为命令的"范围"。
>
> 例如，实例范围的 OSPF 配置（例如"hello-interval"，在 OSPF 实例层次配置）由该 OSPF 实例的所有接口继承。如果同时在多个层次应用了 OSPF 配置，则较低层的配置优于较高层的配置。例如，在 OSPF 实例层次上用配置命令启用某种接口功能，可以在特定接口上用接口层次的配置命令禁用。

SR 配置遵循常见的 OSPF 配置继承方式。如果仅在一个区域下配置命令 segment-routing mpls，则在这单个区域内启用 SR 控制平面和数据平面功能。此命令生效范围为该区域。

可以使用命令 segment-routing forwarding [disable | mpls] 来禁用或启用每个接口的 SR 数据平面功能。此命令的生效范围是接口。请注意，在启用 SR 时，segment-routing forwarding mpls 默认启用。

如果在接口上配置了 segment-routing forwarding disable，则不会为该接口的邻接分配、安装和分发 Adjacency-SID。通过 SR 控制平面接收到一个远端节点的 Prefix-SID，如果其去往下一跳接口上配置了 segment-routing forwarding disable，那这个 Prefix-SID 也不会安装在转发表中。

在例 5-5 中，除了接口 Gi0/0/0/0 外，OSPF 区域 0 中的所有接口都启用了 SR。

▶ 例 5-5　OSPF：禁用接口 SR 转发

```
router ospf 1
 segment-routing mpls
 area 0
  interface GigabitEthernet0/0/0/0
   segment-routing forwarding disable
```

> **重点提示**
>
> 可以在 router ospf 模式下使用单条命令 segment-routing mpls 为整个 OSPF 实例启用 SR。

使用层次化配置模型，支持在实例、区域和接口层次灵活地启用某功能。

5.1.3　OSPFv3 SR

在与 OSPFv2 类似，OSPFv3 协议支持 IPv6 地址族。因此，OSPFv3 可以使用 MPLS 和原生 IPv6 数据平面支持 IPv6 SR。在 IETF draft-ietf-ospf-ospfv3-segment-routing-extensions 中定义了 SR 扩展，而在 IETF draft-ietf-ospf-ospfv3-lsa-extend 中定义了 LSA 扩展的基础结构。

Cisco IOS-XR 的 OSPFv3 SR 实现尚未发布，因此我们可能会在本书的未来修订版中加入相关内容。

> "OSPF 和 ISIS 是在很多 IP 网络中广泛使用的路由协议，大多数网络运营商对其理解得很好。通过几个 SR 扩展，相同的协议现在已经可以支持 MPLS 的启用和标签的分发（以及诸如利用 TI-LFA 实现自动保护等优点）。以前因为需要学习和部署额外的协议，如 LDP 和 RSVP-TE，很多运营商都避免使用 MPLS，现在对于他们中的大多数来说，MPLS 已经实现了简化。能够利用熟悉的 IGP 协议也是 SR 得到迅速采用的关键因素之一。"
>
> ——Ketan Talaulikar

5.2　SR 能力

每个节点在 IGP 中通告其 SR 能力：对 SR 的支持、对 SR 数据平面的支持、对 SR 算法的支持以及通告其 SRGB。

5.2.1 SRGB 通告

SRGB 本地有效。SRGB 是分配给 SR 全局 Segment 的一个本地标签块。然而，网络中的所有节点，都需要知道彼此分配的 SRGB 和用于 SR 全局 Segment 的标签范围。需要用这些信息来计算其他节点期望接收到的与 Prefix Segment 相关联的 MPLS 标签值，该标签值是用相关节点的 SRGB 起始值和 Prefix-SID 索引计算出来的。支持 SR 全局 Segment 的每个节点在路由协议中通告其本地 SRGB。

SRGB 配置的不同选项示例已在第 4 章中说明。

5.2.2 ISIS SR 能力通告

ISIS 节点使用 ISIS 路由器能力 TLV（TLV 类型 242，IETF RFC 4971）通告其 SR 数据平面能力、支持的 SR 算法及 SRGB 范围。

ISIS 路由器能力 TLV 包含路由器 ID、指示其泛洪范围的标志位和可选的子 TLV。SR 将其能力子 TLV 添加到该 TLV 中。

路由器能力 TLV 的格式如图 5-2 所示。

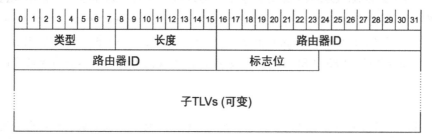

图 5-2　ISIS 路由器能力 TLV

ISIS 使用优先级方案来选择它在此 TLV 的路由器 ID 字段中通告的 IP 地址。ISIS 按顺序查找本节点的以下地址，选择并使用找到的第一个前缀。这一顺序如下。

1. 配置的 MPLS TE 路由器 ID。
2. 配置的 ISIS 路由器 ID。
3. ISIS 实例下所配置的编号最低的环回接口的 IPv4 地址。
4. ISIS 实例下所配置的编号最低的非环回接口的 IPv4 地址。

如果没有找到可用于路由器 ID 的地址，则不通告路由器能力 TLV。

> **重点提示**
>
> 强烈建议选择把 ISIS 中配置的某个环回接口的主机地址（/32 前缀）配置为 ISIS 路由器 ID，这样它就能被通告为路由器能力 TLV 中的路由器 ID。如果要使用 MPLS TE，则还应将该地址配置为 MPLS TE 路由器 ID。这样能为系统的运行和操作提供确定和稳定的路由器 ID。
>
> 此外，强烈建议为此用作路由器 ID 的环回接口分配一个 Prefix-SID，以便它可以用作此路由器的 Node-SID。本章后面将做更多解释。

路由器能力 TLV 标志位（Flag）。

- S（Scope）：如果置位，则 TLV 应在整个路由域泛洪。
- D（Down）：如果 TLV 已从层次 2 泄漏到层次 1，则置位，否则不置位。此标志用于防止 TLV 的不必要泛洪。如果该标志被设置，则 TLV 不从层次 1 传播到层次 2。

如果路由器能力 TLV 携带了 SR 能力子 TLV，那么它的 S 标志总是不置位的，因此不能跨层次边界通告 SR 能力子 TLV。所以，该 TLV 的 D 标志也总是不置位的。

当在 ISIS 实例下配置 SR 时，SR 能力子 TLV（子 TLV 类型 2）就会被添加到路由器能力 TLV。该 SR 能力子 TLV 指示了 ISIS 实例的 SR 数据平面能力和 ISIS 实例用于全局 Segment 的 MPLS 标签值范围（SRGB）。

SR 能力子 TLV 的格式如图 5-3 所示。

标志位（Flag）字段的定义。

- I（MPLS IPv4 标志）：如果置位，则指示节点有能力在所有接口上处理 SR MPLS 封装的 IPv4 数据包。
- V（MPLS IPv6 标志）：如果置位，则指示节点有能力在所有接口上处理 SR MPLS 封装的 IPv6 数据包。
- H（SR-IPv6 标志）：如果设置，则提示节点有能力在所有接口上处理 IPv6 SR 报头。

SRGB 描述符（SRGB Descriptor）中的 SRGB 范围大小（SRGB Range Size）是一个 24 比特字段，包含 SRGB 标签范围的大小，即 SRGB 中的标签数量。SID/ 标签子 TLV（SID/Label sub-TLV）（类型 1）指定 SRGB 起始标签值，即 SRGB 标签范围中的第一个标签值。如果该子 TLV 的长度为 3，则该值的最右 20 比特表示的是 MPLS 标签值。

可以通过在 SR 能力子 TLV 中添加更多 SRGB Descriptor 的方式，来通告多个 SRGB 范围，即使这些范围是不相交的。这些范围被视为按通告顺序接续在一起的范围的集合。具有多个范围的 SRGB 先前已在第 4 章中描述。在写这本书时，Cisco IOS XR 尚不支持多个 SRGB 范围。

另一个可以在路由器能力 TLV 中通告的子 TLV 是"SR- 算法子 TLV"（SR-Algorithm Sub-TLV）（类型 19）。一个节点可以使用各种算法来计算到其他节点以及附加到节点的前缀的可达性。这些算法的例子可以是基于普通链路度量的最短路径优先（SPF）算法，严格 SPF（Strict SPF）等。节点在 SR- 算法子 TLV 中通告它当前正在使用的算法。SR- 算法子 TLV 的格式如图 5-4 所示。该子 TLV 中的算法（Algorithm）字段包含表示算法的数值。通告的每个 Prefix-SID 会包含一个算法字段，其值为 SR- 算法子 TLV 中列出的算法值之一。Prefix-SID 将在本章后面进行介绍。SR- 算法子 TLV 是可选的，如果没有通告它，则表示节点仅支持算法 0（基于度量的 SPF）。

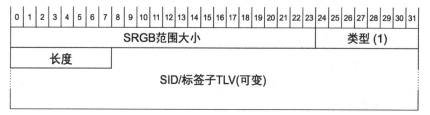

图 5-3　SR 能力子 TLV 格式

图 5-4　ISIS SR- 算法子 TLV 格式

在写本书时，ISIS 中仅支持一种算法类型：众所周知的基于度量的最短路径优先（SPF）算法（类型 0），而在路由器能力 TLV 中不会通告 SR- 算法子 TLV。然而，随着对其他算法（如严格 SPF）支持的增加，SR- 算法子 TLV 将被强制通告，以指示对 SPF 算法类型 0 和其他算法的支持。

我们用图 5-5 所示网络拓扑来说明 ISIS SR 能力通告。节点 1 的相关 ISIS 配置如例 5-6 所示。在 ISIS 下为两个节点的 IPv4 和 IPv6 地址族启用 SR。默认情况下，在 Cisco IOS XR 中启用 IPv4/IPv6 多拓扑模式（Multi-topology Mode，IETF RFC 5120），IPv4 和 IPv6 通告为不同的（可能是非完全一致的）拓扑。

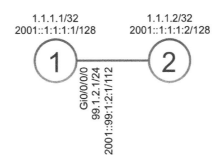

图 5-5　用于说明 ISIS SR 能力通告的网络拓扑

▶ 例 5-6　多拓扑 SR 配置示例——节点 1

```
interface Loopback0
 ipv4 address 1.1.1.1 255.255.255.255
 ipv6 address 2001::1:1:1:1/128
!
interface GigabitEthernet0/0/0/0
 description to xrvr-2
 ipv4 address 99.1.2.1 255.255.255.0
 ipv6 address 2001::99:1:2:1/112
!
router isis 1
 is-type level-2-only
 net 49.0001.0000.0000.0001.00
 address-family ipv4 unicast
  metric-style wide
  segment-routing mpls
 !
 address-family ipv6 unicast
  metric-style wide
  segment-routing mpls
 !
 interface Loopback0
  passive
  address-family ipv4 unicast
```

```
 !
 address-family ipv6 unicast
 !
interface GigabitEthernet0/0/0/0
 point-to-point
 address-family ipv4 unicast
 !
 address-family ipv6 unicast
 !
```

节点 1 上命令 show isis database verbose 的输出如例 5-7 所示,显示了节点 1 通告的 LSP。输出显示启用了 IPv4 和 IPv6 地址族:分别为 IPv4 和 IPv6 通告网络层协议标识符 (Network Layer Protocol Identifier:NLPID)0xcc 和 0x8e。IPv4 和 IPv6 在多拓扑(MT)模式下启用,这是 Cisco IOS XR 中的默认设置:"MT: Standard(IPv4 Unicast)"和"MT: IPv6 Unicast"。例 5-7 中突出显示了路由器能力 TLV。在节点 1 上没有显式配置路由器 ID,因此节点 1 的环回接口 0 的接口地址 1.1.1.1 包含在路由器能力 TLV 的路由器 ID 字段中。S 标志未置位,这意味着此路由器能力 TLV 不能在层次间传播。因此,指示该 TLV 是否已经从层次 2 传播到层次 1 的 D 标志也未被置位。

SR 能力子 TLV 指示节点 1 的所有接口支持 SR IPv4 MPLS 数据平面(I 标志 =1)和 SR IPv6 MPLS(V 标志 =1)数据平面。

通告单个 SRGB 标签范围,标签起始值为 16000,范围大小为 8000,这是默认的 SRGB [16000-23999]。

注意,SRGB 不是关联到特定地址族的,并且表示这是 SR MPLS 数据平面,相同的 SRGB 用于 IPv4 和 IPv6 拓扑。

▶ **例 5-7** ISIS 路由器能力通告示例——多拓扑

```
RP/0/0/CPU0:xrvr-1#show isis database verbose xrvr-1
IS-IS 1 (Level-2) Link State Database
LSPID                 LSP Seq Num  LSP Checksum  LSP Holdtime  ATT/P/OL
xrvr-1.00-00        * 0x0000039b   0xfc27        1079          0/0/0
  Area Address:   49.0001
  NLPID:          0xcc
  NLPID:          0x8e
  MT:             Standard (IPv4 Unicast)
  MT:             IPv6 Unicast                                 0/0/0
  Hostname:       xrvr-1
  IP Address:     1.1.1.1
```

```
   IPv6 Address: 2001::1:1:1:1
  Router Cap:     1.1.1.1, D:0, S:0
    Segment Routing: I:1 V:1, SRGB Base: 16000 Range: 8000
<...>
```

例 5-8 显示了在 ISIS 以单拓扑模式运行 IPv4 和 IPv6 地址族的情况下，节点 1 的 ISIS 配置。与例 5-6 中配置的唯一区别是 address-family ipv6 unicast 下的 single-topology 命令。在单拓扑模式下，IPv4 和 IPv6 拓扑是一致的。节点 1 通告的 LSP 中的前几个 TLV 如例 5-9 所示。单拓扑或多拓扑对于 SR 能力通告而言没有区别。这将对其他 SR 子 TLV 产生影响，如本节后面所述。

▶ 例 5-8　单拓扑 SR 配置示例

```
router isis 1
 is-type level-2-only
 net 49.0001.0000.0000.0001.00
 address-family ipv4 unicast
  metric-style wide
  segment-routing mpls
 !
 address-family ipv6 unicast
  metric-style wide
  single-topology
  segment-routing mpls
 !
interface Loopback0
  address-family ipv4 unicast
```

▶ 例 5-9　ISIS 路由器能力通告示例——单拓扑

```
IS-IS 1 (Level-2) Link State Database
LSPID                   LSP Seq Num  LSP Checksum  LSP Holdtime  ATT/P/OL
xrvr-1.00-00            * 0x00000976 0xbaca         1192          0/0/0
  Area Address: 49.0001
  NLPID:        0xcc
  NLPID:        0x8e
  Hostname:     xrvr-1
  IP Address:   1.1.1.1
  IPv6 Address: 2001::1:1:1:1
```

```
Router Cap:    1.1.1.1, D:0, S:0
   Segment Routing: I:1 V:1, SRGB Base: 16000 Range: 8000
<...>
```

5.2.3 OSPFv2 SR 能力通告

OSPFv2 在路由器信息不透明 LSA（IETF RFC 7770 定义）中通告节点的 SR 能力。此 OSPFv2 路由器信息不透明 LSA 的不透明类型是 4，并且通常使用不透明 ID 0。这些 LSA 在 OSPF 数据库输出中显示为具有链路状态 ID 4.0.0.0。不透明 LSA 可以具有不同的泛洪范围（链路、区域或自治域）。SR 能力的分发，需要路由器信息 LSA 在区域范围泛洪，因此使用的是类型 10 的 LSA（泛洪范围为区域）。由于 OSPFv2 仅支持 IPv4 地址族，因此不需要标志位来指示 OSPFv2 支持的 SR 数据平面技术（译者注：OSPFv2 不支持 IPv6 地址族的分发，所以支持的 SR 数据平面技术不可能是 IPv6，只能是 MPLS）。在路由器信息不透明 LSA 中会包括一个或多个 SID/ 标签范围 TLV，用于通告 SRGB。

图 5-6 显示了 SID/ 标签范围 TLV 的格式。

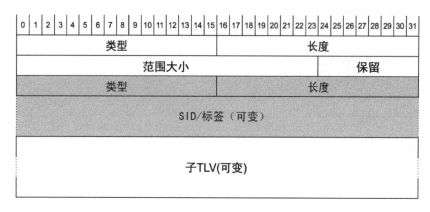

图 5-6　OSPFv2 SID/ 标签范围 TLV 格式

24 位的范围大小（Range Size）字段包含 SRGB 标签范围的大小，即 SRGB 中的标签数量。

SID/ 标签范围 TLV 可以包含可变数量的子 TLV。在写本书时，SID/ 标签范围 TLV 只接受 SID/ 标签子 TLV。因此，图 5-6 显示的 SID/ 标签范围 TLV 格式中，包含该子 TLV。该子 TLV 中的 SID/ 标签字段代表 SRGB 起始标签值，即通告的标签范围的第一个标签值。

SRGB 可以由多个可能不相交的标签范围组成。为了通告这样的 SRGB 范围，可以让路由器信息 LSA 携带多个 SID/ 标签范围 TLV。这些范围被视为按照所通告顺序组成的一个有序集合，SID 索引是按接收顺序接续在一起的范围集合的偏移量。在写本书时，Cisco IOS XR 尚不支持多个 SRGB 范围。有关由多个范围组成的 SRGB 的示例，请参见第 4 章。

一个节点可以使用各种算法来计算到其他节点以及附加到节点的前缀的可达性。这些算法的例子可以是基于普通链路度量的最短路径优先算法、严格 SPF 等。节点在 SR- 算法 TLV 中通告它当前正在使用的算法。

SR- 算法 TLV 的格式如图 5-7 所示。

```
 0  1  2  3  4  5  6  7  8  9 10 11 12 13 14 15 16 17 18 19 20 21 22 23 24 25 26 27 28 29 30 31
|              类型                 |               长度                |
|      算法1       |      算法2       |      算法n ……    |
```

图 5-7　OSPFv2 SR- 算法 TLV 格式

算法（Algorithm）字段包含标识算法的数值。如本章后面所述，通告的每个 Prefix-SID 会包含一个算法字段，其值为 SR- 算法 TLV 中列出的算法值之一。在写本书时，OSPF 支持基于度量的 SPF 算法（类型 0）和严格 SPF 算法（类型 1）。严格 SPF 算法在本书第 2 章中有简要描述，第二卷中将进一步介绍此算法及其应用。

图 5-8 所示网络拓扑用于说明 OSPFv2 SR 能力通告。网络中的两个节点都在 OSPFv2 下启用了 SR。节点 1 的相关 OSPF 配置如例 5-10 所示。

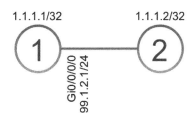

图 5-8　用于说明 OSPF SR 能力通告的网络拓扑

▶ 例 5-10　OSPFv2 SR 配置示例

```
router ospf 1
 router-id 1.1.1.1
 segment-routing mpls
 !! by default: segment-routing forwarding mpls
 area 0
  interface Loopback0
 !
!
```

例 5-11 是命令 show ospf database opaque-area 的输出，显示了节点 1 发布的具有链路状态 ID 4.0.0.0（不透明类型 4 和不透明 ID 0.0.0）的路由器信息不透明 LSA。该 LSA 包含路由器信息 TLV、SR- 算法 TLV 和 SR 范围 TLV。LSA 类型为 10，是具有区域泛洪范围的不透明 LSA。

SR- 算法 TLV 包含了众所周知的基于度量的 SPF 算法（算法 0）和严格 SPF 算法（算法 1）。

SR 范围 TLV 包含单个 SRGB，范围大小为 8000，SRGB 起始值 16000。这是默认 SRGB [16000-23999]。

▶ 例 5-11　OSPFv2 路由器信息 LSA 示例

```
RP/0/0/CPU0:xrvr-1#show ospf database opaque-area 4.0.0.0 self-originate

          OSPF Router with ID (1.1.1.1) (Process ID 1)

          Type-10 Opaque Link Area Link States (Area 0)

LS age: 314
Options: (No TOS-capability, DC)
LS Type: Opaque Area Link
Link State ID: 4.0.0.0
Opaque Type: 4
Opaque ID: 0
Advertising Router: 1.1.1.1
LS Seq Number: 80000075
Checksum: 0x25d8
Length: 52

  Router Information TLV: Length: 4
  Capabilities:
    Graceful Restart Helper Capable
    Stub Router Capable
    All capability bits: 0x60000000

  Segment Routing Algorithm TLV: Length: 2
    Algorithm: 0
    Algorithm: 1

  Segment Routing Range TLV: Length: 12
    Range Size: 8000

      SID sub-TLV: Length 3
      Label: 16000
```

> **重点提示**
>
> 强烈建议选择把 OSPF 中配置的某个环回接口的主机地址（/32 前缀）配置为 OSPF 路由器 ID。如果要使用 MPLS TE，则还应将该地址配置为 MPLS TE 路由器 ID。这样能为系统的运行和操作提供确定和稳定的路由器 ID。

> 此外，强烈建议为此用作路由器 ID 的环回接口分配一个 Prefix-SID，以便它可以用作此路由器的 Node-SID，详见第 5.3.2 节。

5.3 Prefix-SID

Prefix-SID 及其不同变体的描述之前已在第 2 章中介绍过了。此外，一些关键概念，如 SRGB、Prefix-SID 索引、确定标签以及推荐使用相同的 SRGB 和用于 Prefix-SID 的全局标签已经在第 3 章和第 4 章中有所介绍。在本节中，我们将关注如何在 IGP 下配置 Prefix-SID，以及与 Prefix-SID 通告和相应转发条目编程相关的 IGP 机制。

重点提示：SRGB 和 SR MPLS 的全局 Prefix-SID

从严格意义上讲，Prefix-SID 是 SRGB 中的唯一索引。

前缀始发节点使用 Prefix-SID 来通告索引。

SR 域中的节点都用 "SRGB 起始值 + 索引" 的算法得出与 Prefix-SID 关联的本地标签。

推荐的部署模型是整个 SR 域采用一样的 SRGB。

在实际应用中，当全域采用相同 SRGB 时，每个节点会得出相同的标签（相同的 SRGB 起始值 + 相同的索引 = 相同的标签），所以分配给 Prefix-SID 的标签是全局标签。因此在实际应用中，SR MPLS 的 Prefix-SID 也可以是指分配给前缀的全局标签。

5.3.1 在 IGP 通告中传递 Prefix-SID

今天基本的 IGP 协议在做的是将前缀可达性信息及其拓扑信息通告出去。然后每个 IGP 节点从自己的角度计算拓扑和前缀可达性，并相应地为可达前缀安装转发条目。让 IGP 同时也通告用于这些前缀的 MPLS 标签，似乎是 IGP 的一种自然扩展，这样就不需要使用诸如 LDP 的额外协议来分发标签了。由此带来的简化和效率提升似乎是显而易见的。

在 SR 开发的初期，有人曾经建议让 IGP 直接通告与前缀相关联的 MPLS 全局标签。后来演变成我们今天看到的实现方式，即 IGP 节点通告它们的 SRGB（给出标签范围），然后为每个前缀以索引的形式通告 SID。在本书的第 1 章我们描述过这一变化的一些历史原因。

在之前的第 3 章和第 4 章中，我们看到了如何从 SRGB 和 Prefix-SID 索引得出与 Prefix-SID 相对应的 MPLS 标签，以及在网络中使用相同的 SRGB 时，如何获得 Prefix-SID 的真正全局标签。

通过 IGP 进行 Prefix-SID 及其标签的分发的另一个方面是，管理员只会对有必要的前缀（例如用于路由器 ID 的环回接口地址，用于业务的环回接口地址等）分配标签，对所有其他的不作为业务流目的地的前缀是不用分配标签。标签的分配是人为的而不是系统的自动行为，因此这里不需要配置复杂的过滤策略来区别哪些前缀分配标签，哪些不分配标签。

我们将在本章中进一步了解通过使用 SR 扩展，IGP 是如何在现有前缀分发机制的基础上额外地分发 Prefix-SID 信息的。

> **重点提示**
>
> 传统的 MPLS 控制平面使用 LDP 来分发与 IGP 前缀相关联的标签。这是一个多余和复杂的设计决定。
>
> 在 SR 中，简单的 IGP 扩展使得 IGP 本身能分发标签。
>
> 消除 LDP 意味着要维护的代码更少，可能的软件问题更少，故障排除更容易，分布式路由系统的性能消耗更少。
>
> 消除 LDP 也意味着更简单的 SDN 操作，因为控制器仅需要获取 IGP 链路状态拓扑，就可以推导出拓扑和相关 Segment。
>
> 消除 LDP 还意味着消除令人烦恼的 LDP 和 IGP 之间的同步问题（IETF RFC 5443）。

"SR 项目的目标绝对不是消除 LDP 或 RSVP-TE。

SR 项目的目标是简化 IP 网络的操作，增加其可扩展性和功能，并最终使应用能够控制网络，而不需要在整个网络基础设施上增加流状态。

跳出既有框定的 SR 研究，为 MPLS 数据平面带来了一个完全不同的控制平面。

意识到不需要 LDP 和 RSVP-TE，是该分析的副产品。

重要的话说两遍，这是分析的副产品，而不是目标。"

—Clarence Filsfils

5.3.2 Prefix-SID 配置

由于 Prefix Segment 是全局 Segment，因此它们必须是全局范围内的唯一标识。"全局"在这里是指"整个域"。每个全局 Segment 都必须具有全局唯一的 SID。在 SR MPLS 实现中，全局 Segment 由全局唯一的 SID 索引来标识。此全局 SID 索引指向本地 SRGB 中的一个标签。

IGP Prefix-SID 不是由节点自动分配的。它必须被显式地配置，以确保其全局唯一性。SR 规范允许将 Prefix-SID 附加到非主机前缀，但是当前 Cisco IOS XR 实现仅支持为环回接

口上配置的 /32 或 /128 的全局前缀配置 Prefix-SID。我们之前在第 2 章中讨论了如何为网络中的环回地址前缀规划这些 Prefix-SID，讨论了它们在整个域内的唯一性要求，以及在规划和配置中如何避免冲突和错误。

在 Prefix-SID 部署的过程中，当冲突和错误出现的时候，将生成 syslog 和其他错误消息，并且相关的 Prefix-SID 将无法生效。在编写本书[1]时，IETF SPRING 工作组正在进行标准化讨论，以期使得冲突的检测和解决成为一个对现有网络业务影响最小的确定性过程。在本书将来的修订版本中，我们可能会更新这方面工作的结论。

在 Prefix-SID 索引配置中，配置的索引是为该 Prefix Segment 分配的全局唯一索引。索引是从 0 开始的，即 0 是第一个索引，并且表示的是从 SRGB 起始值开始的、在 SRGB 中的偏移量，这里 SRGB 起始值是 SRGB 中的第一个标签的值。要从 SID 索引计算出 Prefix-SID 的本地标签的绝对值，只要把 SID 索引和 SRGB 起始值[2]相加即可得到。例如，在从标签 16000 开始的默认 SRGB 中，SID 索引为 1 的本地标签值为 16000+1 = 16001。

如果遵循推荐的相同的 SRGB 部署模型，则一个 Prefix-SID 索引的本地标签值在所有节点上都是相同的，Prefix-SID 具有全局标签值。这在操作上有着明显的好处。把 Prefix-SID 配置为绝对标签值，使得在路由器配置上看起来 Prefix Segment 是全局标签。当 Prefix-SID 被配置为绝对标签值时，该绝对标签值与转发表中该 Prefix Segment 的标签相匹配，即使此时 IGP 协议中 Segment 的分发仍然是基于索引的（我们将在本节中进一步看到）。这种方式与使用相同的 SRGB 模型一起，进一步简化了路由器上 SR 标签分配的配置，更确定、更直观。参与 SR 早期开发的领先运营商喜欢这个简单的模型。Cisco IOS-XR 软件在配置模型上提供了一个选项，可以把 Prefix-SID 配置为索引值或绝对（全局）MPLS 标签值。

SR IGP 域中的每个节点都应在 IGP 中启用环回接口下配置 Prefix-SID。这一环回接口的前缀仅由该节点始发。通常这一主机前缀（IPv4 /32 或 IPv6 /128）也被配置为路由器 ID。这样的 Prefix Segment 也将被称为"节点 Segment"，因为它唯一地标识了网络中的一个节点。Prefix-SID 的 N 标志（节点标志）总是默认置位，以表示它是一个 Node-SID。

如果一个节点仅充当 SR 中间节点，仅承载 SR 中转流量，则可以不对在此节点上为环回接口配置 Prefix-SID 做严格要求。但是，如果要使用 SR Prefix Segment 引导流量去往一个节点，或经由一个节点，则此节点必须配置 Prefix-SID，并且必须通告它。另外，我们将在第 9 章中进一步看到，为保证 TI-LFA 正常工作，需要在所有节点上配置和分发 Prefix Segment，以确保为所有前缀提供自动备份路径。

例 5-12 和例 5-13 显示了 Cisco IOS XR 中 ISIS 和 OSPF 的 Prefix-SID 配置。Prefix-SID 可以配置为 SRGB 内的绝对标签值（"absolute Prefix-SID"模式）或 SRGB 内的索引。不一致或不正确的值在配置时会被拒绝，并且报告错误信息。或者在某些情况下，会通过 syslog 消息通告错误，在错误纠正之前不会使用错误配置的 Prefix-SID。

部署和操作 SR 网络的推荐模型是"全局标签值"模式或"absolute Prefix-SID"模式。

在这种"absolute Prefix-SID"模式中,网络中的所有节点使用相同的 SRGB。

▶ 例 5-12　ISIS Prefix-SID 配置

```
router isis 1
 interface Loopback0
 address-family ipv4|ipv6 unicast
  Prefix-SID (absolute|index) (<SID value>|<SID index>) [explicit-null]
[n-flag-clear]
```

▶ 例 5-13　OSPF Prefix-SID 配置

```
router ospf 1
 area 0
 interface Loopback0
  Prefix-SID (absolute|index) (<SID value>|<SID index>) [explicit-null]
[n-flag-clear]
```

如果不是所有节点使用相同的 SRGB,则将 Prefix-SID 配置为索引会更好,因为在这种情况下,Prefix-SID 在所有节点上将不具有相同的标签值。由于标签不是全局的,在不同路由器上配置不同的绝对值标签可能会使用户感到困惑,并增加了引起冲突的可能性,而在各节点上使用唯一的索引值是可以避免这种冲突的。

OSPF 还支持使用 strict-spf 可选关键字把 Prefix-SID 使用的算法配置为严格 SPF。在这里我们将跳过对此算法及其用例的进一步描述,留待第二卷探讨。

5.3.2.1　N 标志不置位的 Prefix-SID

通过对 N 标志置位,可以把 Node-SID 与 IGP 通告中的普通 Prefix-SID 区分开来:Node-SID 就是置位了 N 标志的 Prefix-SID。在默认情况下,系统会为任何配置的 Prefix-SID 置位 N 标志,即任何配置的 Prefix-SID 都会默认为 Node-SID。然而,存在一种情况,多个节点会通告相同的 Prefix-SID,因此实际上这个 Prefix-SID 不是 Node-SID(如 Anycast-Segment),这样的 Prefix-SID 必须配置为 N 标志不置位。在 Prefix-SID 配置命令中使用 n-flag-clear 关键字可以不对 N-flag 置位。请参见例 5-12 和例 5-13 中 ISIS 和 OSPF Prefix-SID 配置语法。

我们以前在第 2 章中讨论了 Anycast-SID 的概念和用法,以及在第 4 章中讨论了使用 Anycast-SID 时对相同 SRGB 的要求。在 Prefix-SID 的通告中实际上没有任何信息提示它是或者不是 Anycast-SID。然而,重要的是,所有的 Anycast-SID 在配置时都要带着 n-flag-clear 选项,否则它们可能被误认为一个 Node-SID,这会导致依赖于 Node-SID 在域中唯一性的 TI-LFA 等功能发生问题。然而,在非 Anycast-SID 的 Prefix-SID 上配置 n-flag-clear 选项并不一定会造成问题,只要在这台路由器上至少配置了一个 Node-SID(不带 n-flag-clear 的 Prefix-

SID），就能确保诸如 TI-LFA 等功能能够正常工作。

5.3.2.2 Prefix-SID 倒数第二跳行为

发起 Prefix Segment 的节点指定针对该 Prefix Segment 的倒数第二跳行为。倒数第二跳节点是指 Prefix-SID 的始发者上游的邻居节点。IGP Prefix-SID 通告中有两个标志位，用于指示所要求的倒数第二跳行为：关闭倒数第二跳弹出（PHP-off）标志和显式空（Explicit-null）标志。关闭倒数第二跳弹出标志指示倒数第二跳在转发到最终节点之前是否应该弹出标签。请注意关闭倒数第二跳弹出中的"关闭"关键字，如果没有置位关闭倒数第二跳弹出标志，则意味着请求倒数第二跳"弹出"。该标志在 ISIS 中的名称是 P 标志，在 OSPF 中的名称是 NP 标志。

无需任何配置即可请求倒数第二跳弹出行为。默认情况下，通告的 Prefix-SID 的关闭倒数第二跳弹出标志是不置位的。

如果 Prefix-SID 的始发节点需要在 Prefix Segment 上接收到的 MPLS 数据包带有流量分类字段，则它可以请求来自倒数第二跳的显式空标签行为。在这种情况下，Prefix-SID 的始发节点要对通告的 Prefix-SID 中的显式空标志（E 标志）和关闭倒数第二跳弹出标志置位。注意，如果显式空标志置位，则关闭倒数第二跳弹出标志也必须置位。

将 explicit-null 关键字添加到 Prefix-SID 的配置中，就可以请求此 Prefix-SID 的显式空标签行为。请参见例 5-12 和例 5-13 中 ISIS 和 OSPF Prefix-SID 配置语法。在默认情况下，不置位显式空标志和关闭倒数第二跳弹出标志。

SR 扩展也允许请求倒数第二跳节点不弹出标签的行为（也不交换为显式空标签）。在这种情况下，倒数第二跳节点将 Prefix Segment 上的数据包转发到最终节点，数据包的顶层标签是 Prefix-SID 标签。最终节点必须执行两次查找：对顶层 Prefix-SID 标签进行查找，发现它是本地 Prefix-SID，然后再查找下面的标签或报头。Cisco IOS XR 不支持此行为。

> **重点提示**
>
> 建议将路由器 ID 配置为有效、可达且被 IGP 通告的环回主机前缀（/32 前缀）。应该为用作路由器 ID 的地址配置 Prefix-SID，作为 Node-SID。
>
> 此外，也可以为其他业务环回地址配置 Prefix-SID，也可以为 Anycast-SID 配置 Prefix-SID；配置 Anycast-SID 时必须始终带 n-flag-clear 选项。
>
> IGP 自动确定和使用最优的倒数第二跳弹出行为；显式空选项仅在 MPLS 标签中的 TC/EXP 位需要通过 MPLS 标签传递到目的地的设计中才使用。

5.3.3 ISIS Prefix-SID 通告

为了通告与前缀相关联的 Prefix-SID，ISIS 将 Prefix-SID 子 TLV 附加到前缀可达性通告中。如表 5-1 所示，它可以包含在以下 IP 可达性 TLV 其中之一：TLV-135（IPv4）、TLV-235

（MT-IPv4）、TLV-236（IPv6）和 TLV-237（MT-IPv6）。

Prefix-SID 子 TLV 的格式如图 5-9 所示。

```
 0 1 2 3 4 5 6 7 8 9 10 11 12 13 14 15 16 17 18 19 20 21 22 23 24 25 26 27 28 29 30 31
       类型              长度              标志位             算法
                       SID/索引/标签(可变)
```

标志位：
```
 0 1 2 3 4 5 6 7
 R N P E V L
```

图 5-9　ISIS Prefix-SID 子 TLV 格式

这个子 TLV 中的标志位如下。

- R（重新通告）：如果附加到此 Prefix-SID 的前缀是从另一个层次传播过来的或是从另一个协议重分发而来的非本地前缀，则置位。Cisco IOS XR 默认值：不置位。
- N（Node-SID）：如果 Prefix-SID 是一个 Node-SID 则进行置位，即用于标识节点。Cisco IOS XR 默认值：置位。
- P（关闭倒数第二跳弹出）：如果需要倒数第二跳在转发数据包给最后一跳之前，不弹出 Prefix-SID，则进行置位。Cisco IOS XR 默认值：不置位，即倒数第二跳弹出默认为开启。
- E（显式空）：如果需要倒数第二跳把 Prefix-SID 交换为显式空标签则进行置位。Cisco IOS XR 默认值：不置位。
- V（值）：如果 Prefix-SID 携带的是标签值（而不是索引），则进行置位。Cisco IOS XR：始终不置位。
- L（本地）：如果 Prefix-SID 具有本地意义，则进行置位。Cisco IOS XR：始终不置位。

N 标志和 R 标志是通用的前缀属性，不是 SR 特定的。这些标志也在 IETF RFC 7794 定义的通用 IPv4/IPv6 扩展可达性属性子 TLV（IPv4/IPv6 Extended Reachability Attributes sub-TLV）中携带，且其语义与 IETF 草案中 SR ISIS 扩展的语义相似。该子 TLV 可以被任何应用用于通告前缀属性，它们是独立于应用（例如 SR）的。将来可能只有扩展可达性属性子 TLV 中的这些标志被最终保留下来。由于当前的 SR 实现还依赖于 Prefix-SID 子 TLV 中的 N 标志和 R 标志，因此将存在一个两组标志（译者注：指在 Prefix-SID 子 TLV 和 IPv4/IPv6 扩展可达性属性子 TLV 中都携带这两个标志）一起使用的过渡阶段。在同时接收到两组标志的情况下，扩展可达性属性子 TLV 中的标志位将被作为优选。

R 标志用于多层次网络或使用路由重分发时，参见第 5.5 节。

V 标志和 L 标志当前在 Cisco IOS XR 中总是不置位的：Prefix Segment 始终是以 SID 索

引的形式来分发，始终是全局 Segment。
- 子 TLV 中的算法字段包含节点用于计算与 Prefix-SID 相关联前缀的可达性时使用的算法标识符。在写本书时，ISIS 中仅支持普通的基于度量的 SPF 算法（0）。未来将添加严格 SPF 算法。
- 如果 V 标志和 L 标志未置位，则 Prefix-SID 子 TLV 中的 SID/ 索引 / 标签字段包含 Prefix-SID 索引，这是现在 Cisco IOS XR 唯一支持的组合。

图 5-10 所示网络拓扑用于说明 ISIS Prefix-SID 通告。两个节点的 ISIS 的 IPv4 和 IPv6 地址族下都启用了 SR。使用默认的多拓扑模型。节点 1 的配置显示在例 5-14 中。

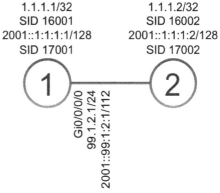

图 5-10　ISIS Prefix-SID——网络拓扑的示例

▶ 例 5-14　ISIS Prefix-SID——节点 1 的配置示例

```
interface Loopback0
 ipv4 address 1.1.1.1 255.255.255.255
 ipv6 address 2001::1:1:1:1/128
!
router isis 1
 !! default SRGB [16000-23999]
 address-family ipv4 unicast
  metric-style wide
  segment-routing mpls
 !
 address-family ipv6 unicast
  metric-style wide
  segment-routing mpls
 !
 interface Loopback0
 address-family ipv4 unicast
  Prefix-SID absolute 16001
  !! Or: Prefix-SID index 1
 !
 address-family ipv6 unicast
  Prefix-SID absolute 17001
  !! Or: Prefix-SID index 1001
 !
```

命令 show isis database verbose xrvr-1 的输出如例 5-15 所示，其中"xrvr-1"是节点 1 通告的 ISIS 链路状态 PDU（LSP）。输出显示了 IP 可达性 TLV 中通告了环回接口

0 的 IPv4 和 IPv6 前缀。而 Prefix-SID 子 TLV 则附加到这些 IP 可达性 TLV 中。

环回接口 0 的 IPv4 地址为 1.1.1.1/32，IPv4 Prefix-SID 被配置为绝对值 16001。在 Prefix-SID 子 TLV 中，通告的 Prefix-SID 为索引 1（16000+1=16001）。算法字段设置为 0，这是默认的 IGP 度量最短路径算法。除 N 标志之外，Prefix-SID 子 TLV 中其他标志均未置位（R:0 N:1 P:0 E:0 V:0 L:0）。

环回接口 0 的 IPv6 地址为 2001::1:1:1:1/128，IPv6 Prefix-SID 被配置为绝对值 17001。在 Prefix-SID 子 TLV 中，通告的 Prefix-SID 为索引 1001（16000+1001=17001）。算法字段设置为 0，这是默认的 IGP 度量最短路径算法。除 N 标志之外，Prefix-SID 子 TLV 中其他标志均未置位（R:0 N:1 P:0 E:0 V:0 L:0）。

▶ 例 5-15　ISIS Prefix-SID 通告示例

```
RP/0/0/CPU0:xrvr-1#show isis database verbose xrvr-1
IS-IS 1 (Level-2) Link State Database
LSPID                 LSP Seq Num LSP Checksum LSP Holdtime ATT/P/OL
xrvr-1.00-00        * 0x0000039b  0xfc27       1079         0/0/0
  Area Address: 49.0001
  NLPID:        0xcc
  NLPID:        0x8e
  MT:           Standard (IPv4 Unicast)
  MT:           IPv6 Unicast                                0/0/0
  Hostname:     xrvr-1
  IP Address:   1.1.1.1
  IPv6 Address: 2001::1:1:1:1
  Router Cap:   1.1.1.1,D:0,S:0
    Segment Routing: I:1 V:1,SRGB Base: 16000 Range: 8000
<...>
  Metric: 0          IP-Extended 1.1.1.1/32
    Prefix-SID Index: 1,Algorithm:0,R:0 N:1 P:0 E:0 V:0 L:0
<...>
  Metric: 0          MT (IPv6 Unicast) IPv6 2001::1:1:1:1/128
    Prefix-SID Index: 1001,Algorithm:0,R:0 N:1 P:0 E:0 V:0 L:0
<...>
```

例 5-16 和例 5-17 显示了节点 2 上的节点 1 始发的 Prefix-SID 16001 和 17001 的 MPLS 转发表项。节点 2 是这些 Prefix Segment 的倒数第二跳节点，因此它安装的 Prefix-SID 标签的出向标签为弹出（Pop）。

▶ 例 5-16　IPv4 Prefix-SID 的 MPLS 转发表项

```
RP/0/0/CPU0:xrvr-2#show mpls forwarding labels 16001
Local  Outgoing    Prefix           Outgoing     Next Hop     Bytes
Label  Label       or ID            Interface                 Switched
------ ----------- ---------------- ------------ ------------ --------
16001  Pop         SR Pfx (idx 1)   Gi0/0/0/0    99.1.2.1     0
```

▶ **例 5-17** IPv6 Prefix-SID 的 MPLS 转发表项

```
RP/0/0/CPU0:xrvr-2#show mpls forwarding labels 17001
Local  Outgoing    Prefix              Outgoing     Next Hop         Bytes
Label  Label       or ID               Interface                     Switched
-----  ----------  ------------------  -----------  ---------------  --------
17001  Pop         SR Pfx (idx 1001)   Gi0/0/0/0    fe80::f816:3eff:fe1e:55e1\
                                                                     0
```

5.3.3.1 ISIS N 标志不置位的 Prefix-SID

图 5-11 所示网络拓扑说明了 ISIS 中的一个常规 Prefix-SID 的通告。"常规 Prefix-SID"是指不是 Node-SID 的 Prefix-SID。两个节点的 ISIS 的 IPv4 和 IPv6 地址族下都启用了 SR。节点通告所示前缀及相关联的 Prefix-SID。

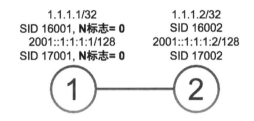

图 5-11 ISIS Prefix-SID-n-flag-clear 网络拓扑

在节点 1 上，环回接口 0 的两个地址族下在配置 Prefix-SID 时都带上 n-flag-clear 关键字。节点 1 的配置参见例 5-18。

▶ **例 5-18** ISIS Prefix-SID——节点 1 的 n-flag-clear 配置

```
interface Loopback0
 ipv4 address 1.1.1.1 255.255.255.255
 ipv6 address 2001::1:1:1:1/128
!
router isis 1
 interface Loopback0
  address-family ipv4 unicast
   Prefix-SID absolute 16001 n-flag-clear
  !
  address-family ipv6 unicast
   Prefix-SID absolute 17001 n-flag-clear
```

例 5-19 中命令 show isis database verbose 的输出显示，节点 1 的 ISIS 通告中两个 Prefix-SID 的 N 标志都未置位。

▶ 例 5-19   ISIS Prefix-SID-n-flag-clear 通告

```
RP/0/0/CPU0:xrvr-1#show isis database verbose xrvr-1
<...>
  Metric: 0          IP-Extended 1.1.1.1/32
    Prefix-SID Index: 1,Algorithm:0,R:0 N:0 P:0 E:0 V:0 L:0
<...>
  Metric: 0          MT (IPv6 Unicast) IPv6 2001::1:1:1:1/128
    Prefix-SID Index: 1001,Algorithm:0,R:0 N:0 P:0 E:0 V:0 L:0
<...>
```

N 标志置位与否，对 Prefix-SID 的转发条目并没有影响。N 标志更侧重于控制平面用于识别标识节点的前缀。

5.3.3.2 ISIS 显式空标志置位的 Prefix-SID

图 5-12 所示网络拓扑用于说明 ISIS Prefix-SID 通告如何为 Prefix Segment 请求倒数第二跳交换为显式空标签。

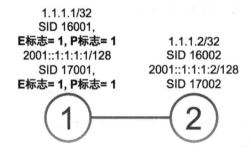

图 5-12   ISIS Prefix-SID 显式空——网络拓扑示例

在节点 1 上，环回接口 0 的两个地址族下在配置 Prefix-SID 时都带上 explicit-null 关键字。节点 1 的配置参见例 5-20。

▶ 例 5-20   ISIS Prefix-SID 显式空——配置示例

```
interface Loopback0
 ipv4 address 1.1.1.1 255.255.255.255
 ipv6 address 2001::1:1:1:1/128
!
router isis 1
 interface Loopback0
  address-family ipv4 unicast
   Prefix-SID absolute 16001 explicit-null
  !
  address-family ipv6 unicast
   Prefix-SID absolute 17001 explicit-null
```

命令 show isis database verbose 的输出显示了两个 Prefix-SID 都置位了 P 标志和 E 标志。参见例 5-21 中的第 4 行和第 7 行。由于未配置 n-flag-clear 选项，因此 Prefix-SID 也是 Node-SID（N 标志置位，N:1）。

▶ **例 5-21　ISIS Prefix-SID 显式空——通告示例**

```
1 RP/0/0/CPU0:xrvr-1#show isis database verbose xrvr-1
2 <...>
3   Metric: 0          IP-Extended 1.1.1.1/32
4     Prefix-SID Index: 1,Algorithm:0,R:0 N:1 P:1 E:1 V:0 L:0
5 <...>
6   Metric: 0          MT (IPv6 Unicast) IPv6 2001::1:1:1:1/128
7     Prefix-SID Index: 1001,Algorithm:0,R:0 N:1 P:1 E:1 V:0 L:0
8 <...>
```

节点 2 上的 MPLS 转发表显示了两个 Prefix-SID 标签条目的出向标签都为显式空标签。请参见例 5-22 和例 5-23 的输出。对于 IPv4 Prefix-SID 条目，出向标签是 IPv4 显式空标签（标签值 0），对于 IPv6 Prefix-SID 条目，出向标签是 IPv6 显式空标签（标签值 2）。

▶ **例 5-22　ISIS IPv4 Prefix-SID 显式空——IPv4 MPLS 转发表项示例**

```
RP/0/0/CPU0:xrvr-2#show mpls forwarding labels 16001
Local  Outgoing    Prefix            Outgoing      Next Hop      Bytes
Label  Label       or ID             Interface                   Switched
-----  ----------- ----------------- ------------- ------------- ---------
16001  Exp-Null-v4 SR Pfx (idx 1)    Gi0/0/0/0     99.1.2.1      0
```

▶ **例 5-23　ISIS IPv6 Prefix-SID 显式空——IPv6 MPLS 转发表项示例**

```
RP/0/0/CPU0:xrvr-2#show mpls forwarding labels 17001
Local  Outgoing    Prefix            Outgoing      Next Hop      Bytes
Label  Label       or ID             Interface                   Switched
-----  ----------- ----------------- ------------- ------------- ---------
pass:q[17001  *Exp-Null-v6* SR Pfx (idx 1001) Gi0/0/0/0fe80::f816:3eff:
fe1e:55e1 \]
                                                                 0
```

5.3.4　OSPFv2 Prefix-SID 通告

前缀被用于标识始发该前缀的节点的这一事实可以看作是前缀的一个属性，这样的前缀是"节点前缀"。这一前缀属性是独立于 SR 的,除了 SR 以外的其他应用也可以使用该前缀属性。因此,N 标志的分发是可以独立于 SR 通告的。对于 OSPF 来说,这已经实现了:OSPFv2 扩展前缀 TLV 里携带了前缀的 N 标志,而它的通告是独立于 SR 通告的。

OSPFv2 在区域内把环回接口前缀通告为路由器 LSA(Router LSA)(类型 1)中的末梢链路(Stub-link)。当此前缀传播到另一个区域时,使用的是汇总 LSA(类型 3)。这些 LSA 具有固定格式,也不可扩展。这些 LSA 都没法在通告前缀的同时通告其 SID。因此 OSPF 使用 RFC 7684 中定义的 OSPFv2 扩展前缀不透明 LSA(Extended Prefix Opaque LSA)来为前缀通告其 Prefix-ID。

OSPFv2 扩展前缀不透明 LSA 的不透明类型为 7,它可以作为 OSPF 类型 10 LSA 在区域范围内泛洪,或作为 OSPF LSA 类型 11 在自治域范围内泛洪。OSPFv2 扩展前缀不透明 LSA 的格式由 LSA 报头(详见第 5.1.1.1 节)和多个 TLV 组成。报头中的不透明 ID 字段是任意数字,仅用于区分由相同节点通告的多个不透明 LSA。

OSPFv2 扩展前缀不透明 LSA 格式如图 5-13 所示。

图 5-13　OSPFv2 扩展前缀不透明 LSA 格式

IETF RFC 7684 中规定,在 OSPFv2 扩展前缀不透明 LSA 中承载 OSPFv2 扩展前缀 TLV。OSPFv2 扩展前缀不透明 LSA 和它的 TLV 提供了一种在 OSPF 网络中分发前缀属性的通用方法,其使用不限于 SR。

OSPFv2 扩展前缀 TLV 格式如图 5-14 所示。

此 TLV 包含了在 OSPF 域中唯一地标识一个前缀所需的字段。

图 5-14　OSPFv2 扩展前缀 TLV 格式

TLV 中的路由类型（Route Type）字段指定应用此 TLV 的 OSPFv2 前缀类型。字段值对应于 OSPFv2 LSA 类型。

- 0-Unspecified（未指定）。
- 1-Intra-Area（区域内）。
- 3-Inter-Area（区域间）。
- 5-Autonomous System (AS) External（自治域外部）。
- 7-Not-So-Stubby Area (NSSA) External（次末梢区域外部）。

如果路由类型为 0（Unspecified），则 OSPFv2 扩展前缀 TLV 中的信息可被用于任何路由类型的前缀。这在通告前缀特定属性的外部实体不知道前缀的路由类型时是有用的。

地址前缀（Address Prefix）字段和前缀长度（Prefix Length）字段包含此 TLV 对应的前缀信息及前缀长度。

TLV 中的地址族（AF）字段指定前缀的地址族，包含此字段是为了将来的扩展，目前仅支持 IPv4 单播地址族（0）。

TLV 中的标志（Flags）字段包含以下标志。

- A 标志（附加）：由区域边界路由器（ABR）为本地直连但是在另外一个区域通告的区域间前缀置位。换句话说，该区域间前缀直连到 ABR，并在另一个直连区域和该区域之间传播。Cisco IOS XR：当前总是不置位。
- N 标志（节点）：当前缀是用于标识发起通告的路由器时置位。当 OSPFv2 扩展前缀不透明 LSA 在区域之间传播时，保留此标志。Cisco IOS XR：默认置位。

OSPFv2 扩展前缀 TLV 唯一地标识了要应用此属性的前缀，并且它自己还携带了两个前缀属性：A 标志和 N 标志。包括在该 TLV 中的其他子 TLV 可携带其他属性。可能的子 TLV 之一是就是 Prefix-SID 子 TLV。

Prefix-SID 子 TLV 用于通告 Prefix-SID，Prefix-SID 子 TLV 是 OSPF 扩展前缀 TLV 的子 TLV。Prefix-SID 子 TLV 在 IETF draft-ietf-ospf-segment-routing-extensions 中定义，其格式如图 5-15 所示。

图 5-15　OSPFv2 Prefix-SID 子 TLV

- TLV 中的标志（Flags）字段包含以下标志。
  - NP（关闭倒数第二跳弹出）：如果置位，则倒数第二跳不能在转发数据包前弹出 Prefix-SID。Cisco IOS XR 默认值：不置位，即倒数第二跳弹出默认为打开。
  - M（映射服务器）：如果 SID 是从映射服务器通告的则置位。Cisco IOS XR 默认值：不置位。
  - E（显式空）：如果置位，则倒数第二跳必须在转发数据包之前将 Prefix-SID 标签替换为显式空标签。Cisco IOS XR 默认值：不置位。
  - V（值）：如果 Prefix-SID 携带绝对值，则置位。如果 Prefix-SID 携带索引，则不置位。Cisco IOS XR：始终不置位。
  - L（本地/全局）：如果 Prefix-SID 是本地有效，则置位。如果 Prefix-SID 是全局有效，则不置位。Cisco IOS XR：始终不置位。
- MT-ID 字段：多拓扑 ID（IETF RFC 4915 定义）。Cisco IOS XR：始终为 0。
- 算法字段：Prefix-SID 相关联的算法。在写本书时，支持基本的基于度量的 SPF（0）和严格 SPF（1）。Cisco IOS XR：始终为 0 或 1。
- 如果 V 标志和 L 标志均未置位，则 Prefix-SID 子 TLV 中的 SID/索引/标签字段包含 Prefix-SID 索引，这是现在 Cisco IOS XR 唯一支持的组合。

图 5-16 所示网络拓扑用于说明 OSPFv2 Prefix-SID 通告。在该拓扑中的两个节点都启用 SR，并且每个节点都通告 Prefix-SID。节点 1 的配置如例 5-24 所示。

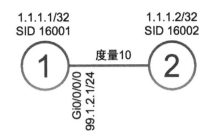

图 5-16   OSPFv2 Prefix-SID——网络拓扑示例

▶ 例 5-24   OSPFv2 Prefix-SID——节点 1 的配置示例

```
interface Loopback0
 description Loopback
 ipv4 address 1.1.1.1 255.255.255.255
!
router ospf 1
 area 0
  interface Loopback0
   passive enable
   Prefix-SID absolute 16001
```

例 5-25 中显示了命令 show ospf database router self-originate 的输出，输出显示了节点 1 通告的路由器 LSA，其中把环回接口 0 的 IPv4 前缀 1.1.1.1/32 作为末梢网络通告。另一个末梢网络是连接节点 2 接口的网络前缀。这个路由器 LSA 并不包含 SR 信息。

▶ 例 5-25   OSPFv2 Prefix-SID——路由器 LSA

```
RP/0/0/CPU0:xrvr-1#show ospf database router self-originate


            OSPF Router with ID (1.1.1.1) (Process ID 1)

                Router Link States (Area 0)

LS age: 4
Options: (No TOS-capability, DC)
LS Type: Router Links
Link State ID: 1.1.1.1
Advertising Router: 1.1.1.1
LS Seq Number: 80000216
Checksum: 0x9a60
Length: 60
Area Border Router
  Number of Links: 3
```

```
  Link connected to: a Stub Network
   (Link ID) Network/subnet number: 1.1.1.1
   (Link Data) Network Mask: 255.255.255.255
    Number of TOS metrics: 0
      TOS 0 Metrics: 1

  Link connected to: another Router (point-to-point)
   (Link ID) Neighboring Router ID: 1.1.1.1
   (Link Data) Router Interface address: 99.1.2.1
    Number of TOS metrics: 0
      TOS 0 Metrics: 10

  Link connected to: a Stub Network
   (Link ID) Network/subnet number: 99.1.2.0
   (Link Data) Network Mask: 255.255.255.0
    Number of TOS metrics: 0
      TOS 0 Metrics: 10
```

路由器 LSA 和扩展前缀不透明 LSA 之间并没有直接的关联。我们是通过扩展前缀不透明 LSA 中的前缀字段，将 Prefix-SID 与前缀关联起来。注意，扩展前缀不透明 LSA 不是用于通告前缀可达性，它里面包含的前缀信息只是为了引用前缀，即明确 Prefix-SID 关联到的是哪个前缀。命令 show ospf database opaque-area 1.1.1.1/32 的输出显示了关联到前缀 1.1.1.1/32 的扩展前缀不透明 LSA，参见例 5-26。这是一个类型 10 LSA，其不透明类型为 7。该 LSA 的不透明 ID 是 1。该不透明 ID 字段仅用于区分由相同节点通告的多个不透明类型 7 LSA，没有其他意义。不透明类型和不透明 ID 合并以点分十进制的方式在命令输出中显示为链路状态 ID：示例中为"7.0.0.1"。它的显示形式看起来像 IPv4 地址，但没有任何 IPv4 地址的语义，它只是一个标识符，不要将其与 IPv4 地址混淆。

▶ 例 5-26　OSPFv2 Prefix-SID——扩展前缀 LSA

```
RP/0/0/CPU0:xrvr-1#show ospf database opaque-area 1.1.1.1/32
            OSPF Router with ID (1.1.1.1) (Process ID 1)
                Type-10 Opaque Link Area Link States (Area 0)
  LS age: 1802
  Options: (No TOS-capability,DC)
  LS Type: Opaque Area Link
  Link State ID: 7.0.0.1
  Opaque Type: 7
  Opaque ID: 1
  Advertising Router: 1.1.1.1
  LS Seq Number: 80000214
  Checksum: 0xf983
  Length: 44
```

```
Extended Prefix TLV: Length: 20
  Route-type: 1                !! intra-area prefix
  AF        : 0                !! IPv4 unicast
  Flags     : 0x40             !! A:0,N:1
  Prefix    : 1.1.1.1/32
  SID sub-TLV: Length: 8
    Flags     : 0x0            !! NP:0,M:0,E:0,V:0,L:0
    MTID      : 0              !! default topology
    Algo      : 0              !! regular SPF
    SID Index : 1
```

本示例中扩展前缀 TLV 用于前缀 1.1.1.1/32，此前缀的路由类型为 1，即区域内前缀，其地址族（AF）为 0，代表 IPv4 单播。

扩展前缀 TLV 本身包含两个前缀属性标志。输出中的 0x40 表示 N 标志被置位，A 标志未置位。因此，此前缀是节点前缀，它标识始发前缀的节点。A 标志未置位，此标志位仅与区域间前缀有关系。

Prefix-SID 子 TLV（在输出中显示为"SID sub-TLV"）指定与前缀 1.1.1.1/32 相关联的 Prefix-SID。没有设置任何 Prefix-SID 标志位（"Flags:0x0"），这意味着请求默认的倒数第二跳弹出行为。前缀在多拓扑 ID 为 0（"MTID:0"）的默认拓扑中。Prefix-SID 与算法 0（"Algo:0"）相关联，算法 0 是常规的基于 IGP 度量的 SPF。SID 索引为 1。

本节仅显示区域内前缀的 Prefix-SID 的例子。其他前缀类型在第 5.5 节和第 5.6 节中有说明。

例 5-27 显示了节点 2 上由节点 1 发起的 Prefix-SID 16001 的 MPLS 转发表项。节点 2 是这些 Prefix Segment 的倒数第二跳节点，因此它安装的 Prefix-SID 标签的出向标签为弹出（Pop）。

▶ 例 5-27　OSPFv2 Prefix-SID——MPLS 转发表项

```
RP/0/0/CPU0:xrvr-2#show mpls forwarding labels 16001
Local  Outgoing    Prefix           Outgoing      Next Hop      Bytes
Label  Label       or ID            Interface                   Switched
-----  ----------  ---------------  ------------  ------------  ---------
16001  Pop         SR Pfx (idx 1)   Gi0/0/0/0     99.1.2.1      0
```

5.3.4.1　OSPF N 标志不置位的 Prefix-SID

图 5-17 所示网络拓扑说明了 OSPF 中一个常规 Prefix-SID 的通告。

图 5-17　OSPFv2 Prefix-SID-n-flag-clear 网络拓扑

在节点 1 上，环回接口 0 下配置 Prefix-SID 时带上 n-flag-clear 关键字。节点 1 的配置参见例 5-28。

▶ 例 5-28　OSPFv2 Prefix-SID——节点 1 的 n-flag-clear 配置

```
interface Loopback0
 description Loopback
 ipv4 address 1.1.1.1 255.255.255.255
!
router ospf 1
 area 0
  interface Loopback0
   passive enable
   prefix-sid absolute 16001 n-flag-clear
  !
 !
!
```

例 5-29 显示了命令 show ospf database opaque-area 1.1.1.1/32 的输出，在前缀 1.1.1.1/32 的 Prefix-SID 通告中，N 标志未置位（"Flags: 0x0"），见第 22 行。

▶ 例 5-29　OSPF Prefix-SID——n-flag-clear 通告

```
1  RP/0/0/CPU0:xrvr-1#show ospf database opaque-area 1.1.1.1/32
2
3
4           OSPF Router with ID (1.1.1.1) (Process ID 1)
5
6              Type-10 Opaque Link Area Link States (Area 0)
7
8   LS age: 4
9   Options: (No TOS-capability, DC)
10  LS Type: Opaque Area Link
11  Link State ID: 7.0.0.1
12  Opaque Type: 7
13  Opaque ID: 1
14  Advertising Router: 1.1.1.1
15  LS Seq Number: 80000001
16  Checksum: 0x6373
17  Length: 44
18
```

```
19    Extended Prefix TLV: Length: 20
20      Route-type: 1                    !! intra-area prefix
21      AF        : 0                    !! IPv4 unicast
22      Flags     : 0x0                  !! A:0, N:0
23      Prefix    : 1.1.1.1/32
24
25      SID sub-TLV: Length: 8
26        Flags      : 0x0               !! NP:0, M:0, E:0, V:0, L:0
27        MTID       : 0                 !! default topology
28        Algo       : 0                 !! regular SPF
29        SID Index  : 1
30
```

5.3.4.2 OSPF 显式空标志置位的 Prefix-SID

图 5-18 所示网络拓扑用于说明 OSPF Prefix-SID 通告如何为 Prefix Segment 请求倒数第二跳交换为显式空标签。

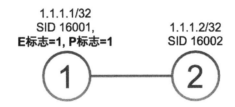

图 5-18 OSPF Prefix-SID 显式空——网络拓扑示例

在节点 1 上，环回接口 0 下配置 Prefix-SID 时带上 explicit-null 关键字。节点 1 的配置参见例 5-30。

▶ 例 5-30 OSPF Prefix-SID 显式空——配置示例

```
interface Loopback0
 ipv4 address 1.1.1.1 255.255.255.255
!
router ospf 1
 area0
  interface Loopback0
   prefix-sid absolute 16001 explicit-null
```

命令 show ospf database opaque-area 1.1.1.1/32 的输出显示了与前缀 1.1.1.1/32 相关联的 OSPFv2 扩展前缀不透明 LSA 信息，在 Prefix-SID 子 TLV 中对 NP 标志（0x40）和 E 标志（0x10）做了置位，而其他标志未置位，参见例 5-31 中的第 26 行。请注意，标志位字段中的第 0 位未被使用，在解读标志位字段的十六进制表示时必须考虑这一点。通过这些标志，节点 1 请求倒数第二跳节点将 Prefix-SID 标签交换为显式空标签。

▶ 例 5-31 OSPFv2 Prefix-SID 显式空——通告示例

```
1  RP/0/0/CPU0:xrvr-1#show ospf database opaque-area 1.1.1.1/32
2
3
4            OSPF Router with ID (1.1.1.1) (Process ID 1)
5
6              Type-10 Opaque Link Area Link States (Area 0)
7
8   LS age: 1802
9   Options: (No TOS-capability, DC)
10  LS Type: Opaque Area Link
11  Link State ID: 7.0.0.1
12  Opaque Type: 7
13  Opaque ID: 1
14  Advertising Router: 1.1.1.1
15  LS Seq Number: 80000214
16  Checksum: 0xf983
17  Length: 44
18
19    Extended Prefix TLV: Length: 20
20      Route-type: 1
21      AF        : 0
22      Flags     : 0x40              !! A:0, N:1
23      Prefix    : 1.1.1.1/32
24
25    SID sub-TLV: Length: 8
26      Flags     : 0x50              !! RESV, NP:1, M:0, E:1, V:0, L:0
27      MTID      : 0
28      Algo      : 0
29      SID Index : 1
30
```

节点 2 上的 MPLS 转发表项显示 Prefix-SID 标签条目的出向标签为显式空。请参见例 5-32 的输出。

▶ 例 5-32 OSPFv2 Prefix-SID 显式空——MPLS 转发表项示例

```
RP/0/0/CPU0:xrvr-2#show mpls forwarding labels 16001
Local  Outgoing    Prefix            Outgoing      Next Hop      Bytes
Label  Label       or ID             Interface                   Switched
-----  ----------  ----------------  ------------  ------------  ---------
16001  Exp-Null-v4 SR Pfx (idx 1)    Gi0/0/0/0     99.1.2.1      0
```

5.4 Adjacency-SID

Adjacency-SID 及其不同变体的描述之前在第 2 章中已经提及。在本节中，我们将重点介绍 IGP 如何分配 Adjacency-SID、如何通告 Adjacency-SID 以及如何将其安装到转发表项的相关机制。

5.4.1 在 IGP 通告中传递 Adjacency-SID

今天的链路状态 IGP 协议以分布式的方式在各台路由器之间传递网络拓扑信息，包括节点和链路 / 邻接。自然，我们会想到对链路属性加以扩展以传递 SR 信息，即 Adjacency Segment。

我们已经在第 2 章中讨论了 IGP Adjacency Segment，它们通常是本地 Segment。目前，Cisco IOS-XR 的 SR MPLS 数据平面实现中仅支持本地 IGP Adjacency Segment。本书后面对"IGP Adjacency Segment"的引用都假定为本地 Segment。

每个邻接的 IGP Adjacency-SID 从动态标签范围中自动分配。此动态标签范围在 SRGB 之外。由于 Adjacency Segment 是本地 Segment，所以在 IGP 中以绝对 MPLS 标签值的方式通告 Adjacency-SID。

虽然域中的每个节点都会接收到所有其他节点通告的 Adjacency-SID，但是只有始发 Adjacency-SID 的节点才能正确解读它，并且只有始发节点在转发表中安装自己通告的 Adjacency-SID。我们将在第 9 章中进一步看到，对于 TI-LFA 功能，远端节点可以利用从其他节点学习到的 Adjacency-SID 来引导修复路径的流量。

一个 IGP 邻接可以有多个关联的 Adjacency-SID。Cisco IOS XR 为每个邻接自动分配两个 Adjacency-SID：一个始终不受保护（Unprotected，即在发生故障时没有备份路径），一个具有保护资格（Protection-eligible，即如果备份路径可用，转发表中会有一条备份路径的转发条目）。我们将在第 9 章中进一步介绍 TI-LFA 功能，在故障情况下，TI-LFA 为这些 Adjacency-SID 标签转发条目提供自动保护，通过 FRR 机制激活数据平面的修复路径。

不受保护的 Adjacency-SID 可以用在这样的场景：对于某些 SR 应用，不需要中间节点通过本地修复的方式实现流量保护，当故障发生时，宁愿丢弃流量——这可能是为了在源节点处触发端到端备份路径。需要中间节点具有本地修复能力的 SR 应用可使用具备保护资格的 Adjacency-SID。这些概念都是 SRTE 的组成部分，我们将在第二卷中详细介绍。

在写本书时，其他两种类型的 Adjacency-SID［即二层（L2）Adjacency-SID 和组（Group）Adjacency-SID］尚未在 Cisco IOS XR 中实现，我们将来可能会在本书的修订版中加入相关内容。

5.4.2 Adjacency-SID 分配

IGP Adjacency Segment 是与一个单向邻接相关联的 Segment。IGP Adjacency Segment 包含的指令是"引导流量由与该 Segment 相关联的邻接链路转发出去"。使用 Adjacency Segment 转发的流量被引导至指定链路，而不管最短路径路由如何。

由于 Adjacency Segment 是本地 Segment，每个节点为 Adjacency Segment 从动态标签范围中自动分配标签。此动态标签范围在 SRGB 之外。每个节点在 IGP 中以绝对标签值的方式通告 Adjacency-SID。

ISIS 为每个处于可用（Up）状态的邻接分配和通告 Adjacency-SID。

OSPF 为每个处于双向通信（2-way）状态或以上的邻接分配和通告 Adjacency-SID。如果邻接低于双向通信状态，那么 OSPF 将撤销 Adjacency-SID。如上所述，ISIS 和 OSPF 为每个邻接分配两个 Adjacency-SID：一个具有保护资格，一个不受保护。具备保护资格的 Adjacency-SID 在通告时置位 B 标志（备份），不受保护的 Adjacency-SID 不置位 B 标志。该 B 标志用于向网络中其他节点指示每个 Adjacency-SID 的保护能力。然而需要注意的是，Adjacency-SID 置位了 B 标志，但不一定代表它有可用的保护路径（安装在转发表中的修复路径）。尽管通常而言，在大多数部署中只要正确地设置 SR 和 TI-LFA，都会有可用的修复路径。

ISIS 为同一对层次 1/层次 2（L1/L2）邻居之间的层次 1 邻接和层次 2 邻接分配不同的 Adjacency-SID。它还为同一对邻居的同一邻接的 IPv4 和 IPv6 地址族分配不同的 Adjacency-SID。

OSPF 为多区域邻接中的所有区域分配相同的 Adjacency-SID，即使是在同一条链路上为每个区域单独通告的。

OSPF 虚链路（Virtual Link）和伪链路（Sham link）上的邻接，不具有 Adjacency-SID。

TE 转发邻接（TE forwarding adjacency）被 IGP 视为一种特殊类型的链路，但它们之间不是真正的邻接，也不会为其分配 Adjacency-SID。我们将在第二卷中看到，处理 SRTE 有其他机制，如绑定 SID（Binding-SID），允许将 SR 流量引导到给定节点的 TE 策略路径上。因此，IGP Adjacency-SID 通常不是必需的。在 Cisco IOS XR 实现中没有为这种邻接分配 Adjacency-SID。

5.4.3 LAN Adjacency-SID

虽然点对点邻接在网络中比较普遍，但是 SR 也可以在广播型局域网上使用，比如某些网络设计中存在以太局域网。本节使用的术语"LAN Adjacency-SID"表示与局域网接口上的邻接相关联的 Adjacency-SID。这与稍后的 ISIS/OSPF 特定章节中对该术语的使用稍有不同，在那里该术语表示特定类型的（子）TLV。

5.4.3.1　IGP LAN Adjacency 回顾

局域网上的多个设备共享一个公共的广播介质，他们之间通过该介质相互可达。建立从每个节点到局域网上所有其他节点的点对点邻接，即全网状连接的邻接，将非常低效。在一个具有 n 个节点的局域网上，将存在 $n\times(n-1)/2$ 个邻接，并且在局域网上将产生大量不需要的二层泛洪。为了减少邻接的数量和 LAN 上的泛洪量，可以使用"伪节点"[在 OSPF 中称为"指定路由器"（Designated Router，DR）]的概念。虽然 ISIS 和 OSPF 的实现和术语不同，但两种协议都使用这个概念。

伪节点是用于表示或模拟广播介质网络的一个虚拟节点。局域网上的每个节点都通告其与伪节点之间的"点对点"邻接。局域网上的节点会选择一个节点来承担伪节点的角色。承担伪节点角色的节点，以伪节点的身份通告伪节点与局域网上所有节点的邻接，见图 5-19。在 ISIS 中承担伪节点角色的是"指定中间系统"（Designated Intermediate System，DIS），在 OSPF 中承担伪节点角色的是"指定路由器"（Designated Router，DR）。

5.4.3.2　LAN Adjacency Segment

局域网上的节点只会将其邻接通告给 LAN 的伪节点，但是 SR 需要将流量直接引导到局域网上各个节点，而不是经由中间的伪节点来引导流量。因此，局域网上的每个节点，都要为其到局域网上其他每个节点的"邻接"，分配和通告 LAN Adjacency-SID。

图 5-20 说明了这一点。节点 1、节点 2、节点 3 和节点 4 各自将其邻接通告给伪节点。每个节点还为局域网上的其他每个节点分配 LAN Adjacency-SID，这些 LAN Adjacency-SID 通告附加到本节点到伪节点的邻接通告上。

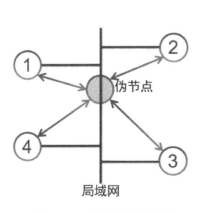

图 5-19　局域网上的伪节点

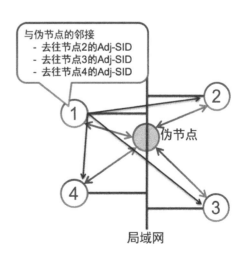

图 5-20　LAN Adjacency-SID

在图 5-20 的网络拓扑中，节点 1 对外通告单个邻接，即到伪节点的邻接。节点 1 也为局域网上的其他每个节点（节点 2、节点 3 和节点 4）分配 LAN Adjacency-SID，这些 Adjacency-SID 可用于将流量从节点 1 引导到局域网上的任何其他节点。节点 1 把这些 Adjacency-SID 附加到节点 1 与伪节点的邻接通告上，从而实现通告 LAN Adjacency-SID。

再次强调，本节使用术语"LAN Adjacency-SID"来表示与 LAN 接口上的邻接相关联的 Adjacency-SID，并不用于指示 IGP 实际上是如何通告这样的邻接的。

如何分配 Adjacency-SID 和 LAN Adjacency-SID 以及如何随着链路一起通告，将在本章后续的 ISIS/OSPF 部分予以更清楚的描述。

> **重点提示**
>
> 在以太网链路上启用 IGP 时，总是将链路配置为点对点类型会更加高效（不仅是针对 SR，对通常的 IGP 操作也是如此），除非此链路真的是连接到具有多台路由器的局域网。

5.4.4 Adjacency-SID 持久性

我们已经看到，一方面，Prefix-SID 本质上是持久的，因为它们是全局 Segment，它们的值在网络中被设置后就不会改变。另一方面，Adjacency-SID 是从动态标签池中分配的本地 Segment。可能会发生这样的情况：如果 IGP 邻接失效（例如链路震荡），那么它再次变得可用时，此时为同一个 Adjacency-SID 分配的动态标签可能与之前的值不同。这将可能导致 Adjacency-SID 值在网络中不断变化和扰动。在第二卷中我们将看到，Adjacency-SID 可以被用于 SRTE。在常规的可预期的事件（例如链路震荡）发生时，对 Adjacency-SID 值的更改可能会导致网络中 SRTE 策略和路径的大量更新调整，这是非常低效的。因此，人们非常希望在大多数影响 IGP 邻接的普通事件发生时，Adjacency-SID 能够保持不变。

因此，在 Cisco IOS-XR 的实现中，分配给 Adjacency-SID 的标签是为了确保能持久。当邻接失效后，若在合理的时间（30 分钟）内重新恢复，系统将为 Adjacency-SID 分配发生故障之前所使用的标签值。IGP 和管理路由器标签空间的标签交换数据库（LSD）之间的协调机制保证了这一点。

如果 Adjacency-SID 相关的邻接失效，IGP 会通知 LSD Adjacency-SID 标签不再使用，即 IGP "释放"标签。当通知发生时，针对具有保护资格的和不受保护的 Adjacency-SID 之间的操作有区别，请参阅本节后续部分。LSD 从 IGP 获取通知后，LSD 不会立即释放该标签，把该标签用于其他用途，而是会保留该标签约 30 分钟。

如果在这段时间内，LSD 收到同一个 Adjacency-SID 的标签分配请求，则 LSD 会将相同的旧标签分配给请求的 IGP。

如果 LSD 在 30 分钟内没有收到此 Adjacency-SID 的标签分配请求，则 LSD 会回收此标签并重置其为可用状态，提供给任何请求者。

此持久性机制确保发生短暂震荡的邻接在 30 分钟内恢复将获得相同的 Adjacency-SID 标签。但是此标签持久性机制无法在整机重启（例如开关机）时提供持久性。

当邻接失效时，IGP 的反应取决于 Adjacency-SID 的类型。对于不受保护的 Adjacency-SID，IGP 会立即删除它，因为它不受保护，因此在邻接失效后不受保护的 Adjacency-SID 会变得不可用。对于具有保护资格的 Adjacency-SID，IGP 的行为是不同的。如果 Adjacency-SID 已经被保护，则引导到此 Adjacency-SID 的流量使用 Adjacency-SID 的备份路径转发（我们将在第 9 章中更详细地介绍 TI-LFA 实现邻接保护的概念）。因此，在邻接失效后，IGP 会把具有保护资格的 Adjacency-SID 保留一段时间（在写本书时，延迟时间为 5 分钟，但我们也在考虑使用更长的延迟）。此延迟时间允许任何正在使用具有保护资格的 Adjacency-SID 的应用，将流量重新路由到另外一条路径，绕开此失效的 Adjacency-SID。我们将在第二卷中讨论 SRTE 应用和用例。在该延迟时间之后，IGP 删除标签条目。上述的 LSD 30 分钟标签保留机制此时开始发挥作用。

图 5-21 所示网络拓扑结构用于说明此持久性行为。在这个网络拓扑中，两条链路其中之一被关闭并保持一段时间。然后链接被恢复，相同的标签重新分配给 Adjacency-SID。

这里是以 ISIS 为例说明邻接失效之后发生的一系列事件，OSPF 也是同样的。为了说明问题，在两个节点之间添加第二条链路。此平行链路为具有保护资格的 Adjacency-SID 提供 TI-LFA 备份路径。有关 TI-LFA 功能的更多详细信息，请参阅第 9 章。对于这个例子，只要知道 Adjacency-SID 被保护，备份路径可用就足够了。发生故障并导致邻接失效的接口是 Gi0/0/0/0。

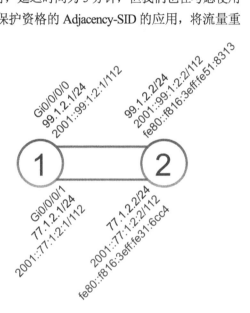

图 5-21　Adjacency-SID 持久性 - 网络拓扑

例 5-33 显示了接口 Gi0/0/0/0 上的 ISIS 邻接的详细信息。每个地址族分配了两个 Adjacency-SID：一个具有保护资格，一个不受保护。32102 和 33102 分别是具有保护资格和不受保护的 IPv4 Adjacency-SID。30102 和 31102 分别是具有保护资格和不受保护的 IPv6 Adjacency-SID。还要注意具有保护资格的 Adjacency-SID 的修复路径的详细信息。

▶ 例 5-33　Adjacency-SID 持久性——Adjacency-SID

```
RP/0/0/CPU0:xrvr-1#show isis adjacency detail Gi0/0/0/0 level 2
```

```
IS-IS 1 Level-2 adjacencies:
System Id      Interface       SNPA         State Hold Changed  NSF IPv4 IPv6
                                                                    BFD  BFD
xrvr-2         Gi0/0/0/0       *PtoP*       Up    21   00:02:04 Yes None None
  Area Address:              49
  Neighbor IPv4 Address: 99.1.2.2*
  Adjacency SID:             32102 (protected)
   Backup label stack:       [ImpNull]
   Backup stack size:        1
   Backup interface:         Gi0/0/0/1
   Backup nexthop:           77.1.2.2
   Backup 节点 address:      1.1.1.2
  Non-FRR Adjacency SID: 33102
  Neighbor IPv6 Address: fe80::f816:3eff:fe51:8313*
  Adjacency SID:             30102 (protected)
   Backup label stack:       [ImpNull]
   Backup stack size:        1
   Backup interface:         Gi0/0/0/1
   Backup nexthop:           fe80::f816:3eff:fe31:6cc4
   Backup 节点 address:      2001::1:1:1:2
  Non-FRR Adjacency SID: 31102
  Topology:                  IPv4 Unicast
  Topology:                  IPv6 Unicast

Total adjacency count: 1
```

在例 5-34 中，通过关闭节点 1 上的接口 Gi0/0/0/0，使得两条链路中的一条失效。

▶ **例 5-34** Adjacency-SID 持久性——关闭链路

```
RP/0/0/CPU0:xrvr-1#configure
RP/0/0/CPU0:xrvr-1(config)#interface Gi0/0/0/0
RP/0/0/CPU0:xrvr-1(config-if)#shutdown
RP/0/0/CPU0:xrvr-1(config-if)#commit
RP/0/0/CPU0:xrvr-1(config-if)#end
RP/0/0/CPU0:xrvr-1#
```

在链路发生故障之后，IGP 立即删除不受保护的 Adjacency-SID（31102 和 33102）的标签。请参见例 5-35 中命令 show mpls label table detail 的输出。具有保护资格的 Adjacency-SID（30102 和 32102）的标签仍然是在用（"InUse"）状态，流量被引导至它们的备份路径，但是不受保护的 Adjacency-SID 的标签 31102 和 33102 已经不再被显示了。

▶ 例 5-35　Adjacency-SID 持久性——链路发生故障后马上查看 LSD 表

```
RP/0/0/CPU0:xrvr-1#show mpls label table detail
Table Label   Owner                            State  Rewrite
-----  -----  -------------------------------  -----  -------
<...>
0      30102  ISIS(A):1                        InUse  Yes
  (SR Adj Segment IPv6, vers:0, index=1, type=0, intf=Gi0/0/0/0,
nh=fe80::f816:3eff:fe51:8313)
0      32102  ISIS(A):1                        InUse  Yes
  (SR Adj Segment IPv4, vers:0, index=1, type=0, intf=Gi0/0/0/0,
nh=99.1.2.2)
<...>
```

IGP 延迟时间之后，IGP 还会删除具有保护资格的 Adjacency-SID 的标签。到那时，预期流量已被重新路由到另外一条路径，而不再使用失效邻接的 Adjacency-SID。例 5-36 中命令 show mpls label table 的输出已经不显示任何上述的 Adjacency-SID 标签。

▶ 例 5-36　Adjacency-SID 持久性——链路发生故障一段时间后查看 LSD 表

```
RP/0/0/CPU0:xrvr-1#show mpls label table label 30102
RP/0/0/CPU0:xrvr-1#
RP/0/0/CPU0:xrvr-1#show mpls label table label 32102
RP/0/0/CPU0:xrvr-1#
```

现在通过回滚节点 1 上最后提交的配置来重新启用接口。请参见例 5-37 中的配置回滚。此接口在发生接口关闭的 30 分钟内实现恢复。

▶ 例 5-37　Adjacency-SID 持久性——链路恢复

```
RP/0/0/CPU0:xrvr-1#rollback configuration last 1
Loading Rollback Changes.
Loaded Rollback Changes in 1 sec
Committing.RP/0/0/CPU0:Feb 9 10:35:44.567 : ifmgr[224]: %PKT_INFRA-LINK-3-
UPDOWN : Interface GigabitEthernet0/0/0/0,changed state to Down
RP/0/0/CPU0:Feb 9 10:35:44.607 : ifmgr[224]: %PKT_INFRA-LINK-3-UPDOWN :
Interface GigabitEthernet0/0/0/0,changed state to Up
2 items committed in 1 sec (1)items/sec
Updating.
```

```
Updated Commit database in 1 sec
Configuration successfully rolled back 1 commits.
RP/0/0/CPU0:xrvr-1#
```

链路恢复后，ISIS 在链路上建立起邻接，ISIS 请求 LSD 为 Adjacency-SID 分配标签。相同的标签再次分配给 Adjacency-SID，这可以在例 5-38 所示的 LSD 标签表中得到验证。

▶ 例 5-38　Adjacency-SID 持久性——链路恢复后查看 LSD 表

```
RP/0/0/CPU0:xrvr-1#show mpls label table detail
Table Label   Owner                            State Rewrite
-  -------   ---------------------------      ------ -------
<...>
0     30102   ISIS(A):1                        InUse Yes
  (SR Adj Segment IPv6,vers:0,index=1,type=0,intf=Gi0/0/0/0,nh=fe80::
f816:3eff:fe51:8313)
0     31102   ISIS(A):1                        InUse Yes
  (SR Adj Segment IPv6,vers:0,index=3,type=0,intf=Gi0/0/0/0,nh=fe80::
f816:3eff:fe51:8313)
0     32102   ISIS(A):1                        InUse Yes
  (SR Adj Segment IPv4,vers:0,index=1,type=0,intf=Gi0/0/0/0,
nh=99.1.2.2)
0     33102   ISIS(A):1                        InUse Yes
  (SR Adj Segment IPv4,vers:0,index=3,type=0,intf=Gi0/0/0/0,
nh=99.1.2.2)
<...>
```

重点提示

启用 SR 时，IGP 会自动为所有接口分配 Adjacency-SID 标签（动态 MPLS 标签池中的本地标签）。

对于每个邻接会分配两个 Adjacency-SID：一个具有保护资格，可以用于处理邻接失效的备份路径，另一个不受保护。

Cisco IOS-XR 能保证 Adjacency-SID 的持久性，可以在短暂的事件，例如，在链路震荡的情况下，其为给定的 Adjacency Segment 分配相同的本地标签值。

Cisco IOS-XR 使用 TI-LFA 实现 Adjacency-SID 保护，TI-LFA 确保使用该 Adjacency-SID 标签的任何业务具有可用的备份路径，从而在故障发生后给予应用和控制器足够的时间来更新其 SR 路径，业务不会长时间中断。

"使用 Adjacency-SID 要非常谨慎，一般只在特定情况下，比如像 TI-LFA 这样的 SR 场景，才使用 Adjacency-SID。Adjacency-SID 的标签在系统重启前后很可能不一样，所以最好不要直接使用这些标签，除非有机制能检测到它们的更改，并及时更新它们（例如 TI-LFA）。这与 Prefix-SID 不同，Prefix-SID 往往是全局和稳定的标签，因此在很多用例中被广泛使用。"

—Ketan Talaulikar

5.4.5 ISIS Adjacency-SID

图 5-22 显示了本节将使用的双节点网络拓扑。

此拓扑的两个节点都启用了 SR ISIS，ISIS 自动为所有邻接分配 Adjacency-SID。这个例子中的邻接是一个点对点邻接。本章后续将介绍局域网上的邻接。两个节点都是层次 1/层次 2 节点，因此两个节点之间的每个地址族都有一个层次 2 和一个层次 1 的邻接。使用多拓扑模型：IPv4 和 IPv6 使用不同的、可能不一致的拓扑。为了简化 show 命令的输出，层次之间不做前缀泄漏，路由策略"DROP"用于防止从层次 1 泄漏到层次 2 的默认行为发生。注意，在真正的网络中，这样做将破坏两个层次之间的连接。节点 1 的配置如例 5-39 所示。

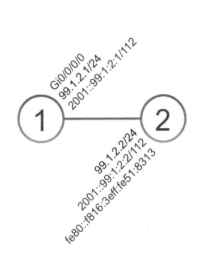

图 5-22 ISIS Adjacency-SID——网络拓扑

▶ 例 5-39 ISIS Adjacency-SID——节点 1 的配置

```
route-policy DROP
  drop
end-policy
!
router isis 1
 is-type level-1-2
 net 49.0001.0000.0000.0001.00
 address-family ipv4 unicast
  metric-style wide
  !! prevent L1 to L2 leaking to simplify
```

```
  !! L2 is not propagated to L1 by default
  propagate level 1 into level 2 route-policy DROP
  segment-routing mpls
 !
 address-family ipv6 unicast
  metric-style wide
  !! prevent L1 to L2 leaking to simplify
  !! L2 is not propagated to L1 by default
  propagate level 1 into level 2 route-policy DROP
  segment-routing mpls
 !
 interface Loopback0
  passive
  address-family ipv4 unicast
   prefix-sid absolute 16001
  !
  address-family ipv6 unicast
   prefix-sid absolute 17001
  !
 !
 interface GigabitEthernet0/0/0/0
  point-to-point
  address-family ipv4 unicast
  !
  address-family ipv6 unicast
  !
 !
!
```

例 5-40 显示了命令 show isis adjacency detail 的输出。输出显示，为每个层次和每个拓扑的 IPv4 和 IPv6 分别分配了两个 Adjacency-SID。每个邻接有一个具有保护资格的 Adjacency-SID 和一个不受保护的 Adjacency-SID（在输出中显示为"Non-FRR Adjacency-SID"）。请注意，这种单连接的双节点拓扑并不提供任何可能的备份，因此在这种情况下，Adjacency-SID 实际上并没有被保护。如果 Adjacency-SID 被保护，则关键字"Protected"及其实际的备份路径将显示在输出中。

请注意，这里为层次 1 和层次 2 邻接各自分配了不同的 Adjacency-SID（译者注：这里总共分配了 8 个 Adjacency-SID）。

在使用 IPv4/IPv6 单拓扑模式时的输出显示与例 5-40 相同。

▶ 例 5-40 ISIS Adjacency-SID——ISIS 邻接

```
RP/0/0/CPU0:xrvr-1#show isis adjacency detail systemid xrvr-2
```

```
IS-IS 1 Level-1 adjacencies:
System Id       Interface       SNPA        State Hold Changed  NSF IPv4 IPv6
                                                                    BFD  BFD
xrvr-2          Gi0/0/0/0       *PtoP*      Up    25   00:00:28 Yes None None
  Area Address:             49.0001
  Neighbor IPv4 Address: 99.1.2.2*
  Adjacency SID:           34102
  Non-FRR Adjacency SID:   35102
  Neighbor IPv6 Address: fe80::f816:3eff:fe51:8313*
  Adjacency SID:           36102
  Non-FRR Adjacency SID:   37102
  Topology:                IPv4 Unicast
  Topology:                IPv6 Unicast
Total adjacency count: 1
IS-IS 1 Level-2 adjacencies:
System Id       Interface       SNPA        State Hold Changed  NSF IPv4 IPv6
                                                                    BFD  BFD
xrvr-2          Gi0/0/0/0       *PtoP*      Up    25   00:00:28 Yes None None
  Area Address:             49.0001
  Neighbor IPv4 Address: 99.1.2.2*
  Adjacency SID:           30102
  Non-FRR Adjacency SID:   31102
  Neighbor IPv6 Address: fe80::f816:3eff:fe51:8313*
  Adjacency SID:           32102
  Non-FRR Adjacency SID:   33102
  Topology:                IPv4 Unicast
  Topology:                IPv6 Unicast
Total adjacency count: 1
```

例 5-41 显示了 Adjacency-SID 的 MPLS 转发条目，使用的命令是 show mpls forwarding。ISIS 使用索引来区分同一接口上不同邻接的 Adjacency-SID，这在输出的第三列中表示为（idx n）。此索引仅为内部使用，请不要与 Prefix Segment 的 SID 索引混淆。层次 1 和层次 2 的被保护的 Adjacency-SID 分别具有索引 0 和索引 1。层次 1 和层次 2 的不受保护 Adjacency-SID 分别具有索引 2 和索引 3。IPv4 和 IPv6 Adjacency-SID 可以通过第 5 列"Next Hop"进行区分。

▶ 例 5-41　ISIS Adjacency-SID——MPLS 转发表

```
RP/0/0/CPU0:xrvr-1#show mpls forwarding labels 30000 40000
Local  Outgoing   Prefix              Outgoing      Next Hop     Bytes
Label  Label      or ID               Interface                  Switched
-----  ---------  ------------------  ------------  ------------ -------
```

```
30102   Pop           SR Adj (idx 1)        Gi0/0/0/0    99.1.2.2                    0
31102   Pop           SR Adj (idx 3)        Gi0/0/0/0    99.1.2.2                    0
32102   Pop           SR Adj (idx 1)        Gi0/0/0/0    fe80::f816:3eff:fe51:8313\
                                                                                     0
33102   Pop           SR Adj (idx 3)        Gi0/0/0/0    fe80::f816:3eff:fe51:8313\
                                                                                     0
34102   Pop           SR Adj (idx 0)        Gi0/0/0/0    99.1.2.2                    0
35102   Pop           SR Adj (idx 2)        Gi0/0/0/0    99.1.2.2                    0
36102   Pop           SR Adj (idx 0)        Gi0/0/0/0    fe80::f816:3eff:fe51:8313\
                                                                                     0
37102   Pop           SR Adj (idx 2)        Gi0/0/0/0    fe80::f816:3eff:fe51:8313\
                                                                                     0
```

例 5-42 用命令 show mpls label table detail 输出显示了 LSD 标签条目。输出的详细信息显示了每个标签的标签上下文。

▶ 例 5-42　ISIS Adjacency-SID——MPLS 标签表

```
RP/0/0/CPU0:xrvr-1#show mpls label table detail
Table Label   Owner                              State  Rewrite
- -------   ------------------------------       ------ -------
<...>
0     30102   ISIS(A):1                          InUse  Yes
  (SR Adj Segment IPv4,vers:0,index=1,type=0,intf=Gi0/0/0/0,nh=99.1.2.2)
0     31102   ISIS(A):1                          InUse  Yes
  (SR Adj Segment IPv4,vers:0,index=3,type=0,intf=Gi0/0/0/0,nh=99.1.2.2)
0     32102   ISIS(A):1                          InUse  Yes
  (SR Adj Segment IPv6,vers:0,index=1,type=0,intf=Gi0/0/0/0,nh=fe80::
f816:3eff:fe51:8313)
0     33102   ISIS(A):1                          InUse  Yes
  (SR Adj Segment IPv6,vers:0,index=3,type=0,intf=Gi0/0/0/0,nh=fe80::
f816:3eff:fe51:8313)
0     34102   ISIS(A):1                          InUse  Yes
  (SR Adj Segment IPv4,vers:0,index=0,type=0,intf=Gi0/0/0/0,nh=99.1.2.2)
0     35102   ISIS(A):1                          InUse  Yes
  (SR Adj Segment IPv4,vers:0,index=2,type=0,intf=Gi0/0/0/0,nh=99.1.2.2)
0     36102   ISIS(A):1                          InUse  Yes
  (SR Adj Segment IPv6,vers:0,index=0,type=0,intf=Gi0/0/0/0,nh=fe80::
816:3eff:fe51:8313)
0     37102   ISIS(A):1                          InUse  Yes
  (SR Adj Segment IPv6,vers:0,index=2,type=0,intf=Gi0/0/0/0,nh=fe80::
f816:3eff:fe51:8313)
```

5.4.5.1 ISIS Adjacency-SID 通告

ISIS 通告 Adjacency-SID 标签的方式，是将 Adjacency-SID 子 TLV 附加到与其相关联的邻接的 IS 可达性 TLV。ISIS 使用下面几种 IS 可达性 TLV 中的一种来通告 ISIS 邻接：扩展 IS 可达性 TLV（Extended IS Reachability TLV）（类型 22）和多拓扑 IS 可达性 TLV（Multi-Topology IS Reachability TLV）（类型 222）。Adjacency-SID 子 TLV 也可以被添加到 IS 邻居属性 TLV（IS Neighbor Attribute TLV）（类型 23）和多拓扑 IS 邻居属性 TLV（MT IS Neighbor Attribute TLV）（类型 223），但目前在 Cisco IOS XR 中还不支持。

Adjacency-SID 子 TLV 的格式如图 5-23 所示。

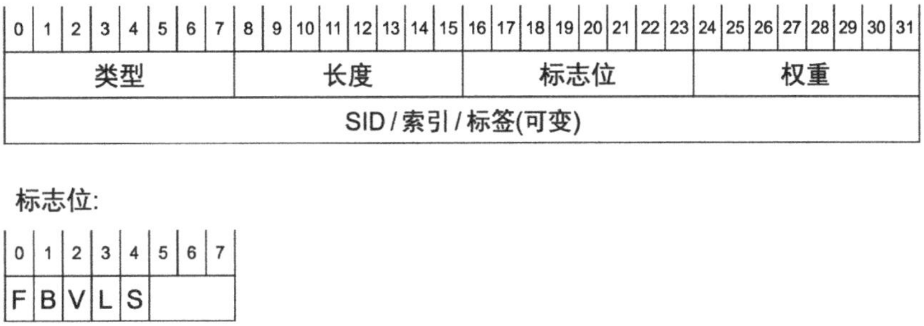

```
 0                   1                   2                   3
 0 1 2 3 4 5 6 7 8 9 0 1 2 3 4 5 6 7 8 9 0 1 2 3 4 5 6 7 8 9 0 1
        类型         |        长度       |      标志位       |       权重
                        SID/索引/标签(可变)
```

标志位:

```
 0 1 2 3 4 5 6 7
 F B V L S
```

图 5-23　ISIS Adjacency-SID 子 TLV 格式

Adjacency-SID 子 TLV 包含以下字段。

- 标志（Flags）字段。
  - F（地址族）：如果未置位，则 Adjacency-SID 使用 IPv4 封装；如果置位，则 Adjacency-SID 使用 IPv6 封装。
  - B（备份）：如果置位，则 Adjacency-SID 具有保护资格（例如使用 TI-LFA）；如果未置位，则 Adjacency-SID 不受保护。
  - V（值）：如果 Adjacency-SID 携带绝对值，则置位；如果 Adjacency-SID 携带索引，则不置位。Cisco IOS XR：总是置位。
  - L（本地/全局）：如果 Adjacency-SID 是本地有效，则置位；如果 Adjacency-SID 是全局有效，则不置位。Cisco IOS XR：总是置位。
  - S（集合）：如果 Adjacency-SID 是指向一组邻接，则置位。Cisco IOS XR：总是不置位。
- 权重（Weight）字段：该值表示此 Adjacency-SID 在负载均衡时的权重。Cisco IOS XR：权重 = 0
- SID/索引/标签：当 V 标志 =1，并且 L 标志 =1 时，最右边的 20 位编码为 MPLS 标签值。这是 Cisco IOS XR 唯一支持的标志组合。

图 5-22 所示网络拓扑用于说明 ISIS 中的 Adjacency-SID 分发。

例 5-43 是命令 show isis database verbose level 1 的输出，显示了节点 1 始发的层次 1 ISIS LSP。例 5-44 显示了节点 1 始发的层次 2 LSP。IPv4 邻接的 IS 扩展 TLV（类型 22）中包括了 Adjacency-SID 子 TLV，以及 IPv4 接口地址子 TLV（IPv4 interface address sub-TLV）和 IPv4 邻居地址子 TLV（IPv4 neighbor address sub-TLV）。后两个子 TLV 在 ISIS TE 扩展规范（IETF RFC 3784）中定义，用于在两个节点之间存在多个平行邻接的情况下识别邻接链路。

IPv4 Adjacency-SID 中的 F 标志（地址族）没有置位。对于 IPv6 Adjacency-SID，此标志将被置位。B 标志（备份）指示 Adjacency-SID 是否具有保护资格（B:1）（B:0）。所有 Adjacency-SID 的 V 标志（值）和 L 标记（本地）都被置位，这意味着它们是本地 Segment 并包含绝对标签值。S 标志（集合）未置位，表示它们不是指向一组邻接。

▶ **例 5-43　ISIS Adjacency-SID——层次 1 通告示例**

```
RP/0/0/CPU0:xrvr-1#show isis database level 1 xrvr-1 verbose

IS-IS 1 (Level-1) Link State Database
LSPID                 LSP Seq Num  LSP Checksum  LSP Holdtime  ATT/P/OL
xrvr-1.00-00        * 0x00000009   0x58c6        613           0/0/0
  Area Address: 49.0001
  NLPID:        0xcc
  NLPID:        0x8e
  MT:           Standard (IPv4 Unicast)
  MT:           IPv6 Unicast                                    0/0/0
  Hostname:     xrvr-1
  IP Address:   1.1.1.1
  IPv6 Address: 2001::1:1:1:1
  Router Cap:   1.1.1.1, D:0, S:0
    Segment Routing: I:1 V:1, SRGB Base: 16000 Range: 8000
  Metric: 10         IS-Extended xrvr-2.00
    Interface IP Address: 99.1.2.1
    Neighbor IP Address: 99.1.2.2
    ADJ-SID: F:0 B:1 V:1 L:1 S:0 weight:0 Adjacency-sid:34102
    ADJ-SID: F:0 B:0 V:1 L:1 S:0 weight:0 Adjacency-sid:35102
  Metric: 0          IP-Extended 1.1.1.1/32
    Prefix-SID Index: 1, Algorithm:0, R:0 N:1 P:0 E:0 V:0 L:0
  Metric: 10         IP-Extended 99.1.2.0/24
  Metric: 10         MT (IPv6 Unicast) IS-Extended xrvr-2.00
    Interface IPv6 Address: 2001::99:1:2:1
    Neighbor IPv6 Address: 2001::99:1:2:2
    ADJ-SID: F:1 B:1 V:1 L:1 S:0 weight:0 Adjacency-sid:36102
    ADJ-SID: F:1 B:0 V:1 L:1 S:0 weight:0 Adjacency-sid:37102
```

```
   Metric: 0           MT (IPv6 Unicast) IPv6 2001::1:1:1:1/128
     Prefix-SID Index: 1001, Algorithm:0, R:0 N:1 P:0 E:0 V:0 L:0
   Metric: 10          MT (IPv6 Unicast) IPv6 2001::99:1:2:0/112

 Total Level-1 LSP count: 1     Local Level-1 LSP count: 1
```

▶ **例 5-44** ISIS Adjacency-SID——层次 2 通告示例

```
RP/0/0/CPU0:xrvr-1#show isis database level 2 xrvr-1 verbose

IS-IS 1 (Level-2) Link State Database
LSPID                 LSP Seq Num  LSP Checksum  LSP Holdtime ATT/P/OL
xrvr-1.00-00        * 0x000009e2   0x92c5        823          0/0/0
  Area Address: 49.0001
  NLPID:        0xcc
  NLPID:        0x8e
  MT:           Standard (IPv4 Unicast)
  MT:           IPv6 Unicast                                  0/0/0
  Hostname:     xrvr-1
  IP Address:   1.1.1.1
  IPv6 Address: 2001::1:1:1:1
  Router Cap:   1.1.1.1, D:0, S:0
    Segment Routing: I:1 V:1, SRGB Base: 16000 Range: 8000
  Metric: 10         IS-Extended xrvr-2.00
    Interface IP Address: 99.1.2.1
    Neighbor IP Address: 99.1.2.2
    ADJ-SID: F:0 B:1 V:1 L:1 S:0 weight:0 Adjacency-sid:30102
    ADJ-SID: F:0 B:0 V:1 L:1 S:0 weight:0 Adjacency-sid:31102
  Metric: 0          IP-Extended 1.1.1.1/32
    Prefix-SID Index: 1, Algorithm:0, R:0 N:1 P:0 E:0 V:0 L:0
  Metric: 10         IP-Extended 99.1.2.0/24
  Metric: 10         MT (IPv6 Unicast) IS-Extended xrvr-2.00
    Interface IPv6 Address: 2001::99:1:2:1
    Neighbor IPv6 Address: 2001::99:1:2:2
    ADJ-SID: F:1 B:1 V:1 L:1 S:0 weight:0 Adjacency-sid:32102
    ADJ-SID: F:1 B:0 V:1 L:1 S:0 weight:0 Adjacency-sid:33102
  Metric: 0          MT (IPv6 Unicast) IPv6 2001::1:1:1:1/128
    Prefix-SID Index: 1001, Algorithm:0, R:0 N:1 P:0 E:0 V:0 L:0
  Metric: 10         MT (IPv6 Unicast) IPv6 2001::99:1:2:0/112

 Total Level-2 LSP count: 1     Local Level-2 LSP count: 1
```

当使用单拓扑模型且使用一致的 IPv4 和 IPv6 拓扑时，则为 IPv4 和 IPv6 通告单个邻接。这意味着 IPv4 和 IPv6 Adjacency-SID 必须被附加到用于通告此单一邻接的 IS 可达性 TLV。例 5-45 和例 5-46 的输出分别说明了层次 1 和层次 2 通告的情况。

▶ 例 5-45　ISIS Adjacency-SID——层次 1 单拓扑通告示例

```
RP/0/0/CPU0:xrvr-1#show isis database level 1 xrvr-1 verbose

IS-IS 1 (Level-1) Link State Database
LSPID                 LSP Seq Num  LSP Checksum  LSP Holdtime  ATT/P/OL
xrvr-1.00-00        * 0x0000000e   0x17ed        1195          0/0/0
  Area Address: 49.0001
  NLPID:        0xcc
  NLPID:        0x8e
  Hostname:     xrvr-1
  IP Address:   1.1.1.1
  IPv6 Address: 2001::1:1:1:1
  Router Cap:   1.1.1.1, D:0, S:0
    Segment Routing: I:1 V:1, SRGB Base: 16000 Range: 8000
  Metric: 10         IS-Extended xrvr-2.00
    Interface IP Address: 99.1.2.1
    Neighbor IP Address: 99.1.2.2
    Interface IPv6 Address: 2001::99:1:2:1
    Neighbor IPv6 Address: 2001::99:1:2:2
    ADJ-SID: F:0 B:1 V:1 L:1 S:0 weight:0 Adjacency-sid:34102
    ADJ-SID: F:0 B:0 V:1 L:1 S:0 weight:0 Adjacency-sid:35102
    ADJ-SID: F:1 B:1 V:1 L:1 S:0 weight:0 Adjacency-sid:36102
    ADJ-SID: F:1 B:0 V:1 L:1 S:0 weight:0 Adjacency-sid:37102
  Metric: 0          IP-Extended 1.1.1.1/32
    Prefix-SID Index: 1, Algorithm:0, R:0 N:1 P:0 E:0 V:0 L:0
  Metric: 10         IP-Extended 99.1.2.0/24
  Metric: 0          IPv6 2001::1:1:1:1/128
    Prefix-SID Index: 1001, Algorithm:0, R:0 N:1 P:0 E:0 V:0 L:0
  Metric: 10         IPv6 2001::99:1:2:0/112

 Total Level-1 LSP count: 1     Local Level-1 LSP count: 1
```

▶ 例 5-46　ISIS Adjacency-SID——层次 2 单拓扑通告示例

```
RP/0/0/CPU0:xrvr-1#show isis database level 2 xrvr-1 verbose

IS-IS 1 (Level-2) Link State Database
LSPID                 LSP Seq Num  LSP Checksum  LSP Holdtime  ATT/P/OL
xrvr-1.00-00        * 0x000009e7   0xff3e        1195          0/0/0
```

```
Area Address: 49.0001
NLPID:          0xcc
NLPID:          0x8e
Hostname:       xrvr-1
IP Address:     1.1.1.1
IPv6 Address: 2001::1:1:1:1
Router Cap:     1.1.1.1, D:0, S:0
  Segment Routing: I:1 V:1, SRGB Base: 16000 Range: 8000
Metric: 10         IS-Extended xrvr-2.00
  Interface IP Address: 99.1.2.1
  Neighbor IP Address: 99.1.2.2
  Interface IPv6 Address: 2001::99:1:2:1
  Neighbor IPv6 Address: 2001::99:1:2:2
  ADJ-SID: F:0 B:1 V:1 L:1 S:0 weight:0 Adjacency-sid:30102
  ADJ-SID: F:0 B:0 V:1 L:1 S:0 weight:0 Adjacency-sid:31102
  ADJ-SID: F:1 B:1 V:1 L:1 S:0 weight:0 Adjacency-sid:32102
  ADJ-SID: F:1 B:0 V:1 L:1 S:0 weight:0 Adjacency-sid:33102
Metric: 0          IP-Extended 1.1.1.1/32
  Prefix-SID Index: 1, Algorithm:0, R:0 N:1 P:0 E:0 V:0 L:0
Metric: 10         IP-Extended 99.1.2.0/24
Metric: 0          IPv6 2001::1:1:1:1/128
  Prefix-SID Index: 1001, Algorithm:0, R:0 N:1 P:0 E:0 V:0 L:0
Metric: 10         IPv6 2001::99:1:2:0/112

Total Level-2 LSP count: 1    Local Level-2 LSP count: 1
```

5.4.5.2 ISIS LAN Adjacency-SID

局域网上的 ISIS 节点选择指定中间系统（DIS）来充当伪节点的角色。DIS 选举机制以及 ISIS 如何在局域网上泛洪和维护邻接超出了本书的范围。

图 5-24 所示网络拓扑结构是由三个节点组成的局域网。节点 3 被选为 DIS。

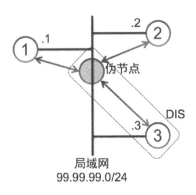

图 5-24　局域网上的 ISIS DIS

DIS 代表伪节点，它创建并更新伪节点 LSP，并在局域网上泛洪。局域网上的每个 ISIS 节点与局域网上的其他节点保持完全（FULL）邻接状态。请参见例 5-47 中非 DIS 节点的节点 1 上命令 show isis adjacency 的输出。节点 1 通过其接口 Gi0/0/0/0 与节点 2 和节点 3 邻接。这些邻接是局域网邻接，因此在输出的"SNPA"（SubNetwork Point of Attachment，子网连接点）列中显示的是 MAC 地址，而不是"PtoP"（点对点）。

▶ 例 5-47　局域网上的 ISIS 邻接

```
RP/0/0/CPU0:xrvr-1#show isis adjacency
IS-IS 1 Level-2 adjacencies:
System Id      Interface    SNPA           State Hold Changed  NSF IPv4 IPv6
                                                                    BFD  BFD
xrvr-2         Gi0/0/0/0    fa16.3e9a.29a8 Up    25   00:00:23 Yes None None
xrvr-3         Gi0/0/0/0    fa16.3eb9.643e Up    9    00:00:29 Yes None None
Total adjacency count: 2
```

ISIS 为局域网上其他节点的每个邻接分配两个 Adjacency-SID（一个具有保护资格，一个不受保护）。尽管 ISIS 分配了一个具有保护资格的 Adjacency-SID，但是目前 LAN Adjacency-SID 是不被 TI-LFA 保护的。节点 1 上命令 show isis adjacency detail 输出中显示了 Adjacency-SID 标签，参见例 5-48。

▶ 例 5-48　局域网上的 ISIS 邻接的详细信息

```
RP/0/0/CPU0:xrvr-1#show isis adjacency detail
IS-IS 1 Level-2 adjacencies:
System Id      Interface    SNPA           State Hold Changed  NSF IPv4 IPv6
                                                                    BFD  BFD
xrvr-2         Gi0/0/0/0      fa16.3e9a.29a8 Up   29 00:01:29 Yes None None
  Area Address:               49.0001
  Neighbor IPv4 Address: 99.99.99.2*
  Adjacency SID:              30102
  Non-FRR Adjacency SID:      31102
  Neighbor IPv6 Address: fe80::f816:3eff:fe9a:29a8*
  Adjacency SID:              32102
  Non-FRR Adjacency SID:      33102
  DIS Priority:               64
  Local Priority:             64
  Neighbor Priority:          64
  Topology:                   IPv4 Unicast
  Topology:                   IPv6 Unicast
xrvr-3         Gi0/0/0/0      fa16.3eb9.643e Up   8  00:01:35 Yes None None
  Area Address:               49.0001
  Neighbor IPv4 Address: 99.99.99.3*
```

```
    Adjacency SID:              30103
    Non-FRR Adjacency SID:      31103
    Neighbor IPv6 Address:      fe80::f816:3eff:feb9:643e*
    Adjacency SID:              32103
    Non-FRR Adjacency SID:      33103
    DIS Priority:               64
    Local Priority:             64
    Neighbor Priority:          64 (DIS)
    Topology:                   IPv4 Unicast
    Topology:                   IPv6 Unicast
Total adjacency count: 2
```

例如，节点 1 为与节点 2 的 IPv4 邻接分配 Adjacency-SID 30102 和 31102，为与节点 2 的 IPv6 邻接分配 Adjacency-SID 32102 和 33102。

这些 Adjacency-SID 的转发条目都安装在 MPLS 转发表中，如例 5-49 所示。节点 1 上的输出显示了去往局域网上其他两个节点（节点 2 和节点 3）的 Adjacency-SID 标签条目。这些就是在例 5-48 输出中显示的标签。请注意，Adjacency-SID 标签将流量引导到相同的出接口（Gi0/0/0/0），但下一跳不一样（例如，IPv4 99.99.99.2 是到节点 2，99.99.99.3 是到节点 3），这些下一跳是局域网上远端节点的接口地址。

▶ **例 5-49** LAN Adjacency-SID MPLS 转发条目

```
RP/0/0/CPU0:xrvr-1#show mpls forwarding labels 30000 40000
Local  Outgoing    Prefix           Outgoing      Next Hop            Bytes
Label  Label       or ID            Interface                         Switched
-----  ----------  ---------------  ------------  ------------------  --------
30102  Pop         SR Adj (idx 1)   Gi0/0/0/0     99.99.99.2          0
31102  Pop         SR Adj (idx 3)   Gi0/0/0/0     99.99.99.2          0
32102  Pop         SR Adj (idx 1)   Gi0/0/0/0     fe80::f816:3eff:fe9a:29a8\
                                                                      0
33102  Pop         SR Adj (idx 3)   Gi0/0/0/0     fe80::f816:3eff:fe9a:29a8\
                                                                      0
30103  Pop         SR Adj (idx 1)   Gi0/0/0/0     99.99.99.3          0
31103  Pop         SR Adj (idx 3)   Gi0/0/0/0     99.99.99.3          0
32103  Pop         SR Adj (idx 1)   Gi0/0/0/0     fe80::f816:3eff:feb9:643e\
                                                                      0
33103  Pop         SR Adj (idx 3)   Gi0/0/0/0     fe80::f816:3eff:feb9:643e\
                                                                      0
```

例 5-50 显示了 Adjacent-SID 的 LSD 标签条目及其标签上下文。

▶ 例 5-50　ISIS LAN Adjacency-SID MPLS 标签表

```
RP/0/0/CPU0:xrvr-1#show mpls label table detail
Table Label   Owner                              State  Rewrite
-     ------  -------------------------------    ------ -------
0     0       LSD(A)                             InUse  Yes
0     1       LSD(A)                             InUse  Yes
0     2       LSD(A)                             InUse  Yes
0     13      LSD(A)                             InUse  Yes
0     16000   ISIS(A):1                          InUse  No
  (Lbl-blk SRGB,vers:0,(start_label=16000,size=8000)
0     30102   ISIS(A):1                          InUse  Yes
  (SR Adj Segment IPv4,vers:0,index=1,type=0,intf=Gi0/0/0/
0,nh=99.99.99.2)
0     31102   ISIS(A):1                          InUse  Yes
  (SR Adj Segment IPv4,vers:0,index=3,type=0,intf=Gi0/0/0/
0,nh=99.99.99.2)
0     32102   ISIS(A):1                          InUse  Yes
  (SR Adj Segment IPv6,vers:0,index=1,type=0,intf=Gi0/0/0/0,nh=fe80::
f816:3eff:fe9a:29a8)
0     33102   ISIS(A):1                          InUse  Yes
  (SR Adj Segment IPv6,vers:0,index=3,type=0,intf=Gi0/0/0/0,nh=fe80::
f816:3eff:fe9a:29a8)
0     30103   ISIS(A):1                          InUse  Yes
  (SR Adj Segment IPv4,vers:0,index=1,type=0,intf=Gi0/0/0/
0,nh=99.99.99.3)
0     31103   ISIS(A):1                          InUse  Yes
  (SR Adj Segment IPv4,vers:0,index=3,type=0,intf=Gi0/0/0/
0,nh=99.99.99.3)
0     32103   ISIS(A):1                          InUse  Yes
  (SR Adj Segment IPv6,vers:0,index=1,type=0,intf=Gi0/0/0/0,nh=fe80::
f816:3eff:feb9:643e)
0     33103   ISIS(A):1                          InUse  Yes
  (SR Adj Segment IPv6,vers:0,index=3,type=0,intf=Gi0/0/0/0,nh=fe80::
f816:3eff:feb9:643e)
```

5.4.5.3　ISIS LAN Adjacency-SID 通告

DIS 生成伪节点 LSP，并向局域网上的所有节点通告伪节点的邻接：节点 1、节点 2 和节点 3。例 5-51 说明了局域网上的 DIS（节点 3）生成的伪节点 LSP。

可以通过其 LSP-ID 来识别伪节点 LSP。由 DIS 代表伪节点通告的 LSP，LSP-ID 具有非零的伪节点 ID（Pseudo 节点 -ID）。伪节点 ID 是 LSP-ID 中点号之后的单字节字段。例如，在例 5-51 的输出中，伪节点 ID 是 LSP-ID "xrvr-3.01-00"中的"01"。"01"表示该 LSP 是代表伪节点生成的。

▶ **例 5-51　ISIS DIS（伪节点）通告**

```
RP/0/0/CPU0:xrvr-1#show isis database verbose xrvr-3.01-00
IS-IS 1 (Level-2) Link State Database
LSPID                 LSP Seq Num  LSP Checksum  LSP Holdtime  ATT/P/OL
xrvr-3.01-00          0x00000001   0x4d41        935           0/0/0
  Metric: 0         IS-Extended xrvr-3.00
  Metric: 0         IS-Extended xrvr-1.00
  Metric: 0         IS-Extended xrvr-2.00
```

> **重点提示：LSP-ID**
>
> LSP-ID 唯一标识 ISIS LSP。LSP-ID 由系统 ID（System-ID，6 bytes）、伪节点 ID（8 bits）和分片 ID（Fragment-ID，8 bits）连接而成。系统 ID 是系统的唯一标识符，与 OSPF 路由器 ID 相当。伪节点 ID 标识 LSP 是由节点的真实实例生成还是代表伪节点生成。伪节点 ID 值为 0 表示 LSP 是真实实例生成，非零值表示 LSP 是伪节点生成。分片 ID 用于标识 LSP 的分片。LSP-ID 在输出中显示为"系统 ID 或名字"和"伪节点 ID"—"分片 ID"。系统 ID 和伪节点 ID 连接在一起就是节点 ID。

局域网上的每个节点都将其邻接通告给伪节点。例 5-52 显示了节点 1 生成的 LSP。节点 1 在 IPv4 和 IPv6 两种拓扑中通告其与伪节点的邻接。为了简单起见，例 5-52 显示的是 ISIS 数据库的详细输出，而不是全面输出，在此输出中不显示 SR 信息。在解释了 LAN Adjacency-SID 通告格式后，例 5-53 给出了 ISIS 数据库的全面输出。

▶ **例 5-52　ISIS 到伪节点邻接的通告**

```
RP/0/0/CPU0:xrvr-1#show isis database xrvr-1 detail

IS-IS 1 (Level-2) Link State Database
LSPID                 LSP Seq Num   LSP Checksum  LSP Holdtime  ATT/P/OL
xrvr-1.00-00        * 0x00000071    0xe250        1146          0/0/0
  Area Address: 49.0001
  NLPID:        0xcc
  NLPID:        0x8e
  MT:           Standard (IPv4 Unicast)
  MT:           IPv6 Unicast                                    0/0/0
```

```
Hostname:        xrvr-1
IP Address:      1.1.1.1
IPv6 Address:    2001::1:1:1:1
Router Cap:      1.1.1.1, D:0, S:0
Metric: 10       IS-Extended xrvr-3.01
Metric: 0        IP-Extended 1.1.1.1/32
Metric: 10       IP-Extended 99.99.99.0/24
Metric: 10       MT (IPv6 Unicast) IS-Extended xrvr-3.01
Metric: 0        MT (IPv6 Unicast) IPv6 2001::1:1:1:1/128
Metric: 10       MT (IPv6 Unicast) IPv6 2001::99:99:99:0/112

Total Level-2 LSP count: 1    Local Level-2 LSP count: 1
```

每个节点为局域网上其他节点分配 LAN Adjacency-SID。这些 LAN Adjacency-SID 子 TLV 被附加到节点到伪节点邻接的 IS 可达性 TLV 中。

LAN Adjacency-SID 子 TLV 格式如图 5-25 所示。

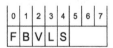

图 5-25　ISIS LAN Adjacency-SID 子 TLV 格式

LAN Adjacency-SID 子 TLV 包含以下字段。

- 标志（flags）和权重（Weight）字段与 Adjacency-SID 子 TLV 中的字段完全相同。请参阅第 5.4.5.1 节中对这些字段的说明。
- System-ID：ISIS 邻居节点的系统 ID。
- SID/索引/标签：当 V 标志 =1 和 L 标志 =1 时，最右边的 20 位编码为 MPLS 标签值。这是 Cisco IOS XR 唯一支持的标志组合。

例 5-53 显示了节点 1 生成的 LSP，包括 SR 信息。对于局域网上其他每个节点，节点 1 会在通告与伪节点邻接的 IS 可达性 TLV 中添加一个 LAN Adjacency-SID 子 TLV。对于

IPv4 和 IPv6 两种拓扑结构都是如此。在本示例中，节点 3 是 DIS，并且伪节点的节点 ID 是"xrvr-3.01"。输出显示，在 IPv6 拓扑结构中，有 4 个 LAN Adjacency-SID 被添加到与伪节点的邻接上。

到节点 2（系统 ID：xrvr-2）的两个 Adjacency-SID 如下。
- 一个具有保护资格的 Adjacency-SID，标签 32102，B 标志置位，见第 25 行。
- 一个不受保护的 Adjacency-SID，标签 33102，B 标志不置位，见第 26 行。

到节点 3（系统 ID：xrvr-3）的两个 Adjacency-SID 如下。
- 一个具有保护资格的 Adjacency-SID，标签 32103，B 标志置位，见第 27 行。
- 一个不受保护的 Adjacency-SID，标签 33103，B 标志不置位，见第 28 行。

▶ **例 5-53**　ISIS 到伪节点邻接的 Adjacency-SID

```
1  RP/0/0/CPU0:xrvr-1#show isis database verbose xrvr-1
2
3  IS-IS 1 (Level-2) Link State Database
4  LSPID                 LSP Seq Num  LSP Checksum  LSP Holdtime  ATT/P/OL
5  xrvr-1.00-00        * 0x00000071   0xe250        910           0/0/0
6    Area Address: 49.0001
7    NLPID:        0xcc
8    NLPID:        0x8e
9    MT:           Standard (IPv4 Unicast)
10   MT:           IPv6 Unicast                                    0/0/0
11   Hostname:     xrvr-1
12   IP Address:   1.1.1.1
13   IPv6 Address: 2001::1:1:1:1
14   Router Cap:   1.1.1.1, D:0, S:0
15     Segment Routing: I:1 V:1, SRGB Base: 16000 Range: 8000
16   Metric: 10         IS-Extended xrvr-3.01
17     LAN-ADJ-SID: F:0 B:1 V:1 L:1 S:0 weight:0 Adjacency-sid: 30102
System ID:xrvr-2
18     LAN-ADJ-SID: F:0 B:0 V:1 L:1 S:0 weight:0 Adjacency-sid: 31102
System ID:xrvr-2
19     LAN-ADJ-SID: F:0 B:1 V:1 L:1 S:0 weight:0 Adjacency-sid: 30103
System ID:xrvr-3
20     LAN-ADJ-SID: F:0 B:0 V:1 L:1 S:0 weight:0 Adjacency-sid: 31103
System ID:xrvr-3
21   Metric: 0          IP-Extended 1.1.1.1/32
22     Prefix-SID Index: 1, Algorithm:0, R:0 N:1 P:0 E:0 V:0 L:0
23   Metric: 10         IP-Extended 99.99.99.0/24
24   Metric: 10         MT (IPv6 Unicast) IS-Extended xrvr-3.01
```

```
25         LAN-ADJ-SID: F:1 B:1 V:1 L:1 S:0 weight:0 Adjacency-sid: 32102
System ID:xrvr-2
26         LAN-ADJ-SID: F:1 B:0 V:1 L:1 S:0 weight:0 Adjacency-sid: 33102
System ID:xrvr-2
27         LAN-ADJ-SID: F:1 B:1 V:1 L:1 S:0 weight:0 Adjacency-sid: 32103
System ID:xrvr-3
28         LAN-ADJ-SID: F:1 B:0 V:1 L:1 S:0 weight:0 Adjacency-sid: 33103
System ID:xrvr-3
29     Metric: 0          MT (IPv6 Unicast) IPv6 2001::1:1:1:1/128
30       Prefix-SID Index: 1001, Algorithm:0, R:0 N:1 P:0 E:0 V:0 L:0
31     Metric: 10         MT (IPv6 Unicast) IPv6 2001::99:1:99:0/112
32
33 Total Level-2 LSP count: 1     Local Level-2 LSP count: 1
```

5.4.6 OSPFv2 Adjacency-SID

图 5-26 显示了本节用于说明 OSPFv2 Adjacency-SID 通告的双节点网络拓扑。

此拓扑的两个节点都启用了 SR OSPF，OSPF 自动为所有邻接分配 Adjacency-SID。这个例子中的邻接是一个点对点邻接。本章后续将介绍局域网上的邻接。

节点 1 的 OSPF 配置如例 5-54 所示。

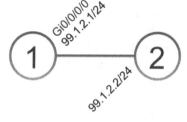

图 5-26　OSPFv2 Adjacency-SID——网络拓扑

▶ **例 5-54** OSPFv2 Adjacency-SID——节点 1 的配置

```
router ospf 1
 router-id 1.1.1.1
 segment-routing mpls
 !! segment-routing forwarding mpls !! by default
 area 0
  interface Loopback0
   passive enable
   Prefix-SID absolute 16001
  !
  interface GigabitEthernet0/0/0/0
   cost 10
   network point-to-point
  !
  interface GigabitEthernet0/0/0/1
   cost 10
```

```
    network point-to-point
   !
  !
 !
```

例 5-55 显示了节点 1 上命令 show ospf neighbor detail 的输出。输出显示，节点 1 为与节点 2 的邻接分配了两个 Adjacency-SID：一个具有保护资格的 Adjacency-SID（在输出中显示为"Adjacency SID Label"）和一个不受保护的 Adjacency-SID（在输出中显示为"Unprotected Adjacency SID Label"）。请注意，这个单链路的双节点拓扑并不提供任何备份路径，因此在这种情况下，Adjacency-SID 实际上并没有被保护。如果 Adjacency-SID 被保护，则关键字"Protected"将显示在输出中，例如，Adjacency SID Label: 30102，Protected。

▶ 例 5-55　OSPFv2 Adjacency-SID——Adjacency-SID

```
RP/0/0/CPU0:xrvr-1#show ospf neighbor 1.1.1.2 detail

* Indicates MADJ interface
# Indicates Neighbor awaiting BFD session up

Neighbors for OSPF 1

 Neighbor 1.1.1.2, interface address 99.1.2.2
    In the area 0 via interface GigabitEthernet0/0/0/0
    Neighbor priority is 1, State is FULL, 6 state changes
    DR is 0.0.0.0 BDR is 0.0.0.0
    Options is 0x52
    LLS Options is 0x1 (LR)
    Dead timer due in 00:00:31
    Neighbor is up for 00:01:14
    Number of DBD retrans during last exchange 0
    Index 1/1, retransmission queue length 0, number of retransmission 1
    First 0(0)/0(0) Next 0(0)/0(0)
    Last retransmission scan length is 1, maximum is 1
    Last retransmission scan time is 0 msec, maximum is 0 msec
    LS Ack list: NSR-sync pending 0, high water mark 0
    Adjacency SID Label: 30102
    Unprotected Adjacency SID Label: 31102

Total neighbor count: 1
```

例 5-56 显示了 Adjacency-SID 的 MPLS 转发条目，使用的命令是 show mpls forwarding。

在这一输出中无法区分具有保护资格的 Adjacency-SID 和不受保护的 Adjacency-SID，它们都用的是 idx 0。

▶ 例 5-56　OSPFv2 Adjacency-SID MPLS 转发表

```
RP/0/0/CPU0:xrvr-1#show mpls forwarding labels 30102 31102
Local  Outgoing    Prefix            Outgoing      Next Hop        Bytes
Label  Label       or ID             Interface                     Switched
--     --------    --------------    ------------  --------------  ---------
30102  Pop         SR Adj (idx 0)    Gi0/0/0/0     99.1.2.2        0
31102  Pop         SR Adj (idx 0)    Gi0/0/0/0     99.1.2.2        0
```

例 5-57 用命令 show mpls label table detail 输出显示了 LSD 标签条目。详细的输出也显示了每个标签的标签上下文。具有保护资格的 Adjacency-SID 和无保护的 Adjacency-SID 可用关键字"Type"（类型）来区分，Type=1 是具有保护资格的 Adjacency-SID，Type=2 是不受保护的 Adjacency-SID。

▶ 例 5-57　OSPFv2 Adjacency-SID MPLS 标签表

```
RP/0/0/CPU0:xrvr-1#show mpls label table detail
Table Label  Owner                             State Rewrite
-     -----  ------------------------------    ----- -------
<...>
0     30102  OSPF(A):ospf-1                    InUse Yes
     (SR Adj Segment IPv4,vers:0,index=0,type=1,intf=Gi0/0/0/0,nh=99.1.2.2)
0     31102  OSPF(A):ospf-1                    InUse Yes
     (SR Adj Segment IPv4,vers:0,index=0,type=2,intf=Gi0/0/0/0,nh=99.1.2.2)
```

5.4.6.1　OSPFv2 Adjacency-SID 通告

OSPFv2 中，Adjacency-SID 信息是用 IETF RFC 7684 定义的 OSPFv2 扩展链路 TLV 的一个子 TLV 来通告的。该 TLV 承载在 OSPFv2 扩展链路不透明 LSA（不透明类型 8）中，其泛洪范围为区域（类型 10 LSA），以确保只在与 OSPF 路由器和网络 LSA 相同的区域范围内泛洪。使用 OSPFv2 扩展链路 LSA 的应用不限于 SR，该 LSA 可用于通告其他额外的链路属性。

OSPFv2 扩展链路 TLV 定义了一些字段用于描述该 TLV 所应用于的邻接。该 TLV 格式如图 5-27 所示。

该 TLV 具有以下字段。

- 链路类型（Link Type）字段：其取值在 OSPFv2 规范（IETF RFC 2328，A.4.2）中定义。

类型	描述
1	与其他路由器的点对点连接

2   与传输网络的连接
3   与末梢网络的连接
4   虚链路

```
 0                   1                   2                   3
 0 1 2 3 4 5 6 7 8 9 0 1 2 3 4 5 6 7 8 9 0 1 2 3 4 5 6 7 8 9 0 1
+-+-+-+-+-+-+-+-+-+-+-+-+-+-+-+-+-+-+-+-+-+-+-+-+-+-+-+-+-+-+-+-+
|           类型 (1)            |             长度              |
+-+-+-+-+-+-+-+-+-+-+-+-+-+-+-+-+-+-+-+-+-+-+-+-+-+-+-+-+-+-+-+-+
|   链路类型    |                  保留                         |
+-+-+-+-+-+-+-+-+-+-+-+-+-+-+-+-+-+-+-+-+-+-+-+-+-+-+-+-+-+-+-+-+
|                            链路ID                             |
+-+-+-+-+-+-+-+-+-+-+-+-+-+-+-+-+-+-+-+-+-+-+-+-+-+-+-+-+-+-+-+-+
|                           链路数据                            |
+-+-+-+-+-+-+-+-+-+-+-+-+-+-+-+-+-+-+-+-+-+-+-+-+-+-+-+-+-+-+-+-+
|                          子TLV(可变)                          |
+-+-+-+-+-+-+-+-+-+-+-+-+-+-+-+-+-+-+-+-+-+-+-+-+-+-+-+-+-+-+-+-+
```

图 5-27　OSPFv2 扩展链路 TLV 格式

— 链路 ID（Link ID）和链路数据（Link Data）字段：链路 ID 和链路数据字段的含义取决于链路类型字段的值（均根据 OSPFv2 规范 IETF RFC 2328，A.4.2），如表 5-2 所示。Cisco IOS XR 目前不使用链路类型 4。

表 5-2　OSPFv2 扩展链路 TLV 字段值

描述	链路类型	链路	链路数据
点对点连接（IP 地址已分配）	1	邻接路由器	接口 IP 地址
点对点连接（IP 地址无编号）			接口索引值
与传输网络的连接	2	指定路由器的 IP 地址	接口 IP 地址
与末梢网络的连接	3	网络 IP 地址	网络 IP 子网掩码
虚链路	4	邻接路由器	接口 IP 地址

Adjacency-SID 子 TLV 是扩展链路 TLV 的一个子 TLV，其格式如图 5-28 所示。
OSPFv2 Adjacency-SID 子 TLV 包含以下字段。

— 标志（Flags）字段。
  • B（备份）：如果置位，则 Adjacency-SID 具有保护资格（例如使用 TI-LFA）；如果未置位，则 Adjacency-SID 不受保护。
  • V（值）：如果 Adjacency-SID 携带绝对值，则置位；如果 Adjacency-SID 携带索引，则不置位。Cisco IOS XR：总是置位。
  • L（本地 / 全局）：如果 Adjacency-SID 是本地有效，则置位；如果 Adjacency-SID 是全局有效，则不置位。Cisco IOS XR：总是置位。

- S（集合）：如果 Adjacency-SID 是指向一组邻接，则置位。Cisco IOS XR：总是不置位。
- 多拓扑 ID（MT-ID）字段：在 IETF RFC 4915 中定义。Cisco IOS XR：在写本书时不支持。
- 权重（Weight）字段：该值表示此 Adjacency-SID 在负载均衡时的权重。Cisco IOS XR：权重 = 0。
- SID/索引/标签：当 V 标志 =1，并且 L 标志 =1 时，最右边的 20 位编码为 MPLS 标签值，这是 Cisco IOS XR 唯一支持的标志组合。

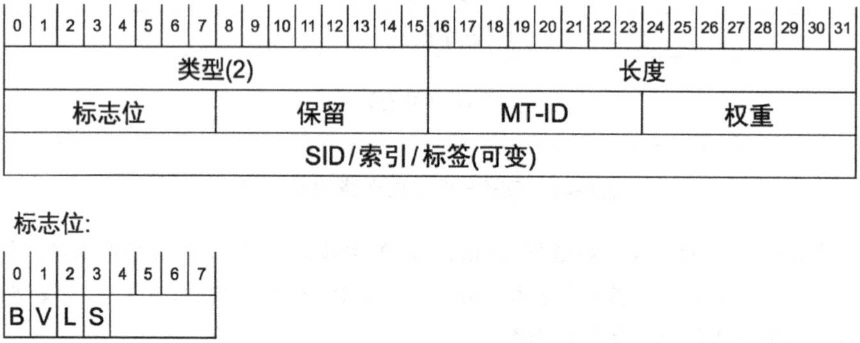

0 1 2 3 4 5 6 7 8 9 10 11 12 13 14 15	16 17 18 19 20 21 22 23 24 25 26 27 28 29 30 31
类型(2)	长度
标志位	保留	MT-ID	权重
SID/索引/标签(可变)	

标志位：

0	1	2	3	4	5	6	7
B	V	L	S				

图 5-28　OSPFv2 Adjacency-SID 子 TLV 格式

例 5-58 显示了节点 1 通告的路由器 LSA（类型 1 LSA）。拓扑结构仍然如图 5-26 所示。路由器 LSA 包含与节点 2 的点对点邻接。以下字段标识了此邻接。
- 链路类型 = 点对点连接（1）。
- 链路 ID = 邻居的路由器 ID（1.1.1.2）。
- 链路数据 = 本地接口的 IP 地址 99.1.2.1，因为它不是无编号（Unnumbered）接口。

▶ 例 5-58　OSPFv2 路由器 LSA 示例

```
RP/0/0/CPU0:xrvr-1#show ospf database router self-originate


           OSPF Router with ID (1.1.1.1) (Process ID 1)

                Router Link States (Area 0)

LS age: 634
Options: (No TOS-capability, DC)
LS Type: Router Links
Link State ID: 1.1.1.1
```

```
Advertising Router: 1.1.1.1
LS Seq Number: 80000008
Checksum: 0x8891
Length: 60
 Number of Links: 3

  Link connected to: a Stub Network
   (Link ID) Network/subnet number: 1.1.1.1
   (Link Data) Network Mask: 255.255.255.255
    Number of TOS metrics: 0
     TOS 0 Metrics: 1

  Link connected to: another Router (point-to-point)
   (Link ID) Neighboring Router ID: 1.1.1.2
   (Link Data) Router Interface address: 99.1.2.1
    Number of TOS metrics: 0
     TOS 0 Metrics: 10

  Link connected to: a Stub Network
   (Link ID) Network/subnet number: 99.1.2.0
   (Link Data) Network Mask: 255.255.255.0
    Number of TOS metrics: 0
     TOS 0 Metrics: 10
```

在这个例子中，由于只有一个邻接，节点 1 只通告一个扩展链路 LSA（不透明类型 8）。这个 LSA 的链路状态 ID 碰巧是 8.0.0.3，其中 8 是不透明类型，0.0.3 = 3 是不透明 ID。不透明 ID 是一个随机标识符，仅用于区分同一节点始发的多个不透明类型 8 LSA，参见例 5-59 的输出。

▶ **例 5-59　OSPFv2 扩展链路不透明 LSA 示例**

```
 1 RP/0/0/CPU0:xrvr-1#show ospf database opaque-area 8.0.0.3
 2
 3
 4          OSPF Router with ID (1.1.1.1) (Process ID 1)
 5
 6            Type-10 Opaque Link Area Link States (Area 0)
 7
 8   LS age: 1001
 9   Options: (No TOS-capability, DC)
10   LS Type: Opaque Area Link
```

```
11      Link State ID: 8.0.0.3
12      Opaque Type: 8
13      Opaque ID: 3
14      Advertising Router: 1.1.1.1
15      LS Seq Number: 80000006
16      Checksum: 0x398a
17      Length: 68
18
19        Extended Link TLV: Length: 44
20          Link-type : 1                !! point-to-point connection
21          Link ID   : 1.1.1.2          !! neighbor's router-id
22          Link Data : 99.1.2.1         !! interface's IP address
23
24          Adj sub-TLV: Length: 7
25            Flags     : 0xe0           !! B:1, V:1, L:1, S:0
26            MTID      : 0
27            Weight    : 0
28            Label     : 30102
29
30          Adj sub-TLV: Length: 7
31            Flags     : 0x60           !! B:0, V:1, L:1, S:0
32            MTID      : 0
33            Weight    : 0
34            Label     : 31102
35
36          Remote If Address sub-TLV: Length: 4
37            Neighbor Address: 99.1.2.2
```

扩展链路 LSA 包含扩展链路 TLV。此 TLV 中的字段指定其应用于的邻接。它使用的字段与路由器 LSA 中用于邻接的字段是相同的。

- 链路类型 = 点对点连接（1）。
- 链路 ID = 邻居的路由器 ID(1.1.1.2)。
- 链路数据 = 接口 IP 地址 99.1.2.1，因为它有一个配置的 IP 地址。

扩展链路 TLV 包含两个 Adjacency-SID 子 TLV：一个用于具有保护资格的 Adjacency-SID（"B-flag:1"），一个用于不受保护的 Adjacency-SID（"B-flag:0"）。请注意，由于没有可用的备份路径，所以无法对两节点间的单条链路进行保护。标志位在 OSPF 数据库输出中显示为十六进制数。两个 Adjacency-SID 的 V 标志和 L 标志都置位，这意味着它们是本地 Segment 并包含一个标签值。S 标志都没有置位，这意味着它们不是指向一组邻接。

扩展链路 TLV 还包括在远端接口地址子 TLV（Remote Interface Address sub-TLV）中指定的邻居 IP 地址。此子 TLV 仅包含在点对点邻接中。

RFC 3630、RFC 4203 等定义了 TE 不透明 LSA，用于通过 OSPF 传播 TE 特定链路属性。这些 LSA 中的信息通常是由 TE 控制平面协议（RSVP-TE、GMPLS 等）始发和使用，OSPF 协议本身以不透明的方式处理它们。始发这些 LSA 的另一个隐含的意义是向该区域中其他所有节点宣布，该链路成为经典 MPLS-TE 拓扑（如由 RSVP-TE 使用）的一部分。当 OSPF 被扩展支持 SR 时，人们认定正确的做法不是使用 TE 不透明 LSA 来传递 SR 信息，而是使用 RFC 7684 定义的 OSPF 扩展前缀和链路属性 LSA 的通用机制。OSPF 可以使用这些新的、通用的 LSA 容器，而与 TE 没有任何联系。在例 5-59 中，在扩展链路属性 LSA 中与 Adjacency-SID 一起出现的远端接口地址 TLV（见第 36 和 37 行），是重用了现有为 TE 不透明 LSA 所定义的 TLV。类似地，可以把其他与 SRLG、本地 / 远端链接标识符和扩展度量相关的 TLV 重用起来。这个工作已经完成，这使得这些 TLV 可以为 OSPF 协议所用（例如用于 SRTE 和 TI-LFA），而不会干扰传统 RSVP-TE 的部署。可以查看 IETF draft-ppsenak-ospf-te-link-attr-reuse 以获取更多详细信息，我们将在第二卷 SRTE 部分介绍相关内容。

5.4.6.2　OSPF 多区域 Adjacency-SID

在图 5-26 所示网络拓扑中，在两个节点上添加了 OSPF 区域 1。两个节点之间仍然只有一条链路。接口 Gi0/0/0/0 被添加为两个节点的区域 1 下的多区域接口。请参见例 5-60 中节点 1 的配置。

▶ 例 5-60　多区域邻接——配置

```
router ospf 1
 router-id 1.1.1.1
 segment-routing mpls
 area 0
  interface Loopback0
   passive enable
   prefix-sid absolute 16001
  !
  interface GigabitEthernet0/0/0/0
   cost 10
   network point-to-point
  !
 !
 area 1
  multi-area-interface GigabitEthernet0/0/0/0
```

```
   cost 10
  !
 !
!
```

两个邻接都显示在例 5-61 命令 show ospf neighbor area-sorted 的输出中。多邻接（Multi-Adjacency，MADJ）接口在行尾标有 "*"。

▶ 例 5-61　多区域邻接——邻接

```
RP/0/0/CPU0:xrvr-1#show ospf neighbor area-sorted
* Indicates MADJ interface
# Indicates Neighbor awaiting BFD session up
Neighbors for OSPF 1
Area 0
Neighbor ID     Pri   State    Dead Time  Address      Up Time  Interface
1.1.1.2         1     FULL/ -  00:00:37   99.1.2.2     00:56:13 Gi0/0/0/0
Total neighbor count: 1
Area 1
Neighbor ID     Pri   State    Dead Time  Address      Up Time  Interface
1.1.1.2         1     FULL/ -  00:00:34   99.1.2.2     00:00:53 Gi0/0/0/0*
Total neighbor count: 1
```

命令 show ospf neighbor detail 的输出显示在两个区域中邻接都使用相同的 Adjacency-SID，如例 5-62 所示。

▶ 例 5-62　多区域邻接——Adjacency-SID

```
RP/0/0/CPU0:xrvr-1#show ospf neighbor detail

* Indicates MADJ interface
# Indicates Neighbor awaiting BFD session up

Neighbors for OSPF 1

 Neighbor 1.1.1.2, interface address 99.1.2.2
    In the area 0 via interface GigabitEthernet0/0/0/0
    Neighbor priority is 1, State is FULL, 6 state changes
    DR is 0.0.0.0 BDR is 0.0.0.0
    Options is 0x52
    LLS Options is 0x1 (LR)
```

```
    Dead timer due in 00:00:31
    Neighbor is up for 00:58:49
    Number of DBD retrans during last exchange 0
    Index 1/1, retransmission queue length 0, number of retransmission 2
    First 0(0)/0(0) Next 0(0)/0(0)
    Last retransmission scan length is 1, maximum is 1
    Last retransmission scan time is 0 msec, maximum is 0 msec
    LS Ack list: NSR-sync pending 0, high water mark 0
    Adjacency SID Label: 30102
    Unprotected Adjacency SID Label: 31102

Neighbor 1.1.1.2, interface address 99.1.2.2
    In the area 1 via interface GigabitEthernet0/0/0/0
    Neighbor priority is 1, State is FULL, 6 state changes
    DR is 0.0.0.0 BDR is 0.0.0.0
    Options is 0x52
    LLS Options is 0x1 (LR)
    Dead timer due in 00:00:31
    Neighbor is up for 00:03:30
    Number of DBD retrans during last exchange 0
    Index 1/2, retransmission queue length 0, number of retransmission 1
    First 0(0)/0(0) Next 0(0)/0(0)
    Last retransmission scan length is 1, maximum is 1
    Last retransmission scan time is 0 msec, maximum is 0 msec
    LS Ack list: NSR-sync pending 0, high water mark 0
    Adjacency SID Label: 30102
    Unprotected Adjacency SID Label: 31102

Total neighbor count: 2
```

Cisco IOS-XR 的 OSPF 实现为同一接口上给定邻居的多区域邻接使用同一个 MPLS 标签，以便完成对 MPLS 数据平面的抽象，并减少要使用的 Adjacency-SID 标签。当通过链路转发 SR 流量时，区域的概念并不真正适用，因为它只是一个控制平面的概念。当涉及为多区域邻接的具有保护资格的 Adjacency-SID 安装备份路径时，OSPF 可以选择经过任何区域到相邻路由器的备份路径（通常在骨干区域）。

非主要区域内的多区域邻接的通告几乎与常规的单一区域邻接通告相同。例 5-63 显示了节点 1 在区域 1 中通告的路由器 LSA。该 LSA 仅包含邻接，链路在该区域被认为是无编号（Unnumbered）的。在无编号接口的情况下，如本例所示，路由器 LSA 的链路数据字段中携带的是接口索引（ifIndex）。例 5-64 显示了如何找到接口索引。在路由器 LSA 的链路数据字段中，接口索引以点分十进制格式显示。

▶ 例 5-63　多区域邻接——路由器 LSA

```
RP/0/0/CPU0:xrvr-1#show ospf 1 1 database router self-originate
          OSPF Router with ID (1.1.1.1) (Process ID 1)
            Router Link States (Area 1)
  LS age: 64
  Options: (No TOS-capability,DC)
  LS Type: Router Links
  Link State ID: 1.1.1.1
  Advertising Router: 1.1.1.1
  LS Seq Number: 80000002
  Checksum: 0xac68
  Length: 36
  Area Border Router
  AS Boundary Router
   Number of Links: 1
    Link connected to: another Router (point-to-point)
    (Link ID) Neighboring Router ID: 1.1.1.2
    (Link Data) Router Interface address: 0.0.0.3
     Number of TOS metrics: 0
      TOS 0 Metrics: 10
```

▶ 例 5-64　多区域邻接——接口索引（ifIndex）

```
RP/0/0/CPU0:xrvr-1#show snmp interface gi0/0/0/0 ifindex
ifName : GigabitEthernet0/0/0/0 ifIndex : 3
```

包含与区域 1 的多区域邻接相关联 Adjacency-SID 的扩展链路 TLV 使用下列字段来标识这一邻接。

- 链路类型 = 点对点连接（1）。
- 链路 ID = 邻居的路由器 ID(1.1.1.2)。
- 链路数据 = 本地接口索引，因为这是一个无编号接口。

请参见例 5-65 的输出。除了扩展链路 TLV 中的链路数据字段不同之外，其他内容与区域 0 的邻接的扩展链路 LSA 相同（见例 5-59）。

▶ 例 5-65　多区域邻接——Adjacency-SID

```
RP/0/0/CPU0:xrvr-1#show ospf 1 1 database opaque-area 8.0.0.3 self-
```

```
originate
                Type-10 Opaque Link Area Link States (Area 1)

  LS age: 871
  Options: (No TOS-capability,DC)
  LS Type: Opaque Area Link
  Link State ID: 8.0.0.3
  Opaque Type: 8
  Opaque ID: 3
  Advertising Router: 1.1.1.1
  LS Seq Number: 80000001
  Checksum: 0x62ca
  Length: 68
    Extended Link TLV: Length: 44
      Link-type : 1                 !! point-to-point connection
      Link ID   : 1.1.1.2           !! neighbor's router-id
      Link Data : 0.0.0.3           !! interface's ifIndex
    Adj sub-TLV: Length: 7
      Flags     : 0xe0              !! B:1,V:1,L:1,S:0
      MTID      : 0
      Weight    : 0
      Label     : 30102
    Adj sub-TLV: Length: 7
      Flags     : 0x60              !! B:0,V:1,L:1,S:0
      MTID      : 0
      Weight    : 0
      Label     : 31102
    Remote If Address sub-TLV: Length: 4
      Neighbor Address: 99.1.2.2
```

5.4.6.3　OSPFv2 LAN Adjacency-SID

局域网上的 OSPF 节点选择指定路由器（DR）和备份指定路由器（BDR）。DR 充当伪节点的角色。DR 代表伪节点发起网络 LSA（Network LSA），并维护与局域网上所有节点的邻接。局域网上非 DR/BDR 的其他节点称为"DROTHER 节点"。DR/BDR 选举机制以及 OSPF 如何在局域网中维护邻接超出了本书的范围。

图 5-29 所示网络拓扑结构是由 4 个节点组成的局域网。这个拓扑包含 4 个节点，可以说明所有可能的邻接类型。

在此示例中，路由器 ID 最高的节点节点 4 被选为 DR。具有下一个最高路由器 ID 的节点节点 3 被选为 BDR。节点 1 和节点 2 是 DROTHER 节点。

局域网上的所有 OSPF 节点（DR、BDR 和 DROTHER）都与 DR 和 BDR 保持完全（FULL）

邻接状态。局域网上的每个 DROTHER 节点与局域网上所有其他 DROTHER 节点保持双向通信（2-way）邻接状态，例如节点 1 和节点 2 之间的邻接。处于双向通信状态的邻接表示两个节点之间已经建立起了双向通信，两个节点都看到对方的 hello 数据包。

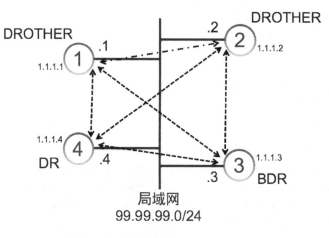

图 5-29　局域网上的 OSPF DR/BDR

 重点提示：OSPF 邻居状态

这是对 OSPF 邻接的不同状态的简要说明（邻接建立的程度由低到高）。

关闭（DOWN）

没有从任何邻居收到 hello。

初始化（INIT）

已从邻居接收到一个 hello 数据包，但该节点自己的路由器 ID 不包含在 hello 中。

双向通信（TWOWAY）

节点自己的路由器 ID 包含在 hello 中，已经在两个节点之间建立起了双向通信。DR 和 BDR 已经选出。

交换开始（EXSTART）

确定了数据库交换的主从角色。

交换（EXCHANGE）

节点交换数据库描述符（DBD）数据包。

> **信息加载（LOADING）**
> 节点交换链路状态信息。
> **完全（FULL）**
> 节点邻接完全建立，其数据库完全同步。

例 5-66 显示了拓扑中 4 个节点上命令 show ospf neighbor 的输出。节点 3 和节点 4，作为 BDR 和 DR 与局域网上所有其他节点保持完全（"FULL"）邻接状态，如输出的第三列所示。节点 1 和节点 2 都保持与 DR/BDR 的完全（"FULL"）邻接状态，并保持彼此间的双向通信（"2WAY"）邻接。

▶ **例 5-66　局域网上的 OSPF 邻接**

```
RP/0/0/CPU0:xrvr-1#show ospf neighbor
Neighbor ID     Pri   State           Dead Time   Address         Interface
1.1.1.2         1     2WAY/DROTHER    00:00:33    99.99.99.2      GigabitEthernet0/0/0/0
1.1.1.3         1     FULL/BDR        00:00:36    99.99.99.3      GigabitEthernet0/0/0/0
1.1.1.4         1     FULL/DR         00:00:36    99.99.99.4      GigabitEthernet0/0/0/0
RP/0/0/CPU0:xrvr-2#show ospf neighbor
Neighbor ID     Pri   State           Dead Time   Address         Interface
1.1.1.1         1     2WAY/DROTHER    00:00:36    99.99.99.1      GigabitEthernet0/0/0/0
1.1.1.3         1     FULL/BDR        00:00:37    99.99.99.3      GigabitEthernet0/0/0/0
1.1.1.4         1     FULL/DR         00:00:37    99.99.99.4      GigabitEthernet0/0/0/0
RP/0/0/CPU0:xrvr-3#show ospf neighbor
Neighbor ID     Pri   State           Dead Time   Address         Interface
1.1.1.1         1     FULL/DROTHER    00:00:34    99.99.99.1      GigabitEthernet0/0/0/0
1.1.1.2         1     FULL/DROTHER    00:00:32    99.99.99.2      GigabitEthernet0/0/0/0
1.1.1.4         1     FULL/DR         00:00:35    99.99.99.4      GigabitEthernet0/0/0/0
RP/0/0/CPU0:xrvr-4#show ospf neighbor
Neighbor ID     Pri   State           Dead Time   Address         Interface
1.1.1.1         1     FULL/DROTHER    00:00:39    99.99.99.1      GigabitEthernet0/0/0/0
```

```
1.1.1.2          1    FULL/DROTHER    00:00:39    99.99.99.2    GigabitEt
hernet0/0/0/0
1.1.1.3          1    FULL/BDR        00:00:39    99.99.99.3    GigabitEt
hernet0/0/0/0
```

在 Cisco IOS XR 实现中，Adjacency-SID 标签分配给处于双向通信状态及以上的邻接。例 5-67 中命令 show ospf neighbor detail 的输出显示了节点 1 与局域网上所有其他三个节点（节点 2、节点 3 和节点 4）的邻接的 Adjacency-SID 标签。节点 1 为每个邻接分配具有保护资格的 Adjacency-SID 和一个不受保护的 Adjacency-SID。节点 1 与 DR 节点 4 和 BDR 节点 3 的邻接处于完全（"FULL"）状态。节点 1 与 DROTHER 节点 2 的邻接状态保持在双向通信（"2WAY"）状态。

▶ 例 5-67　局域网上的 OSPF 邻接的详细信息

```
RP/0/0/CPU0:xrvr-1#show ospf neighbor detail

* Indicates MADJ interface
# Indicates Neighbor awaiting BFD session up

Neighbors for OSPF 1

 Neighbor 1.1.1.2, interface address 99.99.99.2
    In the area 0 via interface GigabitEthernet0/0/0/0
    Neighbor priority is 1, State is 2WAY, 2 state changes
    DR is 99.99.99.4 BDR is 99.99.99.3
    Options is 0
    Dead timer due in 00:00:32
    Neighbor is up for 13:49:07
    Number of DBD retrans during last exchange 0
    Index 0/0, retransmission queue length 0, number of retransmission 0
    First 0(0)/0(0) Next 0(0)/0(0)
    Last retransmission scan length is 0, maximum is 0
    Last retransmission scan time is 0 msec, maximum is 0 msec
    LS Ack list: NSR-sync pending 0, high water mark 0
    Adjacency SID Label: 30102
    Unprotected Adjacency SID Label: 31102

 Neighbor 1.1.1.3, interface address 99.99.99.3
    In the area 0 via interface GigabitEthernet0/0/0/0
    Neighbor priority is 1, State is FULL, 6 state changes
```

```
     DR is 99.99.99.4 BDR is 99.99.99.3
     Options is 0x52
     LLS Options is 0x1 (LR)
     Dead timer due in 00:00:33
     Neighbor is up for 13:49:01
     Number of DBD retrans during last exchange 0
     Index 1/1, retransmission queue length 0, number of retransmission 0
     First 0(0)/0(0) Next 0(0)/0(0)
     Last retransmission scan length is 0, maximum is 0
     Last retransmission scan time is 0 msec, maximum is 0 msec
     LS Ack list: NSR-sync pending 0, high water mark 0
     Adjacency SID Label: 30103
     Unprotected Adjacency SID Label: 31103

 Neighbor 1.1.1.4, interface address 99.99.99.4
     In the area 0 via interface GigabitEthernet0/0/0/0
     Neighbor priority is 1, State is FULL, 6 state changes
     DR is 99.99.99.4 BDR is 99.99.99.3
     Options is 0x52
     LLS Options is 0x1 (LR)
     Dead timer due in 00:00:33
     Neighbor is up for 13:49:20
     Number of DBD retrans during last exchange 0
     Index 2/2, retransmission queue length 0, number of retransmission 4
     First 0(0)/0(0) Next 0(0)/0(0)
     Last retransmission scan length is 1, maximum is 1
     Last retransmission scan time is 0 msec, maximum is 0 msec
     LS Ack list: NSR-sync pending 0, high water mark 0
     Adjacency SID Label: 30104
     Unprotected Adjacency SID Label: 31104

 Total neighbor count: 3
```

这些 Adjacency-SID 的标签都安装在节点 1 的 MPLS 转发表中，如例 5-68 所示。所有的 Adjacency-SID 都使用相同的出接口，但下一跳不同，这些下一跳是局域网上的其他节点。在这个拓扑中，节点 X 对应的下一跳地址是 99.99.99.X。该命令输出显示所有条目都是"idx 0"，这是因为 OSPF 不使用此字段来区分同一邻接的不同 Adjacency-SID。

▶ **例 5-68   LAN Adjacency-SID——MPLS 转发条目**

```
RP/0/0/CPU0:xrvr-1#show mpls forwarding labels 30000 40000
```

```
Local   Outgoing    Prefix              Outgoing        Next Hop         Bytes
Label   Label       or ID               Interface                        Switched
--      ----------  ------------------  ------------    ---------------  ----------
30104   Pop         SR Adj (idx 0)      Gi0/0/0/0       99.99.99.4       0
31104   Pop         SR Adj (idx 0)      Gi0/0/0/0       99.99.99.4       0
30102   Pop         SR Adj (idx 0)      Gi0/0/0/0       99.99.99.2       0
31102   Pop         SR Adj (idx 0)      Gi0/0/0/0       99.99.99.2       0
30103   Pop         SR Adj (idx 0)      Gi0/0/0/0       99.99.99.3       0
31103   Pop         SR Adj (idx 0)      Gi0/0/0/0       99.99.99.3       0
```

例 5-69 显示了节点 1 上的 LSD 表，包括标签上下文。

▶ 例 5-69 IS-IS LAN Adjacency-SID——MPLS 标签表

```
RP/0/0/CPU0:xrvr-1#show mpls label table detail
Table Label Owner                             State Rewrite
-     ----- -------------------------------   ----- -------
0     0     LSD(A)                            InUse Yes
0     1     LSD(A)                            InUse Yes
0     2     LSD(A)                            InUse Yes
0     13    LSD(A)                            InUse Yes
0     16000 OSPF(A):ospf-1                    InUse No
  (Lbl-blk SRGB,vers:0,(start_label=16000,size=8000)
0     30104 OSPF(A):ospf-1                    InUse Yes
  (SR Adj Segment IPv4,vers:0,index=0,type=1,intf=Gi0/0/0/0,
nh=99.99.99.4)
0     31104 OSPF(A):ospf-1                    InUse Yes
  (SR Adj Segment IPv4,vers:0,index=0,type=2,intf=Gi0/0/0/0,
nh=99.99.99.4)
0     30102 OSPF(A):ospf-1                    InUse Yes
  (SR Adj Segment IPv4,vers:0,index=0,type=1,intf=Gi0/0/0/0,
nh=99.99.99.2)
0     31102 OSPF(A):ospf-1                    InUse Yes
  (SR Adj Segment IPv4,vers:0,index=0,type=2,intf=Gi0/0/0/0,
nh=99.99.99.2)
0     30103 OSPF(A):ospf-1                    InUse Yes
  (SR Adj Segment IPv4,vers:0,index=0,type=1,intf=Gi0/0/0/0,
nh=99.99.99.3)
0     31103 OSPF(A):ospf-1                    InUse Yes
  (SR Adj Segment IPv4,vers:0,index=0,type=2,intf=Gi0/0/0/0,
nh=99.99.99.3)
```

5.4.6.4　OSPF LAN Adjacency-SID 通告

DR 充当伪节点的角色，因此 DR 代表伪节点通告网络 LSA（类型 2 LSA）。该 LSA 包含伪节点与局域网上所有节点的邻接。例 5-70 显示了图 5-29 拓扑中 DR 节点 4 通告的网络 LSA，伪节点通告与局域网上 4 个节点的邻接。

▶ **例 5-70　OSPF DR（伪节点）通告**

```
RP/0/0/CPU0:xrvr-4#sh ospf data network self

            OSPF Router with ID (1.1.1.4) (Process ID 1)
                Net Link States (Area 0)

Routing Bit Set on this LSA
LS age: 618
Options: (No TOS-capability,DC)
LS Type: Network Links
Link State ID: 99.99.99.4 (address of Designated Router)
Advertising Router: 1.1.1.4
LS Seq Number: 80000001
Checksum: 0xba2c
Length: 40
Network Mask: /24
      Attached Router: 1.1.1.1
      Attached Router: 1.1.1.2
      Attached Router: 1.1.1.3
      Attached Router: 1.1.1.4
```

局域网上的每个节点，包括 DR 和 BDR，也将其自身的邻接通告给此伪节点。例 5-71 显示了节点 1 通告的路由器 LSA（类型 1 LSA）。它表示节点 1 连接到一个以节点 4 为 DR 的传输网络（"Transit Network"），这是一个由伪节点，也就是 DR 节点 4 所代表的局域网。

▶ **例 5-71　OSPF 到 DR（伪节点）邻接的通告**

```
RP/0/0/CPU0:xrvr-1#show ospf data router self-originate



            OSPF Router with ID (1.1.1.1) (Process ID 1)

                Router Link States (Area 0)

LS age: 290
Options: (No TOS-capability, DC)
LS Type: Router Links
```

```
Link State ID: 1.1.1.1
Advertising Router: 1.1.1.1
LS Seq Number: 8000001e
Checksum: 0xbae4
Length: 48
 Number of Links: 2

 Link connected to: a Stub Network
   (Link ID) Network/subnet number: 1.1.1.1
   (Link Data) Network Mask: 255.255.255.255
   Number of TOS metrics: 0
    TOS 0 Metrics: 1

 Link connected to: a Transit Network
   (Link ID) Designated Router address: 99.99.99.4
   (Link Data) Router Interface address: 99.99.99.1
   Number of TOS metrics: 0
    TOS 0 Metrics: 1
```

局域网接口上的邻接的 OSPF Adjacency-SID 也是用扩展链路不透明 LSA 来通告的，这与点对点 Adjacency-SID 是相同的。扩展链路 LSA 包含的扩展链路 TLV 中的字段用于标识此 TLV 所应用于的邻接。用于局域网邻接的扩展链路 TLV 中加入了 Adjacency-SID 子 TLV 和 LAN Adjacency-SID 子 TLV 的组合，可以用来携带多个 Adjacency-SID。其中，Adjacency-SID 子 TLV 用于表示与 DR 的邻接，而 LAN Adjacency 子 TLV 用于表示与局域网上其他非 DR 节点（包括 BDR）的邻接。

LAN Adjacency-SID 子 TLV 的格式如图 5-30 所示。

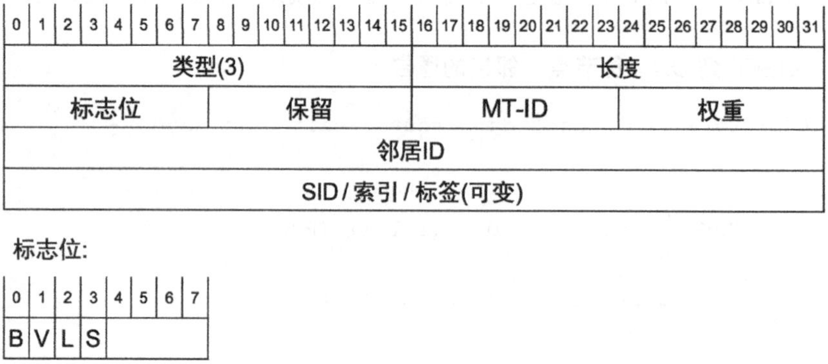

0 1 2 3 4 5 6 7 8 9 10 11 12 13 14 15	16 17 18 19 20 21 22 23 24 25 26 27 28 29 30 31
类型(3)	长度
标志位 | 保留	MT-ID | 权重
邻居ID	
SID/索引/标签(可变)	

标志位：

0	1	2	3	4	5	6	7
B	V	L	S				

图 5-30　LAN Adjacency-SID 子 TLV 格式

LAN Adjacency-SID 子 TLV 包含以下字段。

— 标志（flags）、多拓扑 ID（MT-ID）和权重（Weight）字段与 Adjacency-SID 子 TLV 中的字段完全相同。请参阅第 5.4.6.1 节对这些字段的说明。

— 邻居 ID（Neighbor ID）：邻居节点的路由器 ID。

— SID/索引/标签：当 V 标志 =1 和 L 标志 =1 时，最右边的 20 位编码为 MPLS 标签值。这是 Cisco IOS XR 唯一支持的标志组合。

在图 5-29 的简单拓扑中，节点 1 只有一个邻接，因此只通告一个扩展链路 LSA。在该示例中，此 LSA 的链路状态 ID 为 8.0.0.4，不透明类型是 8，不透明 ID 是 4。此 LSA 如例 5-72 所示。

扩展链路 LSA 包含扩展链路 TLV。该 TLV（见第 18 ～ 21 行）中的字段用于标识此 TLV 应用于的邻接。链路类型为 2，这意味着它是连接到传输网络（"Transit Network"），这是与局域网伪节点的连接。链路 ID 和链路数据分别为 DR 的地址（99.99.99.4）和路由器本地接口地址（99.99.99.1）。这三个字段，与例 5-71 中节点 1 的路由器 LSA 包含的与伪节点邻接的相应字段，是相匹配的。由此可知这是此扩展链路 TLV 所应用于的邻接。

这个扩展链路 TLV 包含 6 个子 TLV，每个子 TLV 包含一个 Adjacency-SID：到局域网上其他每个节点有一对 Adjacency-SID（一个具有保护资格和一个不受保护），共三对。

LSA 中的第一类子 TLV（见第 23 ～ 49 行）是 LAN Adjacency-SID 子 TLV。这些 TLV 包含与局域网上非 DR 节点（节点 2 和节点 3）的邻接的 Adjacency-SID。请注意，即使节点 1 与 BDR 保持完全邻接状态，也可以使用 LAN Adjacency-SID 子 TLV 来通告其与 BDR 邻接的 Adjacency-SID。这些子 TLV 的邻居 ID 字段包含对端路由器的路由器 ID，以标识 Adjacency-SID 的对端节点。例如，第一个 LAN Adjacency-SID（见第 23 ～ 28 行）对应的是与节点 2 的邻接。请注意，向每个远端节点通告两个 Adjacency-SID：一个具有保护资格（"B:1"），一个不受保护（"B:0"）。

TLV 中的最后两个子 TLV（见第 51 ～ 61 行）是与 DR 节点 4 的邻接的 Adjacency-SID 子 TLV。

▶ 例 5-72　OSPF 到伪节点的邻接——LAN Adjacency-SID

```
1  RP/0/0/CPU0:xrvr-1#show ospf database opaque-area 8.0.0.4 self-originate
2
3            OSPF Router with ID (1.1.1.1) (Process ID 1)
4
5              Type-10 Opaque Link Area Link States (Area 0)
6
7   LS age: 1154
8   Options: (No TOS-capability, DC)
```

```
 9    LS Type: Opaque Area Link
10    Link State ID: 8.0.0.4
11    Opaque Type: 8
12    Opaque ID: 4
13    Advertising Router: 1.1.1.1
14    LS Seq Number: 8000001e
15    Checksum: 0xcb2e
16    Length: 124
17
18      Extended Link TLV: Length: 100
19        Link-type : 2              !! Connection to a Transit Network
20        Link ID   : 99.99.99.4     !! Designated Router address
21        Link Data : 99.99.99.1     !! Router Interface address
22
23        LAN Adj sub-TLV: Length: 11
24          Flags      : 0xe0          !! B:1,V:1,L:1,S:0
25          MTID       : 0
26          Weight     : 0
27          Neighbor ID: 1.1.1.2
28          Label      : 30102
29
30        LAN Adj sub-TLV: Length: 11
31          Flags      : 0x60          !! B:0,V:1,L:1,S:0
32          MTID       : 0
33          Weight     : 0
34          Neighbor ID: 1.1.1.2
35          Label      : 31102
36
37        LAN Adj sub-TLV: Length: 11
38          Flags      : 0xe0          !! B:1,V:1,L:1,S:0
39          MTID       : 0
40          Weight     : 0
41          Neighbor ID: 1.1.1.3
42          Label      : 30103
43
44        LAN Adj sub-TLV: Length: 11
45          Flags      : 0x60          !! B:0,V:1,L:1,S:0
46          MTID       : 0
47          Weight     : 0
48          Neighbor ID: 1.1.1.3
49          Label      : 31103
50
```

```
51      Adj sub-TLV: Length: 7
52          Flags         : 0xe0          !! B:1,V:1,L:1,S:0
53          MTID          : 0
54          Weight        : 0
55          Label         : 30104
56
57      Adj sub-TLV: Length: 7
58          Flags         : 0x60          !! B:0,V:1,L:1,S:0
59          MTID          : 0
60          Weight        : 0
61          Label         : 31104
```

5.5 IGP 多区域 / 层次操作

在网络中启用 SR 不会改变 OSPF 多区域 /ISIS 多层次功能的工作方式。现有的 IGP 网络设计不需要更改。

当前缀在 OSPF 区域或 ISIS 层次之间传播时，与该前缀相关联的 Prefix-SID 也在区域或层次之间传播。换句话说，Prefix-SID 信息一直附加在跨区域或层次传播的前缀上。因为 Prefix-SID 在整个 SR 域中是唯一的，因此可以跨越区域边界。

Adjacency-SID 不会跨区域或层次传播，因为它们是附加到链路的，而链路本身不会在基础 IGP 中跨区域或层次传播。

要让 Prefix-SID 随着前缀一起传播，ISIS 层次 1/ 层次 2 节点或 OSPF ABR 必须启用 SR。

5.5.1 确定前缀的倒数第二跳

在 LDP 或 BGP 标签单播的世界中，对一个节点而言，要发现它自己是标签交换路径的倒数第二跳是简单直接的：其实它都不需要费劲去发现！倒数第二跳的行为由最后一跳指定，最后一跳设备将直连的前缀以隐式空标签（或显式空标签或实际标签）通告给倒数第二跳。这样，倒数第二跳将自动实施始发节点（最后一跳）所要求的行为；它只需要在转发表中安装收到的标签。它的工作原理是基于标签绑定是逐跳进行信令传递的机制。

上述机制并不适用于 SR IGP（但对于 SR BGP 来说是适用的，请参见第 6 章）。SR 不使用逐跳信令，它在全域通告其 SID。该区域中的所有节点通过链路状态通告接收到相同的 SR 信息。始发 Prefix-SID 的节点通过置位或不置位 Prefix-SID 通告中的标志位（即关闭倒数第二跳弹出和显式空标签标志位）来请求对该 Prefix Segment 的倒数第二跳行为；每个节点必须自己判断它是否是一个 Prefix Segment 的倒数第二跳。如果是倒数第二跳，那么它必须执行 Prefix-SID 标志所指示的行为；如果不是，那么它不应该执行任何倒数第二跳操作。

要知道一个节点是不是倒数第二跳，它需要以下两条信息。

— 哪个节点是这个 Prefix Segment 的下游邻居？
— 下游邻居是不是与该 Prefix Segment 相关联前缀直连的节点？

第一条很好理解：对于一个 Prefix Segment 来说，下游邻居就是到达该前缀的下一跳，是从最短路径树得到的。

第二条就不是那么简单明了：人们可能认为通告前缀的节点就是直连前缀的节点，但是当我们看多区域/层次操作时，这一简单的假设并不总是正确的。

链路状态协议 ISIS 和 OSPF 在涉及多区域/层次时的工作原理是不同的。

5.5.1.1　在 ISIS 多层次场景中确定倒数第二跳

IETF RFC 1195 中规定的 ISIS 多层次功能默认地将所有层次 1 前缀传播到层次 2，但在相反方向上，从层次 2 到层次 1 不允许前缀传播。层次 1 节点必须找到连接到另一个层次的层次 1/层次 2 节点，因为层次 1 节点要实现跨层次流量转发，只能将所有的层次间流量发送到最近的层次 1/层次 2 节点。这些 L1L2 节点在其层次 1 LSP 中设置了附加位（ATT-bit, Attach）。IETF RFC 5302 引入了从层次 2 到层次 1 的前缀传播或前缀泄漏。为了防止路由循环，引入了上行/下行位（Up/Down-bit），以指示前缀是否从层次 2 传播到层次 1 的。如果前缀携带的上行/下行位被置位，则说明前缀是从层次 2 传播到层次 1 的，则不允许再将该前缀从层次 1 传播回到层次 2，因为这可能导致路由循环。该上行/下行位是唯一能够标识一个前缀是从另一个层次传播而来的信息，并且仅针对层次 2→层次 1 方向。一条层次 1→层次 2 的层次间路由（即从层次 1 传播到层次 2 的前缀）与一条层次 2 内的前缀是不可区分的。对于重分发到 ISIS 的前缀也是如此，它们也与层次内的前缀不可区分。因此，节点可以从 LSP 所携带的信息中确定通告前缀的节点，但是它不能确定一个前缀是由哪个节点始发的，即不能确定这个前缀直连到哪个节点。

很明显，我们需要更多的信息来确定一个前缀是不是连接到一个节点。IETF RFC 7794 引入了额外的 ISIS 前缀属性，可用于确定通告这个前缀的节点是否为该前缀的始发节点。该 RFC 引入通用前缀属性 X 标志（External Prefix，外部前缀），R 标志（Re-advertised，重新通告）和 N 标志（Node，节点）。R 标志和 N 标志的使用类似于 Prefix-SID 中的同名标志。当前缀在层次之间不管是向下还是向上传播时，R 标志置位。N 标志与本节内容无关，在此提及只是为了内容的完整性，它是节点标志，指示前缀是否标识通告它的节点。Prefix-SID 中没有与 X 标志相同的标志，当前缀被重新分发入 ISIS 时置位 X 标志。

如果一个节点通告一个前缀，该前缀的 X 标志和 R 标志都未置位，则说明该前缀是通告此前缀节点的本地前缀，换句话说，通告该前缀的节点就是该前缀的始发节点。那么该节点的上游邻居就是该前缀的倒数第二跳节点。

5.5.1.2　在 OSPF 多区域场景中确定倒数第二跳

OSPF 中更简单一些。区域内前缀使用路由器 LSA 进行分发。如果一个前缀是在路由器 LSA 中通告的，那么根据定义，该前缀是位于该区域内的，它不可能是从别的区域传播来的前缀。始发路由器 LSA 通告前缀可达性的节点，就是前缀的直连节点。因此，每个节点可以确定它是否是与前缀相关联的 Prefix Segment 的倒数第二跳。

区域间前缀是在汇总 LSA 中通告的。对于一个区域间前缀，人们可能会假定该前缀并不是直连到通告该前缀的区域边界路由器（ABR）上，ABR 只是将另一区域内的远端前缀传播到本区域。但是这个假定并不总是正确的。在 OSPF 中，每个前缀只能在单个区域中始发，即使对于本地连接的前缀也是一样。因此，虽然前缀是 ABR 本地前缀，ABR 也需要将它"传播"到其连接的其他区域（非始发区域），并在这些区域中作为区域间前缀进行通告。例如，在一个 ABR 上，配置在区域 0 中的环回接口前缀 1.1.1.1/32，在区域 0 中是作为区域内前缀在路由器 LSA 中通告的。但是该 ABR 连接的其他区域中，如区域 1 和区域 2，该前缀是作为区域间前缀在汇总 LSA 中通告的。如果区域 1 中的节点接收到该前缀的汇总 LSA 后得出以下结论："1.1.1.1/32 是区域间前缀，因此它并不是直连到 ABR"，那么这个结论是错误的。事实上前缀 1.1.1.1/32 是直连到 ABR，只不过属于不同的区域。

可见，需要更多信息来确定区域间前缀是否是 ABR 本地前缀。为此，IETF RFC 7684 规定了扩展前缀 TLV 的 A 标志（Attach，附加）。如果扩展前缀 TLV 应用的区域间前缀是直连到 ABR 但位于另一个区域，则置位 A 标志。

5.5.2　在区域／层次间传播 Prefix-SID

在区域或层次间传播时，边界节点要对 Prefix-SID 信息中的一些标志位进行更新，以确保当数据包从源节点到达它时，数据包栈顶标签是正确的，如果需要的话，可以跨区域／层次边界正确地转发。这些标志是用于指定倒数第二跳节点所需行为的标志：关闭倒数第二跳弹出标志和显式空标志，ISIS 还会更新 R 标志（重新通告）。

当 OSPF ABR 或 ISIS 层次 1/ 层次 2 路由器将一个前缀及其相关联的 Prefix-SID 从一个区域或层次传播到另一个区域或层次时，通常会对 Prefix-SID 的标志进行如下更新。

- 置位 Prefix-SID 的关闭倒数第二跳弹出标志（ISIS：P 标志，OSPF：NP 标志）。
- 不置位 Prefix-SID 的显式空标志（E 标志）。
- ISIS 还为跨层次传播的所有前缀设置 R 标志（重新通告）。OSPF 不需要这样的标志，因为对于 OSPF，如果一个前缀是跨区域传播过来的，则从 LSA 的类型中可以明显看出。

按上述方式更新这些标志，除非要跨区域／层次传播的前缀 /Prefix-SID 是直连到边界节点（ABR，层次 1/ 层次 2）上的。在这种情况下，此边界节点不会更改关闭倒数第二跳弹出标志、显式空标志和 ISIS R 标志；OSPF 会对扩展前缀 TLV 的 A 标志置位（请参见第 5.3.4 节）。

ISIS Prefix-SID R 标志是一个独立于 SR 的前缀属性。因此，Prefix-SID R 标志的功能很可能会被 IETF RFC 7794 中定义的通用 ISIS 前缀属性中的 R 标志和 X 标志所接管。

一旦这些标志被边界路由器正确设置，所有节点就可以选择正确的倒数第二跳行为，其只需从自身角度确定 Prefix-SID 的通告节点，而不用考虑是否跨越了区域/层次边界。每个节点只需要确定它是否是通告 Prefix-SID 的节点的上游邻居，这简化了对所有节点和所有类型前缀的操作。

图 5-31 说明了 OSPF 网络中区域间前缀的传播。该图同样适用于多层次 ISIS 网络。网络拓扑由 3 个节点组成，节点 2 是中间的节点，是 ABR。网络中的节点通告前缀及相关联的 Prefix-SID，如表 5-3 所示。节点 2 通告两个前缀，一个在区域 0，一个在区域 1。在区域 1 通告的 Prefix-SID 置位 E 标志（显式空）和 NP 标志（关闭倒数第二跳弹出），Prefix-SID 要求的倒数第二跳行为是交换为显式空标签。

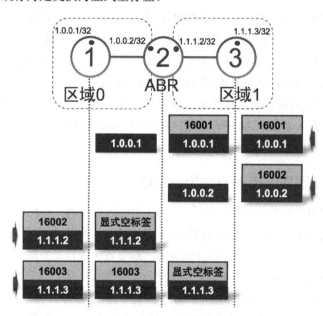

图 5-31　前缀在区域/层次间传播

表 5-3　前缀的传播：前缀和 Prefix-SID

	前缀	Prefix-SID	始发标志	区域
节点 1	1.0.0.1/32	16001	NP：0；E：0	0
节点 2	1.0.0.2/32	16002	NP：0；E：0	0
	1.1.1.2/32	17002	NP：1；E：1	1
节点 3	1.1.1.3/32	16003	NP：1；E：1	1

表 5-4 说明了在区域间传播 Prefix-SID 时，ABR 是如何更新 Prefix-SID 标志的。由于前缀 1.0.0.2/32 和 1.1.1.2/32 是节点 2 的本地前缀，节点 2 在区域间传播时不会更改其 Prefix-SID 标志。节点 2 置位 Prefix-SID 16001（前缀 1.0.0.1/32）和 Prefix-SID 16003（前缀 1.1.1.3/32）的 NP 标志。节点 2 还清除 Prefix-SID 16003 的 E 标志。

表 5-4　前缀的传播：Prefix-SID flag 的更新

前缀	Prefix-SID	区域 0 内标志	传播方向	区域 1 内标志
1.0.0.1/32	16001	NP∶0；E∶0	→	NP∶1；E∶0
1.0.0.2/32	16002	NP∶0；E∶0	→	NP∶0；E∶0
1.1.1.2/32	17002	NP∶1；E∶1	←	NP∶1；E∶1
1.1.1.3/32	16003	NP∶1；E∶0	←	NP∶1；E∶1

图 5-31 说明了发往网络中 4 个 Prefix-SID 的数据包的标签。例如，节点 2 将前缀 1.1.1.2/32 和 1.1.1.3/32 从区域 1 传播到区域 0，并将其通告给区域 0 中的邻居：节点 1。节点 1 得知这些前缀的通告节点是其下游邻居节点 2。因此，节点 1 将 Prefix-SID 标志所指示的行为应用于去往该 Prefix Segment 的数据包。对于 Prefix-SID 17002，它将应用交换为显式空标签行为，因此将标签 17002 交换为显式空标签。对于 Prefix-SID 16003，它应用关闭倒数第二跳弹出行为，因此将标签 16003 交换为 16003。

在层次间传播前缀时，ISIS 将 Prefix-SID 子 TLV 附加到跨层次传播前缀的 IP 可达性 TLV 中。选择需要跨层次传播的前缀与 SR 本身并无关系，Prefix-SID 只是跟着前缀一起传播。

与 ISIS 相反，OSPF 在不同的 LSA 中携带前缀可达性信息和 Prefix-SID 信息。OSPF 使用以下过程在区域间传播 Prefix-SID。当 OSPF ABR 向其所连接的其他区域传播区域内或区域间前缀时，会用汇总 LSA（类型 3 LSA）来通告该前缀。与此同时，ABR 会在同一区域内为该前缀始发一个扩展前缀 LSA。扩展前缀 LSA 是在区域范围内泛洪的（类型 10 LSA），该 LSA 所携带的 OSPF 扩展前缀 TLV 中的路由类型（Route-type）字段设置为 "inter-area"（区域间），并且其中的 Prefix-SID 子 TLV 的 Prefix-SID 字段被设置为前缀的 Prefix-SID 索引。此外，当且仅当 OSPF ABR 始发相对应的汇总 LSA 时，ABR 会在一个区域内始发扩展前缀 LSA。当汇总 LSA 被清除时，其对应的扩展前缀 LSA 也被撤销。

这两种 IGP 协议的共同点和需要牢记的另一个方面是，在区域/层次间的边界路由器上有时会进行前缀汇总。在这种情况下，单个前缀（通常是主机）及其关联的 Prefix-SID 将不会传播到其他区域，而是生成汇总前缀。远端区域将不会接收到各个 Prefix-SID，而且汇总前缀也不会有相关联的 Prefix-SID，这会导致找不到可用的 Prefix Segment 用于去往远端区域内的目的地前缀。在 OSPF 的末梢区域或 ISIS 的层次 1 中注入默认路由，所导致的问题与前缀汇总类似，因为在该区域/层次中不存在与默认路由相关联的 Prefix Segment。

请注意，使用汇总路由或默认路由，不会破坏启用了 SR 的 IGP 的转发，只是此时转发不使用 Prefix Segment，而是普通的基于 IP 或基于 LDP 的转发。

重点提示

IGP 网络的多区域/层次功能设计无缝地适用于 SR。

Prefix-SID 随着基本的前缀可达性信息由 IGP 一同跨区域/层次边界传播，从而实现 SR 流量跨区域/层次的无缝转发。

SR MPLS 可以跨区域/层次边界正确转发。

5.5.3 ISIS 多区域示例

图 5-32 是一个跨区域 ISIS 示例拓扑。由 7 个节点组成的链状拓扑跨 3 个区域。节点 1、节点 2 和节点 3 位于 49.0001 区域。节点 4 的区域为 49.0000。节点 5、节点 6 和节点 7 位于 49.0002 区域。

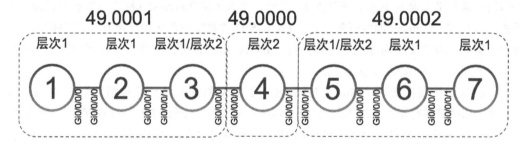

图 5-32　ISIS 多区域、多层次拓扑

节点 1、节点 2、节点 6 和节点 7 是层次 1 节点。节点 3 和节点 5 是层次 1/层次 2 节点，节点 4 仅在层次 2 中。请注意，层次 2 拓扑包括节点 3、节点 4 和节点 5。层次 1 拓扑包括节点 1、节点 2 和节点 3，以及节点 5、节点 6 和节点 7。

IPv4 和 IPv6 地址族都在所有节点上配置启用。

层次 1/层次 2 节点配置为从层次 1 到层次 2 以及层次 2 到层次 1 之间传播所有的主机前缀。

层次 1/层次 2 节点具有两个环回接口前缀，每个层次一个。

所有节点分配相同的 SRGB [16000-23999]。

前缀和 Prefix-SID 有如下约定。

— 层次 L 中节点 N 的环回 IPv4 地址前缀：1.L.1.N/32。

— 层次 L 中节点 N 的环回 IPv6 地址前缀：2001::1:L:1:N/128。

— 层次 L 中节点 N 的 IPv4 Prefix-SID：$16000 + 100 \times L + N$。

— 层次 L 中节点 N 的 IPv6 Prefix-SID：$17000 + 100 \times L + N$。

图 5-33 和图 5-34 分别显示了 IPv4 和 IPv6 拓扑下每个区域中每个节点的环回地址前缀和相关的 Prefix-SID 分配。列表示节点，行表示区域和层次。单元格内容指定与节点／区域／层次相对应的环回地址前缀及其 Prefix-SID。例如，节点 3 有两个环回接口，一个在层次 1（1.1.1.3/32，SID 16103 和 2001::1:1:1:3/128，SID 17103），另一个在层次 2（1.2.1.3/32，SID 16203 和 2001::1:2:1:3/128，SID 17203）。

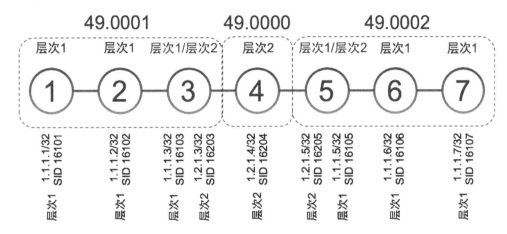

图 5-33　ISIS 多区域——IPv4 环回接口前缀和 Prefix-SID

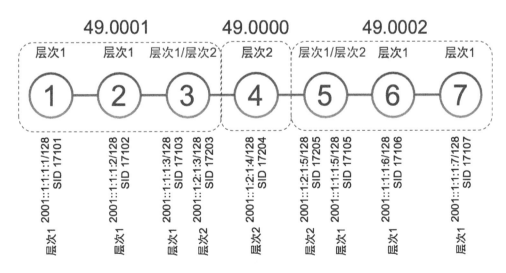

图 5-34　ISIS 多区域——IPv6 环回接口前缀和 Prefix-SID

从节点 7 到节点 1 的 IPv4 traceroute 显示了存在端到端的跨区域间连接，使用相同的 Prefix-SID 标签 16101，参见例 5-73。

▶ 例 5-73　ISIS 多区域——IPv4 traceroute

```
RP/0/0/CPU0:xrvr-7#traceroute 1.1.1.1 source 1.1.1.7

Type escape sequence to abort.
Tracing the route to 1.1.1.1

 1  99.6.7.6 [MPLS: Label 16101 Exp 0] 219 msec 29 msec 119 msec
 2  99.5.6.5 [MPLS: Label 16101 Exp 0] 29 msec 39 msec 39 msec
 3  99.4.5.4 [MPLS: Label 16101 Exp 0] 39 msec 39 msec 59 msec
 4  99.3.4.3 [MPLS: Label 16101 Exp 0] 39 msec 49 msec 39 msec
 5  99.2.3.2 [MPLS: Label 16101 Exp 0] 49 msec 49 msec 29 msec
 6  99.1.2.1 39 msec 29 msec 29 msec
```

从节点 7 到节点 1 的 IPv6 traceroute 结果输出如例 5-74 所示。

▶ 例 5-74　ISIS 多区域——IPv6 traceroute

```
RP/0/0/CPU0:xrvr-7#traceroute ipv6 2001::1:1:1:1 source 2001::1:1:1:7

Type escape sequence to abort.
Tracing the route to 2001::1:1:1:1

 1  2001::99:6:7:6 [MPLS: Label 17101 Exp 0] 59 msec 39 msec 39 msec
 2  2001::99:5:6:5 [MPLS: Label 17101 Exp 0] 59 msec 29 msec 39 msec
 3  2001::99:4:5:4 [MPLS: Label 17101 Exp 0] 49 msec 29 msec 39 msec
 4  2001::99:3:4:3 [MPLS: Label 17101 Exp 0] 49 msec 39 msec 49 msec
 5  2001::99:1:3:2 [MPLS: Label 17101 Exp 0] 59 msec 29 msec 39 msec
 6  2001::1:1:1:1 299 msec 39 msec 49 msec
```

在上述示例中，前缀从左（节点 1）到右（节点 7）传播。特别地，当它们在 3 个区域中传播时，我们来跟踪查看节点 1、节点 3 和节点 5 所通告的前缀。

节点 1 的 ISIS 配置如例 5-75 所示。节点 1 被配置为层次 1 节点。

▶ 例 5-75　ISIS 多区域——节点 1 的 ISIS 配置

```
interface Loopback0
 ipv4 address 1.1.1.1/32
 ipv6 address 2001::1:1:1:1/128
!
```

```
router isis 1
 is-type level-1
 net 49.0001.0000.0000.0001.00
 address-family ipv4 unicast
  metric-style wide
  segment-routing mpls
 !
 address-family ipv6 unicast
  metric-style wide
  segment-routing mpls
 !
 interface Loopback0
  passive
  circuit-type level-1
  address-family ipv4 unicast
   Prefix-SID absolute 16101
  !
  address-family ipv6 unicast
   Prefix-SID absolute 17101
  !
 !
 interface GigabitEthernet0/0/0/0
  circuit-type level-1
  point-to-point
  address-family ipv4 unicast
  !
  address-family ipv6 unicast
  !
 !
```

例 5-76 显示了区域 49.0001 中节点 1 通告的 ISIS 层次 1 LSP。节点 1 是一个层次 1 节点，它通告 IPv4 前缀 1.1.1.1/32 及相关联的 Prefix-SID 索引 101（绝对标签值 16101）和 IPv6 前缀 2001::1:1:1:1/128 及相关联的 Prefix-SID 索引 1101（绝对标签值 17101）。对于这两个 Prefix-SID，节点 1 请求默认的倒数第二跳行为：P 标志未置位。此外，由于这些前缀尚未在层次间传播，因此 Prefix-SID R 标志未置位。

▶ 例 5-76　ISIS 多区域——节点 1 的层次 1 LSP

```
RP/0/0/CPU0:xrvr-1#show isis database verbose xrvr-1 level 1

IS-IS 1 (Level-1) Link State Database
```

```
LSPID                    LSP Seq Num LSP Checksum LSP Holdtime ATT/P/OL
xrvr-1.00-00           * 0x00000013  0x1cce       1170         0/0/0
  Area Address:     49.0001
  NLPID:            0xcc
  NLPID:            0x8e
  MT:               Standard (IPv4 Unicast)
  MT:               IPv6 Unicast                               0/0/0
  Hostname:         xrvr-1
  IP Address:       1.1.1.1
  IPv6 Address:     2001::1:1:1:1
  Router Cap:       1.1.1.1, D:0, S:0
    Segment Routing: I:1 V:1, SRGB Base: 16000 Range: 8000
  Metric: 10        IS-Extended xrvr-2.00
    Interface IP Address: 99.1.2.1
    Neighbor IP Address: 99.1.2.2
    ADJ-SID: F:0 B:1 V:1 L:1 S:0 weight:0 Adjacency-sid:30102
    ADJ-SID: F:0 B:0 V:1 L:1 S:0 weight:0 Adjacency-sid:31102
!! R-flag and P-flag are not set for prefix-SID of prefix 1.1.1.1/32
  Metric: 0         IP-Extended 1.1.1.1/32
    Prefix-SID Index: 101, Algorithm:0, R:0 N:1 P:0 E:0 V:0 L:0
  Metric: 10        IP-Extended 99.1.2.0/24
  Metric: 10        MT (IPv6 Unicast) IS-Extended xrvr-2.00
    Interface IPv6 Address: 2001::99:1:2:1
    Neighbor IPv6 Address: 2001::99:1:2:2
    ADJ-SID: F:1 B:1 V:1 L:1 S:0 weight:0 Adjacency-sid:32102
    ADJ-SID: F:1 B:0 V:1 L:1 S:0 weight:0 Adjacency-sid:33102
!! R-flag and P-flag are not set for prefix-SID of prefix 2001::1:1:1:1/128
  Metric: 0         MT (IPv6 Unicast) IPv6 2001::1:1:1:1/128
    Prefix-SID Index: 1101, Algorithm:0, R:0 N:1 P:0 E:0 V:0 L:0
  Metric: 10        MT (IPv6 Unicast) IPv6 2001::99:1:2:0/112

 Total Level-1 LSP count: 1    Local Level-1 LSP count: 1
```

    节点 3 是层次 1/层次 2 节点。默认情况下，它所有接口都同时在两个层次中。节点 3 在接口下配置"电路类型"（circuit-type），把每个接口都配置到一个特定层次中。环回接口 0 和 Gi0/0/0/0 仅在层次 2 中。环回接口 1 和 Gi0/0/0/1 仅在层次 1 中。

    默认情况下，所有前缀都从层次 1 传播到层次 2，但是节点 3 配置为仅传播主机前缀。而且节点 3 配置为将主机前缀从层次 2 传播到层次 1。路由策略用于指定哪些前缀在各个层次间传播。例 5-77 显示了节点 3 的配置。route-policy 中的 Prefix-set（0.0.0.0/0 eq 32）匹配所有 /32 的 IPv4 前缀。

▶ 例 5-77 ISIS 多区域——节点 3 的 ISIS 配置

```
interface Loopback0
 description Loopback
 ipv4 address 1.2.1.3 255.255.255.255
 ipv6 address 2001::1:2:1:3/128
!
interface Loopback1
 ipv4 address 1.1.1.3 255.255.255.255
 ipv6 address 2001::1:1:1:3/128
!
route-policy LOOPBACKS
  if destination in (0.0.0.0/0 eq 32) or destination in (::/0 eq 128) then
    pass
  else
    drop
  end if
end-policy
!
router isis 1
 net 49.0001.0000.0000.0003.00
 address-family ipv4 unicast
  metric-style wide
  propagate level 1 into level 2 route-policy LOOPBACKS
  propagate level 2 into level 1 route-policy LOOPBACKS
  segment-routing mpls
 !
 address-family ipv6 unicast
  metric-style wide
  propagate level 1 into level 2 route-policy LOOPBACKS
  propagate level 2 into level 1 route-policy LOOPBACKS
  segment-routing mpls
 !
 interface Loopback0
  passive
  circuit-type level-2-only
  address-family ipv4 unicast
   prefix-sid absolute 16203
  !
  address-family ipv6 unicast
   prefix-sid absolute 17203
  !
```

```
!
interface Loopback1
 passive
 circuit-type level-1
 address-family ipv4 unicast
  prefix-sid absolute 16103
 !
 address-family ipv6 unicast
  prefix-sid absolute 17103
 !
!
interface GigabitEthernet0/0/0/0
 circuit-type level-2-only
 point-to-point
 address-family ipv4 unicast
 !
 address-family ipv6 unicast
 !
!
interface GigabitEthernet0/0/0/1
 circuit-type level-1
 point-to-point
 address-family ipv4 unicast
 !
 address-family ipv6 unicast
 !
!
```

例 5-78 显示了节点 3 向层次 2 骨干区域通告的 ISIS 层次 2 LSP。节点 3 把由节点 1 始发的层次 1 前缀 1.1.1.1/32 和 2001::1:1:1:1/128 从层次 1 传播到层次 2。它们相关联的 Prefix-SID 标志更新：P 标志和 R 标志都被置位。

IPv4 前缀 1.1.1.3/32 和 IPv6 前缀 2001::1:1:1:3/128 是节点 3 的本地层次 1 前缀。虽然这些前缀也从层次 1 传播到层次 2，但在这个过程中它们的 P 标志和 R 标志都不置位，因为这些前缀是节点 3 这个层次 1/层次 2 节点的本地前缀。

▶ 例 5-78　ISIS 多区域——节点 3 通告的层次 2 LSP

```
RP/0/0/CPU0:xrvr-3#show isis database verbose xrvr-3 level 2

IS-IS 1 (Level-2) Link State Database
```

```
LSPID                   LSP Seq Num  LSP Checksum LSP Holdtime ATT/P/OL
xrvr-3.00-00          * 0x0000001a   0xfb50       1099         0/0/0
  Area Address:    49.0001
  NLPID:           0xcc
  NLPID:           0x8e
  MT:              Standard (IPv4 Unicast)
  MT:              IPv6 Unicast                                0/0/0
  Hostname:        xrvr-3
  IP Address:      1.2.1.3
  IPv6 Address:    2001::1:2:1:3
  Router Cap:      1.2.1.3, D:0, S:0
    Segment Routing: I:1 V:1, SRGB Base: 16000 Range: 8000
  Metric: 10         IS-Extended xrvr-4.00
    Interface IP Address: 99.3.4.3
    Neighbor IP Address: 99.3.4.4
    ADJ-SID: F:0 B:1 V:1 L:1 S:0 weight:0 Adjacency-sid:30304
    ADJ-SID: F:0 B:0 V:1 L:1 S:0 weight:0 Adjacency-sid:31304
!! R-flag and P-flag are set for prefix-SID of prefix 1.1.1.1/32
  Metric: 20         IP-Extended 1.1.1.1/32
    Prefix-SID Index: 101, Algorithm:0, **R:1 N:1 P:1 E:0 V:0 L:0**
  Metric: 10         IP-Extended 1.1.1.2/32
    Prefix-SID Index: 102, Algorithm:0, R:1 N:1 P:1 E:0 V:0 L:0
!! R-flag and P-flag are not set for prefix-SID of prefix 1.1.1.3/32
!! prefix 1.1.1.3/32 has been propagated from L1 to L2, but is local to 节点 3
  Metric: 0          IP-Extended 1.1.1.3/32
    Prefix-SID Index: 103, Algorithm:0, **R:0 N:1 P:0 E:0 V:0 L:0**
  Metric: 0          IP-Extended 1.2.1.3/32
    Prefix-SID Index: 203, Algorithm:0, R:0 N:1 P:0 E:0 V:0 L:0
  Metric: 10         IP-Extended 99.3.4.0/24
  Metric: 10         MT (IPv6 Unicast) IS-Extended xrvr-4.00
    Interface IPv6 Address: 2001::99:3:4:3
    Neighbor IPv6 Address: 2001::99:3:4:4
    ADJ-SID: F:1 B:1 V:1 L:1 S:0 weight:0 Adjacency-sid:32304
    ADJ-SID: F:1 B:0 V:1 L:1 S:0 weight:0 Adjacency-sid:33304
!! R-flag and P-flag are set for prefix-SID of prefix 2001::1:1:1:1/128
  Metric: 20         MT (IPv6 Unicast) IPv6 2001::1:1:1:1/128
    Prefix-SID Index: 1101, Algorithm:0, **R:1 N:1 P:1 E:0 V:0 L:0**
  Metric: 10         MT (IPv6 Unicast) IPv6 2001::1:1:1:2/128
    Prefix-SID Index: 1102, Algorithm:0, R:1 N:1 P:1 E:0 V:0 L:0
!! R-flag and P-flag are not set for prefix-SID of prefix 2001::1:1:1:3/128
!! prefix 2001::1:1:1:3/128 has been propagated from L1 to L2, but is local to 节点 3
  Metric: 0          MT (IPv6 Unicast) IPv6 2001::1:1:1:3/128
```

```
    Prefix-SID Index: 1103, Algorithm:0, R:0 N:1 P:0 E:0 V:0 L:0
  Metric: 0           MT (IPv6 Unicast) IPv6 2001::1:2:1:3/128
    Prefix-SID Index: 1203, Algorithm:0, R:0 N:1 P:0 E:0 V:0 L:0
  Metric: 10          MT (IPv6 Unicast) IPv6 2001::99:3:4:0/112
  Metric: 10          MT (IPv6 Unicast) IPv6 2001::99:4:4:0/112

Total Level-2 LSP count: 1     Local Level-2 LSP count: 1
```

节点 5 是层次 1/ 层次 2 节点，节点 5 的每个接口都配置在一个特定的级别中；环回接口 0 和 Gi0/0/0/1 仅在层次 2 中；环回接口 1 和 Gi0/0/0/0 仅在层次 1 中。

与节点 3 类似，节点 5 被配置为在各个层次之间传播和泄露主机前缀。请参见例 5-79 中节点 5 的配置。

▶ 例 5-79　ISIS 多区域——节点 5 的 ISIS 配置

```
interface Loopback0
 description Loopback
 ipv4 address 1.2.1.5 255.255.255.255
 ipv6 address 2001::1:2:1:5/128
!

RP/0/0/CPU0:xrvr-5#sh run int loop2
interface Loopback2
 ipv4 address 1.1.1.5 255.255.255.255
 ipv6 address 2001::1:1:1:5/128
!
route-policy LOOPBACKS
  if destination in (0.0.0.0/0 eq 32) or destination in (::/0 eq 128) then
    pass
  else
    drop
  end if
end-policy
!
router isis 1
 net 49.0002.0000.0000.0005.00
 address-family ipv4 unicast
  metric-style wide
  propagate level 1 into level 2 route-policy LOOPBACKS
  propagate level 2 into level 1 route-policy LOOPBACKS
  segment-routing mpls
```

```
!
address-family ipv6 unicast
 metric-style wide
 propagate level 1 into level 2 route-policy LOOPBACKS
 propagate level 2 into level 1 route-policy LOOPBACKS
 segment-routing mpls
!
interface Loopback0
 passive
 circuit-type level-2-only
 address-family ipv4 unicast
  prefix-sid absolute 16205
 !
 address-family ipv6 unicast
  prefix-sid absolute 17205
 !
!
interface Loopback2
 passive
 circuit-type level-1
 address-family ipv4 unicast
  prefix-sid absolute 16105
 !
 address-family ipv6 unicast
  prefix-sid absolute 17105
 !
!
interface GigabitEthernet0/0/0/0
 circuit-type level-1
 point-to-point
 address-family ipv4 unicast
 !
 address-family ipv6 unicast
 !
!
interface GigabitEthernet0/0/0/1
 circuit-type level-2-only
 point-to-point
 address-family ipv4 unicast
 !
 address-family ipv6 unicast
 !
!
```

例 5-80 说明了节点 5 在层次 1 中始发的 ISIS 层次 1 LSP。节点 1 始发前缀 1.1.1.1/32 和 2001::1:1:1:1/128 相关联的 Prefix-SID 的 P 标志和 R 标志仍然置位。这是当前缀被从层次 1 传播到层次 2 时，节点 3 置位这些标志。

对于节点 3 在层次 2 中始发的前缀 1.2.1.3/32 和 2001::1:2:1:3/128，节点 5 把它们从层次 2 传播到层次 1，并置位 P 标志和 R 标志。

节点 5 同时还将自己本地的层次 2 前缀 1.0.1.5/32 和 2001::1:0:1:5/128 传播到层次 1。由于这些前缀是节点 5 的本地前缀，所以传播到层次 1 的 Prefix-SID 的 P 标志和 R 标志未置位。

请注意，从层次 2 传播到层次 1 的所有前缀都置位上行/下行位，以显示它们已经是向下传播，即从层次 2 传播到层次 1。该位用于避免传播循环——阻止跨层次传播上行/下行位被置位的前缀，请参见 IETF RFC 5302。由于上行/下行位被置位，在命令 show isis database 的输出中，这些从层次 2 传播到层次 1 的前缀所对应的 TLV 名称中带有"Interarea"后缀（如"IP-Extended-Interarea"）。

▶ 例 5-80 ISIS 多区域——节点 5 通告的层次 1 LSP

```
RP/0/0/CPU0:xrvr-5#show isis database level 1 xrvr-5 verbose

IS-IS 1 (Level-1) Link State Database
LSPID                 LSP Seq Num  LSP Checksum  LSP Holdtime  ATT/P/OL
xrvr-5.00-00        * 0x00000021   0x4726        1191          1/0/0
  Area Address:     49.0002
  NLPID:            0xcc
  NLPID:            0x8e
  MT:               Standard (IPv4 Unicast)
  MT:               IPv6 Unicast                               1/0/0
  Hostname:         xrvr-5
  IP Address:       1.2.1.5
  IPv6 Address:     2001::1:2:1:5
  Router Cap:       1.2.1.5, D:0, S:0
    Segment Routing: I:1 V:1, SRGB Base: 16000 Range: 8000
  Metric: 10        IS-Extended xrvr-6.00
    Interface IP Address: 99.5.6.5
    Neighbor IP Address: 99.5.6.6
    ADJ-SID: F:0 B:1 V:1 L:1 S:0 weight:0 Adjacency-sid:30506
    ADJ-SID: F:0 B:0 V:1 L:1 S:0 weight:0 Adjacency-sid:31506
  Metric: 40        IP-Extended-Interarea 1.1.1.1/32
    Prefix-SID Index: 101, Algorithm:0, **R:1 N:1 P:1 E:0 V:0 L:0**
  Metric: 30        IP-Extended-Interarea 1.1.1.2/32
    Prefix-SID Index: 102, Algorithm:0, R:1 N:1 P:1 E:0 V:0 L:0
  Metric: 20        IP-Extended-Interarea 1.1.1.3/32
```

```
    Prefix-SID Index: 103, Algorithm:0, R:1 N:1 P:1 E:0 V:0 L:0
  Metric: 0          IP-Extended 1.1.1.5/32
    Prefix-SID Index: 105, Algorithm:0, R:0 N:1 P:0 E:0 V:0 L:0
  Metric: 20         IP-Extended-Interarea 1.2.1.3/32
    Prefix-SID Index: 203, Algorithm:0, R:1 N:1 P:1 E:0 V:0 L:0
  Metric: 10         IP-Extended-Interarea 1.2.1.4/32
    Prefix-SID Index: 204, Algorithm:0, R:1 N:1 P:1 E:0 V:0 L:0
!! R-flag and P-flag are not set for prefix-SID of prefix 1.2.1.5/32
!! prefix 1.2.1.5/32 has been propagated from L2 to L1, but is local to 节点 5
  Metric: 0          IP-Extended-Interarea 1.2.1.5/32
    Prefix-SID Index: 205, Algorithm:0, R:0 N:1 P:0 E:0 V:0 L:0
  Metric: 10         IP-Extended 99.5.6.0/24
  Metric: 10         MT (IPv6 Unicast) IS-Extended xrvr-6.00
    Interface IPv6 Address: 2001::99:5:6:5
    Neighbor IPv6 Address: 2001::99:5:6:6
    ADJ-SID: F:1 B:1 V:1 L:1 S:0 weight:0 Adjacency-sid:32506
    ADJ-SID: F:1 B:0 V:1 L:1 S:0 weight:0 Adjacency-sid:33506
  Metric: 40         MT (IPv6 Unicast) IPv6-Interarea 2001::1:1:1:1/128
    Prefix-SID Index: 1101, Algorithm:0, R:1 N:1 P:1 E:0 V:0 L:0
  Metric: 30         MT (IPv6 Unicast) IPv6-Interarea 2001::1:1:1:2/128
    Prefix-SID Index: 1102, Algorithm:0, R:1 N:1 P:1 E:0 V:0 L:0
  Metric: 20         MT (IPv6 Unicast) IPv6-Interarea 2001::1:1:1:3/128
    Prefix-SID Index: 1103, Algorithm:0, R:1 N:1 P:1 E:0 V:0 L:0
  Metric: 0          MT (IPv6 Unicast) IPv6 2001::1:1:1:5/128
    Prefix-SID Index: 1105, Algorithm:0, R:0 N:1 P:0 E:0 V:0 L:0
  Metric: 20         MT (IPv6 Unicast) IPv6-Interarea 2001::1:2:1:3/128
    Prefix-SID Index: 1203, Algorithm:0, R:1 N:1 P:1 E:0 V:0 L:0
  Metric: 10         MT (IPv6 Unicast) IPv6-Interarea 2001::1:2:1:4/128
    Prefix-SID Index: 1204, Algorithm:0, R:1 N:1 P:1 E:0 V:0 L:0
!! R-flag and P-flag are not set for prefix-SID of prefix 2001::1:2:1:5/128
!! prefix 2001::1:2:1:5/128 has been propagated from L2 to L1, but is local to
Node 5
  Metric: 0          MT (IPv6 Unicast) IPv6-Interarea 2001::1:2:1:5/128
    Prefix-SID Index: 1205, Algorithm:0, R:0 N:1 P:0 E:0 V:0 L:0
  Metric: 10         MT (IPv6 Unicast) IPv6 2001::99:5:6:0/112

Total Level-1 LSP count: 1     Local Level-1 LSP count: 1
```

5.5.4 OSPFv2 多区域示例

图 5-35 是一个跨区域 OSPF 示例拓扑。由 7 个节点组成的链状拓扑跨 3 个区域。节点 1、

节点 2 和节点 3 位于区域 1 中；节点 3、节点 4 和节点 5 在区域 0 中；节点 5、节点 6 和节点 7 位于区域 2 中。

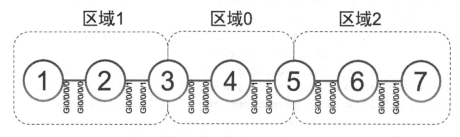

图 5-35 OSPF 多区域拓扑

ABR 节点具有两个环回接口前缀，每个区域一个。

所有节点分配相同的 SRGB [16000-23999]。

前缀和 Prefix-SID 约定如下。

— 区域 A 中节点 N 的环回 IPv4 地址前缀：1.A.1.N/32；

— 区域 A 中节点 N 的 IPv4 Prefix-SID：$16000 + 100 \times A + N$。

图 5-36 显示了每个区域中每个节点的环回前缀和相关的 Prefix-SID 分配。列表示节点，行表示区域。单元格内容指定与节点/区域相对应的环回地址前缀及其 Prefix-SID。例如，节点 3 有两个环回接口，一个在区域 1（1.1.1.3/32，SID 16103）；另一个在区域 0（1.0.1.3/32，SID 16003）。

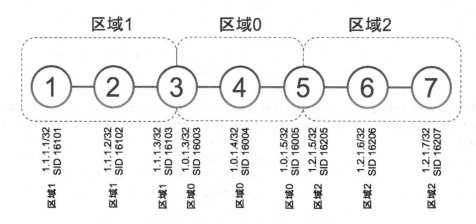

图 5-36 OSPF 多区域——IPv4 环回接口前缀和 Prefix-SID

在本示例中，前缀从左（节点 1）到右（节点 7）传播。特别地，当它们在 3 个区域中传播时，我们来跟踪查看节点 1、节点 3 和节点 5 所通告的前缀。

从节点 7 到节点 1 的 IPv4 traceroute 显示了存在端到端的跨区域间连接，使用相同的

Prefix-SID 标签 16101，直到节点 2 弹出标签。请参见例 5-81 中的 traceroute 输出。

▶ **例 5-81　OSPF 多区域——端到端 traceroute**

```
RP/0/0/CPU0:xrvr-7#traceroute 1.1.1.1

Type escape sequence to abort.
Tracing the route to 1.1.1.1

 1 99.6.7.6 [MPLS: Label 16101 Exp 0 229 msec 29 msec 29 msec]
 2 99.5.6.5 [MPLS: Label 16101 Exp 0 19 msec 19 msec 29 msec]
 3 99.4.5.4 [MPLS: Label 16101 Exp 0 19 msec 29 msec 29 msec]
 4 99.3.4.3 [MPLS: Label 16101 Exp 0 29 msec 19 msec 19 msec]
 5 99.2.3.2 [MPLS: Label 16101 Exp 0 29 msec 29 msec 29 msec]
 6 99.1.2.1 29 msec 29 msec 29 msec
```

节点 1 位于 OSPF 区域 1 中。节点 1 通告前缀 1.1.1.1/32 及其 Prefix-SID 16101。请参见例 5-82 中节点 1 的 OSPF 配置。

▶ **例 5-82　OSPF 多区域——节点 1 的 OSPF 配置**

```
interface Loopback0
 description Loopback in ospf area 1
 ipv4 address 1.1.1.1 255.255.255.255
!
router ospf 1
 router-id 1.1.1.1
 segment-routing mpls
 area 1
  interface Loopback0
   passive enable
   Prefix-SID absolute 16101
  !
  interface GigabitEthernet0/0/0/0
   cost 10
   network point-to-point
  !
!
```

例 5-83 显示了节点 1 在区域 1 中始发的所有 LSA。路由器 LSA（类型 1）是列表中具有 Link ID 1.1.1.1 的第一个 LSA，包含节点 1 的可达性信息。输出的下半部分为泛洪范围是区域（类型10）的不透明LSA，包括一个路由器信息LSA（链路ID 4.0.0.0），一个扩展前缀LSA（链路ID 7.0.0.1）和扩展链路LSA（链路ID 8.0.0.3）。

▶ 例5-83 OSPF多区域——节点1在区域1的LSA

```
RP/0/0/CPU0:xrvr-1#show ospf database self-originate
          OSPF Router with ID (1.1.1.1) (Process ID 1)
          Router Link States (Area 1)
Link ID        ADV Router      Age         Seq#        Checksum Link count
1.1.1.1        1.1.1.1         1522        0x80000002  0x00948b 3
          Type-10 Opaque Link Area Link States (Area 1)
Link ID        ADV Router      Age         Seq#        Checksum Opaque ID
4.0.0.0        1.1.1.1         1530        0x80000001  0x002c44 0
7.0.0.1        1.1.1.1         787         0x80000001  0x00181a 1
8.0.0.3        1.1.1.1         1522        0x80000002  0x00697a 3
```

例5-84显示了节点1在区域1中通告的路由器LSA。环回地址前缀1.1.1.1/32作为末梢网络通告，与邻居节点2（路由器ID1.1.1.2）的点对点邻接也包含在通告中。此外，接口地址也作为末梢网络包含在通告中。

▶ 例5-84 OSPF多区域——节点1在区域1的路由器LSA

```
RP/0/0/CPU0:xrvr-1#show ospf database router self-originate


          OSPF Router with ID (1.1.1.1) (Process ID 1)

          Router Link States (Area 1)

  LS age: 1630
  Options: (No TOS-capability, DC)
  LS Type: Router Links
  Link State ID: 1.1.1.1
  Advertising Router: 1.1.1.1
  LS Seq Number: 80000002
  Checksum: 0x948b
  Length: 60
   Number of Links: 3

    Link connected to: a Stub Network
      (Link ID) Network/subnet number: 1.1.1.1
      (Link Data) Network Mask: 255.255.255.255
```

```
     Number of TOS metrics: 0
      TOS 0 Metrics: 1

   Link connected to: another Router (point-to-point)
     (Link ID) Neighboring Router ID: 1.1.1.2
     (Link Data) Router Interface address: 99.1.2.1
      Number of TOS metrics: 0
      TOS 0 Metrics: 10

   Link connected to: a Stub Network
     (Link ID) Network/subnet number: 99.1.2.0
     (Link Data) Network Mask: 255.255.255.0
      Number of TOS metrics: 0
      TOS 0 Metrics: 10
```

例 5-85 显示了节点 1 在区域 1 中通告的路由器信息不透明 LSA（不透明类型 4）。该 LSA 具有固定的链路 ID 4.0.0.0，并包含多个 TLV。第一个 TLV 是路由器信息能力 TLV，它指示 IETF RFC 7770 及其后续扩展中定义的节点 OSPF 功能。下一个 TLV 是 SR 算法 TLV，指示该节点支持哪些前缀可达性计算算法。在此例中，节点 1 支持普通的基于 IGP 度量的 SPF 算法（类型 0）和严格 SPF 算法（类型 1）。本例中的最后一个 TLV 是 SR 范围 TLV：节点 1 分配的 SRGB 标签范围 [16000-23999]。

▶ 例 5-85 OSPF 多区域——节点 1 在区域 1 的路由器信息 LSA

```
RP/0/0/CPU0:xrvr-1#show ospf database opaque-area 4.0.0.0 self-originate
        OSPF Router with ID (1.1.1.1) (Process ID 1)
              Type-10 Opaque Link Area Link States (Area 1)
LS age: 1709
Options: (No TOS-capability,DC)
LS Type: Opaque Area Link
Link State ID: 4.0.0.0
Opaque Type: 4
Opaque ID: 0
Advertising Router: 1.1.1.1
LS Seq Number: 80000001
Checksum: 0x2c44
Length: 52
  Router Information TLV: Length: 4
  Capabilities:
    Graceful Restart Helper Capable
    Stub Router Capable
```

```
          All capability bits: 0x60000000
        Segment Routing Algorithm TLV: Length: 2
          Algorithm: 0
          Algorithm: 1
        Segment Routing Range TLV: Length: 12
          Range Size: 8000
            SID sub-TLV: Length 3
              Label: 16000
```

例5-86显示了节点1在区域1中通告的扩展前缀不透明LSA（不透明类型7）。该LSA包含扩展前缀TLV，此TLV指定与此TLV相关联的前缀，在本例中，是区域内前缀1.1.1.1/32。由于该前缀的节点标志置位（"N：1"），因此它标识始发节点。扩展前缀TLV包含一个子TLV：Prefix-SID子TLV（输出中的"SID sub-TLV"）。此子TLV包含与前缀1.1.1.1/32相关联的Prefix-SID:SID索引101。由于SRGB起始值为16000，此Prefix-SID的标签值为16101（=16000 + 101）。Prefix-SID的标志位都没有置位，因此，节点1向该Prefix Segment的倒数第二跳请求默认的倒数第二跳行为（"NP：0"）。用于此Prefix-SID的算法是默认的SPF（类型0）。

▶ 例5-86　OSPF多区域——节点1在区域1的扩展前缀LSA

```
RP/0/0/CPU0:xrvr-1#show ospf database opaque-area 1.1.1.1/32 self-originate
         OSPF Router with ID (1.1.1.1) (Process ID 1)
            Type-10 Opaque Link Area Link States (Area 1)
LS age: 1364
Options: (No TOS-capability,DC)
LS Type: Opaque Area Link
Link State ID: 7.0.0.1
Opaque Type: 7
Opaque ID: 1
Advertising Router: 1.1.1.1
LS Seq Number: 80000001
Checksum: 0x181a
Length: 44
  Extended Prefix TLV: Length: 20
    Route-type: 1             !! Intra-area prefix
    AF        : 0
    Flags     : 0x40          !! A:0; N:1
    Prefix    : 1.1.1.1/32
    SID sub-TLV: Length: 8
      Flags      : 0x0        !! (NA); NP:0; M:0; E:0; V:0; L:0
```

```
        MTID       : 0
        Algo       : 0              !! SPF
        SID Index  : 101
```

例 5-87 显示了节点 1 在区域 1 中通告的扩展链路不透明 LSA(不透明类型 8)。该 LSA 包含节点 1 到节点 2 的邻接的链路属性。邻接信息本身不在区域间传播,因此用于表示邻接的附加属性的扩展链路 LSA 也不在区域间传播。本例中此 LSA 的不透明 ID 3 仅用于区分同一节点通告的不透明类型相同的多个不透明 LSA。扩展链路 TLV 包含 Adjacency-SID 子 TLV(一个具有保护资格,B:1,一个不受保护,B:0)和指定邻居的链路接口地址(本例中是 99.1.2.2)子 TLV。

▶ **例 5-87　OSPF 多区域——节点 1 在区域 1 的扩展链路 LSA**

```
RP/0/0/CPU0:xrvr-1#show ospf database opaque-area 8.0.0.3 self-originate
         OSPF Router with ID (1.1.1.1) (Process ID 1)
            Type-10 Opaque Link Area Link States (Area 1)
  LS age: 483
  Options: (No TOS-capability,DC)
  LS Type: Opaque Area Link
  Link State ID: 8.0.0.3
  Opaque Type: 8
  Opaque ID: 3
  Advertising Router: 1.1.1.1
  LS Seq Number: 80000003
  Checksum: 0x677b
  Length: 68
    Extended Link TLV: Length: 44
      Link-type : 1                 !! point-to-point
      Link ID   : 1.1.1.2           !! Neighboring Router ID
      Link Data : 99.1.2.1          !! Router Interface address
      Adj sub-TLV: Length: 7
        Flags    : 0xe0             !! B:1,V:1,L:1,S:0
        MTID     : 0
        Weight   : 0
        Label    : 30102
      Adj sub-TLV: Length: 7
        Flags    : 0x60             !! B:0,V:1,L:1,S:0
        MTID     : 0
        Weight   : 0
        Label    : 31102
      Remote If Address sub-TLV: Length: 4
        Neighbor Address: 99.1.2.2
```

节点 1 在 OSPF 区域 1 通告上述这些 LSA。ABR 节点 3 连接到区域 1 和区域 0，并将这些前缀从区域 1 传播到区域 0。例 5-88 显示了 ABR 节点 3 的配置。节点 3 具有两个环回接口，每个区域有一个：环回接口 0 在区域 0，环回接口 1 在区域 1。

▶ 例 5-88　OSPF 多区域——节点 3 上的 OSPF 配置

```
interface Loopback0
 ipv4 address 1.0.1.3 255.255.255.255
!
interface Loopback1
 ipv4 address 1.1.1.3 255.255.255.255
!
router ospf 1
 router-id 1.1.1.3
 segment-routing mpls
 area 0
  interface Loopback0
   passive enable
   Prefix-SID absolute 16003
  !
  interface GigabitEthernet0/0/0/0
   cost 10
   network point-to-point
  !
 !
 area 1
  interface Loopback1
   passive enable
   Prefix-SID absolute 16103
  !
  interface GigabitEthernet0/0/0/1
   cost 10
   network point-to-point
  !
 !
!
```

例 5-89 显示节点 3 在区域 0 中始发的所有 LSA。节点 3 在路由器 LSA 中通告自己的可达性信息，并在汇总 LSA 中通告跨区域传播的前缀可达性信息。它还用多个泛洪范围为区域（类型 10）的不透明 LSA 通告区域内和区域间前缀的 SR 信息。注意：要只显示 OSPF 实例"I"的区域"A"的信息，请使用命令 show ospf I A(…)。

▶ 例5-89　OSPF 多区域——节点 3 在区域 0 的 LSA

```
RP/0/0/CPU0:xrvr-3#show ospf 1 0 database self-originate
         OSPF Router with ID (1.1.1.3) (Process ID 1)
             Router Link States (Area 0)
Link ID         ADV Router      Age         Seq#       Checksum Link count
1.1.1.3         1.1.1.3         466         0x80000005 0x00c245 3
             Summary Net Link States (Area 0)
Link ID         ADV Router      Age         Seq#       Checksum
1.1.1.1         1.1.1.3         1466        0x80000002 0x00f922
1.1.1.2         1.1.1.3         1466        0x80000002 0x008b99
1.1.1.3         1.1.1.3         1466        0x80000002 0x001d11
99.1.2.0        1.1.1.3         1466        0x80000002 0x00efca
99.2.3.0        1.1.1.3         1466        0x80000002 0x00744e
99.2.10.0       1.1.1.3         1466        0x80000002 0x008b26
99.2.11.0       1.1.1.3         1466        0x80000002 0x008030
             Type-10 Opaque Link Area Link States (Area 0)
Link ID         ADV Router      Age         Seq#       Checksum Opaque ID
4.0.0.0         1.1.1.3         1466        0x80000002 0x001656 0
7.0.0.2         1.1.1.3         728         0x80000003 0x0054d1 2
7.0.0.3         1.1.1.3         1466        0x80000002 0x00e8fe 3
7.0.0.4         1.1.1.3         728         0x80000002 0x00b632 4
7.0.0.5         1.1.1.3         466         0x80000002 0x00eb9f 5
8.0.0.4         1.1.1.3         1466        0x80000003 0x00a41f 4
```

例 5-90 显示了节点 3 在区域 0 中通告的路由器 LSA（类型 1 LSA）。该 LSA 包含节点 3 上区域 0 中的环回地址前缀 1.0.1.3/32。

▶ 例5-90　OSPF 多区域——节点 3 在区域 0 的路由器 LSA

```
RP/0/0/CPU0:xrvr-3#show ospf 1 0 database router self-originate
         OSPF Router with ID (1.1.1.3) (Process ID 1)
             Router Link States (Area 0)
  LS age: 582
  Options: (No TOS-capability,DC)
  LS Type: Router Links
  Link State ID: 1.1.1.3
  Advertising Router: 1.1.1.3
  LS Seq Number: 80000005
  Checksum: 0xc245
  Length: 60
  Area Border Router
```

```
  Number of Links: 3
   Link connected to: a Stub Network
    (Link ID) Network/subnet number: 1.0.1.3
    (Link Data) Network Mask: 255.255.255.255
     Number of TOS metrics: 0
      TOS 0 Metrics: 1
   Link connected to: another Router (point-to-point)
    (Link ID) Neighboring Router ID: 1.1.1.4
    (Link Data) Router Interface address: 99.3.4.3
     Number of TOS metrics: 0
      TOS 0 Metrics: 10
   Link connected to: a Stub Network
    (Link ID) Network/subnet number: 99.3.4.0
    (Link Data) Network Mask: 255.255.255.0
     Number of TOS metrics: 0
      TOS 0 Metrics: 10
```

节点3还在区域0中通告与前缀1.0.1.3/32相关联的扩展前缀LSA。该LSA通告1.0.1.3/32的Prefix-SID，SID索引3，见例5-91中的输出。1.0.1.3/32是一个节点前缀，因为N标志被置位。Prefix-SID子TLV的标志位都没有被置位，所以节点3向倒数第二跳请求默认的倒数第二跳行为。

▶ **例5-91** OSPF多区域——节点3在区域0的扩展前缀LSA 1.0.1.3/32

```
RP/0/0/CPU0:xrvr-3#show ospf 1 0 database opaque-area 1.0.1.3/32 self-originate
        OSPF Router with ID (1.1.1.3) (Process ID 1)
            Type-10 Opaque Link Area Link States (Area 0)
  LS age: 706
  Options: (No TOS-capability,DC)
  LS Type: Opaque Area Link
  Link State ID: 7.0.0.5
  Opaque Type: 7
  Opaque ID: 5
  Advertising Router: 1.1.1.3
  LS Seq Number: 80000002
  Checksum: 0xeb9f
  Length: 44
    Extended Prefix TLV: Length: 20
      Route-type: 1              !! Intra-area prefix
      AF        : 0
      Flags     : 0x40           !! A:0; N:1
```

```
            Prefix         : 1.0.1.3/32
            SID sub-TLV: Length: 8
               Flags      : 0x0              !! (NA); NP:0; M:0; E:0; V:0; L:0
               MTID       : 0
               Algo       : 0                !! SPF
               SID Index  : 3
```

节点 3 上还具有一个配置在区域 1 中的环回地址前缀 1.1.1.3/32。节点 3 将该前缀从区域 1 传播到区域 0，将其包含在区域 0 的一个汇总 LSA 中通告为区域间前缀。例 5-92 中的输出显示了 1.1.1.3/32 的汇总 LSA。

▶ **例 5-92　OSPF 多区域——节点 3 在区域 0 的汇总 LSA 1.1.1.3/32**

```
RP/0/0/CPU0:xrvr-3#show ospf 1 0 database summary 1.1.1.3 self-originate
           OSPF Router with ID (1.1.1.3) (Process ID 1)
               Summary Net Link States (Area 0)
  LS age: 1913
  Options: (No TOS-capability,DC)
  LS Type: Summary Links (Network)
  Link State ID: 1.1.1.3 (Summary Network Number)
  Advertising Router: 1.1.1.3
  LS Seq Number: 80000002
  Checksum: 0x1d11
  Length: 28
  Network Mask: /32
        TOS: 0 Metric: 1
```

与此同时，节点 3 也将与 1.1.1.3/32 相关联的 Prefix-SID 从区域 1 传播到区域 0。因此，节点 3 会生成一个与区域 1 中的前缀 1.1.1.3/32 相关联的扩展前缀 LSA。该 LSA 通告 1.1.1.3/32 的 Prefix-SID，SID 索引 103，见例 5-93 中此 LSA 的输出。前缀 1.1.1.3/32 已在区域间传播，并且在区域 0 中作为区域间前缀进行通告，Prefix-SID 中的标志位没有被修改：标志位仍然指示正常的倒数第二跳行为（"NP:0"）。原因是这个前缀是 ABR 节点 3 的本地前缀，所以倒数第二跳节点应该在把数据包发往 ABR 节点 3 之前弹出标签。

在写本书时，Cisco IOS-XR 的 OSPF 实现尚不支持扩展前缀 TLV 中的 A 标志。当 ABR 始发一个本地或直连前缀，并在其直连区域中通告为区域间前缀时，ABR 应该置位 A 标志。在本例中，节点 3 在区域 0 中始发前缀 1.1.1.3/32，节点 3 应置位此前缀的扩展前缀 TLV 的 A 标志，这是因为 1.1.1.3/32 是节点 3 的本地前缀。当 ABR 节点 5 将前缀 1.1.1.3/32 从区域 0 传播到区域 2 时，它应该清除 A 标志，因为该前缀不是 ABR 节点 5 的本地前缀。

▶ 例 5-93　OSPF 多区域——节点 3 在区域 0 的扩展前缀 LSA 1.1.1.3/32

```
RP/0/0/CPU0:xrvr-3#show ospf 1 0 database opaque-area 1.1.1.3/32 self-originate
            OSPF Router with ID (1.1.1.3) (Process ID 1)
                Type-10 Opaque Link Area Link States (Area 0)
  LS age: 1276
  Options: (No TOS-capability,DC)
  LS Type: Opaque Area Link
  Link State ID: 7.0.0.2
  Opaque Type: 7
  Opaque ID: 2
  Advertising Router: 1.1.1.3
  LS Seq Number: 80000003
  Checksum: 0x54d1
  Length: 44
    Extended Prefix TLV: Length: 20
      Route-type: 3                 !! Inter-area prefix
      AF        : 0
      Flags     : 0x40              !! A:0; N:1
      Prefix    : 1.1.1.3/32
      SID sub-TLV: Length: 8
        Flags   : 0x0               !! (NA); NP:0; M:0; E:0; V:0; L:0
        MTID    : 0
        Algo    : 0                 !! SPF
        SID Index : 103
```

节点 3 还将节点 1 的环回地址前缀 1.1.1.1/32 从区域 1 传播到区域 0。因此，节点 3 为此前缀及其相关联的扩展前缀 LSA 生成汇总 LSA。例 5-94 显示了区域 0 中前缀 1.1.1.1/32 的汇总 LSA。

▶ 例 5-94　OSPF 多区域——节点 3 在区域 0 的汇总 LSA 1.1.1.1/32

```
RP/0/0/CPU0:xrvr-3#show ospf 1 0 database summary 1.1.1.1 self-originate
            OSPF Router with ID (1.1.1.3) (Process ID 1)
                Summary Net Link States (Area 0)
  LS age: 161
  Options: (No TOS-capability,DC)
  LS Type: Summary Links (Network)
  Link State ID: 1.1.1.1 (Summary Network Number)
  Advertising Router: 1.1.1.3
  LS Seq Number: 80000003
```

```
       Checksum: 0xf723
       Length: 28
       Network Mask: /32
             TOS: 0 Metric: 21
```

节点 3 在区域 0 中为区域间前缀 1.1.1.1/32 通告的扩展前缀 LSA 包含与该前缀相关联的 Prefix-SID 索引 101。请参见例 5-95 中此 LSA 的输出。节点 3 置位此 Prefix-SID 的 NP 标志("NP：1"），这意味着此 Prefix Segment 上的倒数第二跳转发数据包到 ABR 节点 3 之前，不要弹出标签。这是正确的行为，因为前缀 1.1.1.1/32 不是节点 3 的本地前缀，去往节点 1 的 Prefix Segment 的数据包需要一直保留其 SR 传送标签，直至到达此 Prefix Segment 的真正的倒数第二跳（本例中是节点 2）才弹出。通过这种方式，我们获得了去往节点 1 的连续的标签交换路径。

▶ **例 5-95** OSPF 多区域——节点 3 在区域 0 的扩展前缀 LSA 1.1.1.1/32

```
RP/0/0/CPU0:xrvr-3#show ospf 1 0 database opaque-area 1.1.1.1/32 self-originate


              OSPF Router with ID (1.1.1.3) (Process ID 1)

              Type-10 Opaque Link Area Link States (Area 0)

  LS age: 1484
  Options: (No TOS-capability, DC)
  LS Type: Opaque Area Link
  Link State ID: 7.0.0.4
  Opaque Type: 7
  Opaque ID: 4
  Advertising Router: 1.1.1.3
  LS Seq Number: 80000002
  Checksum: 0xb632
  Length: 44

    Extended Prefix TLV: Length: 20
      Route-type: 3              !! Inter-area prefix
      AF        : 0
      Flags     : 0x40           !! A:0; N:1
      Prefix    : 1.1.1.1/32

      SID sub-TLV: Length: 8
```

```
    Flags        : 0x40           !! (NA); NP:1; M:0; E:0; V:0; L:0
    MTID         : 0
    Algo         : 0              !! SPF
    SID Index    : 101
```

节点 5 是连接区域 0 和区域 2 的 ABR，其配置如例 5-96 所示。ABR 节点 5 有两个环回接口：环回接口 0 在区域 0；环回接口 2 在区域 2。

▶ 例5-96　OSPF 多区域——节点 5 的 OSPF 配置

```
interface Loopback0
 ipv4 address 1.0.1.5 255.255.255.255
!
interface Loopback2
 ipv4 address 1.2.1.5 255.255.255.255
!
router ospf 1
 router-id 1.1.1.5
 segment-routing mpls
 area 0
  interface Loopback0
   passive enable
   Prefix-SID absolute 16005
  !
  interface GigabitEthernet0/0/0/1
   cost 10
   network point-to-point
  !
 !
 area 2
  interface Loopback2
   passive enable
   Prefix-SID absolute 16205
  !
  interface GigabitEthernet0/0/0/0
   cost 10
   network point-to-point
  !
 !
!
```

例 5-97 显示了 ABR 节点 5 在区域 2 中始发的 LSA。节点 5 始发的路由器 LSA 中包含自己的可达性信息，在汇总 LSA 中包含从其他区域传播到区域 2 的前缀可达性信息。它还会在多个不透明 LSA 中通告 SID 信息。节点 5 的本地前缀通告等同于另一个 ABR 节点 3，这里不再赘述。

▶ 例 5-97 OSPF 多区域——节点 5 在区域 2 的 LSA

```
RP/0/0/CPU0:xrvr-5#show ospf 1 2 database self-originate
            OSPF Router with ID (1.1.1.5) (Process ID 1)
            Router Link States (Area 2)
Link ID         ADV Router      Age         Seq#        Checksum Link count
1.1.1.5         1.1.1.5         1568        0x80000005  0x00f7fc 3
            Summary Net Link States (Area 2)
Link ID         ADV Router      Age         Seq#        Checksum
1.0.1.3         1.1.1.5         1568        0x80000002  0x00e533
1.0.1.4         1.1.1.5         1568        0x80000002  0x0077aa
1.0.1.5         1.1.1.5         1568        0x80000002  0x000922
1.1.1.1         1.1.1.5         555         0x80000003  0x00b450
1.1.1.2         1.1.1.5         555         0x80000003  0x0046c7
1.1.1.3         1.1.1.5         555         0x80000003  0x00d73f
99.1.2.0        1.1.1.5         555         0x80000003  0x00aaf8
99.2.3.0        1.1.1.5         555         0x80000003  0x002f7c
99.2.10.0       1.1.1.5         555         0x80000003  0x004654
99.2.11.0       1.1.1.5         555         0x80000003  0x003b5e
99.3.4.0        1.1.1.5         555         0x80000003  0x00b3ff
99.4.5.0        1.1.1.5         555         0x80000003  0x003883
99.4.8.0        1.1.1.5         555         0x80000003  0x007b33
99.4.9.0        1.1.1.5         555         0x80000003  0x00703d
99.4.10.0       1.1.1.5         555         0x80000003  0x006547
            Type-10 Opaque Link Area Link States (Area 2)
Link ID         ADV Router      Age         Seq#        Checksum Opaque ID
4.0.0.0         1.1.1.5         555         0x80000003  0x000861  0
7.0.0.2         1.1.1.5         1568        0x80000003  0x00c8f3  2
7.0.0.3         1.1.1.5         1568        0x80000002  0x005233  3
7.0.0.4         1.1.1.5         1568        0x80000002  0x00e461  4
7.0.0.5         1.1.1.5         1816        0x80000003  0x00eef1  5
7.0.0.6         1.1.1.5         555         0x80000003  0x00bc25  6
7.0.0.7         1.1.1.5         1816        0x80000002  0x008c57  7
7.0.0.8         1.1.1.5         1568        0x80000002  0x0094af  8
8.0.0.4         1.1.1.5         555         0x80000004  0x00c0ee  4
```

除了为本地前缀始发 LSA，节点 5 还传播其他节点的环回地址前缀及相关联的扩展前缀 LSA- 作为区域间前缀。例如，节点 5 把节点 1 的环回地址前缀 1.1.1.1/32 从区域 0 传播到区域 2。例 5-98 显示了节点 5 在区域 2 中通告的前缀 1.1.1.1/32 的汇总 LSA。

▶ 例 5-98　OSPF 多区域——节点 5 在区域 2 的汇总 LSA 1.1.1.1/32

```
RP/0/0/CPU0:xrvr-5#show ospf 1 2 database summary 1.1.1.1 self-originate
        OSPF Router with ID (1.1.1.5) (Process ID 1)
            Summary Net Link States (Area 2)
LS age: 1797
Options: (No TOS-capability,DC)
LS Type: Summary Links (Network)
Link State ID: 1.1.1.1 (Summary Network Number)
Advertising Router: 1.1.1.5
LS Seq Number: 8000001a
Checksum: 0x8667
Length: 28
Network Mask: /32
      TOS: 0 Metric: 41
```

节点 5 还将 1.1.1.1/32 的 Prefix-SID 传播到区域 2。例 5-99 显示了节点 5 在区域 2 中通告的前缀 1.1.1.1/32 的扩展前缀 LSA。Prefix-SID 的 NP 标志被置位，节点 5 的上游邻居（本例中为节点 6）在转发数据包到 ABR 节点 5 前不弹出此 Prefix Segment 上的 MPLS 标签。

▶ 例 5-99　OSPF 多区域——节点 5 在区域 2 的扩展前缀 LSA

```
RP/0/0/CPU0:xrvr-5#show ospf 1 2 database opaque-area 1.1.1.1/32 self-originate


        OSPF Router with ID (1.1.1.5) (Process ID 1)

            Type-10 Opaque Link Area Link States (Area 2)

LS age: 1101
Options: (No TOS-capability, DC)
LS Type: Opaque Area Link
Link State ID: 7.0.0.7
Opaque Type: 7
Opaque ID: 7
Advertising Router: 1.1.1.5
LS Seq Number: 8000001a
```

```
Checksum: 0x5c6f
Length: 44

 Extended Prefix TLV: Length: 20
    Route-type: 3              !! Inter-area prefix
    AF         : 0
    Flags      : 0x40          !! A:0; N:1
    Prefix     : 1.1.1.1/32

    SID sub-TLV: Length: 8
       Flags     : 0x40        !! (NA); NP:1; M:0; E:0; V:0; L:0
       MTID      : 0
       Algo      : 0           !! SPF
       SID Index : 101
```

5.6 路由重分发和 Prefix-SID

可以在 IGP 和 BGP 域之间重分发具有 Prefix-SID 的前缀。前缀与其 Prefix-SID 一起在其他 SR 域中进行通告。

一个路由协议从其他路由协议中获取前缀并用自己的协议进行通告,这个协议称为"重分发协议";一个路由协议的前缀被其他协议重分发,这个协议称为"被重分发协议"。

> **重点提示:路由重分发**
>
> 当在路由协议之间重分发前缀时,不是直接从一个协议重分发前缀到另一个协议。把前缀从另一个协议重分发进来的路由协议,它所做的只是获取被重分发协议在 RIB 中安装的路由条目以及被重分发协议通告的本地前缀。RIB 是重分发过程中的中间步骤。重分发协议并没有(重新)将被重分发的前缀安装到 RIB 中。

当一个协议重分发前缀时,协议使用 RIB 提供的信息。RIB 把前缀及其本地标签一起提供给重分发协议。在 SR 情况下,前缀的本地标签,就是前缀的 Prefix-SID。然后,重分发协议通告前缀及其 Prefix-SID(作为其本地标签)。只有有效的 Prefix-SID 才被重分发,即那些安装在 RIB 中的 Prefix-SID。

要在协议之间重分发 Prefix-SID,两个协议需要使用相同的 SRGB。如果不满足,则只有前缀被重分发,而其 Prefix-SID 不会被重分发。

重分发路由协议并不区分随着前缀一起通告的原生 Prefix-SID 和由映射服务器通告的

Prefix-SID（见第 8 章）。只要是被重分发协议在 RIB 中安装了的 Prefix-SID 都可以被重分发，无论 Prefix-SID 是原生的，还是映射服务器通告的。请注意，重分发协议将 Prefix-SID 作为原生 Prefix-SID 进行通告，即使它们在被重分发协议中是由映射服务器通告的 Prefix-SID。

重分发本地前缀时，不会重分发其 Prefix-SID。在一个边界节点上，如果要把本地前缀及其 Prefix-SID 通告到另外一个路由协议中，必须把该本地前缀对应的环回接口配置在另外一个路由协议下。

路由重分发在许多网络设计中非常重要。Prefix-SID 从源协议/实例到目的协议/实例的传播能够确保 Prefix Segment 及其前缀无缝操作。无论是用多个 IGP 实例对网络进行划分的设计，还是使用跨域选项 C 和无缝 MPLS 这样的架构，都可以支持现有网络向 SR 迁移。我们还将在第 10 章中看到利用 SR 实现大规模网络互联的新解决方案。

在本节中，我们将进一步了解路由重分发的工作原理，为此将涉及 SR BGP 控制平面的操作。读者可以先读完第 6 章中的 SR BGP 原理，然后再回到本节继续阅读。

重点提示

IGP 协议/实例之间以及 IGP 和 BGP 之间的路由重分发无缝地支持 SR。

进行重分发时，IGP/BGP 实例必须使用相同的 SRGB。

从源协议/实例中学习到的 Prefix-SID 被传播到目的协议/实例中，同样是作为 Prefix-SID；Prefix-SID 被设计为整个 SR 域的全局 Segment。

5.6.1 路由重分发示例

图 5-37 所示网络拓扑结构说明重分发行为。该网络由 3 个 SR 域组成：SR ISIS 域（节点 1 和节点 2）、SR OSPF 域（节点 2 和节点 3）以及 SR BGP 域（节点 3 和节点 4）。每个节点 N 通告前缀 1.1.1.N/32 及其 Prefix-SID 16000+N。边界节点 2 和节点 3 在域间相互重分发所有主机前缀及其 Prefix-SID。

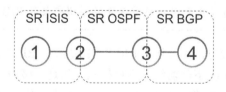

图 5-37　用于说明重分发的网络拓扑

5.6.1.1　IGP 之间的重分发

本例讨论 ISIS 与 OSPF 之间的重分发。节点 1 始发前缀 1.1.1.1/32 及其 Prefix-SID 16001。边界节点 2 在 RIB 中安装此前缀，如例 5-100 所示。此 RIB 条目由"isis 1"安装（见第 4 行）。

本地标签是 Prefix-SID 标签 16001（见第 16 行）。第 9 行的出向标签 0x100004（1048580）是表示弹出的内部标签值；节点 2 将弹出此 Prefix Segment 上数据包的标签，因为它是此 Prefix Segment 的倒数第二跳。

▶ 例 5-100　在节点 2 上查看节点 1 的 ISIS 前缀的 RIB 表项

```
1  RP/0/0/CPU0:xrvr-2#show route 1.1.1.1/32 detail
2
3  Routing entry for 1.1.1.1/32
4    Known via "isis 1", distance 115, metric 20, labeled SR, type level-2
5    Installed Aug 1 11:26:36.309 for 00:30:26
6    Routing Descriptor Blocks
7      99.1.2.1, from 1.1.1.1, via GigabitEthernet0/0/0/0
8        Route metric is 20
9        Label: 0x100004 (1048580)
10       Tunnel ID: None
11       Binding Label: None
12       Extended communities count: 0
13       Path id:1       Path ref count:0
14       NHID:0x1(Ref:2)
15   Route version is 0x2 (2)
16   Local Label: 0x3e81 (16001)
17   IP Precedence: Not Set
18   QoS Group ID: Not Set
19   Flow-tag: Not Set
20   Fwd-class: Not Set
21   Route Priority: RIB_PRIORITY_NON_RECURSIVE_MEDIUM (7) SVD Type
RIB_SVD_TYPE_LOCAL
22   Download Priority 1, Download Version 8
23   No advertising protos.
```

节点 2 上的 OSPF 配置为重分发 ISIS 实例 1 的所有主机前缀，如例 5-101 中 OSPF 配置的第 12 行所示。路由策略 LOOPBACKS 只允许主机前缀（/32）被重分发。

▶ 例 5-101　节点 2 的 OSPF 配置，重分发 ISIS 进 OSPF

```
1  route-policy LOOPBACKS
2    if destination in (0.0.0.0/0 eq 32) then
3      pass
4    else
5      drop
6    endif
7  end-policy
8  !
9  router ospf 2
10   segment-routing mpls
```

```
11    redistribute isis 1 route-policy LOOPBACKS
12   area 0
13    interface Loopback0
14     passive enable
15     prefix-sid absolute 16002
16    !
17    interface GigabitEthernet0/0/0/1
18     network point-to-point
19    !
20   !
21  !
```

例 5-102 显示了节点 2 始发的 OSPF LSA 列表。节点 2 为其本地前缀通告路由器 LSA（见第 9 行）和类型 10 LSA（见第 14～16 行）。本节聚焦于第 21 行——前缀 1.1.1.1/32 的外部 LSA（External LSA）与第 26 行——该前缀相关联的不透明 LSA。请注意，此不透明 LSA 是一个类型 11 LSA（见第 23 行）。类型 11 LSA 的泛洪范围是自治域，即这是一个在整个自治域中泛洪的不透明 LSA。

▶ 例 5-102 节点 2 始发的 OSPF LSA

```
1  RP/0/0/CPU0:xrvr-2#show ospf database self-originate
2
3
4            OSPF Router with ID (1.1.1.2) (Process ID 2)
5
6             Router Link States (Area 0)
7
8  Link ID         ADV Router      Age         Seq#       Checksum Link count
9  1.1.1.2         1.1.1.2         320         0x80000003 0x00aa7b 3
10
11            Type-10 Opaque Link Area Link States (Area 0)
12
13 Link ID         ADV Router      Age         Seq#       Checksum  Opaque ID
14 4.0.0.0         1.1.1.2         320         0x80000002 0x00244a         0
15 7.0.0.1         1.1.1.2         320         0x80000002 0x00068c         1
16 8.0.0.5         1.1.1.2         320         0x80000003 0x0022b6         5
17
18            Type-5 AS External Link States
19
20 Link ID         ADV Router      Age         Seq#       Checksum Tag
21 1.1.1.1         1.1.1.2         320         0x80000002 0x009303 0
```

```
22
23                    Type-11 Opaque Link AS Link States
24
25 Link ID           ADV Router      Age        Seq#         Checksum  Opaque ID
26 7.0.0.1           1.1.1.2         320        0x80000002   0x002e61          1
```

例 5-103 显示了节点 2 始发的前缀 1.1.1.1/32 的外部 LSA 内容。

▶ **例 5-103　节点 2 始发的外部 LSA**

```
RP/0/0/CPU0:xrvr-2#show ospf database external self-originate


            OSPF Router with ID (1.1.1.2) (Process ID 2)

                  Type-5 AS External Link States

  LS age: 440
  Options: (No TOS-capability, DC)
  LS Type: AS External Link
  Link State ID: 1.1.1.1 (External Network Number)
  Advertising Router: 1.1.1.2
  LS Seq Number: 80000002
  Checksum: 0x9303
  Length: 36
  Network Mask: /32
        Metric Type: 2 (Larger than any link state path)
        TOS: 0
        Metric: 20
        Forward Address: 0.0.0.0
        External Route Tag: 0
```

例 5-104 显示了节点 2 始发的 1.1.1.1/32 的扩展前缀 LSA。扩展前缀 TLV 标识其相关联的前缀（见第 19～23 行）；它是一个外部前缀（"Route-type:5"），不是节点前缀（"N：0"），并且不直连到 ABR（"A：0"）。Prefix-SID 子 TLV 指定了 Prefix-SID 及其属性（见第 25～29 行）。SID 索引为 1，置位了 NP 标志（"NP：1"）。

▶ **例 5-104　节点 2 始发的扩展前缀 LSA**

```
1 RP/0/0/CPU0:xrvr-2#show ospf database opaque-as self-originate
2
```

```
 3
 4            OSPF Router with ID (1.1.1.2) (Process ID 2)
 5
 6              Type-11 Opaque Link AS Link States
 7
 8    LS age: 509
 9    Options: (No TOS-capability, DC)
10    LS Type: Opaque AS Link
11    Link State ID: 7.0.0.1
12    Opaque Type: 7
13    Opaque ID: 1
14    Advertising Router: 1.1.1.2
15    LS Seq Number: 80000002
16    Checksum: 0x2e61
17    Length: 44
18
19     Extended Prefix TLV: Length: 20
20        Route-type: 5             !! External prefix
21        AF         : 0
22        Flags      : 0x0           !! A:0; N:0
23        Prefix     : 1.1.1.1/32
24
25       SID sub-TLV: Length: 8
26          Flags     : 0x40         !! (NA); NP:1; M:0; E:0; V:0; L:0
27          MTID      : 0
28          Algo      : 0            !! SPF
29          SID Index : 1
```

节点 2 也在另一个方向进行重分发：它将 OSPF 主机前缀重分发入 ISIS。例如，节点 2 将节点 3 的环回地址前缀 1.1.1.3/32 及其 Prefix-SID 16003 重分发入 ISIS 域。节点 2 上的前缀 1.1.1.3/32 的 RIB 条目显示在例 5-105 中。RIB 条目由 "ospf 2" 安装（见第 4 行）。该前缀的本地标签值为 Prefix-SID 标签 16003（见第 17 行）。由于节点 2 是节点 3 的 Prefix Segment 的倒数第二跳，出向标签为隐式空标签 3。

▶ **例 5-105**　在节点 2 上查看节点 3 的 OSPF 前缀的 RIB 条目

```
1 RP/0/0/CPU0:xrvr-2#show route 1.1.1.3/32 detail
2
3 Routing entry for 1.1.1.3/32
4   Known via "ospf 2", distance 110, metric 2, labeled SR, type intra area
5   Installed Aug 1 11:26:40.949 for 00:57:37
```

```
6    Routing Descriptor Blocks
7      99.2.3.3, from 1.1.1.3, via GigabitEthernet0/0/0/1
8        Route metric is 2
9        Label: 0x3 (3)
10       Tunnel ID: None
11       Binding Label: None
12       Extended communities count: 0
13       Path id:1        Path ref count:0
14       NHID:0x2(Ref:5)
15       OSPF area: 0
16   Route version is 0x2 (2)
17   Local Label: 0x3e83 (16003)
18   IP Precedence: Not Set
19   QoS Group ID: Not Set
20   Flow-tag: Not Set
21   Fwd-class: Not Set
22   Route Priority: RIB_PRIORITY_NON_RECURSIVE_MEDIUM (7) SVD Type
RIB_SVD_TYPE_LOCAL
23   Download Priority 1, Download Version 11
24   No advertising protos.
```

ISIS 配置为重分发 OSPF 的主机前缀，如例 5-106 中 ISIS 配置的第 14 行所示。路由策略 LOOPBACKS 只允许 /32 前缀被重分发。

▶ **例 5-106 节点 2 的 ISIS 配置，重分发 OSPF 进 ISIS**

```
1  route-policy LOOPBACKS
2    if destination in (0.0.0.0/0 eq 32) then
3      pass
4    else
5      drop
6    endif
7  end-policy
8  !
9  router isis 1
10   is-type level-2-only
11   net 49.0001.0000.0000.0002.00
12   address-family ipv4 unicast
13    metric-style wide
14    redistribute ospf 2 route-policy LOOPBACKS
15    segment-routing mpls
```

```
16  !
17  interface Loopback0
18   address-family ipv4 unicast
19    prefix-sid absolute 16002
20   !
21  !
22  interface GigabitEthernet0/0/0/0
23   point-to-point
24   address-family ipv4 unicast
25   !
26  !
27  !
```

例 5-107 显示了节点 2 始发的 ISIS LSP。前缀 1.1.1.3/32 的 IP 可达性 TLV 显示在第 19～20 行。Prefix-SID 索引为 3。Prefix-SID 的 R 标志和 P 标志都置位（见第 20 行"R：1","P：1"），这意味着前缀被重新通告（重分发），不为此 Prefix-SID 执行倒数第二跳弹出。因为节点 2 不是节点 3 的 Prefix Segment 的最后一跳，所以置位了 P 标志。

▶ **例 5-107 节点 2 始发的 ISIS LSP**

```
 1  RP/0/0/CPU0:xrvr-2#show isis database xrvr-2 verbose
 2
 3  IS-IS 1 (Level-2) Link State Database
 4  LSPID                 LSP Seq Num  LSP Checksum  LSP Holdtime  ATT/P/OL
 5  xrvr-2.00-00        * 0x0000000f   0x43e8        1187          0/0/0
 6    Area Address:   49.0001
 7    NLPID:          0xcc
 8    Hostname:       xrvr-2
 9    IP Address:     1.1.1.2
10    Router Cap:     1.1.1.2, D:0, S:0
11      Segment Routing: I:1 V:0, SRGB Base: 16000 Range: 8000
12    Metric: 10         IS-Extended xrvr-1.00
13      Interface IP Address: 99.1.2.2
14      Neighbor IP Address: 99.1.2.1
15      ADJ-SID: F:0 B:1 V:1 L:1 S:0 weight:0 Adjacency-sid:30201
16      ADJ-SID: F:0 B:0 V:1 L:1 S:0 weight:0 Adjacency-sid:31201
17    Metric: 10         IP-Extended 1.1.1.2/32
18      Prefix-SID Index: 2, Algorithm:0, R:0 N:1 P:0 E:0 V:0 L:0
19    Metric: 0          IP-Extended 1.1.1.3/32
20      Prefix-SID Index: 3, Algorithm:0, R:1 N:0 P:1 E:0 V:0 L:0
21    Metric: 0          IP-Extended 1.1.1.4/32
```

```
22      Prefix-SID Index: 4, Algorithm:0, R:1 N:0 P:1 E:0 V:0 L:0
23      Metric: 0           IP-Extended 1.1.1.5/32
24      Prefix-SID Index: 5, Algorithm:0, R:1 N:0 P:1 E:0 V:0 L:0
25      Metric: 0           IP-Extended 2.1.1.4/32
26      Metric: 10          IP-Extended 99.1.2.0/24
27
28   Total Level-2 LSP count: 1      Local Level-2 LSP count: 1
```

节点 2 并没有重分发其本地环回接口 0 的地址前缀，因为这样不会重分发与此前缀相关联的 Prefix-SID。为了在两个域中实现此前缀的可达性，节点 2 在两个域中都通告其环回接口 0 的地址前缀及相关联的 Prefix-SID。回顾例 5-101 中节点 2 的 OSPF 配置和例 5-106 中节点 2 的 ISIS 配置，在两个路由协议下确实都配置了环回接口 0，且都具有相同的 Prefix-SID 16002。

5.6.1.2　IGP 和 BGP 之间的重分发

OSPF 和 BGP 之间的重分发通常等同于两个 IGP 协议之间的重分发。这里用 OSPF 作为 IGP 示例，但是其重分发行为也适用于 ISIS。节点 3 是 ASBR，它在 OSPF 和 BGP 之间双向重分发主机前缀及其 Prefix-SID。例如，节点 2 在 OSPF 中始发前缀 1.1.1.2/32。例 5-108 中显示了在节点 3 上前缀 1.1.1.2/32 的 RIB 条目。该前缀的本地标签是 Prefix-SID 标签 16002（见第 17 行）。

▶ **例 5-108　在节点 3 上查看节点 2 的 OSPF 前缀的 RIB 条目**

```
1  RP/0/0/CPU0:xrvr-3#show route 1.1.1.2/32 detail
2
3  Routing entry for 1.1.1.2/32
4    Known via "ospf 2", distance 110, metric 2, labeled SR, type intra area
5    Installed Aug 1 12:51:31.790 for 00:12:23
6    Routing Descriptor Blocks
7      99.2.3.2, from 1.1.1.2, via GigabitEthernet0/0/0/1
8        Route metric is 2
9      Label: 0x3 (3)
10       Tunnel ID: None
11       Binding Label: None
12       Extended communities count: 0
13       Path id:1      Path ref count:0
14       NHID:0x3(Ref:3)
15       OSPF area: 0
16    Route version is 0x9 (9)
17    Local Label: 0x3e82 (16002)
```

```
18     IP Precedence: Not Set
19     QoS Group ID: Not Set
20     Flow-tag: Not Set
21     Fwd-class: Not Set
22     Route Priority: RIB_PRIORITY_NON_RECURSIVE_MEDIUM (7) SVD Type
RIB_SVD_TYPE_LOCAL
23     Download Priority 1, Download Version 60
24     No advertising protos.
```

节点 3 将前缀 1.1.1.2/32 及相关联的 Prefix-SID 重分发入 BGP。前缀及其 Prefix-SID 使用 BGP 标签单播（BGP-LU）通告给节点 4。例 5-109 中显示了节点 3 的 BGP 配置。BGP 配置中使用了 3 条路由策略，其定义在第 1～15 行。BGP-LU 在 IPv4 中开启，在第 17 行配置了命令"allocate-label all"，通过使用此命令，BGP 会为本地始发的所有前缀分配本地标签。然后在 BGP 邻居节点 4（见第 22 行）下启用 IPv4 标签单播地址族（"address-family ipv4 labeled-unicast"），以向节点 4 发布带标签的前缀。

通过第 20 行配置的"network"命令，BGP 通告前缀 1.1.1.3/32 及其 SID 索引（"label-index"）3，SID 索引值是由路由策略 SID(3) 设置的。

配置的第 33～34 行，在全局启用 SR，SRGB 设置为 [16000-23999]。此配置启用 BGP-LU 的 SR 扩展，Prefix-SID 属性随着带标签的前缀一起被 BGP 通告。

通过第 21 行的重分发配置，BGP 重分发 OSPF 实例 2 学习到的前缀。路由策略 LOOPBACKS 只允许主机前缀（/32）被重分发。

▶ 例 5-109　节点 3 上的 ISIS 配置，重分发 OSPF 进 BGP

```
1  route-policy PASS_ALL
2    pass
3  end-policy
4  !
5  route-policy LOOPBACKS
6    if destination in (0.0.0.0/0 eq 32) then
7      pass
8    else
9      drop
10  endif
11 end-policy
12 !
13 route-policy SID($SID)
14   set label-index $SID
15 end-policy
```

```
16  !
17  router bgp 3
18   bgp router-id 1.1.1.3
19   address-family ipv4 unicast
20    network 1.1.1.3/32 route-policy SID(3)
21    redistribute ospf 2 route-policy LOOPBACKS
22    allocate-label all
23   !
24   neighbor 99.3.4.4
25    remote-as 4
26    description eBGP-LU session to 节点 4
27    address-family ipv4 labeled-unicast
28     route-policy PASS_ALL in
29     route-policy PASS_ALL out
30    !
31   !
32  !
33  segment-routing
34   global-block 16000 23999
35  !
```

为了使从 BGP-LU 学来的前缀能正常转发,还需要例 5-110 所示的额外配置。该静态路由将 BGP 下一跳前缀(99.3.4.4/32)指向出接口。没有这条配置,CEF 无法解析 BGP-LU 路由的标签。

▶ 例 5-110 解析 BGP-LU 路由所需的静态路由

```
router static
 address-family ipv4 unicast
  99.3.4.4/32 GigabitEthernet0/0/0/0
 !
!
```

节点 4 接收到 BGP-LU 更新,例 5-111 的输出显示了节点 4 上前缀 1.1.1.2/32 的 BGP 表项。节点 4 接收到 1.1.1.2/32(见第 14 行)的 Prefix-SID 标签 16002。从节点 3 收到的 BGP 更新包括标签索引属性,指示前缀 1.1.1.2/32 的 SID 索引为 2(见第 18 行 "Label Index:2")。节点 4 启用了 SR,因此分配的本地标签也是 Prefix-SID 标签 16002(见第 6 行)。

▶ 例 5-111 在节点 4 上查看节点 2 的前缀的 BGP 表项

```
1 RP/0/0/CPU0:xrvr-4#show bgp ipv4 labeled-unicast 1.1.1.2/32
2 BGP routing table entry for 1.1.1.2/32
```

```
3 Versions:
4   Process            bRIB/RIB  SendTblVer
5   Speaker                35         35
6   Local Label: 16002
7 Last Modified: Aug 1 13:14:20.802 for 00:47:59
8 Paths: (1 available, best #1)
9   Not advertised to any peer
10  Path #1: Received by speaker 0
11  Not advertised to any peer
12  3
13    99.3.4.3 from 99.3.4.3 (1.1.1.3)
14      Received Label 16002
15      Origin incomplete, metric 2, localpref 100, valid, external, best,
group-best
16      Received Path ID 0, Local Path ID 0, version 35
17      Origin-AS validity: not-found
18      Prefix SID Attribute Size: 10
19      Label Index: 2
```

节点 3 也在另一个方向进行重分发：从 BGP 到 OSPF。节点 4 的 BGP 将其环回地址前缀 1.1.1.4/32 及相关联的 Prefix-SID 标签 16004（标签索引 4）通告给节点 3。例 5-112 显示了节点 3 上 1.1.1.4/32 的 RIB 条目，该 RIB 条目由 "bgp 3" 安装（见第 4 行），本地标签是 Prefix-SID 标签 16004（见第 16 行）。

▶ **例 5-112 在节点 3 上查看节点 4 的前缀的 BGP 表项**

```
1 RP/0/0/CPU0:xrvr-3#show route 1.1.1.4/32 detail
2
3 Routing entry for 1.1.1.4/32
4   Known via "bgp 3", distance 20, metric 0, [ei]-bgp, labeled unicast (3107),
labeled SR
5   Tag 4, type external
6   Installed Aug 1 13:14:20.716 for 00:55:14
7   Routing Descriptor Blocks
8     99.3.4.4, from 99.3.4.4, BGP external
9       Route metric is 0
10      Label: 0x100004 (1048580)
11      Tunnel ID: None
12      Binding Label: None
13      Extended communities count: 0
14      NHID:0x0(Ref:0)
```

```
15    Route version is 0x2 (2)
16    Local Label: 0x3e84 (16004)
17    IP Precedence: Not Set
18    QoS Group ID: Not Set
19    Flow-tag: Not Set
20    Fwd-class: Not Set
21    Route Priority: RIB_PRIORITY_RECURSIVE (12) SVD Type RIB_SVD_TYPE_LOCAL
22    Download Priority 4, Download Version 75
23    No advertising protos.
```

配置节点 3 将 BGP 重分发入 OSPF，请参见例 5-113。

▶ **例 5-113   配置节点 3 将 BGP 重分发入 OSPF**

```
route-policy LOOPBACKS
 if destination in (0.0.0.0/0 eq 32) then
   pass
 else
   drop
 endif
end-policy
!
router ospf 2
 segment-routing mpls
 redistribute bgp 3 route-policy LOOPBACKS
 area 0
  interface Loopback0
   passive enable
   prefix-sid absolute 16003
  !
  interface Loopback2
   passive enable
  !
  interface GigabitEthernet0/0/0/1
   network point-to-point
  !
 !
!
```

节点 3 的 OSPF 重分发前缀 1.1.1.4/32，并通告为外部 LSA（类型 5）。此外部 LSA 显示在例 5-114 中。请注意第 21 行的"External Route Tag: 4"。OSPF 用 BGP 对等体的自治域号

4 来标记前缀。这与 SR 无关，这是将 BGP 重分发入 OSPF 时默认自动完成的行为，用于防止环路。

▶ **例 5-114** 节点 3 始发的 OSPF 外部 LSA

```
1  RP/0/0/CPU0:xrvr-3#show ospf database external self-originate
2
3
4          OSPF Router with ID (1.1.1.3) (Process ID 2)
5
6          Type-5 AS External Link States
7
8  LS age: 1700
9  Options: (No TOS-capability, DC)
10 LS Type: AS External Link
11 Link State ID: 1.1.1.4 (External Network Number)
12 Advertising Router: 1.1.1.3
13 LS Seq Number: 80000002
14 Checksum: 0xf8a8
15 Length: 36
16 Network Mask: /32
17       Metric Type: 2 (Larger than any link state path)
18       TOS: 0
19       Metric: 1
20       Forward Address: 0.0.0.0
21       External Route Tag: 4
22
```

OSPF 在扩展前缀 LSA 中通告重分发的前缀 1.1.1.4/32 的 Prefix-SID，如例 5-115 所示。这是类型 11 的 LSA（见第 6 行），是在整个自治域中泛洪的不透明 LSA。此 LSA 中的扩展前缀 TLV 标识其应用于的前缀（见第 19～23 行），这是一个外部（"Route-type:5"）前缀 1.1.1.4/32，没有标志被置位（"flag：0x0"）。Prefix-SID 子 TLV（见第 25～29 行）指示 Prefix-SID 及其属性。SID 索引为 4，并且只置位了 NP 标志（"NP：1"）。

▶ **例 5-115** 节点 3 始发的扩展前缀 LSA

```
1  RP/0/0/CPU0:xrvr-3#show ospf database opaque-as 1.1.1.4/32
2
3
4          OSPF Router with ID (1.1.1.3) (Process ID 2)
5
```

```
6                  Type-11 Opaque Link AS Link States
7
8     LS age: 1852
9     Options: (No TOS-capability, DC)
10    LS Type: Opaque AS Link
11    Link State ID: 7.0.0.1
12    Opaque Type: 7
13    Opaque ID: 1
14    Advertising Router: 1.1.1.3
15    LS Seq Number: 80000003
16    Checksum: 0x9ee8
17    Length: 44
18
19     Extended Prefix TLV: Length: 20
20       Route-type: 5              !! External prefix
21       AF         : 0
22       Flags      : 0x0            !! A:0; N:0
23       Prefix     : 1.1.1.4/32
24
25       SID sub-TLV: Length: 8
26          Flags    : 0x40          !! (NA); NP:1; M:0; E:0; V:0; L:0
27          MTID     : 0
28          Algo     : 0             !! SPF
29          SID Index : 4
```

要在 OSPF 和 BGP 域中分发本地环回前缀，节点 3 会配置两个协议来通告前缀及相关联的 Prefix-SID：对于 OSPF，在 OSPF 下配置环回接口 0 及其 Prefix-SID，请参见例 5-113 中的配置；对于 BGP，在 IPv4 标签单播地址族中通告 1.1.1.3/32，并将标签索引属性值设置为 SID 索引，请参见例 5-109。

5.6.2 OSPF NSSA

当自治域边界路由器（ASBR）位于次末梢区域（Not-So-Stubby Area，NSSA）时，OSPF 会以不同的方式通告外部前缀，这里将 NSSA 添加到示例网络拓扑来说明该行为，见图 5-38。OSPF 域现在由两个区域组成：骨干区域（区域 0）和 NSSA（区域 1）。NSSA 中的节点 5 连接到 BGP 域，并将 BGP 前缀重分发到 OSPF 域中。节点 5 是 ASBR。如果 ASBR 位于 NSSA 中，那么它将为外部前缀生成 NSSA 外部 LSA（NSSA External LSA，类型 7），而不是外部 LSA（类型 5）。然后，ABR 节点 3 将这些 NSSA 外部 LSA 转换为外部 LSA，并在骨干区域 0 中始发这些外部 LSA。

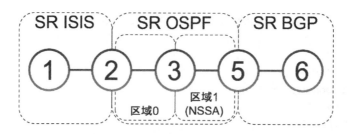

图 5-38　OSPF 域 NSSA 的重分发

节点 6 在 BGP-LU 中将前缀 1.1.1.6/32 及相关联的 Prefix-SID 16006 通告给节点 5。节点 5 在 RIB 中安装前缀，该前缀的本地标签是 Prefix-SID 标签 16006（见第 16 行）。节点 5 上 1.1.1.6/32 的 RIB 条目如例 5-116 所示，该条目由"bgp 5"安装（见第 4 行）。

▶ 例 5-116　在节点 5 上查看节点 6 的 BGP 前缀的 RIB 表项

```
1  RP/0/0/CPU0:xrvr-5#show route 1.1.1.6/32 detail
2  
3  Routing entry for 1.1.1.6/32
4    Known via "bgp 5", distance 20, metric 0, [ei]-bgp, labeled unicast (3107),
   labeled SR
5    Tag 6, type external
6    Installed Aug 1 15:25:09.298 for 00:18:10
7    Routing Descriptor Blocks
8      99.5.6.6, from 99.5.6.6, BGP external
9        Route metric is 0
10       Label: 0x100004 (1048580)
11       Tunnel ID: None
12       Binding Label: None
13       Extended communities count: 0
14       NHID:0x0(Ref:0)
15   Route version is 0x2 (2)
16   Local Label: 0x3e86 (16006)
17   IP Precedence: Not Set
18   QoS Group ID: Not Set
19   Flow-tag: Not Set
20   Fwd-class: Not Set
21   Route Priority: RIB_PRIORITY_RECURSIVE (12) SVD Type RIB_SVD_TYPE_LOCAL
22   Download Priority 4, Download Version 85
23   No advertising protos.
```

配置节点 5 重分发 BGP 主机前缀入 OSPF，如例 5-117 所示。区域 1 是 NSSA（见第 13 行）。

▶ 例 5-117　节点 5 的 OSPF 配置——重分发 BGP 入 OSPF

```
1  route-policy LOOPBACKS
2    if destination in (0.0.0.0/0 eq 32) then
3      pass
4    else
5      drop
6    endif
7  end-policy
8  !
9  router ospf 2
10   segment-routing mpls
11   redistribute bgp 5 route-policy LOOPBACKS
12   area 1
13    nssa
14    interface Loopback0
15     passive enable
16     prefix-sid absolute 16005
17    !
18    interface GigabitEthernet0/0/0/0
19     network point-to-point
20    !
21   !
22  !
```

节点 5 在 NSSA 外部 LSA（类型 7）中通告重分发的前缀 1.1.1.6/32，此 LSA 显示如例 5-118 所示。

▶ 例 5-118　节点 5 始发的 NSSA 外部 LSA

```
RP/0/0/CPU0:xrvr-5#show ospf database nssa-external self-originate


            OSPF Router with ID (1.1.1.5) (Process ID 2)

              Type-7 AS External Link States (Area 1)

  LS age: 1410
  Options: (No TOS-capability, Type 7/5 translation, DC)
  LS Type: AS External Link
  Link State ID: 1.1.1.6 (External Network Number)
  Advertising Router: 1.1.1.5
```

```
            LS Seq Number: 80000001
            Checksum: 0xd4b5
            Length: 36
            Network Mask: /32
                  Metric Type: 2 (Larger than any link state path)
                  TOS: 0
                  Metric: 1
                  Forward Address: 1.1.1.5
                  External Route Tag: 6
```

节点 5 还在扩展前缀 LSA 中通告这个被重分发前缀的 Prefix-SID，如例 5-119 所示。此扩展前缀 LSA 为类型 10 LSA，是泛洪范围为区域的不透明 LSA。NSSA 外部 LSA 的泛洪范围也是区域，这和外部 LSA 通告的前缀所对应的扩展前缀 LSA 是不一样的，后者的泛洪范围是整个自治域。

LSA 中的扩展前缀 TLV 标识前缀（见第 19～23 行），这是一个 NSSA 外部前缀（"Route-type：7"），没有置位任何标志（"flag：0x0"）。Prefix-SID 子 TLV 指示 Prefix-SID 及其属性，SID 索引为 6，并且只置位了 NP 标志（"NP：1"）。

▶ **例 5-119** 节点 5 始发的扩展前缀 LSA

```
 1  RP/0/0/CPU0:xrvr-5#show ospf database opaque-area 1.1.1.6/32 self-originate
 2
 3
 4            OSPF Router with ID (1.1.1.5) (Process ID 2)
 5
 6              Type-10 Opaque Link Area Link States (Area 1)
 7
 8  LS age: 1888
 9  Options: (No TOS-capability, DC)
10  LS Type: Opaque Area Link
11  Link State ID: 7.0.0.2
12  Opaque Type: 7
13  Opaque ID: 2
14  Advertising Router: 1.1.1.5
15  LS Seq Number: 80000001
16  Checksum: 0xf888
17  Length: 44
18
19    Extended Prefix TLV: Length: 20
20      Route-type: 7                    !! NSSA External prefix
```

```
21      AF            : 0
22      Flags         : 0x0              !! A:0; N:0
23      Prefix        : 1.1.1.6/32
24
25      SID sub-TLV: Length: 8
26        Flags       : 0x40             !! (NA); NP:1; M:0; E:0; V:0; L:0
27        MTID        : 0
28        Algo        : 0                !! SPF
29        SID Index   : 6
30
```

5.7 小结

- 传统的 MPLS 控制平面使用 LDP 来分发与 IGP 前缀相关联的标签，这是一个多余和复杂的设计决定，而 SR 消除了这种复杂性。
- 在 SR 中，简单的 IGP 扩展使得 IGP 本身能分发标签。
- 消除 LDP 意味着要维护的代码更少，可能的软件问题更少，故障排除更容易，分布式路由系统的性能消耗更少。
- 消除 LDP 也意味着更简单的 SDN 操作，因为控制器仅需要获取 IGP 链路状态拓扑，就可以推导出拓扑和相关 Segment。
- 消除 LDP 还意味着消除令人烦恼的 LDP 和 IGP 之间的同步问题（IETF RFC 5443）。
- 本章详细介绍了 SR IGP 扩展，以及它们如何在网络中通告 SR 节点功能，并在 MPLS 数据平面中安装 Prefix Segment 和 Adjacency Segment。本章也分析了如何控制倒数第二跳行为和显式空标签。
- Prefix-SID 随着其关联的前缀在层次和区域之间传播。
- 在 SR IGP 之间或 SR IGP 和 SR BGP 之间重分发前缀时，也会同时分发与前缀相关联的 Prefix-SID。

5.8 参考文献

[1] draft-ietf-isis-segment-routing-extensions Previdi, S., Ed., Filsfils, C., Bashandy, A., Gredler, H., Litkowski, S., Decraene, B., and J. Tantsura, "IS-IS Extensions for Segment Routing", draft-ietf-isis-segment-routing-extensions (work in progress), June 2016, https://tools.ietf.org/html/draft-ietf-isis-

segment-routing-extensions.

[2] draft-ietf-ospf-ospfv3-lsa-extend Lindem, A., Mirtorabi, S., Roy, A., and F. Baker, "OSPFv3 LSA Extendibility", draft-ietf-ospf-ospfv3-lsa-extend-10 (work in progress), May 2016, https://tools.ietf.org/html/draft-ietf-ospf-ospfv3-lsa-extend.

[3] draft-ietf-ospf-segment-routing-extensions Psenak, P., Previdi, S., Filsfils, C., Gredler, H., Shakir, R., Henderickx, W., and J. Tantsura, "OSPF Extensions for Segment Routing", draft-ietf-ospf-segment-routing-extensions-09 (work in progress), July 2016, https://tools.ietf.org/html/draft-ietf-ospf-segment-routing-extensions.

[4] draft-ietf-spring-conflict-resolution Ginsberg, L., Psenak, P., Previdi, S., and M. Pilka, "Segment Routing Conflict Resolution", draft-ietf-spring-conflict-resolution (work in progress), June 2016, https://tools.ietf.org/html/draft-ietf-spring-conflict-resolution.

[5] draft-ppsenak-ospf-te-link-attr-reuse Peter Psenak, Acee Lindem, Les Ginsberg, Wim Henderickx, Jeff Tantsura, Hannes Gredler, "OSPFv2 Link Traffic Engineering (TE) Attribute Reuse", draft-ppsenak-ospf-te-link-attr-reuse (work in progress), August 2016, https://tools.ietf.org/html/draft-ppsenak-ospf-te-link-attr-reuse.

[6] ietf-ospf-ospfv3-segment-routing-extensions Psenak, P., Previdi, S., Filsfils, C., Gredler, H., Shakir, R., Henderickx, W., and J. Tantsura, "OSPFv3 Extensions for Segment Routing", draft-ietf-ospf-ospfv3-segment-routing-extensions (work in progress), July 2016, https://tools.ietf.org/html/draft-ietf-ospf-ospfv3-segment-routing-extensions.

[7] RFC1195 Callon, R., "Use of OSI IS-IS for routing in TCP/IP and dual environments", RFC 1195, DOI 10.17487/RFC1195, December 1990, http://www.rfc-editor.org/info/rfc1195.

[8] RFC2328 Moy, J., "OSPF Version 2", STD 54, RFC 2328, DOI 10.17487/RFC2328, April 1998, http://www.rfc-editor.org/info/rfc2328.

[9] RFC3630 Katz, D., Kompella, K., and D. Yeung, "Traffic Engineering (TE) Extensions to OSPF Version 2", RFC 3630, DOI 10.17487/RFC3630, September 2003, http://www.rfc-editor.org/info/rfc3630.

[10] RFC4915 Psenak, P., Mirtorabi, S., Roy, A., Nguyen, L., and P. Pillay-Esnault, "Multi-Topology (MT) Routing in OSPF", RFC 4915, DOI 10.17487/RFC4915, June 2007, http://www.rfc-editor.org/info/rfc4915.

[11] RFC4971 Vasseur, JP., Ed., Shen, N., Ed., and R. Aggarwal, Ed., "Intermediate System to Intermediate System (IS-IS) Extensions for Advertising Router Information", RFC 4971, DOI 10.17487/RFC4971, July 2007, http://www.rfc-editor.org/info/rfc4971.

[12] RFC5120 Przygienda, T., Shen, N., and N. Sheth, "M-ISIS: Multi Topology (MT) Routing in Intermediate System to Intermediate Systems (IS-ISs)", RFC 5120, DOI 10.17487/RFC5120,

February 2008, http://www.rfc-editor.org/info/rfc5120.

[13] RFC5250 Berger, L., Bryskin, I., Zinin, A., and R. Coltun, "The OSPF Opaque LSA Option", RFC 5250, DOI 10.17487/RFC5250, July 2008, http://www.rfc-editor.org/info/rfc5250.

[14] RFC5302 Li, T., Smit, H., and T. Przygienda, "Domain-Wide Prefix Distribution with Two-Level IS-IS", RFC 5302, DOI 10.17487/RFC5302, October 2008, http://www.rfc-editor.org/info/rfc5302.

[15] RFC5305 Li, T. and H. Smit, "IS-IS Extensions for Traffic Engineering", RFC 5305, DOI 10.17487/RFC5305, October 2008, http://www.rfc-editor.org/info/rfc5305.

[16] RFC5443 Jork, M., Atlas, A., and L. Fang, "LDP IGP Synchronization", RFC 5443, DOI 10.17487/RFC5443, March 2009, http://www.rfc-editor.org/info/rfc5443.

[17] RFC7684 Psenak, P., Gredler, H., Shakir, R., Henderickx, W., Tantsura, J., and A. Lindem, "OSPFv2 Prefix/Link Attribute Advertisement", RFC 7684, DOI 10.17487/RFC7684, November 2015, http://www.rfc-editor.org/info/rfc7684.

[18] RFC7770 Lindem, A., Ed., Shen, N., Vasseur, JP., Aggarwal, R., and S. Shaffer, "Extensions to OSPF for Advertising Optional Router Capabilities", RFC 7770, DOI 10.17487/RFC7770, February 2016, http://www.rfc-editor.org/info/rfc7770.

[19] RFC7794 Ginsberg, L., Ed., Decraene, B., Previdi, S., Xu, X., and U. Chunduri, "IS-IS Prefix Attributes for Extended IPv4 and IPv6 Reachability", RFC 7794, DOI 10.17487/RFC7794, March 2016, http://www.rfc-editor.org/info/rfc7794.

注释：

1. draft-ietf-spring-conflict-resolution。
2. 如果 SRGB 由多个标签范围组成，则可能需要进行额外的计算。请参见第 4 章。

第 6 章 Segment Routing BGP 控制平面

迄今为止本书专注于 Segment Routing IGP 控制平面，然而 SR 并不只是使用 IGP 作为控制平面，本章将介绍使用 BGP 来分发 SR 信息。

SR BGP 并不局限于特定的 SR 数据平面，事实上它类似于 SR IGP，可以应用于 MPLS 数据平面和 IPv6 数据平面，本章将着重介绍 SR BGP 应用于 MPLS 数据平面，就像本书的大部分内容一样。

提示：BGP Prefix Segment

（摘自第 2 章）

BGP Prefix Segment 是附加到 BGP 前缀的 Segment。BGP Prefix-SID 是 BGP Prefix Segment 的标识。BGP Prefix-SID 是全局 Segment，这个标识代表着经由多条负载均衡的 BGP 最佳路径转发至对应前缀的指令。当应用于 MPLS 数据平面时，Prefix-SID 等于标签；应用于 IPv6 数据平面（SRv6）时，Prefix-SID 等于 IPv6 前缀。

当在第 2 章介绍 SR 基础时，我们还简要介绍了 BGP Peer Segment 和扩展 BGP 链路状态协议（BGP-LS）用于传送 SR 信息。这两个方面都与 SR 流量工程相关，将在第二卷中予以介绍。在本章中，我们将重点介绍 BGP Prefix Segment 如何扩展 BGP 作为信令用于通告 Segment 及相关转发条目。

SR BGP 的概念和机制对使用 BGP/BGP 标签单播作为信令的运营商／企业网络而言是一种扩展。例如 SR BGP 可以被用来连接不同的 SR IGP 域，在第 5 章讨论 SR IGP 重分发时谈到了这一点，在本章中我们将深入了解此解决方案 BGP 方面的内容。同时在本章的后续内容中，我们将聚焦于 SR BGP 在数据中心的应用，这也是促使 SR BGP 出现的驱动力。在这类数据中心设计中，BGP 是作为 IGP 来使用的，这是应用 SR BGP 很好的场景，但不应该产生 SR BGP 主要应用于数据中心网络这样的误解，因为我们也将介绍 SR BGP 如何扩展无缝 MPLS 架构来用于实现大规模互联，这方面的内容详见第 10 章。

6.1 BGP 标签单播

BGP 标签单播（BGP-LU），由 IETF RFC 3107 定义，使用 BGP 为前缀分发 MPLS 标签。因此 BGP-LU 也称为"BGP RFC 3107"。RFC 3107 定义了如何使用多协议 BGP（MBGP）在 BGP 更新消息中携带用于前缀的一个或多个标签；标签作为网络层可达性信息（NLRI）的一部分被通告。Cisco IOS XR 目前的 BGP-LU 实现支持为单个前缀通告单个标签。

> **提示：MBGP**
>
> 标准 BGP 仅支持 IPv4 单播地址。MBGP 是 BGP 的扩展，能够分发不同类型的地址（称为地址族）。由于标准 BGP（IETF RFC 4271）的更新消息格式仅支持 IPv4 前缀，因此 IETF 定义了新的路径属性以支持非 IPv4 网络协议。IETF RFC 4760 中定义的 MBGP 使 BGP 能够支持不同的地址族。"地址族标识"（AFI）和"子地址族标识"（SAFI）标识每个地址族。其中一个地址族是 IPv4 标签单播，由 AFI 值 1 和 SAFI 值 4 标识，在 RFC 4760 中引入 MBGP 之前，由于只支持 IPv4 地址族，因此无须为 BGP 配置地址族。
>
> IETF RFC 4760 引入了新的可选非传递属性：MP_REACH_NLRI 和 MP_UNREACH_NLRI。IETF RFC 4760 规定，MP_REACH_NLRI "用于携带可达目的地的集合以及用于到达这些目的地的下一跳信息"；MP_UNREACH_NLRI "用于携带不可达目的地的集合。"

当节点接收到带有标签的前缀，即 BGP-LU 更新时，它将该标签写入到转发表中作为该前缀的出向标签，节点还为该前缀分配本地标签，并写入到 MPLS 转发条目中作为该前缀的入向标签。当该节点向另一个节点通告此前缀时，它设置下一跳为自身，并且在 BGP-LU 更新消息中包含其分配的本地标签。

当一个节点向 BGP 对等体通告 BGP-LU 本地前缀时，默认情况下通告隐式空标签值 3，用于实现倒数第二跳弹出。邻居收到此更新后会把该前缀的 MPLS 转发条目的出向标签设置为弹出，即在转发数据包之前弹出标签，同时邻居还为前缀分配本地标签，将其作为入向标签写入 MPLS 转发表中，并将该标签通告给其他节点。

BGP-LU 可用于外部 BGP（EBGP）会话和内部 BGP（IBGP）会话。EBGP 会话可用于不同运营商 AS 域之间，也可用于同一运营商的多个 IGP 域或多个网络/部门之间。

我们将使用拓扑图 6-1 来说明 BGP-LU 在多个 AS 域的应用。图中网络由两个 AS 域组成：AS1 在左边，AS2 在右边。节点 4 和节点 5 在 AS 域间的边界上，为 AS 边界路由器（ASBR），其中一台 ASBR 属于 AS1，另一台属于 AS2；ASBR 间通过对等链路互联。

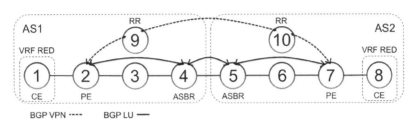

图 6-1　跨 AS 域示例拓扑

在 CE 节点 1 和 CE 节点 8 间部署 L3VPN 业务，这两台 CE 分别连接到 PE 节点 2 和 PE 节点 7，两台 PE 上均配置了名为"RED"的 VRF。

如何跨 AS 边界实现节点 1 与节点 8 的连接？IETF RFC 4364"BGP/MPLS IP Virtual Private Networks（VPNs）"描述了解决此问题的 3 种选项，分别为（a）、（b）和（c），因此这 3 个选项也被称为跨 AS 域选项 A、B 和 C。

该示例仅讨论跨 AS 域选项 C。在此模型中，分别在处于两个 AS 域的 PE 间采用 EBGP 交换 L3VPN 前缀和标签信息。为提高可扩展性，通常采用一个 AS 域的路由反射器（RR）与另一个 AS 域的 RR 间的多跳 EBGP 会话来实现。本示例中 RR 为 AS1 的节点 9 和 AS2 的节点 10，且 RR 不改变所通告路由的 BGP 下一跳（Next-Hop-Unchanged 功能）。在图 6-1 中 L3VPN BGP 会话用图例"BGP VPN"标识。

为了在 RR 间建立跨 AS 域的 BGP 会话，需要实现 RR 之间的可达性。跨域选项 C 还要求 PE 环回地址从其他 AS 域可达，这要求在 PE 间具有连续的 LSP 以承载 L3VPN 业务流量。由 RR 反射的路由下一跳没有变，例如节点 2 从 RR 接收到的 L3VPN 路由其 BGP 下一跳仍为节点 7，因此节点 2 必须能使用标签到达节点 7。

通常的标签分配机制（如 LDP 或第 5 章所述的 SR IGP），可以在 AS 域内使用，而 BGP-LU 可用于在跨域链路上交换 MPLS 标签。

在 PE 间建立一条跨域的 LSP 有两个选项。
- IGP/BGP 双向重分发 PE 环回地址及其标签。
- 采用 BGP-LU 分发 PE 环回地址及其标签。

这里仅讨论第二个选项：BGP-LU。IGP/BGP 间双向路由及 Prefix-SID 重分发见第 5 章。节点 7 的配置如例 6-1 所示。

▶ 例 6-1　BGP 配置示例——PE 节点 7

```
route-policy bgp_in
  pass
end-policy
!
route-policy bgp_out
  pass
end-policy
!
router bgp 2
 bgp router-id 1.1.1.7
 address-family ipv4 unicast
   network 1.1.1.7/32
   allocate-label all
 !
 address-family vpnv4 unicast
 !
 neighbor 1.1.1.5
   remote-as 2
   description iBGP peer xrvr-5
   update-source Loopback0
   address-family ipv4 labeled-unicast
   !
 !
 neighbor 1.1.1.10
   remote-as 2
   description iBGP peer xrvr-10
   update-source Loopback0
   address-family vpnv4 unicast
 !
 !
 vrf RED
  rd auto
  address-family ipv4 unicast
  !
  neighbor 99.7.8.8
    remote-as 108
    description eBGP peer xrvr-8
    address-family ipv4 unicast
      route-policy bgp_in in
      route-policy bgp_out out
```

```
   !
   !
  !
!
```

节点 7 向节点 5 发送一个带有标签 3（隐式空标签）的环回地址前缀 1.1.1.7/32。为了方便说明，在 PE 和 ASBR 间建立直连的 BGP-LU 会话，在实际部署中应使用 RR 建立 BGP-LU 会话，此 RR 可以同时作为 L3VPN 业务 RR，也可以单独设置。例 6-2 显示了节点 5 上 1.1.1.7/32 的 BGP 表项，BGP 下一跳是 1.1.1.7，出标签是 3（隐式空标签）。

▶ **例 6-2　节点 5 上 BGP-LU 前缀 1.1.1.7/32**

```
RP/0/0/CPU0:xrvr-5#show bgp ipv4 labeled-unicast 1.1.1.7/32
BGP routing table entry for 1.1.1.7/32
Versions:
  Process            bRIB/RIB  SendTblVer
  Speaker                   4           4
    Local Label: 95003
Last Modified: Sep 29 10:11:55.855 for 04:31:00
Paths: (1 available,best #1)
  Advertised to peers (in unique update groups):
    99.4.5.4
  Path #1: Received by speaker 0
  Advertised to peers (in unique update groups):
    99.4.5.4
  Local
    1.1.1.7 (metric 20) from 1.1.1.7 (1.1.1.7)
      Received Label 3
      Origin IGP,metric 0,localpref 100,valid,internal,best,group-best
      Received Path ID 0,Local Path ID 0,version 4
```

ASBR 节点 5 的 BGP 配置如例 6-3 所示。节点 5 与节点 4 之间是 EBGP 会话，节点 5 与节点 7、节点 10 之间是 IBGP 会话，并配置 Next-Hop-Self；为了解析 BGP 标签 CEF 条目，需要配置一条指向 BGP 下一跳的静态路由，见第 41 行。

▶ **例 6-3　BGP 配置示例——ASBR 节点 5**

```
1 route-policy bgp_in
2   pass
3 end-policy
```

```
 4 !
 5 route-policy bgp_out
 6   pass
 7 end-policy
 8 !
 9 router bgp 2
10  bgp router-id 1.1.1.5
11  !
12  address-family ipv4 unicast
13   allocate-label all
14  !
15  neighbor-group IBGP
16   remote-as 2
17   update-source Loopback0
18   address-family ipv4 labeled-unicast
19    next-hop-self
20   !
21  !
22  neighbor 1.1.1.7
23   use neighbor-group IBGP
24   description iBGP peer xrvr-7
25  !
26  neighbor 1.1.1.10
27   use neighbor-group IBGP
28   description iBGP peer xrvr-10
29  !
30  neighbor 99.4.5.4
31   remote-as 1
32   description eBGP peer xrvr-4
33   address-family ipv4 labeled-unicast
34    route-policy bgp_in in
35    route-policy bgp_out out
36   !
37  !
38 !
39 router static
40  address-family ipv4 unicast
41   99.4.5.4/32 GigabitEthernet0/0/0/1
42  !
43 !
```

节点 5 将带有标签 90507 的前缀 1.1.1.7/32 通告给节点 4。节点 4 上 1.1.1.7/32 的 BGP 表

项如例 6-4 所示，BGP 下一跳为 99.4.5.5，为节点 5 的接口地址，接收到的标签是 90507，节点 4 为这个前缀分配本地标签 90407。

▶ **例 6-4** 节点 4 上 BGP-LU 前缀 1.1.1.7/32

```
RP/0/0/CPU0:xrvr-4#show bgp ipv4 labeled-unicast 1.1.1.7/32
BGP routing table entry for 1.1.1.7/32
Versions:
  Process           bRIB/RIB  SendTblVer
  Speaker              4          4
    Local Label: 90407
Last Modified: Sep 29 10:13:30.899 for 04:44:01
Paths: (1 available,best #1)
  Advertised to update-groups (with more than one peer):
    0.3
  Path #1: Received by speaker 0
  Advertised to update-groups (with more than one peer):
    0.3
  2
    99.4.5.5 from 99.4.5.5 (1.1.1.5)
      Received Label 90507
      Origin IGP,localpref 100,valid,external,best,group-best
      Received Path ID 0,Local Path ID 0,version 4
      Origin-AS validity: not-found
```

节点 4 接着将带有标签 90407 的前缀通告给节点 2。节点 2 上的 BGP 表项如例 6-5 所示，BGP 下一跳为 1.1.1.4，接收到的标签是 90407。

▶ **例 6-5** 节点 2 上 BGP-LU 前缀 1.1.1.7/32

```
RP/0/0/CPU0:xrvr-2#show bgp ipv4 labeled-unicast 1.1.1.7/32
BGP routing table entry for 1.1.1.7/32
Versions:
  Process           bRIB/RIB  SendTblVer
  Speaker             18         18
    Local Label: 90207
Last Modified: Sep 29 10:13:30.813 for 04:49:13
Paths: (1 available,best #1)
  Not advertised to any peer
  Path #1: Received by speaker 0
  Not advertised to any peer
  2
```

```
  1.1.1.4 (metric 20) from 1.1.1.4 (1.1.1.4)
    Received Label 90407
    Origin IGP,localpref 100,valid,internal,best,group-best
    Received Path ID 0,Local Path ID 0,version 18
```

每个 AS 域内都启用了 LDP 实现域内 MPLS 传送,在 AS 域内采用 LDP 标签传送数据包。图 6-2 显示了 BGP-LU 标签交换(a)、LDP 标签交换(b)和传送过程的标签栈(c)。在节点 5 上弹出 BGP 标签(90507),并将节点 6 为 1.1.1.7/32 通告的 LDP 标签(90607)压入数据包中,完成标签 90507 与 90607 的交换。

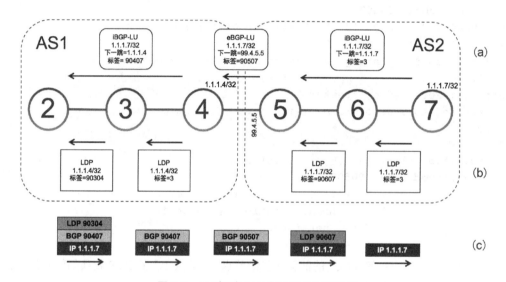

图 6-2　PE 间跨 AS 域 LSP-SR 未启用

在节点 2 上执行 traceroute 节点 7 的输出如例 6-6 所示。

▶ **例 6-6　PE 节点 2 上执行 traceroute PE 节点 7 示例**

```
RP/0/0/CPU0:xrvr-2#traceroute 1.1.1.7 source 1.1.1.2

Type escape sequence to abort.
Tracing the route to 1.1.1.7

 1  99.2.3.3 [MPLS: Labels 90304/90407 Exp 0] 19 msec 19 msec 9 msec
 2  99.3.4.4 [MPLS: Label 90407 Exp 0] 9 msec 9 msec 9 msec
 3  99.4.5.5 [MPLS: Label 90507 Exp 0] 9 msec 9 msec 9 msec
 4  99.5.6.6 [MPLS: Label 90607 Exp 0] 9 msec 9 msec 9 msec
 5  99.6.7.7 9 msec 9 msec 9 msec
```

图 6-3 显示了 SR 未启用时跨 AS 域 CE 间 LSP。

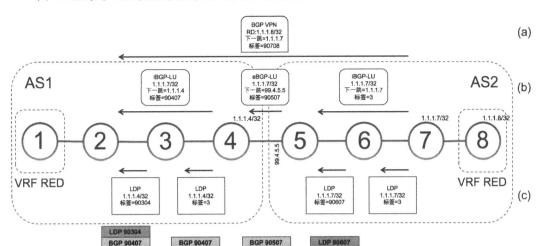

图 6-3 跨 AS 域 CE 间 LSP-SR 未启用

CE 节点 1 上 traceroute CE 节点 8 示例——SR 未启用如例 6-7 所示。

▶ 例 6-7　CE 节点 1 上 traceroute CE 节点 8 示例——SR 未启用

```
RP/0/0/CPU0:xrvr-1#traceroute 1.1.1.8

Type escape sequence to abort.
Tracing the route to 1.1.1.8

 1  99.1.2.2 9 msec  0 msec  0 msec
 2  99.2.3.3 [MPLS: Labels 90304/90407/90708 Exp 0] 19 msec  19 msec  9 msec
 3  99.3.4.4 [MPLS: Labels 90407/90708 Exp 0] 9 msec  9 msec  9 msec
 4  99.4.5.5 [MPLS: Labels 90507/90708 Exp 0] 9 msec  9 msec  9 msec
 5  99.5.6.6 [MPLS: Labels 90607/90708 Exp 0] 9 msec  9 msec  9 msec
 6  99.6.7.7 [MPLS: Label 90708 Exp 0] 9 msec  9 msec  9 msec
 7  99.7.8.8 9 msec  9 msec  9 msec
```

6.2　BGP Prefix-SID

SR BGP 与 SR IGP 均基于 SR 体系结构，不同之处在于前者使用 BGP 作为控制平面。

Prefix Segment 是全局 Segment，对于 SR MPLS 数据平面，Prefix-SID 是全局唯一的 SID 索引，此索引指向 SRGB 中的 Prefix-SID 标签，即 Prefix-SID 标签等于 SID 索引加上 SRGB 的起始值。

前面部分介绍了如何使用 BGP-LU 实现前缀可达性信息和 MPLS 标签的跨 AS 域通告。SR 扩展了 BGP-LU 以通告 BGP Prefix-SID，节点将前缀的 Prefix-SID 附加到 BGP-LU 前缀通告中。在通告前缀的节点上配置 Prefix-SID，或者由其他协议通过路由重分发方式引入 Prefix-SID。Prefix-SID 本质上是 BGP 更新消息中的一个属性（更多细节见第 6.3 节）。

基于上一节的拓扑进行讨论，但这次启用 SR BGP，参见图 6-4。拓扑中的所有节点启用 SR BGP，使用相同的 SRGB [16000-23999]。在节点 7 上为其环回地址 1.1.1.7/32 配置 SID 索引为 7 的 Prefix-SID。节点 7 的 SR BGP 配置如例 6-8 所示。首先，必须全局配置 SRGB，在此示例中配置默认 SRGB [16000-23999]（见第 49 ～ 50 行）。route-policy SID() 被应用到 network 1.1.1.7/32（见第 16 行）。这条 route-policy 命令具体的策略在第 9 ～ 11 行中定义：设置 label-index 为应用此 route-policy 时所传入的参数，在这个例子中，参数是 7。其余 BGP 配置与常规 BGP-LU 相同，节点上也配置了 SR IGP，但未在此处列出。

▶ 例 6-8　SR BGP 配置示例——PE 节点 7

```
 1 route-policy bgp_in
 2   pass
 3 end-policy
 4 !
 5 route-policy bgp_out
 6   pass
 7 end-policy
 8 !
 9 route-policy SID($SID)
10   set label-index $SID
11 end-policy
12 !
13 router bgp 2
14  bgp router-id 1.1.1.7
15  address-family ipv4 unicast
16   network 1.1.1.7/32 route-policy SID(7)
17   allocate-label all
18  !
19  address-family vpnv4 unicast
20  !
21  neighbor 1.1.1.5
22   remote-as 2
23   description iBGP peer xrvr-5
```

```
24   update-source Loopback0
25   address-family ipv4 labeled-unicast
26  !
27  !
28  neighbor 1.1.1.10
29   remote-as 2
30   description iBGP peer xrvr-10
31   update-source Loopback0
32   address-family vpnv4 unicast
33   !
34  !
35  vrf RED
36   rd auto
37   address-family ipv4 unicast
38   !
39   neighbor 99.7.8.8
40    remote-as 108
41    description eBGP peer xrvr-8
42    address-family ipv4 unicast
43     route-policy bgp_in in
44     route-policy bgp_out out
45    !
46   !
47  !
48  !
49  segment-routing
50   global-block 16000 23999
51  !
```

在 ASBR 上配置全局 SRGB [16000-23999]，使得 BGP 可以在接收到带有 Prefix-SID 属性的更新时分配 Prefix-SID 标签。

1.1.1.7/32 是节点 7 本地前缀，因此节点 7 将此前缀通过 BGP-LU 通告给节点 5 时带有标签值 3（隐式空标签），并设置此前缀的 BGP 下一跳是环回地址 1.1.1.7。节点 7 还在更新信息中增加了 BGP Prefix-SID 属性，设置 Prefix-SID 索引值为 7。注意，标签值和 SID 索引是同时随着前缀被一起通告的，参见图 6-4（a）。

当节点 5 接收到前缀更新时，它为前缀 1.1.1.7/32 分配本地标签。这个本地标签不像常规 BGP-LU 那样从动态标签范围中分配，而是基于 Prefix-SID 索引值从 SRGB 分配。节点 5 为该前缀分配本地标签 16007(= 16000 + 7)，然后将带有标签 16007 和 SID 索引值为 7 的前缀重新通告给其 EBGP-LU 邻居节点 4。在此过程中，前缀的 BGP Prefix-SID 属性并未改变。

节点 4 将此前缀的 BGP 下一跳改为自身的 BGP 会话地址 99.4.5.5（EBGP 默认的 "Next-Hop-Self" 行为）。

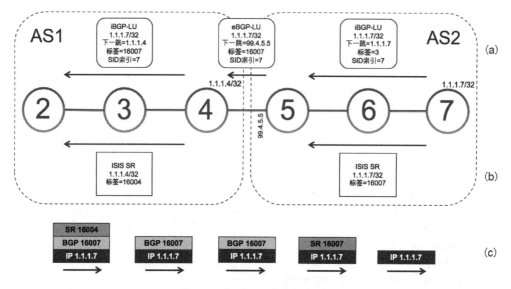

图 6-4　PE 间跨 AS 域 LSP-SR

节点 4 执行相同的操作，最终节点 2 学习到带有标签 16007 和 Prefix-SID 索引值为 7 的前缀 1.1.1.7/32。节点 2 从 SRGB 中为前缀 1.1.1.7/32 分配本地 Prefix-SID 标签 16007。

从节点 2 得知 1.1.1.7/32 可以通过下一跳 1.1.1.4（节点 4）到达，因此当节点 2 收到目的地址是 1.1.1.7/32 的 IP 数据包时，它在数据包上先压入标签 16007，然后再压入节点 4 的 Prefix-SID 标签（16004），后者用以到达 BGP 下一跳节点 4，参见图 6-4（c）。由于节点 3 是节点 4 Prefix Segment 的倒数第二跳，它弹出标签并将数据包转发给节点 4。节点 4 将入向标签 16007 交换为出向标签 16007，并将数据包转发给节点 5。节点 5 将入向标签 16007 交换为出向标签 16007，最后节点 6 弹出标签，并转发数据包给节点 7。例 6-9 显示了在节点 2 执行 traceroute 节点 7 的命令输出。

▶ **例 6-9　PE 节点 2 上 traceroute PE 节点 7 示例——SR**

```
RP/0/0/CPU0:xrvr-2#traceroute 1.1.1.7 source 1.1.1.2

Type escape sequence to abort.
Tracing the route to 1.1.1.7

 1  99.2.3.3 [MPLS: Labels 16004/16007 Exp 0] 9 msec 9 msec 9 msec
 2  99.3.4.4 [MPLS: Label 16007 Exp 0] 9 msec 9 msec 9 msec
```

```
3 99.4.5.5 [MPLS: Label 16007 Exp 0] 9 msec 9 msec 9 msec
4 99.5.6.6 [MPLS: Label 16007 Exp 0] 9 msec 9 msec 9 msec
5 99.6.7.7 9 msec 9 msec 9 msec
```

L3VPN 叠加网络可以运行在 SR 网络之上，与常规 BGP-LU 的区别在于此时 L3VPN 流量由 Prefix Segment 承载。

6.3 BGP Prefix-SID 通告

BGP Prefix Segment 在 IETF 草案（draft-ietf-idr-BGP-Prefix-SID）中定义。BGP Prefix-SID 在 BGP 中作为可选的、可传递的 BGP 路径属性进行通告，这意味着 BGP 设备对此属性的支持不是必须的，并且如果此属性未被识别，仍应将其传递给其他对等体。BGP Prefix-SID 属性类型（初定）为 40。

BGP Prefix-SID 属性可以附加到以下 AFI / SAFI 前缀。
— 用于 SR MPLS 数据平面的 MBGP IPv4 / IPv6 LU（IETF RFC 3107）。
— 用于 SRv6 的 MBGP IPv6（IETF RFC 4760）。

BGP Prefix-SID 属性字段包含一个或多个 TLV，已定义以下 TLV。
— 标签索引（Label-Index）TLV。
— 始发者（Originator）SRGB TLV。
— IPv6 SID TLV。

前两个 TLV 仅用于 SR MPLS 数据平面，第 3 个 TLV 仅用于 SRv6，即 SR IPv6 数据平面。本书只介绍 SR BGP 应用于 MPLS 数据平面。

标签索引 TLV 被附加到 IPv4/IPv6 LU 前缀，格式如图 6-5 所示。

0 1 2 3 4 5 6 7	8 9 10 11 12 13 14 15	16 17 18 19 20 21 22 23	24 25 26 27 28 29 30 31
类型(1)	长度(7)		保留
标志位		标签索引	
标签索引			

图 6-5 BGP Prefix-SID：标签索引 TLV 格式

此 TLV 中的字段如下。
— 标志位（Flags）：尚未定义任何标志。
— 标签索引（Label Index）：Prefix-SID 索引，即 SRGB 中的标签偏移量。

始发者 SRGB TLV 是一个可选的 TLV，用于表示此 BGP Prefix SID 属性所对应前缀的始发节点的 SRGB。始发者 SRGB TLV 格式如图 6-6 所示。

图 6-6　BGP Prefix-ID：始发者 SRGB TLV 格式

此 TLV 中的字段为：

- 标志位（Flags）：尚未定义任何标志。
- SRGB：由 SRGB 起始值（24 字节）和 SRGB 范围（24 字节）组成。如果 SRGB 由多个范围组成，则可以存在多个 SRGB 字段。

节点会按照常规 BGP-LU 的处理方式在 NLRI 中包括其分配的本地标签，源节点可以为前缀通告标签值 3（隐式空标签）以实现倒数第二跳弹出，接收节点根据常规 BGP-LU 的处理方式基于收到的标签构建 MPLS 转发条目。当节点始发带有 BGP Prefix-ID 的前缀时，会在 BGP Prefix-SID 的标签索引 TLV 中通告 Prefix-SID 索引。当 SR BGP 节点接收到 BGP 更新时，它使用标签索引 TLV 中的标签索引值（即 SID 索引）作为指针，来为对应前缀分配本地标签，具体是把本地 SRGB 中由 SID 索引所指示位置的标签分配给此前缀，然后根据常规 BGP-LU 操作将本地标签通告给其他 BGP 对等体。此外，前缀更新时，不改变其包含的可传递的 BGP Prefix-SID 属性。

6.4　与不支持 SR 的 BGP-LU 互操作

SR BGP 与 BGP-LU 网络中的非 SR 节点可以实现自动的、无缝的互操作。BGP Prefix-SID 属性是可选的、可传递的，这意味着不识别该属性的节点会忽略并转发此属性。BGP Prefix-SID 属性所携带的标签索引 TLV 中包含有指向 SRGB 对应标签的指针。如果节点不识别该属性，则它会从动态标签范围中为前缀分配一个本地标签，这是常规的 BGP-LU 功能。支持 SR BGP 的节点则使用标签索引 TLV 的指针从 SRGB 中分配 Prefix-SID 本地标签；不足之处是在 SR 设备和非 SR 设备混合组网时，Prefix-SID 并不是在所有节点上都对应确定的标签，这就失去了 SR 的部分好处。由于非 SR 节点会将未修改的 BGP Prefix-SID 属性重新通告给其邻居，所以网络中的所有 SR 节点可以使用始发者的 Prefix-SID 索引。请注意，在写本书时，Cisco IOS XR 仅支持在始发前缀的节点上将 Prefix-SID 属性附加到 BGP 更新，这意味着始发前缀的节点必须启用 SR。

图 6-7 显示了 SR BGP-LU 和不支持 SR 的 BGP-LU 之间的互操作性。采用与上一节中相同的跨 AS 域拓扑，在这种情况下，AS1 中的节点不支持 SR；而 AS2 中的节点启用 SR。由于 ASBR 节点 4 是非 SR 节点，它不识别节点 5 通告的前缀 1.1.1.7/32 更新中的 BGP Prefix-SID 属性，因此节点 4 不分配 Prefix-SID 标签，而是从动态标签范围中随机分配标签 90407，并在转发表中设置其为入向标签，然后随着前缀 1.1.1.7/32 通告给节点 2，出向标签是从节点 5 接收到的标签 16007。由于 BGP Prefix-SID 属性是可传递的，因此节点 4 通告到节点 2 的更新中包含该属性。如此类推，网络中的其他 SR BGP 节点均可使用该属性从它们的 SRGB 中分配 Prefix-SID 标签。在本例中，节点 2 不支持 SR，因此它不会使用 Prefix-SID 属性。

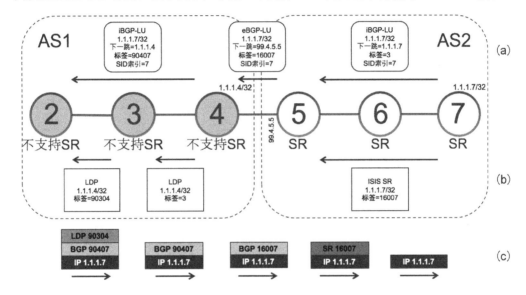

图 6-7　PE 间跨 AS 域 LSP-SR 和不支持 SR 之间的互通

当目的地址是 1.1.1.7 的 IP 数据包到达节点 2 时，节点 2 为数据包压入两个标签：用于 1.1.1.7/32 的 BGP 标签 90407 和用于 BGP 下一跳 1.1.1.4/32 的 LDP 标签 90304。节点 2 是到节点 4 的倒数第二跳，它弹出顶层标签，并将数据包转发给节点 3；节点 4 将入向标签 90407 交换为 Prefix-SID 标签 16007，并将数据包转发给节点 5；节点 5 将入向标签 16007 交换为相同的 Prefix-SID 标签 16007；节点 6 弹出标签并转发给节点 7。例 6-10 显示了在节点 2 上 traceroute 节点 7 的输出。

▶ 例 6-10　PE 节点 2 上 traceroute PE 节点 7 示例——SR/ 非 SR 互通

```
RP/0/0/CPU0:xrvr-2#traceroute 1.1.1.7 source 1.1.1.2
```

```
Type escape sequence to abort.
Tracing the route to 1.1.1.7

1 99.2.3.3 [MPLS: Labels 90304/90407 Exp 0] 19 msec 9 msec 9 msec
2 99.3.4.4 [MPLS: Label 90407 Exp 0] 9 msec 9 msec 9 msec
3 99.4.5.5 [MPLS: Label 16007 Exp 0] 9 msec 9 msec 9 msec
4 99.5.6.6 [MPLS: Label 16007 Exp 0] 9 msec 9 msec 9 msec
5 99.6.7.7 9 msec 9 msec 9 msec
```

重点提示

BGP-LU 被扩展用于 Prefix-SID 和 SRGB 的通告。

SR BGP-LU 可以与不支持 SR 的 BGP-LU 互操作。

SR BGP Prefix-SID 可用于 EBGP 和 IBGP 会话,可以适应多种部署场景,典型的如实现域内/域间的端到端 MPLS 连接。

6.5 SR BGP 应用于无缝 MPLS 架构

无缝 MPLS 架构旨在为包含多个 IGP 域的大型网络提供端到端的 MPLS 连接,更多细节见 draft-ietf-mpls-seamless-mpls。关于此体系结构的细节超出了本书范围,但可以肯定的是 SR IGP 和 SR BGP 都适用于此架构。SR 除了能提供基本的 MPLS 连接外,还支持针对特定业务实现跨域的端到端流量工程,这会在第二卷中介绍。SR BGP 基于 BGP-LU 扩展而来,因此可以在无缝 MPLS 架构中采用 SR BGP 作为域间信令,采用 SR IGP 作为域内信令。

"在许多情况下,基于可扩展性、管理方面的考虑,网络被分为多个 IGP 域(例如按地理区域、部门、网络功能划分 IGP)。然而业务的需求是能跨多个 IGP 域提供端到端的 SLA。SR BGP 基于 SR IGP 的运行机制进行了扩展,以简单和可扩展的方式实现跨多个域的端到端流量工程——这是之前不可能或非常难以完成的工作。现有基于 LDP/BGP-LU 的网络设计可以很容易地迁移至 SR IGP/BGP,从而使得循序渐进地实现网络升级/互操作成为可能。"

Ketan Talaulikar

6.6 基于 BGP 的数据中心

SR BGP 其中一个最早的应用场景是数据中心，本章剩余部分将对此进行详细介绍。我们首先快速回顾一下基于 BGP 的数据中心设计是如何发展演进的。

6.6.1 从传统数据中心到 Clos 架构

传统的数据中心网络设计基于客户端—服务器模型，流入／流出数据中心的大部分数据流符合标准的南北向流量模型。在过去十年中，数据中心主要采用核心、汇聚和接入的三层架构设计，类似于树形结构，其中核心层作为树干，从服务器往上至核心层的各层均有冗余的上行链路，带宽容量逐层增大。网络服务集中接入汇聚层交换机。

服务器虚拟化和云服务改变了数据中心网络设计。传统上数据流主要是南北向，即从用户到数据中心托管的应用程序。随着新的应用和服务出现，流量模型发生了变化，现今大多数流量发生在数据中心内部，即东西向流量或服务器到服务器流量。多种原因造成了流量模型的变化，例如由于应用服务器、存储和数据库功能分离，使得数据中心内部产生了复制／备份的流量；此外由于应用程序变得越来越复杂，为了服务单个 Web 请求，Web 服务器可能需要从数据中心内多个不同的应用程序和数据库获取数据。

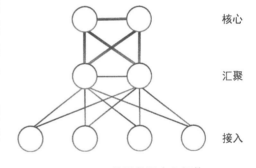

图 6-8 传统数据中心拓扑

传统三层架构的数据中心是为南北向流量设计的，应用程序间互访流量仅限于托管应用程序服务器的机架间，此设计并不满足新的服务器和应用程序的流量需求。

为了克服传统数据中心设计的局限性，业界已经在使用新的、更可扩展的网络架构。其中最常见的是 Clos 架构。这个架构的名称来自贝尔实验室的 Charles Clos，他在 1953 年发表了一篇论文"无阻塞交换网络研究"（A Study of Non-Blocking Switching Networks），他在论文中提出了一个用于电话交换的无阻塞多级网络拓扑数学理论。Clos 原先用于电话交换的设计思想现被用于数据中心网络，Clos 架构通过简单的设计提供高冗余性和多路径负载均衡。

Clos 架构采用奇数级的多级拓扑，通常采用三级拓扑。中间级通常称为脊（Spine），输入／输出级称为叶子（Leaf），因此该拓扑常常被称为"Spin-Leaf"网络。如果把 Clos 架构折叠，则输入／输出层级被折叠在一起，变为两级拓扑结构。图 6-9 和图 6-10 分别显示了展开的三级 Clos 架构和折叠后的两级 Clos 架构。

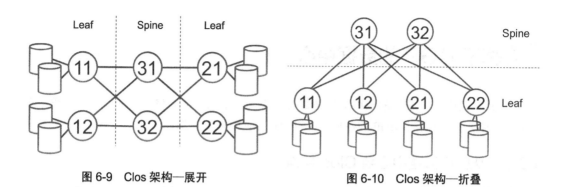

图 6-9　Clos 架构—展开　　　　　图 6-10　Clos 架构—折叠

从 Leaf 至 Spine 的各级也被称为 "层"，层编号自底向上递增。Leaf 节点不连接其他 Leaf 节点，但通常连接到所有 Spine 节点，这消除了带宽聚合，因为每一个层次的带宽都是相同的。Spine 节点实现 Leaf 节点间的互联，但 Spine 节点间不互联。

Spine-Leaf 网络组成数据中心的 "交换矩阵"（Fabric）。该数据中心 Fabric 提供了高带宽、低延迟、无堵塞[1]的服务器到服务器的连接。在一般情况下，服务器被连接至数据中心 Fabric 的 Leaf 节点。由于 Leaf 节点通常被放置在服务器机架顶部，因此 Leaf 节点也被称为 "架顶交换机"（TOR）。

可以通过增加节点端口密度或者增加级数来扩展 Clos 架构，例如扩展至如图 6-11 所示的 5 级 Clos 架构。

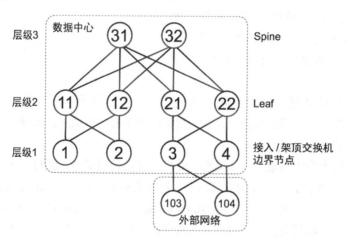

图 6-11　5 级 Clos 架构

6.6.2　BGP 应用于全三层组网的数据中心

传统数据中心使用二层组网，但由于其可扩展性和稳定性方面的问题，许多数据中心迁移至二/三层的混合组网或全三层组网。采用全三层组网简化了网络，这里假设数据中心采用此组网设计。

再有就是路由协议的选择。大规模数据中心往往把 BGP 作为唯一的路由协议（"BGP 作为 IGP"），选择 BGP 的主要原因是 BGP 相比于 IGP 具有更简单的状态机和数据库，所谓"所见即所得"：交换的是路由而不是链路状态通告，无须运行 SPF 算法来计算路径。此外 BGP 还支持一定程度上的逐跳流量工程，相比于整个 IGP 域的链路状态泛洪而言，BGP 事件的传播范围较小，就这个意义而言，BGP 也更为稳定。

BGP 可以运行在 EBGP 和 IBGP 两种模式下，这两种模式在通告路由信息时有着非常不一样的行为。EBGP 在不同 AS 域的对等体间运行，IBGP 在同一个 AS 域内的对等体间运行。

尽管 EBGP 和 IBGP 有基于相同的 BGP 协议，但两者有着一系列的不同点。

首先是信任级别的差异：EBGP 一般用于不同组织（AS 域）间，而 IBGP 一般用于同一组织。

EBGP 会话一般建立在连接 BGP 对等体的链路上，而 IBGP 会话一般建立在 BGP 对等体的环回接口上。

EBGP 使用 AS 路径（AS-path）属性（列出所有经过的 AS 域）用于防止环路，但 IBGP 不能使用此机制因为所有对等体都处于同一个 AS 域，因此 IBGP 需要使用一些路由通告规则来防止环路：默认情况下从 EBGP 对等体收到路由后，将通告给其他 EBGP 和 IBGP 对等体；默认情况下从 IBGP 对等体收到路由后，将通告给 EBGP 对等体但不通告给另外的 IBGP 对等体。由于这些规则，IBGP 要求在所有 IBGP 发言者间建立全网状会话来确保 BGP 前缀在整个网络的可达性，或者使用其他机制如路由反射器（Route Reflector）或联盟（Confederation）。

EBGP 的特性使其在数据中心 Fabric 的应用既简单又直接。

- 通过 AS-path 属性防止环路。
- 默认情况下为通告的路由设置 Next-Hop-Self。
- 自动将从其他 EBGP 会话中学到的路由重新通告。

IBGP 也可以用于数据中心 Fabric，但需要使用以下功能使得 IBGP 能模仿 EBGP 行为。

- 设置 RR，并采用始发者 ID（Originator-ID）和集群列表（Cluster-list）防止环路。
- 重新通告路由时设置 Next-Hop-Self。

IETF RFC 7938 描述了 BGP 如何用作大规模数据中心的唯一路由协议。图 6-12 显示了 BGP 数据中心的示例拓扑。在节点间的直接链路上建立单跳 BGP 会话，因此拓扑图中节点间的每条链路既代表物理链路也代表 BGP 会话。若使用 IBGP，那么所有节点具有相同的 AS 号；若使用 EBGP，那么 BGP 邻居 AS 号不同。一般采用私有 AS 号 64512～65534 用于避免与已分配的 AS 号冲突，为了便于说明，图示的 AS 号并非属于私有 AS 号的范围。在图中每个节点采用不同的 AS 号，这只是其中一种 AS 号的分配方式，也可采用其他 AS 号的分配方式。

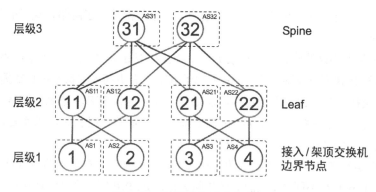

图 6-12 示例数据中心拓扑

6.6.3 基于 MPLS 的数据中心

叠加网络指共享同一底层网络的多个虚拟网络,叠加网络可以覆盖底层网络的路由协议选路结果,通常采用隧道机制实现,以避免修改底层网络。大规模叠加网络可以运行在仅支持小容量转发表的设备之上,这是因为底层网络的中间传送节点无须存储任何叠加网络的地址,它们只是根据叠加网络数据包的外层包头进行转发,最终将数据包转发至底层网络的目的地址。叠加网络技术有很多种,MPLS 是其中之一。

6.6.4 BGP-LU 应用于数据中心

BGP-LU 应用于图 6-12 所示的数据中心拓扑,这个例子中只使用 EBGP,与 IBGP 的差异之处在下面进行讨论。

为了方便解释 BGP-LU 功能,只对节点 1 和节点 3 之间其中一条等价路径加以说明:节点 1 → 节点 11 → 节点 31 → 节点 21 → 节点 3,图 6-13 显示了这条展开路径。

在拓扑的各个链路上建立单跳 EBGP-LU 会话:节点 1 与节点 11、节点 11 与节点 31 等。每个节点通过 BGP 通告其环回地址前缀,这些前缀将被用于支持叠加网络。严格来说,只有参与叠加网络的节点才必须通告自己的环回地址前缀,在这个例子中只有节点 1 和节点 3 参与叠加网络。若在数据中心 Fabric 启用 SR,则 Prefix-SID 会被附加到环回地址前缀更新上,然后 SR 可以使用每个节点的 Prefix-SID 实现流量调度。

在本例中没有通告接口地址,这是由于没有业务流量需要使用接口地址,因此无须在 BGP 中通告这些接口地址,但这可能会对操作维护和故障排除有些影响,因为无法从远端节点 Ping 通这些接口地址,同时在 traceroute 时,输出结果里面也会显示接口地址无法访问。

节点 3 通过 EBGP-LU 通告其环回前缀 1.1.1.3/32 给节点 21,并把连接节点 21 的接口地址 99.3.21.3 作为 BGP 的下一跳，参见图 6-13（a）。由于 1.1.1.3/32 是节点 3 的本地前缀，节点 3 为此前缀通告标签值 3（隐式空标签），当收到 BGP-LU 更新后，节点 21 从它的动态标签范围中为这个前缀分配（随机）本地标签 92103，节点 21 为此前缀设置出向标签为弹出，为入向标签 92103 设置出向标签为弹出，并写入转发表，参见图 6-13（b）。

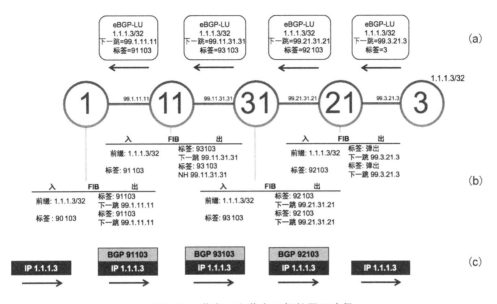

图 6-13　节点 1 和节点 3 间的展开路径

节点 21 把前缀 1.1.1.3/32 及本地标签 92103 通告给它的 EBGP-LU 邻居节点 31，节点 21 把连接节点 31 的接口地址 99.21.31.21 作为 BGP 的下一跳，这是因为 EBGP 默认采用"Next-Hop-Self"，参见图 6-13（a）。节点 31 分配一个本地标签 93103 给这个前缀，并将标签交换和压栈条目写入转发表，参见图 6-13（b）。

类似地，节点 31 和节点 11 做同样的操作，最终节点 1 收到前缀 1.1.1.3/32 更新，它分配本地标签 90103，并在转发表中为此前缀生成相应条目。

当节点 1 收到目的地址是 1.1.1.3 的 IP 数据包时，它在数据包上压入标签 91103 并将其转发给节点 11。节点 11 将标签 91103 交换为标签 93103 并将数据包转发给节点 31。节点 31 将标签 93103 交换为标签 92103 并转发给节点 21，最后节点 21 弹出标签并将数据包转发给节点 3，如图 6-13（c）所示。

数据中心底层网络通过 BGP-LU 实现了 MPLS 连接。这个 MPLS 底层网络可以服务于叠加网络。在本例中，在节点 1 和节点 3 之间部署了一个 L3VPN 叠加网络，用于实现连接至节点 1/ 节点 3 的服务器 / 虚拟机间的 L3VPN 连接。为此，部署了一个 VPN 业务 RR 节点 41，节点 41 连接至数据中心层级 3 的节点。叠加网络既可像本例所示，运行在节点 1 和节点 3 这样的物理节点上，也可运行在虚拟转发器（Virtual Forwarder）或服务器上。

节点 1、节点 3 和 RR 节点 41 间建立多跳 EBGP 会话，用于交换 L3VPN VPNv4 路由。节点 41 严格来说不是一个 RR，因为 RR 是 IBGP 的功能，但 EBGP 也能"反射"路由，如图 6-14 所示。

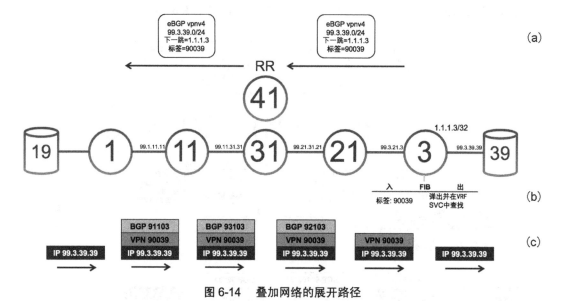

图 6-14 叠加网络的展开路径

如果叠加网络想采用 IBGP 而不是 EBGP，那么可以在节点 1 和节点 3 上运行第二个 BGP 实例（多实例 BGP）。第二个 BGP 实例和 RR 在同一个 AS 域，因此与 RR 的会话是 IBGP 会话。

Server19 连接到节点 1，Server39 连接到节点 3，如图 6-14 所示。节点 1/节点 3 连接服务器的接口启用 VRF，VRF 名字为 SVC。节点 3 为 SVC VRF 分配本地 VPN 标签 90039，并设置此 VPN 标签对应的操作为"弹出并查找"（Pop-and-Lookup），即弹出数据包的 VPN 标签并在 VRF SVC 转发表中根据数据包目的 IP 地址进行查找。节点 3 将连接 Server39 的 VRF 接口地址前缀 99.3.39.0/24 及标签 90039 通告给 RR 节点 41。节点 41 重新通告这个前缀给节点 1。节点 41 配置为不修改前缀的 BGP 下一跳属性（Next-Hop-Unchanged）。节点 1 接收前缀更新，并在 VRF 转发表中写入转发条目。

当节点 1 从 SVC VRF 接口接收到目的地址是 99.3.39.39 的 IP 数据包时，它为数据包压入两层标签：从节点 3 收到的 VPN 标签 90039 以及用于到达 BGP 下一跳 1.1.1.3/32 的 BGP-LU 标签 91103。然后该数据包按照图 6-14(c) 所示的标签栈转发。数据包到达节点 3，此时顶层标签是 90039，节点 3 执行弹出并查找操作，最终将数据包转发至地址为 99.3.39.39 的 Server39。

在本例中，只对节点 1 和节点 3 之间其中一条等价路径加以说明，但实际上数据中心 Fabric 存在着大量等价路径。为了实现等价路径负载均衡（ECMP），需要启用 BGP 多路径功能。默认情况下，BGP 只将去往前缀的最佳路径写入转发表，当启用 BGP 多路径后，除了最佳路径外，BGP 还会把另一部分经过 BGP 选路的可选路径写入转发表。在拓扑图 6-12 中，从节点 1 到节点 3 有 8 条可能的路径。需要注意的是，节点 1 的转发表中只有两条用于到达节点 3 的转发条目，分别对应其两个上游邻居，这两条转发条目在转发过程上被扇出 8 条路径。

服务器可以上联至多台设备，称为多宿主服务器，在这种情况下叠加网络可以采用等价机制来实现多宿主连接的负载均衡，这是另一个层次的负载均衡。例如服务器同时上联至节点 3 和节点 4（见图 6-15），则节点 1 把发往该服务器的流量先负载均衡至节点 3 和节点 4，这是第一层 ECMP；然后使用数据中心底层网络的等价路径到达节点 3 和节点 4，这是第二层 ECMP。

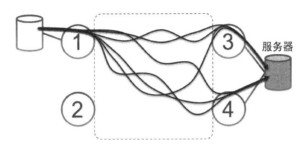

图 6-15　流量在叠加网络和底层网络都可实现负载均衡

6.7 SR 应用于数据中心的好处

现有的数据中心网络中仍然有许多问题有待解决，利用 SR 可用于解决这些问题。SR 控制平面和数据平面是解决方案的基础，同时需要更多的增强特性，如集中式控制器和支持 SR 的主机网络栈。

6.7.1　负载均衡效率

传统的负载均衡基于数据流（Per-Flow），对数据包报头的一些字段进行哈希计算，计算结果将用于决定数据包在哪一条等价路径上被转发。这导致具有相同数据包报头字段（比如同一个数据流的数据包）将使用网络的同一条路径，因此一旦数据流选定了路径，数据流始终在此路径上转发，直至流终止。Per-Flow 负载均衡的优点在于可以防止数据包乱序，因为一个数据流的所有数据包将始终使用相同的网络路径。

这个机制的负载均衡精度取决于流的特点：针对短时流具有最佳的效率，当在有许多长时流的情况下，数据流负载均衡的效率会降低。这是因为尽管流被非常平均地分配给所有可用路径，但每个流在大小和速率上是存在差异的，所以会造成流量的不均衡。流的大小和速率相差很大，往往少量的流产生大部分流量。大速率、长时的"大象流"很可能会影响小速率、短时的"老鼠流"性能。不精确的流量均衡可能会导致网络性能下降。

基于数据包（Per-Packet）的负载均衡支持非常精确的流量负载均衡，这个机制不会出现流量负载不均衡，但代价是会产生数据包乱序，这是不希望看到的。

Flowlets 把基于数据包负载均衡的精确性和基于数据流负载均衡防止乱序的优点结合起来，flowlets 基本上是属于同一个较大流的数据包短时突发。主机或者 TOR 负责把数据流分割为多条 flowlets，同时为每条 flowlet 压入不同的 Segment 列表，使其通过不同路径进行转发。由于 flowlets 持续时间短，负载均衡效率得以提高，同时保证每条 flowlet 内数据包不会乱序。

如图 6-16 所示，标志为 1 和 3 的业务流是"大象流"，标志为 2 的业务流是"老鼠流"。采用常规负载均衡的结果使得节点 21 和节点 3 间的链路利用率很高，造成热点，如图 6-16（a）所示。控制器可以通过把一些流量疏导至其他路径来避免热点，如图 6-16（b）所示。甚至可以是主机把数据流分割为多条 flowlets，并为 flowlets 压入不同的 Segment 列表，使其通过网络的不同路径转发，如图 6-16（c）所示。

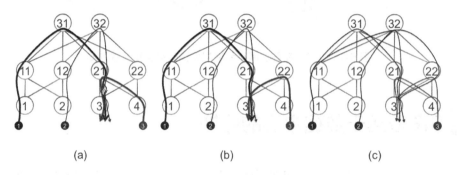

图 6-16 负载均衡效率示例

6.7.2 感知路由

常规负载均衡机制对网络中的不平衡并不感知，如果网络的对称性被破坏，例如链路故障，则可能导致流量热点：因为此时远端节点不知道网络中 ECMP 组的某些成员链路不可用，仍然向各等价路径发送相同的流量，但实际上某些等价路径的可用链路数量已经变少了。

这种现象在图 6-17 中予以说明。节点 21 和节点 31 之间的链路发生故障，但其他节点都没有感知到这个故障，仍然认为所有链路都可用，并采用负载均衡方式发送流量，这导致节点 31 和节点 22 之间的链路成为热点，如图 6-17（a）所示。控制器检测到流量不平衡情况的发生，在链路故障期间把标志为 1 的数据流通过 SR 引导至另外一条路径，从而避免热点产生，见图 6-17(b)。

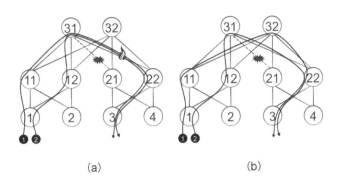

图 6-17　感知路由示例

6.7.3　性能路由

主机对流量所经过路径性能不感知，对于主机而言网络是"黑盒子"，流量可以走网络的任意路径，这使得主机无法在发起一个新连接时把路径性能考虑进去。性能路由可用于解决此问题：主机或控制器获取不同路径的性能指标，然后主机基于性能指标引导流量或者是控制流量绕开性能较差的路径。

6.7.4　确定性网络探测

在具有多条并行链路和基于 ECMP 路由的网络中隔离故障相当不容易，原因是缺乏定位手段。两台主机间每一个新连接都可能使用不同的路径，这使得故障诊断和故障重现更加困难。SR 使得探测数据包能够通过确定的网络路径转发，因此探测代理可以主动向全网路径发送探测数据包，然后根据探测结果进行关联分析，从而实现故障节点/链路的隔离。请参见 draft-ietf-spring-sr-oam-requirement 和 draft-ietf-spring-oam-usecase。

> **重点提示：SR BGP 应用于数据中心**
>
> BGP Prefix-SID 提升了数据中心的流量工程能力。
> SR 流量引导能力可用于解决数据中心的现存问题。
> 数据中心节点可以基于数据流或 flowlets 引导流量，从而提高负载均衡效率、避免热点及使用性能最佳路径。
> SR OAM 探测数据包可以在网络中任意指定路径上转发，以验证指定路径的可用性。

6.8 BGP Prefix-SID 应用于数据中心

我们已经在第 6.2 节和第 6.3 节中介绍了 SR BGP 如何扩展 BGP-LU 以传递 BGP Prefix-SID，在这部分我们将介绍如何使用 BGP Prefix-SID 实现基于 SR BGP 的数据中心的构建。

在图 6-12 所示的数据中心拓扑中，对节点 1 和节点 3 间其中一条路径加以说明：节点 1 → 节点 11 → 节点 31 → 节点 21 → 节点 3，图 6-18 显示了展开路径。和本章前面 BGP-LU 例子相同，在节点之间建立 EBGP 会话。网络中所有节点启用 SR BGP，并使用相同 SRGB [16000-23999]。在节点 3 上配置其环回地址前缀 1.1.1.3/32 的 Prefix-SID 的 SID 索引值为 3。节点 3 通过 BGP-LU 通告前缀 1.1.1.3/32 给节点 21，带有标签值 3（隐式空标签），BGP 下一跳为接口地址 99.21.3.3。节点 3 将 BGP Prefix-SID 属性附加到 BGP 更新上，并指定 Prefix-SID 索引值为 3。注意，标签和 SID 索引是同时随着前缀被一起通告的，参见图 6-18（a）。

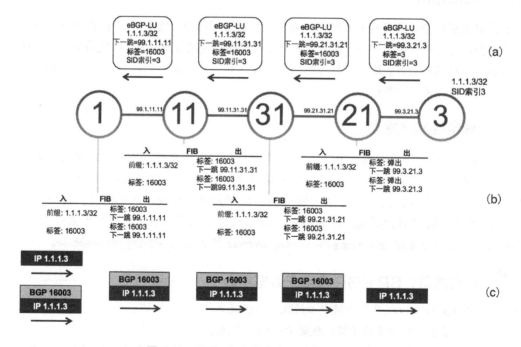

图 6-18　SR BGP：从节点 1 到节点 3 的展开路径

当节点 21 收到前缀更新后，它为前缀 1.1.1.3/32 分配本地标签，但此本地标签不会像常规 BGP-LU 一样从动态标签范围中分配，而是基于 Prefix-SID 的索引值从 SRGB 中分配，节点 21 为这个前缀分配的本地标签为 16003（= 16000 + 3）。节点 21 为此前缀 1.1.1.3/32 设置出向标签为弹出（POP），并写入转发表，参见图 6-18（b），然后节点 21 把前缀 1.1.1.3/32 及标签 16003、SID 索引值 3 通告给它的 EBGP-LU 邻居节点 31，BGP Prefix-SID 属性在前缀通告过程中保持不变。节点 21 把 BGP 下一跳改为它发起 BGP 会话的地址 99.21.31.21，这是因为 EBGP 默认采用"Next-Hop-Self"。

节点 31 和节点 11 做同样的操作，最终节点 1 学习到前缀 1.1.1.3/32 及标签 16003、SID 索引值 3。节点 1 从 SRGB 中为前缀 1.1.1.3/32 分配本地标签 16003。

当节点 1 收到目的地址为 1.1.1.3/32 的 IP 数据包时，它为数据包压入标签 16003 并将其转发给节点 11，如图 6-18（b）所示。节点 11 将入向标签 16003 交换为出向标签 16003 并将数据包转发给节点 31。节点 31 将入向标签 16003 交换为出向标签 16003，最后，节点 21 弹出标签并将数据包转发到节点 3。当连接到节点 1 的 MPLS 设备发送顶层标签为 16003 的 MPLS 数据包给节点 1 时，节点 1 将采用 Prefix Segment 转发至节点 3。

建议网络中所有设备使用同一 SRGB，在此设置下，同一 Prefix-SID 在整个网络中均对应相同的标签，这将大大简化操作维护和故障排除，同时也简化了流量引导控制策略。

业务叠加网络可以承载在基于 SR 的数据中心之上，与常规 BGP-LU 不同的是，叠加网络流量将由 Prefix Segment 承载。

使用 BGP Prefix-SID 对 BGP 多路径功能没有影响，事实上 BGP Prefix-SID 支持 ECMP，其可以利用所有的 BGP 多路径。

Anycast-SID 可以结合 SR BGP 进行使用。Anycast-SID 是多个节点共同通告的 Prefix-SID。例如在图 6-11 中两个层级 1 的节点 3 和节点 4 作为对等互联节点连接到外界，并且他们通告相同的 Anycast-SID，那么发往此 Anycast-SID 的流量会自动在两个节点间负载均衡。再者如果一部分层级 3 节点通告一个 Anycast-SID，则可以采用此 Anycast-SID 将流量引导至这部分节点。使用 Anycast-SID 同时也实现了节点冗余，当 Anycast 组中任意一个节点发生故障时，流量将被引导至该 Anycast 组的其他节点。

此前，我们已经在第 6.4 节中讨论了与不支持 SR 的 BGP-LU 互操作的实现，现在我们来看看如何在数据中心实现同样的效果。

图 6-19 说明了 SR BGP-LU 和不支持 SR 的 BGP-LU 如何实现互操作，显示了从节点 1 到节点 3 的展开路径。路径中节点 21 不支持 SR BGP，此节点不识别附加在节点 3 通告的前缀 1.1.1.3/32 上的 BGP Prefix-SID 属性，因此节点 21 不分配 Prefix-SID 标签，而是从动态标签范围内分配随机标签 92103。节点 21 把标签 92103 作为转发表的入向标签，并随着前缀 1.1.1.3/32 通告至节点 31。由于 Prefix-SID 属性是可传递的，因此节点 21 在给节点 31 的通告中包含该属性。通过这种方式，网络中其他 SR BGP 节点可以使用该属性从其 SRGB 中分配 Prefix-SID 标签。在这个拓扑中，节点为目的地址 1.1.1.3 的数据包压入的标签并不是完全一样的：节点 31 将数据包转发给不支持 SR 的 BGP 节点 21 时，Prefix-SID 标签 16003 被交换为随机标签 92103。

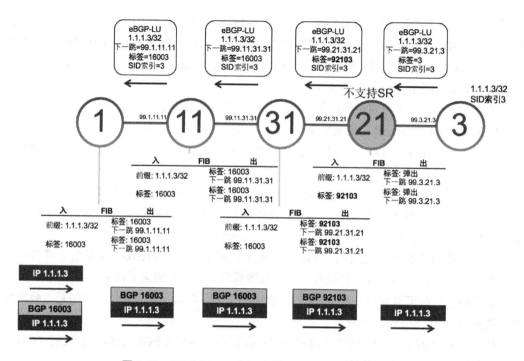

图 6-19 SR BGP-LU 和不支持 SR 的 BGP-LU 互操作

6.8.1 配置 EBGP Prefix Segment

在本节中，为了方便说明配置和协议行为，图 6-12 所示的 Clos 拓扑被裁剪为图 6-20 所示的拓扑。裁剪后的拓扑包含两个层级 1 的节点（节点 1 和节点 3），两个层级 2 的节点（节点 11 和节点 12）和一个层级 3 的节点（节点 31）。在下面的内容中，将还原至原来的拓扑。

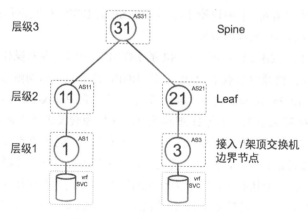

图 6-20 裁剪后的数据中心拓扑

每个节点使用不同的 AS 号，AS 号等于节点的数字标识，例如节点 11 的 AS 号为 11。每个节点与它的直连邻居建立单跳 EBGP-LU 会话。在所有节点上配置 SR BGP，从而在数据中心提供 SR MPLS 传送能力。在层级 1 的节点 1 和节点 3 间部署 L3VPN 业务，节点 1/节点 3 连接虚拟机的接口启用 VRF，VRF 名字为 SVC。

层级 1 节点 3 的 BGP 配置如例 6-11 所示。

▶ 例 6-11　节点 3 的 EBGP 配置

```
1  interface Loopback0
2   ipv4 address 1.1.1.3 255.255.255.255
3  !
4  route-policy SID($SID)
5    set label-index $SID
6  end-policy
7  !
8  route-policy bgp_in
9    pass
10 end-policy
11 !
12 route-policy bgp_out
13   pass
14 end-policy
15 !
16 router bgp 3
17  bgp router-id 1.1.1.3
18  address-family ipv4 unicast
19   network 1.1.1.3/32 route-policy SID(3)
20   allocate-label all
21  !
22  neighbor-group TIER2
23   address-family ipv4 labeled-unicast
24    route-policy bgp_in in
25    route-policy bgp_out out
26   !
27  !
28  neighbor 99.3.21.21
29   remote-as 21
30   use neighbor-group TIER2
31   description eBGP peer xrvr-21
32  !
33 !
```

```
34 router static
35  address-family ipv4 unicast
36   99.3.21.21/32 GigabitEthernet0/0/0/0
37  !
38 !
39 segment-routing
40  global-block 16000 23999
41 !
```

BGP 配置从第 16 行开始，节点 3 的 AS 号是 3，启用 IPv4 单播地址族，并配置为所有本地产生的 IPv4 单播前缀分配标签（见第 20 行 allocate-label all 命令）。

IPv4 单播地址族下采用 network 命令通告环回地址前缀入 BGP（见第 19 行）。route-policy SID(3) 被应用到 network 1.1.1.7/32（见第 16 行），该配置把前缀 1.1.1.3/32 的 BGP Prefix-SID 属性的标签索引 TLV 值设为 3。

第 4～6 行是 route-policy 的定义，它使用 RPL 命令 set label-index <n> 设置 Prefix-SID 索引。请注意此 route-policy 使用参数 $SID，这意味着可以在将 route-policy 应用到 network 时设置 Prefix-SID 索引值，如在第 19 行中 SID(3) 设置了 Prefix-SID 索引值为 3。这仅是其中一种设置标签索引的方式，RPL 还支持其他方式设置标签索引，例如使用前缀集（prefix-set）。

第 22～25 行定义了一个邻居组（neighbor-group）TIER2，以简化 BGP 邻居配置。neighbor-group 本质上是个模板，可以通过 use neighbor-group 命令在邻居下应用此模板。在这个 neighbor-group 下启用 IPv4 标签单播地址族。默认情况下 EBGP 会话强制使用入口和出口 route-policy，在这个例子中，route-policy 允许所有前缀（pass）。neighbor-group TIER2 被应用至邻居 99.3.21.21（见第 30 行），即层级 2 的节点 21。

第 36 行配置了一条指向 BGP 邻居接口地址 99.3.21.21/32 的静态路由，需要为所有直连 BGP-LU 邻居配置类似静态路由以完成 BGP-LU 路由解析。

MPLS 转发在所有直连 EBGP-LU 邻居的接口上被自动启用。

第 39～40 行在全局模式下配置 SRGB 标签范围为 [16000-23999]。

节点 3 通告给节点 21 的 BGP 更新消息抓包结果如例 6-12 所示。第 8～25 行显示了 MP_REACH_NLRI 属性，包含了可达目的地信息及下一跳信息：该更新属于 IPv4 标签单播地址族，BGP 下一跳为 99.3.21.3，NLRI 包含前缀 1.1.1.3/32 和标签值 3（隐式空标签）。

第 57～69 行显示了该更新消息还包含一个 Prefix-SID 属性，该属性的标签索引 TLV 中包含 SID 索引值 3。第 26 行显示了该更新消息中始发（Origin）属性为 IGP；第 35 行显示了 AS-path 属性只有节点 3 的 AS 3；第 48 行显示了多出口标识（MED）为 0。

▶ 例6-12 节点3通告的BGP-LU更新

```
1  Border Gateway Protocol - UPDATE Message
2   Marker: ffffffffffffffffffffffffffffffff
3   Length: 77
4   Type: UPDATE Message (2)
5   Unfeasible routes length: 0 bytes
6   Total path attribute length: 54 bytes
7   Path attributes
8      MP_REACH_NLRI (21 bytes)
9         Flags: 0x90 (Optional, Non-transitive, Complete, Extended Length)
10            1... .... = Optional: Optional
11            .0.. .... = Transitive: Non-transitive
12            ..0. .... = Partial: Complete
13            ...1 .... = Length: Extended length
14        Type code: MP_REACH_NLRI (14)
15        Length: 17 bytes
16        Address family: IPv4 (1)
17        Subsequent address family identifier: Labeled Unicast (4)
18        Next hop network address (4 bytes)
19            Next hop: 99.3.21.3 (4)
20        Subnetwork points of attachment: 0
21        Network layer reachability information (8 bytes)
22            Label Stack=3 (bottom) IPv4=1.1.1.3/32
23               MP Reach NLRI Prefix length: 56
24               MP Reach NLRI Label Stack: 3 (bottom)
25               MP Reach NLRI IPv4 prefix: 1.1.1.3 (1.1.1.3)
26     ORIGIN: IGP (4 bytes)
27        Flags: 0x40 (Well-known,Transitive,Complete)
28            0... .... = Optional: Well-known
29            .1.. .... = Transitive: Transitive
30            ..0. .... = Partial: Complete
31            ...0 .... = Length: Regular length
32        Type code: ORIGIN (1)
33        Length: 1 byte
34        Origin: IGP (0)
35     AS_PATH: 3 (9 bytes)
36        Flags: 0x40 (Well-known,Transitive,Complete)
37            0... .... = Optional: Well-known
38            .1.. .... = Transitive: Transitive
39            ..0. .... = Partial: Complete
40            ...0 .... = Length: Regular length
41        Type code: AS_PATH (2)
```

```
42              Length: 6 bytes
43              AS path: 3
44                  AS path segment: 3
45                      Path segment type: AS_SEQUENCE (2)
46                      Path segment length: 1 AS
47                      Path segment value: 3
48              MULTI_EXIT_DISC: 0 (7 bytes)
49                  Flags: 0x80 (Optional,Non-transitive,Complete)
50                      1... .... = Optional: Optional
51                      .0.. .... = Transitive: Non-transitive
52                      ..0. .... = Partial: Complete
53                      ...0 .... = Length: Regular length
54                  Type code: MULTI_EXIT_DISC (4)
55                  Length: 4 bytes
56                  Multiple exit discriminator: 0
57              PREFIX-SID (13 bytes)
58                  Flags: 0xc0 (Optional, Transitive, Complete)
59                      1... .... = Optional: Optional
60                      .1.. .... = Transitive: Transitive
61                      ..0. .... = Partial: Complete
62                      ...0 .... = Length: Regular length
63                  Type code: PREFIX-SID (40)
64                  Length: 10 bytes
65                      Label-index: 3 (1)
66                          Type code: Label-index (1)
67                          Length: 7 bytes
68                          Flags: 0x00
69                          Label index: 3
```

节点 21 将前缀 1.1.1.3/32 写入 BGP 表中，BGP 表项如例 6-13 所示。BGP 更新消息中的元素都在此输出中得到反映：第 14 行显示了 AS-path 属性（3）；第 15 行显示了 BGP 下一跳 99.3.21.3；第 17 行显示了 Origin 属性和 MED 属性。

节点 3 为这个前缀通告标签值 3，这是隐式空标签（见第 16 行接收到的标签值 3），并且节点 3 设置 Prefix-SID 标签索引为 3（见第 21 行），这是由节点 3 上的配置 route-policy SID() 所决定的。由于节点 21 启用了 SR BGP，它从 SRGB [16000-23999] 中为前缀分配本地标签 16003（16003 = 16000 + 3）。第 6 行显示了这个本地标签。

▶ 例 6-13　节点 21 上前缀 1.1.1.3/32 对应的 BGP 表项

```
1  RP/0/0/CPU0:xrvr-21#show bgp ipv4 labeled-unicast 1.1.1.3/32
2   BGP routing table entry for 1.1.1.3/32
```

```
3  Versions:
4    Process             bRIB/RIB  SendTblVer
5    Speaker                  3         3
6        Local Label: 16003
7  Last Modified: Aug 10 12:14:05.225 for 1d05h
8  Paths: (1 available,best #1)
9    Advertised to update-groups (with more than one peer):
10     0.2
11   Path #1: Received by speaker 0
12   Advertised to update-groups (with more than one peer):
13     0.2
14   3
15     99.3.21.3 from 99.3.21.3 (1.1.1.3)
16       Received Label 3
17       Origin IGP,metric 0,localpref 100,valid,external,best,group-best
18       Received Path ID 0,Local Path ID 0,version 3
19       Origin-AS validity: not-found
20       Prefix SID Attribute Size: 10
21       Label Index: 3
```

节点 21 将前缀 1.1.1.3/32 写入 RIB。RIB 条目如例 6-14 所示。前缀 1.1.1.3/32 的本地标签是 Prefix-SID 标签 16003（见第 16 行）。第 10 行的标签值 0x100004（1048580）是一个特殊的内部值，用于表示弹出标签或隐式空标签。默认情况下 Cisco IOS XR 自动给从 BGP 学到的路由打上一个标志（Tag），标志值是 AS-path 属性中最新添加的 AS 号（见第 5 行），这个行为和 SR BGP 本身并无关系。

▶ **例 6-14** 节点 21 上前缀 1.1.1.3/32 对应的 RIB 条目

```
1  RP/0/0/CPU0:xrvr-21#show route 1.1.1.3/32 detail
2
3  Routing entry for 1.1.1.3/32
4    Known via "bgp 20", distance 20,metric 0, [ei]-bgp, labeled unicast
(3107), labeled SR
5    Tag 3,type external
6    Installed May 30 17:59:39.985 for 00:16:33
7    Routing Descriptor Blocks
8      99.3.21.3,from 99.3.21.3,BGP external
9        Route metric is 0
10       Label: 0x100004 (1048580)
11       Tunnel ID: None
12       Binding Label: None
```

```
13        Extended communities count: 0
14        NHID:0x0(Ref:0)
15     Route version is 0x2 (2)
16     Local Label: 0x3e83 (16003)
17     IP Precedence: Not Set
18     QoS Group ID: Not Set
19     Flow-tag: Not Set
20     Fwd-class: Not Set
21     Route Priority: RIB_PRIORITY_RECURSIVE (12) SVD Type RIB_SVD_TYPE_
LOCAL
22     Download Priority 4,Download Version 1802
23     No advertising protos
```

节点 21 将标签压栈条目写入 CEF 表（见例 6-15），将标签交换条目写入 MPLS 转发表（见例 6-16）。当接收到的目的地址是 1.1.1.1/32 的非标签数据包时，节点 21 不会压入标签，因为节点 21 和节点 3 邻接，是倒数第二跳（见例 6-15 最后一行）；当接收到的顶层标签为 16003 的标签数据包时，节点 21 弹出数据包的顶层标签（见例 6-16 最后一行）。

▶ **例 6-15** 节点 21 上前缀 1.1.1.3/32 的 CEF 条目

```
RP/0/0/CPU0:xrvr-21#show cef 1.1.1.3/32
1.1.1.3/32,version 1802,internal 0x5000001 0x80 (ptr 0xa1492df4) [1],
0x0 (0xa145dc44),0xa00 (0xa15832f8)
 Updated May 30 17:59:40.005
 Prefix Len 32,traffic index 0,precedence n/a,priority 4
   via 99.3.21.3/32,3 dependencies,recursive,bgp-ext [flags 0x6020]
    path-idx 0 NHID 0x0 [0xa1492374 0xa15eb9f4]
    recursion-via-/32
    next hop 99.3.21.3/32 via 99.3.21.3/32
     local label 16003
     next hop 99.3.21.3/32 Gi0/0/0/0    labels imposed {ImplNull ImplNull}
```

▶ **例 6-16** 节点 21 上前缀 1.1.1.3/32 的 MPLS 转发表项

```
RP/0/0/CPU0:xrvr-21#show mpls forwarding prefix 1.1.1.3/32
Local  Outgoing    Prefix              Outgoing      Next Hop       Bytes
Label  Label       or ID               Interface                    Switched
------ ----------- ------------------- ------------- -------------- --------
16003  Pop         SR Pfx (idx 3)      Gi0/0/0/0     99.3.21.3      5311
```

节点 21 的 BGP 配置见例 6-17。route-policy 的配置和节点 3 一样。节点 21 的 AS 号为 21，

配置了两个 neighbor-group：一个用于和层级 1 节点的 BGP 会话（见第 22 ～ 25 行 neighbor-group TIER1 配置）；另一个用于和层级 3 节点的 EBGP 会话（见第 28 ～ 31 行 neighbor-group TIER3）。在本例中，两个 neighbor-group 配置完全相同。节点 21 将其环回地址前缀 1.1.1.21/32 及相应的 Prefix-SID 索引 21 通告给所有的 EBGP 邻居（见第 19 行 network 配置），并针对各个邻居分别应用相应的 neighbor-group。第 45 ～ 46 行全局配置 SRGB 为 [16000-23999]。

▶ 例6-17　节点 21 的 BGP 配置

```
 1 interface Loopback0
 2  ipv4 address 1.1.1.21 255.255.255.255
 3 !
 4 route-policy SID($SID)
 5   set label-index $SID
 6 end-policy
 7 !
 8 route-policy bgp_in
 9   pass
10 end-policy
11 !
12 route-policy bgp_out
13   pass
14 end-policy
15 !
16 router bgp 21
17  bgp router-id 1.1.1.21
18  address-family ipv4 unicast
19   network 1.1.1.21/32 route-policy SID(21)
20   allocate-label all
21  !
22  neighbor-group TIER1
23   address-family ipv4 labeled-unicast
24    route-policy bgp_in in
25    route-policy bgp_out out
26   !
27  !
28  neighbor-group TIER3
29   address-family ipv4 labeled-unicast
30    route-policy bgp_in in
31    route-policy bgp_out out
32  !
33  !
```

```
34  neighbor 99.3.21.3
35   remote-as 3
36   use neighbor-group TIER1
37   description eBGP peer xrvr-3
38  !
39  neighbor 99.21.31.31
40   remote-as 31
41   use neighbor-group TIER3
42   description eBGP peer xrvr-31
43  !
44  !
45  segment-routing
46   global-block 16000 23999
47  !
```

节点 21 通告前缀 1.1.1.3/32 给节点 31，此 BGP 更新消息抓包结果见例 6-18。第 8 ~ 25 行显示了 MP_REACH_NRLI 属性。基于 EBGP 默认的"Next-Hop-Self"行为，节点 21 更新 BGP 下一跳为它的本地接口地址 99.21.31.21（见第 19 行）。节点 21 通告 IPv4 标签单播前缀 1.1.1.3/32，标签为 16003（见第 22 ~ 24 行），这是节点 21 为前缀 1.1.1.3/32 分配的本地标签。节点 21 把 AS 号 21 前置到 AS-path 属性（见第 35 行）。BGP Prefix-SID 属性在通告过程中保持不变（见第 48 ~ 60 行）。

▶ **例 6-18 节点 21 的 BGP 通告**

```
1  Border Gateway Protocol - UPDATE Message
2      Marker: ffffffffffffffffffffffffffffffff
3      Length: 74
4      Type: UPDATE Message (2)
5      Unfeasible routes length: 0 bytes
6      Total path attribute length: 51 bytes
7      Path attributes
8          MP_REACH_NLRI (21 bytes)
9              Flags: 0x90 (Optional,Non-transitive,Complete,Extended Length)
10                 1... .... = Optional: Optional
11                 .0.. .... = Transitive: Non-transitive
12                 ..0. .... = Partial: Complete
13                 ...1 .... = Length: Extended length
14             Type code: MP_REACH_NLRI (14)
15             Length: 17 bytes
16             Address family: IPv4 (1)
17             Subsequent address family identifier: Labeled Unicast (4)
```

```
18          Next hop network address (4 bytes)
19              Next hop: 99.21.31.21 (4)
20          Subnetwork points of attachment: 0
21          Network layer reachability information (8 bytes)
22              Label Stack=16003 (bottom) IPv4=1.1.1.3/32
23                  MP Reach NLRI Prefix length: 56
24                  MP Reach NLRI Label Stack: 16003 (bottom)
25                  MP Reach NLRI IPv4 prefix: 1.1.1.3 (1.1.1.3)
26      ORIGIN: IGP (4 bytes)
27          Flags: 0x40 (Well-known,Transitive,Complete)
28              0... .... = Optional: Well-known
29              .1.. .... = Transitive: Transitive
30              ..0. .... = Partial: Complete
31              ...0 .... = Length: Regular length
32          Type code: ORIGIN (1)
33          Length: 1 byte
34          Origin: IGP (0)
35      AS_PATH: 21 3 (13 bytes)
36          Flags: 0x40 (Well-known,Transitive,Complete)
37              0... .... = Optional: Well-known
38              .1.. .... = Transitive: Transitive
39              ..0. .... = Partial: Complete
40              ...0 .... = Length: Regular length
41          Type code: AS_PATH (2)
42          Length: 10 bytes
43          AS path: 21 3
44              AS path segment: 21 3
45                  Path segment type: AS_SEQUENCE (2)
46                  Path segment length: 2 ASs
47                  Path segment value: 21 3
48      PREFIX-SID (13 bytes)
49          Flags: 0xc0 (Optional,Transitive,Complete)
50              1... .... = Optional: Optional
51              .1.. .... = Transitive: Transitive
52              ..0. .... = Partial: Complete
53              ...0 .... = Length: Regular length
54          Type code: PREFIX-SID (40)
55          Length: 10 bytes
56              Label-index: 3 (1)
57                  Type code: Label-index (1)
58                  Length: 7 bytes
59                  Flags: 0x00
60                  Label index: 3
```

节点 31 上前缀 1.1.1.3/32 的 BGP 表项如例 6-19 所示。节点 31 从节点 21 收到的标签是 16003（见第 16 行），接收到的 Prefix-SID 属性中的 SID 索引值是 3（见第 20～21 行）。由于节点 31 启用了 SR BGP，因此它从 SRGB 中为前缀 1.1.1.3/32 分配一个本地标签 16003（见第 6 行）。节点 31 使用收到的 SID 索引值 3 来确定本地分配的 Prefix-SID 标签。

▶ 例 6-19　节点 31 上前缀 1.1.1.3/32 的 BGP 表项

```
1  RP/0/0/CPU0:xrvr-31#show bgp ipv4 labeled-unicast 1.1.1.3/32
2  BGP routing table entry for 1.1.1.3/32
3  Versions:
4    Process           bRIB/RIB  SendTblVer
5    Speaker              4          4
6      Local Label: 16003
7  Last Modified: May 30 17:59:44.268 for 00:04:48
8  Paths: (1 available,best #1)
9    Advertised to update-groups (with more than one peer):
10     0.2
11   Path #1: Received by speaker 0
12   Advertised to update-groups (with more than one peer):
13     0.2
14   20 3
15     99.21.31.21 from 99.21.31.21 (1.1.1.21)
16       Received Label 16003
17       Origin IGP,localpref 100,valid,external,best,group-best
18       Received Path ID 0,Local Path ID 0,version 4
19       Origin-AS validity: not-found
20       Prefix SID Attribute Size: 10
21       Label Index: 3
```

节点 31 将前缀 1.1.1.3/32 写入 RIB。RIB 条目如例 6-20 所示，第 16 行显示了本地标签 16003，第 10 行显示了出向标签 16003。

▶ 例 6-20　节点 31 上前缀 1.1.1.3/32 的 RIB 条目

```
1  RP/0/0/CPU0:xrvr-31#show route 1.1.1.3/32 detail
2
3  Routing entry for 1.1.1.3/32
4    Known via "bgp 31",distance 20,metric 0,[ei]-bgp,labeled unicast
(3107),labeled SR
5    Tag 21,type external
6    Installed Aug 11 20:58:11.405 for 12:31:18
```

```
7    Routing Descriptor Blocks
8      99.21.31.21,from 99.21.31.21,BGP external
9        Route metric is 0
10       Label: 0x3e83 (16003)
11       Tunnel ID: None
12       Binding Label: None
13       Extended communities count: 0
14       NHID:0x0(Ref:0)
15     Route version is 0x14 (20)
16     Local Label: 0x3e83 (16003)
17     IP Precedence: Not Set
18     QoS Group ID: Not Set
19     Flow-tag: Not Set
20     Fwd-class: Not Set
21     Route Priority: RIB_PRIORITY_RECURSIVE (12) SVD Type RIB_SVD_TYPE_
LOCAL
22     Download Priority 4,Download Version 199
23     No advertising protos.
```

节点 31 上前缀 1.1.1.3/32 的 CEF 条目如例 6-21 所示，由于是递归条目因此标签栈包括了两个标签（见输出的最后一行）。前缀 1.1.1.3/32 的下一跳是 99.21.31.21，labels imposed {ImpNull 16003} 列表中的第一个标签是用于到达下一跳，由于下一跳是直连的节点 21，因此标签是 ImplNull；第二个标签是前缀 1.1.1.3/32 的 Prefix-SID。

▶ **例 6-21　节点 31 上前缀 1.1.1.3/32 的 CEF 条目**

```
RP/0/0/CPU0:xrvr-31#show cef 1.1.1.3/32
1.1.1.3/32,version 213,internal 0x5000001 0x80 (ptr 0xa141aaf4) [1],0x0
 (0xa13e5974),0xa08 (0xa1583230)
 Updated Aug 12 09:32:04.036
 Prefix Len 32,traffic index 0,precedence n/a,priority 4
   via 99.21.31.21/32,5 dependencies,recursive,bgp-ext [flags 0x6020]
    path-idx 0 NHID 0x0 [0xa15eb5f4 0x0]
    recursion-via-/32
    next hop 99.21.31.21/32 via 24001/0/21
     local label 16003
     next hop 99.21.31.21/32 Gi0/0/0/2     labels imposed {ImplNull 16003}
```

节点 31 上的 MPLS 转发条目如例 6-22 所示，前缀 1.1.1.3/32 的本地标签和出向标签均是 16003。

▶ 例 6-22　节点 31 上前缀 1.1.1.3/32 的 MPLS 转发表项

```
RP/0/0/CPU0:xrvr-31#show mpls forwarding prefix 1.1.1.3/32
Local  Outgoing  Prefix           Outgoing      Next Hop      Bytes
Label  Label     or ID            Interface                   Switched
-----  --------- ---------------- ------------- ------------- --------
16003  16003     SR Pfx (idx 3)   Gi0/0/0/2     99.21.31.21   208
```

节点 31/节点 11 进一步通告前缀 1.1.1.1/32 及相应的标签、标签索引，最终到达节点 1。节点 11 和节点 1 的 BGP 配置和前述一样。节点 1 上前缀 1.1.1.3/32 的转发表项如例 6-23 所示。节点 1 启用了 SR BGP，因此它从 SRGB 中为前缀 1.1.1.3/32 分配本地标签 16003，并写入 MPLS 转发表中，如例 6-24 所示。

▶ 例 6-23　节点 1 上前缀 1.1.1.3/32 的 CEF 条目

```
RP/0/0/CPU0:xrvr-1#show cef 1.1.1.3/32
1.1.1.3/32,version 5107,internal 0x1000001 0x80 (ptr 0xa12753f4) [1],0x0
 (0xa123fd40),0xa08 (0xa13ab0f0)
 Updated May 30 18:52:20.338
 Prefix Len 32,traffic index 0,precedence n/a,priority 4
   via 99.1.11.11/32,5 dependencies,recursive,bgp-ext [flags 0x6020]
    path-idx 0 NHID 0x0 [0xa1413e74 0x0]
    recursion-via-/32
    next hop 99.1.11.11/32 via 24000/0/21
     local label 16003
     next hop 99.1.11.11/32 Gi0/0/0/0     labels imposed {ImplNull 16003}
```

▶ 例 6-24　节点 1 上前缀 1.1.1.3/32 的 MPLS 转发表项

```
RP/0/0/CPU0:xrvr-1#show mpls forwarding prefix 1.1.1.3/32
Local  Outgoing  Prefix           Outgoing      Next Hop      Bytes
Label  Label     or ID            Interface                   Switched
-----  --------- ---------------- ------------- ------------- --------
16003  16003     SR Pfx (idx 3)   Gi0/0/0/0     99.1.11.11    0
```

在节点 1 上执行 traceroute 验证至 1.1.1.3 的路径。其中 IP traceroute 的输出如例 6-25 所示：路径为节点 1 → 节点 11 → 节点 31 → 节点 21 → 节点 3，相同的 Prefix-SID 标签 16003 被用于路径上的每一跳，直到倒数第二跳节点 21 弹出标签。MPLS traceroute 的输出如例 6-26 所示，每一跳压入的标签栈（implicit-null/16003）和例 6-23 所示的标签栈一致。

▶ 例 6-25　在节点 1 上 IP traceroute 节点 3

```
RP/0/0/CPU0:xrvr-1#traceroute 1.1.1.3 source 1.1.1.1

Type escape sequence to abort.
Tracing the route to 1.1.1.3

 1  99.1.11.11 [MPLS: Label 16003 Exp 0] 289 msec 39 msec 39 msec
 2  99.11.31.31 [MPLS: Label 16003 Exp 0] 309 msec 49 msec 59 msec
 3  99.21.31.21 [MPLS: Label 16003 Exp 0] 199 msec 49 msec 69 msec
 4  99.3.21.3 299 msec 229 msec 219 msec
```

▶ 例 6-26　在节点 1 上 MPLS traceroute 节点 3

```
RP/0/0/CPU0:xrvr-1#traceroute mpls ipv4 1.1.1.3/32 source 1.1.1.1 fec-
type generic

Tracing MPLS Label Switched Path to 1.1.1.3/32,timeout is 2 seconds

Codes: '!' - success,'Q' - request not sent,'.' - timeout,
  'L' - labeled output interface,'B' - unlabeled output interface,
  'D' - DS Map mismatch,'F' - no FEC mapping,'f' - FEC mismatch,
  'M' - malformed request,'m' - unsupported tlvs,'N' - no rx label,
  'P' - no rx intf label prot,'p' - premature termination of LSP,
  'R' - transit router,'I' - unknown upstream index,
  'X' - unknown return code,'x' - return code 0

Type escape sequence to abort.

  0 99.1.11.1 MRU 1500 [Labels: implicit-null/16003 Exp: 0/0]
L 1 99.1.11.11 MRU 1500 [Labels: implicit-null/16003 Exp: 0/0] 20 ms
L 2 99.11.31.31 MRU 1500 [Labels: implicit-null/16003 Exp: 0/0] 210 ms
L 3 99.21.31.21 MRU 1500 [Labels: implicit-null/implicit-null Exp: 0/0] 200 ms
! 4 99.3.21.3 220 ms
```

6.8.2　配置 L3VPN 叠加业务

到目前为止我们讨论的是实现数据中心内 SR MPLS 的传送能力。接下来，我们将在层级 1 的节点 1 和节点 3 之间部署 L3VPN 叠加业务，连接到节点 1/ 节点 3 的服务器 / 虚拟机，被映射入 VRF，进入 L3VPN。

在层级 1 节点间的 VPNv4 前缀和 MP-BGP 标签交换通过业务 RR 节点 41 完成。在这个例子中，业务 RR 被连接到层级 3 的节点 31。

层级 1 的节点 3 的 L3VPN 业务配置如例 6-27 所示。VRF "SVC" 的配置见第 1～7 行，指定导入/导出路由目标（RT）均为 1:1000。在 BGP 实例下启用 VPNv4 单播地址族，在第 14～19 行配置 neighbor-group ROUTE_REFLECTORS，用于 RR 节点 41 的 BGP 邻居配置。RR 的 AS 号为 41，节点 3 和 RR 间采用环回地址建立多跳 EBGP 会话，采用 SR MPLS 实现环回地址前缀间的传送。在 BGP 实例下配置了 VRF SVC，并且配置了自动选择路由标识（RD）（见第 27～30 行）。

▶ 例 6-27　节点 3 的 L3VPN 配置 BGP 部分

```
 1 vrf SVC
 2  address-family ipv4 unicast
 3   import route-target
 4    1:1000
 5   !
 6   export route-target
 7    1:1000
 8   !
 9  !
10 !
11 router bgp 3
12  address-family vpnv4 unicast
13  !
14  neighbor-group ROUTE_REFLECTORS
15   ebgp-multihop 255
16   update-source Loopback0
17   address-family vpnv4 unicast
18    route-policy bgp_in in
19    route-policy bgp_out out
20   !
21  !
22  neighbor 1.1.1.41
23   remote-as 41
24   use neighbor-group ROUTE_REFLECTORS
25   description service RR Node41
26  !
27  vrf SVC
28   rd auto
29   address-family ipv4 unicast
30    network 99.3.9.0/24
31   !
```

```
32  !
33  !
```

RR 节点 41 用于实现 SR MPLS 传送能力的 BGP 配置与数据中心 Fabric 中其他节点一致。节点 41 作为 L3VPN 叠加业务 RR 的相关 BGP 配置如例 6-28 所示。

▶ **例 6-28 业务 RR 节点 41 L3VPN 配置——BGP 部分**

```
1   router bgp 41
2    address-family vpnv4 unicast
3     retain route-target all
4    !
5    neighbor-group RR_CLIENTS
6     ebgp-multihop 255
7     update-source Loopback0
8     address-family vpnv4 unicast
9      route-policy bgp_in in
10     route-policy bgp_out out
11     next-hop-unchanged
12    !
13   !
14   neighbor 1.1.1.1
15    remote-as 1
16    use neighbor-group RR_CLIENTS
17   !
18   neighbor 1.1.1.3
19    remote-as 3
20    use neighbor-group RR_CLIENTS
21   !
22  !
```

默认情况下，节点不接受与本地导入 RT 不匹配的任何 VPN 前缀，这称为"RT 过滤器"。RT 过滤器避免了无用的 BGP 条目浪费内存，提高了设备可扩展性。RR 默认情况下禁用此 RT 过滤器，因为即使本地没有配置 VRF，RR 也应反射所有的 VPN 前缀。在这个例子里节点 41 并不是一个真正严格意义上的 RR，因为 RR 只是针对 IBGP；但由于 EBGP 本身的机制，节点 41 也会像 RR 一样重新通告路由。由于节点 41 不是一个真正的 RR，RT 过滤器并没有被默认禁用，因此在节点 41 上需要在 VPNv4 地址族下配置 retain route-target 命令保留 VPN 前缀（见例 6-28 第 3 行）。此配置接受关键字 all 或 route-policy，all 会保留所有前缀；route-policy 则对需要保留的前缀实施过滤。

该 RR 的功能是重新通告客户端 VPN 前缀，重新通告前缀时 RR 不应修改 BGP 下一跳的属性，因此 EBGP 默认的 nexthop-self 行为需要通过在面向客户端会话的 neighbor-group 下配置 next-hop-unchanged 命令予以禁用（见第 11 行）。通过这种方式，RR 在重新通告前缀时保持 BGP 下一跳不变。

节点 1 上 VRF SVC 前缀 99.3.9.0/24 的 BGP 条目如例 6-29 所示。该 BGP 下一跳为 1.1.1.3，这是节点 3 的路由器 ID，也是前缀的始发节点（见第 12 行）。标签 90039（见第 13 行）是节点 3 分配并通告的 VRF SVC 汇聚标签。默认情况下，PE 采用基于 VRF（per-vrf）的方式为本地产生的 VRF 前缀分配和通告汇聚标签。当收到带有这类汇聚标签的数据包时，PE 将弹出标签并在 VRF 转发表中进行查找。

▶ **例 6-29** 节点 1 上 VRF SVC 前缀 99.3.9.0/24 的 BGP 条目

```
1  RP/0/0/CPU0:xrvr-1#show bgp vrf SVC 99.3.9.0/24
2  BGP routing table entry for 99.3.9.0/24,Route Distinguisher: 1.1.1.1:1
3  Versions:
4    Process             bRIB/RIB  SendTblVer
5    Speaker                   16          16
6  Last Modified: May 30 18:52:19.880 for 10:45:06
7  Paths: (1 available,best #1)
8    Not advertised to any peer
9    Path #1: Received by speaker 0
10   Not advertised to any peer
11   41 3
12     1.1.1.3 from 1.1.1.41 (1.1.1.41)
13       Received Label 90039
14       Origin IGP,localpref 100,valid,external,best,group-best,import-candidate,imported
15       Received Path ID 0,Local Path ID 0,version 16
16       Extended community: RT:1:1000
17       Source AFI: VPNv4 Unicast,Source VRF: default,Source Route Distinguisher: 1.1.1.3:1
```

节点 1 上 VRF SVC 前缀 99.3.9.0/24 的 RIB 条目如例 6-30 所示，此条目表明这个 VRF 前缀的 BGP 下一跳 1.1.1.3 在全局路由表中进行解析（见第 8～9 行）。

▶ **例 6-30** 节点 1 上 VRF SVC 的前缀 99.3.9.0/24 的 RIB 条目

```
1  RP/0/0/CPU0:xrvr-1#show route vrf SVC 99.3.9.0/24
2
3  Routing entry for 99.3.9.0/24
4    Known via "bgp 1",distance 20,metric 0
5    Tag 41,type external
```

```
  6    Installed May 30 18:52:20.328 for 10:42:57
  7    Routing Descriptor Blocks
  8      1.1.1.3,from 1.1.1.41,BGP external
  9        Nexthop in Vrf:"default",Table: "default",IPv4 Unicast,Table Id:
0xe0000000
 10        Route metric is 0
 11 No advertising protos.
```

节点 1 上此前缀的 CEF 条目如例 6-31 所示，显示了节点 1 为去往此前缀的数据包所压入的标签栈。标签栈包括 3 个标签：labels imposed {ImplNull 16003 90039}（见输出最后一行），前两个标签是用于到达 BGP 下一跳 1.1.1.3 的 SR BGP-LU 标签，前两个标签和例 6-23 中 show cef 1.1.1.3/32 的输出一致。第一个标签是用于到达下一跳 99.1.11.11/32，由于该下一跳是直连的，因此是隐式空标签；第二个标签是前缀 1.1.1.3/32 的 Prefix-SID 标签 16003；第三个标签是栈底标签，是该前缀的 VPN 标签 90039。

▶ **例 6-31　节点 1 上 VRF SVC 前缀 99.3.9.0/24 的 CEF 条目**

```
RP/0/0/CPU0:xrvr-1#show cef vrf SVC 99.3.9.0/24
99.3.9.0/24,version 5,internal 0x5000001 0x0 (ptr 0xa1273974) [1],0x0
(0x0),0x208 (0xa13ab2d0)
 Updated May 30 18:52:20.338
 Prefix Len 24,traffic index 0,precedence n/a,priority 3
   via 1.1.1.3/32,3 dependencies,recursive,bgp-ext [flags 0x6020]
    path-idx 0 NHID 0x0 [0xa1413df4 0x0]
    recursion-via-/32
    next hop VRF - 'default',table - 0xe0000000
    next hop 1.1.1.3/32 via 16003/0/21
     next hop 99.1.11.11/32 Gi0/0/0/0    labels imposed {ImplNull 16003 90039}
```

在节点 1 上，VRF SVC 内执行 IP traceroute 99.3.9.3 的结果如例 6-32 所示。数据包通过节点 11、节点 31、节点 21 到达节点 3，数据包携带 Prefix-SID 标签 16003 和 VPN 标签 90039。一个小细节：在 traceroute 的最后一跳没有显示 VPN 标签，这是因为 traceroute 目的地是节点 3 的本地前缀；如果目的地是接入 VRF 的 CE 设备，那么在 traceroute 输出的第四跳中将显示 VPN 标签，并且也只有 VPN 标签。

▶ **例 6-32　在节点 1 VRF SVC 内 IP traceroute 目的地**

```
RP/0/0/CPU0:xrvr-1#traceroute vrf SVC 99.3.9.3

Type escape sequence to abort.
```

```
Tracing the route to 99.3.9.3

 1  99.1.11.11 [MPLS: Labels 16003/90039 Exp 0] 879 msec 49 msec 79 msec
 2  99.11.31.31 [MPLS: Labels 16003/90039 Exp 0] 39 msec 49 msec 39 msec
 3  99.21.31.21 [MPLS: Labels 16003/90039 Exp 0] 49 msec 39 msec 39 msec
 4  99.3.21.3 59 msec 39 msec 39 msec
```

6.8.3 配置 EBGP 多路径

在图 6-12 所示的拓扑中添加其他节点（节点 2、节点 12、节点 32、节点 22 和节点 4），使得数据中心 Fabric 出现多条等价路径，因此节点 1 和节点 3 间也会有多条等价路径。数据中心内所有的等价路径都需要被利用起来，以充分利用网络容量。默认情况下，BGP 只把到达目的地的最佳路径写入转发表，若要在转发表中为目的地写入多条路径，需要启用 BGP 多路径功能。通过在地址家族下配置 maximum-paths ebgp <n> 命令启用 EBGP 多路径功能，其中 <n> 指定了在转发表中为每个目的地所写入路径的最大数量，配置如例 6-33 所示。

▶ 例 6-33　EBGP 多路径配置

```
router bgp 1
 address-family ipv4 unicast
  maximum-paths ebgp 16    !! maximum 16 Equal Cost paths per prefix
 !
!
```

根据数据中心 Fabric 的 AS 号分配情况，可能需要一项额外的配置。在图 6-12 中节点 1 收到两条去往节点 3 环回地址前缀 1.1.1.3/32 的 EBGP-LU 路径（见例 6-34）：一条经由节点 11（见第 11 ~ 21 行）；另一条经由节点 12（见第 22 ~ 31 行）。本例的 AS 号分配方式（每个节点的 AS 号不相同）使得这两条路径的 AS-path 属性不相同：第一条路径的 AS-path 为 {11 31 21 3}（见第 14 行）；第二条路径的 AS-path 为 {12 31 21 3}（见第 24 行）。此时经由节点 11 的路径被选为最佳路径，这是因为两条路径所有属性都相等（注：最佳路径选择时仅对比 AS-path 的长度，不对比其内容），但经由节点 11 的路径的邻居地址最低。然而 EBGP 多路径要求可选路径和最佳路径所有 BGP 属性相同（Weight、Local-Pref、AS-path（长度和内容）、Origin、MED）而只是下一跳地址不同，这将导致经由节点 12 的路径不能成为 EBGP 多路径。

▶ 例 6-34　默认 EBGP 多路径规则下节点 1 上前缀 1.1.1.3/32 的 BGP 表项

```
1 RP/0/0/CPU0:xrvr-1#show bgp ipv4 labeled-unicast 1.1.1.3/32
2 BGP routing table entry for 1.1.1.3/32
```

```
 3 Versions:
 4   Process           bRIB/RIB SendTblVer
 5   Speaker                48         48
 6     Local Label: 16003
 7 Last Modified: Aug 12 11:52:24.342 for 00:01:55
 8 Paths: (2 available,best #1)
 9   Advertised to update-groups (with more than one peer):
10     0.2
11   Path #1: Received by speaker 0
12   Advertised to update-groups (with more than one peer):
13     0.2
14   11 31 21 3
15     99.1.11.11 from 99.1.11.11 (1.1.1.11)
16       Received Label 16003
17       Origin IGP,localpref 100,valid,external,best,group-best
18       Received Path ID 0,Local Path ID 0,version 48
19       Origin-AS validity: not-found
20       Prefix SID Attribute Size: 10
21        Label Index: 3
22   Path #2: Received by speaker 0
23   Not advertised to any peer
24   12 31 21 3
25     99.1.12.12 from 99.1.12.12 (1.1.1.12)
26       Received Label 16003
27       Origin IGP,localpref 100,valid,external,group-best
28       Received Path ID 0,Local Path ID 0,version 0
29       Origin-AS validity: not-found
30       Prefix SID Attribute Size: 10
31
```

为了把经由节点 12 的路径加入 EBGP 多路径，需要将 EBGP 多路径选择规则放宽至允许具有相同 AS-path 长度但 AS-path 内容不同的路径成为 EBGP 多路径，命令 bgp bestpath as-path multipath-relax 完成此设置，如例 6-35 所示。现在第二条路径加入了 EBGP 多路径，见第 23 行和第 33 行。

▶ **例 6-35**　放宽 EBGP 多路径规则后节点 1 上前缀 1.1.1.3/32 的 BGP 表项

```
1 RP/0/0/CPU0:xrvr-1#configure
2 RP/0/0/CPU0:xrvr-1(config)#router bgp 1
3 RP/0/0/CPU0:xrvr-1(config-bgp)# bgp bestpath as-path multipath-relax
4 RP/0/0/CPU0:xrvr-1(config-bgp)#commit
```

```
 5  RP/0/0/CPU0:xrvr-1(config-bgp)#end
 6  RP/0/0/CPU0:xrvr-1#
 7  RP/0/0/CPU0:xrvr-1#show bgp ipv4 labeled-unicast 1.1.1.3/32
 8  BGP routing table entry for 1.1.1.3/32
 9  Versions:
10    Process              bRIB/RIB  SendTblVer
11    Speaker                   54          54
12      Local Label: 16003
13  Last Modified: Aug 12 12:32:22.342 for 00:00:12
14  Paths: (2 available,best #1)
15    Advertised to update-groups (with more than one peer):
16      0.2
17    Path #1: Received by speaker 0
18    Advertised to update-groups (with more than one peer):
19      0.2
20    11 31 21 3
21      99.1.11.11 from 99.1.11.11 (1.1.1.11)
22        Received Label 16003
23        Origin IGP,localpref 100,valid,external,best,group-best,multipath
24        Received Path ID 0,Local Path ID 0,version 54
25        Origin-AS validity: not-found
26        Prefix SID Attribute Size: 10
27        Label Index: 3
28    Path #2: Received by speaker 0
29    Not advertised to any peer
30    12 31 21 3
31      99.1.12.12 from 99.1.12.12 (1.1.1.12)
32        Received Label 16003
33        Origin IGP,localpref 100,valid,external,multipath
34        Received Path ID 0,Local Path ID 0,version 0
35        Origin-AS validity: not-found
36        Prefix SID Attribute Size: 10
37        Label Index: 3
```

该等价路径也被写入到转发表，如例 6-36 和例 6-37 所示。

▶ **例 6-36　节点 1 上前缀 1.1.1.3/32 的 CEF 条目**

```
RP/0/0/CPU0:xrvr-1#show cef 1.1.1.3/32
1.1.1.3/32,version 305,internal 0x1000001 0x80 (ptr 0xa141a6f4) [1],0x0
 (0xa13e5758),0xa08 (0xa16f0050)
 Updated Aug 12 12:32:22.675
```

```
Prefix Len 32,traffic index 0,precedence n/a,priority 4
  via 99.1.11.11/32,5 dependencies,recursive,bgp-ext,bgp-multipath [flags
0x60a0]
    path-idx 0 NHID 0x0 [0xa15eb4f4 0x0]
    recursion-via-/32
    next hop 99.1.11.11/32 via 24000/0/21
      local label 16003
      next hop 99.1.11.11/32 Gi0/0/0/0   labels imposed {ImplNull 16003}
  via 99.1.12.12/32,5 dependencies,recursive,bgp-ext,bgp-multipath [flags
0x60a0]
    path-idx 1 NHID 0x0 [0xa15ebbf4 0x0]
    recursion-via-/32
    next hop 99.1.12.12/32 via 24007/0/21
      local label 16003
      next hop 99.1.12.12/32 Gi0/0/0/1   labels imposed {ImplNull 16003}
```

▶ 例 6-37   节点上前缀 1.1.1.3/32 的 MPLS 转发表项

```
RP/0/0/CPU0:xrvr-1#show mpls forwarding prefix 1.1.1.3/32
Local  Outgoing    Prefix              Outgoing       Next Hop        Bytes
Label  Label       or ID               Interface                      Switched
-----  ----------  ------------------  -------------  -------------   --------
16003  16003       SR Pfx (idx 3)      Gi0/0/0/0      99.1.11.11      0
       16003       SR Pfx (idx 3)      Gi0/0/0/1      99.1.12.12      0
```

MPLS 多路径 traceroute 功能可以用来探测数据中心 Fabric 内从节点 1 到节点 3 所有可能路径的数量，在第 11 章中会详细介绍 MPLS 多路径 traceroute 功能。traceroute mpls 命令输出如例 6-38 所示，在此拓扑结构下总共发现了 8 条从节点 1 到节点 3 的路径。

▶ 例 6-38   在节点 1 上 MPLS 多路径 traceroute 节点 3

```
RP/0/0/CPU0:xrvr-1#traceroute mpls multipath ipv4 1.1.1.3/32 source
1.1.1.1 fec-type generic

Starting LSP Path Discovery for 1.1.1.3/32

Codes: '!' - success,'Q' - request not sent,'.' - timeout,
  'L' - labeled output interface,'B' - unlabeled output interface,
  'D' - DS Map mismatch,'F' - no FEC mapping,'f' - FEC mismatch,
  'M' - malformed request,'m' - unsupported tlvs,'N' - no rx label,
```

```
    'P' - no rx intf label prot,'p' - premature termination of LSP,
    'R' - transit router,'I' - unknown upstream index,
    'X' - unknown return code,'x' - return code 0

Type escape sequence to abort.

LLL!
Path 0 found,
 output interface GigabitEthernet0/0/0/0 nexthop 99.1.11.11
 source 1.1.1.1 destination 127.0.0.1
L!
Path 1 found,
 output interface GigabitEthernet0/0/0/0 nexthop 99.1.11.11
 source 1.1.1.1 destination 127.0.0.0
LL!
Path 2 found,
 output interface GigabitEthernet0/0/0/0 nexthop 99.1.11.11
 source 1.1.1.1 destination 127.0.0.6
L!
Path 3 found,
 output interface GigabitEthernet0/0/0/0 nexthop 99.1.11.11
 source 1.1.1.1 destination 127.0.0.3
LLL!
Path 4 found,
 output interface GigabitEthernet0/0/0/1 nexthop 99.1.12.12
 source 1.1.1.1 destination 127.0.0.1
L!
Path 5 found,
 output interface GigabitEthernet0/0/0/1 nexthop 99.1.12.12
 source 1.1.1.1 destination 127.0.0.0
LL!
Path 6 found,
 output interface GigabitEthernet0/0/0/1 nexthop 99.1.12.12
 source 1.1.1.1 destination 127.0.0.4
L!
Path 7 found,
 output interface GigabitEthernet0/0/0/1 nexthop 99.1.12.12
 source 1.1.1.1 destination 127.0.0.3

Paths (found/broken/unexplored) (8/0/0)
 Echo Request (sent/fail) (22/0)
 Echo Reply (received/timeout) (22/0)
 Total Time Elapsed 559 ms
```

一台 IP 地址为 99.3.9.9 的服务器 / 虚拟机双上联至节点 3 和节点 4。节点 3 和节点 4 均向外通告 VRF SVC 前缀 99.3.9.0/24，为这个前缀自动分配不同 RD：分别为 1.1.1.3:1 和 1.1.1.4:0。由于 RD 不同，RR 节点 41 认为这两条是不同路由并反射给客户端。节点 1 接收到这两条路由并导入至 VRF SVC BGP 表。VRF SVC 前缀 99.3.9.0/24 的 BGP 表项如例 6-39 所示。只有第二条路径（经由节点 4）被选为最佳路径，并写入转发表。

▶ **例 6-39**　节点 1 没有开启 BGP 多路径功能时 VRF SVC 前缀 99.3.9.0/24 的 BGP 表项

```
RP/0/0/CPU0:xrvr-1#show bgp vrf SVC 99.3.9.0/24
BGP routing table entry for 99.3.9.0/24,Route Distinguisher: 1.1.1.1:1
Versions:
  Process             bRIB/RIB    SendTblVer
  Speaker             27          27
Last Modified: Aug 12 10:30:12.342 for 02:26:45
Paths: (2 available,best #2)
  Not advertised to any peer
  Path #1: Received by speaker 0
  Not advertised to any peer
  41 3
    1.1.1.3 from 1.1.1.41 (1.1.1.41)
      Received Label 90039
      Origin IGP,localpref 100,valid,external,import-candidate,imported
      Received Path ID 0,Local Path ID 0,version 0
      Extended community: RT:1:1000
      Source AFI: VPNv4 Unicast,Source VRF: default,Source Route
Distinguisher: 1.1.1.3:1
  Path #2: Received by speaker 0
  Not advertised to any peer
  41 4
    1.1.1.4 from 1.1.1.41 (1.1.1.41)
      Received Label 90049
      Origin IGP,localpref 100,valid,external,best,group-best,import-candidate,imported
      Received Path ID 0,Local Path ID 0,version 27
      Extended community: RT:1:1000
      Source AFI: VPNv4 Unicast,Source VRF: default,Source Route
Distinguisher: 1.1.1.4:0
```

要在两条路径间实现负载均衡，必须在 VRF 下启用 BGP 多路径功能，配置见例 6-40。

在 vrf SVC address-family ipv4 unicast 模式下配置 maximum-paths ebgp 16。在例 6-39 中第一条路径的 AS-path 是 {41 3}，而第二条路径的 AS-path 是 {41 4}，两者的 AS-path 不同，因此第一条路径默认情况下不能成为 BGP 多路径，需要在 VRF 下配置 multipath-relax 命令（见

例 6-40 第 3 行），以允许非最佳路径成为 BGP 多路径。

▶ **例 6-40　层级 1 节点的 BGP 多路径配置**

```
1  vrf SVC
2   rd auto
3   bgp bestpath as-path multipath-relax
4   address-family ipv4 unicast
5    maximum-paths ebgp 16
6    network 99.3.9.0/24
7   !
8   !
9  !
```

针对 VPN 叠加网络的 BGP 多路径构成网络另一个层面的负载均衡：VPN 流量首先负载均衡至叠加网络的每个层级 1 节点，再在数据中心 Fabric 内负载均衡至每个层级 1 节点。例 6-41 显示了 VRF SVC 存在两条去往多宿主前缀 99.3.9.0/24 的路径：其中第 8～10 行显示了第一条路径；第 11～13 行显示了第二条路径。

▶ **例 6-41　节点 1 启用 BGP 多路径功能后 VRF SVC 前缀 99.3.9.0/24 的 BGP 表项**

```
1  RP/0/0/CPU0:xrvr-1#show route vrf SVC 99.3.9.0/24
2  
3  Routing entry for 99.3.9.0/24
4    Known via "bgp 1",distance 20,metric 0
5    Tag 40,type external
6    Installed Aug 12 10:30:12.648 for 02:27:11
7    Routing Descriptor Blocks
8      1.1.1.3,from 1.1.1.41,BGP external,BGP multi path
9        Nexthop in Vrf: "default",Table: "default",IPv4 Unicast,Table Id: 0xe0000000
10       Route metric is 0
11     1.1.1.4,from 1.1.1.41,BGP external,BGP multi path
12       Nexthop in Vrf: "default",Table: "default",IPv4 Unicast,Table Id: 0xe0000000
13       Route metric is 0
14   No advertising protos.
```

6.8.4　配置 IBGP Prefix Segment

IBGP-LU 也可用于数据中心。虽然 EBGP 和 IBGP 的 BGP 协议核心部分是一样的，但两种协议的行为有差异，从数据中心的应用看，EBGP 的行为更为适合，因此要使得 IBGP 实现类似 EBGP 的行为，要做到以下几点。

- 设置 RR 用于把路由重新通告给对等体。
- 采用集群列表防止环路，采用类似于设置 AS 号的方式设置集群 ID（Cluster-ID）。
- 重新通告路由时设置 Next-Hop-Self。

> **提示：IBGP RR 功能**
>
> 　　为了防止 AS 域内产生循环，IBGP 节点遵守不把从 IBGP 邻居接收到的路由重新通告给其他 IBGP 邻居的规则。因为有此规则，AS 域内的所有 IBGP 节点需要实现逻辑上的全网状连接，以使路由传播到 AS 域内的所有 IBGP 节点。然而全网状连接不是一个可扩展的解决方案，RR 是消除全网状连接的解决方案之一。
>
> 　　RR 是允许把从一个 IBGP 对等体收到的更新通告给另一个 IBGP 对等体的 BGP 节点。IETF RFC 4456 定义了 RR。
>
> 　　RR 的 IBGP 对等体分为两类：客户端对等体及非客户端对等体。RR 在反射路由时还要遵循一些规则：
>
> - 把从客户端对等体收到的路由反射给客户端对等体及非客户端对等体；
> - 把从非客户端对等体收到的路由只反射给客户端对等体。
>
> 　　当 RR 反射没有始发者 ID 属性的路由时，RR 将增加此属性，并将该属性的值设置为始发节点的 BGP 路由器 ID。同时该 RR 也将自身的集群 ID 前置在被反射路由的集群列表属性中。节点将忽略始发者 ID 与自己的路由器 ID 一样的更新，RR 将忽略集群列表属性中含有自身集群 ID 的更新，这是使用 RR 时的防止环路机制。
>
> 　　默认情况下，RR 只反射前缀的 BGP 最佳路径。
>
> 　　当 RR 反射路由时，它不应该修改下一跳等属性。在一些情况下，需要设置 Next-Hop-Self，为了确保属性不被意外修改，需要配置 ibgp policy out enforce-modifications 命令以允许修改被反射路由的属性。
>
> 　　RR 同时可作为另外一个 RR 的客户端，从而实现层次化 RR。

　　Clos 架构的自然选择是使用层次化 RR。在三层 Clos 架构中，层级 3 节点是顶级 RR，层级 2 节点是层级 3 RR 的客户端，同时又是层级 1 节点的 RR。换句话说，低层节点是高层节点的路由反射客户端，高层节点是低层节点的常规对等体（非路由反射客户端）。

　　路由反射情况如图 6-21 所示。为了方便说明，假设每个节点收到的路由均是去往前缀的 BGP 最佳路径。BGP 更新消息如展开拓扑图 6-22 所示。节点 1 通告其环回地址前缀 1.1.1.1/32 给节点 11。由于节点 1 是节点 11 的路由反射客户端，节点 11 反射路由给其客户端节点 1 和节点 2 以及其非客户端对等体节点 31 和节点 32。节点 11 在更新消息中设置始发者 ID 属性为节点1的路由器ID 1.1.1.1，并在集群列表属性中前置了自己的集群ID 1.1.1.11。由于节点1从更新消息的始发者ID属性中得到自身的BGP路由器ID，因此它忽略此更新。两个层级3的节点31和节点32处理收到的更新消息的方式类似，这里只说明节点31的路由反射过程：节点31把从客户端节点11收到的路由反射给其客户端节点11、节点12、节点21和节点22。节点11在更新消息的集群列表属性中得到它的本地集群ID 11，因此它忽略此更新。其他3个层级2节点处理方式类似，这里只说明节点21的路由反射过程：节点21接收来自非客户端对等体节点31的路由，仅反射给其客户端对等体节点3和节点4。

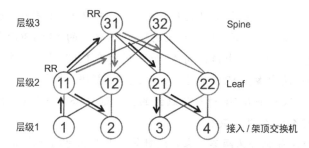

图 6-21　在 Clos 架构中使用 IBGP 路由反射

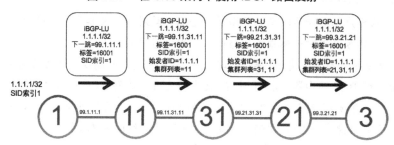

图 6-22　网络拓扑其中一条展开路径

与 EBGP 相同，IBGP 可以启用 BGP 多路径实现多条等价路径的负载均衡，然而 IBGP 多路径选择存在着限制。让我们回忆一下 BGP 选路过程，BGP 按照以下规则选择最佳路径。

1. 最高权重（Weight）。
2. 最高本地优先值（Local-Pref）。
3. 最短 AS 路径（AS-Path）。
4. 最优始发（Origin）类型。
5. 最低多出口区分值（MED）。
6. 外部路由优先于内部路由。
7. 最近出口（最小 IGP 度量）。
8. 最低路由器 ID（仲裁规则）。
9. 最短集群列表（Cluster-list）长度（仲裁规则）。

10 最低邻居地址（仲裁规则）。

IBGP 多路径选择在第 7 条规则截止。这意味着，对头 7 条规则都等价的路径就有资格成为 IBGP 多路径。请注意，BGP 最佳路径选择会一直继续直到第 10 条规则。IBGP 多路径不考虑第 9 条规则——最短集群列表长度，这会导致节点的 IBGP 多路径中包含不太理想的路径。以拓扑图 6-21 为例说明，节点 12 收到的 BGP 更新消息如图 6-23 所示（只展示了整个拓扑的一部分），同时显示了一些节点上前缀 1.1.1.1/32 的 BGP 表项。

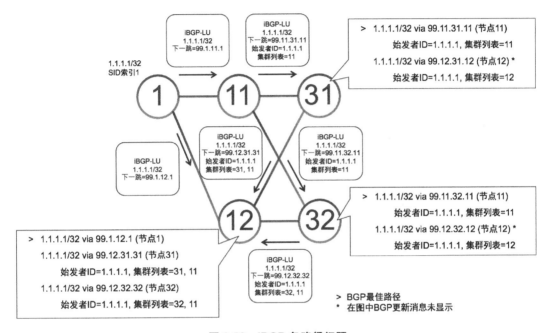

图 6-23　IBGP 多路径问题

节点 1 通告前缀 1.1.1.1/32 给节点 11 和节点 12。节点 11 反射这个前缀给节点 31 和节点 32。节点 12 处理方式相同，这里没有显示。节点 31 和节点 32 都把从节点 11 收到的路径作为最佳路径，这是因为节点 11 和节点 12 通告的这两条路径直到第 9 条规则都是等价的（见上文），因此最佳路径选择基于最低邻居地址，即节点 11。节点 31 和节点 32 均通告其最佳路径给节点 12，因此节点 12 有 3 条到达 1.1.1.1/32 的可用路径，其中节点 12 基于最短集群列表长度（第 9 条规则）选择最佳路径，即通过节点 1 的直连路径。然而另外两条路径也有资格成为多路径，因为它们直到第 7 条规则都与最佳路径是等价的，这将导致节点 2 去往 1.1.1.1/32 的流量被负载均衡至 3 条路径上，这种情况是非常不希望看到的，因为会导致非最优路径和环路。

有多个方案可解决此问题。其中一个解决方案是为属于"同一集群"的层级 2 节点设置同样的集群 ID，这里的"同一集群"指的是一组直连的层级 1 和层级 2 节点以及它们所连接的服务器。如果节点 11 和节点 12 使用相同的集群 ID 10，那么他们将忽略节点 31 和节点

32 反射给它们的路由，从而节点 12 只有一条经由节点 1 去往 1.1.1.1/32 的路由。另一个解决方案是路由每被反射一次度量相应递增。该度量可以是影响最佳路径选择的任何属性。在这个例子中，使用 AIGP 属性。

IETF RFC 7311 定义了 AIGP。使用 AIGP 属性允许 BGP 最佳路径选择时使用 IGP 度量，使得处于同一管理范围的跨多个 AS 域的 BGP 最佳路径选择更为方便。当启用 AIGP 后，BGP 路径选择会在比较 AS-path 长度之前，优选拥有最低 AIGP 度量的路径，即 AIGP 在 BGP 最佳路径选择规则 Local-Pref 和 AS-path 之间。对于只有 BGP 无 IGP 的网络，可以通过静态方式增加 AIGP 度量。

BGP 最佳路径优选最低 AIGP 度量的路径，并且只有和最佳路径具有相同 AIGP 度量的路径才有资格成为多路径。

当通告路由时递增 AIGP 度量，路径选择将类似于 IGP 最短路径选择，基于拓扑图 6-24 分析完整的 IBGP-LU 配置。

层级 1 的节点 3 的 BGP 配置如例 6-42 所示。配置开始部分显示了所使用的路由策略。SID（$SID）将 SID 索引设置为 $SID。ADDMETRIC($METRIC)实现 AIGP 度量递增，该 RPL 语句 set aigp-metric + $METRIC 将当前 aigp-metric 值增加 $METRIC。

与 EBGP 类似，IBGP 会话在接口地址间建立，并需要配置至邻居接口地址的

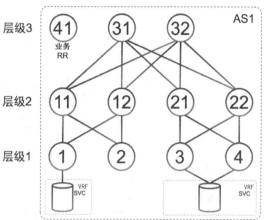

图 6-24　SR IBGP 示例网络拓扑

静态路由来实现 BGP-LU 路由解析。与 EBGP-LU 不同的是，建立在直连接口的 IBGP-LU 会话默认情况下 MPLS 并未被启用，需要手工配置 mpls activate 命令把对等互联接口的 MPLS 激活（见第 12～14 行）。与 EBGP 不同的是，IBGP 不强制使用入向和出向路由策略，例子中只配置了一个出向路由策略用于实现 AIGP 度量递增（见第 23 行，其中 AIGP 度量增加 10）。配置 maximum-paths ibgp 16 启用 IBGP 多路径，见第 17 行。

▶ 例 6-42　节点 3 的 IBGP 配置

```
1 route-policy SID($SID)
2   set label-index $SID
3 end-policy
4 !
5 route-policy ADDMETRIC($METRIC)
6   set aigp-metric + $METRIC
```

```
 7    pass
 8  end-policy
 9  !
10  router bgp 1
11   bgp router-id 1.1.1.3
12   mpls activate
13    interface GigabitEthernet0/0/0/0
14    interface GigabitEthernet0/0/0/1
15   !
16   address-family ipv4 unicast
17    maximum-paths ibgp 16
18    network 1.1.1.3/32 route-policy SID(3)
19    allocate-label all
20   !
21   neighbor-group TIER2
22    address-family ipv4 labeled-unicast
23     route-policy ADDMETRIC(10) out
24    !
25   !
26   neighbor 99.3.21.21
27    remote-as 1
28    use neighbor-group TIER2
29    description iBGP peer xrvr-21
30   !
31   neighbor 99.3.22.22
32    remote-as 1
33    use neighbor-group TIER2
34    description iBGP peer xrvr-22
35   !
36  !
37  segment-routing
38   global-block 16000 23999
39  !
```

Leaf 节点 21 的 BGP 配置如例 6-43 所示。节点 21 配置了两个 neighbor-group，一个用于与层级 1 节点的 IBGP 会话（见第 15 行 TIER1）；另一个用于与层级 3 节点的 IBGP 会话（见第 22 行 TIER3）。层级 1 邻居被配置为路由反射客户端（见第 17 行），并且为这些会话设置 Next-Hop-Self（见第 19 行）。RR 一般不应修改 BGP 下一跳等属性，为了防止误操作，需要配置命令 ibgp policy out enforce-modifications 以允许设置 Next-Hop-Self（见第 9 行）。层级 3 邻居未配置为路由反射客户端，但配置了 Next-Hop-Self。对于所有邻居，每条路由被通告时

AIGP 度量均增加 10。

▶ **例 6-43** 节点 21 的 IBGP 配置

```
1  router bgp 1
2   bgp router-id 1.1.1.21
3   mpls activate
4    interface GigabitEthernet0/0/0/0
5    interface GigabitEthernet0/0/0/1
6    interface GigabitEthernet0/0/0/2
7    interface GigabitEthernet0/0/0/3
8   !
9   ibgp policy out enforce-modifications
10  address-family ipv4 unicast
11   maximum-paths ibgp 16
12   network 1.1.1.21/32 route-policy SID(21)
13   allocate-label all
14  !
15  neighbor-group TIER1
16   address-family ipv4 labeled-unicast
17    route-reflector-client
18    route-policy ADDMETRIC(10) out
19    next-hop-self
20   !
21  !
22  neighbor-group TIER3
23   address-family ipv4 labeled-unicast
24    route-policy ADDMETRIC(10) out
25    next-hop-self
26   !
27  !
28  neighbor 99.3.21.3
29   remote-as 1
30   use neighbor-group TIER1
31   description iBGP peer xrvr-3
32  !
33  neighbor 99.4.21.4
34   remote-as 1
35   use neighbor-group TIER1
36   description iBGP peer xrvr-4
37  !
38  neighbor 99.21.31.31
39   remote-as 1
```

```
40   use neighbor-group TIER3
41   description iBGP peer xrvr-31
42  !
43  neighbor 99.21.32.32
44   remote-as 1
45   use neighbor-group TIER3
46   description iBGP peer xrvr-32
47  !
48  !
```

节点 31 的 BGP 配置如例 6-44 所示。节点 31 配置了一个 Neighbor-group 用于层级 2 邻居（见第 15 行 TIER2），邻居被配置为路由反射客户端，并设置 Next-Hop-Self。

▶ **例 6-44   节点 31 的 IBGP 配置**

```
1  router bgp 1
2   bgp router-id 1.1.1.31
3   mpls activate
4    interface GigabitEthernet0/0/0/0
5    interface GigabitEthernet0/0/0/1
6    interface GigabitEthernet0/0/0/2
7    interface GigabitEthernet0/0/0/3
8   !
9   ibgp policy out enforce-modifications
10  address-family ipv4 unicast
11   maximum-paths ibgp 16
12   network 1.1.1.31/32 route-policy SID(31)
13   allocate-label all
14  !
15  neighbor-group TIER2
16   address-family ipv4 labeled-unicast
17    route-reflector-client
18    route-policy ADDMETRIC(10) out
19    next-hop-self
20   !
21  !
22  neighbor 99.11.31.11
23   remote-as 1
24   use neighbor-group TIER2
25   description iBGP peer xrvr-11
26  !
27  neighbor 99.12.31.12
```

```
28    remote-as 1
29    use neighbor-group TIER2
30    description iBGP peer xrvr-12
31  !
32  neighbor 99.21.31.21
33    remote-as 1
34    use neighbor-group TIER2
35    description iBGP peer xrvr-21
36  !
37  neighbor 99.22.31.22
38    remote-as 1
39    use neighbor-group TIER2
40    description iBGP peer xrvr-22
41  !
42  !
```

其他节点的配置都类似于上述配置。节点 1 上前缀 1.1.1.3/32 的 BGP 表项如例 6-45 所示。存在两条可用路径，一条经由节点 11（见第 10～20 行）；另一条经由节点 12（见第 21～31 行）。BGP 选择第一条路径作为最佳路径，因为它具有最低的邻居地址，并且选择第二条路径作为 BGP 多路径，因为这两条路径的 AIGP 度量均为 40。第一条路径的集群列表是 1.1.1.11、1.1.1.31、1.1.1.21 表明它已经被节点 21、节点 31 和节点 11 反射过。

▶ **例 6-45 节点 1 上前缀 1.1.1.3/32 的 BGP 表项**

```
1  RP/0/0/CPU0:xrvr-1#show bgp ipv4 labeled-unicast 1.1.1.3/32
2  BGP routing table entry for 1.1.1.3/32
3  Versions:
4    Process              bRIB/RIB  SendTblVer
5    Speaker                  123         123
6      Local Label: 16003
7  Last Modified: Aug 16 14:43:23.342 for 00:30:22
8  Paths: (2 available,best #1)
9    Not advertised to any peer
10   Path #1: Received by speaker 0
11   Not advertised to any peer
12   Local
13     99.1.11.11 from 99.1.11.11 (1.1.1.3)
14       Received Label 16003
15       Origin IGP,metric 0,localpref 100,aigp metric 40,valid,internal,
best,group-best,multipath
16       Received Path ID 0,Local Path ID 0,version 123
```

```
17       Originator: 1.1.1.3,Cluster list: 1.1.1.11,1.1.1.31,1.1.1.21
18       Total AIGP metric 40
19       Prefix SID Attribute Size: 10
20       Label Index: 3
21   Path #2: Received by speaker 0
22   Not advertised to any peer
23   Local
24     99.1.12.12 from 99.1.12.12 (1.1.1.3)
25       Received Label 16003
26       Origin IGP,metric 0,localpref 100,aigp metric 40,valid,internal,
multipath
27       Received Path ID 0,Local Path ID 0,version 0
28       Originator: 1.1.1.3,Cluster list: 1.1.1.12,1.1.1.31,1.1.1.21
29       Total AIGP metric 40
30       Prefix SID Attribute Size: 10
31       Label Index: 3
```

两条路径均被写入节点 1 的 RIB（见例 6-46）和 FIB（见例 6-47）。

▶ **例 6-46** 节点 1 上前缀 1.1.1.3/32 的 RIB 条目

```
RP/0/0/CPU0:xrvr-1#show route 1.1.1.3/32

Routing entry for 1.1.1.3/32
  Known via "bgp 1",distance 200,metric 40,[ei]-bgp,labeled unicast (3107)
(AIGP metric),labeled SR,type internal
  Installed Aug 16 14:43:23.802 for 00:36:38
  Routing Descriptor Blocks
    99.1.11.11,from 99.1.11.11,BGP multi path
      Route metric is 40
    99.1.12.12,from 99.1.12.12,BGP multi path
      Route metric is 40
  No advertising protos.
```

▶ **例 6-47** 节点 1 上前缀 1.1.1.3/32 的 CEF 条目

```
RP/0/0/CPU0:xrvr-1#show cef 1.1.1.3/32
1.1.1.3/32,version 1270,internal 0x5000001 0x80 (ptr 0xa141b1f4) [1],0x0
(0xa13e5c44),0xa08 (0xa1758260)
 Updated Aug 16 14:43:23.822
 Prefix Len 32,traffic index 0,precedence n/a,priority 4
```

```
    via 99.1.11.11/32,5 dependencies,recursive,bgp-multipath [flags 0x6080]
     path-idx 0 NHID 0x0 [0xa15eb6f4 0x0]
     recursion-via-/32
     next hop 99.1.11.11/32 via 24000/0/21
      local label 16003
      next hop 99.1.11.11/32 Gi0/0/0/0    labels imposed {ImplNull 16003}
    via 99.1.12.12/32,5 dependencies,recursive,bgp-multipath [flags 0x6080]
     path-idx 1 NHID 0x0 [0xa15eb7f4 0x0]
     recursion-via-/32
     next hop 99.1.12.12/32 via 24007/0/21
      local label 16003
      next hop 99.1.12.12/32 Gi0/0/0/1    labels imposed {ImplNull 16003}
```

叠加业务的配置非常类似于 EBGP 情况下的配置。层级 1 的节点 3 的 L3VPN 业务配置如例 6-48 所示。叠加业务也启用 IBGP 多路径，见第 27 行。节点 3 和节点 4 两者均通告 VRF SVC 前缀 99.3.9.0/24。

▶ 例6-48　节点 3 上 L3VPN 业务的 BGP 配置

```
1  vrf SVC
2   address-family ipv4 unicast
3    import route-target
4     1:1000
5    !
6    export route-target
7     1:1000
8    !
9   !
10 !
11 router bgp 1
12  address-family vpnv4 unicast
13  !
14  neighbor-group ROUTE_REFLECTORS
15   remote-as 1
16   update-source Loopback0
17   address-family vpnv4 unicast
18   !
19  !
20  neighbor 1.1.1.41
21   use neighbor-group ROUTE_REFLECTORS
22   description service RR Node 41
```

```
23  !
24  vrf SVC
25   rd auto
26   address-family ipv4 unicast
27    maximum-paths ibgp 16
28    network 99.3.9.0/24
29   !
30  !
31  !
```

RR 节点 41 上叠加业务的 BGP 配置如例 6-49 所示，未列出用于实现底层连接的配置。Neighbor-group RR_CLIENTS（见第 5 行）用于 L3VPN 业务邻居，使用 address-family vpnv4 unicast，这些 L3VPN 业务邻居被配置为路由反射客户端。

▶ **例 6-49　RR 节点 41 上 L3VPN 业务的 BGP 配置**

```
1  router bgp 1
2   bgp router-id 1.1.1.41
3   address-family vpnv4 unicast
4   !
5   neighbor-group RR_CLIENTS
6    remote-as 1
7    update-source Loopback0
8    address-family vpnv4 unicast
9     route-reflector-client
10   !
11  !
12  neighbor 1.1.1.1
13   use neighbor-group RR_CLIENTS
14  !
15  neighbor 1.1.1.2
16   use neighbor-group RR_CLIENTS
17  !
18  neighbor 1.1.1.3
19   use neighbor-group RR_CLIENTS
20  !
21  neighbor 1.1.1.4
22   use neighbor-group RR_CLIENTS
23  !
24  !
```

节点 1 上 VRF SVC 的 VPNv4 BGP 前缀 99.3.9.0/24 如例 6-50 所示。节点 3 和节点 4 都通告了这个前缀，因此节点 1 拥有去往这一前缀的两条路径：一条路径经由节点 3（下一跳 1.1.1.3）；另一条路径经由节点 4（下一跳 1.1.1.4）。标签 90039（见第 13 行）是节点 3 为 VRF SVC 分配的汇聚标签。节点 4 为这个前缀分配标签 90049（见第 23 行）。

▶ 例 6-50　节点 1 上 VRF SVC 多宿主前缀 99.3.9.0/24 的 BGP 表项

```
1  RP/0/0/CPU0:xrvr-1#show bgp vrf SVC 99.3.9.0/24
2  BGP routing table entry for 99.3.9.0/24,Route Distinguisher: 1.1.1.1:0
3  Versions:
4    Process            bRIB/RIB    SendTblVer
5    Speaker               6            6
6  Last Modified: Aug 17 12:09:06.342 for 00:00:05
7  Paths: (2 available,best #1)
8    Not advertised to any peer
9    Path #1: Received by speaker 0
10   Not advertised to any peer
11   Local
12     1.1.1.3 (metric 40) from 1.1.1.41 (1.1.1.3)
13       Received Label 90039
14       Origin IGP,metric 0,localpref 100,valid,internal,best,group-best,multipath,import-candidate,imported
15       Received Path ID 0,Local Path ID 0,version 6
16       Extended community: RT:1:1000
17       Originator: 1.1.1.3,Cluster list: 1.1.1.41
18       Source AFI: VPNv4 Unicast,Source VRF: default,Source Route Distinguisher: 1.1.1.3:0
19   Path #2: Received by speaker 0
20   Not advertised to any peer
21   Local
22     1.1.1.4 (metric 40) from 1.1.1.41 (1.1.1.4)
23       Received Label 90049
24       Origin IGP,metric 0,localpref 100,valid,internal,multipath,import-candidate,imported
25       Received Path ID 0,Local Path ID 0,version 0
26       Extended community: RT:1:1000
27       Originator: 1.1.1.4,Cluster list: 1.1.1.41
28       Source AFI: VPNv4 Unicast,Source VRF: default,Source Route Distinguisher: 1.1.1.4:0
```

VRF SVC 前缀 99.3.9.0/24 的 RIB 条目如例 6-51 所示。有两条可用路径：一条经由节点 3；

另一条经由节点 4。

▶ 例 6-51　节点 1 上 VRF SVC 多宿主前缀 99.3.9.0/24 的 RIB 条目

```
RP/0/0/CPU0:xrvr-1#show route vrf SVC 99.3.9.0/24

Routing entry for 99.3.9.0/24
  Known via "bgp 1",distance 200,metric 0,type internal
  Installed Aug 17 12:09:06.207 for 00:00:51
  Routing Descriptor Blocks
    1.1.1.3,from 1.1.1.41,BGP multi path
      Nexthop in Vrf: "default",Table: "default",IPv4 Unicast,Table Id:
0xe0000000
      Route metric is 0
    1.1.1.4,from 1.1.1.41,BGP multi path
      Nexthop in Vrf: "default",Table: "default",IPv4 Unicast,Table Id:
0xe0000000
      Route metric is 0
 No advertising protos.
```

6.9 总结

- SR BGP Prefix-SID 可用于多种部署场景,例如跨 AS 域/IGP 域的端到端 MPLS 连接、基于 BGP 的数据中心等。
- BGP-LU(RFC 3107)被扩展用于传送 BGP Prefix-SID。
- SR BGP 可以与不支持 SR 的 BGP-LU 互操作,可在现网无缝地启用 SR BGP 以实现至 SR 的迁移。
- SR BGP 使得在数据中心引入 MPLS 更容易,并提供其他好处。

6.10 参考文献

[1] [draft-ietf-idr-bgp-prefix-sid] Previdi, S., Filsfils, C., Lindem, A., Patel, K., Sreekantiah, A., Ray, S., and H. Gredler, "Segment Routing Prefix SID extensions for BGP", draft-ietf-idr-bgp-prefix-sid (work in progress), June 2016, https://datatracker.ietf.org/doc/draft-ietf-idr-bgp-prefix-sid.

[2] [draft-ietf-spring-oam-usecase] Geib, R., Ed., Filsfils, C., Pignataro, C., Ed., and N. Kumar, "A Scalable and Topology-Aware MPLS Dataplane Monitoring System", Work in Progress, draft-ietf-spring-oam-usecase, September 2016, https://datatracker.ietf.org/doc/draft-ietf-spring-oam-usecase.

[3] [draft-ietf-spring-segment-routing-msdc] Filsfils, C., Previdi, S., Mitchell, J., Aries, E., and P. Lapukhov, "BGP-Prefix Segment in large-scale data centers", draft-ietf-spring-segment-routing-msdc-01 (work in progress), April 2016, https://datatracker.ietf.org/doc/draft-ietf-spring-segment-routing-msdc-01.

[4] [draft-ietf-spring-sr-oam-requirement] Kumar, N., Pignataro, C., Akiya, N., Geib, R., Mirsky, G., and S. Litkowski, "OAM Requirements for Segment Routing Network", Work in Progress, draft-ietf-spring-sr-oam-requirement, July 2016, https://datatracker.ietf.org/doc/draft-ietf-spring-sr-oam-requirement.

[5] [FLOWLET] Sinha, S., Kandula, S., and D. Katabi, "Harnessing TCP's Burstiness with Flowlet Switching", 2004.

[6] [RFC2283] Bates, T., Chandra, R., Katz, D., and Y. Rekhter, "Multiprotocol Extensions for BGP-4", RFC 2283, DOI 10.17487/RFC2283, February 1998, http://www.rfc-editor.org/info/rfc2283, obsoluted by RFC4760.

[7] [RFC3107] Rekhter, Y. and E. Rosen, "Carrying Label Information in BGP-4", RFC 3107, DOI 10.17487/RFC3107, May 2001, https://datatracker.ietf.org/doc/rfc3107.

[8] [RFC4271] Rekhter, Y., Ed., Li, T., Ed., and S. Hares, Ed., "A Border Gateway Protocol 4 (BGP-4)", RFC 4271, DOI 10.17487/RFC4271, January 2006, https://datatracker.ietf.org/doc/rfc4271.

[9] [RFC4364] Rosen, E. and Y. Rekhter, "BGP/MPLS IP Virtual Private Networks (VPNs)", RFC 4364, DOI 10.17487/RFC4364, February 2006, https://datatracker.ietf.org/doc/rfc4364.

[10] [RFC4456] Bates, T., Chen, E., and R. Chandra, "BGP Route Reflection: An Alternative to Full Mesh Internal BGP (IBGP)", RFC 4456, DOI 10.17487/RFC4456, April 2006, https://datatracker.ietf.org/doc/rfc4456.

[11] [RFC4760] Bates, T., Chandra, R., Katz, D., and Y. Rekhter, "Multiprotocol Extensions for BGP-4", RFC 4760, DOI 10.17487/RFC4760, January 2007, https://datatracker.ietf.org/doc/rfc4760.

[12] [RFC7311] Mohapatra, P., Fernando, R., Rosen, E., and J. Uttaro, "The Accumulated IGP Metric Attribute for BGP", RFC 7311, DOI 10.17487/RFC7311, August 2014, https://datatracker.ietf.org/doc/rfc7311.

[13] [RFC7938] Lapukhov, P., Premji, A., and J. Mitchell, Ed., "Use of BGP for Routing in Large-Scale Data Centers", RFC 7938, DOI 10.17487/RFC7938, August 2016, https://datatracker.ietf.org/doc/rfc7938.

注释：

无论交换矩阵中是否存在其他路径，在无阻塞交换矩阵中的两台服务器间永远存在一条全速率路径。

第 7 章 Segment Routing 在现有 MPLS 网络部署

SR 一直以来的目标之一是简化现有 MPLS 协议和机制，同时增加新的保护和流量工程能力。今天 MPLS 已经被广泛部署，因此在现有网络中引入 SR 必须以简单和无缝的方式完成，避免中断业务，这从一开始就是对 SR 技术开发人员的关键要求。由于 SR 可重用 MPLS 数据平面，所以在大多数情况下只需升级软件即可支持基本 SR 功能。

在本章中我们将讨论在现有 MPLS 网络中引入 SR 可用的部署选项和机制。我们首先讨论总体部署模型，它们可以混合使用，即可用于临时过渡也可长时间使用。

第一种模型：SR 和其他 MPLS 协议共存，如"午夜航船"，可以在不中断现有业务的情况下引入 SR。新业务可以基于 SR 部署，现有业务可继续使用现有传送技术承载，同时也可从 SR 功能中获益，例如利用与拓扑无关的无环路备份功能实现快速重路由保护（更多细节见第 9 章）。现有业务可逐步使用 SR 传送技术进行承载，并最终迁移至纯 SR 网络。这里不排除某些业务可能在一段长时间内仍需依赖现有的传送技术。这种迁移模型从业务及其传送技术出发，假设所有路由器都能同时支持现有传送技术以及新的 SR 传送技术。

第二种模型：SR 和 LDP 互操作（interworking）。SR 和 LDP 互操作使得我们可以逐步升级网络的大部分路由器以启用 SR，同时让传统设备继续运行 LDP（软件不支持 SR）。这样网络的大部分设备都可使用 SR 功能，同时为更换现网中传统设备留出了时间。请注意，一些较新的、高级的 SR 功能如流量工程（这会在第二卷中介绍）可能需要对网络中某些路由器进行硬件升级。这种迁移模型从网络中部署的路由器平台出发，考虑其所处网络位置、功能和能力等。

这两种模型可以组合实现多种部署模型。SR 可以基于业务、传送技术、路由器平台或多种因素综合考虑的部署模型引入，部署非常灵活。

> **重点提示：在现有 MPLS 网络部署 SR**
>
> 大多数路由器平台可通过软件升级支持 SR 基本功能；特定路由器可能需要升级硬件，同时为了支持某些 SR 高级功能也可能需要升级硬件。
>
> 可以针对某些新业务或部分现有业务在网络中引入 SR，其他业务可继续使用现有传送技术承载，即所谓"午夜航船"模型。
>
> 即使网络中有不支持 SR 的传统设备，借助 SR 和 LDP 互操作功能，仍然可以在网络中部署 SR。

本章下面的内容将详细讨论 SR 如何实现与传统 MPLS 传送技术共存和互操作。

7.1 SR 和其他 MPLS 协议共存

7.1.1 控制平面共存

多种 MPLS 标签分发协议可以在同一节点上同时运行，它们的控制平面机制是相互独立的，采用类似于"午夜航船"的方式共存。MPLS 架构允许同时使用 LDP、RSVP-TE、SR 等控制平面协议，这并不是什么新功能，事实上 MPLS 在早期就支持多种控制平面协议共存了。

每个节点的 MPLS 控制平面都运行着标签管理器（Label Manager），它能确保由不同标签分发协议分发的本地标签不会冲突，确保本地标签被唯一地分配和使用。

一部分本地标签被保留起来用于 SR 全局 Segment，例如 Prefix Segment，这些保留的本地标签也就是 SRGB。每个节点的 Label Manager 确保 SRGB 内的标签专用于 SR 全局 Segment。

MPLS 标签分发协议（LDP、RSVP-TE、BGP 等）或 SR 本地 Segment（例如 IGP Adjacency Segment 或 BGP Peer Segment）使用动态随机标签，Label Manager 确保每个本地标签在本地是唯一的以及确保本地标签被唯一地分配和使用。

每个节点上的 Label Manager 只能管理本地标签分配。对于全局 Segment，需要运营商自行确保为每个全局 Segment 分配一个在整个 SR 域内全局唯一的 SID 索引，这样每个全局唯一的 SID 索引在每个节点上都对应于该全局 Segment 的唯一本地标签。

> **重点提示：MPLS 控制平面协议共存**
>
> MPLS 架构允许诸如 LDP、RSVP-TE、BGP 等多种控制平面协议独立运行，这同样适用于 SR 控制平面协议，如 ISIS、OSPF 和 BGP。

> Label Manager 确保协议分配的动态标签不会发生冲突，SRGB 确保被保留的标签空间只用于 SR 全局 Segment。

7.1.2 数据平面共存

多种 MPLS 标签分发协议可以共存于同一个节点上。Label Manager 确保本地标签分配的唯一性，这种唯一性使得由不同 MPLS 控制平面协议生成的 LSP 可以共存。具体分为两种情况：（1）收到的数据包带有标签（MPLS 到 MPLS，MPLS 到 IP）；（2）收到的数据包不带标签（IP 到 MPLS）。以下的讨论基于 IPv4，但是同样适用于 IPv6。

7.1.2.1 MPLS 到 MPLS，MPLS 到 IP

在数据平面上，多个去往相同目的地前缀的 MPLS 到 MPLS、MPLS 到 IP 转发条目可以共存。只要入向标签是本地唯一的，就不会有冲突。

数据包到达节点时带有特定的顶层标签，该标签在节点的 MPLS 转发表中对应着唯一条目，节点基于该唯一条目进行转发。Label Manager 确保每个本地标签的唯一性。

MPLS 到 MPLS 转发表项的出向标签不需要是唯一的，因为出向标签仅针对下游邻居有效，而不是针对本节点。

多个去往相同目的地的 MPLS 到 MPLS 或 MPLS 到 IP 转发条目可以共存。例如去往同一前缀的 Prefix Segment 以及 LDP LSP，虽然控制平面都是对应着相同目的地前缀，但每个控制平面协议均独立地在转发表中生成标签交叉连接（"入向标签到出向标签"）条目，每个条目具有唯一的本地标签。

图 7-1 显示了 SR 和其他 MPLS 标签分发协议生成的 MPLS 转发表项在数据平面共存的情况。在本例中采用 LDP 作为其他 MPLS 标签分发协议进行说明，实际上这里的"其他 MPLS 标签分发协议"可以是任何 MPLS 协议，例如 RSVP-TE 或 BGP-LU 等。

图中网络拓扑由 5 个节点组成，这里显示了从节点 1 至节点 5 的路径。每个节点的 MPLS 转发表显示在节点下方，入向/本地标签在转发表左列，出向标签在转发表右列，标签表按照本地标签值从小到大排序。Cisco IOS XR 中标签分发协议的可用标签范围是 16000 到 100 万，小于 16000 的标签被 Cisco IOS XR 保留用于静态标签和特殊用途标签，此拓扑中所有节点都启用了 SR 和 LDP。

节点 1、节点 2 和节点 4 分配了默认 SRGB[16000-23999]。我们强烈建议在所有节点上使用相同的 SRGB，但在这个例子中为了更好地说明问题，节点 3 特地使用不同的 SRGB [24000-31999]。

节点 5 通告其环回地址前缀 1.1.1.5/32 及相应的 Prefix-SID 索引 5，并为此 Prefix-SID 请求默认的倒数第二跳弹出行为。在节点 1、节点 2 和节点 4 上，此 Prefix-SID 对应本地标签 16005（= 16000 + 5）；在节点 3 上，此 Prefix-SID 对应本地标签 24005（= 24000 + 5）。

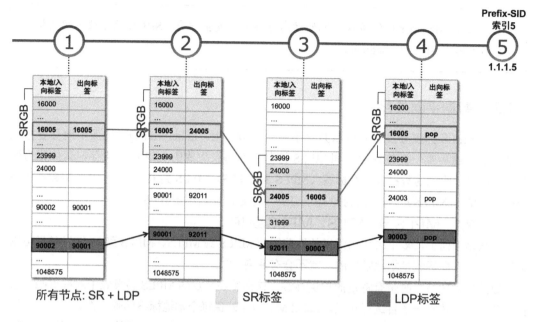

图 7-1 数据平面共存——MPLS 到 MPLS，MPLS 到 IP

图 7-1 显示了在基于 Prefix Segment 转发数据包至节点 5 的过程中每个节点的标签转发条目。当带有顶层标签 16005 的数据包进入节点 1 时，它将被沿途节点按照图中加粗显示的标签转发条目转发，直到顶层标签在倒数第二跳节点 4 被弹出，然后节点 5 基于节点 4 弹出顶层标签后暴露出的新报头来处理数据包。

所有节点还为节点 5 的环回地址前缀 1.1.1.5/32 分配和通告 LDP 标签。图 7-1 显示了在基于 LDP LSP 转发数据包至节点 5 过程中每个节点的标签转发条目。

标签 90002 是节点 1 的 LDP 协议为节点 5 的环回地址前缀分配的本地标签，当带有顶层标签 90002 的数据包进入节点 1 时，它将被沿途节点按照图中加粗显示的标签转发条目转发，直到顶层标签在倒数第二跳节点 4 被弹出，然后节点 5 基于暴露出的新报头来处理数据包。

每个节点的 Label Manager 管理本地标签分配，保证本地标签是唯一的。由于 MPLS 到 MPLS，MPLS 到 IP 的转发条目与本地 / 入向标签是一一对应的，因此无论是哪个 MPLS 应用生成这些转发条目，这些 MPLS 转发条目都是可以共存的。使用不同 MPLS 标签分发协议生成的 MPLS 转发条目进行数据包传送就如同"午夜航船"一般。

本例展示的是 SR 和 LDP 标签转发条目共存，同时 SR 也能实现与任何其他 MPLS 标签分发协议（例如 RSVP-TE 和 BGP-LU）分发的 MPLS 标签共存。

7.1.2.2 IP 到 MPLS

当 IP 数据包到达 MPLS 网络的入口节点时，该数据包被划分为转发等价类（FEC），然后根据数据包的 FEC，在数据包上压入标签。默认情况下，通过对数据包目的地址进行最长前缀匹配把数据包划分至 FEC。在这里我们基于此默认的 FEC 划分及标签压栈方式进行讨论。设备也可以基于目的地址之外的元素进行更细颗粒的数据包分类，但这不在本节讨论范围内，并且引入 SR 并不会真正影响或改变分类规则。

当 IP 数据包到达 MPLS 网络的入口节点时，在 FIB 中对目的地址进行最长前缀匹配查找，找到单个 FIB 条目，即 FIB 中可以去往目的地址的最长匹配前缀。每个 FIB 条目具有去往目的地的一条或多条等价路径，如果前缀存在着多条等价路径，则去往该前缀的流量在所有可用路径上负载均衡。前缀的每一条路径均对应一个出向标签条目，这个出向标签将被压入到使用此路径转发的数据包上，通常每条前缀路径都是压入单个标签。

在 SR 和 LDP 的混合环境中，可以通过 Prefix Segment 和 LDP LSP 到达目的地。然而在 FIB 中此目的地前缀路径只能有一个标签压栈条目——压入 SR 标签，或压入 LDP 标签。若前缀存在着多条等价路径，那么每条前缀路径均有一个标签压栈条目——压入 SR 标签或者 LDP 标签。不同前缀路径的标签压栈条目相互独立。我们首先从一个常见的简单场景着手，在这个场景下路径都是由单一协议创建的。我们在第 7.2 节讨论互操作时将会看到多种路径组合的场景。

图 7-2 基于图 7-1，从节点 1 到目的地节点 5 存在两条标签路径：第一条路径是 SR 生成的，即到节点 5 的 Prefix Segment；第二条路径是 LDP 生成的，即到节点 5 的 LDP LSP。如果节点 1 收到不带标签且目的地址是 1.1.1.5 数据包，应该在数据包上压入哪个标签将其传送到目的地呢？

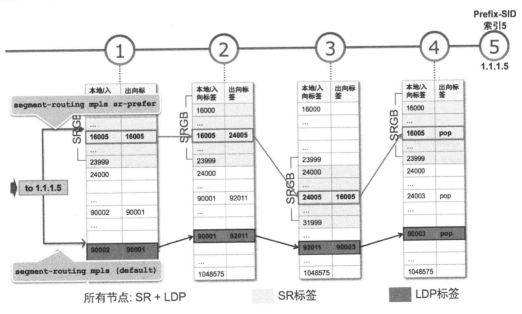

图 7-2　IP 到 MPLS 需要选择压入标签

默认情况下，节点 1 为 FEC 1.1.1.5/32 压入 LDP 标签，在本例中是 90001。但是操作员可以配置节点 1 使其优先压入 SR 标签，在本例中是 16005，这是 1.1.1.5/32 对应的 Prefix-SID。

在只有单条标签路径可用于到达目的地的情况下（SR/LDP 之一），节点 1 没有选择，只能根据唯一可用的标签路径，将标签压入所收到的不带标签的数据包上。

默认情况下，优先压入 LDP 而不是 SR 标签的决定是经过深思熟虑后做出的。主要的考虑是，在写本书时 SR 还是一项新技术，网络中很可能已经部署了 LDP，当在网络中以滚动方式启用 SR 时，我们不一定希望默认情况下 SR 立即接管 LDP，相反我们希望启用 SR 后所有使用 LDP 的业务可以继续运行，不产生中断，从而使得操作员在把业务真正切换到 SR 之前，有足够时间检查和验证 SR 控制平面和转发条目。然后在恰当的时机，操作员通过配置 SR 优先将业务无缝地从 LDP 切换至 SR。可以一次针对一个入口/边缘节点进行优先级切换，甚至是只针对特定的业务或目的地址进行切换。或许不久的将来，当 SR 的部署和应用变得更加普遍后，默认情况下 SR 优先会是自然的选择。

在 Cisco IOS-XR 平台上，如果不带标签的数据包到达 MPLS 网络的入口节点，并且有一个出向 LDP 标签及一个出向 SR 标签可用于到达数据包的目的地址，则必须选择两个标签中的一个压入数据包。默认情况下，优先压入 LDP 标签，因此如果目标前缀的 FEC 存在出向 LDP 标签，则该 LDP 标签将被压入数据包，操作员可以将入口节点配置为优先压入 SR 标签。

在 IGP 下 segment-routing mpls 命令后添加 sr-prefer 关键字，可配置优先压入 SR 而不是 LDP 标签。请参见例 7-1 ISIS 和例 7-2 OSPF 的配置。

▶ 例 7-1　ISIS sr-prefer 配置

```
router isis 1
 address-family ipv4|ipv6 unicast
  segment-routing mpls sr-prefer
```

▶ 例 7-2　OSPF sr-prefer 配置

```
router ospf 1
 segment-routing mpls
 segment-routing mpls sr-prefer
```

OSPF 还允许使用前缀列表（prefix-list）来指定需要优先选择 SR 路径的特定前缀，前缀列表可以在 sr-prefer 命令中指定。通过此配置，将只对前缀列表指定的前缀优先压入 SR 标签。因此通过不断在前缀列表中添加前缀，可实现从 LDP 至 SR 的细颗粒度迁移，可以基于单个前缀对整个迁移过程进行控制。在写本书时，ISIS 中尚没有前缀列表选项。

在例 7-3 所示的配置中，对前缀 1.1.1.2/32 和前缀范围 2.1.1.0/24 内的所有 /32 前缀优先压入 SR 标签，对于其他前缀优先压入 LDP 标签。

▶ 例7-3   OSPF sr-prfer 配置，带前缀列表

```
ipv4 prefix-list PREFER_SR
 10 permit 1.1.1.2/32
 20 permit 2.1.1.0/24 eq 32
!
router ospf 1
 segment-routing sr-prefer prefix-list PREFER_SR
```

> **重点提示：MPLS 数据平面共存**
>
> 只要入向/本地标签不同，多个去往相同 IP 前缀的 MPLS 到 MPLS 或 MPLS 到 IP 的转发条目可以共存。
>
> Label Manager 通过直接或间接的方式实现入向/本地标签的唯一性：直接方式是指 Label Manager 为本地的 MPLS 客户端（LDP、RSVP-TE、BGP-VPN 等）分配唯一的入向/本地标签；间接方式是指 Label Manager 将特定范围的本地标签（SRGB）委托给 SR 管理，由 SR 来确保从 SRGB 中分配唯一的 Prefix-SID。
>
> 对于 IP 到 MPLS 的转发表项，默认 LDP 优先，可通过配置改为 SR 优先。

迁移至 SR 的注意事项

"在现有 MPLS 网络部署 SR，制定迁移计划和进行详细设计是非常重要的，包括以下方面。

- SRGB 大小、SR 域边界、SR 架构设计。
- 路由器平台——哪些路由器支持 SR，哪些路由器不支持 SR，是否需要升级等。
- 业务迁移——哪些业务需要迁移，哪些业务不需要迁移，什么时候迁移。

一旦做出决定，则建议按以下顺序实施迁移，以确保对现有业务无影响或影响最小。

- 在控制平面启用 SR 协议，但转发平面不配置 SR 优先。
- 设置 Prefix-SID 和 SRMS（SR 映射服务器，详见第 8 章）范围。
- 验证控制平面和 SR 转发条目；使用 OAM 进行验证；检查 SR/LDP 互操作节点的转发条目。
- 如果现有网络部署了保护机制，则可以在这一步考虑启用 TI-LFA，或者在转发机制得到验证后再考虑 TI-LFA。

- 先在网络的某些节点配置 SR 优先,验证从 LDP 到 SR 的无缝迁移成功后,再在整个网络通过滚动方式配置 SR 优先。
- 在上述任何一步遇到问题,都可以回退到先前的状态。

Ketan Talaulikar

7.1.3 实现细节

为了解 SR 和 LDP 转发条目在转发表最终状态的形成过程,我们通过一张高度简化的图来分析相关组件间的交互,这里以 Cisco IOS-XR 的实现作为参考。在上一节示例拓扑图 7-1 和图 7-2 中节点 1 的行为如图 7-3 所示:IGP 将路由写入 RIB;RIB 将转发条目写入 FIB,并将前缀信息发送到 LDP 和标签交换数据库(LSD)组件,LDP/LSD 组件也会将转发条目写入 FIB。

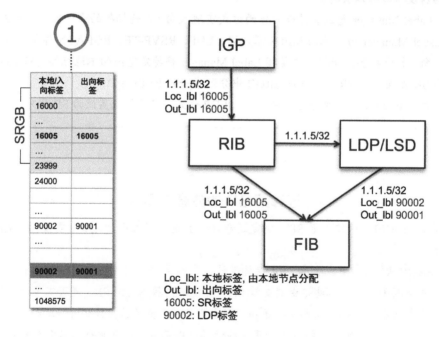

图 7-3 IGP 和 LDP 对 FIB 编程:节点 1 的行为

IGP 学习到前缀 1.1.1.5/32 及其 Prefix-SID 索引 5。在本例拓扑中,节点 1 只有一条路径去往该前缀,没有 ECMP,这主要是为了便于说明,但请注意所描述的行为适用于每条前缀路径。IGP 将路由写入 RIB,包括前缀、前缀路径和每条路径的 Prefix-SID 标签。在本例中,IGP 将前缀 1.1.1.5/32 写入 RIB,IGP 还写入了前缀的本地标签和出向标签。由于网络所有节点都使用 SRGB [16000-23999],所以与 Prefix-SID 索引 5 对应的本地和出向标签都是 16005

(= 16000 + 5)。RIB 将此前缀条目转发给 LDP/LSD，LDP/LSD 为目的前缀对应的 FEC 分配本地和出向 LDP 标签，并将前缀与 LDP 标签一起写入 FIB。与此同时，RIB 还直接将前缀、IGP 提供的 SR 标签写入 FIB。

因此，对于相同的前缀，FIB 分别从 RIB 和 LSD 这两个源接收到信息。需要重点留意的是，FIB 收到的两条前缀路径条目的初始源头都是 IGP 前缀路径。

就 RIB 和 LSD 这两个来源而言，FIB 默认优先选择 LDP/LSD 提供的路径信息。操作员可以配置优先选择 SR（即 IGP）路径。

对于优先的前缀路径，FIB 写入标签压栈条目（在本例中是为目的地前缀是 1.1.1.5/32 的不带标签数据包压入的标签）及标签交叉连接条目。标签交叉连接条目一般情况下是标签交换条目，如果此节点是倒数第二跳的话，则为标签弹出条目。

对于非优先的前缀路径（默认为 IGP SR 路径），FIB 只写入标签交叉连接条目，如果此节点是倒数第二跳且标签必须被弹出，则写入标签弹出条目。

图 7-4 是 FIB 的放大视图，用于展示默认情况下优先压入 LDP 标签的情况。FIB 中写入 3 个条目，全部与前缀 1.1.1.5/32 相关。

– 为匹配前缀 1.1.1.5/32 的 IP 数据包压入标签 90001（LDP）；
– 将入向标签 90002 交换为出向标签 90001（LDP）；
– 将入向标签 16005 交换为出向标签 16005（SR）。

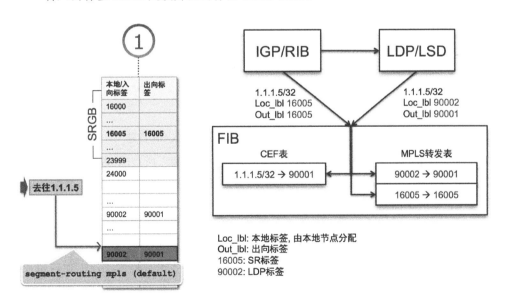

图 7-4　IGP 和 LDP 对 FIB 编程：优先压入 LDP 标签

假设在节点 1 的 IGP 下配置 segment-routing mpls sr-prefer 命令，图 7-5 说明了优先压入

SR 标签这种非默认情况。就 RIB 和 LSD 这两个来源而言，FIB 现在优先选择 IGP/RIB 提供的路径信息。

对于优先的前缀路径，FIB 写入标签压栈条目（在本例中是为目的地前缀是 1.1.1.5/32 的不带标签数据包压入的标签）及标签交叉连接条目。

对于非优先的前缀路径（在这种情况下为 LDP/LSD 路径），仅写入标签交叉连接条目。

在图 7-5 中，FIB 中写入 3 个条目，全部与前缀 1.1.1.5/32 相关：

- 为匹配前缀 1.1.1.5/32 的 IP 数据包压入标签 16005（SR）。
- 将入向标签 16005 交换为出向标签 16005（SR）。
- 将入向标签 90002 交换为出向标签 90001（LDP）。

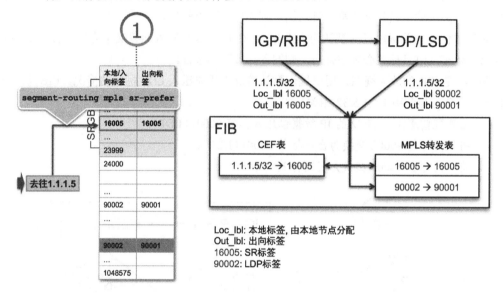

图 7-5 IGP 和 LDP 对 FIB 编程：优先压入 SR 标签

需要注意的是无论标签压栈优先级如何设置，FIB 总会写入所有的 SR 和 LDP 标签交换条目。因为去往相同目的地前缀的多个标签交换条目可以共存，所以 FIB 不需要选择写入哪一类标签交换条目，而是全部写入。

IGP 和 LDP 对 FIB 编程的情况如图 7-6 所示，使用和图 7-1 相同的拓扑结构。节点 1 采用默认的标签压栈设置：如果出向 LDP 标签可用，则压入出向 LDP 标签。

例 7-4 是 show mpls forwarding 命令的输出，显示了节点 1 上标签 16005 和标签 90002 对应的 MPLS 转发表项，分别对应两个 MPLS 标签交叉连接条目：一个使用 SR 标签（入向标签 16005/ 出向标签 16005）；另一个使用 LDP 标签（入向标签 90002/ 出向标签 90001）。这两个条目的出接口和下一跳（节点 2）相同。注意，无论标签压栈优先级如何设置，这两个转发条目都会被写入 MPLS 转发表。

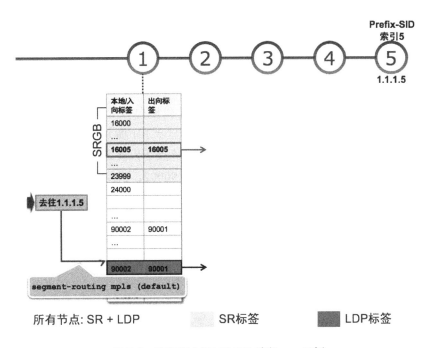

图 7-6　IGP 和 LDP 对 FIB 编程——示例

▶ 例 7-4　IGP 和 LDP 对 FIB 编程——MPLS 转发表项

```
RP/0/0/CPU0:xrvr-1#show mpls forwarding labels 16005
Local  Outgoing   Prefix            Outgoing      Next Hop        Bytes
Label  Label      or ID             Interface                     Switched
-----  ---------- ----------------- ------------  --------------- ----------
16005  16005      SR Pfx (idx 5)    Gi0/0/0/0     99.1.2.2        0

RP/0/0/CPU0:xrvr-1#show mpls forwarding labels 90002
Local  Outgoing   Prefix            Outgoing      Next Hop        Bytes
Label  Label      or ID             Interface                     Switched
-----  ---------- ----------------- ------------  --------------- ----------
90002  90001      1.1.1.5/32        Gi0/0/0/0     99.1.2.2        0
```

例 7-5 显示了节点 1 上部分 ISIS 配置，此配置意味着采用默认设置——优先压入 LDP 标签。

▶ 例 7-5　IGP 和 LDP 对 FIB 编程——ISIS 配置

```
router isis 1
 address-family ipv4 unicast
```

```
 metric-style wide
 segment-routing mpls
!
!
```

LDP 为前缀 1.1.1.5/32 对应的 FEC 分配的本地和出向标签信息可以通过 show mpls ldp bindings 1.1.1.5/32 命令获得，见例 7-6。此命令显示了下游邻居节点 2（LDP 路由器 ID 1.1.1.2）通告的前缀 1.1.1.5/32 的 LDP 标签绑定。节点 2 为前缀 1.1.1.5/32 分配本地标签 90001。节点 1 为前缀 1.1.1.5/32 分配本地 LDP 标签 90002，该前缀的出向标签为 90001。

▶ **例 7-6** IGP 和 LDP 对 FIB 编程——LDP 标签绑定

```
RP/0/0/CPU0:xrvr-1#show mpls ldp bindings 1.1.1.5/32
1.1.1.5/32, rev 40
        Local binding: label: 90002
        Remote bindings: (1 peers)
            Peer                    Label
            -----------------       ---------
            1.1.1.2:0               90001
```

在节点 1 上执行 show cef 1.1.1.5/32 命令，在输出中可以看到上述标签，见例 7-7。前缀 1.1.1.5/32 的 CEF 条目的本地标签是 90002，出向标签（"labels imposed"）是 90001，这确实是例 7-6 中显示的标签。基于该 CEF 条目，目的地址是 1.1.1.5/32 的所有数据包或者下一跳被解析为 1.1.1.5/32 的数据包（例如把 1.1.1.5 作为 BGP 下一跳的 BGP 目的前缀），都将被压入出向标签 90001，使用 LDP LSP 传送。

▶ **例 7-7** IGP 和 LDP 对 FIB 编程——节点 1 上的 CEF 条目

```
RP/0/0/CPU0:xrvr-1#show cef 1.1.1.5/32
1.1.1.5/32, version 42, internal 0x1000001 0x1 (ptr 0xa13fa974) [1], 0x0
(0xa13dfe3c), 0xa28 (0xa1541960)
 Updated Feb 22 13:42:56.375
 local adjacency 99.1.2.2
 Prefix Len 32, traffic index 0, precedence n/a, priority 3
  via 99.1.2.2/32, GigabitEthernet0/0/0/0, 11 dependencies, weight 0,
class 0 [flags 0x0]
    path-idx 0 NHID 0x0 [0xa0ef31fc 0x0]
    next hop 99.1.2.2/32
    local adjacency
   local label 90002          labels imposed {90001}
```

在接下来的例子中，更改节点 1 的配置，使其优先压入 SR 标签。操作员通过在节点 1 的 SR 配置中增加 sr-prefer 关键字实现此更改，见例 7-8。

▶ 例 7-8　IGP 和 LDP 对 FIB 编程——节点 1 上的 sr-prefer 配置

```
router isis 1
 address-family ipv4 unicast
  metric-style wide
  segment-routing mpls sr-prefer
 !
!
```

IGP 把前缀、前缀路径和 SR 标签写入 RIB。RIB 随后将信息写入 FIB，命令 show route 1.1.1.1/32 detail 可用于显示 IGP 写入 RIB 的标签，节点 1 上执行此命令的输出如例 7-9 所示。去往 1.1.1.5/32 的路由带有本地标签 16005 和出向标签 16005，两个标签在输出中都被突出显示。标签 16005 其实也是 1.1.1.5/32 的 Prefix-SID 标签。

▶ 例 7-9　IGP 和 LDP 对节点 1 的 FIB 编程——RIB 条目

```
RP/0/0/CPU0:xrvr-1#show route 1.1.1.5/32 detail

Routing entry for 1.1.1.5/32
 Known via "isis 1", distance 115, metric 40, labeled SR, type level-2
 Installed Feb 22 13:56:14.630 for 00:00:03
 Routing Descriptor Blocks
   99.1.2.2, from 1.1.1.5, via GigabitEthernet0/0/0/0
     Route metric is 40
     Label: 0x3e85 (16005)
     Tunnel ID: None
     Binding Label: None
     Extended communities count: 0
     Path id:1       Path ref count:0
     NHID:0x1(Ref:19)
 Route version is 0x1d0 (464)
 Local Label: 0x3e85 (16005)
 IP Precedence: Not Set
 QoS Group ID: Not Set
 Flow-tag: Not Set
 Fwd-class: Not Set
 Route Priority: RIB_PRIORITY_NON_RECURSIVE_MEDIUM (7) SVD Type RIB_SVD_
```

```
TYPE_LOCAL
Download Priority 1, Download Version 4267
No advertising protos.
```

节点 1 上执行 show cef 1.1.1.15/32 命令的输出如例 7-10 所示，所有去往或者下一跳被解析为前缀 1.1.1.5/32 的数据包，都会被压入 Prefix-SID 标签 16005。此时 FIB 优先选择 IGP 提供的 SR 标签信息。

▶ **例 7-10　IGP 和 LDP 对节点 1 的 FIB 编程——CEF 条目**

```
RP/0/0/CPU0:xrvr-1#show cef 1.1.1.5/32
1.1.1.5/32, version 4267, internal 0x1000001 0x83 (ptr 0xa13fa974) [1],
0x0 (0xa13dfb00), 0xa28 (0xa15413c0)
 Updated Dec 18 12:35:36.580
 local adjacency 99.1.2.2
 Prefix Len 32, traffic index 0, precedence n/a, priority 1
  via 99.1.2.2/32, GigabitEthernet0/0/0/0, 13 dependencies, weight 0,
class 0 [flags 0x0]
    path-idx 0 NHID 0x0 [0xa0ef31fc 0x0]
    next hop 99.1.2.2/32
    local adjacency
    local label 16005          labels imposed {16005}
```

本节的示例基于 ISIS，同时也适用于 OSPF。另外，本节的示例使用 IPv4 前缀，如果网络中同时使用了 LDPv6 和 SR MPLS for IPv6，那么相同的共存机制也适用于 IPv6 前缀。

7.2 SR 和 LDP 互操作

在互操作部署模型中，需要实现 SR 网络和只支持 LDP 网络的互操作。互操作包括 SR 到 LDP、LDP 到 SR 互操作，也包括用 LDP 网络把不同 SR 网络互联起来（SR over LDP）和用 SR 网络把不同的 LDP 网络互联起来（LDP over SR）。

> **重点提示：SR 和 LDP 互操作**
>
> SR 和 LDP 互操作是无缝的：不需要特别配置（除了需要配置映射服务器用于只能通过 LDP 到达的目的地之外，详见第 8 章，且无需定义特定的网关。互操作在 SR 域和 LDP 域之间的任意边界节点上自动完成。

> 无缝互操作是通过将一个协议的未知出向标签（"Unlabelled"，"不带标签"）替换为另一个协议的有效出向标签来实现的。
>
> 不指定特定的网关实现互操作是因为网关往往成为拥堵热点以及产生可用性风险。
>
> SR 节点通过映射服务器的通告学习到远端启用了 LDP 但不支持 SR 节点的 SID。
>
> 操作员从 SRGB 中为启用了 LDP 但不支持 SR 节点的每个环回地址前缀分配 SID。例如，如果节点 1 运行 LDP 但不运行 SR，操作员可以把 SRGB 的索引 1 分配给节点 1 的前缀 1.1.1.1/32，然后在映射服务器上配置这个映射关系（1.1.1.1/32，SID 索引 1）。
>
> 建议操作员在 SR 域内的两个节点上激活映射服务器功能，用于实现冗余保护。映射服务器代表启用了 LDP 但不支持 SR 的节点通告（前缀，SID）映射关系。SR 域内的所有 SR 节点默认情况下是映射客户端。

7.2.1 LDP 到 SR 互操作

图 7-7 所示网络分为两个域：左侧是 LDP 域，右侧是 SR 域。LDP 域的节点只运行 LDP（没有启用 SR），SR 域的节点仅运行 SR（没有启用 LDP），在两个域之间的边界节点节点 3 同时运行 SR 和 LDP。

问题：只支持 LDP 的节点 1 如何才能经 LSP 到达只支持 SR 的节点 5 呢？

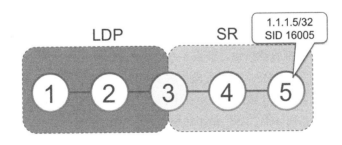

图 7-7　SR 和 LDP 互操作网络拓扑

节点 3 启用了 LDP，但其去往节点 5 的下游邻居节点 4 没有启用 LDP，因此不通告任何 LDP 标签，则节点 3 没有接收到去往目的地节点 5 的出向 LDP 标签。请注意，如果节点 3 使用 LDP 独立标签分配控制方式，同时前缀 1.1.1.5/32 在其路由表中，则节点 3 默认为此前缀分配一个本地 LDP 标签。如果节点 3 使用 LDP 有序标签分配控制方式，则节点 3 必须在接收到一个带 Prefix-SID 的前缀通告之后，再为此前缀分配本地 LDP 标签，并分发给其上游邻居。

>
> **提示：标签分发控制模式**
>
> LDP 可以有两种分配本地标签和分发标签绑定的模式。
>
> 独立标签分发控制模式：每个节点的 LDP 独立地为本地路由表中每个 IP 前缀分配一个本地标签，无需等待下游邻居通告前缀的标签绑定。
>
> 有序标签分发控制模式：当节点是前缀的出口节点（即 MPLS 最后一跳时）或者节点接收到下游邻居发来的前缀标签绑定后，LDP 为前缀分配和分发本地标签。
>
> Cisco IOS XR 路由器总是使用独立标签分发控制模式。默认情况下 Cisco IOS XR 为路由表中除 BGP 前缀外的所有前缀分配 LDP 本地标签。

通常情况下，如果节点 3 没有接收到 1.1.1.5/32 的 LDP 出标签，它会把 1.1.1.5/32 的 MPLS 转发表项的出向标签设为"不带标签"（Unlabelled）。然而节点 3 在转发表中并不是写入"Unlabelled"条目，相反地，节点 3 自动把去往节点 5 的 LDP LSP 与节点 5 的 Prefix Segmenet 连接起来。在 LDP 域去往 SR 域边界上的任何节点都会自动安装这种 LDP 到 SR 的转发表项。

为了把 LDP LSP 连接到 Prefix Segment，节点 3 写入以下 LDP 到 SR 的 MPLS 转发表项。

— 本地/入向标签是 LDP 为节点 5 对应的 FEC 分配的本地标签。
— 出向标签是节点 5 环回地址前缀对应的 Prefix-SID 标签，在本例中是 16005。
— 出接口是去往邻居节点 4 的接口，即去往节点 5 最短路径上的下游邻居的接口。

任何 LDP/SR 边界节点自动得出并安装以上互操作转发表项，无需额外的配置，无需在网络中的指定设备上完成这类互操作。

互操作功能仅适用于带标签数据包，无须对标签压栈操作进行互操作，即若节点 3 收到目的地址是节点 5 的不带标签数据包，节点 3 直接压入 Prefix-SID 标签 16005。

图 7-8 显示了网络实现 LDP 到 SR 互操作时 MPLS 转发表的情况。该图显示了从节点 1 到目的地节点 5 的路径，MPLS 转发表显示在节点下方，可用的标签范围为 16000 至 100 万。转发表的左列是本地/入向标签，右列是出向标签。

节点 1 和节点 2 是传统的只支持 LDP 的节点，不支持 SR，因此节点 1 和节点 2 没有 SRGB。在本例中，假设他们的动态标签范围从 24000 开始。

节点 4 和节点 5 启用了 SR，这两个节点使用默认 SRGB 标签范围 [16000-23999]，用于 Prefix Segment。节点 4 和节点 5 没有启用 LDP。

上面两个域的边界节点 3 同时启用了 SR 和 LDP，使用默认 SRGB [16000-23999]。节点 3 的动态标签范围（例如用于 LDP 标签），在 SRGB 之后，从 24000 开始。

本节着眼于 LDP 到 SR 互操作，数据包从左侧只支持 LDP 的网络去往右侧只支持 SR 的网络。

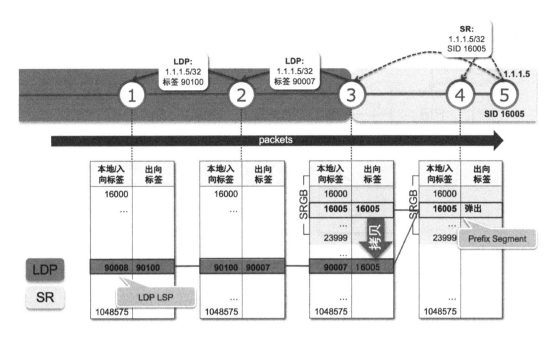

图 7-8 SR 和 LDP 互操作

节点 5 通告其环回地址前缀 1.1.1.5/32 及相应的 Prefix-SID 标签 16005。节点 3 和节点 4 为节点 5 的 Prefix Segment 生成 MPLS 转发表项，写入 Prefix-SID 标签 16005。

节点 1、节点 2 和节点 3 为与目的地节点 5 对应的 FEC 生成 LDP 转发表项。LDP 使用下游标签分配模式：上游节点使用下游邻居分配并通告的 LDP 标签。节点 3 的 LDP 为 FEC 1.1.1.5/32 分配动态本地标签 90007，并通告这个标签绑定给所有 LDP 邻居。节点 2 的 LDP 为 FEC 1.1.1.5/32 从动态标签范围分配本地标签 90100，并通告这个标签绑定给所有 LDP 邻居，最后节点 1 的 LDP 为 FEC 1.1.1.5/32 分配本地标签 90008。

由于节点 4 未启用 LDP，因此节点 3 没有从节点 4 收到与前缀 1.1.1.5/32 相关的 LDP 标签绑定，结果就是节点 3 上 FEC 1.1.1.5/32 没有出向 LDP 标签，即 LDP 的出向标签是 "Unlabelled"。然而节点 3 有另外一条到达节点 5 的 LSP，即节点 5 的 Prefix Segment，此时节点 3 自动把 FEC 1.1.1.5/32 的 LDP LSP 和 1.1.1.5/32 的 Prefix Segment 连接起来，从而提供从节点 1 到节点 5 的无缝 LSP。在 LDP/SR 边界的任何节点会自动完成这个互操作，无需配置。

7.2.1.1 LDP 到 SR 互操作实现

为了解 SR 和 LDP 转发条目在转发表最终状态的形成过程，我们通过一张高度简化的图来分析相关组件间的交互，这里以 Cisco IOS-XR 的实现作为参考，采用与第 7.1.3 节相同的图，如图 7-9 所示。

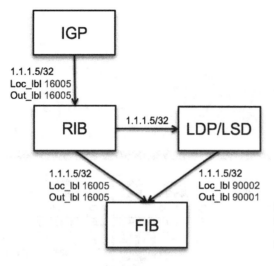

图 7-9　SR/LDP 互操作——IGP 和 LDP 对 FIB 编程

首先我们回顾一下第 7.1.3 节中讨论的转发平面编程机制。当 IGP 在 RIB 中写入路由时，它往 RIB 中写入了前缀、路径与 SR 标签。RIB 发送前缀路径信息给 LDP/LSD 和 FIB，LDP/LSD 提供 LDP 标签并发送前缀路径信息给 FIB。FIB 从 RIB 和 LSD 都收到前缀路径信息，默认情况下优先选择 LDP/LSD 提供的信息。操作员可以将节点配置为 FIB 优先选择 IGP/RIB 提供的信息。对于从优先来源接收到的前缀路径，节点 FIB 同时写入标签压栈条目和标签交换条目；对于从非优先来源接收到的前缀路径，节点 FIB 仅写入标签交换条目。

这是之前所描述的一般流程。但是如果去往目的地前缀 1.1.1.5/32 的下游邻居不支持 LDP，那么这个流程会发生怎样的变化呢？在这种情况下，LDP 不能为前缀 1.1.1.5/32 对应的 FEC 提供出向标签。又或者如果下游邻居不支持 SR，那么这个流程又会如何变化？在这种情况下，Prefix Segement 没有出向标签。

在上述两种情况下，FIB 都利用 RIB 和 LDP/LSD 这两个来源的路径信息做一个"替换"的操作。FIB 将路径信息中任何"Unlabelled"的条目替换为由另外的路径信息来源所提供的有效标签。"替换"操作也被称为"合并"，但"合并"这个说法其实不是非常准确，因为标签没有被合并，而是被替换，我们稍后会进一步看到。

当 FIB 接收到来自 RIB 和 LSD 这两个来源的前缀路径信息，它将其中一个来源的"Unlabelled"出向标签替换为针对相同前缀路径但由另一来源提供的有效标签。如果 FIB 接收到来自于 LDP/LSD 源的前缀路径条目，且此条目出向标签是"Unlabelled"，情况如图 7-10 左侧所示，则 FIB 将出向标签替换为对应于相同前缀路径但由 IGP/RIB 提供的有效标签，反之亦然。

这意味着如果没有出向 LDP 标签是可用的，那么用 IGP/RIB 提供的出向 SR 标签来替换，这个行为在去往目的地的下游邻居未启用 LDP 或下游邻居没有通告目的地对应 FEC 的 LDP

标签绑定的情况下会发生。类似地，如果去往目的地的下游邻居没有启用 SR，那么用目的地 FEC 对应的出向 LDP 标签来替换。

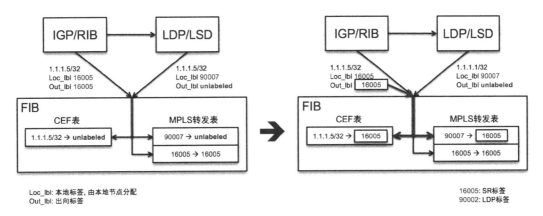

图 7-10　FIB "替换" 操作——LDP 到 SR 互操作

7.2.1.2　LDP 到 SR 互操作详细说明

图 7-11 沿用图 7-8 的拓扑，只支持 LDP 的域在左侧；只支持 SR 的域在右侧。考虑从左到右的路径，即从 LDP 域去往 SR 域。我们将详细说明图中位于两个域交界处的节点 3 的转发表情况。

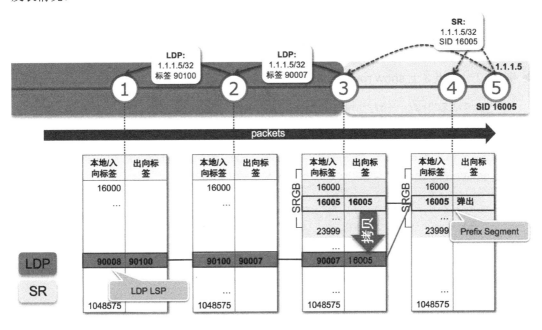

图 7-11　LDP 到 SR 互操作详细说明

节点 3 去往节点 5 的下游邻居节点 4 没有启用 LDP，这意味着节点 3 上与目的地节点 5 对应的 FEC 没有出向 LDP 标签。节点 3 的 FIB 自动把 LSD 为此前缀路径条目提供的"Unlabelled"出向标签替换为 RIB 为此前缀路径提供的有效出向标签。随着出向标签的这种替换操作，LDP LSP 自动实现了与 Prefix Segment 路径的缝合。

这个操作可以通过路由器 show 命令的输出进行验证。

节点 3 的 ISIS 配置了 segment-routing mpls，但没有加 sr-prefer 关键字，这意味着使用默认的优先压入 LDP 标签的方式，节点 3 相关配置见例 7-11。

▶ **例 7-11   节点 3 上 ISIS 相关配置**

```
router isis 1
 address-family ipv4 unicast
  metric-style wide
  segment-routing mpls
 !
!
```

节点 3 上执行 show route 1.1.1.5/32 detail 命令可看到前缀的 RIB 条目，详见例 7-12。前缀的 RIB 条目由 ISIS 实例 1（见第 4 行）写入。前缀有一个本地标签 16005（见第 16 行），这是 Prefix-SID 标签 16005。去往此目的地只有一条前缀路径，下一跳为 99.3.4.4，经接口 GigabitEthernet0/0/0/0（见第 7 行），此路径出向标签也是 Prefix-SID 标签 16005（见第 9 行）。本地和出向标签都是 IGP（本例是 ISIS）提供的 SR 标签。

▶ **例 7-12   节点 3 上 show route 命令输出**

```
1  RP/0/0/CPU0:xrvr-3#show route 1.1.1.5/32 detail
2
3  Routing entry for 1.1.1.5/32
4    Known via "isis 1", distance 115, metric 40, labeled SR, type level-2
5    Installed Feb 22 20:23:47.068 for 00:00:10
6    Routing Descriptor Blocks
7      99.3.4.4, from 1.1.1.5, via GigabitEthernet0/0/0/0
8        Route metric is 40
9        Label: 0x3e85 (16005)
10       Tunnel ID: None
11       Binding Label: None
12       Extended communities count: 0
13       Path id:1       Path ref count:0
14       NHID:0x2(Ref:15)
```

```
15  Route version is 0x224 (548)
16  Local Label: 0x3e85 (16005)
17  IP Precedence: Not Set
18  QoS Group ID: Not Set
19  Flow-tag: Not Set
20  Fwd-class: Not Set
21  Route Priority: RIB_PRIORITY_NON_RECURSIVE_MEDIUM (7) SVD Type RIB_
SVD_TYPE_LOCAL
22  Download Priority 1, Download Version 5032
23  No advertising protos.
```

节点 3 上执行 show mpls ldp bindings 1.1.1.5/32 命令显示了 FEC 1.1.1.5/32 的本地 LDP 标签是 90007，详见例 7-13。节点 4 是节点 3 去往目的地 1.1.1.5/32 的下游邻居节点，通常情况下节点 3 应使用节点 4 通告的 FEC 1.1.1.5/32 的 LDP 标签。但由于节点 4 没有启用 LDP，节点 3 无法收到任何节点 4 通告的 FEC 1.1.1.5/32 标签绑定，也正是由于缺少节点 4 通告的 LDP 标签绑定，节点 3 上 FEC 1.1.1.5/32 没有出向 LDP 标签，所以命令输出里只包括上游邻居 1.1.1.2（节点 2）通告的 1.1.1.5/32 标签绑定。

▶ **例 7-13**　节点 3 上 show mpls ldp bindings 命令输出

```
RP/0/0/CPU0:xrvr-3#show mpls ldp bindings 1.1.1.5/32
1.1.1.5/32, rev 37
        Local binding: label: 90007
        Remote bindings: (1 peers)
            Peer                 Label
            -----------------    ---------
            1.1.1.2:0            90100
```

命令 show mpls ldp forwarding 1.1.1.5/32 的输出如例 7-14 所示，证明出向标签确实为"Unlabelled"。

▶ **例 7-14**　节点 3 上 show mpls ldp forwarding 命令输出

```
RP/0/0/CPU0:xrvr-3#show mpls ldp forwarding 1.1.1.5/32

Codes:
  - = GR label recovering, (!) = LFA FRR pure backup path
  {} = Label stack with multi-line output for a routing path
  G = GR, S = Stale, R = Remote LFA FRR backup
```

```
Prefix              Label    Label(s)     Outgoing         Next Hop              Flags
                    In       Out          Interface                              G S R
--------------     -------  ----------   -------------    ------------------    -----
1.1.1.5/32          90007   Unlabelled   Gi0/0/0/0        99.3.4.4
```

节点 3 使用默认的优先压入 LDP 标签的方式。命令 show cef 1.1.1.5/32 的输出如例 7-15 所示，存在一条路径，下一跳是 99.3.4.4，经由出接口 Gi0/0/0/0（见第 7 行），分配给 FEC 1.1.1.5/32 的本地 LDP 标签是 90007，出向标签是 Prefix-SID 标签 16005。这个出向标签是 FIB "替换" 操作的结果：LDP 为 FEC 1.1.1.5/32 分配的 "Unlabeled" 出向标签已经被替换成有效的出向 SR 标签 16005。

▶ 例 7-15   节点 3 上 show cef 命令输出

```
1  RP/0/0/CPU0:xrvr-3#show cef 1.1.1.5/32
2  1.1.1.5/32, version 76, internal 0x1000001 0x5 (ptr 0xa13fa774) [1],
0x0 (0xa13dfc8c), 0xa28 (0xa1541898)
3   Updated Dec 18 12:35:42.562
4   local adjacency 99.3.4.4
5   Prefix Len 32, traffic index 0, precedence n/a, priority 15
6    via 99.3.4.4/32, GigabitEthernet0/0/0/0, 11 dependencies, weight 0,
class 0 [flags 0x0]
7     path-idx 0 NHID 0x0 [0xa10b13a0 0x0]
8     next hop 99.3.4.4/32
9     local adjacency
10    local label 90007        labels imposed {16005}
```

命令 show cef 1.1.1.5/32 flags 的输出如例 7-16 所示，LDP/SR merge requested 标志被置位（见第 5 行），这意味着针对该前缀发起了 "合并" 或 "替换" 的请求；LDP/SR merge active 标志也被置位，这意味着 "合并" 或 "替换" 的操作已实际发生。

▶ 例 7-16   节点 3 上 show cef flags 命令输出

```
1  RP/0/0/CPU0:xrvr-3#show cef 1.1.1.5/32 flags
2  1.1.1.5/32, version 76, internal 0x1000001 0x5 (ptr 0xa13fa774) [1],
0x0 (0xa13dfc8c), 0xa28 (0xa1541898)
3   leaf flags: owner locked, inserted
4
5   leaf flags2: LDP/SR merge requested,LDP/SR merge active,
6   leaf ext flags: PriChange,illegal-0x00000020,illegal-0x00000200,illegal-
0x00000800,
7   Updated Dec 18 12:35:42.562
```

```
 8   local adjacency 99.3.4.4
 9   Prefix Len 32, traffic index 0, precedence n/a, priority 15
10     via 99.3.4.4/32, GigabitEthernet0/0/0/0, 11 dependencies, weight 0,
class 0 [flags 0x0]
11       path-idx 0 NHID 0x0 [0xa10b13a0 0x0]
12       next hop 99.3.4.4/32
13       local adjacency
14        local label 90007       labels imposed {16005}
```

一个有趣的细节：命令 show cef detail 的输出显示了 CEF 条目的来源，例 7-17 显示了包含来源信息的输出。在这种情况下，源是 LSD（source lsd），"(5)"为 LSD 的系统内部标识符。

▶ **例 7-17   节点 3 上 show cef detail 命令输出**

```
RP/0/0/CPU0:xrvr-3#show cef 1.1.1.5/32 detail | incl "source"
  gateway array (0xa14102b8) reference count 3, flags 0x68, source lsd
(5), 2 backups
```

命令 show mpls forwarding labels 16005 的输出如例 7-18 所示，显示了节点 3 上目的地前缀 1.1.1.5/32 对应 Prefix-SID 标签的 MPLS 转发表项。本地/入向 Prefix-SID 标签 16005 被交换为出向标签 16005，经由出接口 Gi0/0/0/0，下一跳为 99.3.4.4。无须针对此表项实施替换操作，因为出向 Prefix-SID 标签 16005 是节点 3 现成可用的。

▶ **例 7-18   节点 3 上 show mpls forwarding 命令输出，SR 转发表项**

```
RP/0/0/CPU0:xrvr-3#show mpls forwarding labels 16005
Local  Outgoing    Prefix              Outgoing      Next Hop        Bytes
Label  Label       or ID               Interface                     Switched
-----  ----------  ------------------  ------------  --------------  ----------
16005  16005       SR Pfx (idx 5)      Gi0/0/0/0     99.3.4.4        0
```

命令 show mpls forwarding prefix 1.1.1.5/32 的输出如例 7-19 所示，显示 LDP 标签 90007 作为本地标签而 Prefix-SID 标签 16005 作为出向标签。这个出向标签是标签"替换"（或"合并"）操作的结果。节点 3 将原来 LDP 的"Unlabelled"出向 LDP 标签替换为 Prefix-SID 标签 16005。最后生成的转发表项是本地 LDP 标签 90007 被交换为出向 Prefix-SID 标签 16005，经由出接口 Gi0/0/0/0，下一跳为 99.3.4.4。

▶ **例 7-19   节点 3 上 show mpls forwarding 命令输出，LDP 转发表项**

```
RP/0/0/CPU0:xrvr-3#show mpls forwarding prefix 1.1.1.5/32
Local  Outgoing    Prefix              Outgoing      Next Hop        Bytes
```

```
Label Label       or ID            Interface        Switched
----- -----       --------------   -----------      --------
90007 16005       SR Pfx (idx 5)   Gi0/0/0/0        99.3.4.4         0
```

在节点 1 上执行 traceroute 节点 5 的输出显示了 LDP LSP 被映射到 Prefix Segment，见例 7-20。从节点 1 开始直到节点 3 为止都是使用动态 LDP 标签，节点 3 把 LDP 标签交换为 Prefix-SID 标签 16005。请注意传统 traceroute 输出中会显示回复探测消息的节点所接收到数据包的标签栈。

▶ **例 7-20 节点 1 上 traceroute 节点 5**

```
RP/0/0/CPU0:xrvr-1#traceroute 1.1.1.5

Type escape sequence to abort.
Tracing the route to 1.1.1.5

 1  99.1.2.2 [MPLS: Label 90100 Exp 0] 19 msec 9 msec 9 msec
 2  99.2.3.3 [MPLS: Label 90007 Exp 0] 0 msec 0 msec 9 msec
 3  99.3.4.4 [MPLS: Label 16005 Exp 0] 9 msec 0 msec 0 msec
 4  99.4.5.5 0 msec 0 msec 9 msec
```

基于相同的拓扑结构，在节点 3 segment-routing mpls 配置后加上 sr-prefer 关键字，可使得节点 3 优先压入 SR 标签。相关配置见例 7-21。

▶ **例 7-21 sr-prefer 配置**

```
router isis 1
 address-family ipv4 unicast
  metric-style wide
  segment-routing mpls sr-prefer
 !
!
```

现在节点 3 已被配置为优先压入 SR 标签，节点 3 上执行命令 show cef 1.1.1.5/32 flags 的输出如例 7-22 所示。

▶ **例 7-22 节点 3 上 show cef flags 命令输出，没有合并**

```
1 RP/0/0/CPU0:xrvr-3#show cef 1.1.1.5/32 flags
2 1.1.1.5/32, version 5077, internal 0x1000001 0x83 (ptr 0xa13fa774)
  [1], 0x0 (0xa13dfe84), 0xa28 (0xa1541780)
```

```
 3  leaf flags: owner locked, inserted
 4
 5  leaf flags2: LDP/SR merge requested,RIB pref over LSD,SR Prefix,
 6  leaf ext flags: PriChange,illegal-0x00000020,illegal-0x00000200,illegal-
0x00000800,
 7  Updated Dec 18 12:35:42.562
 8  local adjacency 99.3.4.4
 9  Prefix Len 32, traffic index 0, precedence n/a, priority 1
10    via 99.3.4.4/32, GigabitEthernet0/0/0/0, 9 dependencies, weight 0,
class 0 [flags 0x0]
11     path-idx 0 NHID 0x0 [0xa10b13a0 0x0]
12     next hop 99.3.4.4/32
13     local adjacency
14       local label 16005      labels imposed {16005}
```

FIB 表项中 LDP/SR merge requested 标志被置位（见第 5 行），意味着 FIB 尝试替换或合并 "Unlabelled" 出向标签。但是 LDP/SR merge active 标志未置位（请注意未置位的标志不会在输出中显示），实际上替换操作在这里并没有发生，因为没有必要。配置了 sr-prefer 后，FIB 优先压入 SR 标签，由于有效的出向 SR 标签已经可用，因此并不需要进行替换操作。

在 CEF 条目中置位了另一个标志：RIB pref over LSD，此标志意味着压入 SR 标签（"RIB"）优先于压入 LDP 标签（"LSD"），这也证明 sr-prefer 配置生效了。

节点 3 上 show cef detail 命令的输出显示了 CEF 条目的来源，例 7-23 显示了包含来源信息的命令输出。在此情况下，与 sr-prefer 配置相对应的，来源变成了 RIB（"source rib"）。

▶ 例 7-23　节点 3 上 show cef detail 命令输出，来源是 RIB

```
RP/0/0/CPU0:xrvr-3#show cef 1.1.1.5/32 detail | i "source"
 gateway array (0xa141061c) reference count 3, flags 0x68, source rib (7),
 1 backups
```

在节点 3 上配置标签压入优先级对从节点 1 到节点 5 的 LSP 没有影响。实际上无论节点 3 上的标签压入优先级如何设置，在节点 1 上 traceroute 节点 5 将输出同样的标签值。

7.2.2　SR 到 LDP 互操作

图 7-12 所示的拓扑是图 7-7 的镜像，它使用相同的拓扑结构，只是节点的顺序相反，左侧是 SR 域，右侧是 LDP 域。在两个域之间的边界节点节点 3 同时运行 SR 和 LDP。这节我们将讨论从 SR 域到 LDP 域（从左至右）的路径，SR 节点配置使用 SRGB [16000-23999]。

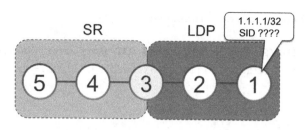

图 7-12　SR 和 LDP 互操作网络拓扑

节点 5 是 SR 节点，位于左侧 SR 域内。如果节点 5 要使用 SR 传送数据包至目的地节点 1，它必须要有去往目的地节点 1 的 Prefix-SID 标签，但由于节点 1 不是 SR 节点，不能为它的环回地址前缀 1.1.1.1/32 通告 Prefix-SID，因此需要引入映射服务器（详见第 8 章）解决此问题。映射服务器形式上可以是单独组件、应用程序或网络节点，功能上它能够代表其他节点通告与前缀相关的 Prefix-SID（前缀到 SID 映射）。映射服务器功能内置于 Cisco IOS XR。

映射服务器可以代表其他节点，包括不启用 SR 的节点，在 IGP 中通告前缀到 SID 映射。IGP 在网络中泛洪这些映射，网络中所有节点都将接收到映射服务器的通告。网络中的 SR 节点使用前缀到 SID 映射对其转发表项编程。节点如果没有"原生"的 Prefix-SID，则使用映射服务器通告的前缀到 SID 映射，这里的"原生"是指前缀始发节点的同时也通告了相应的 Prefix-SID。

在本例中，节点 5 需要节点 1 环回地址前缀 1.1.1.1/32 的 Prefix-SID。由于节点 1 不支持 SR，不能为它的环回地址前缀通告 Prefix-SID，为此映射服务器代表节点 1 通告与前缀 1.1.1.1/32 相关联的 Prefix-SID 索引 1。由于没有"原生" Prefix-SID 可用于 1.1.1.1/32，因此该 SR 节点使用映射服务器通告的 Prefix-SID 索引对应的标签 16001：SRGB[16000-23999]，Prefix-SID 索引 1，则标签为 16001(=16000 + 1)。

节点 4 和节点 5 在拓扑中是 SR 节点，针对节点 1 环回地址前缀将生成以下 SR MPLS 转发表项。

- 本地/入向标签是节点 1 环回地址前缀对应的 Prefix-SID 标签 16001。此信息来自映射服务器。
- 出向标签是节点 1 环回地址前缀对应的 Prefix-SID 标签 16001。此信息来自映射服务器。
- 出接口是连接去往节点 1 最短路径上的下游邻居的接口。此信息来自通常的链路状态 IGP 通告。

节点 4 和节点 5，还针对节点 1 环回地址前缀生成以下 SR 标签压栈条目。

- 节点 1 环回地址前缀 1.1.1.1/32。
- 出向标签是节点 1 环回地址前缀对应的 Prefix-SID 标签 16001。此信息来自映射服务器。
- 出接口是连接去往节点 1 最短路径上的下游邻居的接口。

映射服务器代表节点 1 通告与 1 1.1.1.1/32 关联的 Prefix-SID 索引 1，这使得在 SR 域内使用 SR 标签可转发去往这个目的地的流量。

下一个要解决的问题是，SR 到 LDP 互操作。

在两个区域之间的边界节点节点 3 同时运行 SR 和 LDP。节点 3 启用 SR，但它去往目的地节点 1 的下游邻居节点 2 没有启用 SR。节点 3 不能为去往节点 1 的数据包压入出向 SR 标签，因为节点 2 无法解析数据包携带的 SR 标签。节点 3 没有为去往目的地节点 1 的转发表项使用"Unlabelled"作为出向标签，相反地，节点 3 自动把节点 1 的 Prefix Segment 和去往节点 1 的 LDP LSP 连接起来。SR 到 LDP 边界的任何节点均自动写入这种 SR 到 LDP 转发表项，无须配置。

要把 Prefix Segment 连接至 LDP LSP，节点 3 写入以下 SR 到 LDP 转发表项。

- 本地/入向标签是节点 1 环回地址前缀对应的 Prefix-SID 标签 16001。此信息来自映射服务器。
- 出向标签是节点 1 环回地址前缀对应 FEC 的 LDP 标签。此信息来自下游邻居节点 2。
- 出接口是连接去往节点 1 最短路径上的下游邻居节点 2 的接口。

图 7-13 显示了网络中 SR 到 LDP 互操作时 MPLS 转发表的情况，采用与图 7-8 相同的拓扑结构，但节点顺序相反。该图显示了从节点 5 到目的地节点 1（从左至右）的路径，节点的 MPLS 转发表显示在下方，可用的标签范围为 16000 至 100 万。转发表左列是本地/入向标签，右列是出向标签。

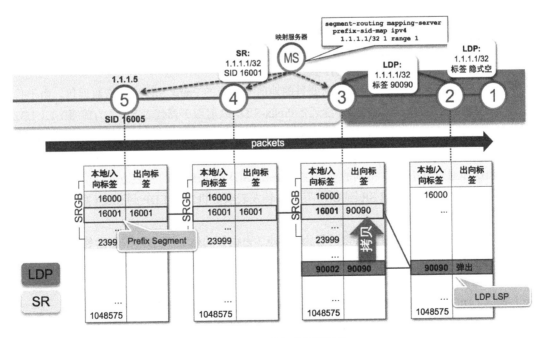

图 7-13　SR 到 LDP 互操作

节点 4 和节点 5 启用 SR，使用默认 SRGB[16000-23999]。节点 4 和节点 5 没有启用 LDP。

节点 1 和节点 2 是传统的只支持 LDP 的节点，不支持 SR，因此节点 1 和节点 2 没有 SRGB。在这个例子中假设他们的动态标签范围始于 24000。

两个域的边界节点节点 3 同时启用 LDP 和 SR，使用默认 SRGB [16000-23999]。节点 3 的动态标签范围（例如用于 LDP 标签），在 SRGB 之后，从 24000 开始。

由于前缀 1.1.1.1/32 是本地环回地址，节点 1 为前缀 1.1.1.1/32 对应 FEC 通告 LDP 隐式空标签，节点 2 为前缀 1.1.1.1/32 对应 FEC 从动态标签范围中分配本地标签 90090，并通告这个标签绑定给 LDP 邻居。节点 2 生成 LDP 转发表项，入标签：90090；出标签：弹出；出接口：去往 1.1.1.1/32 最短路径上的下一跳节点 1。

节点 3 为前缀 1.1.1.1/32 对应的 FEC 从动态标签范围中分配本地标签 90002。节点 3 安装 LDP 转发表项，入标签：90002；出标签：90090；出接口：去往 1.1.1.1/32 最短路径上的下一跳节点 2。

映射服务器通告与前缀 1.1.1.1/32 相关的 Prefix-SID 索引 1。所有 SR 节点使用映射服务器通告的 Prefix-SID 索引为前缀 1.1.1.1/32 生成 SR 标签条目。由于拓扑中所有 SR 节点使用默认 SRGB [16000-23999]，因此 Prefix-SID 对应的转发条目标签都是 16001（= 16000 + 1）。

由于节点 2 没有启用 SR，节点 3 上没有可用于前缀 1.1.1.1/32 的出向 Prefix-SID 标签。

然而节点 3 有另一条 LSP 去往 1.1.1.1/32，即 FEC 1.1.1.1/32 的 LDP LSP，节点 3 已从节点 2 收到此 FEC 的出向标签 90090。

节点 3 自动把 1.1.1.1/32 Prefix Segment 与 FEC 1.1.1.1/32 的 LDP LSP 连接起来，通过这种方式提供了一条从节点 5 到节点 1 的无缝 LSP。

7.2.2.1 SR 到 LDP 互操作实现

参照拓扑图 7-13，SR 域中节点需要目的地前缀相应的 Prefix-SID 来传送数据包。由于目的地节点 1 没有启用 SR，因此自身不能通告 Prefix-SID。映射服务器代表节点 1 为前缀 1.1.1.1/32 通告 Prefix-SID 索引 1。每个 SR 节点的 IGP 使用映射服务器通告的前缀到 SID 映射为只支持 LDP 的节点生成 SR 转发表项。所有这一切都在控制平面进行，基于映射服务器得到的 Prefix-SID 和通过 IGP/RIB 得到的"原生"Prefix-SID 在 FIB 中的安装方式完全一样。

通过"替换"操作生成 SR 到 LDP 互操作转发表项的机制和 LDP 到 SR 互操作情况是一样的。请参阅第 7.2.1.1 节。

图 7-14 显示了图 7-13 中节点 3 的行为。节点 3 去往目的地 1.1.1.1/32 的下游邻居是节点 2。由于节点 2 没有启用 SR，节点 3 的 IGP 没有可用于 1.1.1.1/32 的出向 Prefix-SID 标签，因此 IGP 提供给 RIB 的前缀 1.1.1.1/32 的出向标签是 "Unlabelled"。节点 2 为 FEC 1.1.1.1/32 分配并通告 LDP 本地标签 90090。LSD 提供 FEC 1.1.1.1/32 及其出向标签 90090 给 FIB。

FIB 自动把从 RIB 收到的 "Unlabelled" 出向标签替换为从 LDP/LSD 收到的有效出向标签 90090。替换操作完成后，去往 1.1.1.1/32 的 Prefix Segment 被缝合至 FEC 1.1.1.1/32 的 LDP LSP。

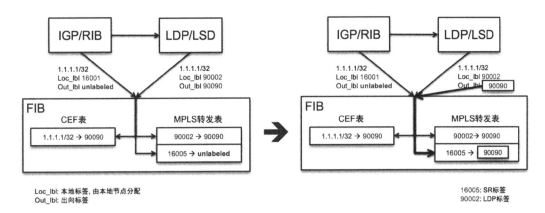

图 7-14　FIB "替换" 操作——SR 到 LDP

7.2.2.2　SR 到 LDP 互操作详细说明

节点 3、节点 4 和节点 5 使用映射服务器的通告信息为只支持 LDP 的节点生成 SR 转发条目。映射服务器为前缀 1.1.1.1/32 通告 Prefix-SID 索引 1，见例 7-24。Range 这一列表示在此前缀到 SID 映射中前缀的数量，在本例是 1，详见第 8 章。

▶ 例 7-24　映射服务器通告前缀到 SID 映射

```
RP/0/0/CPU0:iosxrv-5#show isis segment-routing prefix-sid-map active

IS-IS 1 active policy
Prefix              SID Index    Range        Flags
1.1.1.1/32          1            1

Number of mapping entries: 1
```

节点 5 的 ISIS 将前缀 1.1.1.1/32 以及基于映射服务器通告的 Prefix-SID 索引得到的标签写入 RIB。计算 Prefix-SID 标签的方法是一样的：Prefix-SID 索引加上 SRGB 的起始值。在这个例子中，Prefix-SID 标签是 16001（= 16000 + 1），见例 7-25。这条路由被标记为从映射服务器获得，SR（SRMS）（见第 4 行），并且本地标签和出向标签均为 16001（见第 9 和第 16 行）。节点 4 在路由表中有相同的条目，这里不再赘述。

▶ 例 7-25　节点 5 上 show route 命令输出，映射服务器通告前缀到 SID 映射

```
1 RP/0/0/CPU0:iosxrv-5#show route 1.1.1.1/32 detail
2
3 Routing entry for 1.1.1.1/32
```

```
4    Known via "isis 1", distance 115, metric 40, labeled SR(SRMS), type
level-2
5    Installed Feb 23 11:16:58.647 for 00:21:50
6    Routing Descriptor Blocks
7      99.4.5.4, from 1.1.1.1, via GigabitEthernet0/0/0/1
8        Route metric is 40
9        Label: 0x3e81 (16001)
10       Tunnel ID: None
11       Binding Label: None
12       Extended communities count: 0
13       Path id:1       Path ref count:0
14       NHID:0x4(Ref:9)
15   Route version is 0x245 (581)
16   Local Label: 0x3e81 (16001)
17   IP Precedence: Not Set
18   QoS Group ID: Not Set
19   Flow-tag: Not Set
20   Fwd-class: Not Set
21   Route Priority: RIB_PRIORITY_NON_RECURSIVE_MEDIUM (7) SVD Type RIB_
SVD_TYPE_LOCAL
22   Download Priority 1, Download Version 4622
23   No advertising protos.
```

因此，只支持 SR 的节点可以向只支持 LDP 的节点发送 SR 数据包。

SR 域和 LDP 域的边界节点节点 3 为只支持 LDP 的前缀生成 SR 到 LDP 的转发条目。节点 3 上执行命令 show route 1.1.1.1/32 detail 的输出如例 7-26 所示，此输出显示了每个前缀路径的本地标签和出向标签。在本例中只有一条去往前缀 1.1.1.1/32 的路径：经由 Gi0/0/0/1（见第 7 行），本地标签是 16001（见第 16 行），这是 1.1.1.1/32 的 Prefix-SID 标签。IGP 无法为前缀 1.1.1.1/32 提供出向标签，因为下游邻居节点 2 未启用 SR。"Unlabelled" 出向标签在这里用 Label: None 来表示（见第 9 行）。

▶ 例 7-26　节点 3 上 show route detail 命令输出

```
1 RP/0/0/CPU0:xrvr-3#show route 1.1.1.1/32 detail
2
3 Routing entry for 1.1.1.1/32
4    Known via "isis 1", distance 115, metric 20, labeled SR(SRMS), type
level-2
5    Installed Feb 23 11:11:32.319 for 00:35:55
6    Routing Descriptor Blocks
```

```
7      99.2.3.2, from 1.1.1.1, via GigabitEthernet0/0/0/1
8        Route metric is 20
9        Label: None
10       Tunnel ID: None
11       Binding Label: None
12       Extended communities count: 0
13       Path id:1      Path ref count:0
14       NHID:0x3(Ref:4)
15     Route version is 0x25d (605)
16     Local Label: 0x3e81 (16001)
17     IP Precedence: Not Set
18     QoS Group ID: Not Set
19     Flow-tag: Not Set
20     Fwd-class: Not Set
21     Route Priority: RIB_PRIORITY_NON_RECURSIVE_MEDIUM (7) SVD Type RIB_
SVD_TYPE_LOCAL
22     Download Priority 1, Download Version 5600
23     No advertising protos.
```

命令 show mpls ldp bindings 1.1.1.1/32 输出如例 7-27 所示，显示了节点 3 为 FEC 1.1.1.1/32 分配的本地 LDP 标签是 90002，以及从下游邻居 1.1.1.2（节点 2）收到的 FEC 出向标签 90090。

▶ **例 7-27　节点 3 上 show mpls ldp bindings 命令输出**

```
RP/0/0/CPU0:xrvr-3#show mpls ldp bindings 1.1.1.1/32
1.1.1.1/32, rev 40
       Local binding: label: 90002
       Remote bindings: (1 peers)
          Peer               Label
          ----------------   ---------
          1.1.1.2:0          90090
```

在初始状态下，节点 3 使用默认的标签压栈优先顺序，即为收到的不带标签数据包优先压入 LDP 标签。

命令 show cef 1.1.1.1/32 flags 输出如例 7-28 所示，LDP/SR merge requested 标志被置位（见第 5 行），但 LDP/SR merge active 标志未被置位（请注意未置位的标志不会在输出中显示），这意味着发起了"合并"或"替换"操作请求但实际上操作并没有发生。事实上没有必要替换出向标签，因为 LDP 已经提供了有效的出向标签给 FIB，输出中的 labels imposed 字段显示压入出向 LDP 标签 90090，符合预期。

▶ 例 7-28　节点 3 上 show cef flags 命令输出

```
1  RP/0/0/CPU0:xrvr-3#show cef 1.1.1.1/32 flags
2  1.1.1.1/32, version 371, internal 0x1000001 0x1 (ptr 0xa13fa4f4) [1],
   0x0 (0xa13dfd1c), 0xa28 (0xa15410f0)
3    leaf flags: owner locked, inserted
4
5    leaf flags2: LDP/SR merge requested,
6    leaf ext flags: PriChange,illegal-0x00000020,illegal-0x00000200,illegal-
   0x00000800,
7    Updated Feb 23 12:09:41.629
8    local adjacency 99.2.3.2
9    Prefix Len 32, traffic index 0, precedence n/a, priority 3
10     via 99.2.3.2/32, GigabitEthernet0/0/0/1, 9 dependencies, weight 0,
   class 0 [flags 0x0]
11       path-idx 0 NHID 0x0 [0xa10b17e4 0x0]
12       next hop 99.2.3.2/32
13       local adjacency
14        local label 90002      labels imposed {90090}
```

命令 show mpls forwarding prefix 1.1.1.1/32 输出如例 7-29 所示：入向 / 本地 LDP 标签 90002 被替换为出向 LDP 标签 90090，经接口 Gi0/0/0/1、下一跳节点 2 转发。这里没有什么特别的，因为目的地 1.1.1.1/32 的出向 LDP 标签是现成的。

▶ 例 7-29　节点 3 上 show mpls forwarding 命令输出，LDP 条目

```
RP/0/0/CPU0:xrvr-3#show mpls forwarding prefix 1.1.1.1/32
Local  Outgoing    Prefix            Outgoing      Next Hop        Bytes
Label  Label       or ID             Interface                     Switched
------ ----------- ----------------- ------------- --------------- ------------
90002  90090       1.1.1.1/32        Gi0/0/0/1     99.2.3.3        0
```

现在配置节点 3 为优先压入 SR 标签（通过配置 sr-prefer），命令 show cef flags 输出如例 7-30 所示。此 FIB 条目的 LDP/SR merge requested 标志被置位（见第 5 行），并且 LDP/SR merge active 标志也被置位，这意味着发起了标签替换请求并且实际进行了标签替换。本地标签是 Prefix-SID 标签 16001，labels imposed 的值是 LDP 为 FEC 1.1.1.1/32 分配的出向标签 90090，这个出向标签是 FIB 将 SR 的 "Unlabelled" 出向标签替换为 LDP 的有效出向标签的结果。

FIB 条目中 RIB pref over LSD 标志也被置位，此标志意味着压入 SR 标签（"RIB"）优

先于压入 LDP 标签("LSD"),这也证明 sr-prefer 配置生效了。

▶ **例 7-30** 节点 3 上配置了 sr-prefer 后 show cef flags 命令的输出

```
1  RP/0/0/CPU0:xrvr-3#show cef 1.1.1.1/32 flags
2  1.1.1.1/32, version 5600, internal 0x1000001 0x87 (ptr 0xa13fa4f4) [1],
   0x0 (0xa13dfef0), 0xa28 (0xa1541870)
3    leaf flags: owner locked, inserted
4
5    leaf flags2: LDP/SR merge requested,RIB pref over LSD,LDP/SR merge
active,SR Prefix,
6    leaf ext flags: PriChange,illegal-0x00000020,illegal-0x00000200,
illegal-0x00000800,
7    Updated Dec 18 12:35:42.563
8    local adjacency 99.2.3.2
9    Prefix Len 32, traffic index 0, precedence n/a, priority 15
10   via 99.2.3.2/32, GigabitEthernet0/0/0/1, 9 dependencies, weight 0,
class 0 [flags 0x0]
11     path-idx 0 NHID 0x0 [0xa10b17e4 0x0]
12     next hop 99.2.3.2/32
13     local adjacency
14     local label 16001          labels imposed {90090}
```

前缀 1.1.1.1/32 的 MPLS 转发条目如例 7-31 所示,入向标签是 Prefix-SID 标签 16001,出向标签是 FEC 1.1.1.1/32 的出向 LDP 标签 90090,此为替换操作的结果。

▶ **例 7-31** 节点 3 上 show mpls forwarding 命令输出,SR 条目

```
RP/0/0/CPU0:xrvr-3#show mpls forwarding labels 16001
Local  Outgoing   Prefix            Outgoing     Next Hop       Bytes
Label  Label      or ID             Interface                   Switched
-----  --------   ---------------   -----------  -------------  ----------
16001  90090      SR Pfx (idx 1)    Gi0/0/0/1    99.2.3.2       0
```

需要注意无论 sr-prefer 是否被配置,标签交换条目中始终会同时包含 SR 本地标签对应的标签交叉连接以及本地 LDP 标签对应的标签交叉连接。

节点 5 上 traceroute 节点 1 的输出如例 7-32 所示,Prefix Segment 在节点 3 被转至 LDP LSP。开始时,数据包带有与 1.1.1.1/32 对应的 Prefix-SID 标签 16001,在节点 3 之后,数据包改为携带 LDP 标签。

▶ 例 7-32　节点 5 上 traceroute 节点 1

```
RP/0/0/CPU0:iosxrv-5#traceroute 1.1.1.1

Type escape sequence to abort.
Tracing the route to 1.1.1.1

 1  99.4.5.4 [MPLS: Label 16001 Exp 0] 29 msec  9 msec  9 msec
 2  99.3.4.3 [MPLS: Label 16001 Exp 0] 9 msec  9 msec  9 msec
 3  99.2.3.2 [MPLS: Label 90090 Exp 0] 9 msec  9 msec  9 msec
 4  99.1.2.1 9 msec  9 msec  9 msec
```

7.2.3　SR over LDP 以及 LDP over SR

为实现两个 SR 域跨越 LDP 域互联，在两侧的边界节点上都要实现 SR 和 LDP 互操作，如图 7-15 上半部分所示。在 SR 到 LDP 边界，Prefix Segment 被连接至 LDP LSP；在 LDP 到 SR 边界，LDP LSP 被连接至 Prefix Segment。

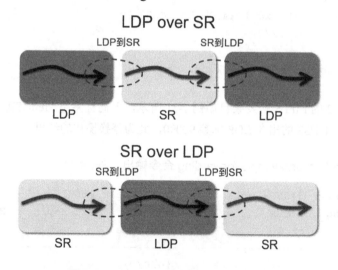

图 7-15　SR over LDP 和 LDP over SR

在实现两个 SR 域跨越 LDP 域互联时，需要映射服务器吗？答案：如果没有从 SR 域到 LDP 域的访问需求，则可以不需要映射服务器；如果存在从 SR 域到 LDP 域的访问需求，则需要映射服务器，这是常规的 SR 到 LDP 互操作。

对于目的节点在 SR 域内的情况，目的节点会通告本地环回地址前缀的 Prefix-SID，因此位于 SR 域内的源节点可以获得目的节点的 Prefix-SID，参见图 7-16。

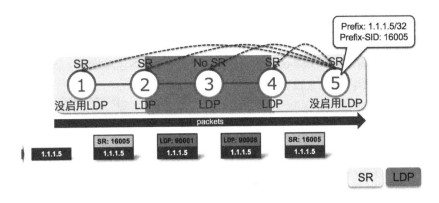

图 7-16　SR over LDP

为实现两个 LDP 域跨越 SR 域互联，在 LDP 到 SR 边界，LDP LSP 被连接至 Prefix Segment；在 SR 到 LDP 边界，Prefix Segment 被连接至 LDP LSP。如图 7-15 下半部分所示。

在实现两个 LDP 域跨越 SR 域互联时，需要映射服务器吗？答案：需要。请注意在 SR 域内使用 Prefix-SID 标签传送标签数据包。如果位于 LDP 域内的源节点需要跨越 SR 域把数据包传送给位于另一个 LDP 域内的目的节点，则映射服务器是必需的。这是因为 SR 域内的节点需要有目的前缀对应的 Prefix-SID 标签，而 LDP 域内的目的节点无法为自身的环回地址前缀通告 Prefix-SID，此时需要映射服务器代表这个目的节点通告其环回地址前缀到 SID 的映射，见图 7-17。

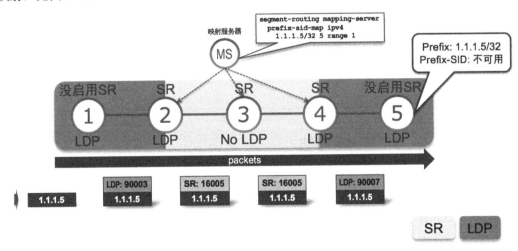

图 7-17　LDP over SR

对于从 LDP 域到 SR 域的访问需求，可以不需要映射服务器，这是常规的 LDP 到 SR 互操作。SR 和 LDP 互操作也适用于 TI-LFA 的备份路径，具体请参阅第 9 章。

SR 和 LDP 互操作在可能的情况下会尽量保持使用相同的传送技术（SR 或 LDP）来传送数据包，仅在需要的时候，SR 和 LDP 互操作才把 Prefix-Segment 和 LDP LSP 连接起来。

在图 7-18 中，承载在 LDP LSP 上的数据包到达节点 1。数据包需跨越一个只支持 SR 孤岛，SR 孤岛用节点 3 表示，节点 3 没有启用 LDP。

节点 2 的 SR 和 LDP 互操作功能将 LDP LSP 连接至目的地 Prefix Segment，从那里开始，只要有连续的 SR 连接，数据包就会一直采用 Prefix Segment 进行传送。只在需要跨越只支持 LDP 的孤岛时，才会切换至 LDP LSP 进行传送。同理适用于相反情况，只要有连续的 LDP 连接，数据包会一直采用 LDP LSP 进行传送。

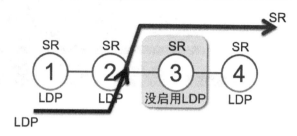

图 7-18　SR 和 LDP 互操作仅在需要时发生

重点提示：部署注意事项

建议用映射服务器代表只支持 LDP 的节点通告前缀到 SID 映射时，包含以下前缀。

— 这些节点的所有用于业务终结的环回地址前缀。
— 所有业务终结节点（例如网络的入口/出口路由器）的路由器 ID 相关联的环回地址前缀。
— 其他与业务/流量关联的目的前缀。这样做的目的并不是真正要把这些前缀（例如，位于边缘路由器之后的目的前缀或重分发进来的前缀）与特定的 Prefix-SID 相关联，而是我们要使用 SR 域的 TI-LFA 功能为这些前缀提供保护。

7.2.4　SR 和 LDP 互操作总结

图 7-19 对 SR 和 LDP 互操作进行了总结。图分为 3 栏，每一栏顶部的节点用于表示节点在网络中所处不同位置。每个节点均是边界节点，节点的左侧是同时启用了 LDP 和 SR 的网络，右侧分别是同时启用 LDP 和 SR、只启用 LDP 和只启用 SR 的网络。在图中节点下方显示的是此边界节点如何处理所收到的：（1）不带标签数据包；（2）带 LDP 标签数据包；（3）带 SR 标签数据包。根据边界节点右侧网络传送能力的不同，可把 SR 和 LDP 互操作划分为 3 种模型："午夜航船"（ships-in-the-night）、与只支持 LDP 的网络互操作以及与只支持 SR 的网络互操作。

第 7 章 Segment Routing 在现有 MPLS 网络部署

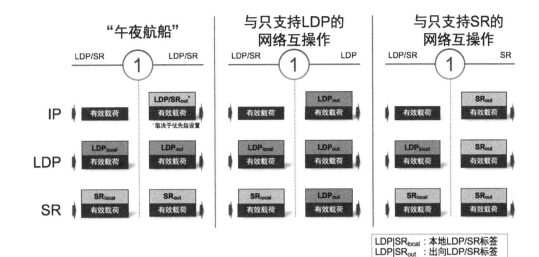

图 7-19 SR 和 LDP 互操作总结

第一种模型是"午夜航船",这个模型在边界节点两侧都同时提供 SR 和 LDP 连接;第二种模型是与只支持 LDP 的网络互操作,在边界节点右侧的网络只支持 LDP;第三种模型是与只支持 SR 的网络互操作,在边界节点右侧的网络只支持 SR。

当不带标签的 IP 数据包从左边到达边界节点时(见第 1 行,用"IP"标识),边界节点压入目的前缀对应的出向标签。对于"午夜航船"模型,由于 SR 和 LDP 的出向标签都是可用的,因此具体压入哪个标签取决于标签压栈优先级的设置;对于剩下的两种模型,由于只有一个出向标签可用,因此只能压入此标签。

当带 LDP 标签数据包从左边到达边界节点时(见第 2 行,用"LDP"标识),在"午夜航船"、与只支持 LDP 的网络互操作模型下,数据包的 LDP 标签被替换为出向 LDP 标签;在与只支持 SR 的网络互操作模型下 LDP 标签被替换为 SR 标签。

当带 SR 标签数据包从左边到达边界节点时(见第 3 行,用"SR"标识),在"午夜航船"、与只支持 SR 的网络互操作模型下,数据包的 SR 标签被替换为出向 SR 标签;在与只支持 LDP 的网络互操作模型下 SR 标签被替换为 LDP 标签。

> "SR 的互操作功能和迁移机制是使得 SR 能在现有 MPLS 网络部署的关键。不同的模型(ships-in-the-night 和互操作)可以灵活地用于不同业务,也可用于实现网络中较旧路由器平台的逐步升级。"
>
> Ketan Talaulikar

7.3 总结

- 默认情况下节点优先为不带标签数据包压入 LDP 标签，可以配置优先压入 SR 标签。
- 无论标签压栈优先级如何设置，节点总是同时安装 LDP 和 SR MPLS 的可用标签交换条目。
- SR 和 LDP 互操作的数据平面功能是通过把一个协议的未知出向标签（Unlabelled）替换为另外一个协议的有效出向标签来实现的。
- 映射服务器代表只支持 LDP 的节点通告前缀到 SID 的映射，这使得 SR 路由器可以往只支持 LDP 的节点发送 SR 流量。
- 当流量从 LDP 域发往 SR 域时，边界节点会自动把 LDP LSP 缝合至 Prefix Segment。
- 当流量从 SR 域发往 LDP 域时，边界节点会自动把 Prefix Segment 缝合至 LDP LSP。

7.4 参考文献

[1] [draft-ietf-spring-segment-routing-ldp-interop] Filsfils, C., Previdi, S., Bashandy, A., Decraene, B., and S. Litkowski, "Segment Routing interworking with LDP", draft-ietf-spring-segment-routing-ldp-interop (work in progress), July 2016, https://datatracker.ietf.org/doc/draft-ietf-spring-segment-routing-ldp-interop.

[2] [draft-ietf-spring-segment-routing-mpls] Filsfils, C., Previdi, S., Bashandy, A., Decraene, B., Litkowski, S., Horneffer, M., Shakir, R., Tantsura, J., and E. Crabbe, "Segment Routing with MPLS data plane", draft-ietf-spring-segment-routing-mpls (work in progress), September 2016, https://datatracker.ietf.org/doc/draft-ietf-spring-segment-routing-mpls.

第 8 章 Segment Routing 映射服务器

8.1 映射服务器功能

SR 映射服务器或简称"映射服务器"是能够在 IGP 中通告前缀到 Prefix-SID 索引映射的实体。映射服务器可以是网络节点内置功能、单独的应用或专用平台。

映射服务器功能是为实现 SR 和 LDP 互操作而定义的。

术语"SR 映射服务器"有时缩写为"SRMS"。

没有启用 SR 的节点不能通告与其前缀关联的 Prefix-SID，如果需要此前缀的 Prefix-SID，则必须由网络中另一实体代表产生该前缀的节点来通告与此前缀关联的 Prefix-SID。映射服务器在 IGP 中通告一系列前缀及与其关联的 Prefix-SID 索引，即"前缀到 Prefix-SID 索引映射"，简称为"前缀到 SID 映射"。

在网络中实现启用 SR 的节点和没有启用 SR 的节点（例如只启用 LDP 的节点）间的互操作时需要映射服务器，因此映射服务器是实现 SR 和 LDP 互操作的关键组件。第 7 章介绍了映射服务器在 SR 和 LDP 互操作体系架构中的作用，本章将详细介绍映射服务器功能本身。

SRMS 用于通告启用 SR 节点的 SID

"SRMS 被发明出来就是为了实现 SR 和 LDP 互操作，它允许 SR 节点发现只启用 LDP 节点（或来自没有启用 SR 节点的前缀）的 SID。

就我个人而言，我不会考虑扩展 SRMS 用于通告启用 SR 节点的 SID。启用 SR 的节点，自己能够执行此操作，在我看来，也应该执行此操作。

SR 的关键设计原则是简单，因此我们总是追求操作的自动化和简化。

扪心自问，若在一些集中节点上配置所有前缀到 SID 映射并通过 IGP 分发，是否可以进一步简化网络？我不相信这一点。

同时我不认为在配置方面有什么好处。事实上，与 SR 节点的常规配置相比，使用 SRMS 需要配置两次甚至更多次的前缀到 SID 映射。一般认为前缀到 SID 映射永远不会改变，因此只需要对每个 SR 节点配置一次，SRMS 在配置方面并没有带来提升，这是显而易见的。

Prefix-SID 是构建所有解决方案的基石。这个基石必须尽可能稳定和可靠，因此不应该依赖于除了通告前缀及其 Prefix-SID 的节点之外的其他任何节点。

随着网络发展至 SDN 时代，自动化和可编程性成为网络管理和部署的关键。类似于思科网络业务编排器（NSO）的工具[1]可以非常容易地实现集中式和流水线式的业务部署，这使得例如 IP 地址、SR SID 的分配更容易，也能减少错误产生。"

Clarence Filsfils & Ketan Talaulikar

8.2 映射服务器在网络中的位置

映射服务器是网络的功能组件，用途是通告前缀到 SID 映射。映射服务器可以是现有设备（NMS、路由器、交换机）的一个模块或组件，也可以是网络中的专用实体或虚拟服务。在网络中可以存在并且很可能存在多个映射服务器实体，本书只介绍作为（物理或虚拟）路由器组件出现的映射服务器。

映射服务器在网络中的位置有点类似于 BGP RR。

与 BGP RR 类似，映射服务器是控制平面功能。启用映射服务器功能的节点无须参与数据平面转发，当然参与转发也是可以的。映射服务器在网络中可以处于任意位置，这不影响其功能，因为映射通告采用 IGP 进行分发。由于映射服务器采用 IGP 分发映射，因此它需要建立与网络中 IGP 的邻接关系。不支持或不理解映射服务器 IGP 通告的节点仍将使用常规 IGP 泛洪机制转发这些通告，我们将在本章详细地讨论这些通告。

网络中不需要专门的节点用于运行映射服务器功能，但采用专门的节点也是可以的。支持映射服务器功能的任何节点（例如任何 Cisco IOS XR 路由器）均可以配置为承担映射服务器功能。

映射服务器在网络中的作用非常重要，因此需要弹性和冗余性。

> **SRMS 在网络中位置**
>
> "当在网络中实际部署 SRMS 时，需要考虑多方面因素，这可用于指导 SRMS 部署。
>
> SRMS 内置于所有运行 Cisco IOS XR 的路由器中，不需要额外的、特定的平台，这提高了部署的灵活性。
>
> SRMS 使用了 IGP 的泛洪机制，被视为 SR 分布式控制平面的一部分，最佳实践是在网络中多台冗余路由器上启用 SRMS。
>
> 为了实现冗余，至少需要在两台路由器上启用 SRMS，这两台路由器本身需要是冗余的（即不太可能同时失效或者脱网），并且优选高可用性（HA）平台。在大多数网络中通常在两台路由器上启用 SRMS 就足够了。
>
> 在大量设备上启用 SRMS 可能会产生反效果，因为需要确保它们之间的映射一致性，同时产生错误的可能性也会增加，尤其是在生产环境中，需要多方协调，还需修改大量路由器的映射配置。
>
> 在像 OSPF ABR 这样的设备上启用此功能，可确保映射从单个源传播至相关的多个区域。这些边界路由器通常也是网络不同部分间通信的冗余网关，大量的业务流量会经过边界路由器。请注意，即使在其他设备上配置 SRMS，ABR 也要处理区域间传播的映射信息。另外需要注意的是，在写这本书时，Cisco IOS XR 的 ISIS 实现尚不支持跨层次传播映射信息，详见第 8.10.1 节。"
>
> Ketan Talaulikar

重点提示：SR 映射服务器

SR 映射服务器的功能是：集中地配置没有启用 SR 节点的前缀到 Prefix-SID 映射，并通过 IGP 在网络中分发。

通常在网络中两台（很少多于两台）路由器上启用此功能。

8.3 映射客户端功能

正如其名称所示，映射客户端是映射服务器的客户端。映射客户端功能是指 IGP 中用于接收、解析和处理映射服务器通告的前缀到 Prefix-SID 映射的功能。节点使用映射客户端功能安装从前缀到 SID 映射中得到的 Prefix Segment 转发条目。

作为映射服务器的节点可以同时作为映射客户端,例如位于数据平面转发路径上的映射服务器。由于映射服务器功能不需要在专用节点上运行,因此可以在数据平面转发路径上的网络节点实现映射服务器功能,这些在数据平面转发路径上的节点也使用前缀到 SID 映射来安装从这些映射得到的转发条目,因此它也需要是一个映射客户端。如果映射客户端也是映射服务器,则映射客户端并不区分本地映射服务器通告的映射和远端映射服务器通告的映射,事实上映射客户端把所有映射服务器都视作位于远端。

映射客户端从网络中所有映射服务器接收前缀到 SID 映射。由于软件错误、人为错误、映射服务器重新配置过程等原因,映射客户端接收的前缀到 SID 映射可能是无效的或冲突的,因此映射客户端需要使用一组规则来从所有接收到的前缀到 SID 映射中选择一组有效的映射。选择规则必须在整个网络中产生一组一致的前缀到 SID 映射,网络中的每个映射客户端必须收敛于相同的有效映射集,这是非常必要的。因为基于这些一致的前缀到 SID 映射可以获得一致的转发条目,从而避免产生转发环路和黑洞。这个一致且有效的前缀到 SID 映射集合称为活动映射策略(Active Mapping Policy)。

节点上每个 IGP 实例可以生成一个活动映射策略。IGP 实例使用此活动映射策略来为部分或所有缺少 Prefix-SID 的前缀产生与其关联的 Prefix-SID。

节点接收到的映射条目中,部分条目可能由于与其他前缀到 SID 映射条目重叠或冲突,没有被写入活动映射策略,而是被写入备份映射策略。

如果在网络中部署了一台或多台映射服务器,则所有启用 SR 节点都应使用这些映射服务器通告的前缀到 SID 映射。如果不是所有启用 SR 节点都这样做,则可能导致在使用映射的节点和不使用映射的节点间产生不一致的转发条目,造成流量黑洞或转发环路,因此通常的设计准则是:"如果在网络中部署了映射服务器,则网络中的所有 SR 节点都应该是映射客户端。"由于这个现实原因,在 Cisco IOS XR 实现中,IGP 默认作为映射客户端,接收来自映射服务器的映射,这可通过配置进行更改。

> **重点提示:SR 映射客户端**
>
> SR 映射客户端是启用 SR 的 IGP 节点上的功能,它接收和使用 SR 映射服务器通告的 Prefix-SID 映射,用于将 SID 分配给"原生"IGP 通告中不含 Prefix-SID 的前缀。
>
> 该功能通常在所有 SR IGP 路由器上默认启用。

8.4 映射服务器架构

图 8-1 是简化了的 Cisco IOS XR 映射服务器架构,可以作为帮助我们理解相关概念的参考架构。在左侧,你会看到映射管理器(Mapping Manager)组件,在右侧是 IGP 组件。映射管理器验证本地的前缀到 SID 映射配置,并向 IGP 提供有效的本地映射策略(Local Mapping Policy)。下面结合映射服务器的处理流程来介绍架构中的不同组件。

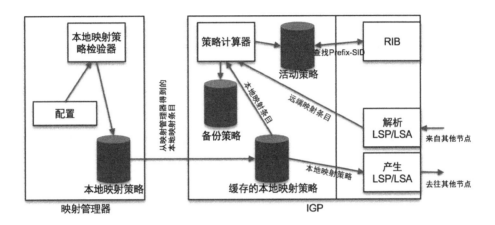

图 8-1 映射服务器架构

映射管理器功能在映射服务器配置了前缀到 SID 映射后开始运行。前缀到 SID 映射在 Cisco IOS XR 全局 SR 配置模式下配置。

本地策略验证器(Local Policy Verifier)验证配置的一致性和正确性,然后将有效且一致的前缀到 SID 映射写入本地映射策略数据库中。

IGP 组件缓存本地映射策略,并且该本地策略缓存被 IGP 映射服务器功能所使用,以生成 IGP 更新并在整个网络中分发前缀到 SID 映射。当映射服务器配置更新时,将更新本地策略缓存。在节点上运行的不同 IGP 实例将连接至集中的映射管理器以获取全局的本地映射策略数据库。

如果映射客户端同时也是映射服务器,则映射客户端也使用本地映射策略。其他不在映射服务器上运行的映射客户端只会从远端映射服务器获取前缀到 SID 映射。

本地策略中的前缀到 SID 映射以及从远端映射服务器接收的映射都被送至策略计算器(Policy Calculator)中。该策略计算器对前缀到 SID 映射进行检验,得到一组有效的、不重叠的(参见第 8.6 节)、在全网映射客户端一致的前缀到 SID 映射,这组前缀到 SID 映射被安装到活动映射策略数据库中。

IGP 实例使用此活动映射策略数据库为部分或所有缺少 Prefix-SID 的前缀产生 Prefix-SID。请注意，在节点上运行的每个 IGP 实例都会产生属于自己的且很可能彼此不同的活动映射策略，而本地映射策略在节点上是全局的，由所有 IGP 实例共享。

8.5 映射服务器本地策略配置

本地映射策略在作为映射服务器的节点上静态配置。此本地映射策略包括前缀到 Prefix-SID 索引的静态映射，即前缀到 SID 映射。本地映射策略可以包含 IPv4/IPv6 前缀到 SID 映射。在写本书时，在 Cisco IOS-XR 实现中，IPv6 前缀到 SID 映射只能由 ISIS 通告。

前缀到 SID 映射不需要针对每个前缀进行配置，事实上可以配置前缀范围映射到 Prefix-SID 索引范围，然后前缀范围中的每个前缀静态地映射到 Prefix-SID 索引范围中相同偏移处的 Prefix-SID 索引。

前缀范围的映射配置由前缀、前缀长度、用于该前缀范围的第一个 Prefix-SID 索引和前缀范围的大小组成。请注意，需要配置 SID 索引，而不是标签值，参见例 8-1。

▶ 例 8-1 映射服务器本地策略配置

```
1  segment-routing
2   mapping-server
3    prefix-sid-map
4     address-family ipv4
5      !! <prefix>/<mask> <first-SID-index> range <range>
6      1.1.1.1/32 1 range 10
7     !
8     address-family ipv6
9      2001::1:1:1:1/128 4001 range 10
10    !
11   !
12  !
13 !
```

根据上述配置，该范围中的每个前缀使用相同的前缀长度。当我们考虑 SR 和 LDP 互操作场景时，前缀通常是主机前缀，即 /32 或 /128，但其他前缀长度也是允许的。

IGP 将会为此配置中的每一行（指第 6 行和第 9 行）通告一个单独的前缀到 SID 映射。

对于 ISIS，可以在映射服务器通告中置位附着标记（A-flag）来标识前缀是通告它的节点的本地前缀，详见第 5 章。当映射服务器代表既不启用 SR 也不启用 LDP 的 IGP 节点通告 Prefix-SID 时，可以使用此功能，附着标记可以在本地映射策略配置中置位。

使用 show segment-routing mapping-server prefix-sid-map ipv4|ipv6 [detail] 命令来验证本地映射策略，可以通过将前缀添加到上述命令来检查单个前缀到 SID 的映射条目。

例 8-2 和例 8-3 显示了例 8-1 配置的本地映射策略。

▶ 例 8-2 IPv4 本地映射策略

```
 1  RP/0/0/CPU0:xrvr-4#show segment-routing mapping-server prefix-sid-map ipv4
 2  Prefix              SID Index   Range      Flags
 3  1.1.1.1/32          1           10
 4
 5  Number of mapping entries: 1
 6
 7  RP/0/0/CPU0:xrvr-4#show segment-routing mapping-server prefix-sid-map
ipv4 detail
 8  Prefix
 9  1.1.1.1/32
10      SID Index:       1
11      Range:           10
12      Last Prefix:     1.1.1.10/32
13      Last SID Index:  10
14      Flags:
15
16  Number of mapping entries: 1
```

▶ 例 8-3 IPv6 本地映射策略

```
 1  RP/0/0/CPU0:xrvr-4#show segment-routing mapping-server prefix-sid-map ipv6
 2  Prefix                                      SID
Index      Range      Flags
 3  2001::1:1:1:1/128                           4001       10
 4
 5  Number of mapping entries: 1
 6
 7  RP/0/0/CPU0:xrvr-4#show segment-routing mapping-server prefix-sid-map
ipv6 detail
 8  Prefix
 9  2001::1:1:1:1/128
10      SID Index:       4001
```

```
11      Range:             10
12      Last Prefix:       2001::1:1:1:a/128
13      Last SID Index:    4010
14      Flags:
15
16 Number of mapping entries: 1
```

8.6 映射范围冲突解决机制

术语。

- 映射条目：单个前缀的前缀到 SID 映射。
- 映射范围：本地策略中配置的一定范围的前缀到 SID 映射。映射范围可以表示为元组（P/L, S, N），其中 P/L：范围内第一个前缀及前缀长度；S：范围内第一个 SID 索引；N：范围大小。

映射服务器通告一个或多个映射范围，并且在网络中可以存在多台映射服务器，每台均通告自己的映射范围。映射客户端会考虑从所有映射服务器接收的所有映射范围以产生活动策略。活动策略由不重叠的映射范围组成，该活动策略应当在网络中所有映射客户端上是相同的，使得在整个网络范围内针对映射条目的 Prefix-SID 实现一致的转发。

请注意，映射客户端在其选择过程中考虑的是映射范围而不是单个映射条目。

映射范围可能重叠或冲突。重叠映射范围包含至少一个前缀或 SID 索引相同的映射条目；映射范围冲突包含至少一个与另一个条目冲突的条目。冲突可以是前缀冲突和/或 SID 索引冲突。如果将不同的 SID 索引分配给相同的前缀，则存在"前缀冲突"；如果相同的 SID 索引被分配给多个前缀，则存在"SID 索引冲突"。

注意，冲突范围也是重叠范围，因为冲突范围包含相同前缀和/或相同 SID 索引，否则它们不产生冲突，但重叠范围并不总是冲突范围。活动策略由非重叠的，也是不冲突的映射范围组成。

Cisco IOS-XR 的映射服务器配置本地映射策略时仅接收不重叠的映射范围，因此 Cisco IOS XR 映射服务器仅通告有效且不重叠的映射范围。但是，两台不同的映射服务器可能会通告冲突和/或重叠的映射——映射客户端必须能处理这种情况。

请注意，IETF 正在讨论如何以确定的方式处理这种冲突情况，希望在这点上达成共识，请参见 draft-ietf-spring-conflict-resolution。随着冲突解决机制的标准化，作为映射客户端功能的一部分，Cisco IOS XR 所实现的冲突解决机制也可能随之进行更新，但目前没有计划改变映射服务器在配置期间进行冲突检测的一致性保证机制。

8.6.1 重叠/冲突映射范围示例

本节例子使用 IPv4 映射范围,同样规则也适用于 IPv6 映射范围,前缀到 SID 映射范围不冲突但重叠的集合例子:(1.1.1.1/32,100,10)和(1.1.1.6/32,105,5)。映射范围表示为元组(P/L, S, N),其中 P/L:范围内的第一个前缀和长度;S:范围内的第一个 SID 索引;N:范围大小。每个前缀到 SID 映射条目如表 8-1 所示。第一个范围的映射条目显示在左列;第二个范围的映射条目显示在右列。

这里没有冲突,两个范围内的前缀都映射到相同的 Prefix-SID 索引,但是两个范围的一些条目是相同的。在这种情况下,映射客户端只选择一个范围,IOS XR 的配置验证机制确保在本地策略中不能配置此类重叠条目,请参见例 8-4。

表 8-1 非冲突但重叠的前缀到 SID 映射

映射范围(1.1.1.1/32,100,10)的映射条目		映射范围(1.1.1.6/32,105,5)的映射条目	
前缀	SID 索引	前缀	SID 索引
1.1.1.1/32	100		
1.1.1.2/32	101		
1.1.1.3/32	102		
1.1.1.4/32	103		
1.1.1.5/32	104		
1.1.1.6/32	**105**	**1.1.1.6/32**	**105**
1.1.1.7/32	**106**	**1.1.1.7/32**	**106**
1.1.1.8/32	**107**	**1.1.1.8/32**	**107**
1.1.1.9/32	**108**	**1.1.1.9/32**	**108**
1.1.1.10/32	**109**	**1.1.1.10/32**	**109**

▶ 例 8-4 错误配置——重叠的前缀到 SID 映射

```
1  RP/0/0/CPU0:xrvr-1#configure
2  RP/0/0/CPU0:xrvr-1(config)#segment-routing
3  RP/0/0/CPU0:xrvr-1(config-sr)# mapping-server
4  RP/0/0/CPU0:xrvr-1(config-sr-ms)#  prefix-sid-map
5  RP/0/0/CPU0:xrvr-1(config-sr-ms-map)#   address-family ipv4
6  RP/0/0/CPU0:xrvr-1(config-sr-ms-map-af)#    1.1.1.1/32 100 range 10
7  RP/0/0/CPU0:xrvr-1(config-sr-ms-map-af)#    1.1.1.6/32 105 range 5
8  RP/0/0/CPU0:xrvr-1(config-sr-ms-map-af)#commit
9
10 % Failed to commit one or more configuration items during a pseudo-atomic
   operation. All changes made have been reverted. Please issue 'show configuration
   failed [inheritance]' from this session to view the errors
```

```
11 RP/0/0/CPU0:xrvr-1(config-sr-ms-map-af)#show configuration failed
12 !! SEMANTIC ERRORS: This configuration was rejected by
13 !! the system due to semantic errors. The individual
14 !! errors with each failed configuration command can be
15 !! found below.
16
17
18 segment-routing
19  mapping-server
20   prefix-sid-map
21    address-family ipv4
22     1.1.1.6/32 105 range 5
23 !!% Invalid argument: IP overlap
24       1.1.1.6/32 .. 1.1.1.10/32
25       Overlapping item is 1.1.1.1/32 100 10
26    !
27   !
28  !
29 !
30 end
```

如果将不同的 SID 索引分配给相同的前缀，则存在"前缀冲突"，前缀冲突只能发生在同一地址族和相同前缀长度的映射范围之间。考虑以下两组前缀到 SID 的映射范围：(1.1.1.1/32，100，10) 和 (1.1.1.6/32，10，5)，每个单独的前缀到 SID 映射条目如表 8-2 所示。第一个范围的映射条目显示在左列；第二个范围的映射条目显示在右列。

表 8-2 冲突的前缀到 SID 映射：前缀冲突

映射范围（1.1.1.1/32，100，10）的映射条目		映射范围（1.1.1.6/32，10，5）的映射条目	
前缀	SID 索引	前缀	SID 索引
1.1.1.1/32	100		
1.1.1.2/32	101		
1.1.1.3/32	102		
1.1.1.4/32	103		
1.1.1.5/32	104		
1.1.1.6/32	105 (!)	1.1.1.6/32	10 (!)
1.1.1.7/32	106 (!)	1.1.1.7/32	11 (!)
1.1.1.8/32	107 (!)	1.1.1.8/32	12 (!)
1.1.1.9/32	108 (!)	1.1.1.9/32	13 (!)
1.1.1.10/32	109 (!)	1.1.1.10/32	14 (!)

前缀 1.1.1.n/32，$n = 6\cdots10$ 被映射到两个不同的 SID 索引：$105\cdots109$ 和 $10\cdots14$。理论上映射客户端可以提取映射范围中没有冲突的前缀到 SID 映射条目，在此示例中即（1.1.1.1/32，100，5），但这将导致映射客户端实现的额外复杂性，因而不予考虑。Cisco IOS-XR 的配置验证机制确保在本地策略中不能配置此类冲突（且重叠）条目，见例 8-5。

▶ **例 8-5　错误配置——前缀冲突**

```
 1 RP/0/0/CPU0:xrvr-1#configure
 2 RP/0/0/CPU0:xrvr-1(config)#segment-routing
 3 RP/0/0/CPU0:xrvr-1(config-sr)# mapping-server
 4 RP/0/0/CPU0:xrvr-1(config-sr-ms)# prefix-sid-map
 5 RP/0/0/CPU0:xrvr-1(config-sr-ms-map)#  address-family ipv4
 6 RP/0/0/CPU0:xrvr-1(config-sr-ms-map-af)#   1.1.1.1/32 100 range 10
 7 RP/0/0/CPU0:xrvr-1(config-sr-ms-map-af)#   1.1.1.6/32 10 range 5
 8 RP/0/0/CPU0:xrvr-1(config-sr-ms-map-af)#commit
 9
10 % Failed to commit one or more configuration items during a pseudo-atomic
   operation. All changes made have been reverted. Please issue 'show
   configuration failed [inheritance]' from this session to view the errors
11 RP/0/0/CPU0:xrvr-1(config-sr-ms-map-af)#show configuration failed
12 !! SEMANTIC ERRORS: This configuration was rejected by
13 !! the system due to semantic errors. The individual
14 !! errors with each failed configuration command can be
15 !! found below.
16
17
18 segment-routing
19  mapping-server
20   prefix-sid-map
21    address-family ipv4
22     1.1.1.6/32 10 range 5
23 !!% Invalid argument: IP overlap
24       1.1.1.6/32 .. 1.1.1.10/32
25       Overlapping item is 1.1.1.1/32 100 10
26    !
27   !
28  !
29 !
30 end
```

如果相同的 SID 索引被分配给多个前缀，则存在"SID 索引冲突"。SID 冲突可能发生在任何地址族和前缀长度的映射条目之间，考虑以下两组前缀到 SID 的映射范围：(1.1.1.1/32，100，10) 和 (1.1.1.11/32，100，5)，每个单独的前缀到 SID 映射条目如表 8-3 所示，第一个范围的映射条目显示在左列；第二个范围的映射条目显示在右列。

表 8-3　冲突的前缀到 SID 映射：SID 索引冲突

映射范围 (1.1.1.1/32, 100, 10) 的映射条目		映射范围 (1.1.1.11/32, 100, 5) 的映射条目	
前缀	SID 索引	前缀	SID 索引
1.1.1.1/32	100(!)		
1.1.1.2/32	101(!)		
1.1.1.3/32	102(!)		
1.1.1.4/32	103(!)		
1.1.1.5/32	104(!)		
1.1.1.6/32	105		
1.1.1.7/32	106		
1.1.1.8/32	107		
1.1.1.9/32	108		
1.1.1.10/32	109		
		1.1.1.11/32	100 (!)
		1.1.1.12/32	101 (!)
		1.1.1.13/32	102 (!)
		1.1.1.14/32	103 (!)
		1.1.1.15/32	104 (!)

相同的 SID 索引：100…104 被分配给前缀 1.1.1.n/32 和 1.1.1.m/32，其中 n = 1…5 和 m = 11…15。同样，理论上映射客户端可以提取映射范围中没有冲突的前缀到 SID 映射条目，在此例中即 (1.1.1.6/32，105，5)，但这将导致映射客户端实现的额外复杂性，因而不予考虑。Cisco IOS-XR 的配置验证机制确保在本地策略中不能配置此类冲突（且重叠）条目，见例 8-6。

▶ 例 8-6　错误配置——SID 索引冲突

```
1 RP/0/0/CPU0:xrvr-1#configure
2 RP/0/0/CPU0:xrvr-1(config)#segment-routing
3 RP/0/0/CPU0:xrvr-1(config-sr)# mapping-server
4 RP/0/0/CPU0:xrvr-1(config-sr-ms)#  prefix-sid-map
5 RP/0/0/CPU0:xrvr-1(config-sr-ms-map)#   address-family ipv4
```

```
 6 RP/0/0/CPU0:xrvr-1(config-sr-ms-map-af)#     1.1.1.1/32 100 range 10
 7 RP/0/0/CPU0:xrvr-1(config-sr-ms-map-af)#     1.1.1.11/32 100 range 5
 8 RP/0/0/CPU0:xrvr-1(config-sr-ms-map-af)#commit
 9
10 % Failed to commit one or more configuration items during a pseudo-
atomic operation. All changes made have been reverted. Please issue 'show
configuration failed [inheritance]' from this session to view the errors
11 RP/0/0/CPU0:xrvr-1(config-sr-ms-map-af)#show configuration failed
12 !! SEMANTIC ERRORS: This configuration was rejected by
13 !! the system due to semantic errors. The individual
14 !! errors with each failed configuration command can be
15 !! found below.
16
17
18 segment-routing
19  mapping-server
20   prefix-sid-map
21    address-family ipv4
22     1.1.1.11/32 100 range 5
23 !!% Invalid argument: SID overlap:
24        100 .. 104
25        Overlapping item is 1.1.1.1/32 100 10
26   !
27  !
28  !
29 !
30 end
```

8.6.2　从不同映射服务器中选择映射范围

出于冗余目的，网络中应存在多台映射服务器。我们希望这些映射服务器都通告相同的前缀到 SID 映射，但可能并不总是这样，不同的映射服务器可以通告不同的甚至是冲突的前缀到 SID 映射，映射服务器通告的前缀到 SID 映射也可能与其他 Prefix-SID 通告冲突。如果映射客户端接收到冲突的映射条目，它无法知道哪些是正确的，哪些是错误的。IETF draft-ietf-spring-conflict-resolution 描述了应对这类冲突的不同策略。第一种策略是忽略所有冲突的条目；第二种策略是通过应用一组规则来选择和使用冲突条目中的其中一个。Cisco IOS XR 在实现中使用了后一种策略，为确保转发条目的一致性，所使用的规则必须使得网络中每个映射客户端产生相同的一组映射（本地映射策略）。

如果映射客户端接收到两个或多个重叠的映射范围，则它会根据以下优先规则选择重叠范围中的一个。这些规则按顺序应用于映射范围集，直到得出单个范围，该范围被选为优先映射范围。

1. 最高路由器 ID（OSPF）或系统 ID（ISIS）优先。
2. 最小区域 ID（OSPF）或层次（ISIS）优先。
3. IPv4 范围优先于 IPv6 范围。
4. 最小前缀长度优先。
5. 最小 IP 地址优先。
6. 最小 SID 索引优先。
7. 最小范围优先。
8. 首先接收到的范围优先。

映射客户端将优先映射范围写入活动策略，将其他没有选中的映射范围写入备份策略。

第 3～8 条优先规则仅在单台映射服务器通告重叠的映射范围或 ABR 通告重叠的映射范围时使用。前者一般不会在 Cisco IOS XR 映射服务器上发生，因为在配置本地映射策略时只允许不冲突、不重叠的映射范围[2]。

目前实现的优先规则能确保单个区域中的所有映射客户端的活动映射策略都是一致的。然而如果映射通告在区域间或层次间传播，则无法保证网络中所有映射客户端的活动策略都是一致的。原因是当 ABR 或 L1L2 节点传播前缀到 SID 映射时，它（重新）生成带有其自身路由器 ID 或系统 ID 的映射，这会影响前缀到 SID 映射选择，因为在第一条优先规则中使用了路由器 ID 或系统 ID。由于传播映射通告时系统 ID 或路由器 ID 发生了改变，在一个区域中优先的前缀到 SID 映射可能在另一个区域中不是优先的，反之亦然。

IETF draft-ietf-spring-conflict-resolution 制定了确保在所有映射客户端上选择一致的前缀到 SID 映射的规则，如前所述，在写这本书时，Cisco IOS XR 并没有实现所有的规则。

以下示例说明了前缀到 SID 映射的选择。图 8-2 显示了由两台映射服务器节点 2 和节点 3 以及映射客户端节点 1 组成的拓扑，两台映射服务器分别通告一个相同的映射范围和 3 个与另一台映射服务器映射范围重叠和/或冲突的映射范围。重叠和冲突映射范围与第 8.6.1 节中使用的相同。

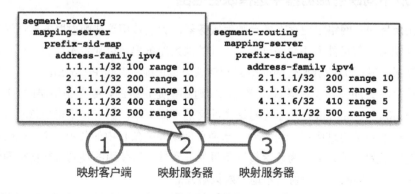

图 8-2 具有两台映射服务器的网络拓扑

表 8-4 并排列出了映射范围。前缀到 SID 映射表示为元组（P/L, S, N），分别对应于 P/L：第一个前缀；S：第一个 SID 索引；N：范围大小。

表 8-4 映射服务器前缀到 SID 映射

节点 2 通告（路由器 ID 1.1.1.2）	节点 3 通告（路由器 ID 1.1.1.3）	备注
(1.1.1.1/32，100，10)	没有相应通告	非重叠
(2.1.1.1/32，200，10)	**(2.1.1.1/32，200，10)**	相同
(3.1.1.1/32，300，10)	**(3.1.1.6/32，305，5)**	重叠，非冲突
(4.1.1.1/32，400，10)	**(4.1.1.6/32，410，5)**	前缀冲突
(5.1.1.1/32，500，10)	**(5.1.1.11/32，500，5)**	SID 冲突

当接收到重叠映射范围（表 8-4 第 2～5 行）时，映射客户端优先选择由具有最高路由器 ID 或系统 ID 的映射服务器通告的范围，在本例中节点 3 具有最高的路由器 ID。映射客户端还选择非重叠的范围（表 8-4 第 1 行），此范围仅由节点 2 通告。优先映射范围在表 8-4 中被突出显示，节点 2 和节点 3 的本地映射策略配置如例 8-7 和例 8-8 所示。

▶ 例 8-7 节点 2 本地映射配置

```
1  segment-routing
2   mapping-server
3    prefix-sid-map
4     address-family ipv4
5      1.1.1.1/32 100 range 10
6      2.1.1.1/32 200 range 10
7      3.1.1.1/32 300 range 10
8      4.1.1.1/32 400 range 10
9      5.1.1.1/32 500 range 10
10     !
11    !
12   !
13  !
```

▶ 例 8-8 节点 3 本地映射配置

```
1  segment-routing
2   mapping-server
3    prefix-sid-map
```

```
4    address-family ipv4
5     2.1.1.1/32 200 range 10
6     3.1.1.6/32 305 range 5
7     4.1.1.6/32 410 range 5
8     5.1.1.11/32 500 range 5
9    !
10   !
11   !
12   !
```

本地映射策略是独立于 IGP 的，然而活动策略和备份策略是从每个 IGP 获得的。可以在 IGP 中通过命令 show isis|ospf segment-routing prefix-sid-map active-policy|backup-policy 验证这些映射策略，例 8-9 显示了映射客户端上 OSPF 协议输出，详细的输出见例 8-10。

▶ 例 8-9 活动映射策略

```
1  RP/0/0/CPU0:xrvr-1#show ospf segment-routing prefix-sid-map active-policy
2
3          SRMS active policy for Process ID 1
4
5  Prefix              SID Index       Range           Flags
6  2.1.1.1/32          200             10
7  3.1.1.6/32          305             5
8  4.1.1.6/32          410             5
9  5.1.1.11/32         500             5
10 1.1.1.1/32          100             10
11
12 Number of mapping entries: 5
```

▶ 例 8-10 详细的活动映射策略

```
1  RP/0/0/CPU0:xrvr-1#show ospf segment-routing prefix-sid-map active-policy detail
2
3          SRMS active policy for Process ID 1
4
5  Prefix
6  2.1.1.1/32
7     Source:             Remote
8     Router ID:          1.1.1.3
```

```
 9      Area ID:          1
10      SID Index:        200
11      Range:            10
12      Last Prefix:      2.1.1.10/32
13      Last SID Index: 209
14      Flags:
15 3.1.1.6/32
16      Source:           Remote
17      Router ID:        1.1.1.3
18      Area ID:          1
19      SID Index:        305
20      Range:            5
21      Last Prefix:      3.1.1.10/32
22      Last SID Index: 309
23      Flags:
24 4.1.1.6/32
25      Source:           Remote
26      Router ID:        1.1.1.3
27      Area ID:          1
28      SID Index:        410
29      Range:            5
30      Last Prefix:      4.1.1.10/32
31      Last SID Index: 414
32      Flags:
33 5.1.1.11/32
34      Source:           Remote
35      Router ID:        1.1.1.3
36      Area ID:          1
37      SID Index:        500
38      Range:            5
39      Last Prefix:      5.1.1.15/32
40      Last SID Index: 504
41      Flags:
42 1.1.1.1/32
43      Source:           Remote
44      Router ID:        1.1.1.2
45      Area ID:          1
46      SID Index:        100
47      Range:            10
48      Last Prefix:      1.1.1.10/32
49      Last SID Index: 109
```

```
50      Flags:
51
52 Number of mapping entries: 5
```

节点 1 的映射客户端从重叠的映射范围中优先选择由具有最高路由器 ID 节点通告的映射范围，即节点 3。活动映射策略的最后一个映射范围是由节点 2 通告的，因为节点 3 并没有通告与最后这个映射范围重叠的映射范围。

非优先的重叠映射范围被写入备份映射策略，见例 8-11。在这个例子中，备份映射策略包含节点 2 通告的映射范围。

▶ 例 8-11 备份映射策略

```
 1 RP/0/0/CPU0:xrvr-1#show ospf segment-routing prefix-sid-map backup-policy
 2
 3         SRMS backup policy for Process ID 1
 4
 5 Prefix              SID Index    Range       Flags
 6 2.1.1.1/32          200          10
 7 3.1.1.1/32          300          10
 8 4.1.1.1/32          400          10
 9 5.1.1.1/32          500          10
10
11 Number of mapping entries: 4
```

8.6.3 映射范围与"原生"Prefix-SID 的冲突

IGP 通过本地路由器配置及 IGP Prefix-SID 通告实现 Prefix-SID 映射，详见第 5 章。这些 Prefix-SID 映射也提供了前缀到 SID 映射，但不同的是，这些映射很可能在节点上被显式配置。为简单起见，我们把这些 Prefix-SID 映射称为"原生"Prefix-SID 映射，可以认为相比于其他 SID 映射来源（例如映射服务器）更具权威性。这是一种观点，但不应被视为一种共识。

因此，IGP 可能从映射客户端的活动映射策略得到一个前缀的 Prefix-SID 映射，同时它也得到了"原生"Prefix-SID 映射。如果 SID 值相同则没有问题，但如果它们不同，则会产生冲突。在写本书时，相较于从 SRMS 收到的映射，Cisco IOS XR IGP 实现会优选"原生"Prefix-SID，即只当没有接收到"原生"映射时，才会尝试在活动映射策略中查找前缀到 SID 映射。正如前面提到的，这种行为是 draft-ietf-spring-conflict-resolution 要讨论的议题，在写本书的时候并未达成共识。

> **重点提示：修改 SRMS 映射**
>
> 一旦映射服务器配置了一定的映射范围并已实际部署使用，则在修改任何配置时必须特别注意。
>
> 有必要强调冲突和/或重叠范围的概念及产生冲突时的影响。
>
> 最好使用集中式的配置工具，例如思科 NSO 同时配置多台映射服务器的映射，避免产生错误。
>
> 当（多个）映射范围的配置发生改动以致产生冲突时，可能会使得一些路由器丢失 Prefix Segment，从而不得不切换至使用 IP 或 LDP 转发。
>
> 如果不同路由器在解析和解决冲突的实现上存在差异，则可能会导致路由器间不一致的转发状态，从而造成丢包和影响业务。请密切关注 draft-ietf-spring-conflict-resolution 所达成共识的最新进展。

8.7 SRMS 相关 IGP 配置

8.7.1 映射服务器

作为一台映射服务器，本地配置的前缀到 SID 映射（本地映射策略）的通告必须在 IGP 启用，在 IGP 下配置 segment-routing prefix-sid-map advertise-local 启用通告。ISIS 配置见例 8-12，OSPF 配置见例 8-13。

▶ 例 8-12 ISIS 映射服务器配置

```
1 router isis 1
2  address-family ipv4 unicast
3   segment-routing prefix-sid-map advertise-local
4  !
5  address-family ipv6 unicast
6   segment-routing prefix-sid-map advertise-local
7 !
```

▶ 例 8-13 OSPF 映射服务器配置

```
1 router ospf 1
2  segment-routing prefix-sid-map advertise-local
3 !
```

在一个节点上只可以配置一个本地映射策略。如果一个节点上的多个 IGP 实例都启用了映射服务器功能，则它们都使用和通告相同的本地映射策略。

如果映射服务器功能在层次 1/ 层次 2 ISIS 实例上启用，则本地映射策略在各个层次被通告；如果映射服务器功能在 OSPF ABR 上启用，那么本地映射策略在此 OSPF 实例所有启用 SR 的区域内通告。命令 segment-routing prefix-sid-map advertise-local 的作用范围是整个 OSPF 实例，即应用于一个实例的所有区域。不需要针对每个区域设置启用 / 禁用映射服务器通告，因为在任何情况下 IGP 均会跨区域 / 层次泛洪映射服务器通告，然而如果前缀实际上不在区域内（例如由于路由过滤或聚合），那么只是通告 Prefix-SID 映射并没有任何作用。

例 8-14 显示了配置映射服务器在 ISIS 中通告一组 IPv4 和 IPv6 前缀到 SID 映射的例子。

▶ **例 8-14　本地映射策略和 ISIS 映射服务器配置**

```
 1  segment-routing
 2   mapping-server
 3    prefix-sid-map
 4     address-family ipv4
 5      1.1.1.0/32 10 range 40
 6      2.1.1.0/24 100 range 60
 7     !
 8     address-family ipv6
 9      2001::1:1:1:0/128 2010 range 40
10      2001::2:1:1:0/112 2100 range 60
11     !
12  router isis 1
13   address-family ipv4 unicast
14    segment-routing prefix-sid-map advertise-local
```

本例配置了两个 IPv4 前缀到 SID 映射范围。第一个映射范围前缀开始于 1.1.1.0/32，Prefix-SID 索引开始于 10，范围大小是 40，此配置的结果是前缀 1.1.1.0/32 映射到 Prefix-SID 索引 10，1.1.1.1/32 映射到 Prefix-SID 索引 11，如此类推，直到前缀 1.1.1.39/32 映射到 Prefix-SID 索引 49。所有前缀具有相同的前缀长度，参见表 8-5。

表 8-5　IPv4 地址前缀到 Prefix-SID 索引映射

前缀	Prefix-SID 索引
1.1.1.0/32	10
1.1.1.1/32	11
…	…
1.1.1.39/32	49

通常情况下，Prefix-SID 索引与主机前缀相关联，但也可以与其他长度的前缀相关联。为说明与主机前缀长度不同的其他前缀的使用，本例第二个映射范围显示了前缀长度是 24 的前缀到 SID 映射，此范围内所有前缀的长度都为 24，在这个 /24 前缀的例子里，前缀的第 3 位数字实现递增。

作为该配置的结果，前缀 2.1.1.0/24 映射到 Prefix-SID 索引 100，2.1.2.0/24 映射到 Prefix-SID 索引 101，如此类推，直到前缀 2.1.60.0/24 映射到 Prefix-SID 索引 159。所有前缀具有相同的前缀长度 24，参见表 8-6。

表 8-6　IPv4 地址前缀到 Prefix-SID 索引映射，非主机前缀

前缀	Prefix-SID 索引
2.1.1.0/24	100
2.1.2.0/24	101
...	...
2.1.60.0/24	159

8.7.2　映射客户端

一个典型的映射客户端配置中没有任何本地映射策略配置，同时也不配置在 IGP 中通告本地前缀到 SID 映射。

映射客户端功能默认在所有 SR 节点上启用，负责接收、解析、处理 IGP 接收到的映射服务器通告。如果需要的话，映射客户端功能可以通过在 IGP 下配置 segment-routing prefix-sid-map receive disable 命令来禁用，见例 8-15 和例 8-16。

▶ 例 8-15　在 ISIS 中禁用映射客户端功能

```
1 router isis 1
2  address-family ipv4 unicast
3   segment-routing prefix-sid-map receive disable
4  !
5  address-family ipv6 unicast
6   segment-routing prefix-sid-map receive disable
7  !
8 !
```

▶ 例 8-16　在 OSPF 中禁用映射客户端功能

```
1 router ospf 1
2  segment-routing prefix-sid-map receive disable
3 !
```

8.7.3 映射服务器和映射客户端

如前所述，同一节点有可能同时实现映射服务器和映射客户端功能。表 8-7 描述了在 IGP 下配置 prefix-sid-map 不同选项时对应的映射服务器和映射客户端行为。第一列——配置选项；中间列——是否通告本地策略，表示根据第一列的配置，是否通告本地映射策略的前缀到 SID 映射；第三列——计算活动策略，表示哪些映射会被用于产生活动映射策略。"本地映射"指的是本地映射策略的前缀到 SID 映射；"远端映射"指的是从远端映射服务器收到的前缀到 SID 映射。

表 8-7 映射服务器和映射客户端配置选项

配置选项	是否通告本地策略	计算活动策略
receive (default)	否	忽略本地映射 使用远端映射
advertise-local + receive disable	是	使用本地映射 忽略远端映射
advertise-local + receive	是	使用本地映射 使用远端映射

从表 8-7 中可知如下内容。

- 如果只配置了 segment-routing prefix-sid-map receive（这是默认设置，在配置中不予显示），那么即使配置了本地映射策略，也不会在 IGP 中通告。根据此配置，本地配置的映射策略被忽略，只使用从远端映射服务器接收到的前缀到 SID 映射，用于计算活动策略。这是一个典型的映射客户端配置。
- 如果同时配置了 segment-routing prefix-sid-map advertise-local 和 segment-routing prefix-sid-map receive disable，那么本地映射策略将由 IGP 通告。根据此配置，从远端映射服务器接收到的前缀到 SID 映射被忽略，只使用本地映射策略的前缀到 SID 映射，用于计算活动策略。实际上，永远不应该使用此组合。
- 如果同时配置了 segment-routing prefix-sid-map receive 和 segment-routing prefix-sid-map advertise-local，那么本地映射策略将由 IGP 通告，并且本地和远端前缀到 SID 映射都会被用于计算活动策略。这是一个典型的映射服务器配置。

8.8 ISIS 映射服务器通告

ISIS 映射服务器使用 SID/标签绑定 TLV 通告前缀到 SID 映射，这是 ISIS LSP 的顶级

TLV。Prefix-SID 子 TLV 是此 SID/ 标签绑定 TLV 的子 TLV。每个前缀到 SID 映射范围（对应于本地映射配置的一行）被编码为一个单独的 SID/ 标签绑定 TLV。

IETF ISIS SR 扩展草案[3] 描述了 SID/ 标签绑定 TLV 的 3 种应用。

- 为 FEC 通告 SID/ 标签绑定，带有至少一个类似于"下一跳"的锚点。
- 通告 SID/ 标签绑定与其相关联的主用和备份路径。
- 为映射服务器功能通告前缀到 SID/ 标签映射。

本书只涉及此 TLV 的映射服务器应用，其他应用的详细信息可在 IETF 草案中找到。

图 8-3 显示了 SID/ 标签绑定 TLV 的格式。

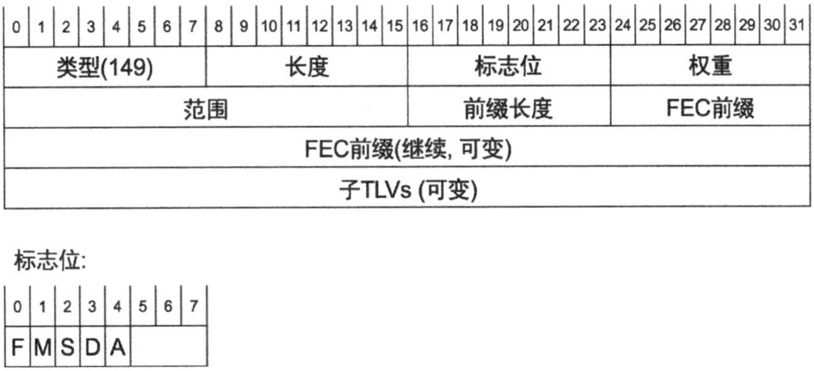

0 1 2 3 4 5 6 7	8 9 10 11 12 13 14 15	16 17 18 19 20 21 22 23	24 25 26 27 28 29 30 31
类型(149)	长度	标志位	权重
范围		前缀长度	FEC前缀
FEC前缀(继续, 可变)			
子TLVs (可变)			

标志位:

0	1	2	3	4	5	6	7
F	M	S	D	A			

图 8-3　ISIS SID/ 标签绑定 TLV 格式

该 SID/ 标签绑定 TLV 包含以下字段。

- 标志位。
  - F（地址族，Address-Family）：如果不置位，则 FEC 前缀是 IPv4 前缀；如果置位，则 FEC 前缀是 IPv6 前缀。
  - M（镜像上下文，Mirror Context）：如果该 SID/ 路径对应于镜像上下文则置位，详见 draft-ietf-spring-segment-routing。Cisco IOS XR：总是不置位。
  - S（范围，Scope）：如果不置位，那么这个 TLV 不得在层次间传播；如果置位，则该 TLV 可以泛洪至整个域。该标志的用处等同于路由器能力 TLV 里的 S 标志。Cisco IOS XR：总是不置位。
  - D（下行，Down）：如果这个 TLV 是从层次 2 传播到层次 1，则置位；否则不置位。如果置位，则不再从层次 1 传播到层次 2，用于防止该 TLV 产生不必要的泛洪。该标志的用处等同于路由器能力 TLV 里的 D 标志。Cisco IOS XR：总是不置位。
  - A（附着，Attached）：如果 TLV 内含的前缀是附着于始发者，则置位；如果该 TLV 泄露到另一个层次 / 区域，则 A 标志必须不置位。Cisco IOS XR 默认：不置位。
- 权重（Weight）：该值表示负载均衡路径的权重。Cisco IOS XR：总是为 0。

- 范围（Range）：映射范围内前缀到 SID 映射条目的数量。
- 前缀长度和 FEC 前缀：映射范围内的第一个前缀。
- 子 TLV：Prefix-SID 子 TLV 表示前缀到 SID 映射范围内的第一个 Prefix-SID 索引。

Prefix-SID 子 TLV 在本书之前部分已经做过介绍，详见第 5 章。在该部分内容中，Prefix-SID 子 TLV 用于通告"原生"Prefix-SID，Prefix-SID 附着到 IP 可达性 TLV。映射服务器应用使用相同的子 TLV，但在解析该子 TLV 的标志位字段上存在差异。Prefix-SID 子 TLV 格式及对应于映射服务器应用的标志位字段如图 8-4 所示。Prefix-SID 子 TLV 在 SID/标签绑定 TLV 中只使用 N 标志。

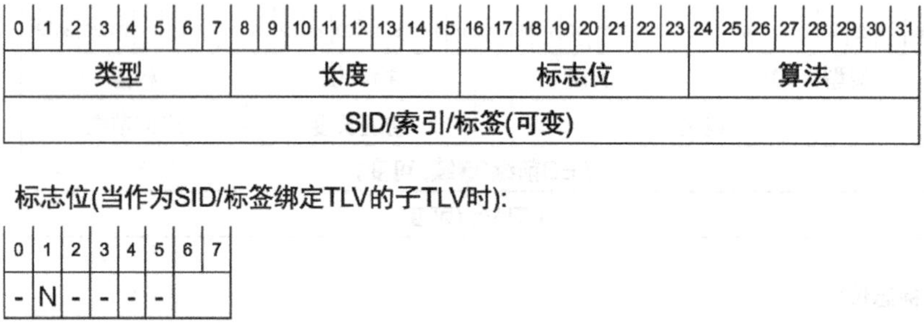

图 8-4 Prefix-SID 子 TLV 标志字段

当作为 SID/标签绑定 TLV 的子 TLV 时，Prefix-SID 子 TLV 所使用的标志。

N（Node-SID）：如果 Prefix-SID 是 Node-SID 则置位，即用于标识节点。Cisco IOS XR：总是不置位。

该子 TLV 的其他标志不用于映射服务器，在接收时被忽略。

Cisco IOS XR 设置 Prefix-SID 子 TLV 的算法（Algorithm）字段为 0，代表使用 SPF 算法。

可以在 ISIS 链路状态数据库中验证映射服务器通告。例 8-17 显示了命令 show isis database verbose xrvr-5 的输出，其中 xrvr-5 是映射服务器通告的 ISIS LSP。映射服务器的本地映射策略配置见例 8-14，每个本地映射策略条目将被作为一个单独的 TLV 在映射服务器 ISIS LSP 中进行通告。

▶ 例 8-17 ISIS 映射服务器通告

```
1 RP/0/0/CPU0:xrvr-5#show isis database verbose xrvr-5
2
3 IS-IS 1 (Level-2) Link State Database
4 LSPID                    LSP Seq Num  LSP Checksum  LSP Holdtime  ATT/P/OL
5 xrvr-5.00-00           * 0x000000d9   0x9c55        1100          0/0/0
6   Area Address:   49.0002
7   NLPID:          0xcc
```

```
 8    NLPID:             0x8e
 9    MT:                Standard (IPv4 Unicast)
10    MT:                IPv6 Unicast                                    0/0/0
11    Hostname:          xrvr-5
12    IP Address:        1.1.1.5
13    IPv6 Address:      2001::1:1:1:5
14    Router Cap:        1.1.1.5, D:0, S:0
15      Segment Routing: I:1 V:1, SRGB Base: 16000 Range: 8000
16    <...>
17    SID Binding:    1.1.1.0/32 F:0 M:0 S:0 D:0 A:0 Weight:0 Range:40
18      SID: Start:10, Algorithm:0, R:0 N:0 P:0 E:0 V:0 L:0
19    SID Binding:    2.1.1.0/24 F:0 M:0 S:0 D:0 A:0 Weight:0 Range:60
20      SID: Start:100, Algorithm:0, R:0 N:0 P:0 E:0 V:0 L:0
21    SID Binding: 2001::1:1:1:0/128 F:1 M:0 S:0 D:0 A:0 Weight:0 Range:40
22      SID: Start:2010, Algorithm:0, R:0 N:0 P:0 E:0 V:0 L:0
23    SID Binding:    2001::2:1:1:0/112 F:1 M:0 S:0 D:0 A:0 Weight:0 Range:60
24      SID: Start:2100, Algorithm:0, R:0 N:0 P:0 E:0 V:0 L:0
25
26    Total Level-2 LSP count: 1    Local Level-2 LSP count: 1
```

8.9 OSPF 映射服务器通告

OSPF 映射服务器使用扩展前缀不透明 LSA（不透明类型 7）通告前缀到 SID 映射，和用于"原生" Prefix-SID 通告的 LSA 是同一类型。前缀到 SID 映射被编码为 OSPFv2 扩展前缀范围 TLV，是扩展前缀不透明 LSA 的一个新的顶级 TLV。OSPFv2 扩展前缀不透明 LSA 也可以携带扩展前缀 TLV，与扩展前缀 TLV 只和单个前缀相关联不同，扩展前缀范围 TLV 用于指定一个范围前缀的属性，因此这两种 TLV 是分别被通告。在 Cisco IOS XR 中，每个本地映射策略条目对应于一个单独的 LSA 通告，为了便于通告映射范围的改变，此 LSA 只包含单个扩展前缀范围 TLV。

图 8-5 显示了扩展前缀范围 TLV 的格式。

OSPFv2 扩展前缀范围 TLV 包含以下字段。

- 前缀长度（Prefix length）：表示前缀的长度。
- 地址族（AF）：0，表示 IPv4 单播。
- 范围大小（Range size）：映射范围内前缀到 SID 映射条目数量。
- 标志位。

0 1 2 3 4 5 6 7 8 9 10 11 12 13 14 15	16 17 18 19 20 21 22 23 24 25 26 27 28 29 30 31
类型(2)	长度
前缀长度	AF (0)	范围大小
标志位	保留
地址前缀(可变)	
子TLVs (可变)	

标志位：

图 8-5　OSPFv2 扩展前缀范围 TLV

- IA（区域间，Inter-Area）：如果在区域间传播则置位。这个标志是用来防止映射服务器通告在区域间循环。ABR 不传播从非骨干区域接收到并且 IA 标志被置位的映射服务器通告。
- 地址前缀（Address Prefix）：前缀范围内的第一个前缀。
- 子 TLV：可以包括不同的子 TLV，如 Prefix-SID 子 TLV。

Prefix-SID 子 TLV 已经在第 5 章中进行了介绍，它的格式如图 8-6 所示。如果该子 TLV 包含在映射服务器通告中，那么对于它的一些字段的处理和它包含在扩展前缀 TLV 用于通告"原生"Prefix-SID 是不同的。

0 1 2 3 4 5 6 7 8 9 10 11 12 13 14 15	16 17 18 19 20 21 22 23 24 25 26 27 28 29 30 31
类型(2)	长度
标志位	保留	MT-ID	算法
SID/索引/标签(可变)	

标志位：

图 8-6　OSPFv2 Prefix-SID 子 TLV 格式

OSPFv2 Prefix-SID 子 TLV 包含以下字段。
- 标志位。
  - NP（关闭倒数第二跳弹出，no-PHP）：如果 M 标志被置位（即用于映射服务器通告）则忽略此标志。

- M（映射服务器，Mapping Server）：置位，因为它来自于映射服务器通告。
- E（显式空，Explicit-Null）：如果 M 标志被置位（即用于映射服务器通告）则忽略此标志。
- V（值，Value）：如果 Prefix-SID 携带的是绝对值则置位，如果 Prefix-SID 携带的是索引则不置位。Cisco IOS XR：总是不置位。
- L（本地/全局，Local/Global）：如果 Prefix-SID 只有本地意义则置位；如果 Prefix-SID 具有全局意义则不置位。Cisco IOS XR：总是不置位。
  - 多拓扑 ID（MT-ID，在 IETF RFC 4915 中定义）。Cisco IOS XR：总是为 0，即采用默认拓扑结构。
  - 算法（Algorithm）：与 Prefix-SID 关联的算法。Cisco IOS XR：设置为 0。
  - SID/索引/标签（SID/Index/Label）：如果 V 标志和 L 标志没有置位，表示 Prefix-SID 索引。当 Prefix-SID 子 TLV 包含在扩展前缀范围 TLV 通告（即映射服务器通告）时，Prefix-SID 的值被解释为 SID 索引起始值。

使用命令 show ospf database opaque-area 来验证 OSPF 前缀到 SID 映射通告，如例 8-18 所示。需要注意映射服务器通告包含在扩展前缀不透明的 LSA 中（不透明类型 7）。在 Cisco IOS XR 中，这个用于映射服务器通告的不透明 LSA 的作用范围是整个区域（类型 10 LSA），映射服务器为每个本地映射策略范围通告一个单独的 LSA。

▶ **例 8-18　OSPFv2 映射服务器通告**

```
1  RP/0/0/CPU0:xrvr-5#show ospf database opaque-area 7.0.0.3 self-originate
2
3
4            OSPF Router with ID (1.1.1.5) (Process ID 1)
5
6                Type-10 Opaque Link Area Link States (Area 0)
7
8  LS age: 51
9  Options: (No TOS-capability, DC)
10 LS Type: Opaque Area Link
11 Link State ID: 7.0.0.3
12 Opaque Type: 7
13 Opaque ID: 3
14 Advertising Router: 1.1.1.5
15 LS Seq Number: 80000001
16 Checksum: 0xa790
17 Length: 48
18
19   Extended Prefix Range TLV: Length: 24
20      AF       : 0
21      Prefix   : 1.1.1.0/32
```

```
22      Range Size: 40
23      Flags      : 0x0                  !! IA:0
24
25      SID sub-TLV: Length: 8
26         Flags     : 0x60               !! (NA); NP:1; M:1; E:0; V:0; L:0
27         MTID      : 0
28         Algo      : 0
29         SID Index : 10
30
```

注：NP 标志（关闭倒数第二跳弹出）在本例中是被置位的。这是基于 draft-ietf-ospf-segment-routing-extension 的早期版本（05）。当前的 IETF 草案版本（08）规定映射服务器通告（即当 M 标志被置位时）的 NP 标志和 E 标志必须被忽略。

8.10 映射服务器应用于多区域/层次网络

8.10.1 ISIS 跨层次 SRMS 通告

在写本书时，Cisco IOS XR 不支持 ISIS 跨层次传播映射服务器通告，这意味着对于多层次的 ISIS 网络，目前每个 ISIS 层次需要一台映射服务器。

8.10.2 OSPF 区域间 SRMS 通告

映射服务器的前缀到 SID 映射在 OSPFv2 扩展前缀不透明 LSA 中通告，此 LSA 携带有 OSPFv2 扩展前缀范围 TLV。每个本地前缀到 SID 映射范围对应于一个扩展前缀 LSA。在 Cisco IOS XR 中，用于映射服务器通告的扩展前缀不透明 LSA 的泛洪范围是整个区域（类型 10 LSA），这意味着为了在全网范围内分发映射服务器通告，ABR 必须跨区域传播扩展前缀范围 TLV。

如果映射服务器是 ABR，那么带有扩展前缀范围 TLV 的扩展前缀 LSA 将会被传播至所有与 ABR 直连并且启用了 SR 的区域。

当 ABR 接收到映射服务器通告的扩展前缀范围 TLV 时，它会传播到所有直连区域，除了接收该映射服务器通告的区域之外。采用以下规则防止扩展前缀范围 TLV 在区域间的多余泛洪。

- ABR 传播前缀到 SID 映射通告到另一个区域时置位扩展前缀范围 TLV 的 IA 标志（区域间），扩展前缀范围 TLV 中 IA 标志置位的前缀到 SID 映射称为"区域间映射"。
- ABR 不会传播一个从非骨干区域接收到并且 IA 标志（区域间）置位的扩展前缀范围 TLV。
- 如果另一个可达节点在区域内通告了扩展前缀范围 TLV 为区域内（IA 标志 =0）映射，则 ABR 在此区域内不为相同的扩展前缀范围 TLV 生成区域间映射（IA 标志 =1）通告。

需要注意的是前缀到 SID 映射通告的传播和在一组重叠映射中选择前缀到 SID 映射是相互独立的。OSPF 传播所有的映射范围通告，但防止对于同一映射范围（相同的扩展前缀范围 TLV）的多余泛洪。

图 8-7 和图 8-8 显示了映射通告的传播和防止多余泛洪的机制。网络拓扑结构由 3 个区域组成，包括骨干区域（0）和两个其他区域（1 和 2）之间的各两台 ABR。节点 5 是映射服务器，通告前缀到 SID 映射范围入区域 1：(N5，M1，IA=0)，其中 N5 是通告节点 5，M1 为前缀到 SID 映射范围，IA 是区域间标志。ABR 节点 1 和节点 2 都传播映射范围到区域 0，并在传播的映射范围上置位 IA 标志。在区域 0 存在两个映射范围 M1 的通告：(N1，M1，IA=1) 来自于节点 1，(N2，M1，IA=1) 来自于节点 2。ABR 节点 3 和节点 4 在区域 2 没有收到映射范围 M1 的区域内通告，因此它们传播映射范围 M1 的通告到区域 2：(N3，M1，IA=1) 来自于节点 3，(N4，M1，IA=1) 来自于节点 4。多余泛洪被防止。例如，ABR 节点 4 不会传播映射范围 (N3，M1，IA=1) 到区域 0，因为区域间映射（IA 标志=1）通告是永远不会从非骨干区域传播出来。

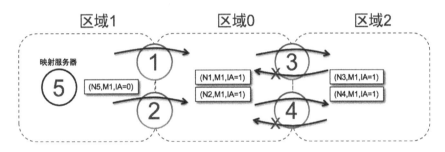

图 8-7　映射服务器通告的传播

在区域 2 增加映射服务器节点 6，见图 8-8。节点 5 和节点 6 都通告相同的映射范围 M2。ABR 节点 1 和节点 2 都传播映射范围 M2 的通告到区域 0。然而，ABR 节点 3 和节点 4 不传播映射范围 M2 的通告到区域 2，因为节点 6 已在区域 2 通告映射范围 M2 为区域内通告（IA=0）。同样，因为节点 5 在区域 1 的区域内映射通告，ABR 节点 1 和节点 2 也不传播节点 3 和节点 4 通告给区域 0 的区域间映射范围给区域 1。

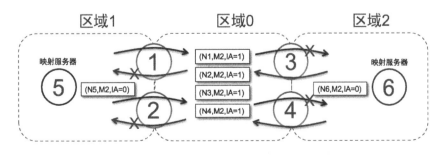

图 8-8　映射服务器通告的传播

让我们来进一步看看 OSPF 映射服务器通告的传播是如何发生的。为了便于说明，使用与第 5 章中多区域 OSPF 部分相同的拓扑、路由器配置和 show 命令，拓扑如图 8-9 所示，它是一个由 7 个节点组成的链：节点 1、节点 2、节点 3，在区域 1；节点 3、节点 4、节点 5，在区域 0；节点 5、节点 6、节点 7，在区域 2。

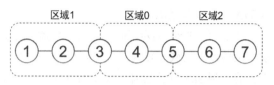

图 8-9 多区域网络拓扑结构

节点 1 配置为映射服务器，其本地映射策略配置见例 8-19。

▶ 例 8-19　映射服务器本地策略配置

```
1  segment-routing
2   mapping-server
3    prefix-sid-map
4     address-family ipv4
5      1.1.1.0/32 10 range 40
6      2.1.1.0/24 100 range 60
7     !
8    !
9   !
10  !
11 router ospf 1
12  segment-routing prefix-sid-map advertise-local
13 !
```

节点 1 通过两个扩展前缀不透明 LSA 通告前缀到 SID 映射范围，每个前缀到 SID 映射范围对应于一个 LSA，见例 8-20 和例 8-21。扩展前缀范围 TLV 的 IA 标志都没有置位，置位 NP 标志（关闭倒数第二跳弹出）和 Prefix-SID 子 TLV 的 M 标志（映射服务器），draft-ietf-ospf-segment-routing-extensions-08 规定置位了 M 标志后需忽略 NP 标志。

▶ 例 8-20　区域 1 的扩展前缀范围 LSA，2.1.1.0/24

```
1 RP/0/0/CPU0:xrvr-1#show ospf 0 1 database opaque-area 2.1.1.0/24 self-
  originate
2
3
4              OSPF Router with ID (1.1.1.1) (Process ID 1)
5
6                Type-10 Opaque Link Area Link States (Area 1)
```

```
 7
 8   LS age: 872
 9   Options: (No TOS-capability, DC)
10   LS Type: Opaque Area Link
11   Link State ID: 7.0.0.2
12   Opaque Type: 7
13   Opaque ID: 2
14   Advertising Router: 1.1.1.1
15   LS Seq Number: 80000001
16   Checksum: 0xffd5
17   Length: 48
18
19     Extended Prefix Range TLV: Length: 24
20       AF        : 0
21       Prefix    : 2.1.1.0/24
22       Range Size: 60
23       Flags     : 0x0              !! IA:0
24
25       SID sub-TLV: Length: 8
26         Flags     : 0x60           !! (NA); NP:1; M:1; E:0; V:0; L:0
27         MTID      : 0
28         Algo      : 0
29         SID Index : 100
30
```

▶ 例 8-21　区域 1 的扩展前缀范围 LSA，1.1.1.0/32

```
 1  RP/0/0/CPU0:xrvr-1#show ospf 0 1 database opaque-area 1.1.1.0/32 self-
    originate
 2
 3
 4           OSPF Router with ID (1.1.1.1) (Process ID 1)
 5
 6                 Type-10 Opaque Link Area Link States (Area 1)
 7
 8   LS age: 881
 9   Options: (No TOS-capability, DC)
10   LS Type: Opaque Area Link
11   Link State ID: 7.0.0.3
12   Opaque Type: 7
13   Opaque ID: 3
```

```
14   Advertising Router: 1.1.1.1
15   LS Seq Number: 80000001
16   Checksum: 0xbf7c
17   Length: 48
18
19     Extended Prefix Range TLV: Length: 24
20       AF            : 0
21       Prefix        : 1.1.1.0/32
22       Range Size: 40
23       Flags         : 0x0              !! IA:0
24
25       SID sub-TLV: Length: 8
26         Flags       : 0x60             !! (NA); NP:1; M:1; E:0; V:0; L:0
27         MTID        : 0
28         Algo        : 0
29         SID Index   : 10
30
```

例 8-22 显示了节点 1 的活动映射策略。在本例中只有单台映射服务器，因此活动映射策略与本地映射策略匹配。

▶ 例 8-22 节点 1 的活动映射策略

```
1  RP/0/0/CPU0:xrvr-1#show ospf segment-routing prefix-sid-map active-policy
2
3        SRMS active policy for Process ID 1
4
5  Prefix              SID Index       Range          Flags
6  2.1.1.0/24          100             60
7  1.1.1.0/32          10              40
8
9  Number of mapping entries: 2
10
11 RP/0/0/CPU0:xrvr-1#show ospf segment-routing prefix-sid-map active-
   policy detail
12
13       SRMS active policy for Process ID 1
14
15 Prefix
16 2.1.1.0/24
17     Source:              Local
```

```
18     Router ID:           1.1.1.1
19     Area ID:             Not set
20     SID Index:           100
21     Range:               60
22     Last Prefix:         2.1.60.0/24
23     Last SID Index: 159
24     Flags:
25 1.1.1.0/32
26     Source:              Local
27     Router ID:           1.1.1.1
28     Area ID:             Not set
29     SID Index:           10
30     Range:               40
31     Last Prefix:         1.1.1.39/32
32     Last SID Index: 49
33     Flags:
34
35 Number of mapping entries: 2
```

ABR 节点 3 把两个前缀到 SID 映射范围从区域 1 传播到区域 0，例 8-23 只显示了其中一个映射范围，另外一个也是等同的。扩展前缀范围 TLV 的 IA 标志被置位，因为这个 TLV 已在区域间传播；在区域 0 中它是一个区域间映射，NP 标志（关闭倒数第二跳弹出）和 Prefix-SID 子 TLV 的 M 标志（映射服务器）都被置位。

▶ **例 8-23　区域 0 扩展前缀范围 LSA，1.1.1.0/32**

```
 1 RP/0/0/CPU0:xrvr-3#show ospf 1 0 database opaque-area 1.1.1.0/32 self-
originate
 2
 3
 4            OSPF Router with ID (1.0.1.3) (Process ID 1)
 5
 6              Type-10 Opaque Link Area Link States (Area 0)
 7
 8  LS age: 1068
 9  Options: (No TOS-capability, DC)
10  LS Type: Opaque Area Link
11  Link State ID: 7.0.0.6
12  Opaque Type: 7
13  Opaque ID: 6
14  Advertising Router: 1.0.1.3
```

```
15    LS Seq Number: 80000001
16    Checksum: 0x2394
17    Length: 48
18
19      Extended Prefix Range TLV: Length: 24
20        AF           : 0
21        Prefix       : 1.1.1.0/32
22        Range Size: 40
23        Flags        : 0x80              !! IA:1
24
25        SID sub-TLV: Length: 8
26          Flags      : 0x60              !! (NA); NP:1; M:1; E:0; V:0; L:0
27          MTID       : 0
28          Algo       : 0
29          SID Index : 10
30
```

例 8-24 显示了节点 4 的活动映射策略。请注意，现在每个映射范围的路由器 ID 都是 ABR 节点 3（1.0.1.3）的路由器 ID，即通告节点的路由器 ID。

▶ 例 8-24　节点 4 的活动映射策略

```
1  RP/0/0/CPU0:xrvr-4#show ospf segment-routing prefix-sid-map active-policy
2
3         SRMS active policy for Process ID 1
4
5  Prefix               SID Index      Range          Flags
6  2.1.1.0/24           100            60
7  1.1.1.0/32           10             40
8
9  Number of mapping entries: 2
10
11 RP/0/0/CPU0:xrvr-4#show ospf segment-routing prefix-sid-map active-
   policy deta$
12
13         SRMS active policy for Process ID 1
14
15 Prefix
16 2.1.1.0/24
17     Source:            Remote
18     Router ID:         1.0.1.3
```

```
19        Area ID:           0
20        SID Index:         100
21        Range:             60
22        Last Prefix:       2.1.60.0/24
23        Last SID Index: 159
24        Flags:
25 1.1.1.0/32
26        Source:            Remote
27        Router ID:         1.0.1.3
28        Area ID:           0
29        SID Index:         10
30        Range:             40
31        Last Prefix:       1.1.1.39/32
32        Last SID Index: 49
33        Flags:
34
35 Number of mapping entries: 2
```

节点 5 进一步传播前缀到 SID 映射到区域 2，见例 8-25。扩展前缀范围 TLV 的 IA 标志被置位，因为这个 TLV 已在区域间传播；它是一个区域间映射，NP 标志（关闭倒数第二跳弹出）和 Prefix-SID 子 TLV 的 M 标志（映射服务器）都被置位。

▶ 例 8-25　区域 2 的扩展前缀范围 LSA，1.1.1.0/32

```
 1 RP/0/0/CPU0:xrvr-5#show ospf 1 2 database opaque-area 1.1.1.0/32
self-originate
 2
 3
 4             OSPF Router with ID (1.0.1.5) (Process ID 1)
 5
 6                Type-10 Opaque Link Area Link States (Area 2)
 7
 8  LS age: 1254
 9  Options: (No TOS-capability, DC)
10  LS Type: Opaque Area Link
11  Link State ID: 7.0.0.9
12  Opaque Type: 7
13  Opaque ID: 9
14  Advertising Router: 1.0.1.5
15  LS Seq Number: 80000001
16  Checksum: 0xf8b9
```

```
17   Length: 48
18
19     Extended Prefix Range TLV: Length: 24
20       AF          : 0
21       Prefix      : 1.1.1.0/32
22       Range Size: 40
23       Flags       : 0x80              !! IA:1
24
25       SID sub-TLV: Length: 8
26         Flags     : 0x60              !! (NA); NP:1; M:1; E:0; V:0; L:0
27         MTID      : 0
28         Algo      : 0
29         SID Index : 10
30
```

例 8-26 显示了节点 7 的活动映射策略。在这里每个映射范围的路由器 ID 是 ABR 节点 5（1.0.1.5）的路由器 ID。

▶ 例 8-26　节点 7 的活动映射策略

```
1  RP/0/0/CPU0:xrvr-7#show ospf segment-routing prefix-sid-map active-policy
2
3          SRMS active policy for Process ID 1
4
5  Prefix              SID Index    Range       Flags
6  2.1.1.0/24          100          60
7  1.1.1.0/32          10           40
8
9  Number of mapping entries: 2
10
11 RP/0/0/CPU0:xrvr-7#show ospf segment-routing prefix-sid-map active-
   policy deta$
12
13         SRMS active policy for Process ID 1
14
15 Prefix
16 2.1.1.0/24
17     Source:         Remote
18     Router ID:      1.0.1.5
19     Area ID:        2
20     SID Index:      100
```

```
21     Range:           60
22     Last Prefix:     2.1.60.0/24
23     Last SID Index: 159
24     Flags:
25 1.1.1.0/32
26     Source:          Remote
27     Router ID:       1.0.1.5
28     Area ID:         2
29     SID Index:       10
30     Range:           40
31     Last Prefix:     1.1.1.39/32
32     Last SID Index: 49
33     Flags:
34
35 Number of mapping entries: 2
```

8.11 总结

- 本地映射策略包含在映射服务器上本地配置的前缀到 SID 映射。
- 本地映射策略包含一组有效的且不重叠的前缀到 SID 映射。
- 映射客户端使用选择规则从所有接收到的前缀到 SID 映射中获得一个有效的、不重叠的、不冲突的前缀到 SID 映射集合。
- 每个 SR 节点默认都是映射客户端。
- OSPF 在区域间传播映射服务器通告。

8.12 参考文献

[1] [draft-ietf-isis-segment-routing-extensions] Previdi, S., Filsfils, C., Bashandy, A., Gredler, H., Litkowski, S., Decraene, B., and J. Tantsura, "IS-IS Extensions for Segment Routing", draft-ietf-isis-segment-routing-extensions (work in progress), June 2016, https://datatracker.ietf.org/doc/draft-ietf-isis-segment-routing-extensions.

[2] [draft-ietf-ospf-segment-routing-extensions] Psenak, P., Previdi, S., Filsfils, C., Gredler, H., Shakir, R., Henderickx, W., and J. Tantsura, "OSPF Extensions for Segment Routing", draft-ietf-ospf-segment-

routing-extensions (work in progress), July 2016, https://datatracker.ietf.org/doc/draft-ietf-ospf-segment-routing-extensions.

[3] [RFC4915] Psenak, P., Mirtorabi, S., Roy, A., Nguyen, L., and P. Pillay-Esnault, "Multi-Topology (MT) Routing in OSPF", RFC 4915, DOI 10.17487/RFC4915, June 2007, https://datatracker.ietf.org/doc/rfc4915.

[4] [RFC7794] Ginsberg, L., Ed., Decraene, B., Previdi, S., Xu, X., and U. Chunduri, "IS-IS Prefix Attributes for Extended IPv4 and IPv6 Reachability", RFC 7794, DOI 10.17487/RFC7794, March 2016, https://datatracker.ietf.org/doc/rfc7794.

注释：

1. 思科网络业务编排器（NSO），基于 Tail-f，详见 http://www.cisco.com/go/nso。

2. 开始时映射服务器通告多个映射范围，需要多个 LSP，假设为 LSP1 和 LSP2。重新配置映射服务器后，仍然通告多个映射范围及需要多个 LSP，假设为 LSP1' 和 LSP2'。映射服务器通告的 LSP1' 可能存在与 LSP2 冲突的条目，此时会采用规则第 3 ~ 8 条来解决冲突，因为 LSP1'、LSP2 是从同一台路由器接收到的。这个冲突会持续到映射服务器通告 LSP2' 为止，一般而言在通告 LSP1' 之后间隔很短时间映射服务器就会通告 LSP2'。LSP1' 和 LSP2' 没有冲突的条目。节点接收到 LSP1' 和 LSP2' 后会使用它们，因为它们的序列号更高（译者注：这里描述的是一个非常罕见的情况）。

3. [draft-ietf-isis-segment-routing-extensions]。

第 9 章 与拓扑无关的无环路备份

9.1 简介

快速重路由（FRR）是在网络发生故障时减少业务恢复时间的机制。关注最多的是链路故障，也包括节点故障或共享风险链路组故障（SRLG-参见本节后面的提示内容）。

提供保护的节点称为本地修复节点（PLR）。PLR 与被保护链路直连，它在故障发生之前预先计算 FRR 修复路径，并写入数据平面。当检测到其链路发生故障时，PLR 激活预先计算的 FRR 解决方案并触发 IGP 收敛。

一般预期 FRR 解决方案能在故障发生后 50ms 内恢复业务，其中链路检测时间通常约为 10ms。这是 SONET/SDH 链路或由双向故障检测（BFD）监控的链路（BFD 间隔 3ms，连续丢失 3 个 BFD 数据包则表示故障）的情况。如果链路检测时间被设置为更长（例如，用于抑制链路振荡），则恢复业务的时间将相应增加。

激活预先计算的 FRR 解决方案可以是与前缀相关的或与前缀无关的。真正的 FRR 解决方案需要是与前缀无关的解决方案，即主用路径受故障影响并需要激活备份路径的前缀的数量，对激活预先计算的 FRR 解决方案的时间没有任何影响。与前缀无关的解决方案通常需要支持层次化 FIB 的数据平面。激活预先计算的且与前缀无关的 FRR 解决方案，通常需要约 20ms。

> **提示：扁平/层次化 FIB**
>
> 传统上 FIB 的结构是扁平的。当把 RIB 条目写入 FIB 时，每个条目都会被完全解析，且指向出向邻接信息的指针会被添加到条目中。邻接信息包含出接口和二层重

写信息。同时，BGP 前缀条目对应的 FIB 条目也是扁平的。这类 FIB 看起来如图 9-1 所示。B1、B2 和 Bn 是 BGP 前缀。I1、I2 和 I3 是 IGP 前缀。在该图中，每个前缀条目均被直接链接到邻接 1。

在这种 FIB 结构上激活 IPFRR，需要遍历每个条目以激活修复路径。这个解决方案是与前缀相关的，对每个前缀的保护将被有顺序地激活。

层次化 FIB 不会使 FIB 结构变扁平，而是使用指针来解决 FIB 元素之间的依赖性，在 FIB 结构中引入数个层次的关联。这类 FIB 如图 9-2 所示。每个 BGP 前缀条目都有一个指向被称为 BGP 路径列表的元素的指针。此 BGP 路径列表包含一个或多个用于 BGP 前缀的下一跳。如果使用 BGP 多路径，则 BGP 路径列表包含多个下一跳，然后流量在 BGP 路径列表中的所有下一跳间进行负载均衡。BGP 路径列表在前缀之间共享；具有相同下一跳的 BGP 前

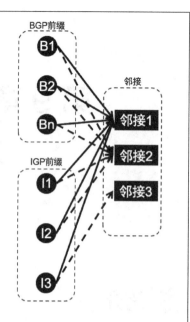

图 9-1　扁平 FIB 结构

缀指向相同的 BGP 路径列表。BGP 路径列表中的条目指向 IGP 前缀条目。此 IGP 前缀条目指向 IGP 路径列表。IGP 路径列表包含一个或多个下一跳。如果目的地可通过多条等价路径到达，则 IGP 路径列表中包含每条路径所对应的条目。IGP 路径列表中的每个条目指向相应的邻接。当转发数据包时，选定用于转发数据包的路径列表条目。

除了 ECMP 信息之外，IGP 路径列表还包含备份路径的信息。在故障时，备份路径被激活。如图 9-2 所示，当邻接 1 失效时，IGP 路径列表中的备份条目被激活。在该图中，前缀 I1 和 I2 将使用经由邻接 2 的备份路径，前缀 I3 将经由邻接 3 进行转发。

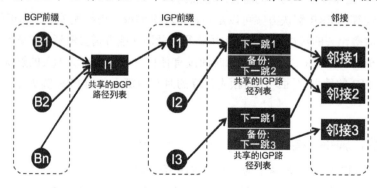

图 9-2　层次化 FIB 结构

IGP 收敛主要取决于 IGP 中的前缀数量。目前的 IGP 应该能实现在故障发生后几百毫秒内完成 1000 个前缀的收敛。如图 9-3 所示，当故障发生后，每个节点开始其收敛过程，计算出新的最短路径树后，节点依次更新其转发表项（前缀）[1]。y 轴显示前缀连通性的中断时间，这是指故障发生后与前缀连通性恢复之间的时间间隔。图中标识为"IGP"的曲线代表的是前缀条目在转发表中被更新的时间。x 轴代表的是每个前缀被更新的顺序。例如，第一个前缀在故障发生后 100ms 被更新。最后一个前缀（本例中的第 5000 个前缀）在故障发生后 1100ms 被更新。故障发生后 300ms 更新了第 1000 个前缀。FRR 解决方案的要点是快速完成流量修复，直到 IGP 完成收敛并且在数据平面中安装了"收敛后"的路径为止。IPFRR 被激活后，IPFRR 将同时恢复所有前缀的连通性。在图 9-3 中故障发生 20ms 后 IPFRR 被激活，见图中标识为"IPFRR"的曲线。请注意，IGP 收敛和 IPFRR 同时发生：当 IPFRR 处于活动状态时，IGP 将计算和更新新的转发条目。

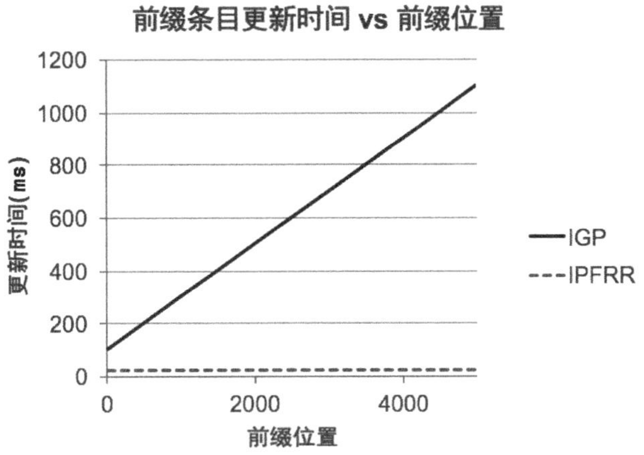

图 9-3　前缀更新时间与前缀位置

有两种类型的 FRR 解决方案：基于网络设施和基于前缀。

基于网络设施的 FRR 解决方案能计算出从 PLR 开始，绕过指定网络设施（例如链路）并返回到 PLR 经由受保护设施的下一跳的单条备份路径。在链路失效时，所有受影响的业务被重新路由至该单条备份路径，从而被引导到链路的另一端，从那里开始流量被分为多条流，每条流去往其各自的目的地。如图 9-4 所示，基于网络设施的备份路径将流量引导到节点 2 和节点 3 之间的受保护链路的另一端，流量从那里去往目的地。到目的地节点 6 和节点 9 的流量共享相同的网络设施备份路径。

RSVP-TE FRR 和 SONET/SDH 是基于网络设施的 FRR 解决方案的例子。

这些解决方案的主要功绩是，它们是历史上最先得以实现的 FRR 解决方案。

它们应用于 IP 网络时有明显的缺点：它们引导所有流量沿着相同的备份路径（不使用

ECMP）一直到达受保护链路的另一端（非最优路径）。

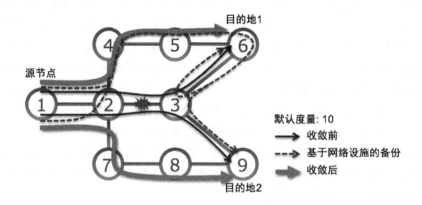

图 9-4　网络设施备份示意图

IPFRR 是基于前缀的 FRR 解决方案；PLR 针对每个目的地 / 前缀预先计算出一条单独的备份路径。

这对于 IP 网络而言显然更优，原因如下。

— 支持 ECMP：每条流的备份路径可以不同，因此在激活 FRR 解决方案时，受影响的流量被分成多条流，并且每条流沿着其最优备份路径被转发。受影响的流量不会沿着同一条备份路径集中转发。

— 最优路径：在 IP 网络中，最优备份路径常常避免走故障链路的另一端。基于网络设施的 FRR 解决方案在应用于 IP 网络时在很大程度上是次优的：它强迫流量一直走到故障链路的另一端。事实上，基于网络设施的 FRR 解决方案这样处理是因为它被设计用于电路交换的环境里，因此受保护的业务必须被重新路由到链路的另一侧以恢复电路状态。在 IP 网络中，IP 数据包具有所需的所有路由信息，即目的地址。

MPLS/LDP 流量也可利用 IPFRR 计算出的备份路径实现 FRR。

> "在 2001 年，Stefano Previdi 和我在布鲁塞尔思科的餐厅里开始 IPFRR 的研究。那是 MPLS 的早期阶段，我专注于 FRR/TE/QoS 方面而 Stefano 专注于 VPN。很清楚的是，RSVP-TE FRR 受到其电路天性的制约，对 IP 不是最佳的。我们希望找到一个基于 IP 的解决方案，它是针对 IP 优化的解决方案（从 ECMP、容量和路由角度而言）。我们称此项目为 IPFRR 以强调 IP 在解决方案中的中心地位。"
>
> Clarence Filsfils

图 9-5 中的节点 2 对节点 2 和节点 3 间的链路实施了保护，即这条链路是受保护的组件。

从节点 2 到目的节点 6、节点 9 的主用路径经过受保护组件，如标记为"收敛前"的箭头所示路径。节点 2 为每一个目的地计算出一条修复路径，如标记为"IPFRR"的箭头所示路径。在受保护组件发生故障时，节点 2 通过它们的修复路径将业务流引导至目的地。当流量通过修复路径到达其目的地时，IGP 进行收敛并安装新的转发条目。然后流量不再通过修复路径转发，而是通过新路径转发，如标记为"收敛后"的箭头所示。

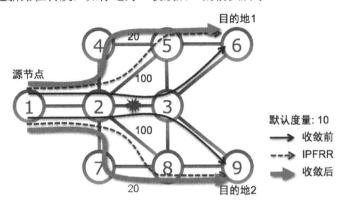

图 9-5　本地保护示意图

FRR 为经过受保护组件的流量提供本地保护。FRR 是本地行为，因为是由故障组件的直连上游节点激活该机制；此上游节点也是第一个检测到本地连接组件故障的节点，因此消除了通过网络传播故障信息的任何延迟。网络中的其他节点不必知道保护被激活，也不必做任何动作。

> **重点提示**
>
> FRR 解决方案屏蔽了链路、节点或 SRLG 发生故障时造成的连通性丢失，持续作用至 IGP 安装了受影响目的地（指经由发生故障的链路、节点或 SRLG 路由到的目的地）的收敛后路径为止。
>
> FRR 解决方案由与需要保护的链路、节点或 SRLG 直连的节点进行计算，这个节点被称为 PLR。
>
> PLR 在故障发生之前预先计算好 FRR 修复路径。
>
> 我们寻求基于目的地的 FRR 修复路径：基于每个目的地计算和优化备份（修复）路径。
>
> 我们寻求与前缀无关的 FRR 解决方案：激活预先计算的 FRR 修复路径的时间不取决于需要激活修复路径的目的地条目数量。
>
> FRR 解决方案仅取决于 PLR。网络中的其他节点不需要做任何事情。
>
> 我们寻求 50ms 的 FRR 解决方案。我们假设检测本地故障的时间小于 10ms，FRR 与目的地无关的特性以及预先计算的备份/修复路径可以确保激活时间小于 40ms。

> 我们寻求针对 IP 而不是针对电路进行优化的 FRR 解决方案。
> IPFRR 解决方案家族的命名强调其"IP"天性及针对 IP 网络的优化。
> MPLS/LDP 流量也可受益于 IPFRR。

IPFRR 研究成果首先是无环路备份（LFA），然后是远端无环路备份（RLFA）扩展了 LFA 的覆盖范围。最后，基于 SR，此研究最终完成，即与拓扑无关的无环路备份（TI-LFA），一个完备和最优的 IPFRR 解决方案。

FRR 机制必须预先计算修复路径以保护特定故障。故障可能是链路、节点或 SRLG 故障，通常需要在配置 FRR 时指定要保护的故障类型。

图 9-6 显示了链路、节点和 SRLG 保护类型。拓扑中的节点 2 应用不同的保护类型来保护去往目的地节点 7 的业务。

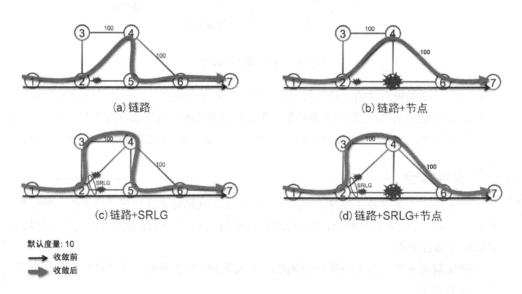

图 9-6　链路、节点和 SRLG 保护

链路保护意味着修复路径避免采用去往目的地主用路径的出向链路，如图 9-6（a）所示。

节点保护意味着修复路径避免采用去往目的地主用路径的第一跳节点；节点保护还意味着链路保护，如图 9-6（b）所示。

SRLG 保护意味着修复路径避免采用与去往目的地主用路径共享 SRLG 的所有链路。Cisco IOS XR 实现了与主用路径属于同一 SRLG 的本地接口故障保护，即所谓的本地 SRLG 保护；SRLG 保护还意味着链路保护，如图 9-6（c）所示。

> **提示：SRLG**
>
> SRLG 是共享公共（物理）资源（例如线缆、管道、节点或底层建筑）的一组网络链路。该资源的故障将导致组内所有链路的故障。例如，同一条管道中的两条光纤或共享相同光纤的多个波道属于同一个 SRLG。链路可以属于多个 SRLG。
>
> 用数字标识每个 SRLG，该数字附加到该 SRLG 成员链路上。IETF RFC 4202 规定："SRLG 由 32 位数字标识，该数字在 IGP 域中是唯一的。SRLG 信息是链路所属（多个）SRLG 的无序列表。"
>
> SRLG 标识在 IGP 中通告。SRLG 号在 ISIS（IETF RFC 4205）的 SRLG TLV 中通告，在 OSPF 的流量工程不透明 LSA（IETF RFC 4203）的链路 TLV 的 SRLG 子 TLV 中通告。

节点和 SRLG 保护可以组合使用，同时也意味着链路保护，如图 9-6（d）所示。

Cisco IOS XR 支持：

- LFA：链路、节点和本地 SRLG 保护；
- RLFA：链路保护；
- TI-LFA：链路、节点和本地 SRLG 保护。

9.2 LFA

找到去往目的地 D 修复路径的最简单方式是 PLR 找到一个直连邻居，这个邻居去往 D 的最短路径不经过受保护组件。这样的邻居被称为 LFA。

在受保护组件发生故障时，PLR 把去往 D 的流量重路由至经由预先计算的 LFA。LFA 收到该业务流量，并且按照常规路由方式（即不感知故障）将其沿着最短路径转发至目的地。这点很重要，因为我们希望在非常短的时间（50ms）内恢复流量，在此我们不能期望 LFA 已经完成 IGP 收敛。我们必须确保选择的 LFA 能在故障发生后使用其旧的或新的转发状态均可将流量转发至目的地。

由 PLR 选择的 LFA 被称为目的地 D 的"释放点"：在 LFA 处释放的数据包按照常规路由方式转发至目的地 D，并且不会经过受保护组件或返回到 PLR。

对于某些拓扑，PLR 可能找不到针对特定目的地的任何 LFA。在这种情况下，不为此目的地安装保护路径，流量将会丢失，直到 IGP 收敛完成为止。

IETF RFC 5286 中规定了"经典"LFA。这里强调"经典"是为了与本书其他类型的 LFA 区分开来。我们建议阅读 IETF RFC 6571（"LFA Applicability in Service Provider (SP) Networks"），以了解 LFA 的使用场景和设计指南。

研究图 9-5 的拓扑会发现，节点 2 使用节点 4 作为目的地节点 6 的 LFA。从节点 4 到节点 6 的最短路径经由节点 5，不经过受保护组件——节点 2 和节点 3 之间的链路。类似地，节点 2 使用节点 7 作为目的地节点 9 的 LFA。请注意，节点 2 为每个目的地分别计算备份路径：节点 4 对应于目的地节点 6，节点 7 对应于目的地节点 9。

针对每个目的地分别设置备份路径是最优的方案。诸如 RSVP-TE FRR 这类基于电路的解决方案使用单条备份路径（例如，节点 2 → 节点 7 → 节点 8 → 节点 3），并且将所有被修复的业务流量引导至故障链路的另一端（节点 3）。从容量利用和 ECMP 角度看，这是很不理想，同时从路由和时延的角度看也是如此：去往节点 6 的修复流量肯定不应该经由节点 7 和节点 8；去往节点 9 的修复流量肯定不应该经由节点 3 返回。

LFA 的公式很简单（公式 9-1）

LFA 基本无环路条件

$$\text{Dist}(N, D) < \text{Dist}(N, PLR) + \text{Dist}(PLR, D) \tag{9-1}$$

- $\text{Dist}(A, B)$ 表示从 A 到 B 的最短距离。
- N 表示 PLR 的邻居。
- D 表示所针对的目的地。

该简单公式说明，对于 PLR，当且仅当从 N 到 D 的最短路径不经由 PLR 返回时，其邻居 N 是用于目的地 D 的 LFA。换句话说，如果 PLR 将去往目的地 D 的数据包发送给 N，若满足上述条件，则 N 不会将其发回给 PLR。这是无环的准则。

现在针对网络拓扑图 9-5 以及评估公式 9-1 的条件，其中 PLR= 节点 2，D= 节点 6。当第一次评估对象 N= 节点 7 时，条件变为：

$\text{Dist}(N, D) < \text{Dist}(N, PLR) + \text{Dist}(PLR, D)$

→ $\text{Dist}(节点 7, 节点 6) < \text{Dist}(节点 7, 节点 2) + \text{Dist}(节点 2, 节点 6)$

→ $30 < 10 + 20$

→ 结果为假 → 节点 7 不是目的地节点 6 的 LFA。

从节点 7 到节点 6 的最短路径确实经过了节点 2 与节点 3 之间的链路。

当评估对象 N= 节点 5 时，条件变为：

$\text{Dist}(N, D) < \text{Dist}(N, PLR) + \text{Dist}(PLR, D)$

→ $\text{Dist}(节点 5, 节点 6) < \text{Dist}(节点 5, 节点 2) + \text{Dist}(节点 2, 节点 6)$

→ $10 < 100 + 20$

→ 结果为真 → 节点 5 是目的地节点 6 的 LFA

"经典" LFA 简单，并且多数情况下是可用的。IETF RFC 6571 分析了许多实际数据集，表明 LFA 对于典型骨干网中 89% 的目的地是可用的。IETF RFC 6571 还提供了设计指南，以确保 100% 覆盖率。

这里的覆盖率是指在（PLR P，目的地 D）所有组合中，PLR P 具有目的地 D 的 LFA 的组合所占百分比。

"经典"LFA 是一种简单的保护机制，但它有局限性和缺点：
- 不是在所有情况下都提供保护，其覆盖率是与拓扑相关的；
- 并不总是提供最优的备份路径。

"经典"LFA 不总是可用的，这取决于网络拓扑、度量和要保护的组件。尽管"经典"LFA 可以在大多数网络中为大多数目的地前缀提供保护，但它不能为所有拓扑中的所有目的地提供保护。它是"拓扑相关"的，也就是说"经典"LFA 不能提供 100% 覆盖率。

在网络拓扑图 9-7 中，节点 2 在连接节点 3 的链路故障时，要保护去往目的地节点 8 和节点 5 的流量。研究网络拓扑可以发现，节点 6 是节点 2 去往目的地节点 8 的 LFA。应用公式 9-1，用数学方法验证节点 6 是目的地节点 8 的 LFA，因为它满足了基本的无环路条件：

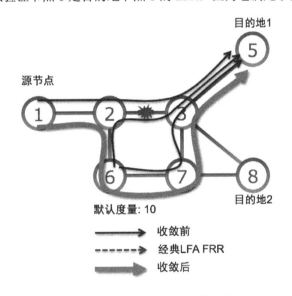

图 9-7 "经典"LFA 是拓扑相关的

Dist(N，D)<Dist(N，PLR)+Dist(PLR，D)，其中 D= 节点 8，PLR= 节点 2，N= 节点 6
→ Dist（节点 6，节点 8）（= 10）<Dist（节点 6，节点 2）（= 10）+ Dist
→ 10 <10 + 20
→结果为真→节点 6 是目的地节点 8 的 LFA。

但是，节点 2 没有针对目的地节点 5 的"经典"LFA。节点 2 只有一个备份邻居：节点 6。然而从节点 6 到目的地节点 5 的最短路径存在 ECMP，其中一条路径经过节点 2 和节点 3 之间的链路。从节点 6 到节点 5 的另外一条等价路径经由节点 7。在数学上，节点 6 不满足 LFA 基本的无环路条件：Dist（节点 6，节点 5）（= 30）不小于 Dist（节点 6，节点 2）（= 10）+ Dist（节点 2，节点 5）（= 20）。因此节点 6 不是针对目的地节点 5 的 LFA。注意，从节点 2

到节点 5 的备份路径是存在的：节点 2→节点 6→节点 7→节点 3→节点 5。这也是在收敛完成之后业务流量将遵循的路径，即收敛后路径。但由于它不是无环的（节点 6 不是如上所述的 LFA），所以该备份路径不能在经典 LFA 功能中使用，否则一半的业务流量将在节点 6 和节点 2 间循环。

"经典" LFA 的另一个缺点是：不总是提供最优的备份路径。如果找到了"经典" LFA，它可以提供保护，但可能不是通过最期望的修复路径。

在网络拓扑图 9-8 中，节点 2 在连接节点 3 的链路发生故障时，要保护去往目的地节点 5 和节点 8 的流量。研究网络拓扑可以发现，节点 4（图中 PE4）是针对目的地节点 5 的 LFA，因为从节点 4 到节点 5 的最短路径不经过受保护链路。节点 4 在数学上也满足 LFA 无环路条件：

Dist(N, D) < Dist(N, PLR) + Dist(PLR, D)，其中 PLR= 节点 2, D= 节点 5,
→ D(节点 4, 节点 5)(=110) < D(节点 4, 节点 2)(=100) + D
→ 110 < 100 + 20
→结果为真→节点 4 是目的地节点 5 的 LFA。

节点 2 的另一个邻居节点 6 不是针对目的地节点 5 的 LFA，这在前面基于网络拓扑图 9-7 的例子中已经证明，在拓扑图 9-8 中也是如此。

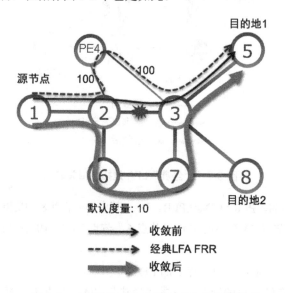

图 9-8 "经典" LFA 可能提供次优修复路径

请注意，针对目的地节点 5 的唯一可用 LFA 节点 4 是 PE 节点。操作员在节点 4 连接到核心的链路上配置了高度量。操作员显然不希望节点 4 用于转接流量，这是一个通用的设计规则。高度量链路通常可用带宽低，如果用作修复路径，则可能导致拥塞和丢包。然而"经典"

LFA 仍然选择节点 4 作为 LFA，因为在这种情况下，它是唯一可用的 LFA。

IETF RFC 7916 描述了"经典"LFA 机制没有选择期望的修复路径的其他情况。有时可以通过操作干预来实现期望的结果。手工调整仲裁机制以实现期望的修复路径是可能的。仲裁机制是指从多个可能的 LFA 中选择其中一个 LFA 的规则，具体参见 IETF RFC 5286。然而这种针对每种情况进行配置的做法并不总是可行的，并且增加了"经典"LFA 解决方案的操作复杂性。

在分析网络中最期望的修复路径时，我们会发现最优修复路径总是收敛后路径，即 IGP 收敛后流量将遵循的路径，而这正是 TI-LFA 自动提供的修复路径。

让我们再回到图 9-8。请注意，从节点 2 到节点 5 的最优备份路径是：节点 2 → 节点 6 → 节点 7 → 节点 3 → 节点 5。此路径不会经过任何不期望的节点或链路，它也是收敛后业务将遵循的路径，即收敛后路径。

重点提示

"经典"LFA 简单，并且多数情况下是可用的。

IETF RFC 6571 分析了许多实际数据集，表明 LFA 对于典型骨干网中 89% 的目的地是可用的。

IETF RFC 6571 提供了确保 100% 覆盖率的设计指南。

TI-LFA 在两个方面改进了"经典"LFA：它确保任意拓扑的 100% 覆盖率，并确保备份路径是最优的。

9.3 RLFA

前一节强调，不是总能找到 LFA，不是总有直连的邻居能够将数据包引导至目的地而不经过受保护的组件。

IETF RFC 7490 规定了对 LFA 的扩展，称为 RLFA。RLFA 通过使用"虚拟 LFA"扩展了"经典"LFA 的覆盖。这些"虚拟 LFA"是可以用作 LFA 释放点的远端节点。

在组件发生故障的情况下，保护节点（PLR）可以将业务流量直接发至这些 RLFA，然后在 RLFA 处释放业务流量。从那里开始，业务流量按照常规最短路径去往目的地，而不会回到或经过受保护的组件。如果没有直连的 LFA 可用，则通常使用 RLFA。

在 RLFA 解决方案中，PLR 通过隧道将业务直接发至 RLFA 节点。在 MPLS 网络中，隧道通常是 LDP LSP。

该 RLFA 释放点满足 LFA 无环路条件公式（9-1）。

PLR 基于以下两个条件（分别称为 P 和 Q）计算目的地 D 可能的 RLFA 节点列表。
- P：从 PLR 到 RLFA 候选节点的最短路径不得经过受保护组件 C（例如，链路、节点或本地 SRLG）。这适用于最短路径上的所有 ECMP 路径。
- Q：从 RLFA 候选节点到目的地 D 的最短路径不得经过受保护组件 C。

满足第一个条件的节点集合被称为节点 PLR 关于组件 C 的 P 空间，记为 P(PLR，C)。P 空间 P(PLR，C) 是节点集合，从 PLR 到这些节点的最短路径不经过组件 C，也就是说 P 空间 P(PLR，C) 中的节点不管受保护组件 C 的状态如何，都从 PLR 可达。PLR 可以通过剪去其最短路径树上通过组件 C 到达的所有节点来计算其 P 空间。IETF RFC 7490 中描述了一种可用于计算 P 空间的算法。

PLR 完全控制修复路径的第一跳的选择，它可以使用它的任何相邻节点作为修复路径的第一跳，而不管是否为最短路径。因此，如果保护节点（PLR）的邻居可以在不经过受保护组件的情况下到达目的地，则保护节点也可以不必经过受保护组件而到达该目的地。因此，保护节点可以到达其所有邻居的 P 空间中的所有节点。PLR 邻居的 P 空间的并集称为（PLR 的）扩展 P 空间。使用扩展 P 空间可以扩展 RLFA 节点的选择范围。PLR 关于组件 C 的扩展 P 空间记为 Pext(PLR，C)。

满足第二个条件的节点集合被称为目的地 D 关于组件 C 的 Q 空间，记为 Q(D，C)。如果节点 N 到 D 的最短路径不经过组件 C，则节点 N 在 Q 空间 Q(D，C) 中。Q 空间中的节点不管受保护组件的状态如何，都可以到达目的地。注意，回到"经典"LFA 定义中，在组件 C 发生故障时保护目的地 D 的经典直连 LFA，就是 Q 空间 Q(D，C) 中的节点。LFA 可以到达目的地 D 而不经过组件 C，这恰好是 Q 空间中节点的属性。

在链路保护的实际应用中，以受保护链路远端节点为目的地 D 的 Q 空间，可以用来替代通过该下一跳可达的每个目的地的 Q 空间。这种近似大大降低了计算可能的 RLFA 的复杂性，代价是潜在的次优修复路径。Q 空间的获取需要计算反向最短路径树：使用常规的最短路径树算法进行计算，但树根是受保护链路的远端节点；使用从下一跳去往树根方向上的链路度量，而不是远离树根方向上的链路度量；同时剪去经由受保护链路到达此（反向）最短路径树根的所有节点。IETF RFC 7490 中描述了一种可用于计算 Q 空间的算法。

RLFA 是同时满足 P 条件和 Q 条件的节点。因此，RLFA 通常被称为"PQ 节点"。它是 P 空间和 Q 空间的交叉点。

如果受保护组件 C 发生故障，则 PLR 可以将受保护的数据包引导至 RLFA，而不会经过 C（P 空间节点的属性），从 RLFA 释放点开始，数据包可以到达其目的地而不会经过 C（Q 空间节点的属性）。

如果存在多个 RLFA 候选节点，则建议选择离 PLR 最近的，因为这最大化了从 RLFA 到目的地业务流量负载均衡的可能性。

网络拓扑图 9-9 中显示了节点 2 在连接节点 3 的链路发生故障时要保护目的地节点 5 的示例。去往节点 5 的主用路径经过受保护的链路。节点 2 没有 LFA 来保护目的地节点 5，因为唯一的备份邻居节点 6 将把（部分）流量发回给节点 2。所以，节点 2 寻找可能的 RLFA。

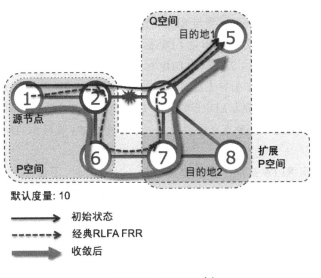

图 9-9 RLFA 示例

节点 2 计算 P 空间 P（节点 2，链路 2-3）：{ 节点 1，节点 2，节点 6 }。分析拓扑可以看出从节点 2 到这些目的地的最短路径不经过受保护的链路。在该示例中扩展 P 空间是节点 2 的 P 空间和节点 6 的 P 空间的并集：P（节点 2，链路 2-3）∪ P（节点 6，链路 2-3）= { 节点 1，节点 2，节点 6，节点 7，节点 8 }。实际上，如果节点 2 将目的地是节点 7 的数据包引导至节点 6，节点 6 将经最短路径将这些数据包转发至节点 7，而不经过受保护链路。节点 8 亦是如此。

节点 2 然后计算 Q 空间 Q（节点 5，链路 2-3）：{ 节点 3，节点 5，节点 7，节点 8}。这其中的任意节点可以经最短路径到达节点 5，而不经过受保护链路。

扩展 P 空间和 Q 空间的交集是：{ 节点 7，节点 8}。节点 7 最靠近节点 2，因此节点 2 选择节点 7 作为 RLFA（PQ 节点）。在连接节点 3 的链路发生故障时，节点 2 引导去往目的地节点 5 的流量经由节点 7。流量可以到达节点 7（P 空间的属性），并且从节点 7 可以到达节点 5（Q 空间的属性）。

为了将受保护的业务流量经由 RLFA 引导至目的地，保护节点需要将数据包封装或经隧道传送至 RLFA。典型情况下，RLFA 解决方案使用 LDP 作为隧道传送技术。在这种情况下，保护节点在修复路径的数据包上压入绑定到 RLFA 节点 FEC 的出向 LDP 标签。然而实际情况会更复杂，如果使用 LDP 标签传送受保护的业务，则保护节点必须知道 RLFA 为受保护目的地分配的标签，这样 RLFA 才能将带有该标签的数据包转发至目的地。但是由于 LDP 标签是逐跳通告的，只有直连的 LDP 才知道下游节点的本地 LDP 标签。因此，为使得保护节点从 RLFA 处获知本地 LDP 标签，必须在这两个节点之间建立目标 LDP(Targeted LDP) 会话。在每对 PLR / RLFA 之间都需要这种目标 LDP 会话。

在网络拓扑图 9-9 中，节点 2 需要与 RLFA 节点 7 建立目标 LDP 会话，从而使得节点 2 可获知节点 7 为目的地节点 5 分配的本地 LDP 标签：LDP（节点 7，D：节点 5）。节点 2 从其下游邻居节点 6 获知去往节点 7 所需的 LDP 标签：LDP（节点 6，D：节点 7）。当连接节点 3 的链路发生故障时，节点 2 引导去往目的地节点 5 的 LDP 流量经由节点 7。节点 2 把所接收到的数据包的顶层标签交换为 LDP（节点 7，D：节点 5）。这个标签将把数据包从节点 7 送到目的地节点 5。在此之上，节点 2 还要压入一个标签 LDP（节点 6，D：节点 7），以引导数据包至节点 7。

相比于直连 LFA，RLFA 扩展了保护覆盖范围，但是 RLFA 不保证提供全覆盖。覆盖范围仍然依赖于拓扑结构，且所选定的 RLFA 可能不提供最优备份路径。而且 RLFA 是有代价的：RLFA 要求每对 PLR 和 RLFA 之间建立目标 LDP 会话。

重点提示

RLFA 扩展了"经典"LFA。
IETF RFC 7490 根据真实数据集进行分析，结果表明 LFA+RLFA 的覆盖范围达到 99%。

RLFA 扩展了"经典"LFA 解决方案的覆盖范围。IETF RFC 7490 根据真实数据集进行分析，结果表明对于被分析的骨干网 LFA+RLFA 的覆盖范围达到 99%。

RLFA 并没有改善在某些情况下没有实现最优备份的问题，同时不保证提供 100% 覆盖率。

"在并不强制要求流量都需要得到保护的 IP 网络中部署 LFA 是非常快速的：部署非常简单（通常是一条命令），非常简单易懂，对可扩展性影响小，而且对于通常的拓扑结构而言，有着良好的覆盖率。RLFA 的应用更进一步地提升了覆盖范围，部署起来也简单（一条命令），但 RLFA 可能操作起来会更难，因为作为 RLFA 候选节点需要接受 PLR 发起的目标 LDP 会话（在网络各处均需要额外开启的特性）。在 RLFA 环境下，如果没有模拟工具的话，很难预测特定 PLR 上针对特定目的地的最优 RLFA 节点。鉴于网络设计和网络规模的考虑，一个特定 RLFA 候选节点可能被大量 PLR 所使用，从而导致在 RLFA 节点上需要建立大量的目标 LDP 会话，这可能会影响扩展性。

LFA 和 RLFA 可能不使用最优修复路径，因为 RFC 5286 和 RFC 7490 中只定义了基本的仲裁规则。使用非最优路径可能会导致网络产生短暂链路拥塞等问题：想象一下一条大带宽核心链路经由一条使用低带宽接入链路的路径进行保护！RFC 7916 描述了这些考虑因素，并引入一个策略框架以使得运营商可以更好地选择 LFA/RLFA 候选节点。

> 应用这些策略即便是真的有助于解决 FRR 流量引导问题，但也增加了操作复杂性。我的建议是当不强制要求流量都需要得到保护并且非最优修复路径不是一个问题时，我们可以考虑部署 LFA 和 RLFA。"
>
> Stéphane Litkowski

9.4 TI-LFA

在前面的章节中可以看出，"经典" LFA 有很大的好处，但存在着局限性和不足。"经典" LFA 不能在所有网络中保护所有目的地，它依赖于拓扑结构。LFA 其中一个缺点是即使存在一个或多个 LFA，也并不能保证选择到最优的那个，为此需要手工调整，这增加了操作复杂性。

RLFA 将目的地覆盖率提升到 95% ～ 99%，但它也并不总是能提供最优修复路径，同时它要求建立至 RLFA 的目标 LDP 会话，这也增加了操作复杂性。

TI-LFA 提供了消除这些限制的解决方案，同时保持 IPFRR 解决方案的简单性。由于 TI-LFA 在修复路径上采用 SR，因此 SR 必须在网络中部署。请注意，即使是只在局部部署了 SR，也许已经提供了 TI-LFA 保护，这一点将在本章中进一步讨论。

使用 TI-LFA 作为保护机制具有以下优点。

- TI-LFA 提供小于 50ms 的链路、节点和 SRLG 保护，并且覆盖率是 100%。
- TI-LFA 操作简单，易于理解。该功能特性包含于 IGP 中，无需额外的协议或信令。
- 修复路径由 IGP 自动计算，不需要特别调整。
- 通过使用收敛后的路径作为备份路径，可以防止备份路径上的短暂拥塞和次优路由。
- TI-LFA 可以增量部署，它是一个本地功能。
- TI-LFA 除了保护 SR 流量外也保护 LDP 和 IP 流量。

当发生故障时要使用的最优和最自然的修复路径就是当 IGP 收敛后流量最终使用的路径，即收敛后路径。这样的路径是首选，理由如下。

- 对于容量规划是最优的。在网络容量规划阶段，链路容量设计需考虑在其他链路故障时此链路是否将会被使用。因此，若备份路径同时也是收敛后路径，将极大提高确定性，且不会突破规划的容量。
- 操作简单。无需根据不同情况进行调整来从多个候选 LFA 中选择最优 LFA，从而减少了部署的工作量。
- 更少的流量切换。由于修复路径等于收敛后路径，因此流量只切换一次路径。

> **重点提示**
>
> 当发生故障时要使用的最优和最自然的修复路径就是当 IGP 收敛后流量最终使用的路径,即收敛后路径。

在没有 SR 之前,收敛后路径可能不可用,因为在许多情况下它不是无环路径,即它会把流量发回给保护节点。流量必须采用显式路由方式才能沿着收敛后路径转发而又避免环路。

基于 SR 的源路由流量引导能力,我们总是可以将收敛后路径作为修复路径。将收敛后路径编码成 Segment 列表就足以避免环路!并且修复路径上沿途各节点也无需创建任何额外的状态,这是因为修复路径不是通过信令生成的,而是由源节点编码在报头中的。因此与 LFA/RLFA 类似,TI-LFA 也是 PLR 的本地机制。

启用 TI-LFA 后,在组件 C 发生故障时,保护目的地 D 的修复路径是组件 C 发生故障时的收敛后路径,即是从拓扑中去除组件 C 后去往目的地 D 的最短路径。

启用 TI-LFA 后,PLR 把收敛后路径编码为 Segment 列表(即标签栈)。一旦 FRR 解决方案被激活,相应的标签栈将被压入被修复流量的数据包。

请注意,Segment 列表(即标签栈)的计算是针对每个目的地的。这保证了最优的解决方案:每个目的地的修复路径都是其收敛后路径。

图 9-10 的网络拓扑与图 9-8 一样,用于说明 TI-LFA 自动选择最优修复路径。在这个网络中,节点 2 保护去往目的地节点 5 的流量。图 9-10 显示了"经典"LFA 在保护链路发生故障后引导流量经由 LFA 节点 4。如在之前"经典"LFA 部分所述,这条修复路径不是最优的,因为它会经过边缘节点——节点 4,而此节点 4 通过低带宽链路连接到节点 2。如果受保护链路发生故障,则从节点 2 到节点 5 的最短路径将是收敛后的路径:节点 2 → 节点 6 → 节点 7 → 节点 3 → 节点 5。在此故障发生之前,TI-LFA 已经计算好这条收敛后路径并且得到用于引导数据包沿着收敛后路径转发而不产生环路的 Segment 列表。在这个简单例子中,TI-LFA 将会为修复路径上的数据包报头压入单个 Segment:节点 7 的 Prefix Segment。如之前 RLFA 部分中所述,节点 7 是目的地节点 5 的 PQ 节点。流量被引导至 PQ 节点 7 后将去往目的地节点

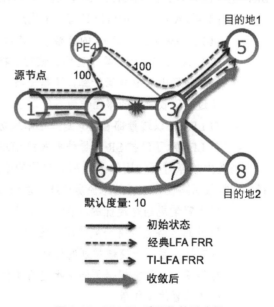

图 9-10 TI-LFA 采用收敛后路径

5。研究网络拓扑结构可知，流量确实会沿着收敛后路径转发。

重点提示：TI-LFA 的好处

- 小于 50ms 的链路、节点和 SRLG 保护。
- 对于任意拓扑提供 100% 覆盖率。
- 操作简单，易于理解。
- 由 IGP 自动计算，不需要其他协议。
- 除了 PLR 上创建的保护状态之外，没有创建其他状态，是 PLR 本地机制。
- 最优化：备份路径使用收敛后路径。
- 增量部署。
- 除了 SR 流量，也适用于 IP 和 LDP 流量。

"相比于其他 IPFRR 技术，TI-LFA 带来了巨大的好处。LFA 和 RLFA 不能保证所有的故障都得到保护（即使它们的覆盖已经很广），采用 TI-LFA，运营商知道无论采用何种设计，流量保护总是可以实现的。在 TI-LFA 之前，对于需要为流量提供 100% 保护的 IP 或 LDP 网络，运营商不得不在每条链路上部署 RSVP FRR（需要采用 LDP over RSVP），这极大地增加了复杂度，但仍不能提供最优修复路径（基于网络设施的 FRR 解决方案）：流量常常在很多链路上是类似于"发夹"一样来回转发。

现在 TI-LFA 提供了一种用于 IP 或 LDP 网络的更简单、更自然的解决方案。此外，即使网络环境中无须保证流量一定受到保护，部署 TI-LFA 也是非常快速的（只需一条命令，无需其他处理），只要网络运行 SR。在网络中部署 SR 并不意味着迁移所有主用路径的流量至 SR LSP。你可以很容易地部署 SR，并且只是使用 SR 的 TI-LFA 功能来提供修复路径，你的主用路径的流量可以仍然是纯 IP 或 LDP 的，只有在 FRR 被激活时，才会使用 SR 路径，并且当 IGP 收敛后将恢复回 IP 或 LDP。

TI-LFA 实现了流量最优化，这相比于其他任何 FRR 技术都是巨大的改进。在过去，只有 RSVP-TE 分离路径 FRR 提供这样的做法，但从未得到部署，因为它需要全网状的端到端 TE 隧道以及与每条隧道一一对应的专用 FRR 路径。TI-LFA 没有这样的可扩展性问题，因为中间节点没有维持状态。流量最优化是至关重要的，尤其是当缺少带宽或带宽很昂贵时，更不能浪费带宽。此外，如果使用两套容量规划策略（一套用于 FRR 路径，一套用于收敛后路径）将增加规划的复杂性，可能会增加网络成本，这没有意义。因此，把 FRR 路径和收敛后路径合并，去除了 FRR 所需要的特定流量引导策略，简化了网络，也简化了操作。"

——Stéphane Litkowski

9.4.1 TI-LFA 计算

本节是 TI-LFA 修复路径计算所采用步骤的高度概括。

> "我们做了大量的研究确保收敛后路径的计算及其 Segment 列表的编码是可扩展的。
>
> 每次拓扑变化时都必须针对每个目的地进行计算，必须提供足够的扩展性以支持经常发生改变的运营商网络。
>
> 该研究结果已在思科设备上实现，所实现的算法不需要详述，因为这是单台设备上的行为。"
>
> —Clarence Filsfils

PLR 基于每个目的地计算主用路径。它找到主用路径上的出向链路，然后在拓扑中把该链路剪除后计算最短路径，这是收敛后路径。然后，PLR 把该收敛后路径编码为 Segment 列表。该 Segment 列表（即 SR MPLS 标签栈）就是对应的目的地预先计算好的备份路径。

该 PLR 对 IGP 表中的所有目的地重复此过程。

显然，该方法可以应用于链路、节点或 SRLG 保护。唯一需要修改的是剪除步骤（即从拓扑中去除什么样的组件来计算收敛后路径）。

去往目的地的主用路径计算一旦完成，PLR 随即查找主用路径上出接口的 TI-LFA 策略，此策略由操作员选定。

如果策略指定的是 SRLG，那么 PLR 剪除与主用路径属于同一 SRLG 的本地接口。如果策略指定的是节点，则 PLR 剪除主用路径上的第一跳节点。或者，PLR 剪除主用路径上的出向链路。

重点提示

TI-LFA 提供链路、节点和 SRLG 保护。

9.4.2 Segment 列表长度分析

> "直觉告诉我们，TI-LFA 只需要少量 Segment 就可以完成对收敛后路径的编码。
>
> 首先，LFA 和 RLFA 通常（99%）是可用的，此时需要零或一个 Segment。
>
> 其次，基于与 SRTE 同样的直觉。在我们日常生活中，我们并不会规划行程中的每个转弯，相反地，我们会规划最短路径上的少数几跳。我们将这种直觉应用到真正的网络上：网络中一段或两段最短路径，对应于 SR 术语的一个或两个 Segment，就足以引导流量。见第1章。"
>
> —Clarence Filsfils

采用对称度量的网络中（对于网络中每一条链路 A—B，A → B 的度量等于 B → A 的度量），TI-LFA 链路保护最多只需要额外的两个 Segment 用于修复路径。这是已经被证明的（见参考文献 [FRANCOIS]）。

在这样的网络中，用于链路保护的 P 空间和 Q 空间重叠或者是相邻。理论极限是两个额外的 Segment，事实上需要一个以上 Segment 的情况相当罕见。

网络并不总是使用对称 IGP 度量。度量不对称可能是故意的，也可能是由于配置错误造成的，并且网络可能需要节点或 SRLG 保护。在这些情况下，理论上用于修复路径的 Segment 数量没有上限。但在现实中事情要简单得多！

法国的一个大型运营商展示了他们网络的 TI-LFA 模拟结果[5]，结果表明在其网络中，绝大多数情况下链路保护无需额外的 Segment，在非常罕见的最坏情况下备份路径需要 2 个 Segment。

对于节点保护的情况，99.72% 的目的地可以通过不超过两个 Segment 实现保护，99.96% 的目的地可以通过不超过 3 个 Segment 实现保护，不超过 4 个 Segment 即可实现 100% 覆盖率的节点保护。

对其他真实网络拓扑的分析呈现类似的结果。

重点提示

理论和实际数据分析表明，TI-LFA 只需要很短的 Segment 列表。

大部分的收敛后备份路径只需要零或一个 Segment。

对真实网络拓扑分析的结果表明 99.72% 的备份路径需要不超过两个 Segment。

对真实网络拓扑分析的结果表明 99.96% 的备份路径需要不超过 3 个 Segment。

没有备份路径需要超过 4 个 Segment。

9.4.3 修复路径采用 TE 基础设施

在采用对称度量的网络中，链路保护的修复路径最多需要两个 Segment。在其他情况下（例如，需要节点或 SRLG 保护，或网络采用非对称度量）修复路径所需的 Segment 数量在现实中是有限的，见第 9.4.2 节。但是，有时修复路径需要更多的 Segment（在 SR MPLS 中是标签）。路由器可以压入 Segment 的数量取决于其硬件平台能力。在传统 MPLS 数据平面中，路由器为数据包压入多个 Segment 并非新鲜事物，但在某些 SRTE 情形下，被压入标签的数量与路由器所处网络位置有着极大的关系。

为支持给修复路径压入超过平台限制数量的 Segment，Cisco IOS XR 的 IGP 采用了 TE 基础设施。IGP 计算好修复路径，把修复路径的出接口、下一跳和标签栈发给 TE，并要求

TE 根据所提供信息发起一个 SRTE 策略[2]。请注意，此时其他任何 TE 功能，例如路径验证等，并未被使用。基于此机制，修复路径上可压入的标签数量与 TE 基础设施所支持的数量一样，从而可压入的标签数量大大增加。

在写本书时，可以直接压入的最大标签数量为 3；使用 TE 基础设施时，对于 ASR9000 和 NCS6000 平台最大标签数量是 10，对于某些其他平台或特定线卡可能最大标签数量会小于 10。对于大多数 TI-LFA 部署而言，支持的最大标签数量已经远远超出 TI-LFA 典型情况下所需标签数量。并且这个机制在具体实现中进行了完全的抽象，不会给操作员在操作维护上增加任何的复杂性和开销。

要使用此功能，必须在启用 TI-LFA 的保护节点上安装 MPLS PIE[3]，因为 TE 基础设施功能包含于这个 PIE 中。无需任何 TE 配置来启用此功能。鉴于在大多数情况下为修复路径压入不多于 3 个标签即可实现全覆盖，因此这个功能在给定的网络上不一定需要。

IGP 并不会为每个目的地创建一个不同的 SRTE 策略用于保护，而是把多个共享同样修复路径的目的地对应于同样一个 SRTE 策略。

为修复路径采用自动发起的 SRTE 策略的限制是，所有的修复节点（显式路径上的节点）必须支持 SR，并且修复路径的下一跳邻居节点必须支持 SR。如果修复路径的中间节点（即不是 SR 端点）只支持 LDP，那么仍然可以在修复路径上应用 SR/LDP 互操作功能。

例 9-1 的输出显示了 ISIS TI-LFA 计算的节点保护修复路径。这里只讨论 SRTE 策略的相关情况。第 9.5.2.3 节将讨论这条修复路径（拓扑结构、保护类型等）的细节。修复路径包含 4 个 Segment，也就是说被引导到这条修复路径的数据包必须被压入 4 个标签。对于标签栈大于 3 个标签的情况，IGP 将使用 TE 基础设施发起一个 SRTE 策略。在这个例子中，SRTE 策略用 tunnel-te32783 表示，见输出的第 6 行。tunnel-te 接口的数字是从起始于 32768 的默认数字池中动态选择的，操作员可以按照例 9-2 所示指定另一个数字池。

虽然无需 TE 配置来启用此功能，在写本书时，仍然需要配置 tunnel-te 接口的默认 IP 地址：ipv4 unnumbered mpls traffic-eng Loopback0。

▶ **例 9-1　ISIS TI-LFA 节点保护修复路径**

```
1 RP/0/0/CPU0:xrvr-1#show isis fast-reroute 1.1.1.6/32 detail
2
3 L2 1.1.1.6/32 [20/115] medium priority
4      via 99.1.2.2, GigabitEthernet0/0/0/1, xrvr-2, SRGB Base: 16000, Weight: 0
5           Backup path: TI-LFA (node), via 99.1.5.5, GigabitEthernet0/0/0/0 xrvr-5, SRGB Base: 16000, Weight: 0
6           Backup tunnel: tunnel-te32783
7             P node: xrvr-4.00 [1.1.1.4], Label: 16004
```

```
8          Q node: xrvr-3.00 [1.1.1.3], Label: 30403
9          P node: xrvr-8.00 [1.1.1.8], Label: 16008
10         P node: xrvr-10.00 [1.1.1.10], Label: 16010
11         Prefix label: 16006
12       P: No, TM: 110, LC: No, NP: No, D: No, SRLG: No
13     src xrvr-6.00-00, 1.1.1.6, prefix-SID index 6, R:0 N:1 P:0 E:0 V:0 L:0
```

▶ 例 9-2 SRTE 策略——接口数字池

```
mpls traffic-eng
 auto-tunnel p2p
  tunnel-id min 10000 max 19999
```

保护节点上 SRTE 策略的详细信息如例 9-3 所示。对于自动发起的用于 TI-LFA 修复路径的 SRTE 策略而言，输出的大部分元素没有意义。SRTE 策略是 verbatim Segment-Routing，这意味着 IGP 决定 TE 如何构建策略。SRTE 策略的路径包含下一跳（99.1.5.5）和数个标签 {16004，30403，16008，16010}，见第 37 ～ 42 行。

▶ 例 9-3 IGP 发起用于 TI-LFA 修复路径的 SRTE 策略

```
1 RP/0/0/CPU0:xrvr-1#show mpls traffic-eng tunnels 32783
2
3
4 Name: tunnel-te32783 Destination: 0.0.0.0 Ifhandle:0x1480 (auto-tunnel
for ISIS 1)
5   Signalled-Name: auto_xrvr-1_t32783
6   Status:
7     Admin:    up Oper:   up  Path: valid  Signalling: connected
8
9     path option 10, (verbatim Segment-Routing) type explicit (_te32783)
(Basis for Setup)
10    G-PID: 0x0800 (derived from egress interface properties)
11    Bandwidth Requested: 0 kbps CT0
12    Creation Time: Fri Jul 1 07:18:59 2016 (05:05:19 ago)
13  Config Parameters:
14    Bandwidth:          0 kbps (CT0) Priority: 7 7 Affinity: 0x0/0x0
15    Metric Type: TE (global)
16    Path Selection:
17      Tiebreaker: Min-fill (default)
18      Protection: any (default)
```

```
19      Hop-limit: disabled
20      Cost-limit: disabled
21      Path-invalidation timeout: 10000 msec (default), Action: Tear
(default)
22      AutoRoute: disabled LockDown: disabled  Policy class: not set
23      Forward class: 0 (default)
24      Forwarding-Adjacency: disabled
25      Autoroute Destinations: 0
26      Loadshare:             0 equal loadshares
27      Auto-bw: disabled
28      Path Protection: Not Enabled
29      BFD Fast Detection: Disabled
30      Reoptimization after affinity failure: Enabled
31      SRLG discovery: Disabled
32      History:
33        Tunnel has been up for: 03:33:43 (since Fri Jul 01 08:50:35 UTC 2016)
34        Current LSP:
35          Uptime: 03:33:43 (since Fri Jul 01 08:50:35 UTC 2016)
36
37      Segment-Routing Path Info (IGP information is not used)
38        Segment0[First Hop]: 99.1.5.5, Label: -
39        Segment1[ - ]: Label: 16004
40        Segment2[ - ]: Label: 30403
41        Segment3[ - ]: Label: 16008
42        Segment4[ - ]: Label: 16010
43      Displayed 1 (of 4) heads, 0 (of 0) midpoints, 0 (of 0) tails
44      Displayed 1 up, 0 down, 0 recovering, 0 recovered heads
```

对于需要相同修复路径的多个目的地，IGP 共享相同的 SRTE 策略来实现保护，如例 9-4 所示。ISIS 使用隧道 te32784 作为目的地 1.1.1.9/32、1.1.1.10/32 等前缀的修复路径，见输出第 9 行。

▶ **例 9-4　共享的 SRTE 策略保护多个目的地**

```
1 RP/0/0/CPU0:xrvr-1#show isis fast-reroute tunnel
2
3 IS-IS 1 SRTE backup tunnels
4
5 tunnel-te32784, state up
6   Outgoing interface: GigabitEthernet0/0/0/0
7   Next hop: 99.1.5.5
8   Label stack: 16004, 24002, 16008
```

```
 9    Prefix: 1.1.1.9/32 1.1.1.10/32 99.2.10.0/24 99.8.9.0/24 99.9.10.0/24
10
11  tunnel-te32783, state up
12    Outgoing interface: GigabitEthernet0/0/0/0
13    Next hop: 99.1.5.5
14    Label stack: 16004, 24002, 16008, 16010
15    Prefix: 1.1.1.6/32 99.6.10.0/24
```

9.5 TI-LFA 保护选项

在本节中，我们将讨论 TI-LFA 可用的保护选项，以及如何在 ISIS 和 OSPF 下配置不同的保护选项。我们在每个例子中都使用图 9-11 所示的网络拓扑，以说明用于 ISIS 和 OSPF 的 TI-LFA。

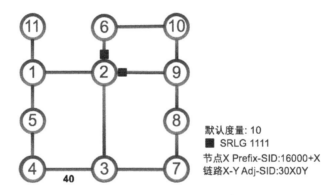

图 9-11　TI-LFA 网络拓扑

除了节点 3 和节点 4 的链路 IGP 度量是 40 之外，其他所有链路的 IGP 度量均是 10。所有节点均分配默认 SRGB [16000-23999]。每个节点 X 有一个环回地址前缀 1.1.1.X/32 和相关的 Prefix-SID 标签 16000 + X。节点 2 上有两条属于 SRLG "1111" 的链路：连接节点 6 的链路和连接节点 9 的链路，这两条链路在图中用正方形标识。

 重点提示

所有 TI-LFA 保护选项都确保在任何拓扑下修复路径都是收敛后路径。

默认的链路保护选项在许多网络设计中都可以使用，也是优先建议的选项，甚至在许多情况下，链路保护可以提供事实上的节点保护。

在网络中配置了 SRLG 的地方可以应用 SRLG 保护。注意在写本书时，Cisco IOS

> XR 的 SRLG 保护实现只考虑本地链路。
>
> 在某些情况下可以使用节点保护，但是如果只是一条链路发生故障，则节点保护可能不确保提供收敛后路径。

9.5.1 链路保护

链路保护是 TI-LFA 最基本的保护选项，只需要为所有需要保护的链路启用此保护选项即可。

9.5.1.1 ISIS 配置

例 9-5 给出了非常简单的 ISIS 配置用于启用 TI-LFA 链路保护。命令 fast-reroute per-prefix 以及 fast-reroute per-prefix ti-lfa 在每个 ISIS 接口的地址族下启用。TI-LFA 支持 IPv4 和 IPv6 地址族。

▶ 例 9-5　ISIS TI-LFA 链路保护

```
router isis 1
 address-family ipv4 unicast
  segment-routing mpls
 !
 address-family ipv4 unicast
  segment-routing mpls
 !
 interface GigabitEthernet0/0/0/0
  point-to-point
  address-family ipv4 unicast
   fast-reroute per-prefix
   fast-reroute per-prefix ti-lfa
  !
  address-family ipv6 unicast
   fast-reroute per-prefix
   fast-reroute per-prefix ti-lfa
```

可以使用配置组功能自动将 TI-LFA 配置添加到所有 ISIS 接口，见例 9-6。配置组功能是一个通用的配置简化工具，不限于 TI-LFA 或 SR 相关配置。

▶ 例 9-6　ISIS TI-LFA 链路保护——使用配置组

```
group GROUP_ISIS
 router isis '.*'
```

```
 interface 'GigabitEthernet.*'
  address-family ipv4 unicast
   fast-reroute per-prefix
   fast-reroute per-prefix ti-lfa
  address-family ipv6 unicast
   fast-reroute per-prefix
   fast-reroute per-prefix ti-lfa
end-group
!
router isis 1
 apply-group GROUP_ISIS
 address-family ipv4 unicast
  segment-routing mpls
 !
 address-family ipv4 unicast
  segment-routing mpls
!
 interface GigabitEthernet0/0/0/0
  point-to-point
  address-family ipv4 unicast
```

9.5.1.2　OSPF 配置

例 9-7 给出了一个 OSPF TI-LFA 配置示例，此 OSPF TI-LFA 配置最终的生效范围是每个接口，而另一方面 OSPF TI-LFA 也可以基于实例、区域和接口进行配置。常规的 OSPF 配置继承规则在这里同样适用：如果 TI-LFA 是基于实例或区域进行配置，那么在实例或区域中的所有接口都继承 TI-LFA 配置。

▶ 例 9-7　OSPF TI-LFA 配置

```
router ospf 1
 segment-routing mpls
 fast-reroute per-prefix
 fast-reroute per-prefix ti-lfa enable
```

例 9-8 说明了如何在区域或接口下禁用 FRR 和 / 或 TI-LFA。

▶ 例 9-8　OSPF TI-LFA 配置——禁用

```
router ospf 1
 segment-routing mpls
 fast-reroute per-prefix
```

```
fast-reroute per-prefix ti-lfa enable
area 0
 interface GigabitEthernet0/0/0/0
  network point-to-point
  fast-reroute disable
 !
!
area 1
 fast-reroute per-prefix ti-lfa disable
 interface GigabitEthernet0/0/0/1
  network point-to-point
 !
!
!
```

9.5.1.3 链路保护示例

这里只讨论其中一个 TI-LFA 链路保护的例子：具有两个 Segment 的链路保护修复路径。网络拓扑如图 9-12 所示。

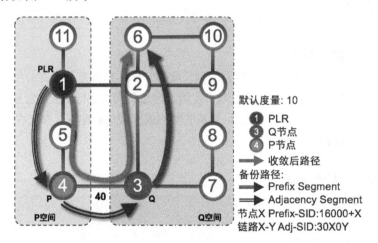

图 9-12 TI-LFA 具有两个 Segment 的链路保护

对于节点 1，去往目的地节点 6 的主用路径经过节点 1 和节点 2 之间的链路。为目的地节点 6 计算 TI-LFA 的过程如下。

- 从拓扑中删除去往节点 6 主用路径上的链路（节点 1 和节点 2 间的链路），并基于此拓扑计算最短路径树，从而获得从节点 1 到节点 6 的收敛后路径：{节点 5，节点 4，节点 3，节点 2，节点 6}。这条路径在图中被标识为"收敛后路径"。
- 节点 4 属于 P 空间（节点 1 发往节点 4 的数据包不会通过受保护的节点 1 和节点 2

间的链路送回来）。节点4不在Q空间内，因此去往节点6的数据包若被引导至节点4，则会被送回来并经过受保护链路。P空间和Q空间范围如图9-12所示。
- 节点3属于Q空间（节点3发往节点6的数据包不会通过受保护的节点1和节点2间的链路送回来）。
- P空间和Q空间不相交，没有节点既属于P空间又属于Q空间。但是节点4（P空间节点）和节点3（Q空间节点）相邻，并且均在收敛后路径上。
- PLR节点1为去往目的地节点6的修复路径压入Segment列表 {Prefix-SID（节点4），Adjacency-SID（节点4—节点3）}，出接口是与节点5互联的接口。如果从节点4到节点3的最短路径是经由这对节点间的直连链路，那么节点3的Prefix-SID可用于引导流量从节点4到节点3，否则使用节点4上与节点3直连链路对应的Adjacency-SID。在这个例子中，显示的是后一种情况：从节点4到节点3的最短路径包括两条等价路径（经由节点5以及经由直连节点3），在这种情况下，Adjacency-SID用于将流量引导到节点3。

上述行为应用于每个前缀，为每个目的地前缀计算收敛后路径，并在此基础上为每个目的地定制TI-LFA修复路径。注意，以上所述是计算过程的概念性描述，并非实际的算法。实际的TI-LFA算法是专有的（节点本地行为，不在IETF标准化范围内），并且扩展性非常好。

图9-13说明了节点1和节点2间链路故障后，TI-LFA修复路径上的标签栈。节点6通告环回地址前缀1.1.1.6/32及Prefix-SID标签16006。

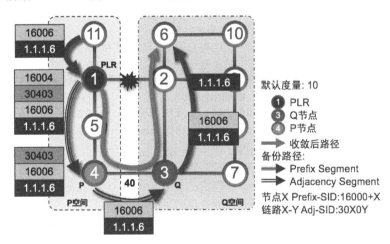

图9-13 具有两个Segment的修复路径——标签栈

带有顶层标签16006的数据包到达节点1。16006是节点6的Prefix-SID。节点1把顶层标签交换为相同的Prefix-SID标签16006。然后节点1在标签栈上压入额外两个标签：第一个标签是与P节点节点4的环回地址前缀相关联的Prefix-SID标签16004；第二个标签是与节点4到节点3邻接相关联的Adjacency-SID标签，这是节点4本地分配的标签，在图中是

30403。接下来节点 1 把数据包引导至去往节点 4 的接口。

如果目的地址是 1.1.1.6 的不带标签的 IP 数据包到达节点 1，则节点 1 压入 1.1.1.6/32 的 Prefix-SID 标签 16006，这等同于当修复路径未被激活时，压入主用路径的 Prefix-SID 标签。然后如上所述，节点 1 在标签栈上压入相同的额外两个标签：与 P 节点节点 4 的环回地址前缀相关联的 Prefix-SID 标签 16004，以及与节点 4 到节点 3 邻接相关联的 Adjacency-SID 标签 30403。

节点 3 属于去往目的地节点 6 的 Q 空间。因此当修复路径上的数据包到达节点 3 后，节点 3 采用常规的最短路径把数据包发往目的地节点 6。

命令 show isis fast-reroute detail 的输出如例 9-9 所示，它显示了 ISIS 计算的链路保护修复路径。这条 TI-LFA 修复路径使用节点 4 为 P 节点，节点 3 为 Q 节点。备份路径的出接口是连接节点 5 的 Gi0/0/0/0，下一跳 99.1.5.5（见第 6 行）。ISIS 构建了用于修复路径的标签栈 {16004, 30403, 16006}。栈底标签是与前缀 1.1.1.6/32 相关联的 Prefix-SID 标签 16006（见第 8 行），此标签不是额外压入的标签，而是常规的去往目的地的出向标签。标签栈中的下一个标签，即中间的标签，是与节点 4 到节点 3 邻接相关联的 Adjacency-SID 标签 30403。顶层标签是与 P 节点节点 4 的前缀 1.1.1.4/32 相关联的 Prefix-SID 标签 16004（见第 6 行）。

▶ 例 9-9　ISIS 具有两个 Segment 的修复路径

```
 1 RP/0/0/CPU0:xrvr-1#show isis fast-reroute 1.1.1.6/32 detail
 2
 3 L2 1.1.1.6/32 [20/115] medium priority
 4      via 99.1.2.2, GigabitEthernet0/0/0/1, xrvr-2, SRGB Base: 16000,
Weight: 0
 5           Backup path: TI-LFA (link), via 99.1.5.5, GigabitEthernet0/0/
0/0 xrvr-5, SRGB Base: 16000, Weight: 0
 6           P node: xrvr-4.00 [1.1.1.4], Label: 16004
 7           Q node: xrvr-3.00 [1.1.1.3], Label: 30403
 8           Prefix label: 16006
 9      P: No, TM: 80, LC: No, NP: No, D: No, SRLG: No
10      src xrvr-6.00-00, 1.1.1.6, prefix-SID index 6, R:0 N:1 P:0 E:0 V:0 L:0
```

引导受保护流量从节点 4 到节点 3 的 Adjacency-SID 是不受保护的 Adjacency-SID。在 P 节点节点 4 上的输出如例 9-10 所示，显示了去往 Q 节点节点 3 的 Adjacency-SID 标签 30403 不受保护，此 Adjacency-SID 标签用于 TI-LFA 修复路径。

▶ 例 9-10　从 P 节点到 Q 节点的 ISIS Adjacency-SID

```
RP/0/0/CPU0:xrvr-4#show isis adjacency systemid xrvr-3 detail
```

```
IS-IS 1 Level-2 adjacencies:
System Id       Interface       SNPA            State Hold Changed NSF IPv4 IPv6
                                                                       BFD  BFD
xrvr-3          Gi0/0/0/1       PtoP            Up    28   1w0d    Yes None None
 Area Address:                  49.0001
 Neighbor IPv4 Address:         99.3.4.3*
 Adjacency SID:                 310403 (protected)
  Backup label stack:           [16003]
  Backup stack size:            1
  Backup interface:             Gi0/0/0/0
  Backup nexthop:               99.4.5.5
  Backup node address:          1.1.1.3
 Non-FRR Adjacency SID:         30403
 Topology:                      IPv4 Unicast

Total adjacency count: 1
```

命令 show ospf routes backup-path 的输出如例 9-11 所示，它显示了 OSPF 计算的修复路径。TI-LFA 修复路径经由 P 节点节点 4，其相应的标签是 16004（见第 10 行）；以及 Q 节点节点 3，其标签是 30403（见第 11 行）。备份路径上的流量被发往连接节点 5 的出接口 Gi0/0/0/0，下一跳 99.1.5.5（见 12 行）。

▶ **例 9-11　OSPF 计算的具有两个 Segment 的修复路径**

```
 1 RP/0/0/CPU0:xrvr-1#show ospf route 1.1.1.6/32 backup-path detail
 2
 3 OSPF Route entry for 1.1.1.6/32
 4   Route type: Intra-area
 5   Last updated: Jun 30 19:58:13.752
 6   Metric: 21
 7     SPF priority: 4, SPF version: 37
 8   RIB version: 0, Source: Unknown
 9       99.1.2.2, from 1.1.1.6, via GigabitEthernet0/0/0/1, path-id 1
10         Backup path: TI-LFA, Repair-List: P node:
1.1.1.4         Label: 16004
11                                                      Q node:
1.1.1.3         Label: 30403
12              99.1.5.5, from 1.1.1.6, via GigabitEthernet0/0/0/0,
protected bitmap 0000000000000001
13              Attributes: Metric: 81, SRLG Disjoint
```

P 节点节点 4 的输出如例 9-12 所示，显示了去往 Q 节点节点 3 的 Adjacency-SID 标签 30403 不受保护（见第 23 行），此 Adjacency-SID 标签用于 TI-LFA 修复路径。

▶ 例 9-12　从 P 节点到 Q 节点的 OSPF Adjacency-SID

```
1  RP/0/0/CPU0:xrvr-4#show ospf neighbor det 1.1.1.3
2
3  * Indicates MADJ interface
4  # Indicates Neighbor awaiting BFD session up
5
6  Neighbors for OSPF 1
7
8   Neighbor 1.1.1.3, interface address 99.3.4.3
9       In the area 0 via interface GigabitEthernet0/0/0/1
10      Neighbor priority is 1, State is FULL, 6 state changes
11      DR is 0.0.0.0 BDR is 0.0.0.0
12      Options is 0x52
13      LLS Options is 0x1 (LR)
14      Dead timer due in 00:00:33
15      Neighbor is up for 1w0d
16      Number of DBD retrans during last exchange 0
17      Index 2/2, retransmission queue length 0, number of retransmission 10
18      First 0(0)/0(0) Next 0(0)/0(0)
19      Last retransmission scan length is 0, maximum is 2
20      Last retransmission scan time is 0 msec, maximum is 0 msec
21      LS Ack list: NSR-sync pending 0, high water mark 0
22      Adjacency SID Label: 310403, Protected
23      Unprotected Adjacency SID Label: 30403
```

要验证所收到的不带标签数据包的转发行为，需要检查 CEF 表。命令 show cef 1.1.1.6/32 的输出如例 9-13 所示，显示了主用路径经由节点 2，下一跳 99.1.2.2，带有 "path-idx 1"（见第 11～14 行）。在主用路径上压入标签 16006，这是目的地节点 6 的 Prefix-SID 标签。主用路径被标记为受保护的，与之对应的备份路径用 "bkup-idx 0" 标识，即 path-idx 0 所对应的路径。

修复路径（见第 6～10 行）带有 "path-idx 0" 并经由节点 5，下一跳 99.1.5.5，使用 P 节点 1.1.1.4 和 Q 节点 1.1.1.3。压入的标签栈包含 3 个标签：{16004，30403，16006}。最右边的是栈底标签，它是与目的地前缀 1.1.1.6/32 相关联的 Prefix-SID 标签 16006，也是当修复路径未被激活时，为去往目的地 1.1.1.6 主用路径上的数据包压入的常规 Prefix-SID 标签。标签栈中的下一个标签，即中间的标签，是与节点 4 到节点 3 邻接相关联的 Adjacency-SID 标签 30403。最左边的是顶层标签，它是与 P 节点节点 4 的前缀 1.1.1.4/32 相关联的 Prefix-SID 标签 16004。

▶ 例 9-13　CEF 表中具有两个 Segment 的 TI-LFA 修复路径

```
1  RP/0/0/CPU0:xrvr-1#show cef 1.1.1.6/32
2  1.1.1.6/32, version 1214, internal 0x1000001 0x81 (ptr 0xa1434d74) [1],
   0x0 (0xa13ffb00), 0xa28 (0xa171c470)
3   Updated Jun 30 21:42:14.375
4   local adjacency 99.1.2.2
5   Prefix Len 32, traffic index 0, precedence n/a, priority 1
6    via 99.1.5.5/32, GigabitEthernet0/0/0/0, 11 dependencies, weight 0,
   class 0, backup (remote) [flags 0x8300]
7      path-idx 0 NHID 0x0 [0xa110d250 0x0]
8     next hop 99.1.5.5/32, P-node 1.1.1.4, Q-node 1.1.1.3
9      local adjacency
10       local label 16006      labels imposed {16004 30403 16006}
11   via 99.1.2.2/32, GigabitEthernet0/0/0/1, 11 dependencies, weight 0,
   class 0, protected [flags 0x400]
12     path-idx 1 bkup-idx 0 NHID 0x0 [0xa0e834e0 0x0]
13     next hop 99.1.2.2/32
14       local label 16006      labels imposed {16006}
```

要验证所收到的带有 SR 标签数据包的转发行为，需要检查 MPLS 转发表。命令 show mpls forwarding labels 16006 detail 的输出如例 9-14 所示。

在输出上部（第 5～12 行）的 MPLS 转发表项显示了主用路径经由节点 2，下一跳 99.1.2.2。本地或入向标签 16006 被交换为相同的出向标签 16006。主用路径被标识为受保护的，由路径索引 0 对应的备份路径进行保护，"Backup path idx: 0"表示了这一信息（见第 10 行）。

在修复路径部分，它显示了与 CEF 条目相同的标签栈 {16004，30403，16006}（见第 18 行）。需要注意，只有在详细输出中才会显示完整的标签栈，常规的非详细输出仅显示顶层标签，在本例中是 16004（见第 14 行）。修复路径的出接口是 Gi0/0/0/0，下一跳是节点 5。

▶ 例 9-14　MPLS 转发表中具有两个 Segment 的 TI-LFA 修复路径

```
1 RP/0/0/CPU0:xrvr-1#show mpls forwarding labels 16006 detail
2 Local  Outgoing Prefix           Outgoing    Next Hop    Bytes
3 Label  Label    or ID            Interface                Switched
4 ------ -------- ---------------- ----------- ----------- ----------
5 16006  16006    SR Pfx (idx 6)   G i0/0/0/1  99.1.2.2    0
```

```
 6          Updated: Jun 30 21:42:12.444
 7          Path Flags: 0x400 [ BKUP-IDX:0 (0xa0e834e0) ]
 8          Version: 1214, Priority: 1
 9          Label Stack (Top -> Bottom): { 16006 }
10          NHID: 0x0, Encap-ID: N/A, Path idx: 1,Backup path idx: 0, Weight: 0
11          MAC/Encaps: 14/18, MTU: 1500
12          Packets Switched: 0
13
14            16004    SR Pfx (idx 6) Gi0/0/0/0    99.1.5.5       0      (!)
15          Updated: Jun 30 21:42:12.444
16          Path Flags: 0x8300 [ IDX:0 BKUP, NoFwd ]
17          Version: 1214, Priority: 1
18          Label Stack (Top -> Bottom): { 16004 30403 16006 }
19          NHID: 0x0, Encap-ID: N/A, Path idx: 0,Backup path idx: 0, Weight: 0
20          MAC/Encaps: 14/26, MTU: 1500
21          Packets Switched: 0
22          (!): FRR pure backup
23
24 Traffic-Matrix Packets/Bytes Switched: 0/0
```

9.5.2 节点和 SRLG 保护

TI-LFA 还可以对节点和本地 SRLG 故障进行保护。由于 TI-LFA 为每个目的地安装一条修复路径，操作员指定需要进行保护的组件的优先顺序：链路、节点或 SRLG。如果没有配置优先顺序，则 TI-LFA 仅考虑链路保护。优先的保护模式的修复路径将被计算和安装。修复路径在故障出现时被激活，而不管此故障是一个链路、节点或 SRLG 故障。例如，如果 TI-LFA 安装了节点保护的修复路径，则该修复路径在任何链路发生故障时都会被使用，即使节点本身还在工作。

优先顺序的配置采用仲裁配置完成，它利用了"经典"LFA 的配置语法，但语义略有不同。"经典"LFA 的仲裁规则用于从多个候选 LFA 中选择一个 LFA。TI-LFA 的仲裁规则并不是用于多个候选 LFA，而是用于指定保护模式（链路、节点、SRLG）的优先顺序。首先，候选者必须是收敛后路径，因为这是 TI-LFA 的基本属性。如果无法计算出优先等级更高的保护模式的修复路径，则尝试计算下一个具有较低优先等级的保护模式的修复路径。TI-LFA 会尝试把所有配置的保护模式组合起来。如果同时配置了 SRLG 和节点保护，TI-LFA 则会试图提供"节点＋SRLG"组合保护。节点和 SRLG 保护均隐含提供了链路保护。

例如，如果仲裁配置的优先顺序为：（1）本地 SRLG 保护；（2）节点保护；（3）链路保护，TI-LFA 则会优选一条"SRLG＋节点"保护的修复路径。如果没有找到一条"SRLG＋节点"保护的修复路径，则 TI-LFA 会优选一条 SRLG 保护修复路径；如果 SRLG 保护修复路径不可用，TI-LFA 则优选节点保护修复路径；如果这都不可用，那么 TI-LFA 使用链路保护修复路径。在 TI-LFA 里，只要有一条备份路径存在，那么算法总是可以找到一条链路保护修复路径的。

9.5.2.1 ISIS 配置

ISIS 允许在 ISIS 实例和 ISIS 接口下按地址族配置仲裁规则。在 ISIS 接口下的仲裁配置将完全否决在 ISIS 实例下针对同一地址族的配置，此时实例下的地址族的仲裁配置将被完全忽略，即接口和实例的仲裁规则之间没有合并。这与 OSPF 是相反的，OSPF 在不同层次下的仲裁配置会被合并，见第 9.5.2.2 节。

可以为每个 ISIS 层次配置仲裁规则。

TI-LFA 可以使用三种仲裁类型：node-protecting，srlg-disjoint，default，如例 9-15 所示。在 ISIS 中，TI-LFA 不支持其他类型（"经典" LFA）的仲裁。前两种类型（node-protecting，srlg-disjoint）用于指定节点保护和 SRLG 保护优先。第三种类型（default）有点特殊，它用于指示必须使用默认保护，即链路保护。当 ISIS 实例下配置了节点和 / 或 SRLG 保护后，可以在 ISIS 接口下配置 default 类型来恢复使用默认保护。更进一步的解析见下面的例子。

▶ **例 9-15** ISIS TI-LFA 仲裁规则

```
fast-reroute per-prefix tiebreaker node-protecting index <index> {level <level>}
fast-reroute per-prefix tiebreaker srlg-disjoint index <index> {level <level>}
fast-reroute per-prefix tiebreaker default {level <level>}
```

该 index（指数）表示规则的优先级。指数越高意味着仲裁优先级越高。

Default 仲裁规则与 node-protecting 和 srlg-disjoint 仲裁规则是互斥的，它们不能在同一 ISIS 层次中配置。

下面的例子对一些可能的配置进行了说明。

在例 9-16 中，TI-LFA 仲裁规则配置在 ISIS 实例的地址族下（见第 3～4 行）。由于没有仲裁规则配置在 ISIS 接口下，因此接口继承实例下配置的仲裁规则。基于此配置，TI-LFA 优先为经由接口 Gi0/0/0/0 可达的目的地提供 "节点 + SRLG" 保护修复路径。此修复路径也将提供链路保护。如果这样的修复路径不可用，TI-LFA 则选择节点保护修复路径，因为节点保护仲裁规则具有更高的优先级（较高的指数）；如果节点保护修复路径不可用，TI-LFA 则选择一条 SRLG 不相交的修复路径；如果此修复路径不可用，TI-LFA 则选择链路保护修复路径。需要注意，隐含的链路保护规则始终是最低优先级（不可配置）。

▶ **例 9-16** ISIS TI-LFA 节点和 SRLG 保护

```
1 router isis 1
2  address-family ipv4 unicast
```

```
3    fast-reroute per-prefix tiebreaker node-protecting index 200
4    fast-reroute per-prefix tiebreaker srlg-disjoint index 100
5   !
6   interface GigabitEthernet0/0/0/0
7    address-family ipv4 unicast
8     fast-reroute per-prefix
9     !!! no tiebreaker
10    fast-reroute per-prefix ti-lfa
```

在例 9-17 中，一条仲裁规则配置在 ISIS 实例下（见第 3 行），另一条配置在 ISIS 接口下（见第 8 行）。接口下的仲裁配置将完全否决实例下的仲裁配置。如前所述，不同的仲裁规则之间不合并。基于此配置，TI-LFA 为经由主用接口 Gi0/0/0/0 可达的目的地提供 SRLG 不相交的修复路径。如果这样的修复路径不可用，TI-LFA 则选择链路保护修复路径。

▶ 例 9-17 在 ISIS 实例和接口下配置 TI-LFA

```
1   router isis 1
2    address-family ipv4 unicast
3     fast-reroute per-prefix tiebreaker node-protecting index 100
4    !
5    interface GigabitEthernet0/0/0/0
6     address-family ipv4 unicast
7      fast-reroute per-prefix
8      fast-reroute per-prefix tiebreaker srlg-disjoint index 200
9      fast-reroute per-prefix ti-lfa
```

例 9-18 显示了在 ISIS 实例下配置了仲裁规则（见第 3 和 4 行），同时在 ISIS 接口下配置了默认仲裁规则（见第 10 行）。基于此配置，TI-LFA 为经由主用接口 Gi0/0/0/0 可达的目的地提供链路保护修复路径，这是因为接口下的仲裁规则完全否决了实例下的仲裁规则。

▶ 例 9-18 ISIS TI-LFA 配置——在接口下恢复为默认仲裁规则

```
1   router isis 1
2    address-family ipv4 unicast
3     fast-reroute per-prefix tiebreaker node-protecting index 100
4     fast-reroute per-prefix tiebreaker srlg-disjoint index 200
5    !
6    interface GigabitEthernet0/0/0/0
7     address-family ipv4 unicast
8      fast-reroute per-prefix
```

```
 9    fast-reroute per-prefix ti-lfa
10    fast-reroute per-prefix tiebreaker default
```

9.5.2.2　OSPF 配置

OSPF 允许在 OSPF 实例和 OSPF 接口下配置仲裁规则。与 ISIS 相反，OSPF 会把 OSPF 实例下配置的仲裁规则和 OSPF 接口下配置的仲裁规则合并。

每一条仲裁规则都可以被禁用，或者被启用且带上特定的指数。该指数表示规则的优先级。指数越高意味着仲裁优先级越高。

一些现存的 OSPF 仲裁规则也适用于 TI-LFA 保护，见表 9-1。该表中第一列是可配置的仲裁规则类型；第二列是仲裁规则的说明；第三列说明仲裁规则是否适用于 TI-LFA；第四列是默认的优先指数，如果仲裁规则默认情况下被禁用，则此处为"已禁用"（Disabled）。如果配置的仲裁规则适用于 TI-LFA 并且具有比节点或 SRLG 仲裁规则更高的优先指数，那么我们将首先考虑此仲裁规则。不适用于 TI-LFA 的仲裁规则将被忽略，无论它们的优先级如何。请注意，TI-LFA 的最高优先级仲裁规则是"收敛后"。这条仲裁规则是不可配置的，表明修复路径是收敛后路径。

表 9-1　OSPF FRR 仲裁规则

仲裁规则	描述	是否适用于 TI-LFA	默认指数
downstream	修复路径经由去往目的地度量比 PLR 去往此相同目的地度量要小的邻居	否（只适用于基于前缀的直连 LFA）	已禁用
lc-disjoint	修复路径采用不同线卡上的接口	是	已禁用
lowest-backup-metric	修复路径采用最低度量。对于直连 LFA，度量代表经由修复路径去往受保护前缀的度量；对于 RLFA，度量代表去往 PQ 节点的度量。对于 TI-LFA，度量代表经由收敛后路径去往受保护前缀的度量	是	20
node-protecting	修复路径避免使用作为主用路径下一跳的节点；对于 TI-LFA，这启用了去除对端节点后的候选修复路径的计算	是	已禁用
primary-path	修复路径是其中一条 ECMP 路径	否（只适用于基于前缀的直连 LFA）	10
secondary-path	修复路径不是 ECMP 路径	否（只适用于基于前缀的直连 LFA）	已禁用
srlg-disjoint	修复路径避免使用与主用链路属于同一 SRLG 的本地链路。对于 TI-LFA，这启用了去除与主用链路属于同一 SRLG 的本地链路后的候选修复路径的计算	是	已禁用

命令 show ospf interface 可以被用来验证 OSPF LFA 仲裁规则，见例 9-19。这个例子中

没有配置仲裁规则。仲裁规则列表（见第 21～29 行）包含两条不可配置的仲裁规则："No Tunnel (Implicit)" 以及 "Post Convergence Path"。前者表示 OSPF 总是优选非隧道接口的修复路径，而不是优选隧道接口的修复路径（这和第 9.4.3 节中描述的自动发起用于修复路径的 SRTE 策略间没有关联）。后者表示基于收敛后路径进行定制的修复路径具有高优先级。这两个仲裁规则的优先级均超过 255，从而总是优于可配置的仲裁规则（最大优先级是 255）。

▶ 例 9-19　验证 OSPF IPFRR 仲裁规则

```
 1  RP/0/0/CPU0:xrvr-1#show ospf interface gigabitEthernet 0/0/0/0
 2
 3  GigabitEthernet0/0/0/0 is up, line protocol is up
 4    Internet Address 99.1.2.1/24, Area 0
 5    Process ID 1, Router ID 1.1.1.1, Network Type POINT_TO_POINT, Cost: 1
 6    Transmit Delay is 1 sec, State POINT_TO_POINT, MTU 1500, MaxPktSz 1500
 7    Timer intervals configured, Hello 10, Dead 40, Wait 40, Retransmit 5
 8      Hello due in 00:00:05:029
 9    Index 1/1, flood queue length 0
10    Next 0(0)/0(0)
11    Last flood scan length is 1, maximum is 1
12    Last flood scan time is 0 msec, maximum is 0 msec
13    LS Ack List: current length 0, high water mark 4
14    Neighbor Count is 1, Adjacent neighbor count is 1
15      Adjacent with neighbor 1.1.1.2
16    Suppress hello for 0 neighbor(s)
17    Multi-area interface Count is 0
18    Fast-reroute type Per-prefix
19      IPFRR per-prefix tiebreakers:
20      Name                       Index
21      No Tunnel (Implicit)       257
22      Lowest Metric              20
23      Primary Path               10
24      Post Convergence Path      256
25      Downstream                 0
26      Line-card Disjoint         0
27      Node Protection            0
28      Secondary Path             0
29      SRLG Disjoint              0
30      Topology Independent LFA enabled
```

下面的例子对一些可能的配置进行了说明。

在例 9-20 中，TI-LFA 仲裁规则配置在 OSPF 实例下（见第 6～7 行），没有仲裁规则配置在 OSPF 接口。接口继承实例下配置的仲裁规则。基于此配置，TI-LFA 优先为经由接口 Gi0/0/0/0 可达的目的地提供"节点 + SRLG"保护修复路径。如果这样的修复路径不可用，TI-LFA 则选择优先级较低的修复路径。最终用于接口 Gi0/0/0/0 的仲裁规则，如例 9-21 所示。第 5 ～ 6 行表示 node-protecting 和 srlg-disjoint 仲裁规则已经被启用，并分别带有优先级指数。

▶ **例 9-20**　在 OSPF 实例下配置 TI-LFA 节点和 SRLG 保护

```
1  RP/0/0/CPU0:xrvr-12#show running-config router ospf
2  router ospf 1
3   segment-routing mpls
4   fast-reroute per-prefix
5   fast-reroute per-prefix ti-lfa enable
6   fast-reroute per-prefix tiebreaker node-protecting index 200
7   fast-reroute per-prefix tiebreaker srlg-disjoint index 100
8   area 0
9    interface GigabitEthernet0/0/0/0
10    network point-to-point
11   !
12  !
13 !
```

▶ **例 9-21**　在 OSPF 实例下配置 TI-LFA 节点和 SRLG 保护——验证

```
1  RP/0/0/CPU0:xrvr-12#show ospf interface Gi0/0/0/0 | begin tiebreakers
2    IPFRR per-prefix tiebreakers:
3     Name                        Index
4     No Tunnel (Implicit)        257
5     Node Protection             200
6     SRLG Disjoint               100
7     Lowest Metric               20
8     Primary Path                10
9     Post Convergence Path       256
10    Downstream                  0
11    Line-card Disjoint          0
12    Secondary Path              0
13    Topology Independent LFA enabled
```

在例 9-22 中，一条仲裁规则配置在 OSPF 实例下（见第 6 行），另一条仲裁规则配置在 OSPF 接口下（见第 10 行），仲裁规则被合并，如例 9-23 第 5 ～ 6 行所示。基于此配置，TI-LFA 优先为经由主用接口 Gi0/0/0/0 可达的目的地提供"节点 + SRLG"保护的修复路径。如果这样的修复路径不可用，根据优先级顺序，保护则修复路径排序是 SRLG 保护修复路径→

节点保护修复路径→链路保护修复路径。

▶ 例 9-22　在 OSPF 实例下配置 TI-LFA 节点保护，在 OSPF 接口下配置 TI-LFA SRLG 保护

```
 1  RP/0/0/CPU0:xrvr-12#show running-config router ospf
 2  router ospf 1
 3   segment-routing mpls
 4   fast-reroute per-prefix
 5   fast-reroute per-prefix ti-lfa enable
 6   fast-reroute per-prefix tiebreaker node-protecting index 100
 7   area 0
 8    interface GigabitEthernet0/0/0/0
 9     network point-to-point
10     fast-reroute per-prefix tiebreaker srlg-disjoint index 200
11    !
12   !
13  !
```

▶ 例 9-23　在 OSPF 实例下配置 TI-LFA 节点保护，在 OSPF 接口下配置 TI-LFA SRLG 保护——验证

```
 1  RP/0/0/CPU0:xrvr-12#show ospf interface Gi0/0/0/0 | begin tiebreakers
 2     IPFRR per-prefix tiebreakers:
 3     Name                         Index
 4     No Tunnel (Implicit)         257
 5     SRLG Disjoint                200
 6     Node Protection              100
 7     Lowest Metric                20
 8     Primary Path                 10
 9     Post Convergence Path        256
10     Downstream                   0
11     Line-card Disjoint           0
12     Secondary Path               0
13     Topology Independent LFA enabled
```

例 9-24 显示了在 OSPF 实例下配置了仲裁规则（见第 6 ~ 7 行），并且在 OSPF 接口下予以禁用的例子（见第 11 ~ 12 行）。基于此配置，根据接口的最终仲裁规则，TI-LFA 为经由主用接口 Gi0/0/0/0 可达的目的地提供链路保护修复路径。该接口最终的仲裁规则如例 9-25 所示。

▶ 例 9-24　在 OSPF 实例下启用的 TI-LFA 保护在接口下被禁用

```
1  RP/0/0/CPU0:xrvr-12#show running-config router ospf
2  router ospf 1
```

```
 3  segment-routing mpls
 4  fast-reroute per-prefix
 5  fast-reroute per-prefix ti-lfa enable
 6  fast-reroute per-prefix tiebreaker node-protecting index 100
 7  fast-reroute per-prefix tiebreaker srlg-disjoint index 200
 8  area 0
 9   interface GigabitEthernet0/0/0/0
10    network point-to-point
11    fast-reroute per-prefix tiebreaker node-protecting disable
12    fast-reroute per-prefix tiebreaker srlg-disjoint disable
13   !
14  !
15 !
```

▶ 例 9-25　在 OSPF 实例下启用的 TI-LFA 保护在接口下被禁用——验证

```
RP/0/0/CPU0:xrvr-12#show ospf interface Gi0/0/0/0 | begin tiebreakers
  IPFRR per-prefix tiebreakers:
  Name                        Index
  No Tunnel (Implicit)        257
  Lowest Metric               20
  Primary Path                10
  Post Convergence Path       256
  SRLG Disjoint               0
  Node Protection             0
  Downstream                  0
  Line-card Disjoint          0
  Secondary Path              0
  Topology Independent LFA enabled
```

9.5.2.3　节点保护示例

采用图 9-14 所示网络拓扑来说明 TI-LFA 节点保护。节点 1 被配置为在节点发生故障时保护去往目的地节点 6 的流量。

去往目的地节点 6 的主用路径经过节点 2。为目的地节点 6 计算 TI-LFA 的过程如下。

- 从拓扑中删除去往节点 6 主用路径上的下一跳节点（节点 2），并基于此拓扑计算最短路径树，从而获得从节点 1 到节点 6 的收敛后路径：{节点 5，节点 4，节点 3，节点 7，节点 8，节点 9，节点 10，节点 6}。这条路径在图中被标识为 "收敛后路径"。
- 节点 4 属于 P 空间（节点 1 发往节点 4 的数据包不会经过受保护的节点 2）。节点 4 不在 Q 空间内，因此去往节点 6 的数据包若被引导至节点 4，该数据包则会被送回来并经过受保护节点。P 空间和 Q 空间范围如图所示。

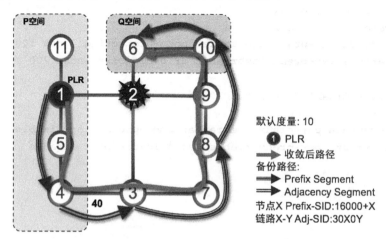

图 9-14 TI-LFA 节点保护

- 节点 10 属于 Q 空间（节点 10 发往节点 6 的数据包不会通过受保护的节点 2 送回来）。
- P 空间和 Q 空间不相交，没有节点既属于 P 空间又属于 Q 空间。TI–LFA 沿着收敛后路径计算出一条无环路径用于连接 P 空间和 Q 空间。
- PLR 节点 1 为去往目的地节点 6 的修复路径上的数据包压入 Segment 列表 {Prefix-SID（节点 4），Adjacency-SID（节点 4—节点 3），Prefix-SID（节点 8），Prefix-SID（节点 10）}，并把数据包发往与节点 5 互联的接口。

上述行为应用于每个前缀，为每个目的地前缀计算收敛后路径，并在此基础上为每个目的地定制 TI-LFA 修复路径。注意，以上所述是计算过程的概念性描述，并非实际的算法。实际的 TI-LFA 算法是专有的（本地行为，不在 IETF 标准化范围内），并且扩展性非常好。

例 9-26 显示了基于如图 9-14 所示拓扑，在节点 1 上，ISIS 计算出来的 TI-LFA 修复路径。命令输出表明这是一条节点保护修复路径（见第 5 行）。修复路径包含的 Segment 如图 9-14 所示。请注意，列表中的 Prefix Segment 被标记为"P 节点"（见第 7 行及第 9～10 行），Adjacency Segment 被标记"Q 节点"（见第 8 行）。P 节点可以从路径上前序节点到达而无需经过受保护节点，Q 节点可到达路径上的下一个节点而无需经过受保护的节点。由于修复路径 Segment 列表中包含 3 个以上的 Segment，因此 ISIS 动态发起一个 SRTE 策略（见第 6 行），在这个例子中是 tunnel-te32783。关于使用 TE 基础设施的内容详见第 9.4.3 节。

▶ 例 9-26 ISIS TI-LFA 节点保护修复路径

```
1 RP/0/0/CPU0:xrvr-1#show isis fast-reroute 1.1.1.6/32 detail
2
```

```
3 L2 1.1.1.6/32 [20/115] medium priority
4      via 99.1.2.2, GigabitEthernet0/0/0/1, xrvr-2, SRGB Base: 16000,
Weight: 0
5           Backup path: TI-LFA (node), via 99.1.5.5,
GigabitEthernet0/0/0/0 xrvr-5, SRGB Base: 16000, Weight: 0
6           Backup tunnel: tunnel-te32783
7              P node: xrvr-4.00 [1.1.1.4], Label: 16004
8              Q node: xrvr-3.00 [1.1.1.3], Label: 30403
9              P node: xrvr-8.00 [1.1.1.8], Label: 16008
10             P node: xrvr-10.00 [1.1.1.10], Label: 16010
11             Prefix label: 16006
12           P: No, TM: 110, LC: No, NP: No, D: No, SRLG: No
13      src xrvr-6.00-00, 1.1.1.6, prefix-SID index 6, R:0 N:1 P:0 E:0 V:0 L:0
```

例 9-27 显示了基于相同的拓扑，在节点 1 上，OSPF 计算出来的 TI-LFA 修复路径。命令输出表明这是一条节点保护修复路径。路径采用了节点保护（见第 17 行），并使用如图 9-14 所示的 Segment 列表。修复路径上的节点被标记为"P 节点"和"Q 节点"（见第 11 ～ 14 行），与 ISIS 相同。由于修复路径需要压入超过 3 个标签，因此 OSPF 发起一个 SRTE 策略，在这个例子中是 tunnel-te32781（见第 15 行）。

▶ **例 9-27　OSPF TI-LFA 节点保护修复路径**

```
1 RP/0/0/CPU0:xrvr-1#show ospf routes 1.1.1.6/32 backup-path detail
2
3 OSPF Route entry for 1.1.1.6/32
4   Route type: Intra-area
5   Last updated: Jun 30 19:58:13.752
6   Metric: 21
7     SPF priority: 4, SPF version: 44
8   RIB version: 0, Source: Unknown
9       99.1.2.2, from 1.1.1.6, via GigabitEthernet0/0/0/1, path-id 1
10       *Backup path: TI-LFA, Repair-List: *
11                         P node: 1.1.1.4      Label: 16004
12                         Q node: 1.1.1.3      Label: 30403
13                         P node: 1.1.1.8      Label: 16008
14                         P node: 1.1.1.10     Label: 16010
15                         Backup Tunnel: tunnel-te32781
16          99.1.5.5, from 1.1.1.6, via GigabitEthernet0/0/0/0,
protected bitmap 0000000000000001
17             Attributes: Metric: 111, Node Protect, SRLG Disjoint
```

在节点 1 上，去往节点 6 环回地址前缀 1.1.1.6/32 的 CEF 表项如例 9-28 所示。节点 1 在修复路径上压入 Prefix-SID 标签 16006（见第 14 行）并引导入 tunnel-te32781（见第 10 行）。

▶ 例 9-28　CEF 中的 TI-LFA 节点保护修复路径

```
1  RP/0/0/CPU0:xrvr-1#show cef 1.1.1.6/32
2  1.1.1.6/32, version 1295, internal 0x1000001 0x81 (ptr 0xa1434d74) [1],
0x0 (0xa13ffb00), 0xa28 (0xa171c12c)
3   Updated Jul 1 08:50:35.947
4   local adjacency 99.1.2.2
5   Prefix Len 32, traffic index 0, precedence n/a, priority 1
6    via 99.1.2.2/32, GigabitEthernet0/0/0/1, 6 dependencies, weight 0,
class 0, protected [flags 0x400]
7     path-idx 0 bkup-idx 1 NHID 0x0 [0xa0e84360 0x0]
8     next hop 99.1.2.2/32
9     local label 16006      labels imposed {16006}
10   via 0.0.0.0/32, tunnel-te32781, 6 dependencies, weight 0, class 0,
backup [flags 0x300]
11     path-idx 1 NHID 0x0 [0xa110d934 0x0]
12     next hop 0.0.0.0/32
13     local adjacency
14     local label 16006      labels imposed {16006}
```

在节点 1 上，Prefix-SID 标签 16006 对应的 MPLS 转发表项如例 9-29 所示。备份路径显示在第 14 ~ 19 行，出向标签是 16006，出接口为 tunnel-te32781（见第 14 行）。

▶ 例 9-29　MPLS 转发表中的 TI-LFA 节点保护修复路径

```
1  RP/0/0/CPU0:xrvr-1#show mpls forwarding labels 16006 detail
2  Local  Outgoing    Prefix           Outgoing     Next Hop        Bytes
3  Label  Label       or ID            Interface                    Switched
4  -----  --------    ---------------  -----------  -----------     -------
5  16006  16006       SR Pfx (idx 6)   Gi0/0/0/1    99.1.2.2        0
6         Updated: Jul 1 08:50:35.627
7         Path Flags: 0x400 [ BKUP-IDX:1 (0xa0e84360) ]
8         Version: 1295, Priority: 1
9         Label Stack (Top -> Bottom): { 16006 }
10        NHID: 0x0, Encap-ID: N/A, Path idx: 0, Backup path idx: 1, Weight: 0
11        MAC/Encaps: 14/18, MTU: 1500
12        Packets Switched: 0
13
14     16006       SR Pfx (idx 6)   tt32781      point2point     0        (!)
```

```
15      Updated: Jul 1 08:50:35.627
16      Path Flags: 0x300 [ IDX:1 BKUP, NoFwd ]
17      Label Stack (Top -> Bottom): { }
18      MAC/Encaps: 0/0, MTU: 0
19      Packets Switched: 0
20   Traffic-Matrix Packets/Bytes Switched: 0/0
```

在节点 1 上，tunnel-te32781 对应的 SRTE 策略转发条目如例 9-30 所示。出接口和下一跳见输出的第 5 行，压入的标签栈见第 8 行。

▶ 例 9-30   自动 SRTE 策略的转发条目

```
1  RP/0/0/CPU0:xrvr-1#show mpls for tunnels 32781 detail
2  Tunnel        Outgoing     Outgoing         Next Hop          Bytes
3  Name          Label        Interface                          Switched
4  ------------  -----------  ------------     ---------------   ------------
5  tt32781 (SR)  16004        Gi0/0/0/0        99.1.5.5          0
6      Updated: Jul 1 08:50:35.607
7      Version: 561, Priority: 2
8      Label Stack (Top -> Bottom): { 16004 30403 16008 16010 }
9      NHID: 0x0, Encap-ID: N/A, Path idx: 0,Backup path idx: 0, Weight: 0
10     MAC/Encaps: 14/30, MTU: 1500
11     Packets Switched: 0
12
13  Interface Name: tunnel-te32781, Interface Handle: 0x00001280, Local
Label: 24004
14     Forwarding Class: 0, Weight: 0
15     Packets/Bytes Switched: 0/0
```

9.5.2.4   SRLG 保护示例

图 9-15 所示的网络拓扑说明了 TI-LFA SRLG 保护。节点 2 在本例中是 PLR。节点 2 连接节点 6 和连接节点 9 的接口属于同一个 SRLG 1111。此 SRLG 在图上用链路上的正方形标识。节点 2 被配置为在 SRLG 发生故障时保护去目的地节点 6 的流量。在写本书时，Cisco IOS XR 的实现只考虑本地 SRLG 故障，不考虑属于同一 SRLG 的远端链路故障。

节点 2 去往目的地节点 6 的主用路径经由节点 2 和节点 6 之间的直连链路。节点 2 为目的地节点 6 计算 TI-LFA 的过程如下。

- 从拓扑中删除与去往节点 6 主用路径属于同一 SRLG 的本地链路（连接节点 9 的链路），并基于此拓扑计算最短路径树。从而获得从节点 2 到节点 6 的收敛后路径：{节点 3，节点 7，节点 8，节点 9，节点 10，节点 6}。这条路径在图中被标识为"收敛后路径"。

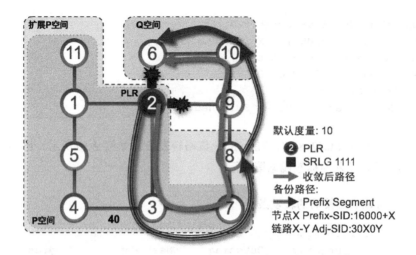

图 9-15 TI-LFA 本地 SRLG 保护

- 节点 8 属于扩展 P 空间（节点 2 经与节点 3 互联接口发往节点 8 的数据包不会通过受保护 SRLG 中的链路送回来）。节点 8 不在 Q 空间内，因为数据包若被引导至节点 8 再去往节点 6，会经过受保护的 SRLG 链路。P 空间和 Q 空间范围如图所示。
- 节点 10 属于 Q 空间（节点 10 发往节点 6 的数据包不会通过受保护的 SRLG 链路送回来）。
- P 空间和 Q 空间不相交。TI-LFA 沿着收敛后路径计算出一条无环路径用于连接 P 空间和 Q 空间，在本例中，此路径包括一个 Prefix Segment。这个 Prefix Segment 引导流量从节点 8 到节点 10，并且不产生环路。从节点 8 到节点 10 的最短路径没有经过受保护的 SRLG 链路，并且也是在收敛后路径上。
- PLR 节点 2 为去往目的地节点 6 的修复路径上的数据包压入 Segment 列表 {Prefix-SID（节点 8），Prefix-SID（节点 10）}，并把数据包发往与节点 3 互联的接口。

上述行为应用于每个前缀，为每个目的地前缀计算收敛后路径，并在此基础上为每个目的地定制 TI-LFA 修复路径。注意，以上所述是计算过程的概念性描述，并非实际的算法。实际的 TI-LFA 算法是专有的（本地行为，不在 IETF 标准化范围内），并且扩展性非常好。

例 9-31 显示了基于如图 9-15 所示拓扑，在节点 2 上，ISIS 计算出来的目的地 1.1.1.6/32 的 TI-LFA 修复路径。命令输出显示这是一条 SRLG 保护修复路径（见第 5 行），并使用如图 9-15 所示的 Segment 列表。该修复路径包含两个 Prefix Segment：去往节点 8（16008）和节点 10（16010）。同时节点 2 还交换或压入目的地节点 6 的 Prefix-SID 标签（16006）。由于标签栈的标签数量没有超过 3 个，因此 ISIS 不会发起一个 SRTE 策略（此平台最大支持 3 个标签）。

例 9-31　ISIS TI-LFA 本地 SRLG 保护修复路径

```
1  RP/0/0/CPU0:xrvr-2#show isis fast-reroute 1.1.1.6/32 detail
2
3  L2 1.1.1.6/32 [10/115] medium priority
4       via 99.2.6.6, GigabitEthernet0/0/0/2, xrvr-6, SRGB Base: 16000, Weight: 0
5           Backup path: TI-LFA (srlg), via 99.2.3.3,
GigabitEthernet0/0/0/0 xrvr-3, SRGB Base: 16000, Weight: 0
6           P node: xrvr-8.00 [1.1.1.8], Label: 16008
7           P node: xrvr-10.00 [1.1.1.10], Label: 16010
8           Prefix label: 16006
9       P: No, TM: 60, LC: No, NP: No, D: No, SRLG: No
10      src xrvr-6.00-00, 1.1.1.6, prefix-SID index 6, R:0 N:1 P:0 E:0 V:0 L:0
```

例 9-32 显示了基于相同的拓扑，节点 2 上 OSPF 计算出来的 TI-LFA 修复路径。路径采用了 SRLG 保护（"SRLG Disjoint"）（见第 15 行），并使用如图 9-15 所示的 Segment 列表。修复路径上的节点都被标记为 "P 节点"（见第 12 ～ 13 行），与 ISIS 相同。

例 9-32　OSPF TI-LFA 本地 SRLG 保护修复路径

```
1  RP/0/0/CPU0:xrvr-2#show ospf routes 1.1.1.6/32 backup-path
2
3  Topology Table for ospf 1 with ID 1.1.1.2
4
5  Codes: O - Intra area, O IA - Inter area
6         O E1 - External type 1, O E2 - External type 2
7         O N1 - NSSA external type 1, O N2 - NSSA external type 2
8
9  O    1.1.1.6/32, metric 11
10        99.2.6.6, from 1.1.1.6, via GigabitEthernet0/0/0/2, path-id 1
11            Backup path: TI-LFA,
12                Repair-List: P node: 1.1.1.8       Label: 16008
13                             P node: 1.1.1.10      Label: 16010
14                99.2.3.3, from 1.1.1.6, via GigabitEthernet0/0/0/0,
protected bitmap 0000000000000001
15                Attributes: Metric: 61, SRLG Disjoint
```

节点 2 上去往节点 6 环回地址前缀 1.1.1.6/32 的 CEF 表项如例 9-33 所示。节点 2 在主用路径上并没有压入标签（"ImplNull"，见第 14 行），这是因为目的地节点 6 是直连的（倒数第二跳弹出）。节点 2 在修复路径上压入或交换 Prefix-SID 标签 16006，压入标签 16008 和 16010（见第 10 行）。然后，节点 2 引导数据包经由节点 3 去往修复路径（99.2.3.3，Gi0/0/0/0，见第 6 行）。

▶ **例 9-33** CEF 中的 TI-LFA SRLG 保护修复路径

```
1  RP/0/0/CPU0:xrvr-2#show cef 1.1.1.6/32
2  1.1.1.6/32, version 1759, internal 0x1000001 0x81 (ptr 0xa14564f4) [1],
   0x0 (0xa143b92c), 0xa28 (0xa1750184)
3  Updated Jul 4 10:44:56.242
4  local adjacency 99.2.6.6
5  Prefix Len 32, traffic index 0, precedence n/a, priority 1
6    via 99.2.3.3/32, GigabitEthernet0/0/0/0, 26 dependencies, weight 0,
   class 0, backup (remote) [flags 0x8300]
7      path-idx 0 NHID 0x0 [0xa10f3bd4 0x0]
8      next hop 99.2.3.3/32, P-node1.1.1.8, Q-node 1.1.1.10
9      local adjacency
10     local label 16006        labels imposed {16008 16010 16006}
11   via 99.2.6.6/32, GigabitEthernet0/0/0/2, 26 dependencies, weight 0,
   class 0, protected [flags 0x400]
12     path-idx 1 bkup-idx 0 NHID 0x0 [0xa0e699dc 0xa0e695c8]
13     next hop 99.2.6.6/32
14     local label 16006        labels imposed {ImplNull}
```

在节点 2 上，Prefix-SID 标签 16006 对应的 MPLS 转发表项如例 9-34 所示。修复路径见第 14～21 行，出向标签栈 {16008, 16010, 16006}（顺序是顶层到栈底），出接口是 Gi0/0/0/0，下一跳 99.2.3.3。

▶ **例 9-34** MPLS 转发表中的 TI-LFA SRLG 保护修复路径

```
1  RP/0/0/CPU0:xrvr-2#show mpls forwarding labels 16006 detail
2  Local  Outgoing    Prefix            Outgoing      Next Hop        Bytes
3  Label  Label       or ID             Interface                     Switched
4  -----  ---------   ------------      -----------   --------        --------
5  16006  Pop         SR Pfx (idx 6)    Gi0/0/0/2     99.2.6.6        0
6         Updated: Jul 4 10:32:35.622
7         Path Flags: 0x400 [ BKUP-IDX:0 (0xa0e699dc) ]
8         Version: 1759, Priority: 1
9         Label Stack (Top -> Bottom): { Imp-Null }
10        NHID: 0x0, Encap-ID: N/A, Path idx: 1,Backup path idx: 0, Weight: 0
11        MAC/Encaps: 14/14, MTU: 1500
12        Packets Switched: 0
13
14        16008       SR Pfx (idx 6)    Gi0/0/0/0     99.2.3.3        0     (!)
```

```
15      Updated: Jul 4 10:32:35.622
16      Path Flags: 0x8300 [ IDX:0 BKUP, NoFwd ]
17      Version: 1759, Priority: 1
18      Label Stack (Top -> Bottom): { 16008 16010 16006 }
19      NHID: 0x0, Encap-ID: N/A, Path idx: 0,Backup path idx: 0, Weight: 0
20      MAC/Encaps: 14/26, MTU: 1500
21      Packets Switched: 0
22      (!): FRR pure backup
23
24 Traffic-Matrix Packets/Bytes Switched: 0/0
```

9.5.3 事实上的节点保护

TI-LFA 在任何拓扑中均保证能提供节点保护。然而，保证能提供的节点保护可能不总是最好的选择。鉴于链路比节点发生更多故障，因此对每个故障均采用节点保护修复路径并不一定是个好主意。请注意，保护节点是不区分故障类型的，保护节点为每个目的地只安装一条修复路径，而这条修复路径用于所有故障。如果安装了节点保护修复路径但只是链路发生故障，那么即使节点本身工作正常，TI-LFA 仍然会激活节点保护修复路径。在这种情况下，由于实际故障与修复路径计算的预期不同，因此修复路径并不总是实际的收敛后路径，除非链路保护修复路径同时还提供故障节点保护。例如，在图 9-16 中，PLR 节点 1 保护目的地节点 3 的链路保护修复路径也保护了节点 2，因为修复路径不经过节点 2。

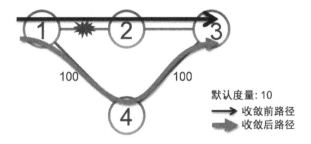

图 9-16　链路保护修复路径提供节点保护

模拟结果表明，在许多情况下不保证能提供节点保护的修复路径，却提供了事实（De Facto）上的节点保护。这意味着，不同节点同时激活链路保护可以提供节点故障保护。下面通过一个例子进行说明。图 9-17 所示拓扑的所有节点均启用链路保护。默认的 IGP 度量值为 30。图中显示了在不同节点单条链路发生故障的情况下，受影响节点为目的地节点 3 提供的修复路径。节点 1 到节点 2 的链路发生故障触发节点 1 的链路保护，见图 9-17(a)。节点 4 到节点 2 的链路发生故障触发节点 4 的链路保护，见图 9-17(b)。节点 5 到节点 2 的链路发生故障触发节点5的链路保护,见图9-17(c)。图9-17(a)和(b)情况下的链路保护修复路径不提供节点保护,因为它们都经过节点2。当节点2发生故障时,节点2的所有链路一起失效,每个链路故障都会触发受影响节点上的链路保护,结果是提供了事实上的节点保护,如图9-17(d)所示。节点1针对去往目的地节点3流量的修复路径经由节点4。当流量到达节点4后,节点4引导流量去往节点5,这是因为节点4针对去往目的地节点3流量的修复路径经由节点5。当去往节点3的流量到达节点5后,节点5引导流量去往节点3,因为节点5针对去往目的地节点3流量的修复路径与节点3直连。

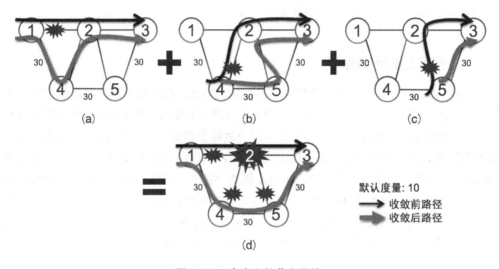

图9-17 事实上的节点保护

同样的推理也可应用于SRLG保护。

事实上的保护依赖于拓扑,因为需要进行拓扑研究或IPFRR仿真以确定事实上的保护是否适用。事实上的保护为更频繁发生的链路故障提供最优修复路径,同时为发生频率较低的节点或SRLG故障提供保护。

> "通过TI-LFA在任何网络拓扑中保护所有类型的业务,一直是运营商部署SR的首要场景之一。操作简单和自动化是关键——在很多情况下,只需要相应接口下的一条命令。另一个非常有用的方面是,由于备份路径(收敛后路径)是可以预计的,因此可以使用类似于Cisco WAE这样的工具来进行容量规划和故障模拟。因为没有流量的来回切换——从原来的路径切换到修复路径,然后再切换到收敛后路径,业务体验也得以改善。备份路径是收敛后路径,由IGP度量所决定,这使得在大多数故障情况下通过合理的容量规划来避免拥塞成为可能。"
>
> ——Ketan Talaulikar

9.6 确定 P 节点 /PQ 节点地址

为了把远端节点用作 TI-LFA 修复路径上的中间一跳（P 节点或 PQ 节点），该保护节点需要从链路状态数据库中得出此中间一跳的 Prefix-SID。类似地，如果使用 RLFA，则保护节点需要找到 PQ 节点的 IP 地址来建立目标 LDP 会话。按道理讲，保护节点可以选择 P 节点产生的任何可达的节点前缀（N 标志置位的前缀），并使用该前缀的 Prefix-SID。然而，Cisco IOS XR 在实现中采用了预先确定地址的方式，在本节中将进行解析。由于这是 PLR 的本地行为，因此是与特定实现相关的。

> **重点提示**
>
> 强烈建议在每个 IGP 节点上显式配置路由器 ID，路由器 ID 是被 IGP 通告且配置了 Prefix-SID 的其中一个主机环回地址，它会成为 TI-LFA 默认和首选的 Node-SID，从而消除歧义，并确保一致的修复路径。

9.6.1 ISIS 确定 P 节点 /PQ 节点地址

ISIS 从下面按优先顺序排列的集合中选出第一个主机前缀。

- ISIS 路由器 ID（TLV 134），这个地址被配置为 ISIS 路由器 ID 或 TE 路由器 ID。
- ISIS IP 接口地址（TLV 132），通告该节点的一个或多个接口的 IP 地址。Cisco IOS XR 为每个地址族通告单个接口地址 TLV，其他厂商可能通告多个 TLV。ISIS 会自动选择该 TLV 中最低编号环回接口的地址（一般是环回接口 0）予以通告。
- 该节点通告数值最高的主机前缀。实际上这是个备份选项，因为保护节点无法确认这个前缀是不是通告节点的本地前缀。

如果从该列表中选出的前缀没有 Prefix-SID，ISIS 不会考虑从上述列表中选出另一个地址，而是认为该节点没有可达的 Prefix-SID。因此需要确保为上述列表中最优先的地址配置一个 Prefix-SID。如果配置了 TE 路由器 ID，那么 TE 路由器 ID 前缀必须有一个关联的 Prefix-SID；如果没有配置 TE 路由器 ID，那么最低编号环回接口的前缀必须有一个关联的 Prefix-SID。如果节点配置了多个环回接口而最低编号环回接口没有配置 Prefix-SID，则一个具有关联 Prefix-SID 的环回地址前缀必须被配置为 TE 路由器 ID。

节点相关配置例子见例 9-35。请注意，这里没有配置路由器 ID，同时环回接口 0 没有配置 Prefix-SID。基于此配置和上述的优先顺序，远端节点将选择 1.1.1.1 到达这个节点，这是 IP 接口地址 TLV 中的地址（输出 "IP address"）。ISIS 通告内容见例 9-36 第 12 行。然而，由于前缀 1.1.1.1/32 并没有关联的 Prefix-SID，因此保护节点认为该节点没有 Prefix-SID。

▶ 例 9-35　ISIS 接口 IP 地址 TLV——配置

```
interface Loopback0
 ipv4 address 1.1.1.1 255.255.255.255
 ipv6 address 2001::1:1:1:1/128
!
interface Loopback1
 ipv4 address 1.0.0.1 255.255.255.255
 ipv6 address 2001::1:0:0:1/128
!
router isis 1
 is-type level-2-only
 net 49.0001.0000.0000.0001.00
 address-family ipv4 unicast
  metric-style wide
  segment-routing mpls
 !
 address-family ipv6 unicast
  metric-style wide
  segment-routing mpls
 !
 interface Loopback0
  passive
  address-family ipv4 unicast
  !
  address-family ipv6 unicast
  !
 !
 interface Loopback1
  passive
  address-family ipv4 unicast
   prefix-sid absolute 16001
  !
  address-family ipv6 unicast
   prefix-sid absolute 20001
  !
 !
```

▶ 例 9-36　ISIS 接口 IP 地址 TLV——通告

```
1  RP/0/0/CPU0:xrvr-1#show isis database verbose xrvr-1
2
3  IS-IS 1 (Level-2) Link State Database
4  LSPID                    LSP Seq Num  LSP Checksum  LSP Holdtime  ATT/P/OL
5  xrvr-1.00-00           * 0x00000003   0x01a2        1144          0/0/0
6    Area Address:    49.0001
7    NLPID:           0xcc
8    NLPID:           0x8e
9    MT:              Standard (IPv4 Unicast)
10   MT:              IPv6 Unicast                                   0/0/0
11   Hostname:        xrvr-1
12   IP Address:      1.1.1.1
13   IPv6 Address:    2001::1:1:1:1
14   Router Cap:      1.1.1.1, D:0, S:0
15     Segment Routing: I:1 V:1, SRGB Base: 16000 Range: 8000
16   Metric: 0        IP-Extended 1.0.0.1/32
17     Prefix-SID Index: 101, Algorithm:0, R:0 N:1 P:0 E:0 V:0 L:0
18   Metric: 0        IP-Extended 1.1.1.1/32
19   Metric: 0        MT (IPv6 Unicast) IPv6 2001::1:0:0:1/128
20     Prefix-SID Index: 4101, Algorithm:0, R:0 N:1 P:0 E:0 V:0 L:0
21   Metric: 0        MT (IPv6 Unicast) IPv6 2001::1:1:1:1/128
22
23  Total Level-2 LSP count: 1     Local Level-2 LSP count: 1
```

为解决这个问题，操作员可以配置路由器 ID。配置 TE 路由器 ID 需要启用 TE 基础设施和通告 TE 链路属性。另一个选项是配置路由器 ID 为 ISIS 路由器 ID。两个配置选项都会通告 TLV 134，但后者并不需要通告 TE 链路属性，该配置如例 9-37 所示。相应的 ISIS 通告见例 9-38。基于此配置，保护节点将选择具有关联 Prefix-SID 的前缀 1.0.0.1/32。

▶ 例 9-37　ISIS 路由器 ID——配置

```
interface Loopback0
 ipv4 address 1.1.1.1 255.255.255.255
 ipv6 address 2001::1:1:1:1/128
!
interface Loopback1
 ipv4 address 1.0.0.1 255.255.255.255
 ipv6 address 2001::1:0:0:1/128
!
```

```
router isis 1
 address-family ipv4 unicast
  router-id Loopback1
 address-family ipv6 unicast
  router-id Loopback1
```

▶ 例 9-38　ISIS 路由器 ID——通告

```
RP/0/0/CPU0:xrvr-1#show isis database verbose xrvr-1

IS-IS 1 (Level-2) Link State Database
LSPID                 LSP Seq Num  LSP Checksum  LSP Holdtime  ATT/P/OL
xrvr-1.00-00        * 0x00000009   0x54fe        1195          0/0/0
  Area Address:    49.0001
  NLPID:           0xcc
  NLPID:           0x8e
  MT:              Standard (IPv4 Unicast)
  MT:              IPv6 Unicast                                0/0/0
  Hostname:        xrvr-1
  IP Address:      1.1.1.1
  IPv6 Address:    2001::1:1:1:1
  Router ID:       1.0.0.1
  IPv6 Router ID:  2001::1:0:0:1
  Router Cap:      1.0.0.1, D:0, S:0
    Segment Routing: I:1 V:1, SRGB Base: 16000 Range: 8000
  Metric: 0          IP-Extended 1.0.0.1/32
    Prefix-SID Index: 101, Algorithm:0, R:0 N:1 P:0 E:0 V:0 L:0
  Metric: 0          IP-Extended 1.1.1.1/32
  Metric: 0          MT (IPv6 Unicast) IPv6 2001::1:0:0:1/128
    Prefix-SID Index: 4101, Algorithm:0, R:0 N:1 P:0 E:0 V:0 L:0
  Metric: 0          MT (IPv6 Unicast) IPv6 2001::1:1:1:1/128

 Total Level-2 LSP count: 1    Local Level-2 LSP count: 1
```

9.6.2　OSPF 确定 P 节点 /PQ 节点地址

保护节点为到达 TI-LFA 的 P 节点和 PQ 节点，OSPF 优选 P 节点和 PQ 节点的 OSPF 路由器 ID（如果此前缀可达），否则 OSPF 优选由 P 节点和 PQ 节点通告，且 N 标志置位的数值最高的可达主机地址。如果所选择的前缀没有 Prefix-SID，则保护节点认为 P 节点和 PQ 节点没有通告 Prefix-SID。

9.7 Adjacency Segment 保护

TI-LFA 同时保护 Prefix Segment 和 Adjacency Segment。为了保护 Adjacency Segment，TI-LFA 引导修复路径上的数据包去到链路对端节点[4]，从那里数据包恢复其正常路径。保护 Adjacency Segment 的逻辑如下。

- 如果 Adjacency Segment 对应的链路是在去往邻居的最短路径上，那么保护 Adjacency Segment 的修复路径和保护邻居 Node-SID 的修复路径一致。
- 如果 Adjacency Segment 对应的链路不是在去往邻居的最短路径上，那么保护 Adjacency Segment 的修复路径和去往邻居 Node-SID 的主用路径一致。

由于采用相同的修复路径，因此任何被配置用于影响邻居 Node-SID 修复路径的仲裁规则都会影响 Adjacency-SID 的修复路径。如果邻居 Node-SID 的修复路径需要一个 SRTE 策略（由于标签数量比本地平台支持的大），那么 Adjacency-SID 的修复路径也会使用这个 SRTE 策略。

TI-LFA 只会为具备保护资格的 Adjacency-SID 安装修复路径。关于具备保护资格和不受保护 Adjacency-SID 的更多细节请参见第 5 章。

IGP 直接在 LSD 中安装 Adjacency Segment 的 MPLS 转发表项，而不需要 FIB 的参与，对于 Adjacency Segment 的修复路径也是如此。但这会影响在 Adjacency Segment 的修复路径上应用 SR/LDP 互操作功能。如第 7 章中所述，FIB 负责 SR/LDP 互操作，由于 FIB 没有参与 Adjacency Segment 的修复路径的建立，因此这种修复路径不能使用 SR/LDP 互操作功能。第 9.8.3 节会更详细地讨论这一点。

图 9-18 显示了 Adjacency Segment 保护。拓扑中除了节点 2 和节点 4 间的链路度量是 30 外，其他所有链路的度量都是 10。基于这种度量设置，从节点 2 到节点 1 的主用路径会经由这两个节点间的直连链路。因此，根据上述解释，节点 2 到节点 1 的 Adjacency Segment 的修复路径会使用与邻居 Prefix-SID 一样的修复路径：经由 PQ 节点节点 4。当节点 2 和节点 1 间的主用链路发生故障时，则 PLR 节点 2 把顶层标签（Adjacency-SID 标签）交换为链路远端节点的 Prefix-SID 标签，并在上面压入修复路径标签栈。在本例中入向 Adjacency-SID 标签 30201 被交换为 Prefix-SID 标签 16001（节点 1 的 Prefix-SID），然后压入 PQ 节点节点 4 的 Prefix-SID 标签，并把数据包引导至与节点 3 互联的接口。

本例中节点 2 上 ISIS 的输出见例 9-39 和例 9-40。例 9-39 显示了节点 2 上用于保护节点 1 环回地址前缀 1.1.1.1/32 的修复路径。修复路径经由 PQ 节点节点 4，使用 Prefix-SID 标签 16004。例 9-40 显示了节点 2 上用于保护与节点 2 到节点 1 的邻接相关联的 Adjacency Segment 的修复路径。此链路是在从节点 2 到节点 1 的最短路径上，因此该 Adjacency Segment 的修复路径等同于 1.1.1.1/32 的修复路径，事实上修复路径标签栈（见第 10 行）和出接口（第 12 ～ 13 行）和目的地 1.1.1.1/32 的修复路径是一样的。

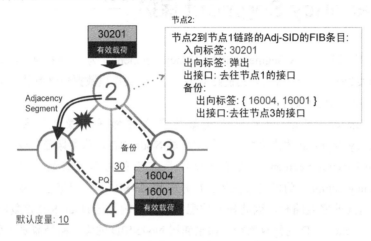

图 9-18　Adjacency Segment 保护

▶ **例 9-39**　ISIS Adjacency-SID 保护——远端节点的 Prefix-SID 保护

```
1 RP/0/0/CPU0:xrvr-2#show isis fast-reroute 1.1.1.1/32
2
3 L2 1.1.1.1/32 [10/115]
4      via 99.1.2.1, GigabitEthernet0/0/0/0, xrvr-1, SRGB Base: 16000,
Weight: 0
5           Backup path: TI-LFA (link), via 99.2.3.3, GigabitEthernet0/0/0/1
xrvr-3, SRGB Base: 16000, Weight: 0
6           P node: xrvr-4.00 [1.1.1.4], Label: 16004
7           Prefix label: 16001
```

▶ **例 9-40**　ISIS Adjacency-SID 保护

```
1  RP/0/0/CPU0:xrvr-2#show isis adjacency Gi0/0/0/2 detail
2
3  IS-IS 1 Level-2 adjacencies:
4  System Id   Interface    SNPA       State Hold Changed NSF IPv4 IPv6
5                                                                 BFD  BFD
6  xrvr-1      Gi0/0/0/0    *PtoP*     Up    23   00:49:56 Yes None None
7   Area Address:           49.0001
8   Neighbor IPv4 Address:  99.1.2.2*
9   Adjacency SID:          30201 (protected)
10   Backup label stack:    [16004, 16001]
```

```
11     Backup stack size:    2
12     Backup interface:     Gi0/0/0/1
13     Backup nexthop:       99.2.3.3
14     Backup node address:  1.1.1.1
15   Non-FRR Adjacency SID: 310201
16   Topology:               IPv4 Unicast
17
18 Total adjacency count: 1
```

本例中 OSPF 的输出见例 9-41、例 9-42 和例 9-43。例 9-41 显示了 OSPF 用于节点 1 环回地址前缀 1.1.1.1/32 的 TI-LFA 修复路径。修复路径经由 PQ 节点节点 4。例 9-42 显示了与节点 2 到节点 1 的邻接相关联的 Adjacency-SID 受到保护（见第 22 行）。例 9-43 显示了 Adjacency-SID 的修复路径的标签栈。

▶ **例 9-41　OSPF Adjacency-SID 保护——远端节点的 Prefix-SID 保护**

```
1 RP/0/0/CPU0:xrvr-2#show ospf routes 1.1.1.1/32 backup-path
2
3 Topology Table for ospf 1 with ID 1.1.1.2
4
5 Codes: O - Intra area, O IA - Inter area
6        O E1 - External type 1, O E2 - External type 2
7        O N1 - NSSA external type 1, O N2 - NSSA external type 2
8
9 O    1.1.1.1/32, metric 2
10       99.1.2.1, from 1.1.1.1, via GigabitEthernet0/0/0/0, path-id 1
11         Backup path: TI-LFA, Repair-List: P node: 1.1.1.4 Label: 16004
12           99.2.3.3, from 1.1.1.1, via GigabitEthernet0/0/0/1,
protected bitmap 0000000000000001
13           Attributes: Metric: 40, SRLG Disjoint
```

▶ **例 9-42　OSPF Adjacency-SID 保护——OSPF 邻居输出**

```
1 RP/0/0/CPU0:xrvr-2#show ospf neighbor detail 1.1.1.1
2
3 * Indicates MADJ interface
4 # Indicates Neighbor awaiting BFD session up
5
6 Neighbors for OSPF 1
7
8  Neighbor 1.1.1.1, interface address 99.1.2.1
9     In the area 0 via interface GigabitEthernet0/0/0/0
```

```
10    Neighbor priority is 1, State is FULL, 6 state changes
11    DR is 0.0.0.0 BDR is 0.0.0.0
12    Options is 0x52
13    LLS Options is 0x1 (LR)
14    Dead timer due in 00:00:37
15    Neighbor is up for 00:14:07
16    Number of DBD retrans during last exchange 0
17    Index 3/3, retransmission queue length 0, number of retransmission 1
18    First 0(0)/0(0) Next 0(0)/0(0)
19    Last retransmission scan length is 1, maximum is 1
20    Last retransmission scan time is 0 msec, maximum is 0 msec
21    LS Ack list: NSR-sync pending 0, high water mark 0
22    Adjacency SID Label: 30201, Protected
23    Unprotected Adjacency SID Label: 310201
24
25
26 Total neighbor count: 1
```

▶ 例 9-43 OSPFAdjacency-SID 保护——MPLS 转发表

```
1  RP/0/0/CPU0:xrvr-2#show mpls forwarding labels 30201 detail
2  Local  Outgoing    Prefix            Outgoing      Next Hop        Bytes
3  Label  Label       or ID             Interface                     Switched
4  -----  ----------  -------------     ----------    -----------     ----------
5  30201  Pop         SR Adj (idx 0)    Gi0/0/0/0     99.1.2.1        0
6         Updated: Jun 30 16:21:26.553
7         Path Flags: 0x400 [ BKUP-IDX:1 (0xa0e69ac4) ]
8         Version: 201, Priority: 1
9         Label Stack (Top -> Bottom): { Imp-Null }
10        NHID: 0x0, Encap-ID: N/A, Path idx: 0, Backup path idx: 1, Weight: 1
11        MAC/Encaps: 14/14, MTU: 1500
12        Packets Switched: 0
13
14        16004       SR Adj (idx 0)    Gi0/0/0/1     99.2.3.3        0        (!)
15        Updated: Jun 30 16:21:26.553
16        Path Flags: 0x100 [ BKUP, NoFwd ]
17        Version: 201, Priority: 1
18        Label Stack (Top -> Bottom): { 16004 16001 }
19        NHID: 0x0, Encap-ID: N/A, Path idx: 1, Backup path idx: 0, Weight: 4
20        MAC/Encaps: 14/22, MTU: 1500
21        Packets Switched: 0
22    (!): FRR pure backup
```

9.8 TI-LFA 用于保护 IP 和 LDP 流量

TI-LFA 并不限于保护 SR 流量，也可用于保护 LDP 流量和不带标签的 IP 流量（IPv4 和 IPv6）。在正常状态下，操作员可以继续使用纯 IP 路由方式来转发不带标签的 IP 流量，以及继续使用 LDP LSP 来承载 LDP 流量，但在发生故障的情况下，操作员可以从 SR TI-LFA 带来的增强保护中获益。只在发生故障的情况下在修复路径上使用 SR。IGP 收敛后将恢复使用流量的原始传送方式。

为了保护 LDP 承载的流量，流量的目的地前缀必须带有 Prefix-SID。如果目的地前缀的始发节点不能为前缀通告 Prefix-SID（例如节点只启用了 LDP），映射服务器则必须为这个前缀通告 Prefix-SID，然后 TI-LFA 把此 Prefix-SID（从 SRMS 得到）用于这个前缀的修复路径。基于这个原因，要求所有从 TI-LFA 释放点到目的地节点路径上的 SR 节点支持映射客户端功能，以实现根据映射服务器通告的 Prefix-SID 来转发流量。

为了保护不带标签的 IP 流量，不带标签流量的目的地前缀不需要使用 Prefix-SID。在故障发生前，流量是不带标签的。在发生故障的情况下，在数据包上压入用于修复路径的标签栈，数据包在修复路径尾端的释放点被释放为不带标签的 IP 数据包。当 IGP 收敛后，流量恢复为不带标签的。题外话：如果需要保持流量是不带标签的，那么操作员还需要防止压入 LDP 标签。如果启用了 LDP，那么 Cisco IOS XR 默认会为所收到的不带标签数据包压入 LDP 标签，过滤 LDP 标签分配或标签通告可以防止这种情况出现。

为在运行 Cisco IOS XR 的 SR 节点上保护不带标签的 IP 流量，操作员必须在保护节点的全局配置模式下启用 SR，如例 9-44 所示。通过此配置，系统会为由 TI-LFA 保护的不带标签（非 SR）的目的地分配本地标签。大多数 Cisco IOS XR 平台采用的两阶段转发机制需要这些本地标签，若没有本地标签则无法为受保护的数据包压入出向标签。

▶ **例 9-44　在全局配置模型下启用 SR**

```
segment-routing
!
```

提示：两阶段转发

为得到更高的扩展性和性能，大多数 Cisco IOS XR 平台采用两阶段转发的数据平面架构。

在第一阶段中，入口线卡对所收到数据包的目的地址执行 FIB 查找。该 FIB 查找返回足够的信息用以将数据包送到出口线卡，然后入口线卡通过交换矩阵将数据包发到出口线卡。

在第二阶段中，出口线卡执行对数据包目的地址的 FIB 查找。该 FIB 查找返回完整的邻接信息和二层重写信息，然后出口线卡将数据包发到出接口。

为了使得两阶段转发能用于带标签的数据包，需要一个本地标签把入口线卡的转发条目和出口线卡的转发条目关联起来。入口线卡为所收到数据包压入本地标签并发到出口线卡，然后出口线卡把本地标签交换为正确的出向标签，并将数据包发送出去。

如果保护节点启用了 LDP，那么 LDP 会为不带标签的 IP 流量的目的地前缀分配本地标签。

TI-LFA 在修复路径上可能会使用 SR/LDP 互操作功能。虽然我们强烈建议在 TI-LFA 修复路径经过的所有节点上启用 SR，但并非要求 TI-LFA 修复路径上的所有节点都必须支持 SR。第 9.8.3 节会对此进行更详细的解释。

9.8.1 保护不带标签的 IP 流量

网络拓扑图 9-19 与图 9-12 相同。除了源和目的地节点没有启用 MPLS 外（节点 11 和节点 6），拓扑中其他所有节点都启用了 SR。任何节点都没有启用 LDP。节点 6 的环回地址前缀 1.1.1.6/32 没有相关联的 Prefix-SID。

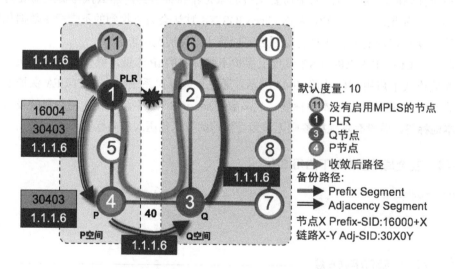

图 9-19　TI-LFA 链路保护应用于不带标签的 IP 流量

PLR 节点 1 为保护去往目的地节点 6 的流量，TI-LFA 计算出经由 P 节点节点 4 和 Q 节点节点 3，具有两个 Segment 的修复路径。此修复路径还可以保护 IP 流量。当节点 1 到节点

2 的链路发生故障时，PLR 节点 1 在受保护数据包上压入修复路径 Segment，并引导数据包至节点 4。修复路径上的数据包在释放点节点 3 被释放。从节点 3 开始，流量恢复为不带标签的 IP 流量，最终到达其目的地。

例 9-45 显示了节点 1 上的节点 6 目的地前缀 1.1.1.6/32 对应的 RIB 条目。

命令输出的第 17 ～ 26 行显示了此前缀的主用路径。IGP 已经安装了这个前缀的 RIB 条目。由于前缀没有相关联的 Prefix-SID，IGP 没有提供该前缀的本地标签给 RIB，因此 RIB 条目显示 "No local label"（见第 28 行）。由于前缀没有相关联的 Prefix-SID，因此主用路径没有出向标签（见第 19 行）。

此前缀的修复路径见输出的第 7 ～ 15 行。出向标签栈包含两个标签（见第 10 行），从顶层到栈底分别是（从左到右）：P 节点节点 4 的 Prefix-SID（16004），节点 4 到节点 3 链路的 Adjacency-SID（30403）。

▶ 例 9-45　不带标签的 IP 前缀的 RIB 条目

```
1  RP/0/0/CPU0:xrvr-1#show route 1.1.1.6/32 detail
2
3  Routing entry for 1.1.1.6/32
4    Known via "ospf 1", distance 110, metric 21, type intra area
5    Installed Jul 5 13:18:38.580 for 00:01:48
6    Routing Descriptor Blocks
7      99.1.5.5, from 1.1.1.6, via GigabitEthernet0/0/0/0, Backup (remote)
8        Remote LFA is 1.1.1.4, 1.1.1.3
9        Route metric is 0
10       Labels: 0x3e84 0x76c3 (16004 30403)
11       Tunnel ID: None
12       Binding Label: None
13       Extended communities count: 0
14       Path id:65         Path ref count:1
15       NHID:0x2(Ref:48)
16       OSPF area:
17     99.1.2.2, from 1.1.1.6, via GigabitEthernet0/0/0/1, Protected
18       Route metric is 21
19       Label: None
20       Tunnel ID: None
21       Binding Label: None
22       Extended communities count: 0
23       Path id:1          Path ref count:0
24       NHID:0x4(Ref:44)
```

```
25         Backup path id:65
26         OSPF area: 0
27    Route version is 0x7 (7)
28    No local label
29    IP Precedence: Not Set
30    QoS Group ID: Not Set
31    Flow-tag: Not Set
32    Fwd-class: Not Set
33    Route Priority: RIB_PRIORITY_NON_RECURSIVE_MEDIUM (7) SVD Type RIB_
SVD_TYPE_LOCAL
34    Download Priority 1, Download Version 3013
35    No advertising protos.
```

例 9-46 显示了前缀 1.1.1.6/32 的 CEF 条目。前缀的主用路径见输出的第 11 ~ 14 行。已经给这个前缀分配了本地标签 90106(见第 14 行)。无需为主用路径上转发的数据包压入标签,见输出的第 14 行 "labels imposed {None}"。修复路径见第 6 ~ 10 行,压入的标签栈是 {16004,30403}(见第 10 行),这和 RIB 输出中的标签栈是相同的。

▶ **例 9-46 不带标签的 IP 前缀的 CEF 条目**

```
1  RP/0/0/CPU0:xrvr-1#show cef 1.1.1.6/32
2  1.1.1.6/32, version 1155, internal 0x1000001 0x5 (ptr 0xa1435274) [1],
0x0 (0xa1400784), 0xa28 (0xa171c7b4)
3   Updated May 4 09:08:31.589
4   local adjacency 99.1.2.2
5   Prefix Len 32, traffic index 0, precedence n/a, priority 15
6     via 99.1.5.5/32, GigabitEthernet0/0/0/0, 11 dependencies, weight 0,
class 0, backup [flags 0x300]
7      path-idx 0 NHID 0x0 [0xa110d250 0x0]
8      next hop 99.1.5.5/32, P-node 1.1.1.4,   Q-node1.1.1.3
9      local adjacency
10     local label 90106       labels imposed {16004 30403}
11    via 99.1.2.2/32, GigabitEthernet0/0/0/1, 11 dependencies, weight 0,
class 0, protected [flags 0x400]
12     path-idx 1 bkup-idx 0 NHID 0x0 [0xa0e843d4 0x0]
13     next hop 99.1.2.2/32
14     local label 90106       labels imposed {None}
```

当保护不带标签的 IP 流量时,也可生成一个 SRTE 策略来支持具有更深标签栈的修复路径。图 9-20 与图 9-14 相同，其中 PLR 节点 1 启用了节点保护。修复路径需要 4 个标签，因此这个平台生成了一个 SRTE 策略。

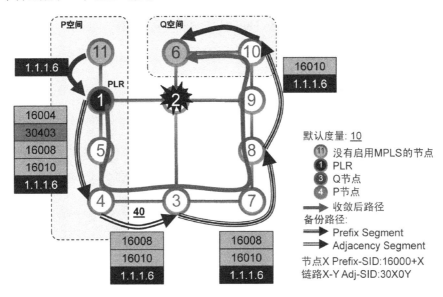

图 9-20　TI-LFA 节点保护应用于不带标签的 IP 流量

节点 1 上前缀 1.1.1.6/32 的 RIB 条目如例 9-47 所示。修复路径见输出的第 17～25 行。第 19 行的出向标签 0x100004（1048580）是用于表示"弹出"的内部值。这意味着在把数据包引导入 SRTE 策略之前，不会为数据包压入额外的标签。因此，从释放点开始数据包恢复为不带标签，最终到达其目的地。

▶ 例 9-47　不带标签的 IP 前缀的 RIB 条目——使用 SRTE 策略

```
1  RP/0/0/CPU0:xrvr-1#show route 1.1.1.6/32 detail
2
3  Routing entry for 1.1.1.6/32
4    Known via "ospf 1", distance 110, metric 21, type intra area
5    Installed Jul 6 14:39:56.727 for 00:09:06
6    Routing Descriptor Blocks
7      99.1.2.2, from 1.1.1.6, via GigabitEthernet0/0/0/1, Protected
8        Route metric is 21
9        Label: None
10       Tunnel ID: None
11       Binding Label: None
12       Extended communities count: 0
13       Path id:1          Path ref count:0
```

```
14      NHID:0x4(Ref:42)
15      Backup path id:66
16      OSPF area: 0
17    directly connected, via tunnel-te32800, Backup
18      Route metric is 0
19      Label: 0x100004 (1048580)
20      Tunnel ID: None
21      Binding Label: None
22      Extended communities count: 0
23      Path id:66              Path ref count:1
24      NHID:0x20(Ref:2)
25      OSPF area:
26   Route version is 0xc1 (193)
27   No local label
28   IP Precedence: Not Set
29   QoS Group ID: Not Set
30   Flow-tag: Not Set
31   Fwd-class: Not Set
32   Route Priority: RIB_PRIORITY_NON_RECURSIVE_MEDIUM (7) SVD Type RIB_
SVD_TYPE_LOCAL
33   Download Priority 1, Download Version 3294
34   No advertising protos.
```

在节点 1 上,前缀 1.1.1.6/32 的 CEF 条目如例 9-48 所示。主用路径上转发的数据包无需压入标签,见输出的第 9 行"labels imposed {None}"。修复路径的流量被引导入 SRTE 策略 tunnel-te32800(见第 10 行),无需在修复路径的标签栈上压入额外的标签,见输出的第 14 行"labels imposed {ImplNull}"。

▶ 例 9-48 不带标签的 IP 前缀的 CEF 条目——使用 SRTE 策略

```
1 RP/0/0/CPU0:xrvr-1#show cef 1.1.1.6/32
2 1.1.1.6/32, version 1511, internal 0x1000001 0x5 (ptr 0xa1434d74) [1],
0x0 (0xa13ff680), 0xa20 (0xa171c208)
3 Updated May 4 09:08:31.589
4 local adjacency 99.1.2.2
5 Prefix Len 32, traffic index 0, precedence n/a, priority 15
6    via 99.1.2.2/32, GigabitEthernet0/0/0/1, 5 dependencies, weight 0,
class 0, protected [flags 0x400]
7     path-idx 0 bkup-idx 1 NHID 0x0 [0xa0e83e64 0x0]
8     next hop 99.1.2.2/32
9      local label 90106      labels imposed {None}
10   via 0.0.0.0/32, tunnel-te32800, 5 dependencies, weight 0, class 0,
```

```
backup [flags 0x300]
11      path-idx 1 NHID 0x0 [0xa110d9dc 0xa110d934]
12      next hop 0.0.0.0/32
13      local adjacency
14         local label 90106        labels imposed {ImplNull}
```

9.8.2 保护 LDP 流量

网络拓扑图 9-21 和图 9-12 相同。不同的是，除了源和目的地节点只启用了 LDP 以外（节点 11 和节点 6），拓扑中其他节点都同时启用了 SR 和 LDP。PLR 节点 1 为目的地节点 6 计算链路保护修复路径。从释放点节点 3 到目的地节点 6 采用标签交换的方式传送受保护的数据包需要节点 6 的 Prefix-SID。由于节点 6 没有启用 SR，因此映射服务器必须通告节点 6 的 Prefix-SID。

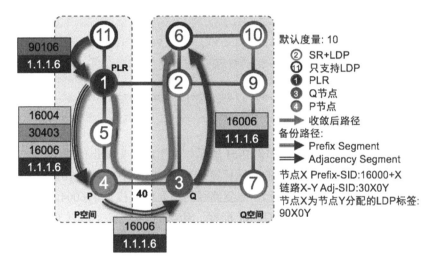

图 9-21　TI-LFA 保护 LDP 流量

活动映射策略如例 9-49 所示，PLR 节点 1 学习到用于节点 6 环回地址前缀 1.1.1.6/32 的前缀到 SID 映射。用于前缀 1.1.1.6/32 的 Prefix-SID 的 SID 索引是 6，由于所有节点都使用默认 SRGB [16000-23999]，因此 Prefix-SID 标签是 16006（= 16000 + 6）。

▶ 例 9-49　节点 1 上的 ISIS 活动映射策略

```
RP/0/0/CPU0:xrvr-1#show isis segment-routing prefix-sid-map active-policy
IS-IS 1 active policy
Prefix                SID Index    Range       Flags
```

```
1.1.1.6/32              6               1

Number of mapping entries: 1
```

节点 1 上的 ISIS 已经计算出一条用于目的地前缀 1.1.1.6/32 的 TI-LFA 修复路径。修复路径经由 P 节点节点 4 和 Q 节点节点 3，如例 9-50 所示。从 P 节点去 Q 节点的标签 30403（见第 7 行）是与节点 4 到节点 3 的邻接相关联的 Adjacency-SID 标签。Prefix-SID 标签 16006（见第 8 行）是由映射服务器为前缀 1.1.1.6/32 通告的。

▶ **例 9-50　ISIS 链路保护修复路径**

```
1 RP/0/0/CPU0:xrvr-1#show isis fast-reroute 1.1.1.6/32
2
3 L2 1.1.1.6/32 [20/115]
4      via 99.1.2.2, GigabitEthernet0/0/0/1, xrvr-2, SRGB Base: 16000,
Weight: 0
5         Backup path: TI-LFA (link), via 99.1.5.5, GigabitEthernet0/
0/0/0 xrvr-5, SRGB Base: 16000, Weight: 0
6         P node: xrvr-4.00 [1.1.1.4], Label: 16004
7         Q node: xrvr-3.00 [1.1.1.3], Label: 30403
8         Prefix label: 16006
```

ISIS 在 RIB 中安装前缀条目，如例 9-51 所示。主用路径见输出的第 16～24 行，修复路径见输出的第 7～15 行。此前缀的本地标签是 Prefix-SID 标签 16006（见第 26 行）。主用路径的出向标签是 16006（见第 18 行），修复路径的出向标签栈是 {16004, 30403, 16006}。请注意，这个 RIB 里面的所有标签都是 SR 标签，因为本例中，除了节点 11 和节点 6 外，所有启用 SR 的节点都通告自身的 SID。映射服务器为前缀 1.1.1.6/32（节点 6）通告一个 Prefix-SID 16006，这在 RIB 条目中用 "labeled SR(SRMS)" 标出（见第 4 行）。

▶ **例 9-51　ISIS RIB 条目**

```
1 RP/0/0/CPU0:xrvr-1#show route 1.1.1.6/32 detail
2
3 Routing entry for 1.1.1.6/32
4   Known via "isis 1", distance 115, metric 20, labeled SR(SRMS), type
level-2
5   Installed Jul 8 15:54:15.394 for 00:02:14
6   Routing Descriptor Blocks
7     99.1.5.5, from 1.1.1.6, via GigabitEthernet0/0/0/0, Backup (remote)
```

```
 8      Remote LFA is 1.1.1.4, 1.1.1.3
 9      Route metric is 0
10      Labels: 0x3e84 0x76c3 0x3e86 (16004 30403 16006)
11      Tunnel ID: None
12      Binding Label: None
13      Extended communities count: 0
14      Path id:65           Path ref count:1
15      NHID:0x2(Ref:24)
16    99.1.2.2, from 1.1.1.6, via GigabitEthernet0/0/0/1, Protected
17      Route metric is 20
18      Label: 0x3e86 (16006)
19      Tunnel ID: None
20      Binding Label: None
21      Extended communities count: 0
22      Path id:1            Path ref count:0
23      NHID:0x4(Ref:20)
24      Backup path id:65
25   Route version is 0xcd (205)
26   Local Label: 0x3e86 (16006)
27   IP Precedence: Not Set
28   QoS Group ID: Not Set
29   Flow-tag: Not Set
30   Fwd-class: Not Set
31   Route Priority: RIB_PRIORITY_NON_RECURSIVE_MEDIUM (7) SVD Type RIB_
SVD_TYPE_LOCAL
32   Download Priority 1, Download Version 3451
33   No advertising protos.
```

如果在此拓扑中使用 OSPF，节点 1 将通过 OSPF 收到映射服务器关于前缀 1.1.1.6/32 的通告，见例 9-52。OSPF 计算的 TI-LFA 修复路径与 ISIS 相同，如例 9-53 所示。

▶ **例 9-52 节点 1 上的 OSPF 活动映射策略**

```
RP/0/0/CPU0:xrvr-1#show ospf segment-routing prefix-sid-map active-policy

       SRMS active policy for Process ID 1

Prefix                 SID Index      Range       Flags
1.1.1.6/32             6              1

Number of mapping entries: 1
```

▶ **例 9-53　OSPF 链路保护修复路径**

```
RP/0/0/CPU0:xrvr-1#show ospf route 1.1.1.6/32 backup-path detail

OSPF Route entry for 1.1.1.6/32
  Route type: Intra-area
  Last updated: Jul 8 15:04:41.398
  Metric: 21
    SPF priority: 4, SPF version: 117
  RIB version: 0, Source: Unknown
      99.1.2.2, from 1.1.1.6, via GigabitEthernet0/0/0/1, path-id 1
          Backup path: TI-LFA, Repair-List:
                      P node: 1.1.1.4       Label: 16004
                      Q node: 1.1.1.3       Label: 30403
          99.1.5.5, from 1.1.1.6, via GigabitEthernet0/0/0/0,
protected bitmap 0000000000000001
              Attributes: Metric: 81, SRLG Disjoint
```

OSPF 相应的 RIB 和 CEF 条目与上述 ISIS 的一样。

网络中所有节点已经启用了 LDP。PLR 节点 1 有 3 个 LDP 邻居：节点 2、节点 5 和节点 11。节点 1 为目的地节点 6 的环回地址前缀 1.1.1.6/32 分配本地 LDP 标签 90106，同时从它的 LDP 邻居（节点 2、节点 5 和节点 11）学习 LDP 标签绑定。所有这些 LDP 标签显示在例 9-54。

▶ **例 9-54　PLR 上的 LDP 标签绑定**

```
RP/0/0/CPU0:xrvr-1#show mpls ldp bindings 1.1.1.6/32
1.1.1.6/32, rev 959
        Local binding: label: 90106
        Remote bindings: (3 peers)
            Peer                Label
            ----------------    ---------
            1.1.1.2:0           90206
            1.1.1.5:0           90506
            1.1.1.11:0          91106
```

节点 1 为前缀 1.1.1.6/32 安装 LDP 转发表项，见例 9-55。用于 1.1.1.6/32 的本地 LDP 标签 90106 显示在输出的第 11 行的第二列，列名是"Label In"。前缀 1.1.1.6/32 的主用路径显示在输出的最后一行。此主用路径的出向 LDP 标签是 90206，是其下游邻居节点 2 为前缀 1.1.1.6/32 分配的标签。主用路径的下一跳节点 2，出接口是与节点 2 互联的接口。

前缀 1.1.1.6/32 的修复路径显示在输出的第 11～13 行。出向标签栈的顶层标签 90504（见第 11 行）是 P 节点节点 4 的出向 LDP 标签，这个出向 LDP 标签是由下游 LDP 邻居节点 5 为节点 4 的前缀 1.1.1.4/32 通告的。节点 1 上前缀 1.1.1.4/32 的 LDP 标签绑定如例 9-56 所示，节点 5 为前缀 1.1.1.4/32 通告的 LDP 标签 90504 显示在输出的第 8 行。标签栈的最后两个标签都是"Unlabelled"（不带标签，见第 12～13 行），这些标签条目是用于引导数据包从 P 节点节点 4 至 Q 节点节点 3，然后从节点 3 到目的地节点 6，但 LDP 没有这些条目的标签值。CEF 使用 SR/LDP 互操作功能用有效的标签值来替换这些不带标签的条目。

▶ 例 9-55　LDP 转发条目

```
1  RP/0/0/CPU0:xrvr-1#show mpls ldp forwarding 1.1.1.6/32
2
3  Codes:
4    - = GR label recovering, (!) = LFA FRR pure backup path
5    {} = Label stack with multi-line output for a routing path
6    G = GR, S = Stale, R = Remote LFA FRR backup
7
8  Prefix         Label    Label(s)      Outgoing      Next Hop           Flags
9                 In       Out           Interface                        G S R
10 -------------- -------- ------------- ------------- ------------------ ------
11 1.1.1.6/32     90106    { 90504       Gi0/0/0/0     99.1.5.5           (!)    R
12                          Unlabelled                 (1.1.1.4)
13                          Unlabelled }               (1.1.1.3)
14                          90206         Gi0/0/0/1    99.1.2.2
```

▶ 例 9-56　P 节点前缀的 LDP 标签绑定

```
RP/0/0/CPU0:xrvr-1#show mpls ldp bindings 1.1.1.4/32
1.1.1.4/32, rev 285
       Local binding: label: 90104
       Remote bindings: (3 peers)
          Peer                   Label
          ----------------       ---------
          1.1.1.2:0              90204
          1.1.1.5:0              90504
```

节点 1 上前缀 1.1.1.6/32 的 MPLS 转发表项如例 9-57 所示。节点 1 上为前缀 1.1.1.6/32 分配的本地 LDP 标签是 90106。前缀 1.1.1.6/32 的主用路径显示在输出的第 5～12 行，修复路径显示在第 14～21 行。修复路径的标签栈包含三个标签：{90504, 30403, 16006}（见第 18

行）。顶层标签 90504 是下游 LDP 邻居节点 5 通告的 P 节点节点 4 的出向 LDP 标签，参见例 9-56 中节点 1 上前缀 1.1.1.4/32 的 LDP 标签绑定。第二个和第三个标签，30403 和 16006，是在 CEF 中使用 SR/LDP 互操作功能进行替换操作的结果。在该操作中，CEF 把例 9-55 第 12～13 行的不带标签的条目替换为例 9-51 第 10 行的 IGP 标签栈中的最后两个标签：30403 和 16006。替换操作的结果是得到用于保护去往前缀 1.1.1.6/32 的 LDP 流量的修复路径标签栈，见例 9-57 第 18 行。

▶ **例 9-57　LDP 标签的 MPLS 转发表项**

```
 1  RP/0/0/CPU0:xrvr-1#show mpls forwarding prefix 1.1.1.6/32 detail
 2  Local  Outgoing    Prefix              Outgoing      Next Hop       Bytes
 3  Label  Label       or ID               Interface                    Switched
 4  ------ ----------- ------------------- ------------- -------------- -------
 5  90106  90206       1.1.1.6/32          Gi0/0/0/1     99.1.2.2       0
 6         Updated: Jul 11 15:53:18.961
 7         Path Flags: 0x400 [ BKUP-IDX:0 (0xa0e8380c) ]
 8         Version: 303, Priority: 15
 9         Label Stack (Top -> Bottom): { 90206 }
10         NHID: 0x0, Encap-ID: N/A, Path idx: 1,Backup path idx: 0, Weight: 0
11         MAC/Encaps: 14/18, MTU: 1500
12         Packets Switched: 0
13
14         90504       1.1.1.6/32          Gi0/0/0/0     99.1.5.5       0    (!)
15         Updated: Jul 11 15:53:18.961
16         Path Flags: 0x300 [ IDX:0 BKUP, NoFwd ]
17         Version: 303, Priority: 15
18         Label Stack (Top -> Bottom): { 90504 30403 16006 }
19         NHID: 0x0, Encap-ID: N/A, Path idx: 0,Backup path idx: 0, Weight: 0
20         MAC/Encaps: 14/26, MTU: 1500
21         Packets Switched: 0
22         (!): FRR pure backup
23
```

图 9-22 显示了修复路径上数据包的标签栈。从节点 11 到节点 6 的完整路径，以及激活的 TI-LFA 修复路径，都在此图中展现了出来。在保护处于激活状态时，PLR 节点 1 收到去往节点 6 且带有 LDP 标签的数据包。这个数据包的标签 90106 是节点 1 为 1.1.1.6/32 分配的 LDP 标签。节点 1 把 LDP 入向标签 90106 交换为出向 Prefix-SID 标签 16006，同时在栈顶部再压入另外两个标签：Adjacency-SID 标签 30403 用于把数据包从节点 4 引导到节点 3，LDP 标签 90504 用于把数据包发到节点 4。其中 LDP 标签 90504 是由节点 5 为前缀 1.1.1.4/32 通

告的 LDP 标签。

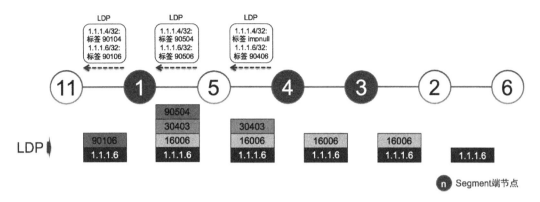

图 9-22　修复路径上数据包的标签栈

节点 1 为所收到的不带标签的 IP 数据包压入的修复路径标签栈取决于节点 1 的标签压栈优先级。标签压栈优先级指示节点为所收到的不带标签的数据包压入哪类标签：出向 LDP 标签或出向 SR 标签。默认情况优先压入出向 LDP 标签。这是所讨论的第一种情况。

CEF 条目是用于所收到的不带标签的 IP 数据包的转发条目。在节点 1 上前缀 1.1.1.6/32 的 CEF 条目如例 9-58 所示。节点 1 使用默认的标签压栈优先级，修复路径同样使用此优先级。因此，在节点 1 上 1.1.1.6/32 的 CEF 条目显示：其修复路径标签栈把出向 LDP 标签 90504 作为顶层标签（见第 10 行）。这个修复路径标签栈和 LDP MPLS 转发表项是一样的。比较例 9-58 第 10 行的标签栈和例 9-57 第 18 行的标签栈会发现它们是一样的。

▶ 例 9-58　标签压栈条目

```
1  RP/0/0/CPU0:xrvr-1#show cef 1.1.1.6/32
2  1.1.1.6/32, version 1626, internal 0x1000001 0x5 (ptr 0xa1434d74) [1],
0x0 (0xa14000e8), 0xa28 (0xa171c730)
3   Updated May  4 09:08:31.589
4   local adjacency 99.1.2.2
5   Prefix Len 32, traffic index 0, precedence n/a, priority 15
6     via 99.1.5.5/32, GigabitEthernet0/0/0/0, 13 dependencies, weight 0,
class 0, backup [flags 0x300]
7      path-idx 0 NHID 0x0 [0xa110d2a4 0x0]
8      next hop 99.1.5.5/32, P-node 1.1.1.4, Q-node 1.1.1.3
9      local adjacency
10     local label 90106      labels imposed {90504 30403 16006}
11    via 99.1.2.2/32, GigabitEthernet0/0/0/1, 13 dependencies, weight 0,
class 0, protected [flags 0x400]
```

```
12      path-idx 1 bkup-idx 0 NHID 0x0 [0xa0e83c94 0x0]
13      next hop 99.1.2.2/32
14        local label 90106        labels imposed {90206}
```

修复路径可以通过 MPLS traceroute 验证,可以在命令行中使用 nil-fec 关键字指定修复路径的标签栈。在节点 1 上 MPLS traceroute 的输出如例 9-59 所示。需要注意的是,由于使用了 nil-fec 功能,标签栈底是显式空标签。

▶ **例 9-59** Traceroute 验证修复路径标签栈

```
RP/0/0/CPU0:xrvr-1#traceroute mpls nil-fec labels 90504,30403,16006
output interface Gi0/0/0/0 nexthop 99.1.5.5

Tracing MPLS Label Switched Path with Nil FEC with labels [90504,30403,
16006], timeout is 2 seconds

Codes: '!' - success, 'Q' - request not sent, '.' - timeout,
  'L' - labeled output interface, 'B' - unlabeled output interface,
  'D' - DS Map mismatch, 'F' - no FEC mapping, 'f' - FEC mismatch,
  'M' - malformed request, 'm' - unsupported tlvs, 'N' - no rx label,
  'P' - no rx intf label prot, 'p' - premature termination of LSP,
  'R' - transit router, 'I' - unknown upstream index,
  'X' - unknown return code, 'x' - return code 0

Type escape sequence to abort.

  0 99.1.5.1 MRU 1500 [Labels: 90504/30403/16006/explicit-null Exp: 0/0/0/0]
L 1 99.1.5.5 MRU 1500 [Labels: implicit-null/30403/16006/explicit-null
Exp: 0/0/0/0] 0 ms
L 2 99.4.5.4 MRU 1500 [Labels: implicit-null/16006/explicit-null Exp:
0/0/0] 10 ms
L 3 99.3.4.3 MRU 1500 [Labels: 16006/explicit-null Exp: 0/0] 0 ms
L 4 99.2.3.2 MRU 1500 [Labels: implicit-null/explicit-null Exp: 0/0] 20 ms
! 5 99.2.6.6 10 ms
```

在使用默认标签压栈优先级时,PLR 为所收到的不带标签的数据包压入的修复路径标签栈和用于 LDP 流量的标签栈是一样的。当 PLR 节点 1 配置为优先压入 SR 标签时,为所接收到的不带标签的数据包压入的修复路径标签栈和用于 SR 流量的标签栈是一样的。在例 9-60 中,操作员配置节点 1 优先压入 SR 标签,然后验证前缀 1.1.1.6/32 的 CEF 条目。与例 9-51 输出相比较,CEF 条目的本地标签已改为 Prefix-SID 标签 16006,主用路径和修复路径的压入标签栈也做了修改，均只包含 SR 标签。

请注意，配置标签压栈优先级并不影响带标签数据包的修复路径标签栈。与例 9-57 相比，带 LDP 标签且去往 1.1.1.6/32 的数据包的 MPLS 转发表项保持不变。

▶ 例 9-60　修复路径标签压栈条目——配置 sr-prefer

```
RP/0/0/CPU0:xrvr-1#conf
RP/0/0/CPU0:xrvr-1(config)#router isis 1
RP/0/0/CPU0:xrvr-1(config-isis)# address-family ipv4 unicast
RP/0/0/CPU0:xrvr-1(config-isis-af)# segment-routing mpls sr-prefer
RP/0/0/CPU0:xrvr-1(config-isis-af)#commit
RP/0/0/CPU0:xrvr-1(config-isis-af)#end
RP/0/0/CPU0:xrvr-1#
RP/0/0/CPU0:xrvr-1#show cef 1.1.1.6/32
1.1.1.6/32, version 544, internal 0x1000001 0x83 (ptr 0xa14343f4) [1],
0x0 (0xa13ffb24), 0xa28 (0xa1784394)
 Updated May 15 06:42:59.644
 local adjacency 99.1.2.2
 Prefix Len 32, traffic index 0, precedence n/a, priority 1
  via 99.1.5.5/32, GigabitEthernet0/0/0/0, 17 dependencies, weight 0,
class 0, backup (remote) [flags 0x8300]
   path-idx 0 NHID 0x0 [0xa110d250 0x0]
   next hop 99.1.5.5/32, P-node 1.1.1.4, Q-node 1.1.1.3
   local adjacency
    local label 16006      labels imposed {16004 30403 16006}
  via 99.1.2.2/32, GigabitEthernet0/0/0/1, 17 dependencies, weight 0,
class 0, protected [flags 0x400]
   path-idx 1 bkup-idx 0 NHID 0x0 [0xa0e8380c 0x0]
   next hop 99.1.2.2/32
    local label 16006      labels imposed {16006}
```

9.8.3　TI-LFA 应用 SR/LDP 互操作功能

上一节讨论了 TI-LFA 如何保护 IP 和 LDP 流量，基于的假设是 TI-LFA 修复路径上的所有节点都启用 SR。然而，我们可以在一定程度上放松此要求，只需在修复路径上的关键节点启用 SR，然后由 SR/LDP 互操作功能负责构建端到端的标签路径。

图 9-23 的网络拓扑与图 9-21 相同，但现在节点 2、节点 5 和节点 6 没有启用 SR，在本例中它们只启用 LDP。网络中其他节点同时启用 SR 和 LDP。映射服务器为前缀 1.1.1.6/32 通告 Prefix-SID 16006。因为拓扑没有改变，PLR 节点 1 为目的地节点 6 使用相同的链路保

护修复路径：经由 P 节点节点 4 和 Q 节点节点 3。

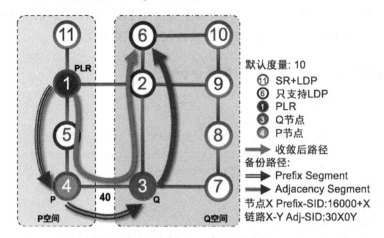

图 9-23　TI-LFA 修复路径上的 SR/LDP 互操作

在本例中 PLR 节点 1 必须在修复路径上使用 SR/LDP 互操作功能，因为修复路径上的下游邻居节点 5 未启用 SR。此外，节点 3 也需要应用 SR/LDP 互操作功能，因为其去往节点 6 的下游邻居节点 2 未启用 SR。

例 9-61 显示了 PLR 节点 1 上前缀 1.1.1.6/32 的 RIB 条目。请注意，RIB 条目被标记为"labeled SR(SRMS)"（见第 4 行），这意味着使用了映射服务器通告的 Prefix-SID。主用路径无出向 SR 标签（"Label: None"，见第 18 行），因为主用路径上的下游邻居节点 2 未启用 SR。另外，修复路径的顶层标签是"不带标签"，修复路径的标签（见第 10 行）按顶层到栈底排列，标签值 0x100001（1048577）是代表"不带标签"的内部值。这个 RIB 条目的顶层标签是"不带标签"的，因为修复路径上的下游邻居节点 5 未启用 SR。

▶ 例 9-61　修复路径上的 SR/LDP 互操作——RIB 条目

```
1 RP/0/0/CPU0:xrvr-1#show route 1.1.1.6/32 detail
2
3 Routing entry for 1.1.1.6/32
4   Known via "isis 1", distance 115, metric 20, labeled SR(SRMS), type
level-2
5   Installed Jul 12 13:52:17.309 for 00:06:13
6   Routing Descriptor Blocks
7     99.1.5.5, from 1.1.1.6, via GigabitEthernet0/0/0/0, Backup (remote)
8       Remote LFA is 1.1.1.4, 1.1.1.3
9       Route metric is 0
10      Labels: 0x100001 0x76c3 0x3e86 (1048577 30403 16006)
```

```
11      Tunnel ID: None
12      Binding Label: None
13      Extended communities count: 0
14      Path id:65          Path ref count:1
15      NHID:0x2(Ref:24)
16    99.1.2.2, from 1.1.1.6, via GigabitEthernet0/0/0/1, Protected
17      Route metric is 20
18      Label: None
19      Tunnel ID: None
20      Binding Label: None
21      Extended communities count: 0
22      Path id:1           Path ref count:0
23      NHID:0x3(Ref:20)
24      Backup path id:65
25    Route version is 0x31 (49)
26    Local Label: 0x3e86 (16006)
27    IP Precedence: Not Set
28    QoS Group ID: Not Set
29    Flow-tag: Not Set
30    Fwd-class: Not Set
31    Route Priority: RIB_PRIORITY_NON_RECURSIVE_MEDIUM (7) SVD Type RIB_
SVD_TYPE_LOCAL
32    Download Priority 1, Download Version 770
33    No advertising protos.
```

在节点 1 上目的地 1.1.1.6/32 的 LDP 标签与例 9-55 相同，输出内容如例 9-62 所示。

▶ 例 9-62 LDP 转发条目

```
RP/0/0/CPU0:xrvr-1#show mpls ldp forwarding 1.1.1.6/32

Codes:
 - = GR label recovering, (!) = LFA FRR pure backup path
 {} = Label stack with multi-line output for a routing path
 G = GR, S = Stale, R = Remote LFA FRR backup

Prefix          Label   Label(s)      Outgoing     Next Hop            Flags
                In      Out           Interface                        G S R
--------------  ------  ------------  -----------  ------------------  -----
1.1.1.6/32      90106   { 90504       Gi0/0/0/0    99.1.5.5            (!)    R
                        Unlabelled                 (1.1.1.4)
                        Unlabelled }               (1.1.1.3)
                        90206         Gi0/0/0/1    99.1.2.2
```

在节点 1 的 CEF 中应用 SR/LDP 互操作功能，把 SR 标签和 LDP 标签结合起来，构建 Prefix-SID 标签 16006 对应的 SR MPLS 转发表项，如例 9-63 所示。主用路径的出向标签 90206（见第 9 行）是节点 2 为前缀 1.1.1.6/32 通告的 LDP 标签。修复路径的顶层标签 90504（见第 18 行）是节点 5 为 1.1.1.4/32 通告的 LDP 标签。这些 LDP 标签在 Prefix-SID 对应的 MPLS 转发表项中出现，是 SR/LDP 互操作功能进行替换操作的结果。CEF 已经用相应的 LDP 标签替换了出现在例 9-61 所示 RIB 中的"不带标签"条目。

▶ 例 9-63 修复路径上的 SR/LDP 互操作——SR MPLS 条目

```
1  RP/0/0/CPU0:xrvr-1#show mpls forwarding labels 16006 detail
2  Local  Outgoing    Prefix           Outgoing      Next Hop       Bytes
3  Label  Label       or ID            Interface                    Switched
4  ------ ----------- ---------------- ------------- -------------- --------
5  16006  24021       SR Pfx (idx 6)   Gi0/0/0/1     99.1.2.2       0
6         Updated: Jul 12 13:52:17.259
7         Path Flags: 0x400 [ BKUP-IDX:0 (0xa0e8380c) ]
8         Version: 770, Priority: 15
9         Label Stack (Top -> Bottom): { 90206 }
10        NHID: 0x0, Encap-ID: N/A, Path idx: 1,Backup path idx: 0, Weight: 0
11        MAC/Encaps: 14/18, MTU: 1500
12        Packets Switched: 0
13
14        24008       SR Pfx (idx 6)   Gi0/0/0/0     99.1.5.5       0 (!)
15        Updated: Jul 12 13:52:17.259
16        Path Flags: 0x8300 [ IDX:0 BKUP, NoFwd ]
17        Version: 770, Priority: 15
18        Label Stack (Top -> Bottom): { 90504 30403 16006 }
19        NHID: 0x0, Encap-ID: N/A, Path idx: 0,Backup path idx: 0, Weight: 0
20        MAC/Encaps: 14/26, MTU: 1500
21        Packets Switched: 0
22        (!): FRR pure backup
23
24  Traffic-Matrix Packets/Bytes Switched: 0/0
```

同时节点 3 也为 Prefix-SID 16006 应用 SR/LDP 互操作功能，如图 9-24 所示。从节点 11 到节点 6 的完整路径，以及激活的 TI-LFA 修复路径，都在此图中展现了出来。对于所接收到的 SR 标签流量和 LDP 标签流量，节点 1 把顶层标签交换为目的地 Prefix-SID 标签 16006，然后为这两种类型流量压入相同的修复路径标签栈：{90504，30403}。标签 90504 是节点 5 为前缀 1.1.1.4/32 通告的 LDP 标签。标签 30403 是与节点 4 到节点 3 的邻接相关联的 Adjacency-

SID 标签。节点 5 是 1.1.1.4/32 的倒数第二跳，它弹出 LDP 标签。当带有顶层标签 30403 的数据包到达节点 4 时，节点 4 弹出标签并把数据包转发到节点 3。由于节点 3 的下游邻居节点 2 没有启用 SR，因此节点 3 把 Prefix-SID 标签 16006 交换为节点 2 为前缀 1.1.1.6/32 通告的 LDP 标签 90206——这是节点 3 的 SR/LDP 互操作功能。

去往目的地 1.1.1.6 的不带标签的数据包到达节点 1 时，节点 1 会压入相同的修复路径标签栈，如图 9-24 所示。映射服务器为 1.1.1.6/32 通告了相关联的 Prefix-SID 16006，因此节点 1 可以在修复路径上使用标签 16006 到达 1.1.1.6/32。修复标签栈不依赖于标签压栈优先级的配置，因为标签压栈优先级只影响修复标签栈的顶层标签，而由于只有出向 LDP 标签可用于到达 P 节点节点 4，因此没有其他选择，只能在修复标签栈中使用此标签。

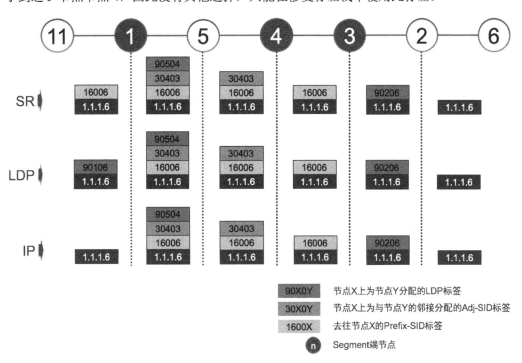

图 9-24　修复路径上数据包的标签栈

9.9 TI-LFA 修复路径负载均衡

虽然 TI-LFA 为每个单独的目的地前缀只计算一条修复路径，TI-LFA 修复流量仍可使用网络中可用的 ECMP 路径。受保护流量使用修复路径上 Prefix Segment 的所有可用 ECMP 路径，这要归功于 Prefix-SID 支持 ECMP。例如从 PLR 到 P 节点/PQ 节点以及从修复路径释放点到目的地。

如果多条等价的修复路径可用，TI-LFA 在它们之间实现统计负载均衡。这意味着对于每个目的地，TI-LFA 基于哈希函数选择其中一条可用的修复路径。如果多个等价的 P 节点或 PQ 节点可用，TI-LFA 则把受保护的目的地前缀统计负载均衡至这些不同的修复路径上。P 节点和 Q 节点不相交的情况也一样，如果从 P 节点可以到多个等价的 Q 节点，那么对于每个目的地前缀，PLR 基于哈希函数选择其中一个（P，Q）对。

图 9-25 显示了 TI-LFA 备份路径上的流量负载均衡。这个拓扑基于拓扑图 9-11，但有两个变化。首先，它添加了两个节点：节点 13（位于节点 2 和节点 4 之间）和节点 15（位于节点 1 和节点 4 之间）。其次，节点 4 和节点 3 之间链路以及节点 4 和节点 13 之间链路的度量是 30，这和图 9-11 中节点 4 和节点 3 之间链路的度量是 40 不同。这些链路使用度量 30 不改变 PLR 节点 1 计算出的 P 空间和 Q 空间，但使得从节点 4 到节点 3 的最短路径经由它们之间的直连链路。因此节点 4 可以使用其 Prefix-SID 到达节点 3 和节点 13。如果 P 节点与 Q 节点之间的最短路径不经由它们之间的直连链路，则必须使用 Adjacency-SID。

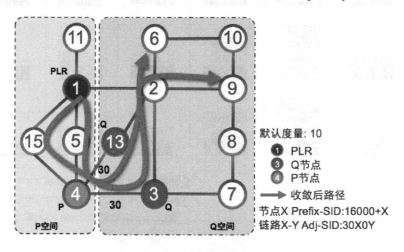

图 9-25　TI-LFA 修复路径负载均衡

所有节点均启用了 SR。在这个拓扑结构中，除了节点 4 和节点 3 之间链路以及节点 4 和节点 13 之间链路的度量是 30 外，其余链路的度量都是 10。节点 1 启用了 TI-LFA 链路保护，在连接节点 2 的链路发生故障时保护去往目的地节点 6 和节点 9 的流量。

节点 1 为目地的节点 6 计算 TI-LFA 修复路径，并发现两条等价的修复路径：一条经由（P，Q）对（节点 4，节点 3），另一条经由（P，Q）对（节点 4，节点 13）。PLR 节点 1 为每个目的地安装一条修复路径，此修复路径同时包括出接口（OIF）和下一跳（NH）信息。因此，PLR 节点 1 有四条修复路径可供选择：

- 下一跳节点 5，(P，Q) 对（节点 4，节点 3）；
- 下一跳节点 5，(P，Q) 对（节点 4，节点 13）；
- 下一跳节点 15，(P，Q) 对（节点 4，节点 3）；
- 下一跳节点 15，(P，Q) 对（节点 4，节点 13)。

PLR 节点 2 尝试把受保护流量负载均衡至所有可用的修复路径，它基于哈希计算（哈希因子是目的地前缀）的结果选择修复路径，从而实现把受保护目的地统计负载均衡至可用的修复路径上。举个例子，节点 2 选择经由节点 15 和（P，Q）对（节点 4，节点 13）的修复路径用于保护目的地节点 6，选择经由节点 5 和（P，Q）对（节点 4，节点 3）的修复路径保护目的地节点 9。具体参见例 9-64 的 ISIS 输出。请注意，Q 节点节点 13 被标记为"P 节点"（见第 7 行），这表明节点 13 的前序节点（节点 4）可以采用节点 13 的 Prefix-SID 经由收敛后路径到达节点 13，但这和节点 13 是 Q 节点的实际角色是相反的。用于目的地节点 9（1.1.1.9/32）的修复路径经由节点 5、节点 4 和节点 3，如例 9-65 所示。

▶ **例 9-64 用于目的地节点 6 的 ISIS TI-LFA 修复路径**

```
1 RP/0/0/CPU0:xrvr-1#show isis fast-reroute 1.1.1.6/32
2
3 L2 1.1.1.6/32 [20/115]
4      via 99.1.2.2, GigabitEthernet0/0/0/3, xrvr-2, SRGB Base: 16000, Weight: 0
5          Backup path: TI-LFA (link), via 99.1.15.15, GigabitEthernet0/0/0/2 xrvr-15, SRGB Base: 16000, Weight: 0
6          P node: xrvr-4.00 [1.1.1.4], Label: 16004
7          P node: xrvr-13.00 [1.1.1.13], Label: 16013
8          Prefix label: 16006
```

▶ **例 9-65 用于目的地节点 9 的 ISIS TI-LFA 修复路径**

```
RP/0/0/CPU0:xrvr-1#show isis fast-reroute 1.1.1.9/32

L2 1.1.1.9/32 [20/115]
     via 99.1.2.2, GigabitEthernet0/0/0/3, xrvr-2, SRGB Base: 16000, Weight: 0
         Backup path: TI-LFA (link), via 99.1.5.5, GigabitEthernet0/0/0/1 xrvr-5, SRGB Base: 16000, Weight: 0
         P node: xrvr-4.00 [1.1.1.4], Label: 16004
         P node: xrvr-3.00 [1.1.1.3], Label: 16003
         Prefix label: 16009
```

基于相同的拓扑，OSPF 为目的节点 6（1.1.1.6/32）选择经由节点 5、节点 4 和节点 3 的修复路径，见例 9-66。出接口和下一跳见第 13 行。用于目的地节点 9（1.1.1.9/32）的修复路径经由节点 15、节点 4 和节点 13，如例 9-67 所示。

▶ **例 9-66 用于目的地节点 6 的 OSPF TI-LFA 修复路径**

```
 1  RP/0/0/CPU0:xrvr-1#show ospf routes 1.1.1.6/32 backup-path
 2
 3  Topology Table for ospf 1 with ID 1.1.1.1
 4
 5  Codes: O - Intra area, O IA - Inter area
 6         O E1 - External type 1, O E2 - External type 2
 7         O N1 - NSSA external type 1, O N2 - NSSA external type 2
 8
 9  O     1.1.1.6/32, metric 21
10         99.1.2.2, from 1.1.1.6, via GigabitEthernet0/0/0/3, path-id 1
11           Backup path: TI-LFA, Repair-List:
12                         P node: 1.1.1.4        Label: 16004
13                         P node: 1.1.1.3        Label: 16003
14         99.1.5.5, from 1.1.1.6, via GigabitEthernet0/0/0/1, protected bitmap 0000000000000001
15           Attributes: Metric: 71, SRLG Disjoint
```

▶ **例 9-67 用于目的地节点 9 的 OSPF TI-LFA 修复路径**

```
RP/0/0/CPU0:xrvr-1#show ospf routes 1.1.1.9/32 backup-path

Topology Table for ospf 1 with ID 1.1.1.1

Codes: O - Intra area, O IA - Inter area
       O E1 - External type 1, O E2 - External type 2
       O N1 - NSSA external type 1, O N2 - NSSA external type 2

O    1.1.1.9/32, metric 21
       99.1.2.2, from 1.1.1.9, via GigabitEthernet0/0/0/3, path-id 1
         Backup path: TI-LFA, Repair-List:
                       P node: 1.1.1.4         Label: 16004
                       P node: 1.1.1.13        Label: 16013
           99.1.15.15, from 1.1.1.9, via GigabitEthernet0/0/0/2, protected bitmap 0000000000000001
         Attributes: Metric: 71, SRLG Disjoint
```

图9-26显示了另一个例子，在拓扑结构中添加节点20，位于节点1、节点5和节点15之间。在这个例子中，Prefix-SID自带的负载均衡功能被突显出来。当连接节点2的链路发生故障时，PLR节点1保护去往目的地节点6、节点9和节点10的流量。节点1有两条等价的修复路径可供选择：

- 下一跳节点20，(P, Q) 对（节点4，节点3）；
- 下一跳节点20，(P, Q) 对（节点4，节点13）。

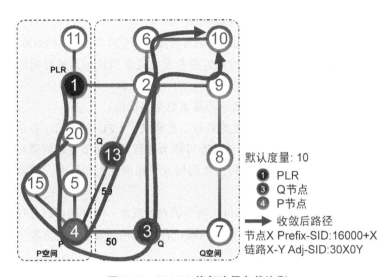

图9-26　TI-LFA修复路径负载均衡

PLR节点1基于每个目的地前缀选择其中一条修复路径，从而实现把受保护流量统计负载均衡至两条可用的修复路径上。进一步地，在选定修复路径上使用节点4的Prefix Segment实现节点1到P节点节点4的流量负载均衡至两条等价路径上（经由节点5或节点15），这要归功于Prefix Segment支持ECMP。同时，使用节点10的Prefix Segment，还可实现从Q节点（节点3或节点13）去往目的地节点10（经由节点6或节点9）的流量负载均衡至等价路径上。基于常规的数据平面哈希功能实现流量负载均衡至Prefix Segment的等价路径上。

9.10 微环路避免

在本节中，我们将讨论在IP/MPLS网络收敛后普遍可能产生的微环路。了解什么是微环路以及它们是如何产生的，以及SR如何帮助实现微环路避免。

9.10.1 微环路概述

当一个 IGP 网络的拓扑发生变化时（例如链路或节点发生故障），IGP 首先把拓扑变化的链路状态信息分发给网络中其他节点，新的链路状态通告在网络中泛洪。然后网络中每个节点独立地运行相同的路由计算算法，并用新的信息来更新其转发表。在这个时间段内网络节点上的转发表是不一致的。一些节点仍然基于旧拓扑转发流量，而另一些节点已经按照新拓扑更新了自己的转发表。最后，当所有节点完成其转发表更新后，网络收敛完成，此时所有节点上的转发表项是一致的，这反映了新的拓扑结构。

拓扑发生变化和节点转发表更新之间的时间间隔会随着不同节点、不同因素的变化而变化。
- 在网络中传播拓扑变化引入了时延。拓扑变化通知到达节点的时间取决于拓扑变化处到该节点的距离。
- 每个节点更新转发表中前缀的顺序不能保证是相同的。
- 控制平面和数据平面的更新速度有差异，这取决于 CPU、ASIC、平台架构等。

拓扑变化后网络节点转发表的不一致状态可能会导致流量在节点之间循环。环路的持续时间由收敛时间最慢的节点决定[5]。这种短暂的转发环路被称为微环路，因为它们通常的持续时间是亚秒级。

微环路是使用逐跳路由机制的 IP/MPLS 网络的自然现象。微环路可以在任何一种拓扑变化时发生，无论是故障发生还是恢复。微环路可以在靠近拓扑变化的地方发生，也可以在远离拓扑变化的地方发生。

下例说明微环路的产生。除了节点 3 和节点 4 之间链路外，网络拓扑图 9-27 中的链路度量都是默认值 10。流量从节点 6 经由最短路径去往节点 4，如图 9-27 所示。同时，从节点 3 到目的地节点 4 有另一条业务流。现在节点 1 和节点 2 之间的链路发生故障。在第一个例子中，假定节点 2 上没有启用 FRR 保护。在链路发生故障后，节点 2 进行 IGP 收敛，200ms 后收敛至新的拓扑结构并更新去往节点 4 的转发表项，之后节点 2 开始经由节点 3 转发去往节点 4 的流量。而节点 3 的 IGP 收敛较慢，在 300ms 后才更新完去往节点 4 的转发表项，之后节点 3 把去往节点 4 的流量直接通过直连链路发给节点 4。从节点 2 使用新的转发路径（200ms 后），直到节点 3 安装新的转发表项（300ms 后）那一刻，流量会在节点 2 和节点 3 之间循环。

事件的时间轴如图 9-28 所示。
- 0ms：节点 1 和节点 2 之间的链路发生故障。
- 200ms：节点 2 更新去往节点 4 的转发表项。
- 300ms：节点 3 更新去往节点 4 的转发表项。

在时间轴的 0ms ～ 200ms，节点 2 丢弃流量。在时间轴 200ms ～ 300ms（持续时间 100ms）流量在节点 2 和节点 3 之间循环。在时间轴的 300ms 时，流量被恢复。假设在微环路过程中所有数据包均丢失或者由于时延太大失效，链路发生故障后去往节点 4 的连通性从

0ms 持续中断至 300ms，即这段时间的 1/3（100ms）出现了微环路。

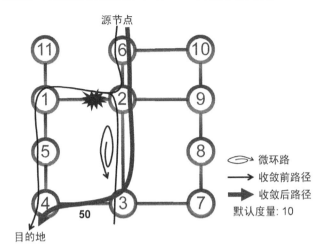

图 9-27　本地 PLR 微环路

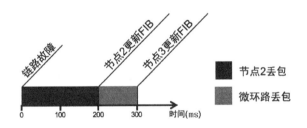

图 9-28　微环路时间轴

微环路在 IP 网络中一直存在，但在过去这并不是特别大的问题——微环路存在的时间相比于整个网络的收敛时间而言太短，网络收敛过程中丢弃的总流量掩盖了由于微环路造成的流量丢失。但引入 FRR 后，流量通常在故障发生的 30ms 内就完成恢复，实际上一般的期望是启用 FRR 后流量丢失不应超过 50ms，此时由于微环路造成的流量丢失就被突显出来了。我们用 IPFRR 来解析这个问题，但其实这个问题独立于所使用的 FRR 机制。值得注意的是，由 TE FRR 保护的单跳隧道也存在此问题。

微环路会导致丢包，因为在环路中的数据包其 TTL 最终会减至零或者是因为链路带宽被占满。假定产生微环路的链路的单向时延是 5ms，如果在微环路发生前链路带宽利用率为 20%，链路带宽则将在微循环发生小于 20ms 后达到饱和（译者注：(100%-20%)/20%×5=20ms），数据包将由于链路带宽饱和而在微环路剩余持续时间内被丢弃。链路的两个方向均会发生拥塞。微环路造成的链路拥塞可能会影响到那些本来不受拓扑变化影响的业务，因为这个拥塞会影响到经过这条链路的所有流量。例如，图 9-27 所示的微环路会影响节点 6 和节点 7 之间的流量,而这部分流量本来不应该受到故障的影响。

回过头来看图 9-27 所示的例子,现在在节点 2 启用 TI-LFA 链路保护。节点 2 预先为目的地节点 4 在转发表中安装(无环路)TI-LFA 修复路径。在本例中,节点 2 在去往节点 4 的修复路径上使用(P, Q)对(节点 3, 节点 4)。基于此配置,事件的时间轴如图 9-29 所示。

- 0ms:节点 1 和节点 2 之间的链路发生故障。
- 25ms:节点 2 TI-LFA 保护被激活。
- 200ms:节点 2 更新去往节点 4 的转发表项并删除 TI-LFA 修复路径。
- 300ms:节点 3 更新去往节点 4 的转发表项。

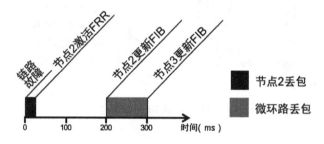

图 9-29　启用 FRR 后的微环路时间轴

在时间轴的 0ms ～ 25ms,节点 2 丢弃流量。在时间轴 25ms ～ 200ms 流量经由 TI-LFA 修复路径到达目的地,在这段时间内连通性没有丢失。在时间轴的 200ms ～ 300ms(持续时间 100ms),流量在节点 2 和节点 3 之间循环。在时间轴的 300ms 时,流量被恢复。

在本例中,丢包发生在两个不同的时间段:一个是故障发生后的瞬时(0ms ～ 25ms),另一个是节点 2 收敛后(200ms ～ 300ms)。链路发生故障后去往节点 6 的连通性总共中断了 125ms(25ms + 100ms),这段时间的 4/5 出现了微环路。

9.10.2　现有微环路避免机制

自引入 LFA,Cisco IOS XR 即支持一个简单的微环路避免机制。使用这种机制的 PLR 推迟更新其转发表,以允许网络中所有其他节点收敛到新的拓扑结构。该 PLR 计算出新的路径,但推迟安装新路径入转发表。在此延迟后,PLR 更新其转发表。由于网络其他部分已经处于一致的状态,从而防止了微环路。IETF 草案 draft-ietf-rtgwg-uloop-delay 描述了本地微环路避免功能。如果图 9-27 中节点 2 启用了本地微环路避免功能,事件的时间轴则如图 9-30 所示。

- 0ms:节点 1 和节点 2 之间的链路发生故障。
- 25ms:节点 2 TI-LFA 保护被激活。
- 300ms:节点 3 更新去往节点 4 的转发表项。

— 5025ms：节点 2 更新去往节点 4 的转发表项，并删除 TI-LFA 修复路径。

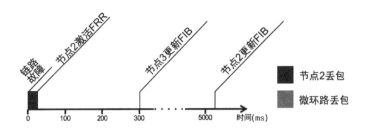

图 9-30　启用 FRR 和本地微环路避免后的微环路时间轴

在时间轴的 0ms～25ms，节点 2 丢弃流量。在此之后，节点 2 引导流量去往（无环路）修复路径，直到节点 2 在 5s 后更新其转发表。此时由于节点 3 已经更新了转发表，因此不会形成环路。

然而，这种本地微环路避免方案有其局限性：它不是对所有的微环路都有效，并且仅适用于链路中断事件。举个例子，此机制不适用于拓扑中另一类不同的故障，参见图 9-31。在节点 5 和节点 4 之间的链路发生故障前，从源节点 6 到目的地节点 4 的流量被标记为"收敛前路径"。同时图中也标识出了节点 3 到节点 4 的最短路径。在节点 5 和节 4 之间的链路发生故障后，收敛后的路径被标记为"收敛后路径"。

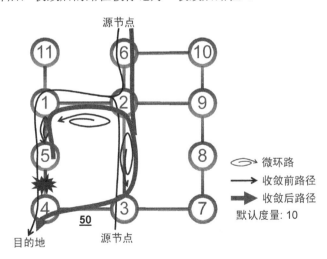

图 9-31　PLR 远端微环路

根据节点的收敛顺序，可能产生 3 个微环路，如图 9-31 所示。最坏情况下的事件时间轴如下（参见图 9-32）。

— 0ms：节点 4 和节点 5 之间的链路发生故障。

- 25ms：节点 5 上的 TI-LFA 保护被激活。
- 200ms：节点 1 更新其转发表。
- 250ms：节点 2 更新其转发表。
- 300ms：节点 3 更新其转发表。
- 5025ms：节点 5 更新其转发表（本地微环路避免）。

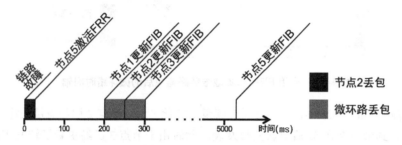

图 9-32　启用 FRR 后的远端微环路时间轴

在时间轴的 0ms～25ms 出现流量丢失，直到节点 5 激活 TI-LFA 保护。由于节点 5 引导流量去往（无环路）修复路径，因此直到节点 1 更新其转发表为止，这期间内没有出现流量丢失。在时间轴的 200ms 时在节点 1 和节点 2 之间开始产生微环路。当节点 2 在时间轴的 250ms 更新其转发表，这个微环路得以消除。但同时一个新的微环路在节点 2 和节点 3 之间产生，这个微环路持续到在时间轴的 300ms 时节点 3 更新其转发表为止。大约 5s 后，节点 5 更新其转发表。本地微环路只能防止其中一个可能的微环路产生：节点 1 和节点 5 之间的微环路。在这个例子中，业务流经历了 125ms 的连通性中断，其中 100ms 是由微环路造成的。

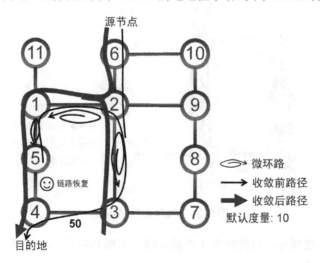

图 9-33　链路恢复的微环路

到目前为止，本节只涵盖了链路故障后产生的微环路。如前所述，链路恢复后也可能产生微环路。举个例子，基于相同的拓扑结构，恢复节点 5 和节点 4 之间的链路，将影响从节点 6 到节点 4 流量的潜在微环路如图所示。事件的时间轴如下（参见图 9-34）。

- 0ms：节点 4 和节点 5 之间的链路恢复。
- 200ms：节点 2 更新其转发表。
- 250ms：节点 1 更新其转发表。
- 300ms：节点 5 更新其转发表。

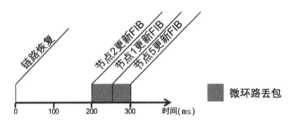

图 9-34　链路恢复的微环路时间轴

在这一系列事件中，在时间轴的 200ms～250ms 节点 2 和节点 1 之间产生微环路：节点 2 引导数据包经由节点 1 去往目的地，但节点 1 仍然基于旧拓扑发送数据包。节点 1 更新其转发表后，在时间轴的 250ms～300ms 节点 1 和节点 5 之间产生微环路。节点 5 更新其转发表后，微环路得以消除。在本例中，由于微环路造成了 100ms 的丢包，但一般的要求/期望是链路恢复时不丢包。

微环路已经被讨论和研究了数年。业界已经提出了多个微环路避免解决方案，但没有一个解决方案是完整同时又是能简单实施和操作的。IETF RFC 5715 描述了若干针对此问题的解决方案。IETF 草案 draft-ietf-rtgwg-uloop-delay 描述的本地微环路避免功能提供了链路中断情况下的部分解决方案。

9.10.3　SR 微环路避免功能

SR 显式源路由流量引导机制提供了一个解决微环路问题的简单而完整的方案。当网络拓扑发生变化时，节点进行收敛计算得出的收敛后路径上可能产生微环路，此时该节点可采用 SR 防止微环路产生。节点短暂地使用一个显式 Segment 列表把流量引导至收敛后路径上的不产生环路的释放点（和 TI-LFA 机制类似）。当产生微环路的风险过后，节点再切换回不带有显式 Segment 列表的常规转发。最后数据包经由新拓扑的常规最短路径转发，而不会有任何产生微环路的风险。

此微环路避免的收敛过程分为两个阶段。当拓扑变化时，节点 N 分析拓扑，发现在去往目的地 D 的收敛后路径上有可能产生微环路，则节点 N 为去往目的地 D 使用以下两阶段收敛过程。

第一阶段：节点 N 计算出一条基于收敛后路径定制的无环 SR 路径。在一段时间内，节点 N 把去往目的地 D 的流量引导至这条显式的无环收敛后路径。这个时间段长度至少为全网范围内单个节点最坏情况下的收敛时间。

第二阶段：第一阶段的计时器到期后，节点 N 安装去往目标 D 的常规收敛后路径，之后节点 N 不再压入任何额外的 Segment 来防止路径上的环路。

下面通过一个例子来说明，使用本节前面的相同拓扑，启用 SR 微环路避免功能，参见图 9-35。链路发生故障前，从源节点 6 到目的地节点 4 的流量被标记为"收敛前路径"。当节点 5 和节点 4 之间的链路发生故障时，节点 5 和节点 4 激活 TI-LFA 保护，并通过 IGP 链路状态通告在网络中泛洪拓扑变化信息。基于 TI-LFA FRR 保护，故障后流量丢失的时间限制在小于 50ms。

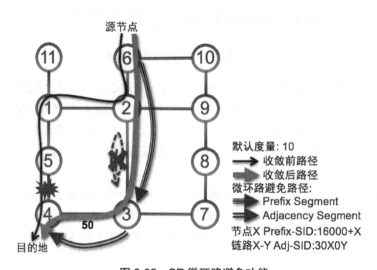

图 9-35　SR 微环路避免功能

所有节点计算新的最短路径树。节点 6 计算去往节点 4 的收敛后路径，在图中标记为"收敛后路径"，并发现在收敛后路径上的节点 2 和节点 3 之间可能会产生一个微环路，如图 9-35 所示。为此，节点 6 计算出一个 Segment 列表用于把流量引导到节点 4 并且不会产生环路。节点 6 确定可能的微环路并计算一条无环显式路径实现微环路避免的算法是私有的，因为这是节点的本地功能，因此并不公开。节点 6 短暂地在去往节点 4 的数据包上压入 Segment 列表 {Prefix-SID（节点3），Adjacency-SID（节点3到节点4的链路）}。这是收敛过程的第一阶段。从这个时候开始数据包就经由收敛后路径转发，这是最优路径，因为它是网络全部完成收敛后流量将遵循的路径。Segment 列表中的 Prefix-SID（节点3）通过一个无环的方式把数据包发到节点 3，因为从节点 6 到节点 3 的路径不受网络拓扑变化影响；接着 Segment 列表的

Adjacency-SID 引导流量从节点 3 到节点 4，至此流量可以去往目的地而不会产生微环路。

网络中其他节点也启用此微环路避免流程。例如，节点 2 压入 Segment 列表 {Adjacency-SID（节点 3 到节点 4 链路）} 并把数据包发往连接节点 3 的出接口。节点 11 压入 Segment 列表 {Prefix-SID（节点 3），Adjacency-SID（节点 3 到节点 4 链路）}，从节点 11 到节点 3 的路径是无环的，因为它不受拓扑变化的影响。

在收敛过程的第二阶段中，节点切换回其正常转发路径。它们不再为数据包压入任何额外的 Segment，因为此时网络中已不存在潜在的微环路。第二阶段并不需要在所有节点上同步发生。例如，当节点 2 切换到常规转发时，节点 6 仍然可以使用显式的收敛后路径一段时间，反之亦然。路径间相互不影响。

SR 微环路避免功能防止因单个链路事件造成微环路。单个链路事件包括链路故障、链路恢复以及链路度量改变。

SR 微环路避免是本地行为。每个节点独立地进行计算并应用所需的无环 SR 路径，这些源路由的 SR 路径无需与网络中其他节点进行信令交互。在收敛后路径上的节点需要支持基本的 SR 转发功能：Prefix-SID，Adjacency-SID。

微环路避免适用于 SR、LDP 和不带标签的 IP 流量。

无需进行全网升级才能从 SR 微环路避免功能中获益。SR 微环路避免功能可以增量部署，从而可以逐步地获益。流量经过启用了 SR 微环路避免功能的节点将从这个功能中获益。对于没有启用 SR 微环路避免功能的节点，仍然会产生微环路，这和此功能未在网络中引入前一样，除非其他启用了此功能的节点的本地行为可避免这些微环路的产生。

Cisco IOS XR 的 SR 微环路避免功能的实现会发起一个 SRTE 策略用于暂时的显式收敛后路径，这个功能与第 9.4.3 节中描述的 TI-LFA 功能是一样的。

在写本书时，Cisco IOS XR 上的微环路避免功能尚未正式发布。我们将在本书后续修订版中提供这方面更新、更多的细节。

"在并不强制要求流量都需要得到保护的 IP 网络中部署 LFA 是非常快速的：部署非常简单（通常是一条命令），非常简单易懂，对可扩展性影响小，而且对于通常的拓扑结构而言，有着良好的覆盖。应用 RLFA 进一步地提升了覆盖范围，部署起来也较简单（一条命令），但 RLFA 可能操作起来会比较难，因为作为 RLFA 候选节点需要接收 PLR 发起的目标 LDP 会话（在网络各处均需要额外开启的特性）。在 RLFA 环境下，如果没有模拟工具的话，很难预测特定 PLR 上针对特定目的地的最优 RLFA 节点。这取决于网络设计和网络规模，一个特定 RLFA 候选节点可能被大量 PLR 所使用，从而导致在 RLFA 节点上需要建立大量的目标 LDP 会话，可能会影响扩展性。

客户的关键应用不断增多，客户对于业务体验的期望值也在不断提高。由于 MPLS

是大多数运营商提供业务的基础，它必须是非常高效和健壮的，同时因为网络会发生异常事件，因此网络必须能在不中断客户应用的前提下实现动态调整。在这方面，微环路一直是 IP/MPLS 网络的痛点，因为它打破了 FRR 机制或是造成了短暂的拥塞。我对防止微环路感兴趣多年，研究、评估和实施过多种解决方案。

然而，所有这些过去的解决方案要么只解决部分问题，要么太复杂以致无法在实际网络中部署："本地延迟"解决方案可以很快部署，可以带来帮助是肯定的，但不能被认为是一个完备的解决方案，因为它无法解决远端微环路问题；"有序 FIB"解决方案的复杂度太高：试图对网络中节点的计算进行排序，但根据设计，节点间是相互独立的，因此这不是一个正确的方向。

现在，由于 SR 功能模块的出现，我们得以使用此技术轻松、简单地在网络中构建无环路径。我有机会亲自使用和深入评估过实现 SR 微环路避免的早期代码，我可以证实它确实起作用，无论是对于好的还是坏的事件，它都提供了一个非常简单的解决方案来防止微环路产生：只需要在你的路由器上输入一条命令，你就能防止微环路。"

Stéphane Litkowski

9.11 总结

- TI-LFA 提供小于 50ms 的链路、节点和 SRLG 保护，支持 100% 覆盖率。
- TI-LFA 操作简单、易于理解。该功能包含于 IGP，无需额外的协议或信令。
- 修复路径由 IGP 自动计算，无需进行特别的调整。
- 通过使用收敛后路径作为备份路径，可以防止备份路径上的短暂拥塞和次优路由。
- TI-LFA 可以增量部署，它是一个本地功能，同时也保护 LDP 和 IP 流量。
- SR 微环路避免功能防止在拓扑改变后（链路启用、链路关闭、链路度量改变）产生微环路。流量被暂时引导到由 SRTE 功能构建的无环的收敛后路径上。

9.12 参考文献

[1] [draft-francois-rtgwg-segment-routing-uloop] Francois, P., Filsfils, C., Bashandy, A., and Litkowski, S., "Loop avoidance using Segment Routing", draft-francois-rtgwg-segment-routing-uloop (work in progress), June 2016, https://datatracker.ietf.org/doc/draft-francois-rtgwg-segment-routing-uloop.

[2] [draft-francois-spring-segment-routing-ti-lfa] Filsfils, C., Bashandy, A., Decraene, B., and Francois, P., "Topology Independent Fast Reroute using Segment Routing", draft-francois-spring-segment-routing-ti-lfa, (work in progress), April 2015, https://datatracker.ietf.org/doc/draft-francois-spring-segment-routing-ti-lfa.

[3] [FRANCOIS] Pierre François, "Improving the Convergence of IP Routing Protocols", PhD thesis, UniversitéCatholique de Louvain, October 2007, http://inl.info.ucl.ac.be/system/files/pierre-francois-phd-thesis_0.pdf.

[4] [ietf-rtgwg-uloop-delay] Litkowski, S., Decraene, B., Filsfils, C., and Francois, P., "Microloop prevention by introducing a local convergence delay", draft-ietf-rtgwg-uloop-delay (work in progress), June 2016, https://datatracker.ietf.org/doc/draft-ietf-rtgwg-uloop-delay.

[5] [MPLSWC14] Bruno Decraene, Stéphane Litkowski, Orange, "Topology independent LFA-Orange use-case and applicability", MPLS SDN World Congress, Paris, March 2014, http://www.slideshare.net/StephaneLitkowski/mpls-sdn-2014-topology-independant-lfa.

[6] [MPLSWC15] Stéphane Litkowski, Orange, "SPRING interoperability testing report", MPLS SDN World Congress, Paris, March 2015, http://www.slideshare.net/StephaneLitkowski/mpls-sdn-2015-spring-interoperability-testing.

[7] [MPLSWC16] Stéphane Litkowski, Orange, "Avoiding Microloops using segment routing", MPLS SDN World Congress, Paris, March 2016, http://www.slideshare.net/StephaneLitkowski/mpls-sdn-2016-Microloop-avoidance-with-segment-routing-63809004.

[8] [RFC4202] Kompella, K., Ed., and Y. Rekhter, Ed., "Routing Extensions in Support of Generalized Multi-Protocol Label Switching (GMPLS)", RFC 4202, DOI 10.17487/RFC4202, October 2005, https://datatracker.ietf.org/doc/rfc4202.

[9] [RFC4203] Kompella, K., Ed., and Y. Rekhter, Ed., "OSPF Extensions in Support of Generalized Multi-Protocol Label Switching (GMPLS)", RFC 4203, DOI 10.17487/RFC4203, October 2005, https://datatracker.ietf.org/doc/rfc4203.

[10] [RFC5286] Atlas, A., Ed., and A. Zinin, Ed., "Basic Specification for IP Fast Reroute: Loop-Free Alternates", RFC 5286, DOI 10.17487/RFC5286, September 2008, https://datatracker.ietf.org/doc/rfc5286.

[11] [RFC5307] Kompella, K., Ed., and Y. Rekhter, Ed., "IS-IS Extensions in Support of Generalized Multi-Protocol Label Switching (GMPLS)", RFC 5307, DOI 10.17487/RFC5307, October 2008, https://datatracker.ietf.org/doc/rfc5307.

[12] [RFC5715] Shand, M. and S. Bryant, "A Framework for Loop-Free Convergence", RFC 5715, DOI 10.17487/RFC5715, January 2010, https://datatracker.ietf.org/doc/rfc5715.

[13] [RFC6571] Filsfils, C., Ed., Francois, P., Ed., Shand, M., Decraene, B., Uttaro, J., Leymann, N., and M.

Horneffer, "Loop-Free Alternate (LFA) Applicability in Service Provider (SP) Networks", RFC 6571, DOI 10.17487/RFC6571, June 2012, https://datatracker.ietf.org/doc/rfc6571.

[14] [RFC7490] Bryant, S., Filsfils, C., Previdi, S., Shand, M., and N. So, "Remote Loop-Free Alternate (LFA) Fast Reroute (FRR)", RFC 7490, DOI 10.17487/RFC7490, April 2015, https://datatracker.ietf.org/doc/rfc7490.

[15] [RFC7916] Litkowski, S., Ed., Decraene, B., Filsfils, C., Raza, K., Horneffer, M., and P. Sarkar, "Operational Management of Loop-Free Alternates", RFC 7916, DOI 10.17487/RFC7916, July 2016, https://datatracker.ietf.org/doc/rfc7916.

注释：

1. 前缀被更新的顺序是随机的。但是可以把前缀分为不同的优先级，具有较高优先级的前缀在那些较低优先级的前缀之前被更新。缺省情况下，主机前缀具有比非主机前缀更高的优先级。

2. SRTE 策略（有时被称为 SRTE 封装策略）是一个转发结构，用于给进入其中的数据包压入一个或多个 Segment。虽然 SRTE 有着不同的属性，但它通常被视为是 RSVP-TE 隧道的 SR 对应版本。

3. 安装包封装（PIE）是安装在基础 Cisco IOS XR 软件包之上，用于使能未包含在基础软件包中的某种功能的软件包。

4. 针对标签栈中 Prefix-SID 跟在 Adjacency-SID 之后的情况，TI-LFA IETF 草案 draft-francois-rtgwg-segment-routing-ti-lfa 提出了另一种方法：弹出 Adjacency-SID，并转发至 Adjacency-SID 之后的 Prefix-SID。在写本书时，Cisco IOS XR 并没有予以实现。

5. 这是最坏的情况。事实上一个微环路的持续时间是参与微环路的各节点更新转发表项所用时间的差值。

第 10 章　利用 Segment Routing 实现大规模互联

MPLS 标签空间只有约 100 万（2^{20}）个标签，与 IP 不同，MPLS 没有汇总标签和默认标签的概念。每个节点都需要一个自身的特定标签用于转发。对于具有数百万个端点的大规模网络而言，这意味着数百万条转发表条目。对于低成本的数据中心交换机或运营商城域以太网的接入节点而言，这是不可行的。SR MPLS 可以扩展网络以支持数十万个节点和数千万个底层物理端点，而只需几万条转发表条目。

> **重点提示：使用更大的 SRGB 是可能的，通常也是更好的选择**
>
> 在本章中，我们使用默认 SRGB 以说明极端情况。我们会展示即使使用非常小的、只有 8000 个全局标签的 SRGB，它仍然可以被扩展成支持数十万个节点和数千万个底层物理端点的网络。
>
> 显然，如果一个特定的部署由 20k 个节点组成，我们则可以简单地使用 20k 个全局标签（可能是 32k 以用于未来增长）的 SRGB，并使用经典设计，即每个节点会拥有其全局唯一 Prefix-SID。
>
> 理论上我们可以使用相当大的 SRGB（例如 256k）。
>
> 当节点数量超过 MPLS 标签空间大小，又或者需要最小化网络节点 FIB 能力时，可以利用本章讨论的层次化超大规模设计。
>
> 这个新的设计模型也是 draft-filsfils-spring-large-scale-interconnect 讨论的主题。
>
> 随着物联网（IoT）的发展和移动设备数量的增加，连接到网络的设备数量正在爆炸性增长。网络也需要进行扩展以应对这种增长。这个基于 SR 的设计模型允许网络平滑扩展，同时保持操作简单。

10.1 应用注意事项

在大多数网络中,采用经典设计——在整个域使用一样的 SRGB,可以简化网络。传统 IGP 的区域/层次设计理念也有助于网络的扩展性和稳定性。注意,可以扩大 SRGB 以确保网络中每台路由器都能获得它们自身的 Node-SID 以及容纳不同的服务端点。

然而,由于需要处理的路由器和服务端点数量非常庞大,某些大规模网络需要被划分为多个域以提高可扩展性。无缝 MPLS 架构(参见 draft-ietf-mpls-seamless-mpls)是用于大型汇聚网络的一种参考设计。另一方面,要考虑所涉及的路由器平台的可扩展性,特别是汇聚网络中的接入/汇聚节点或者数据中心中的架顶和叶子交换机。与核心和边缘路由器平台相比,这些平台是较低成本的设备,只有较小的 FIB 容量。因此我们需要确保从任何服务端点到任何服务端点的端到端 IP/MPLS 连接,但同时不大幅增加节点所需的转发条目数量,尤其是叶子/接入节点。本章描述的设计模型非常适合于超大规模数据中心互联或运营商大型汇聚网络。

10.2 参考设计

该参考设计的网络拓扑如图 10-1 所示。网络由多个通过中央的核心域互联起来的叶子域(Leaf1,Leaf2,…)组成。该图中只显示了两个叶子域。每个域均运行 SR 以及独立的路由协议(例如:ISIS,OSPF,BGP)。每个叶子域 Leafk 通过两个节点(或多个节点)Xka 和 Xkb 连接到核心域。每个 X 节点运行两个独立的 SR 路由协议:一个属于叶子域,一个属于核心域。

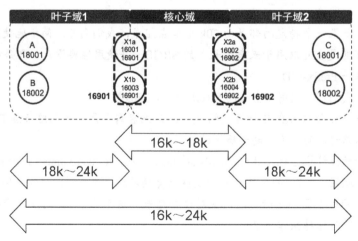

图 10-1 大规模互联参考设计

这里假设所有域使用一样的 SRGB[16000-23999]（选择其他 SRGB 范围也是可以的）。我们进一步假设 SRGB 子范围 [16000-17999] 只被用于在核心域提供 Prefix Segment，而子范围 [18000-23999] 被重用于所有叶子域以提供 Prefix Segment。任何在 SRGB 中划分子范围的方式都是可能的。注意，这些子范围只是管理上的划分，所有节点仍然分配完整的 SRGB。

同一 SRGB 子范围 [18000-23999] 被重用于所有叶子域以提供 Prefix Segment。例如，运营商为叶子域 Leaf1 的节点 A 和叶子域 Leaf2 的节点 C 分配相同的 Prefix-SID 18001。SRGB 子范围 [16000-17999] 不被重用，专门用于为核心域节点分配 Prefix-SID。例如，运营商为核心域节点 X1a 分配 Prefix-SID 16001，此 Prefix-SID 在所有域中唯一。

运营商从核心域的 SRGB 子范围中为每个 X 节点分配两个 Prefix-SID：一个是节点唯一标识（Node-SID），另一个由 X 节点共享，即 Anycast-SID，用于标识把叶子域 Leafk 连接到核心域的这一对 X 节点。在图 10-1 中节点 X1a 具有 Prefix-SID 16001 和 Anycast-SID 16901，而节点 X1B 具有 Prefix-SID 16003 和 Anycast-SID 16901。Anycast-SID 提供负载均衡和简单的节点冗余保护。当发送流量至 Anycast-SID 时，流量将由通告此 Anycast-SID 的最近节点来处理，如果 X 节点与源的距离相等，则在多个节点间负载均衡。如果其中一个 X 节点失效，那么基于 Anycast-SID 特性，另一个 X 节点将无缝接管。在此模型中 Anycast-SID 对于部署 SR 流量工程策略也很重要，但这是我们将在第二卷中介绍的内容。

X 节点的所有前缀及其 Prefix-SID 从核心域被重分发到叶子域中；没有其他前缀会被从核心域重分发到叶子域中，也没有前缀会被从叶子域重分发到核心域。因此核心域内部节点的转发表不存储属于范围 [18000-23999]（叶子域 SRGB 子范围）Segment 的任何条目，如图 10-2 所示。

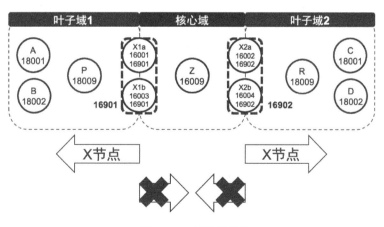

图 10-2　域间重分发

叶子域内部节点仅存储对应于本地叶子域所有 Segment 以及去往网络中所有 X 节点的 Prefix Segment 的转发条目。例如，叶子域 Leaf1 的节点 A 有对应于 Anycast-SID 16902 的转发条目，用于去往节点对 X2a 和 X2b；也有对应于 Prefix-SID 16002 的转发条目，用于去往节点 X2a。

10.2.1 节点互联

通过这种设计，任何叶子节点都可以与任何其他叶子节点互联。任何端点都可以连接到其他任何端点。首先，让我们假设叶子节点可以通过某种"带外"机制获得远端叶子的 SID 以及去往远端叶子路径上中间节点的 SID。

节点互联如图 10-3 所示。

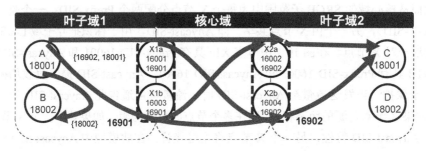

图 10-3　节点互联

节点 A 使用 Segment 列表 {18002} 经由最短路径到达节点 B。SID 18002 是节点 B 的 Prefix-SID。这是域内连接的例子，两个节点位于相同的叶子域中。

为了实现域间连通性，Segment 列表包含了"域邮政编码"信息，它标识了"域"和"街道名称"。"域"的邮政编码是到目的域边界节点的 Anycast Segment。"街道名称"是该域内目的节点的 Prefix Segment。节点 A 可以使用 Segment 列表 {16902，18001} 经由任何中间 X 节点通过最短路径到达节点 C，其中 SID 16902 是将域 Leaf2 连接到核心域的 X 节点（X2a 和 X2b）的 Anycast-SID，SID 18001 是域 Leaf2 中节点 C 的 Prefix-SID。

对于节点 A 要经由特定节点（例如，节点 X2a）通过最短路径到达节点 C 的情况，节点 A 可以使用 Segment 列表 {16002，18001}。SID 16002 是节点 X2a 的 Prefix-SID。这是域间连接的示例，两个节点位于不同的叶子域中。

本书不涉及源节点是如何得到和构造 Segment 列表以到达远端节点的。显而易见，我们可以采用静态配置或集中控制器的方式。这里会使用到 SRTE 的概念，它是第二卷要涵盖的主题。

10.2.2 端点互联

图 10-4 展示了连接到节点 A 和节点 C 的端点。这些端点可以是网络接口设备（NID）

或虚拟机（VM）。叶子节点为每个连接的端点分配 Adjacency-SID。节点的 Adjacency Segment 是本地有效的，因此每个叶子节点可以分配相同的 Adjacency-SID。这仍然类比于邮政服务，Adjacency Segment 是"门牌号码"。端点可以连接到多个叶子节点，即多宿主。

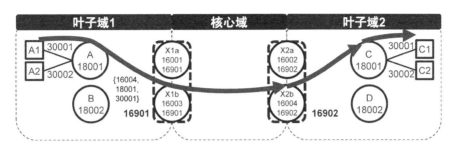

图 10-4　端点互联

要到达连接到某个叶子节点的端点，该叶子节点上与此端点对应的本地 Segment 必须被添加到 Segment 列表。例如，为了从连接到节点 A 的端点 A1 到达连接到节点 C 的端点 C1，我们可以使用 Segment 列表 {16004，18001，30001}。前两个 Segment 通过节点 X2b 将数据包发给叶子节点 C，然后节点 C 的本地 SID 30001 将数据包发给端点 C1。与前面的示例类似，如果不需要特地通过 X2b，则节点对（X2a，X2b）的 Anycast-SID 可以作为路径的第一个 Segment。

如何通过"带外"机制发现业务端点超出了本书的范围，该部分内容将在第二卷中介绍。

10.3 设计选项

10.3.1 叶子域/核心域大小

操作员可以选择不在域间重分发任何路由，甚至是 X 节点的路由。此设计选项减少了叶子域内部节点所需的转发条目数量。在这种情况下，必须在表示端到端路径的 Segment 列表中增加一个 Segment。例如，从节点 A 经由任何中间 X 节点到节点 C 的路径使用 Segment 列表 {16901，16902，18001}。SID 16901 是把域 Leaf1 连接到核心域的 X 节点（节点 X1a 和 X1b）的 Anycast-SID，该 SID 把数据包发给节点 X1a 或 X1b。SID 16902 是节点 X2a 和 X2b 的 Anycast-SID，该 SID 把数据包发给这两个节点之一。SID 18001 是目的节点 C 的 Prefix-SID。

我们仍然假设存在某种"带外"机制向叶子节点提供连接信息，类似于之前的情况。

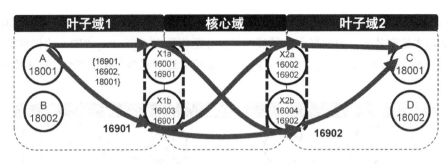

图 10-5 无重分发的连接

10.3.2 二级叶子（Sub-Leaf）域

为了进一步扩展，可以在参考设计中引入称为"二级叶子"的第三层。这些二级叶子域连接到叶子域。

在图 10-6 中，二级叶子域 Sub-Leaf11 和 Sub-Leaf21 被添加到网络拓扑。二级叶子域通过两个（或更多）Y 节点连接到叶子域。最初分配给叶子域的 SRGB 子空间 [18000-23999] 被进一步分成两个子范围：[18000-19999] 用于叶子域中的 SID 分配，[20000-23999] 用于二级叶子域中的 SID 分配。为每个节点 Y 分配属于叶子域 SRGB 子范围的 Anycast-SID 和 Prefix-SID。例如，为节点 Y21a 分配 Prefix-SID 18001 和 Anycast-SID 18901。为二级叶子域内的每个节点从用于二级叶子域的 SRGB 子范围中分配唯一的 Prefix-SID（例如，为节点 G 分配 20001）。

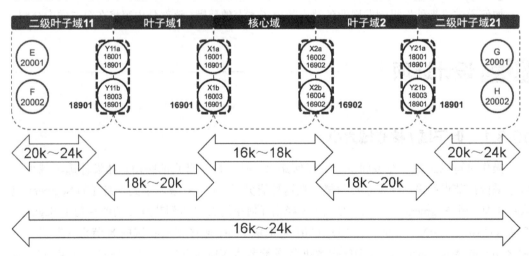

图 10-6 二级叶子域

节点 E 可以使用 Segment 列表 {16902，18901，20001}，经由任何中间节点 X 和任何中间节点 Y 通过最短路径到达节点 G。SID 16902 是节点 X2a 和 X2b 的 Anycast-SID。SID

18901 是节点 Y21a 和 Y21b 的 Anycast-SID，SID 20001 是节点 E 的 Prefix-SID。

10.3.3 流量工程

到目前为止，我们只讨论了采用最短路径进行传输。然而 SR 也提供通过任何端到端网络路径传送数据包的能力。这使得把业务流量引导到满足业务要求的路径成为可能，同时无须在除了源节点之外的其他节点上创建任何额外的状态。

我们可以在每个叶子域或核心域内实施 SR 流量工程，见拓扑图 10-7。例如可以使用 SRTE 策略 {18009，16001} 引导从域 Leaf1 内节点 A 到到同一域内节点 X1a 的流量经由节点 P。类似地，SRTE 策略 {16009，16002} 引导从核心域内节点 X1a 到节点 X2a 的流量经由节点 Z。

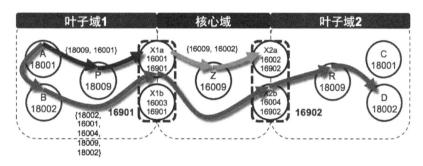

图 10-7 流量工程示意

同理，我们可以实施跨域的流量工程。例如，使用 SRTE 策略 {18002，16001，16004，18009，18002} 来引导从域 Leaf1 内的节点 A 到域 Leaf2 内的节点 D 的流量经由路径 A → B → X1a → X2b → R → D 进行传送。

SR 流量工程不属于本书的范围，该部分内容将在第二卷中讨论。

> **重点提示**
>
> 大规模网络中的端到端 MPLS 连接：基于 SR 的大规模互联设计以简单和可扩展的方式提供端到端 MPLS 连接。真正的好处是能够与控制器结合以简单和可扩展的方式实施跨域 SR 流量工程（将在第二卷中介绍）。

10.4 扩展能力示例

本节我们将会分析基于上述参考设计的示例网络的扩展能力。该网络由单个核心域和 100 个叶子域组成。默认 SRGB 范围 [16000-23999] 被划分为两个子范围：核心域为 [16000-17999]，叶子域为 [18000-23999]。

扩展能力如图 10-8 所示。每个叶子域包含 6000 个节点。假设为每个节点都分配了 Prefix-SID，则每个叶子域包含 6000 个 Prefix-SID。这是叶子域 SRGB 子范围的最大值。如果需要更大的叶子域，我们则可以扩大 SRGB 以满足需求。

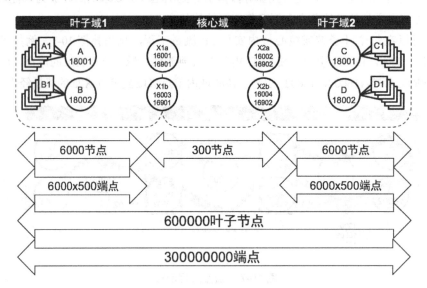

图 10-8　大规模互联示例

叶子域中的每个节点拥有 500 个连接到它的端点，因此每个叶子节点生成 500 个 Adj-SID，每个端点一个。每个叶子域总共有 300 万（= 6000×500）个端点。网络有 100 个叶子域，因此总共有 3 亿个端点。

每个 X 节点仅连接一个叶子域，并且每个叶子域通过两个 X 节点连接到核心域。每对 X 节点分配一个 Anycast-SID。除了 X 节点，核心域包含 100 个内部节点以实现 X 节点互联。假设每个核心域内部节点都被分配一个 Prefix-SID。那么核心域内有 2×100 个 Prefix-SID 和 100 个 Anycast-SID 用于 X 节点，100 个 Prefix-SID 用于内部核心节点。

所有 X 节点的 Prefix-SID 被重分发至每个叶子域中。

全网规模。

- 6000（每叶子域的节点数量）×100（叶子域的数量）= 600000 个节点。
- 6000（每叶子域的节点数量）×100（叶子域的数量）×500（每叶子节点的端点数量）= 3 亿个端点。

每节点 SID 规模。

- 叶子节点：6000（叶子节点 Prefix-SID）+200（X 节点 Prefix-SID）+100（X 节点

Anycast-SID)+500（端点 Adj-SID）= 6800 SID。

- X 节点：6000（叶子节点 Prefix-SID）+200（X 节点 Prefix-SID）+100（X 节点 Anycast-SID）+ 100（内部核心节点 Prefix-SID）= 6400 SID。
- 内部核心节点：200（X 节点 Prefix-SID）+ 100（X 节点 Anycast-SID）+ 100（内部核心节点 Prefix-SID）= 400 SID。

上述计算不包括互联链路的 Adj-SID，这些是每个节点的本地 SID，数量通常小于 100。

根据叶子节点的转发表能力，叶子域可以被分割成多个更小的二级叶子域。例如，所有叶子域被缩小为每个域包含 1000 个节点。为了保持端点总数（3 亿）不变，叶子域的数量增加到 600。每个 X 节点仅连接到一个叶子域，并且每个叶子域通过两个 X 节点连接到核心域。因此 X 节点的数量为 1200。每个 X 节点对分配 3 个 Prefix-SID：每个 X 节点分配一个 Prefix-SID，每个节点对分配一个 Anycast-SID。每个节点的 SID 规模变为：

- 叶子节点：1000（叶子节点 Prefix-SID）+1200（X 节点 Prefix-SID）+600（X 节点 Anycast-SID）+500（端点 Adj-SID）= 3300 SID；
- X 节点：1000（叶子节点 Prefix-SID）+1200（X 节点 Prefix-SID）+600（X 节点 Anycast-SID）+ 100（内部核心节点 Prefix-SID）= 2900 SID；
- 内部核心节点：1200（X 节点 Prefix-SID）+600（X 节点 Anycast-SID）+ 100（内部核心节点 Prefix-SID）= 1900 SID。

10.5 部署模型

我们可以在新建网络中部署此设计模型，并使用端到端 SR；也可以通过与无缝 MPLS 网络[2]（无缝 MPLS 也被称为统一 MPLS）的互操作在现有网络中部署，参见图 10-9。

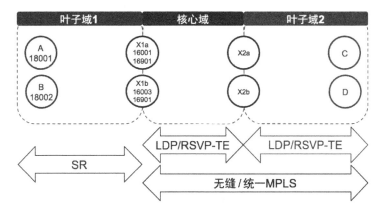

图 10-9　在现有网络部署，与无缝 MPLS 互操作

另一种广泛讨论的方法是在现有无缝 MPLS 网络设计的 IGP 域中启用 SR。对于尽力而为或现有的业务，继续基于层次化设计（无缝 MPLS）中的 BGP-LU 所提供的端到端连接进行操作。而利用 SRTE 功能的新业务（将在第二卷中介绍）使用本章中描述的端到端 Segment 列表进行部署。一段时间后，"尽力而为"业务也可以迁移至使用端到端"尽力而为"的 Segment 列表进行部署。可能有其他设计组合方式，但它们超出了本书的介绍范围。

10.6 好处

这种设计模型为大规模网络部署带来了许多好处。它提供了一种使用现有 SR 扩展 MPLS 网络的简单方法，无须修改协议。网络节点只需要运行单个协议，即 IGP。由于每条端到端路径都表示为 Segment 列表，因此去往目的地址的路径会使用列表中每个 Prefix Segment 的所有可用 ECMP。在 X 节点（边界节点）启用 Anycast Segment 支持跨域 ECMP。一旦启用 SR 就可以使用 TI-LFA，TI-LFA 以简单、自动化、可扩展和分布式的方式通过本地修复为所有业务的任何链路 / 节点 / SRLG 故障提供小于 50 ms 的保护，无需任何复杂的操作，就可以在跨域的情况下为超大规模的不同业务实现不同的保护机制。除了所有这些好处之外，它还提供端到端流量工程能力，在源节点处为数据包压入 Segment 列表来提供新的业务，不需要在网络任何其他地方为每个业务 / 流新增状态。

> "把网络划分为多个独立 IGP 域的做法因为在扩展和多业务融合方面的优势正变得越来越普遍。采用这种多域网络通常是基于可扩展性方面的考虑：网络功能（例如核心、区域汇聚等），网络业务（例如 Internet 业务、VPN 业务等），管理原因或所有这些因素的组合。基于 SR 的大规模互联设计解决方案支持网络转型和扩展。最为重要的是，它支持端到端的跨域流量工程解决方案，在此之前并没有一个简单和可扩展的模型予以支持。"
>
> —Ketan Talaulikar

10.7 总结

- SR 可以扩展网络以支持数十万个节点和数千万个底层端点。
- 大规模互联模型提供了一个简单易操作、灵活的网络设计，例如叶子域、二级叶子域的大小可以灵活调整。
- 该解决方案支持与现有网络设计（例如 LDP / RSVP-TE、无缝 MPLS 设计）的互操作。
- 该设计充分利用分布在每个域中的 SR 以优化转发和提供高可用性：利用 ECMP，实现 TI-LFA 保护，提供端到端 TE 功能。

10.8 参考文献

[1] [draft-filsfils-spring-large-scale-interconnect] Filsfils, C., Cai, D., Previdi, S., Henderickx, W., Shakir, R., Cooper, D., Ferguson, F., Lin, S., Laberge, T., Decraene, B., Jalil, L., and J. Tantsura, "Interconnecting Millions Of Endpoints With Segment Routing", draft-filsfils-spring-large-scale-interconnect (work in progress), September 2016, https://datatracker.ietf.org/doc/draft-filsfils-spring-large-scale-interconnect.

[2] [draft-ietf-mpls-seamless-mpls] Leymann, N., Decraene, B., Filsfils, C., Konstantynowicz, M., and D. Steinberg, "Seamless MPLS Architecture", draft-ietf-mpls-seamless-mpls (work in progress), October 2015, https://datatracker.ietf.org/doc/draft-ietf-mpls-seamless-mpls.

第 11 章　验证 SR MPLS 网络连接

操作员有多种选择来验证目的地可达性：通常首先尝试 Ping 来验证基本的连接性，接着是 Traceroute 目的地，以便在 Ping 失败时定位故障点。Traceroute 本身也用于检查到目的地的实际网络路径是否符合设计预期，因此它不仅是一个故障分析工具。

本书通常将这些流行的工具称为"IP Ping"和"IP Traceroute"，以便与它们的 MPLS 同行区别开来。IP Ping 和 IP Traceroute 使用 Internet 控制消息协议（ICMP）用于其探测和/或返回数据包。尽管名称里面含有"IP"，但 IP Ping 和 IP Traceroute 也可以在 MPLS 网络使用。ICMP 被扩展以增强对 MPLS 网络中 IP Traceroute 的支持，但基本上仍然是相同的工具。

当用于 MPLS 网络验证时，IP Ping 和 IP Traceroute 存在一些缺陷，为此引入类似于 Ping 和 Traceroute 的 MPLS 特定工具：MPLS Ping 和 MPLS Traceroute，也称为"LSP Ping"和"LSP Traceroute"。这些新工具只有名字与它们的 IP 同行相同。这些 MPLS 工具不使用 ICMP 来探测和返回数据包，而是使用自己的协议。

本章将详细地讨论所有这些工具及其在 SR 网络中的应用场景和使用方法。

11.1 现有 IP 工具包

两个经典的网络工具——Ping 和 Traceroute——几乎是每个网络故障排除过程的基础。Ping 验证到目的地的连接，Traceroute 可以找到网络路径的断点。

在 Cisco IOS XR 中，IP Ping 和 IP Traceroute 命令支持 VRF，它们可以在 L3VPN PE 节点的 VRF 内部使用，以进行故障排除和验证 VPN 中 CE 节点和其他设备间的可达性。

11.1.1　IP Ping

IP Ping 是被广泛使用的工具。Ping 使用 ICMP 回显请求（Echo Request）和应答（Reply）数据包来验证到目的地的连接。它可以对到目的地的往返时延进行粗略测量，也可以对丢包进行粗略测量。

始发节点发送一个 ICMP 回显请求报文，该报文包含一个标识符和一个序列号。这两个字段用于匹配对请求的回复。为了测量往返时间，在发送回显请求时，它需要设置时间戳。通常该时间戳包含在有效载荷中以减少需要保持的状态。数据包的 IP TTL 通常设置为 255。源地址是本地可达的地址，通常是出接口的地址。

目标回应一个 ICMP 回显应答报文，返回在回显请求报文中收到的数据。该数据包括标识符和序列号字段以及有效载荷，有效负载中通常包含发送时间戳。

始发节点收到 ICMP 回显应答，采集当前时间戳并使用包含在 ICMP 回显应答数据包有效载荷中的发送时间戳来计算数据包的往返时延，然后将结果显示给用户。

11.1.2　IP Traceroute

图 11-1 说明了在 IP 网络中 IP Traceroute 的使用，在网络中使用 Traceroute 命令时，发送探测数据包到用户指定的目标地址。通常情况下，探测数据包是目的端口号起始于 33434 的 UDP 数据包[1]。探测数据包以递增的 IP TTL 值连续发送。第一个探测数据包的 IP TTL 设置为 1，下一个探测数据包的 IP TTL 设置为 2，依此类推。通常每个被发送的探测数据包的 UDP 目的端口号递增。其他一种实现方式是仅在递增 TTL 值时递增 UDP 端口。网络节点可以在负载均衡哈希计算（4 层或 7 元组哈希）中包括 UDP 目的地端口。因此，当探测数据包带有不同的 UDP 端口时，它可以通过网络的另一条路径。这将在 Traceroute 输出中显示出来。

由于第一个探测数据包 IP TTL 为 1，所以数据包的 TTL 在下一跳节点到期。该节点产生类型为"超时（Time Exceeded）"（ICMP 类型 11，代码 0）的 ICMP 消息，并将其发送给探测数据包的源地址。此 ICMP 消息还包含探测数据包的包头和有效载荷的一部分，源地址是接收探测数据包接口的 IP 地址[2]。

Traceroute 程序可以基于探测数据包的 UDP 端口将接收到的 ICMP 消息与探测数据包关联起来，因为接收到的 ICMP 消息中还包括探测数据包的原始报头。

Traceroute 命令的输出显示探测包的 TTL 值、ICMP 返回消息的源地址和往返时延。ICMP 消息的源地址是生成此 ICMP 数据包的节点上收到探测数据包的接口的地址。默认情况下，针对每个 TTL 值发送三个探测数据包，以获取路径上每跳更多的时延统计信息，并弥补可能发生的丢包。

接下来，Traceroute 程序发送 IP TTL 为 2 的探测数据包。下一跳节点照常转发该数据包，并像任何其他数据包一样将 TTL 减 1。探测数据包的 TTL 在到目的地路径上的第二个节点到期。此节点发送 ICMP"超时"消息，Traceroute 输出显示第二跳的信息。

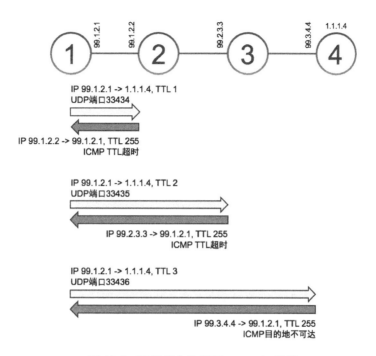

图 11-1　IP 网络中的 IP Traceroute 示例

重复此过程，直到到达 Traceroute 命令中指定的目的地，并且 TTL 未到期。目的节点不侦听（希望如此）探测数据包的 UDP 目的端口，没有应用使用该 UDP 端口。使用从 33434 开始的 UDP 目的端口的原因就是为了使应用程序几乎不使用这些 UDP 端口。互联网号码分配局（IANA）已将 UDP 端口 33434 分配给 Traceroute，并且把端口 33435-33655 预留下来，未被分配。因为目的节点没有监听这些 UDP 端口，所以它生成 ICMP"端口不可达（Port Unreachable）"（ICMP 类型 3，代码 3）消息，并将其发送给探测数据包的源地址。Traceroute 命令输出显示最后一跳的信息并停止。

11.1.3　IP Ping/Traceroute 和 ECMP

ECMP 在 IP 网络中无所不在。在 ECMP 情况下，网络流量通过不同路径到达目的地，实现负载均衡。这些等价路径其中之一发生故障会导致部分数据包丢失，但对于不支持 ECMP 的路径验证机制而言，这个故障可能不会被检测到。

IP Ping/Traceroute 本身不支持 ECMP，探测数据包到达目的地的路径完全取决于中转节点

（Transit Node）的负载均衡哈希机制。操作员可以修改探测数据包的 IP 报头字段，以尝试引导探测数据包到预期的路径。例如，操作员在 Ping/Traceroute 命令中指定不同的源地址，但是这个方法很麻烦。

IP Ping/Traceroute 不支持路径发现。它们本身不提供一种全面和确定的方法去发现网络中去往目的地的 ECMP。它们也不提供一种简单的方法来验证 ECMP 中的特定路径，因为它们被限制为只能把可达的 IP 源和目的地址用于探测数据包。

11.1.4　MPLS 环境中的 IP Ping

IP Ping 工具并不感知 MPLS 网络。它将其探测数据包作为 ICMP 数据包发送，并让路由层决定如何转发这些数据包。如果在 MPLS 网络中使用 IP Ping，则路由层对所生成的 ICMP 数据包压入与去往相同目的地的其他 IP 数据包相同的标签。同时，路由层可以决定 ICMP 回显应答数据包使用 MPLS 作为返回路径。因此 IP Ping 的基本功能可以在 MPLS 网络中工作。在 MPLS 环境中使用 IP Ping 的最大缺点是它不能检测不影响 IP 连接性的 LSP 故障。只要 IP 可达，即便 LSP 已经断开，Ping 也会成功。例如，假设两个 PE 之间的 LSP 中断。在排除故障时，操作员在两个 PE 之间尝试 Ping。这个 Ping 操作仍然可成功，因为网络会继续采用 IP 转发的方式来转发 ICMP 数据包，此时数据包未带标签。看起来好像端到端连接完好无损，但实际上 LSP 是断开的。这种情况将导致业务流量被丢失，即使 Ping 的结果是正常的。

11.1.5　MPLS 环境中的 IP Traceroute

IP Traceroute 也可以在 MPLS 环境中使用。与 IP Ping 相同，在此环境中使用 IP Traceroute 命令有一些限制。IP Traceroute 工具不感知 MPLS 网络。它把其探测数据包作为 IP 数据包发送，并让路由层决定如何转发这些数据包。如果数据包获得 MPLS 报头，则将 IP TTL 值复制到 MPLS TTL 字段。当数据包在网络中传输时，递减顶层标签的 MPLS TTL 字段。

如果采用 MPLS 封装的探测数据包的顶层标签 TTL 在节点到期，则节点生成 ICMP"超时"消息。正如第 3 章所述，节点使用 ICMP 扩展（IETF RFC 4950）把收到的探测数据包的完整 MPLS 标签栈添加到 ICMP 消息中。然后，节点基于 IETF RFC 3032 的规定，将所收到的探测数据包的标签栈压入到所生成的 ICMP 消息上。因此 ICMP 消息沿着探测数据包的原始 LSP 向下游转发。如果到目的地的 LSP 是完好的，则 ICMP 消息将到达 LSP 的末端。此时 ICMP 数据包的 IP 报头被暴露出来，并且从那里开始使用常规转发将该 ICMP 数据包转发到其目的地址——此 ICMP 消息的目的地是执行 Traceroute 命令的节点。

Traceroute 程序接收 ICMP 消息并向用户显示信息，包括嵌入在 ICMP 消息中的 MPLS 标签栈。该标签栈是 TTL 过期节点接收到的标签栈。

Traceroute 程序还显示每跳的时延。为了计算时延，节点在发送探测数据包时采集发送时间戳，并且在接收到返回 ICMP 消息时采集接收时间戳。许多实现是将发送时间戳编码在探测数据包的有效载荷中，以避免需保持每个探测数据包的状态。两个时间戳之间的差值在输出中显示给用户。这意味着仅测量往返时延，路径中其他节点不参与时延测量。因此 Traceroute 显示了路径上的每跳，但显示的每跳时延实际上是往返时延。

图 11-2 和例 11-1 说明了在 MPLS 网络中 IP Traceroute 的使用。网络拓扑是四个节点组成的链，在所有节点上启用 SR。节点 4 使用 Prefix-SID 16004 通告其环回地址前缀 1.1.1.4/32。在节点 1 上，Traceroute 目标为 1.1.1.4。为每个 TTL 值发送一个探测数据包（命令的 probe 1 选项）。第一个探测数据包带有 IP TTL 1，这个 TTL 被复制到所压入标签 16004 的 TTL 字段。探测数据包到达节点 2，带有标签 16004 和 TTL 1。节点 2 递减 TTL，TTL 变为零。因此节点 2 生成 ICMP "超时"消息，并发送给所收到数据包的源地址 99.1.2.1。ICMP 数据包的源地址是接收到探测数据包的接口 IP 地址。节点 2 将接收到的探测数据包的标签 16004 压入 ICMP 数据包，并将其发送到标签 16004 的下一跳。该数据包作为常规数据包转发。它最终到达节点 4，不带标签，然后节点 4 根据目的 IP 地址转发数据包。最后数据包到达节点 1，Traceroute 程序为用户生成输出信息。Traceroute 显示了原始探测数据包的 TTL、ICMP 消息的源地址和 ICMP 消息中包含的标签栈。

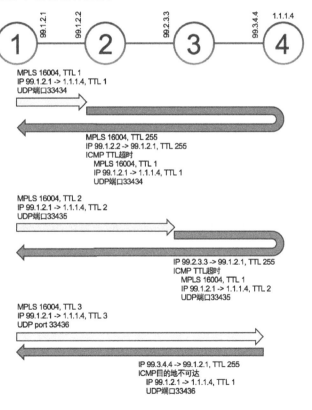

图 11-2　MPLS 网络中的 IP Traceroute

▶ 例 11-1　MPLS 网络中的 IP Traceroute 输出

```
RP/0/0/CPU0:xrvr-1#traceroute 1.1.1.4 probe 1

Type escape sequence to abort.
Tracing the route to 1.1.1.4

 1  99.1.2.2 [MPLS: Label 16004 Exp 0] 0 msec
 2  99.2.3.3 [MPLS: Label 16004 Exp 0] 0 msec
 3  99.3.4.4 0 msec
```

在 MPLS 环境中使用 IP Traceroute 是有限制的。它的问题与 IP Ping 工具受限制问题相同。如果 MPLS LSP 断开而 IP 转发仍然有效（例如，出向标签是 "Unlabelled"），并且数据包只有一层标签的话，则故障处的下一个节点将尝试使用常规 IP 转发来转发探测数据包。节点弹出一层标签并将该数据包作为 IP 数据包转发到目的地。探测数据包可以到达目的地，并且应答消息将返回给源节点。由于接收到返回数据包，因此断开的 MPLS LSP 可能不会被发现。通过检查 ICMP 返回消息中的 MPLS 标签栈信息可以发现断开的 MPLS LSP。如果节点 3 没有启用 SR（且没有 LDP），则到节点 4 的 LSP 断开。从节点 1 执行 Traceroute 1.1.1.4 命令的输出结果如例 11-2 所示。Ping/Traceroute 1.1.1.4 是成功的。但注意 Traceroute 输出中第二跳缺少标签信息（第 13 行），这是因为节点 3 没有启用 SR，因此节点 2 把探测数据包当作不带标签的 IP 数据包转发给节点 3。

▶ 例 11-2　在故障 LSP 上 Traceroute

```
 1  RP/0/0/CPU0:xrvr-1#ping 1.1.1.4
 2  Type escape sequence to abort.
 3  Sending 5, 100-byte ICMP Echos to 1.1.1.4, timeout is 2 seconds:
 4  !!!!!
 5  Success rate is 100 percent (5/5), round-trip min/avg/max = 1/4/9 ms
 6
 7  RP/0/0/CPU0:xrvr-1#traceroute 1.1.1.4 probe 1
 8
 9  Type escape sequence to abort.
10  Tracing the route to 1.1.1.4
11
12   1  99.1.2.2 [MPLS: Label 16004 Exp 0] 9 msec
13   2  99.2.3.3 0 msec
14   3  99.3.4.4 9 msec
```

我们在使用 IP Traceroute 尝试定位 LSP 断开点时会遇到另一个问题。因为所生成的

ICMP 消息首先会发到原始 LSP 的终点再折返回始发点,在该 LSP 上的任何故障可能会使得 ICMP 消息无法返回。此时不可能定位到 LSP 的断点,因为没有探测报文会得到响应。当探测数据包带有多个标签(例如,在 VRF 中使用 Traceroute)或者核心节点无法路由探测数据包的目的 IP 地址时(例如,在 PE 间使用 Traceroute 而骨干网无 BGP),此问题会突显出来。

有时 Traceroute 工具用于粗略地验证路径上每跳间的数据包时延。请记住,Traceroute 仅计算路径上每跳的往返时延。如果每个返回的 ICMP 消息首先到 LSP 终点,则计算出来的该 LSP 上每跳的时延实际上是到 LSP 终点的往返时延,并没有提供 LSP 上每跳间的时延信息。默认情况下,Cisco IOS XR 使用此 ICMP 隧道机制(IETF RFC 3032):对标签数据包生成 ICMP 应答消息的节点首先将 ICMP 消息发到 LSP 终点。即使在该节点有到发起探测数据包节点的可达性信息,理论上可以直接将 ICMP 消息发回给始发节点的情况下,行为也是如此。此默认行为可以使用"mpls ipv4 ttl-expiration-pop <n>"配置命令进行修改。此配置指定 ICMP 隧道机制只能用于响应多于 n 个标签的数据包。对于带有 n 个或更少标签的数据包,ICMP 消息必须被直接发给探测数据包的源节点。这在一定程度上弥补了 MPLS 环境中 IP Traceroute 的不足。

> **重点提示:IP Ping 和 IP Traceroute**
>
> 提供基本的连接性检查、故障隔离和路径验证功能,业界广泛支持,并在网络中大量使用。
>
> 既不支持 ECMP 路径发现,也不保证所有 ECMP 路径都得到验证。对 ECMP 的支持很大程度上取决于如何使用这些工具和路由器如何做负载均衡。
>
> 适用于 IP 和 MPLS 转发平面,因此也适用于 SR。
>
> 在 SR 环境中,Traceroute 显示的是到目的地路径上 Segment 对应的标签。同样的全局 Segment 和一致的 SRGB 有助于验证 SR/LDP 互操作处的标签交叉连接。
>
> 可用于粗略地测量丢包和往返时延。

11.2 现有 MPLS 工具包

IP Ping 和 IP Traceroute 通常用于诊断网络中的可达性问题。这些工具可在 MPLS 环境中使用,但如果 IP 和 MPLS 转发表不一致,或者 MPLS 控制平面和转发表不一致,又或者 MPLS 流量黑洞等,则会使得定位故障变得困难。许多这类 MPLS 问题难以或者不可能用 IP

工具进行诊断。

IETF RFC 4379 定义了专门设计用于诊断 MPLS 转发问题的 MPLS 工具。参考经典的 Ping 和 Traceroute 工具，MPLS 工具包提供了一个 Ping 功能用于验证连接性和 Traceroute 功能用于逐跳验证路径以定位故障。

MPLS Ping 和 Traceroute 克服了 IP Ping 和 Traceroute 工具的几个限制。
- MPLS 工具通过确保探测数据包无法由 IP 路由转发，来验证 MPLS 数据平面。
- 探测数据包的有效载荷携带了用于验证的相关信息。
- MPLS 工具被设计用于执行 MPLS 一致性检查。
  - 查询源节点的控制平面用于构建探测数据包，验证出口处的转发平面和控制平面。
  - 探测数据包经过 MPLS 转发路径，处理探测数据包的节点验证转发是否一致。
- MPLS 工具通过使用 TLV 机制实现可扩展。
- 该工具包支持路径发现。
- 探测数据包内含有时间戳，支持粗略地测量单向数据包时延。

11.2.1 MPLS Ping

与 IP 工具不同，MPLS 工具不使用 ICMP，而是使用 IPv4 或 IPv6 UDP 数据包。MPLS Ping 和 Traceroute 工具（也称为"LSP Ping"和"LSP Traceroute"）的基础是 MPLS 回显请求和 MPLS 回显应答数据包。

为了验证 LSP，MPLS 回显请求数据包必须采用带内方式在 LSP 上传送，即必须使用与 LSP 承载其他数据包时相同的路径。因此 MPLS 回显请求报文使用与该 LSP 承载其他数据包时相同的标签栈。MPLS 回显请求报文主要用于验证 MPLS 数据平面，但也可以用于检查数据平面和控制平面间的不一致性。为此，MPLS 回显数据包携带有附加信息。

MPLS 回显应答报文可以采用不同方式进行处理，但是通常它们会被作为 IP 数据包按照常规的转发方式，发回给 MPLS 回显请求报文的始发节点。MPLS 回显应答数据包可以采用 MPLS 或 IP 路径返回到始发节点。在这种情况下，它只验证了一个方向的 LSP，没有验证返回 LSP。但 MPLS 回显应答可能在返回路径上丢弃，这可能导致得出 LSP 断开的不准确判断。

MPLS 回显请求数据包是 UDP 数据包（UDP 目的端口为 3503），使用被验证 LSP 的标签栈发往目的节点。标签栈非常重要，因为它确保使用带内方式在 LSP 上传送数据包。

采取以下预防措施以确保数据包不会无感知地偏离预期路径。
- MPLS 回显请求数据包的目的 IP 地址范围选自 IPv4 127.0.0.0/8 或 IPv6 : :ffff:127.0.0.0/104（IPv4 映射的 IPv6 地址）。该地址范围是所谓的主机环回地址范围。去往 127.0.0.0/8 中任何目的地的数据包都不应该出现在任何网络上。使用这样的目的 IP

地址迫使数据包被接收节点所处理。在 MPLS 回显请求数据包的情况下，接收节点是 LSP 终点，或者是另一个节点——如果由于某种原因标签栈被错误地从数据包中删除的话。由于目的 IP 地址实际上不用于转发，所以可以通过改变目的地址以遍历 ECMP 路径。正如第 3 章所述，基于哈希计算实现数据包负载均衡，而目的 IP 地址是哈希计算的其中一个因子。

- 数据包的 IP TTL 字段设置为 1。请注意，这不适用于 MPLS TTL 字段。
- IP 包头中设置路由器告警（Router Alert）选项。

MPLS 回显请求报文携带 LSP 有关的附加信息，以使目的节点（LSP 的尾端）能够验证它是否是探测数据包的预期目标。为此源节点在生成的 MPLS 回显请求报文中会加入 LSP 的 FEC 信息。LSP 的尾端节点验证它是否确实是探测数据包中指定 FEC 的尾端（也称为"出口"）节点。如果是，则在 MPLS 回显应答消息中返回"成功"，否则返回"错误码"。

作为对 MPLS 回显请求数据包的响应，由处理它的节点发送 MPLS 回显应答数据包。为在 Cisco IOS XR 中生成或响应 MPLS 回显数据包，必须配置 mpls oam 命令。如果配置了 mpls oam 命令，那么每个接收到不带 MPLS 帧头的 MPLS 回显请求数据包的节点，都会处理这些数据包。这里的接收节点可以是目的节点，也可以是中间节点——如果 LSP 断开导致 IP 报头过早暴露的话。此外，接收到 MPLS TTL = 1 的 MPLS 回显请求数据包的节点也处理该数据包。

例 11-3 显示了节点 1 上 MPLS Ping 1.1.1.4/32 的控制台输出。和 IP Ping 不同，这里指定的是前缀 1.1.1.4/32 而不是一个地址。通用 FEC 被包含在 MPLS 回显请求数据包中。在后续我们将讨论更多关于 FEC 类型的细节。本例使用的网络拓扑结构如图 11-3 所示。

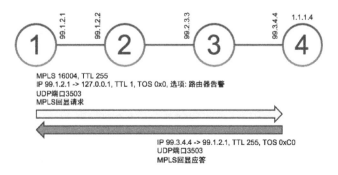

图 11-3　MPLS Ping 示例

▶ 例 11-3　MPLS Ping 输出示例

```
RP/0/0/CPU0:xrvr-1#ping mpls ipv4 1.1.1.4/32 fec generic

Sending 5, 100-byte MPLS Echos to 1.1.1.4/32,
      timeout is 2 seconds, send interval is 0 msec:

Codes: '!' - success, 'Q' - request not sent, '.' - timeout,
  'L' - labeled output interface, 'B' - unlabeled output interface,
  'D' - DS Map mismatch, 'F' - no FEC mapping, 'f' - FEC mismatch,
  'M' - malformed request, 'm' - unsupported tlvs, 'N' - no rx label,
  'P' - no rx intf label prot, 'p' - premature termination of LSP,
  'R' - transit router, 'I' - unknown upstream index,
  'X' - unknown return code, 'x' - return code 0

Type escape sequence to abort.

!!!!!
Success rate is 100 percent (5/5), round-trip min/avg/max = 10/12/20 ms
```

例 11-4 显示了 MPLS 回显请求数据包的抓包结果。在节点 1 和节点 2 之间的链路上抓取该数据包。注意第 1 行中的 MPLS 标签 16004，这是 1.1.1.4/32 的 Prefix-SID 标签，对应于节点 4 的回环地址前缀。IP TTL（ttl 1）和 IP 路由器告警选项 [options (RA)]，见第 2 行。数据包为 UDP 数据包，目的 IP 地址为 127.0.0.1，UDP 端口为 3503，见第 3 行。第 14～17 行显示了目标 FEC，它是前缀 1.1.1.4/32。有效载荷中的其他元素将在本节中进一步讨论。

▶ 例 11-4　MPLS 回显请求数据包抓包结果示例

```
1 17:37:18.286050 MPLS (label 16004, exp 0, [S], ttl 255)
2         IP (tos 0x0, ttl 1, id 78, offset 0, flags [DF], proto UDP (17),
length 96, options (RA))
3         99.1.2.1.3503 > 127.0.0.1.3503: [udp sum ok]
4         LSP-PINGv1, msg-type: MPLS Echo Request (1), length: 64
5           Global Flags: 0x0000
6           reply-mode: Reply via an IPv4/IPv6 UDP packet (2)
7           Return Code: No return code or return code contained in the
```

```
Error Code TLV (0)
  8            Return Subcode: (0)
  9            Sender Handle: 0x0000619f, Sequence: 5
 10            Sender Timestamp: 17:36:52.371585 Receiver Timestamp: no
timestamp
 11            Vendor Private Code TLV (64512), length: 12
 12              Vendor Id: ciscoSystems (9)
 13              Value: 0001000400000004
 14            Target FEC Stack TLV (1), length: 12
 15              Generic IPv4 prefix subTLV (14), length: 5
 16              IPv4 Prefix: 1.1.1.4 (1.1.1.4)
 17              Prefix Length: 32
```

例 11-5 显示了为响应上述回显请求而发送的 MPLS 回显应答数据包的抓包结果。在节点 1 和节点 2 之间的链路上抓取此数据包。该 MPLS 回显应答数据包是 IP 数据包，目的地址为 99.1.2.1，即回显请求数据包的源 IP 地址。有效载荷中的其他元素将在本节中进一步讨论。

▶ **例 11-5　MPLS 回显应答报文示例**

```
17:37:18.294067 IP (tos 0xc0, ttl 253, id 62, offset 0, flags [none],
proto UDP (17), length 76)
    99.3.4.4.3503 > 99.1.2.1.3503: [udp sum ok]
      LSP-PINGv1, msg-type: MPLS Echo Reply (2), length: 48
        Global Flags: 0x0000
        reply-mode: Reply via an IPv4/IPv6 UDP packet (2)
        Return Code: Replying router is an egress for the FEC at stack
depth 1 (3)
        Return Subcode: (1)
        Sender Handle: 0x0000619f, Sequence: 5
        Sender Timestamp: 17:36:52.371585 Receiver Timestamp:
17:36:53.263483
        Vendor Private Code TLV (64512), length: 12
          Vendor Id: ciscoSystems (9)
          Value: 0001000400000004
```

11.2.2　MPLS 回显请求 / 应答数据包

IETF RFC 4379 规定了 MPLS 回显请求和 MPLS 回显应答数据包有效载荷的格式，如图 11-4 所示。

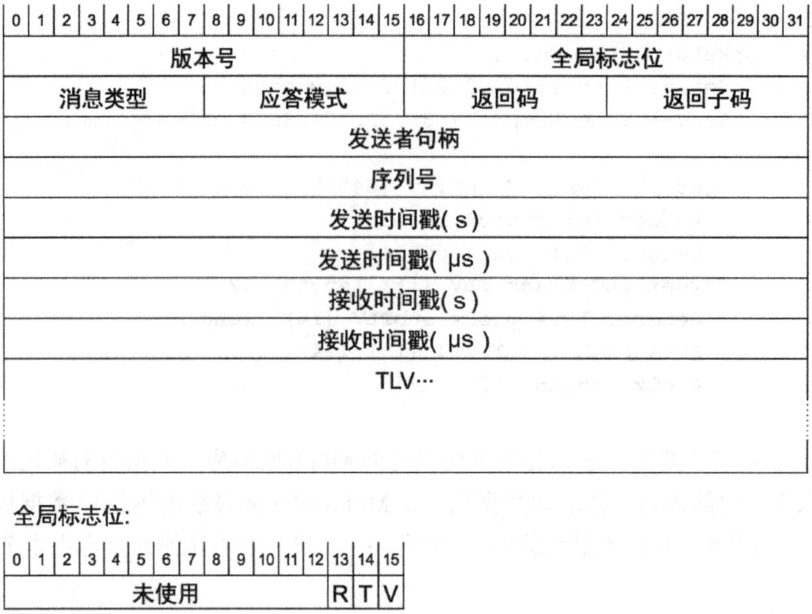

```
 0  1  2  3  4  5  6  7  8  9 10 11 12 13 14 15 16 17 18 19 20 21 22 23 24 25 26 27 28 29 30 31
|            版本号             |                  全局标志位                  |
|   消息类型    |   应答模式    |       返回码       |       返回子码       |
|                              发送者句柄                                    |
|                               序列号                                       |
|                            发送时间戳（s）                                  |
|                            发送时间戳（μs）                                 |
|                            接收时间戳（s）                                  |
|                            接收时间戳（μs）                                 |
|                                TLV…                                        |
```

全局标志位：

```
 0  1  2  3  4  5  6  7  8  9 10 11 12 13 14 15
|              未使用                  | R | T | V |
```

图 11-4 MPLS 回显请求/应答消息有效载荷的格式

- 版本号：1。
- 全局标志位。
  - V（验证 FEC 栈）：如果发送方要求进行验证 FEC 栈，则置位；如果发送方将验证 FEC 的选择留给接收方，则不置位。
  - T（仅在 TTL 过期时响应）：如果置位，则只有在数据包 TTL 过期时才发送回显应答——IETF RFC 6425。
  - R（验证反向路径）：如果置位，则应答方应返回反向路径的 FEC 信息——IETF RFC 6426。
- 消息类型（Message type）：回显请求或回显应答（以及本书中未描述的其他消息类型）。
- 应答模式（Reply mode）：描述应如何返回回显应答。在 Cisco IOS XR 中，对于大多数类型的 LSP，默认情况下通过 IPv4/IPv6 UDP 数据包返回回显应答。
- 返回码和返回子码（Return code and Return Sub-code）：标识处理回显请求的结果。
- 发送者句柄（Sender's handle）：可以将 MPLS 回显应答与原始 MPLS 回显请求相关联的标识符。
- 序列号（Sequence number）：用于检测丢失的应答。
- 发送时间戳（Timestamp sent）：发送 MPLS 回显请求的时刻。
- 接收时间戳（Timestamp received）：接收到 MPLS 回显请求的时刻。
- TLV：可以包括不同的 TLV，请参阅 IANA 注册表[3]。本书只涵盖 TLV 的一个子集。

供应商特定的 TLV 是其中一种 TLV 类型。这些供应商私有的 TLV 类型值介于 31744～32767 或 64512～65535。类型值大于 32767 的 TLV 是可选的，如果一个节点不理解这些 TLV，那么应该忽略它们。增加 Cisco 扩展 TLV 是为了确保在 IETF RFC 4379 最终标准化前，基于多个不同版本 IETF 草案的实现之间的互操作性。在示例中的 MPLS 回显数据包包含有思科扩展 TLV 以及修订子 TLV，后者反映了最新修订信息，显示为内部修订号 4，见例 11-4 第 11～13 行。

由于 MPLS 回显请求用于测试特定的 LSP，它必须包括目标 FEC 栈 TLV。此 TLV 指定目标 LSP 的 FEC。目的节点需要使用该 TLV 来验证它是否确实是指定 FEC 的 LSP 尾端节点。例如，如果节点想要验证前缀 1.1.1.4/32 对应的 Prefix-SID 16004 是否真的到达通告该 Prefix-SID 的节点，该节点则可以发送带有标签 16004 的 MPLS 回显请求，并包括目标 FEC 栈 TLV，此 TLV 中含有单个 FEC，即前缀 1.1.1.4/32。

当节点接收到 MPLS 回显请求后，在生成 MPLS 回显应答数据包之前，它会验证控制平面和数据平面是否同步并且是否都与所接收到数据包中目标 FEC 栈 TLV 指定的内容一致。

MPLS 回显请求数据包的例子如例 11-4 所示。在本例中，目标 FEC 栈 TLV 包含通用 IPv4 前缀子 TLV，如输出的第 14～17 行所示。

每种类型的 FEC 都有自己的 FEC 类型子 TLV（FEC Type sub-TLV），有 LDP 前缀、RSVP-TE LSP、BGP-LU 前缀、VPN 前缀等 FEC 类型子 TLV。每种 FEC 类型子 TLV 包含了指定该 FEC 类型的必要字段。

在写本书时，Cisco IOS XR 支持两种可用于验证 SR MPLS 路径的 FEC 类型子 TLV："通用 IP 前缀"和"Nil-FEC"。[draft-ietf-mpls-spring-lsp-ping] 定义了新的 SR FEC 类型和处理过程。

如果通告标签的协议是未知的或者在整条路径上是可变的，则一般采用通用前缀 FEC 类型。通用前缀 FEC 类型子 TLV 包含 IPv4 或 IPv6 前缀及其前缀长度。

如果属于保留范围（例如路由器告警标签或显式空标签）的标签被添加到标签栈，则通常使用 Nil-FEC FEC 类型。Nil-FEC FEC 类型子 TLV 包含标签值。当使用 Nil-FEC 类型时，Cisco IOS XR 在 MPLS 回显请求数据包中添加单个 FEC 类型子 TLV：IPv4 显式空标签值"0"[4]。

Cisco IOS XR 允许对 IPv4/IPv6 前缀 FEC 执行 MPLS Ping/Traceroute 操作，而无须指定 FEC 类型。Cisco IOS XR 将基于通告前缀的 MPLS 控制协议来自动确定要使用的 FEC 类型。但是在写本书时，此方法不适用于 SR 前缀。当新的 SR 扩展实现正式发布时，类似的功能将扩展用于 SR 前缀。

例 11-6 显示了 MPLS Ping 使用 Nil-FEC 的例子。当使用 Nil-FEC 时，LSP Ping 不能确定标签栈、出接口和下一跳，因此用户需要在 Ping 命令中指定这些信息。本例的网络拓扑结构如图 11-3 所示。

▶ 例 11-6　MPLS Ping 使用 Nil-FEC 的控制台输出

```
1 RP/0/0/CPU0:xrvr-1#ping mpls nil-fec labels 16004 output interface
  Gi0/0/0/1 nexthop 99.1.2.2
```

```
  2
  3  Sending 5, 100-byte MPLS Echos with Nil FEC with labels [16004],
  4      timeout is 2 seconds, send interval is 0 msec:
  5
  6  Codes: '!' - success, 'Q' - request not sent, '.' - timeout,
  7    'L' - labeled output interface, 'B' - unlabeled output interface,
  8    'D' - DS Map mismatch, 'F' - no FEC mapping, 'f' - FEC mismatch,
  9    'M' - malformed request, 'm' - unsupported tlvs, 'N' - no rx label,
 10    'P' - no rx intf label prot, 'p' - premature termination of LSP,
 11    'R' - transit router, 'I' - unknown upstream index,
 12    'X' - unknown return code, 'x' - return code 0
 13
 14  Type escape sequence to abort.
 15
 16  !!!!!
 17  Success rate is 100 percent (5/5), round-trip min/avg/max = 1/8/10 ms
```

例 11-7 显示了一个带有 Nil-FEC 的目标 FEC 栈的 MPLS 回显请求报文。如例 11-6 一样在节点 1 和节点 2 之间的链路上抓取 MPLS Ping 数据包。数据包的标签栈包含两层标签：16004 和 0，见第 1 ～ 2 行。目标 FEC 栈 TLV 以及 Nil-FEC 子 TLV，见第 15 ～ 17 行。Nil-FEC 子 TLV 包含的标签是 IPv4 显式空标签（0）。

▶ 例 11-7　MPLS 回显请求数据包使用 Nil-FEC

```
  1  13:46:47.892495 MPLS (label 16004, exp 0, ttl 255)
  2      (label 0 (IPv4 explicit NULL), exp 0, [S], ttl 255)
  3        IP (tos 0x0, ttl 1, id 106, offset 0, flags [DF], proto UDP (17),
  4  length 92, options (RA))
  5      99.1.2.1.3503 > 127.0.0.1.3503:
  6      LSP-PINGv1, msg-type: MPLS Echo Request (1), length: 60
  7        Global Flags: 0x0000
  8        reply-mode: Reply via an IPv4/IPv6 UDP packet (2)
  9        Return Code: No return code or return code contained in the
Error Code TLV (0)
 10        Return Subcode: (0)
 11        Sender Handle: 0x000061a7, Sequence: 1
 12        Sender Timestamp: 13:46:21.177759 Receiver Timestamp: no timestamp
 13        Vendor Private Code TLV (64512), length: 12
 14          Vendor Id: ciscoSystems (9)
 15          Value: 0001000400000004
 16        Target FEC Stack TLV (1), length: 8
 17          Nil FEC subTLV (16), length: 4
 18            Label: 0 (IPv4 Explicit-Null)
```

由节点 4 返回的 MPLS 回显应答如例 11-8 所示。这个数据包和例 11-5 的 MPLS 回显应答数据包是一样的。

▶ **例 11-8　MPLS 回显应答数据包使用 Nil-FEC**

```
13:46:47.899147 IP (tos 0xc0, ttl 253, id 5, offset 0, flags [none], proto
UDP (17), length 76)
    99.3.4.4.3503 > 99.1.2.1.3503:
        LSP-PINGv1, msg-type: MPLS Echo Reply (2), length: 48
          Global Flags: 0x0000
          reply-mode: Reply via an IPv4/IPv6 UDP packet (2)
          Return Code: Replying router is an egress for the FEC at stack
depth 1 (3)
          Return Subcode: (1)
          Sender Handle: 0x000061a7, Sequence: 1
          Sender Timestamp: 13:46:21.177759 Receiver Timestamp:
13:46:22.203351
          Vendor Private Code TLV (64512), length: 12
            Vendor Id: ciscoSystems (9)
            Value: 0001000400000004
```

目标 FEC 栈 TLV 可以包含多个子 TLV，每个子 TLV 对应于被测试标签栈中的一个 FEC。第一个子 TLV 对应于标签栈的顶层。

11.2.3　MPLS Traceroute

MPLS Traceroute 使用与 MPLS Ping 基本相同的数据包和处理过程。MPLS Traceroute 验证 LSP 上每跳的数据平面和控制平面以隔离故障。Traceroute 发送连续的且 TTL 从 1 开始递增的 MPLS 回显请求数据包，在这点上与 IP Traceroute 一致。TTL 过期的中转节点通过软件处理 MPLS 回显请求，并验证它是否有去往目标 FEC 的 LSP，以及是否是该 LSP 预期的中转节点。中转节点发送一个包含验证结果的 MPLS 回显应答，如果验证成功，则应答里面还包括 LSP 出向标签栈、下一跳节点地址和下一跳接口地址。始发节点处理这个 MPLS 回显应答，进而构建后续 TTL+1 的 MPLS 回显请求数据包。这个过程不断重复直到目的地应答它是 LSP 的尾端。

下游映射（DSMAP）TLV 用于携带 LSP 的出向/下游信息：出向标签栈、下一跳节点和下一跳接口地址。

该 TLV 可以包含在回显请求和回显应答数据包中。当在回显请求数据包中包含此 TLV 时，中转节点使用此 TLV 提供的信息来验证自身是否为 LSP 预期的中转节点，以及是否在预期的接口上从上游节点收到数据包（例如，当多个等价接口连接到相同的上游邻居时）。当在回显应答数据包中包含此 TLV 时，始发节点使用此 TLV 返回的信息到达 LSP 的下一个节点。这是对 IP Traceroute 的另一个根本性改进——支持路径发现和路径验证，我们将在本章讨论更多的细节。

IETF RFC 6424 弃用 DSMAP TLV 并用下游详细映射（DDMAP）TLV 取代它，但 DSMAP TLV 仍然被广泛使用，例如 Cisco IOS XR。

IETF RFC 4379 规定了 DSMAP TLV 格式，如图 11-5 所示。

图 11-5　下游映射 TLV 格式

- MTU：可以从出接口发送给下游邻居的 MPLS 帧（包括标签栈）的最大长度，典型情况下匹配于下游接口的 IP MTU。
- 地址类型：IPv4 或 IPv6，编号或无编号。
- DS 标志位。
  - I（接口和标签栈对象请求）：如果置位，那么响应节点应回复接口和标签栈对象。
  - N（非 IP 数据包）：正被诊断的数据流为非 IP 流，但 MPLS 回显数据包是 IP 数据包。因此接收节点应该把这个 MPLS 回显数据包作为非 IP 数据包看待，以正确地诊断非 IP 流的行为。
- 下游 IP 地址和下游接口地址（Downstream IP Address and Downstream Interface Address）：如果用于回显应答，它指定的是下游邻居的路由器 ID 和接口 IP 地址/接口索引（取决于使用编号接口还是无编号接口）；如果用于回显请求，它包含由上游节点提供的信息。
- 多路径类型（Multipath Type）：指定把所有或一部分数据包发往该出接口。如果出接口是一组 ECMP 接口中的一个，那么不是所有的数据包都将被发往这个接口，而是在所有可能的接口间进行负载均衡。在这种情况下，多路径类型指示如何识别转发到该接口的数据包（IP 地址、IP 地址范围、采用位掩码的 IP 地址或采用位掩码的标签）。实际的识别信息在多径信息字段中提供。
- 深度限制（Depth Limit）：只适用于标签栈，指定在哈希计算中考虑的最大标签数量。如果未指定或无限制则置 0。
- 多路径长度（Multipath Length）：多路径信息字段的长度。
- 多路径信息（Multipath Information）：根据多路径类型对地址或标签进行编码的值。
- 下游标签（Downstream Label）：当数据包从此出接口发出时，标签栈中会出现的标签。格式是去掉 TTL 字段的 MPLS 标签。
- 协议（Protocol）：指定安装转发表项的协议。如果是未知则置 0。

MPLS 回显请求中包含 DSMAP TLV，指示回复节点应在其 MPLS 回显应答中包含下游映射对象；但如果回复节点是 FEC 对应 LSP 的尾端节点，在这种情况下回复节点不应该在其应答中包含 DSMAP TLV。

下面举例说明 DSMAP TLV 的用法。本例的网络拓扑是之前使用过的由四个节点组成的链，如图 11-2 所示。在节点 1 上发起 MPLS Traceroute 1.1.1.4/32。Traceroute 的输出如例 11-9 所示。使用 Verbose 选项会显示更为详细的信息：第一列字符是结果代码，具体含义见命令输出顶部；第二列是数据包的 MPLS TTL；第三列是发送 MPLS 回显应答节点的 IP 地址。使用 Verbose 选项的输出还显示了另一个 IP 地址：下游邻居的 IP 地址。出接口的 MPLS MTU 在下一列显示（输出中显示为 MRU），接着是将在出向数据包中使用的标签栈。如果节点是倒数第二跳并且需要进行倒数第二跳弹出，则面向下游邻居的出向标签表示为"隐式空标签（implicit-null）"。Exp: 表示每个标签中的 EXP 位或 TC 位的值。最后，显示时延信息。如果在命令中使用 verbose 选项，还会显示返回代码数值。下游邻居地址（见输出第四列）、MTU 和标签都是从 MPLS 回显应答数据包的 DSMAP TLV 中获得。

▶ 例 11-9　MPLS Traceroute 控制台输出示例

```
RP/0/0/CPU0:xrvr-1#traceroute mpls ipv4 1.1.1.4/32 fec generic verbose

Tracing MPLS Label Switched Path to 1.1.1.4/32, timeout is 5 seconds

Codes: '!' - success, 'Q' - request not sent, '.' - timeout,
  'L' - labeled output interface, 'B' - unlabeled output interface,
  'D' - DS Map mismatch, 'F' - no FEC mapping, 'f' - FEC mismatch,
  'M' - malformed request, 'm' - unsupported tlvs, 'N' - no rx label,
  'P' - no rx intf label prot, 'p' - premature termination of LSP,
```

```
  'R' - transit router, 'I' - unknown upstream index,
  'X' - unknown return code, 'x' - return code 0

Type escape sequence to abort.

  0 99.1.2.1 99.1.2.2 MRU 1500 [Labels: 16004 Exp: 0]
L 1 99.1.2.2 99.2.3.3 MRU 1500 [Labels: 16004 Exp: 0] 40 ms, ret code 8
L 2 99.2.3.3 99.3.4.4 MRU 1500 [Labels: implicit-null Exp: 0] 30 ms, ret code 8
! 3 99.3.4.4 1 ms, ret code 3
```

当执行 Traceroute 时，MPLS 回显请求数据包中含有 DSMAP TLV，这使得该 LSP 的中间节点可以验证它是否是预期要经过的节点。任何响应此 MPLS 回显请求的节点，除最终节点外，都会在 MPLS 回显应答中增加一个或多个 DSMAP TLV。如果 DSMAP TLV 的 MPLS 回显请求已将多路径类型设置为零，则响应节点只在回显应答中包含一个 DSMAP TLV，内含用于回显请求数据包的下游映射。对于常规的 Traceroute，始发节点设置多路径类型字段为零。如果设置 TLV 多路径类型字段为其他值，则响应节点在回显应答中包含所有的下游映射，每个 DSMAP TLV 对应于 FEC 的一条出向路径。始发节点设置多路径类型为非零值以实现多路径路由跟踪，这也被称为"treetrace"。

mpls traceroute 命令输出中显示了部分从响应节点收到的 DSMAP TLV 的字段：MTU 和标签栈。使用 verbose 选项的输出还显示了此 TLV 的更多信息：下游邻居的 IP 地址。

例 11-10 是节点 1 在例 11-9 中执行 Traceroute 命令后，发起的 MPLS 回显请求的抓包结果示例。在拓扑中节点 1 和节点 2 之间的链路上抓取此数据包过程，如图 11-3 所示。该数据包和用于 MPLS Ping 的 MPLS 回显请求数据包之间的区别是 MPLS TTL，见第 1 行，这使得路径上的特定节点（即 TTL 到期的节点）处理此数据包。另一个与 MPLS Ping 数据包的区别是，始发节点在 MPLS 回显请求中加入了一个 DSMAP TLV，见第 17～24 行。这个 TLV 的存在使得响应节点在回显应答数据包中包含一个 DSMAP TLV。始发节点在 DSMAP TLV 中指示了预期的中转节点（由于 TTL = 1，因此是路径上的第一个节点）。此 TLV 指示了 TTL 到期的节点应该具有以下属性。

— 带有 IPv4 地址的入向接口，其 MTU 为 1500（见第 18 行）。
— IP 地址 99.1.2.2（见第 19 行）。
— 入向接口的 IP 地址 99.1.2.2（见第 20 行）。
— 入向数据包的标签栈含有单个标签 16004（见第 24 行）。

▶ 例 11-10   MPLS 回显请求报文，TTL 1

```
1 17:03:31.474163 MPLS (label 16004, exp 0, [S], ttl 1)
2          IP (tos 0x0, ttl 1, id 169, offset 0, flags [DF], proto UDP (17),
```

```
length 120, options (RA))
    3       99.1.2.1.3503 > 127.0.0.1.3503:
    4         LSP-PINGv1, msg-type: MPLS Echo Request (1), length: 88
    5           reply-mode: Reply via an IPv4/IPv6 UDP packet (2)
    6           Return Code: No return code or return code contained in the
Error Code TLV (0)
    7           Return Subcode: (0)
    8           Sender Handle: 0x000061b2, Sequence: 1
    9           Sender Timestamp: 17:03:04.311512 Receiver Timestamp: no
timestamp
   10           Vendor Private Code TLV (64512), length: 12
   11             Vendor Id: ciscoSystems (9)
   12             Value: 0001000400000004
   13           Target FEC Stack TLV (1), length: 12
   14             Generic IPv4 prefix subTLV (14), length: 5
   15               IPv4 Prefix: 1.1.1.4 (1.1.1.4)
   16               Prefix Length: 32
   17           Downstream Mapping TLV (2), length: 20
   18             MTU: 1500, Address-Type: IPv4 Numbered (1)
   19             Downstream IP: 99.1.2.2
   20             Downstream Interface IP: 99.1.2.2
   21             Multipath Type: no multipath (0)
   22             Depth Limit: 0
   23             Multipath Length: 0
   24             Downstream Label Element, Label: 16004, Exp: 0, EOS: 1,
Protocol: 0 (Unknown)
```

节点 2 验证其是否有去往目标 FEC 的 LSP，以及它是否是预期的中转节点。节点 2 验证 DSMAP TLV 的字段，如果这些字段与它的本地信息匹配的话，它回复可用的返回代码。在这个例子里，节点 2 回复返回代码 8（见第 5 行）。这意味着节点 2 在该 LSP 上基于标签栈的第 n 个标签交换数据包，n 在返回子码中指定，本例中是 1（见第 6 行）。同时节点 2 还在回显应答数据包中包含 DSMAP TLV，此 TLV 中包含了 LSP 的下游信息。由于节点 1 没有在请求中指定多路径类型［Multipath Type: no multipath (0)，见第 16 行］，节点 2 只在应答中包含一个 DSMAP TLV。当在路径上存在 ECMP 时，MPLS Traceroute 的行为将在第 11.2.4 节中讨论。节点 2 指示该 LSP 下游节点的 IP 地址为 99.2.3.3（见第 14 行），下游节点的接口 IP 地址为 99.2.3.3（见第 15 行）和出向接口的 MTU 为 1500（见第 13 行）。出向标签栈含有单个标签 16004（见第 19 行）。

▶ 例 11-11　MPLS 回显应答报文，TTL 1

```
 1  17:03:33.426948 IP (tos 0xc0, ttl 255, id 24, offset 0, flags [none],
proto UDP (17), length 100)
```

```
 2      99.1.2.2.3503 > 99.1.2.1.3503:
 3          LSP-PINGv1, msg-type: MPLS Echo Reply (2), length: 72
 4            reply-mode: Reply via an IPv4/IPv6 UDP packet (2)
 5            Return Code: Label switched at stack-depth 1 (8)
 6            Return Subcode: (1)
 7            Sender Handle: 0x000061b2, Sequence: 1
 8            Sender Timestamp: 17:03:04.311512 Receiver Timestamp:
17:03:04.327131
 9            Vendor Private Code TLV (64512), length: 12
10              Vendor Id: ciscoSystems (9)
11              Value: 0001000400000004
12            Downstream Mapping TLV (2), length: 20
13              MTU: 1500, Address-Type: IPv4 Numbered (1)
14              Downstream IP: 99.2.3.3
15              Downstream Interface IP: 99.2.3.3
16              Multipath Type: no multipath (0)
17              Depth Limit: 0
18              Multipath Length: 0
19              Downstream Label Element, Label: 16004, Exp: 0, EOS: 1,
Protocol: 0 (Unknown)
```

节点 1 从节点 2 收到下游映射信息，并在发往此 LSP 的下一个节点（节点 3）的 MPLS 回显请求数据包中包含此信息，见例 11-12。节点 1 设置该数据包 TTL = 2（见第 1 行），采用相同的标签 16004。

▶ **例 11-12**　MPLS 回显请求报文，TTL 2

```
 1 17:03:33.440386 MPLS (label 16004, exp 0, [S], ttl 2)
 2          IP (tos 0x0, ttl 1, id 170, offset 0, flags [DF], proto UDP (17),
length 120, options (RA))
 3      99.1.2.1.3503 > 127.0.0.1.3503:
 4          LSP-PINGv1, msg-type: MPLS Echo Request (1), length: 88
 5            reply-mode: Reply via an IPv4/IPv6 UDP packet (2)
 6            Return Code: No return code or return code contained in the
Error Code TLV (0)
 7            Return Subcode: (0)
 8            Sender Handle: 0x000061b2, Sequence: 2
 9            Sender Timestamp: 17:03:06.294275 Receiver Timestamp: no
timestamp
10            Vendor Private Code TLV (64512), length: 12
11              Vendor Id: ciscoSystems (9)
```

```
12              Value: 0001000400000004
13           Target FEC Stack TLV (1), length: 12
14              Generic IPv4 prefix subTLV (14), length: 5
15                IPv4 Prefix: 1.1.1.4 (1.1.1.4)
16                Prefix Length: 32
17           Downstream Mapping TLV (2), length: 20
18              MTU: 1500, Address-Type: IPv4 Numbered (1)
19              Downstream IP: 99.2.3.3
20              Downstream Interface IP: 99.2.3.3
21              Multipath Type: no multipath (0)
22              Depth Limit: 0
23              Multipath Length: 0
24              Downstream Label Element, Label: 16004, Exp: 0, EOS: 1,
Protocol: 0 (Unknown)
```

回显请求数据包的 TTL 在节点 3 到期。节点 3 验证它是否是 FEC 的预期节点，并回复 MPLS 回显应答，见例 11-13。节点 3 在 DSMAP TLV 指定了下游信息。由于节点 3 是该 LSP（节点 4 的 Prefix-SID）的倒数第二跳，因此出向标签栈为 Implicit-Null（见第 19 行）。节点 3 在将数据包转发给节点 4 之前弹出标签。

▶ 例 11-13　MPLS 回显应答报文，TTL 2

```
1 17:03:35.346122 IP (tos 0xc0, ttl 254, id 32, offset 0, flags [none],
proto UDP (17), length 100)
2    99.2.3.3.3503 > 99.1.2.1.3503:
3       LSP-PINGv1, msg-type: MPLS Echo Reply (2), length: 72
4          reply-mode: Reply via an IPv4/IPv6 UDP packet (2)
5          Return Code: Label switched at stack-depth 1 (8)
6          Return Subcode: (1)
7          Sender Handle: 0x000061b2, Sequence: 2
8          Sender Timestamp: 17:03:06.294275 Receiver Timestamp:
17:03:06.405017
9          Vendor Private Code TLV (64512), length: 12
10            Vendor Id: ciscoSystems (9)
11            Value: 0001000400000004
12         Downstream Mapping TLV (2), length: 20
13            MTU: 1500, Address-Type: IPv4 Numbered (1)
14            Downstream IP: 99.3.4.4
15            Downstream Interface IP: 99.3.4.4
16            Multipath Type: no multipath (0)
17            Depth Limit: 0
```

```
18                Multipath Length: 0
19                Downstream Label Element, Label: 3 (Implicit-Null), Exp:
0, EOS: 1, Protocol: 0 (Unknown)
```

节点 1 从节点 3 接收到下游映射信息,并在发往此 LSP 的下一个节点(节点 4)的 MPLS 回显请求数据包中包含此信息,参见例 11-14。节点 1 设置该数据包 TTL=3(见第 1 行)。

▶ **例 11-14** MPLS 回显请求报文,TTL 3

```
1 17:03:35.352786 MPLS (label 16004, exp 0, [S], ttl 3)
2         IP (tos 0x0, ttl 1, id 171, offset 0, flags [DF], proto UDP
(17), length 120, options (RA))
3     99.1.2.1.3503 > 127.0.0.1.3503:
4         LSP-PINGv1, msg-type: MPLS Echo Request (1), length: 88
5           reply-mode: Reply via an IPv4/IPv6 UDP packet (2)
6           Return Code: No return code or return code contained in the
Error Code TLV (0)
7           Return Subcode: (0)
8           Sender Handle: 0x000061b2, Sequence: 3
9           Sender Timestamp: 17:03:08.259859 Receiver Timestamp: no
timestamp
10          Vendor Private Code TLV (64512), length: 12
11            Vendor Id: ciscoSystems (9)
12            Value: 0001000400000004
13          Target FEC Stack TLV (1), length: 12
14            Generic IPv4 prefix subTLV (14), length: 5
15              IPv4 Prefix: 1.1.1.4 (1.1.1.4)
16              Prefix Length: 32
17          Downstream Mapping TLV (2), length: 20
18            MTU: 1500, Address-Type: IPv4 Numbered (1)
19            Downstream IP: 99.3.4.4
20            Downstream Interface IP: 99.3.4.4
21            Multipath Type: no multipath (0)
22            Depth Limit: 0
23            Multipath Length: 0
24            Downstream Label Element, Label: 3 (Implicit-Null), Exp:
0, EOS: 1, Protocol: 0 (Unknown)
```

节点 4 验证 FEC 和下游映射信息,然后返回代码 3,证实它是 LSP 的尾端(见第 5 行)。节点 4 是 FEC 1.1.1.4/32 的出口节点,标签栈深度在返回子码中体现,例 11-15 中是 1。

▶ 例 11-15　MPLS 回显应答报文，TTL 3

```
1 17:03:35.363333 IP (tos 0xc0, ttl 253, id 27, offset 0, flags [none],
proto UDP (17), length 76)
2     99.3.4.4.3503 > 99.1.2.1.3503:
3        LSP-PINGv1, msg-type: MPLS Echo Reply (2), length: 48
4          reply-mode: Reply via an IPv4/IPv6 UDP packet (2)
5          Return Code: Replying router is an egress for the FEC at
stack depth 1 (3)
6          Return Subcode: (1)
7          Sender Handle: 0x000061b2, Sequence: 3
8          Sender Timestamp: 17:03:08.259859 Receiver Timestamp:
17:03:08.272629
9          Vendor Private Code TLV (64512), length: 12
10            Vendor Id: ciscoSystems (9)
11            Value: 0001000400000004
```

重点提示：MPLS Ping/Traceroute

针对 MPLS LSP 提供增强的连接性检查、故障隔离和路径验证能力，也适用于 SR。
验证控制平面和数据平面并进行一致性检查。
内含的路径发现机制支持验证网络中的 ECMP 路径。
在对 LSP Ping 的新扩展进行标准化期间，可以使用通用 FEC 和 Nil-FEC 验证 SR LSP。

11.2.4　MPLS Traceroute 实现路径发现

发现并追踪数据包去往最终目的地的所有可能路径的能力，对于排除 LSP 故障而言非常重要。数据包的始发节点并不感知中转节点处的 ECMP，因此从任何源节点开始，能够发现和验证所有可能路径的能力非常重要。

MPLS Traceroute 被设计为可发现所有去往目的地路径上的 ECMP。节点基于数据包报头字段（标签栈、源和目的 IP 地址、四层端口等）在所有可用的等价路径之间实现流量负载均衡。MPLS Traceroute 可以发送任何目的 IP 地址属于范围 127.0.0.0/8 的 MPLS 回显请求数据包。因此 MPLS 回显请求数据包的始发节点能通过改变数据包的目的 IP 地址把数据包发往不同的等价路径。

为发现路径，源节点在 DSMAP TLV 的多路径信息子 TLV 中发送一个位图（bitmap）。基础地址加上这个位图，就可以指示哪个目的 IP 地址将被哈希到由下游映射信息标识的路径上。

位图中的每一位（"1"）代表一个哈希到特定路径上的地址。基础地址加上掩码中"1"所在的位置就得到相应的地址，注意掩码的最左边位置是 0，依次是位置 1、2、3 等。例如，基础地址 127.0.0.1 和位掩码 10001001011001001010100100010101 指示范围 127.0.0.1-127.0.0.32 中的以下地址被哈希到特定路径上：127.0.0.1、127.0.0.5、127.0.0.8、127.0.0.10、127.0.0.11、127.0.0.14、127.0.0.17、127.0.0.19、127.0.0.21、127.0.0.24、127.0.0.28、127.0.0.30 和 127.0.0.32（译者注：详细计算见注[5]）。

源节点通过在 DSMAP TLV 多路径信息子 TLV 中发送一个位图来开始发现过程。最初的位图（0xFFFFFFFF 的）包含所有地址。中转节点为位图中每个地址查询转发表，找到出向路径（下游映射）。对于每一个地址，中转节点设置 MPLS 回显应答数据包中相应 DSMAP TLV 中位图的对应位，并返回数据包给源节点。源节点使用该信息逐次查询路径上的每个路由器，位图进一步分支成更多的子集。重复该过程，直至到达每条路径的目的地。

图 11-6 所示拓扑说明了多路径发现过程。在讨论实际的多路径发现之前，先通过 MPLS Ping 得到节点 2 上 FEC 1.1.1.4/32 的 DSMAP 信息。

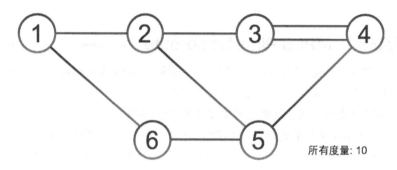

图 11-6　多路径发现示例拓扑

用户执行 MPLS Ping（见例 11-16），并指定希望看到去往 FEC 1.1.1.4/32 且经过节点 2（output nexthop 99.1.2.2）的 LSP 上的第一个节点（ttl 1）的 DSMAP 信息（dsmap）。此数据包的 TTL 在节点 2 到期，节点 2 发送一个 MPLS 回显应答，其中的 DSMAP TLV 包含节点 2 所有去往 1.1.1.4/32 的路径：经由节点 3、经由节点 5。第一条路径的 DSMAP 信息显示于第 17～23 行，第二条路径的 DSMAP 信息显示于第 24～31 行。MPLS Ping 命令的输出显示了从 DSMAP 的位图中计算出来的目的 IP 地址。

▶ 例 11-16　MPLS Ping 得到 DSMAP

```
1 RP/0/0/CPU0:xrvr-1#ping mpls ipv4 1.1.1.4/32 fec generic dsmap ttl 1
output nexthop 99.1.2.2 repeat 1
2
3 Sending 1, 100-byte MPLS Echos to 1.1.1.4/32,
```

```
  4       timeout is 2 seconds, send interval is 0 msec:
  5
  6 Codes: '!' - success, 'Q' - request not sent, '.' - timeout,
  7   'L' - labeled output interface, 'B' - unlabeled output interface,
  8   'D' - DS Map mismatch, 'F' - no FEC mapping, 'f' - FEC mismatch,
  9   'M' - malformed request, 'm' - unsupported tlvs, 'N' - no rx label,
 10   'P' - no rx intf label prot, 'p' - premature termination of LSP,
 11   'R' - transit router, 'I' - unknown upstream index,
 12   'X' - unknown return code, 'x' - return code 0
 13
 14 Type escape sequence to abort.
 15
 16 L Echo Reply received from 99.1.2.2
 17    DSMAP 0, DS Router Addr 99.2.3.3, DS Intf Addr 99.2.3.3
 18      Depth Limit 0, MRU 1500 [Labels: 16004 Exp: 0]
 19      Multipath Addresses:
 20         127.0.0.1       127.0.0.5       127.0.0.8       127.0.0.10
 21         127.0.0.11      127.0.0.14      127.0.0.17      127.0.0.19
 22         127.0.0.21      127.0.0.24      127.0.0.28      127.0.0.30
 23         127.0.0.32
 24    DSMAP 1, DS Router Addr 99.2.5.5, DS Intf Addr 99.2.5.5
 25      Depth Limit 0, MRU 1500 [Labels: 16004 Exp: 0]
 26      Multipath Addresses:
 27         127.0.0.2       127.0.0.3       127.0.0.4       127.0.0.6
 28         127.0.0.7       127.0.0.9       127.0.0.12      127.0.0.13
 29         127.0.0.15      127.0.0.16      127.0.0.18      127.0.0.20
 30         127.0.0.22      127.0.0.23      127.0.0.25      127.0.0.26
 31         127.0.0.27      127.0.0.29      127.0.0.31
 32
 33 Success rate is 0 percent (0/1)
```

MPLS 回显请求数据包的抓包结果如例 11-17 所示。这个数据包具体的 DSMAP TLV 信息见第 17～26 行。由于节点 1 在 DSMAP TLV 中没有包含标签栈信息，并且设置下游节点地址为 224.0.0.2，接口索引为 0，这使得多路径信息位图包括所有地址。

▶ **例 11-17** MPLS 回显请求数据包请求 DSMAP 的抓包结果

```
1 14:21:26.780585 MPLS (label 16004, exp 0, [S], ttl 1)
2         IP (tos 0x0, ttl 1, id 41, offset 0, flags [DF], proto UDP (17),
length 124, options (RA))
```

```
3      99.1.2.1.3503 > 127.0.0.1.3503:
4          LSP-PINGv1, msg-type: MPLS Echo Request (1), length: 92
5            reply-mode: Reply via an IPv4/IPv6 UDP packet (2)
6            Return Code: No return code or return code contained in the
Error Code TLV (0)
7            Return Subcode: (0)
8            Sender Handle: 0x00004f76, Sequence: 1
9            Sender Timestamp: 14:21:07.148877 Receiver Timestamp: no
timestamp
10           Vendor Private Code TLV (64512), length: 12
11             Vendor Id: ciscoSystems (9)
12             Value: 0001000400000004
13           Target FEC Stack TLV (1), length: 12
14             Generic IPv4 prefix subTLV (14), length: 5
15               IPv4 Prefix: 1.1.1.4 (1.1.1.4)
16               Prefix Length: 32
17           Downstream Mapping TLV (2), length: 24
18             MTU: 0, Address-Type: IPv4 Unnumbered (2)
19             Downstream IP: 224.0.0.2
20             Upstream Interface Index: 0x00000000
21             Multipath Type: Bit-masked IPv4 address set (8)
22             Depth Limit: 0
23             Multipath Length: 8
24             Multipath Information
25               IP Address: 127.0.0.1 (127.0.0.1)
26               Mask: ffffffff
```

节点 2 在 MPLS 回显应答报文的 DSMAP TLV 中包含所有可能路径。该数据包如例 11-18 所示。第一个 DSMAP TLV 显示于第 12 ～ 22 行，第二个 DSMAP TLV 显示于第 24 ～ 34 行。

▶ **例 11-18 MPLS 回显应答数据包中多路径 DSMAP 的抓包结果**

```
1 14:21:26.782376 IP (tos 0xc0, ttl 255, id 19, offset 0, flags [none],
proto UDP (17), length 140)
2      99.1.2.2.3503 > 99.1.2.1.3503:
3          LSP-PINGv1, msg-type: MPLS Echo Reply (2), length: 112
4            reply-mode: Reply via an IPv4/IPv6 UDP packet (2)
5            Return Code: Label switched at stack-depth 1 (8)
6            Return Subcode: (1)
```

```
7          Sender Handle: 0x00004f76, Sequence: 1
8          Sender Timestamp: 14:21:07.148877 Receiver Timestamp:
14:21:05.127492
9          Vendor Private Code TLV (64512), length: 12
10           Vendor Id: ciscoSystems (9)
11           Value: 0001000400000004
12         Downstream Mapping TLV (2), length: 28
13           MTU: 1500, Address-Type: IPv4 Numbered (1)
14           Downstream IP: 99.2.3.3
15           Downstream Interface IP: 99.2.3.3
16           Multipath Type: Bit-masked IPv4 address set (8)
17           Depth Limit: 0
18           Multipath Length: 8
19           Multipath Information
20             IP Address: 127.0.0.1 (127.0.0.1)
21             Mask: 8964a915
22           Downstream Label Element, Label: 16004, Exp: 0, EOS: 1,
Protocol: 0 (Unknown)
23
24         Downstream Mapping TLV (2), length: 28
25           MTU: 1500, Address-Type: IPv4 Numbered (1)
26           Downstream IP: 99.2.5.5
27           Downstream Interface IP: 99.2.5.5
28           Multipath Type: Bit-masked IPv4 address set (8)
29           Depth Limit: 0
30           Multipath Length: 8
31           Multipath Information
32             IP Address: 127.0.0.1 (127.0.0.1)
33             Mask: 769b56ea
34           Downstream Label Element, Label: 16004, Exp: 0, EOS: 1,
Protocol: 0 (Unknown)
```

在多路径发现例子中，用户在节点 1 上发起到节点 4 环回地址前缀 1.1.1.4/32 对应 FEC 的多路径 traceroute。

节点 1 本身有两条等价路径去往 1.1.1.4/32：经由节点 2、经由节点 6。Traceroute 首先探测经由节点 6 去往 1.1.1.4/32 的路径，使用目的 IP 地址 127.0.0.0。

节点 1 发送 MPLS 回显请求给节点 6，其目的地址为 127.0.0.0，TTL = 1。TTL 在节点 6 过期，节点 6 回复包含单个 DSMAP TLV 的回显应答，对应于经由节点 5 的路径。此 DSMAP TLV 中的地址位图包括所有地址，因为只有一条路径，见图 11-7。

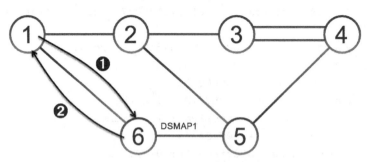

图 11-7　多路径 Traceroute——第 1 步

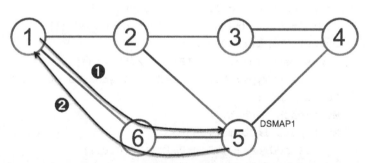

图 11-8　多路径 Traceroute——第 2 步

第 11 章　验证 SR MPLS 网络连接

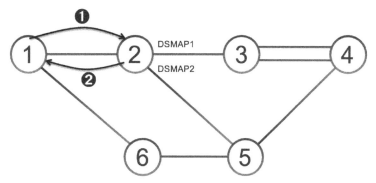

图 11-9　多路径 Traceroute——第 3 步

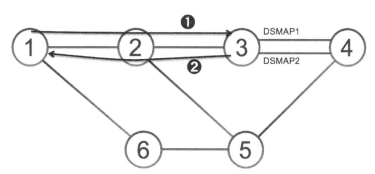

图 11-10　多路径 Traceroute——第 4 步

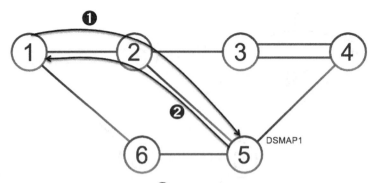

图 11-11　多路径 Traceroute——第 5 步

- 节点 1 → 节点 6 → 节点 5 → 节点 4：127.0.0.0 经由 Gi0/0/0/0。
- 节点 1 → 节点 2 → 节点 3 → 节点 4（链路 1）：127.0.0.1 经由 Gi0/0/0/1。
- 节点 1 → 节点 2 → 节点 3 → 节点 4（链路 2）：127.0.0.0 经由 Gi0/0/0/1。
- 节点 1 → 节点 2 → 节点 5 → 节点 4：127.0.0.2 经由 Gi0/0/0/1。

▶ 例 11-19　MPLS 多路径 Traceroute 控制台输出示例

```
RP/0/0/CPU0:xrvr-1#traceroute mpls multipath ipv4 1.1.1.4/32 fec generic

Starting LSP Path Discovery for 1.1.1.4/32

Codes: '!' - success, 'Q' - request not sent, '.' - timeout,
  'L' - labeled output interface, 'B' - unlabeled output interface,
  'D' - DS Map mismatch, 'F' - no FEC mapping, 'f' - FEC mismatch,
  'M' - malformed request, 'm' - unsupported tlvs, 'N' - no rx label,
  'P' - no rx intf label prot, 'p' - premature termination of LSP,
  'R' - transit router, 'I' - unknown upstream index,
  'X' - unknown return code, 'x' - return code 0

Type escape sequence to abort.

LL!
Path 0 found,
```

```
  output interface GigabitEthernet0/0/0/0 nexthop 99.1.6.6
  source 99.1.6.1 destination 127.0.0.0
LL!
Path 1 found,
  output interface GigabitEthernet0/0/0/1 nexthop 99.1.2.2
  source 99.1.2.1 destination 127.0.0.1
!
Path 2 found,
  output interface GigabitEthernet0/0/0/1 nexthop 99.1.2.2
  source 99.1.2.1 destination 127.0.0.0
L!
Path 3 found,
  output interface GigabitEthernet0/0/0/1 nexthop 99.1.2.2
  source 99.1.2.1 destination 127.0.0.2

Paths (found/broken/unexplored) (4/0/0)
Echo Request (sent/fail) (9/0)
Echo Reply (received/timeout) (9/0)
Total Time Elapsed 89 ms
```

用户可以使用由多路径 Traceroute 提供的目的地址和下一跳信息来检验从节点 1 到 1.1.1.4/32 的任意一条路径。例如，为使用路径节点 1→节点 2→节点 5→节点 4 发数据包给 1.1.1.4/32，用户可以指定目标地址 127.0.0.2，指定出向接口 Gi0/0/0/1 和 / 或下一跳 99.1.2.2（节点 2），如例 11-20 所示。请注意，IP 地址分配的惯用做法是接口 IP 地址的最后一位数字代表节点的序号。

▶ 例 11-20　MPLS Traceroute 特定路径

```
RP/0/0/CPU0:xrvr-1#traceroute mpls ipv4 1.1.1.4/32 fec generic
destination 127.0.0.2 output nexthop 99.1.2.2

Tracing MPLS Label Switched Path to 1.1.1.4/32, timeout is 2 seconds

Codes: '!' - success, 'Q' - request not sent, '.' - timeout,
  'L' - labeled output interface, 'B' - unlabeled output interface,
  'D' - DS Map mismatch, 'F' - no FEC mapping, 'f' - FEC mismatch,
  'M' - malformed request, 'm' - unsupported tlvs, 'N' - no rx label,
  'P' - no rx intf label prot, 'p' - premature termination of LSP,
  'R' - transit router, 'I' - unknown upstream index,
  'X' - unknown return code, 'x' - return code 0

Type escape sequence to abort.

  0 99.1.2.1 MRU 1500 [Labels: 16004 Exp: 0]
```

```
L 1 99.1.2.2 MRU 1500 [Labels: 16004 Exp: 0] 10 ms
L 2 99.2.5.5 MRU 1500 [Labels: implicit-null Exp: 0] 10 ms
! 3 99.4.5.4 10 ms
```

11.2.5　MPLS Ping/Traceroute 使用 Nil-FEC

由于 MPLS Ping/Traceroute 需要与其相应的控制平面交互以验证 LSP 路径，因此为了支持新的技术，例如 SR，可能需要对这些交互机制或工具本身进行修改或补充。

在对上述工具的修改完成标准化和开发之前，运营商需要一个基本的数据平面验证工具。这个基本工具是必需的，因为在 MPLS 网络中光使用 IP Ping/Traceroute 工具并不足够，原因是它们可能无法检测到 MPLS 故障，如我们在这一章的开头所述。

IETF RFC 4379 中定义了一个名为 "Nil-FEC" 的 FEC。这个 FEC 的使用意味着没有显式的 FEC（控制平面）与数据包的标签相关联。我们可以在现有 Ping/Traceroute 基础上加入包含在目标 FEC 栈 TLV 中的 Nil-FEC。

Ping/Traceroute 使用 Nil-FEC 提供了一个基本机制来验证数据平面，具体是通过命令行指定一个去往目的地的标签栈，然后只根据 MPLS 标签把 MPLS 回显请求报文交换至目的地。Nil-FEC 在使用时与控制平面间没有交互，因此无需修改软件。Nil-FEC 支持新技术（包括 SR），因为路径仅通过标签栈来指定。

11.3　针对 SR 的 MPLS OAM

LSP Ping 协议的 SR 扩展正在开发过程中，IETF 正在进行相关规范的制定，是 draft-ietf-mpls-spring-lsp-ping 的一部分。在写本书时，该规范的制定工作仍在进行中，Cisco IOS XR 也尚未支持该规范的实现。当规范和实现成熟后，在本书未来的修订版本中我们将更详细地讨论这部分内容。

在此期间，SR MPLS 路径可以通过使用现有的 MPLS OAM 工具以及 Nil-FEC 或通用 FEC 进行验证，如本章前面所述。

11.4　总结

- IP Ping/Traceroute 工具可以在 MPLS 网络中使用，但还不足以诊断所有的 MPLS 特定问题。
- IP Ping/Traceroute 依赖于 ICMP 功能。ICMP 已进行扩展，为 IP Traceroute 提供更多

的 MPLS 相关信息。
- MPLS Ping/Traceroute 专门设计用于诊断 MPLS 传送问题以及控制平面和数据平面间的一致性。
- MPLS 回显请求和应答消息承载在 UDP 数据包内，MPLS 工具使用它们的可扩展 TLV 支持增强的路径发现和验证功能。
- 在针对 SR MPLS 进行特别扩展的 MPLS 工具开发期间，我们可以使用通用 FEC 和 Nil–FEC 来诊断 SR MPLS 网络故障。

11.5 参考文献

[1] [draft-ietf-mpls-spring-lsp-ping], Kumar, N., Swallow, G., Pignataro, C., Akiya, N., Kini, S., Gredler, H., and M. Chen, "Label Switched Path (LSP) Ping/Trace for Segment Routing Networks Using MPLS Dataplane", draft-ietf-mpls-spring-lsp-ping (work in progress), May 2016, https://datatracker.ietf.org/doc/draft-ietf-mpls-spring-lsp-ping.

[2] [RFC0792] Postel, J., "Internet Control Message Protocol", STD 5, RFC 792, DOI 10.17487/RFC0792, September 1981, https://datatracker.ietf.org/doc/rfc792.

[3] [RFC3032] Rosen, E., Tappan, D., Fedorkow, G., Rekhter, Y., Farinacci, D., Li, T., and A. Conta, "MPLS Label Stack Encoding", RFC 3032, DOI 10.17487/RFC3032, January 2001, https://datatracker.ietf.org/doc/rfc3032.

[4] [RFC4379] Kompella, K. and G. Swallow, "Detecting Multi-Protocol Label Switched (MPLS) Data Plane Failures", RFC 4379, DOI 10.17487/RFC4379, February 2006, https://datatracker.ietf.org/doc/rfc4379.

[5] [RFC4950] Bonica, R., Gan, D., Tappan, D., and C. Pignataro, "ICMP Extensions for Multiprotocol Label Switching", RFC 4950, DOI 10.17487/RFC4950, August 2007, https://datatracker.ietf.org/doc/rfc4950.

注释：

1. UDP 的使用是有历史原因的。路由器厂商最开始按照 RFC 792 中的严格解释进行了实现："（……）不会为 ICMP 消息发送 ICMP 消息"。由于这个原因，Van Jacobson 采用 UDP 而不是 ICMP 写了一个可以工作的 Traceroute 版本。后来，在 RFC 1122 中第 3.2.2 节规定不能发送 ICMP 消息用于回应 ICMP 错误消息。另请参阅 http://www.inetdaemon.com/tutorials/troubleshooting/tools/Traceroute/definition.shtml。

2. 这和 IETF RFC 1812 中的规定是相反的："（……）路由器产生的 ICMP 消息的源 IP 地址必须是与发送 ICMP 消息的物理接口相关联的 IP 地址中的一个。"

3. http://www.iana.org/assignments/mpls-lsp-ping-parameters/mpls-lsp-ping-parameters.xhtml。

4. 由于 Nil-FEC 使用了 IPv4 显式空标签，因此它无法验证使用 IPv6 信令生成的 MPLS 路径。

5. 根据基础地址 127.0.0.1 和位掩码 10001001011001001010100100010101 进行地址计算的过程如下表所示：

位掩码	1	0	0	0	1	0	0	1	0	1	1	0	0	1	0	0	1	0	1	0	1	0	0	1	0	0	0	1	0	1	0	1
位置	0	1	2	3	4	5	6	7	8	9	10	11	12	13	14	15	16	17	18	19	20	21	22	23	24	25	26	27	28	29	30	31
位图位置	0				4			7		9	10			13			16		18		20			23				27		29		31
地址（＝基础地址＋位图位置）	1				5			8		10	11			14			17		19		21			24				28		30		32

第 12 章　Segment Routing IPv6 数据平面

SR 可以使用 IPv6 和 MPLS 数据平面。两者之间的区别不在于架构本身，而是在于架构的实现。

当使用 MPLS 数据平面传送 IPv6 数据包时，Segment 列表以 MPLS 标签栈的形式压入数据包报头中。每个标签表示一个 Segment，顶层标签表示活动 Segment。当一个 Segment 完成后，代表该 Segment 的标签从标签栈中删除。SR MPLS 数据平面使用现有的 MPLS 架构。

当使用 SR IPv6 数据平面传送 IPv6 数据包（通常称为 SRv6）时，Segment 列表被压入到数据包报头中的 SR 报头（SRH）中。该报头是新类型的路由报头，路由报头是 IETF RFC 2460 IPv6 协议规范中描述的其中一种类型的扩展报头。SRH 中的指针指向编码在报头中的 Segment 列表中的活动 Segment。当 Segment 完成后，该 Segment 不从列表中删除，而是更新指针以指向列表中的下一个 Segment。

在网络中启用 SRv6，只有必须处理报头的节点才需要支持 SRv6 数据平面，网络中所有其他节点可以只支持通常的 IPv6。SRv6 不需要整体替换网络中的设备，因为 SRv6 和非 SRv6 节点是完全可以互操作的，它们可以共存于网络中。这使得可以在网络中逐步部署 SRv6。

在本章中，我们将概要介绍 SRv6 及其基本的构建模块。本书的其余部分聚焦于 MPLS 数据平面，一些读者可能已经想到所有这些概念、机制和能力也适用于 SRv6，事实上两种数据平面都基于相同的 SR 架构，但在实现细节和部署模型上有所差异。关于 SRv6 的更多细节将在第二卷中介绍。

12.1 IPv6 Segment

Segment 在 IPv6 中不是新的概念。术语 Segment 用于 IETF RFC 2460 IPv6 协议规范的路由报头部分中,用于表示源路由路径上两跳之间的跨度。

在 SR 中,Segment 可以表示任何指令:例如拓扑,业务等。

图 12-1 显示了 SR IPv6 路径上不同类型的节点:节点 11 为源节点;节点 2、节点 6 和节点 12 是 Segment 端节点(Segment Endpoint Node);节点 12 同时也是目的节点;节点 1、节点 4 和节点 7 是中转节点。

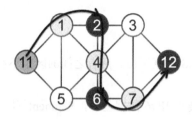

节点X: SID 2001::X
⑪ 源节点
② Segment端节点
① 中转节点

图 12-1 SRv6 路径

源节点
源节点可以是产生带有 SRH 的 IPv6 数据包的任何节点。
- 产生带有 SRH 的 IPv6 数据包的节点。
- SRv6 域的入口节点(在通常情况下为路由器),其在 IPv6 报头中插入 SRH 或在数据包上压入带有 SRH 的外层 IPv6 报头。

Segment 端节点
Segment 端节点是终结一个 Segment 的节点。带有 SRH 的 IPv6 数据包的目的地址对应于 Segment 端节点的其中一个地址。Segment 端节点检查并更新 SRH,执行与活动 Segment 相关联的指令,此时活动 Segment 即数据包的目的地址。

中转节点
中转节点是数据包路径上的节点(更具体地说,是路由器),但不是 Segment 端节点。

数据包的目的地址不对应于中转节点上的地址。

IETF RFC 2460 IPv6 协议规范规定，如果节点不对应于数据包的目的地址，则节点可以不处理路由报头。中转节点基于 IPv6 目的地址转发 IPv6 数据包，不对 SRH 进行查找或改动，因此中转节点不需要支持 SRv6。

重点提示

在 SRv6 中很少使用真正的本地 Segment。

例如，SRv6 Adj-SID 在其 SR 域中是全局有效的。在 SR 域中，带有 SID 的数据包被路由到始发此 SID 的节点，然后该节点在本地应用与此 Adj-SID 相关联的指令（功能）：即激活下一个 SID 并且转发数据包至相关联的邻居/接口。

因此，SRv6 Adj-SID 可以被视为其功能是"转发至该邻居"的 Prefix-SID。

在 SRv6 中，我们将使用与 Prefix-SID 相关联的许多不同形式的功能（指令）：例如在特定 VRF 中查找下一个活动 SID，复制数据包并在与 SID 关联的两条不相交路径上分别发送每个副本等。

12.2 SRv6 SID

SRv6 中的 Segment 用 128 位 IPv6 地址进行标识。从信令角度而言，与 MPLS 数据平面相比，这更简单，不需要通告除 IPv6 前缀之外的任何信息。前缀就是 SID。IPv6 地址不仅可以表示路由器，还可以表示接口、设备、业务和应用等，或者也可以表示上述任何一种对象的集合。

IPv6 地址可以进行汇总，这也适用于用作 SID 的 IPv6 地址。MPLS SID 不能进行汇总。

12.3 IPv6 报头回顾

IPv6 使用两种不同类型的报头：IPv6（主）报头和 IPv6 扩展报头（Extension Header）。IPv6 主报头等效于 IPv4 基本头。IPv6 报头与 IPv4 报头相比修改了多个字段，并删除了多个字段。

其中一个被删除的字段是 IPv4 选项字段。IPv4 报头中的选项字段用于传送与数据包有关或与数据包处理方式有关的附加信息。IP 路由器告警选项（IETF RFC 2113）可能是最知名和最常用的选项，它告诉中转路由器去检查 IPv4 数据包的内容。在 IPv6 中，选项功能被从主报头中删除，相应功能通过一组称为"扩展报头"（IETF RFC 2460）的附加报头实现。

因此主 IPv6 报头具有固定大小（40 bytes），而定制化的扩展报头可以根据需要添加。

IPv4 报头中的协议类型（Protocol Type）字段用于指示 IPv4 报头之后的上层协议，在 IPv6 报头中被重命名为下一报头（Next Header）字段。

IPv6 扩展报头

使用扩展报头以允许扩展 IPv6 来支持未来的需求和能力。IPv6 数据包可以携带零个、一个或多个不同长度的扩展报头。典型的 IPv6 数据包中不存在扩展报头。如果数据包需要对其路径上的中间节点或目的节点进行特殊处理，则可在数据包报头中添加一个或多个扩展报头。

扩展报头位于数据包的主 IPv6 报头和上层报头之间。扩展头类型不多，每个类型由不同的类型值标识。如果在报头中存在扩展报头，则 IPv6 报头中的下一报头字段中包含扩展报头的类型，例如路由报头的类型是 43。如果在数据包中有多个扩展报头，则扩展报头的下一报头字段指示下一扩展报头的类型。最后一个扩展报头的下一报头字段指示数据包中包含的上层协议（例如 TCP、UDP 或 ICMPv6）。

图 12-2 说明了带有零个或多个扩展报头 IPv6 报头。它们形成一个报头链。每个报头在其下一报头字段中指示其后的报头类型，直到链中的最后报头标识上层协议。

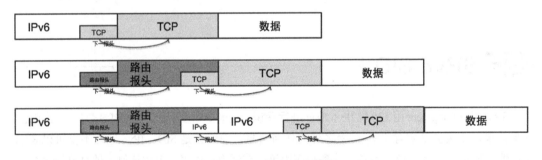

图 12-2　IPv6 报头级联

12.4　路由报头

IPv6 扩展报头类型之一是路由报头（Routing Header），其类型号为 43。IPv6 源节点使用路由报头列出一个或多个中间节点，使得数据包在去往最终目的地的路径上经过这些节点，因此源节点可以使用路由报头来实现数据包的源路由。业界已经定义了不同类型的路由报头：源路由（已在 IETF RFC 5095 弃用）、移动性支持（IETF RFC 6275）、用于低功率和有损网络的路由协议（RPL）（IETF RFC 6554）。

路由报头的格式（IETF RFC 2460）如图 12-3 所示。

图 12-3　IPv6 路由报头格式

- 下一报头（Next Header）：标识紧跟在路由报头之后的报头类型。使用与 IPv4 协议字段相同的值。
- 扩展报头长度（Hdr Ext Len）：路由报头的长度。
- 路由类型（Routing Type）：特定路由报头类型的标识。
- 剩余 Segment（Segments Left）：剩余的路由段数，即在到达最终目的地之前需要访问的被显式列出的中间节点数量。
- 类型特定数据（type-specific data）：由路由类型字段确定。

通常，到数据包目的地路径上的中间节点不检查 / 处理扩展报头。中间节点基于 IPv6 主报头中的目的地址转发数据包。例外的情况是逐跳选项报头传递的可选信息，而这些信息必须由数据包路径上的每个节点进行检查 / 处理。在目的节点处，将按照 IPv6 报头的下一报头字段中所指示的，检查和处理下一报头，下一报头可以是扩展报头或上层协议报头。

如果节点接收到数据包，并且数据包的目的地址对应于该节点的地址，则该数据包检查扩展报头（如果存在）。如果扩展报头含有节点不能识别的路由类型的路由报头，节点的行为则取决于"剩余 Segment"字段的值。

- 如果剩余 Segment 字段值为零，则节点忽略路由报头并处理数据包中的下一报头。
- 如果剩余 Segment 字段值不为零，则节点丢失数据包，并且向数据包的源地址发送 ICMP "参数问题（Parameter Problem）"消息。

IETF RFC 2460 定义了路由类型 0（也称为"RH0"）的路由报头变体。这种类型的路由报头定义了 IPv6 的经典源路由模型。基于安全方面的考虑，IETF RFC 5095 已经弃用类型 0 的路由报头。有关安全威胁的更多详细信息，请参阅 IETF RFC 5095 和 RFC 4942，这些安全隐患已在 SRH 规范中解决。

12.5　SRH

SRH 是路由报头的新类型，所建议的路由类型为 4。

SRH 格式非常类似于路由类型 0 的路由报头。路由类型 0 的路由报头被启用时导致的安全隐患可以通过在报头中添加 HMAC TLV 予以解决。

SRH 继承路由报头属性：它应该只在数据包中出现一次，并且如果剩余 Segment 字段值是 0，则忽略（但不丢弃）SRH，并且基于数据包中的下一报头来处理数据包。

图 12-4 显示了 SRH 的格式。

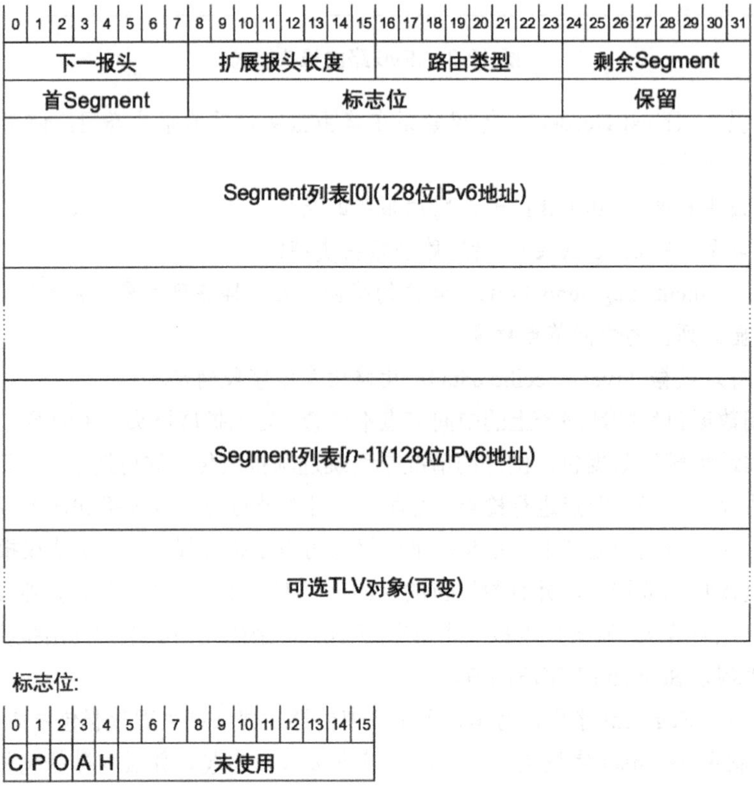

0 1 2 3 4 5 6 7	8 9 10 11 12 13 14 15	16 17 18 19 20 21 22 23	24 25 26 27 28 29 30 31
下一报头	扩展报头长度	路由类型	剩余Segment
首Segment	标志位		保留
Segment列表[0](128位IPv6地址)			
Segment列表[n-1](128位IPv6地址)			
可选TLV对象(可变)			

标志位：

0	1	2	3	4 5 6 7 8 9 10 11 12 13 14 15
C	P	O	A H	未使用

图 12-4 SRH 的格式

- 下一报头（Next Header）：标识紧跟在 SRH 之后的报头类型。
- 扩展报头长度（Hdr Ext Len）：路由报头的长度。
- 路由类型（Routing Type）：SRH 类型的建议值是 4。
- 剩余 Segment（Segments Left）：SRH 的 Segment 列表中当前活动 Segment 的索引。每完成一个 Segment，该索引值递减。
- 首 Segment（First Segment）：SRH 的 Segment 列表所表示路径的第一个 Segment 的索引。由于 Segment 列表的元素是以逆序排列的，因此这个字段实际表示的是 Segment List 的最后一个元素，这有助于访问紧跟在 Segment 列表之后的 TLV。
- 标志。

- C-flag（清理，Clean-up）：如果置位，则必须在把数据包发往最后一个 Segment 前从数据包中删除 SRH，这类似于 MPLS 倒数第二跳弹出。
- P-flag（受保护，Protected）：当 Segment 端节点通过 FRR 机制重新路由数据包时置位。
- O 标志（OAM）：如果置位，则该数据包是操作和管理（OAM）数据包。
- A-flag（告警，Alert）：如果置位，则 SRH 中存在重要的 TLV 对象。
- H 标志（HMAC）：如果置位，则存在 HMAC TLV，并且被编码为 SRH 的最后一个 TLV。
- 未使用：供将来使用。
— 保留（Reserved）：供将来使用。
— Segment 列表 [x]（Segment List[x]）：128 位条目的列表，代表路径的每个 Segment。采用对路径进行逆序排列的方式对 Segment 列表进行编码：最后一个 Segment 在列表的第一个位置（Segment 列表 [0]），第一个 Segment 在最后位置（Segment 列表 [n–1]）。
— 可选类型/长度/值对象（Optional Type/Length/Value objects），详见下文。

重点提示

活动 SID 在 IPv6 报头的目的地址字段中。

当节点收到目的地址等于本地 SID 的数据包时，我们称该节点为"Segment 端节点"或"SID 端节点"。

SID 端节点执行与 SID 相关联的指令/功能：例如将用于 Prefix-SID 的空函数，转发至与（全局）Adj-SID 关联的特定接口等。

SID 端节点在 SRH 中查找并找到要激活的下一个 SID。它使用剩余 Segment 字段作为 Segment 列表中的偏移量。

活动 SID 意味着复制该 SID 至目的地址字段，并根据更新的目的地址转发数据包。

如果 SID 是最后一个 SID（剩余 Segment=0），则 SID 端节点根据 SRH 中的下一个报头字段处理有效载荷。

SRH 中的可选 TLV 包含可由 Segment 端节点使用的信息，Segment 端节点是与数据包的 IPv6 目的地址相对应的节点。这些 TLV 的主要用途是向数据包的最终目的地提供数据包的路径信息。路由层不使用 TLV 中的信息，但它可以用于其他目的，例如 OAM。

入口节点 TLV

入口节点 TLV 是可选的，包含一个 128 位字段，用于标识数据包进入 SR 域的入口节点。

出口节点 TLV

出口节点 TLV 是可选的，包含一个 128 位字段，用于标识数据包离开 SR 域的预期出口节点。

不透明容器 TLV

不透明容器 TLV 是可选的，包含 128 位数据。此数据与路由层无关，但可用于将其他信息传送到数据包的目的节点。

填充 TLV

填充 TLV 是可选的，用于将 SRH 对齐至 8 个 8 位字节边界。

HMAC TLV

HMAC TLV 是可选的，包含 HMAC 信息。HMAC TLV 的格式如图 12-5 所示。

0 1 2 3 4 5 6 7	8 9 10 11 12 13 14 15	16 17 18 19 20 21 22 23 24 25 26 27 28 29 30 31
类型	长度	保留
HMAC 键值ID (4 bytes)		
HMAC (32 bytes)		

图 12-5　HMAC TLV 格式

12.6　SRH 处理过程

带有 SRH 的数据包经过网络中的各类节点。本节介绍路径上的不同节点如何处理数据包。带有 SRH 的数据包的路径网络拓扑如图 12-6 所示。数据包从源节点 11 经由 Segment 端节点节点 1 和节点 6 被转发到目的节点 12。节点 12 也是最后一个 Segment 的 Segment 端节点。

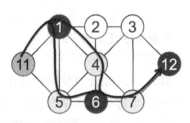

节点X: SID 2001::X
- ⑪ 源节点
- ❷ Segment端节点
- ① 中转节点

图 12-6　SRH 处理过程——网络拓扑

12.6.1　源节点

源节点可以是产生带有 SRH 的 IPv6 数据包的任何节点。

— 产生带有 SRH 的 IPv6 数据包的主机。

- 插入 SRH 或压入新的带有 SRH 的外部 IPv6 报头的 SRv6 域入口节点（在许多情况下为路由器）。

Segment 列表指定数据包的路径。此路径可以在本地配置、本地计算或由外部控制器提供。Segment 列表为 {S [0]，S [1]，…，S [N-1]}，以 S [X-1] 表示列表中的第 X 个 Segment。源节点将 Segment 列表插入到数据包报头的 SRH 中。

当源节点产生数据包时，它会为数据包创建 SRH，如下所示，并将其插入报头。

- "Segment 列表"：采用对路径进行逆序排列的方式编码的 n 个 Segment（第一个位置是最后的 Segment，最后位置是第一个 Segment）：（0：S [n-1]，1：S [n-2]，…，n-1：S [0]），其中 "x："表示 SRH 中的索引。
- "剩余 Segment"字段：设置为 n-1。
- "首 Segment"字段：设置为 n-1。
- 数据包目的地址被设置为路径的第一个 Segment。

目的地址 = S ["剩余 Segment"]

- HMAC TLV 和 / 或其他 TLV 可以被添加到 SRH。

源节点将数据包送往其 IPv6 目标地址。

在图 12-6 中，节点 11 是带有 Segment 列表 {SID(1)，SID(6)，SID(12)} 数据包的源节点。SRH 的 Segment 列表字段被编码为 L =（0：SID(12)，1：SID(6)，2：SID(1)），L 的表示顺序与 SRH 一样。将剩余 Segment 字段和首 Segment 字段设置为 2。目的地址设置为 L [2] = SID(1)，这是活动 Segment。带有 SRH 的数据包表示在图 12-7 中节点 11 和节点 1 之间。

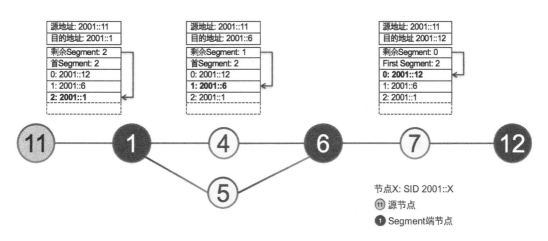

图 12-7　SRH 处理过程——报头

12.6.2 Segment 端节点

带有 SRH 的 IPv6 数据包的目的地址如果与节点的地址一样,则该节点称为 Segment 端节点。Segment 端节点接收到一个带有 SRH 的数据包时的操作如图 12-8 所示。

```
if 目的地址 = 自身地址 then
    if 剩余Segment > 0 then
        递减剩余Segment
        更新目的地址为Segment列表[剩余Segment]
        if 剩余Segment == 0 then
            if 清理标志置位 then 删除SRH
            endif
        endif
    else
        处理下一报头 (例如上层协议)
        处理结束
    endif
endif
转发数据包
```

图 12-8 Segment 端节点操作

活动 Segment 是剩余 Segment 字段指向的 Segment 列表中的 Segment。活动 Segment 也被设置为数据包的目的地址。在每个 Segment 端节点处,通过使用在 Segment 列表中找到的下一活动 Segment 来更新目的地址。这符合 IETF RFC 2460 中关于路由报头的规定。

在图 12-6 中,节点 1 是第一个 Segment 的 Segment 端节点。节点 1 在数据包中找到剩余 Segment=2,它将剩余 Segment 字段减少为 1,并将 IPv6 目的地址更新为列表中的下一个 Segment:2001 :: 6。这是 L[剩余 Segment] =L[1]=2001 :: 6。节点 1 发送数据包到目的地址 2001 :: 6。节点 1 通过两条路径将数据包负载均衡地发送到节点 6。

当数据包到达节点 6 时,节点 6 应用相同的处理过程,它将剩余 Segment 字段减少为 0,并将 IPv6 目的地址更新为 L[剩余 Segment]=L[0]=2001 :: 12,然后把数据包发送到 2001 :: 12。

节点 12 是数据包的最终目的地。数据包到达节点 12,其剩余 Segment 字段为 0,因此节点 12 处理数据包中的上层协议。

12.6.3 中转节点

中转节点是数据包路径上的一个节点,但不是 Segment 端点。IETF RFC 2460 规定,如果节点不对应于数据包的目的地址,该节点则可以不处理路由报头。IPv6 规范规定中转节点必须将数据包转发到其 IPv6 目的地址,且不改动 SRH。中转节点不需要支持 SRv6 来转发数据包。

在图 12-6 中节点 2、节点 4 和节点 7 为中转节点。它们不处理 SRH,也不更新 IPv6 报头的目的地址，它们仅根据 IPv6 目的地址转发数据包。

12.7 插入 SRH 与压入 IPv6 报头

SRv6 允许多种操作模式。
- 在数据包的源节点插入 SRH。
- 在 SR 域入口节点/路由器插入 SRH。
- 在 SR 域入口节点压入新的带有 SRH 的外部 IPv6 报头。

这些操作模式如网络拓扑图 12-9 所示。IPv6 数据包的源是节点 A，目的地是节点 B。数据包沿着经由节点 2 的路径转发。

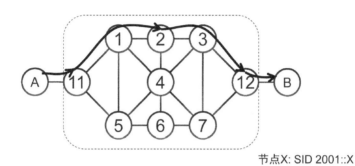

节点X: SID 2001::X

图 12-9　插入 SR 与压入 IPv6 报头——网络拓扑

12.7.1　源节点插入 SRH

支持 SRv6 的源节点产生带有 SRH 的 IPv6 数据包。SRH 在数据包上一直保留，并被数据包转发路径上的相关节点使用。最后，数据包送到其目的地，报头中仍然带有 SRH，参见图 12-10。

我们可以选择在数据包被最终送到目的地之前删除其 SRH。这可以通过在 SRH 中置位 C 标志（清理）来实现，参见图 12-11。节点 12 收到剩余 Segment=1 且 C 标志被置位的数据包。节点 12 按照图 12-8 进行操作。节点 12 首先递减剩余 Segment 字段，其现在变为 0；然后，节点 12 将目的地址更新为 L[剩余 Segment]=L[0]=2001::B；由于剩余 Segment=0 且 C 标志置位，节点 12 从报头中删除 SRH 并转发数据包到其目的地节点 B。

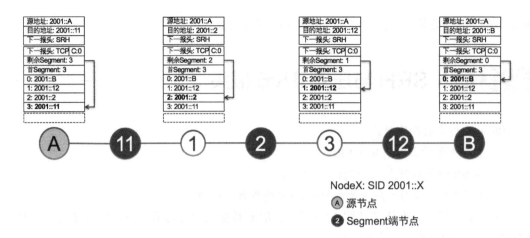

图 12-10　在数据包的源节点插入 SRH

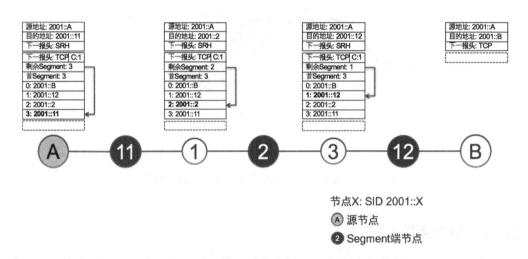

图 12-11　在数据包的源节点插入 SRH，C 标志置位

12.7.2　入口节点插入 SRH

不支持 SRv6 的源节点产生不带 SRH 的 IPv6 数据包。当数据包到达 SR 域的入口节点时，入口节点在数据包中插入 SRH。在将 SRH 送到其目的地前，从数据包中删除 SRH，这是通过在 SRH 中置位 C 标志来实现的，参见图 12-12。节点 12 收到剩余 Segment=1 且 C 标志被置位的数据包。节点 12 按照图 12-8 进行操作。节点 12 首先递减剩余 Segment 字段，其现在变为 0；然后，节点 12 将目的地址更新为 L[剩余 Segment]= L[0]=2001 :: B；由于剩余 Segment=0 且 C 标志置位，节点 12 从报头中删除 SRH 并且转发数据包到其目的地节点 B。

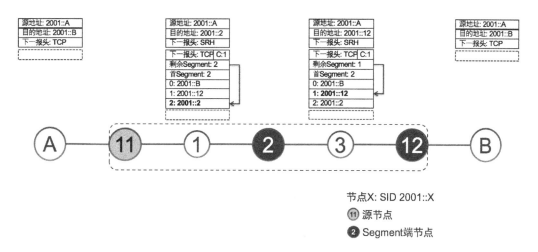

图 12-12　SR 域入口节点插入 SRH

12.7.3　入口节点插入封装报头

不支持 SRv6 的源节点生成不带 SRH 的 IPv6 数据包。当数据包到达 SR 域的入口节点（通常是路由器）时，它在数据包上压入新的带有 SRH 的外部 IPv6 报头。整个带有 SRH 的外部 IPv6 报头在 SR 域的出口节点上（通常是路由器）会被删除，参见图 12-13。节点 12 是对应于外部 IPv6 报头目的地址的节点。因此，节点 12 处理下一报头，在这里是一个 IPv6 报头。节点 12 从数据包中剥离外部报头，并将暴露出来的 IPv6 数据包转发到其目的地节点 B。

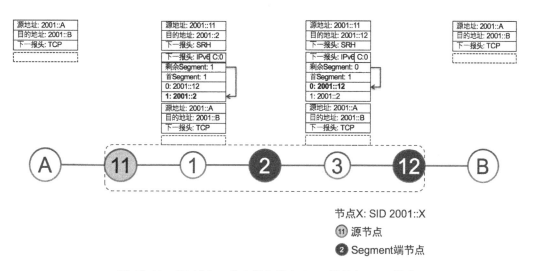

图 12-13　SR 域入口节点压入带有 SRH 的外部 IPv6 报头

12.8 总结

- SRv6 是 SR 架构使用 IPv6 数据平面的实现。
- 更简单，因为无需 MPLS 信令和转发机制；支持汇总，从而支持更好的扩展性。
- SRv6 规定了遵循 IPv6 路由报头规范的 SRH。
- SRv6 SID 是 IPv6 地址，Segment 列表编码在 SRH 中。
- SRH 可以由产生数据包的节点或网络的入口节点添加。
- SRv6 支持与标准 IPv6 间的互操作。只有那些对 SRH 进行操作的特定主机和路由器才需支持 SRv6。
- TI-LFA 保护，流量工程等特性也适用于 SRv6。

12.9 参考文献

[1] [draft-ietf-6man-segment-routing-header] Previdi, S., Filsfils, C., Field, B., Leung, I., Linkova, J., Kosugi, T., Vyncke, E., and D. Lebrun, "IPv6 Segment Routing Header (SRH)", draft-ietf-6man-segment-routing-header (work in progress), September 2016, https://datatracker.ietf.org/doc/draft-ietf-6man-segment-routing-header.

[2] [RFC2113] Katz, D., "IP Router Alert Option", RFC 2113, DOI 10.17487/RFC2113, February 1997, https://datatracker.ietf.org/doc/rfc2113.

[3] [RFC2460] Deering, S. and R. Hinden, "Internet Protocol, Version 6 (IPv6) Specification", RFC 2460, DOI 10.17487/RFC2460, December 1998, https://datatracker.ietf.org/doc/rfc2460.

[4] [RFC4942] Davies, E., Krishnan, S., and P. Savola, "IPv6 Transition/Co-existence Security Considerations", RFC 4942, DOI 10.17487/RFC4942, September 2007, https://datatracker.ietf.org/doc/rfc4942.

[5] [RFC5095] Abley, J., Savola, P., and G. Neville-Neil, "Deprecation of Type 0 Routing Headers in IPv6", RFC 5095, DOI 10.17487/RFC5095, December 2007, https://datatracker.ietf.org/doc/rfc5095.

全书总结

本书的目标是客观地描述 SR 的基础功能模块，同时含有一些偏主观的内容以及 SR 的研发背景。我们相信，SR 将在未来几年对网络演进产生极其重大的影响，就像 MPLS 在过去做的一样。网络行业内的广泛共识和这项技术被快速地接受也许是对此最有力的证明。

SR 在众多网络运营商、网络工程师和网络平台开发人员的积极参与下不断发展。我们鼓励读者通过各个相关的 IETF 工作组、互联网上其他论坛和资源及时了解所有这些技术发展情况。我们推荐 http://www.segment-routing.net 这个网站，该网站由一群 SR 技术开发人员负责更新。

《Segment Routing 详解（第一卷）》的重点总结如下。

- SR 架构寻求在分布式智能（路由器上的控制平面）与集中式优化和编程（通过控制器）之间的合理平衡，成为软件定义网络的基础。
- SR 把网络中的状态减少至若干个 Segment（例如 Prefix Segment），网络路径信息以 Segment 列表的形式携带在数据包中。这使得网络可以提供足够的扩展性来支持大量的应用程序特定的流量和网络路径，而不需要处理它们各自的状态，因为现在这些信息都包含在数据包中。
- SR 技术通过对现有网络协议（例如 OSPF、ISIS、BGP 等）进行扩展来实现，不引入任何新协议。事实上，SR 简化了 MPLS 网络，因为在许多网络设计中不再需要 LDP 和 RSVP-TE 之类的协议。
- SR 可以应用于 IPv4/IPv6 MPLS 数据平面以及"原生"IPv6 数据平面（称为 SRv6）。
- SR 利用现有的 MPLS 数据平面，并支持与现有 MPLS 控制平面协议互通，从而可以在现有 IP/MPLS 网络中部署，所造成的业务中断（如果有的话）非常少。业务可以无缝地从现有的传送技术迁移到 SR，大多数路由器仅需升级软件即可支持 SR 的基本功能。
- 基于 SR 的 TI-LFA 在任何网络拓扑中均能自动提供基于收敛后路径的备份路径，从而为所有业务提供小于 50ms 的保护。TI-LFA 配置简单，同时也保护 IP 和 LDP 流量。
- SR 解决了 IP 路由在第一天就存在的问题，例如微环路。
- SR 适用于运营商骨干网 / 汇聚网 / 接入网、数据中心、Internet 对等互联以及企业网络。
- SR 为超大规模的、跨多个网络域的应用和业务提供端到端流量工程能力。

这本书是本系列丛书的第一卷。第二卷将详细介绍流量工程解决方案、SDN 控制器与 SR 基础设施的交互、主机上的 SR 和 SRv6。

我们也鼓励读者通过我们的博客 http://segment-routing-book.blogspot.com 与我们联系，在这个博客里读者可以提交反馈和意见，同时可以获得这本书额外的、更新的资源，如配置示例。随着 SR 的不断发展，这个博客将会被我们用来及时更新图书相关内容，并及时告知读者。

读者也可以通过电子邮件 segment-routing-book@googlegroups.com 发送勘误表、意见或建议给本书作者。